机器学习数学基础

齐伟◎编著

電子工業出版社
Publishing House of Electronics Industry
北京•BEIJING

内 容 简 介

本书系统地阐述机器学习的数学基础知识，但并非大学数学教材的翻版，而是以机器学习算法为依据，选取相关的数学知识，并从应用的角度阐述各种数学定义、定理等，侧重于讲清楚它们的应用和实现方法。所以，书中将使用开发者喜欢的编程语言（Python）来实现各种数学计算，并阐述数学知识在机器学习算法中的应用体现。

本书从读者需求角度出发，非常适合作为机器学习的开发者和学习者的参考用书，也可作为高校相关专业的教材。

图书在版编目（CIP）数据

机器学习数学基础 / 齐伟编著. —北京：电子工业出版社，2022.3
ISBN 978-7-121-42819-7

Ⅰ. ①机… Ⅱ. ①齐… Ⅲ. ①机器学习②软件工具－程序设计 Ⅳ. ①TP181②TP311.561

中国版本图书馆 CIP 数据核字（2022）第 018349 号

责任编辑：高洪霞
印　　刷：北京捷迅佳彩印刷有限公司
装　　订：北京捷迅佳彩印刷有限公司
出版发行：电子工业出版社
　　　　　北京市海淀区万寿路 173 信箱　　邮编：100036
开　　本：787×1092　1/16　印张：28　　字数：716 千字
版　　次：2022 年 3 月第 1 版
印　　次：2025 年 4 月第 8 次印刷
定　　价：109.00 元

凡所购买电子工业出版社图书有缺损问题，请向购买书店调换。若书店售缺，请与本社发行部联系，联系及邮购电话：（010）88254888，88258888。

质量投诉请发邮件至 zlts@phei.com.cn，盗版侵权举报请发邮件至 dbqq@phei.com.cn。

本书咨询联系方式：（010）51260888-819，faq@phei.com.cn。

前言

现在，终于不再为考试而重视对数学的学习和钻研了——是不是乐观太早了？

机器学习的兴起，人工智能时代的到来，让数学显得更加重要了，无论是对于普通的工程技术人员，还是对于大众而言。

在机器学习或人工智能领域中，有各种算法、模型，犹如武侠们的各类功夫，江湖中的大侠往往以深厚的内功驱动某种招式，比如九阴真经、吸星大法、小无相功。那么，机器学习的"内功"是什么呢？答案不是吐纳运气之法，而是——数学。

那么"数学内功"需要修炼到什么程度才能研习机器学习呢？

以我的经验，研习机器学习所需要的最低数学基础，相当于大学理工科的高等数学（以下简称高数）内容。"早就还给老师了"——不少人如此感慨，也因此对机器学习望而却步。实则不然，只要当初正常地修完了所有大学数学课程（不妨以通过考试为标准），"高数内功"就已经被老师传授给你了，在有生之年是无法自行去除的。只不过，由于种种原因，它没有被激发出来罢了。

本书就是要帮助读者将已经潜伏在大脑里的高数"内功"激发出来——注意，不是重新"灌输"一遍。所以，本书所介绍的数学内容不是高数的翻版，而是默认读者已经将一些最基本的高数知识内化了。我只是根据个人经验，遴选与机器学习有关的内容，唤醒读者大脑中沉睡已久的"数学潜意识"，引导读者大胆地进入机器学习领域。

按照这样的目的，我对本书内容做了如下安排：

- **不将微积分的有关内容作为独立章节**，因为这些内容在高数中是重点，所以相信读者已经对其有了基本的了解。但为了方便读者，在本书的附录和在线资料中，分别提供了有关微积分的基本知识。
- **以机器学习的直接需要为标准，选择基本的数学内容，从工程应用的角度予以介绍。** 一般的数学教材因聚焦于严谨的数学内容而忽略了工程应用，而一般的机器学习书籍又缺乏相关的数学基础介绍——甚至有不少不合"数学之理"的地方，学习者看后仅"知其然"，但"不知其所以然"，甚至感到"茫然"。本书旨在帮助读者通过工程实践，打通数学基本概念和机器学习之间的通道。所以，在数学知识之后，读者会看到它们是如何在机器学习中应用的。

- **书中省略了一些严格的数学证明**，这是本书不同于数学教材的重要特征，但这并不意味着数学证明不重要。如果读者对有关数学证明感兴趣，可以参阅本书提供的在线资料。

再次强调，不要将本书当作数学教材，本书不会面面俱到地介绍高数内容。

常规数学教材的结构，一般是先介绍概念、定理及其证明，然后讲解例题，以及适量的习题，书的最后会附上习题的参考答案。本书则不然。当阅读的时候，你会感觉本书更像一个有数学经验的人介绍他自己的心得体会。因此，本书不会侧重于“解题”技能的训练，书中也会演示一些手工计算，但这么做的目的是帮助读者理解某些概念，更复杂的计算都会用编程语言实现——本书采用 Python 语言，但书中并不会介绍这种语言的使用方法，请读者自行解决编程语言问题（可参考“跟老齐学 Python”系列图书）。

如果不进行拣选，那么针对机器学习的数学内容，不是一本书能够完全涵盖的，即使能，那也将是一本超级厚的书，不仅会增加读者的经济负担，而且会让很多人半途而废。但考虑到不同读者有不同的需要，因此会在本书的在线资料中发布补充内容，包括但不限于：

- 某些定理、结论的证明
- 机器学习原理的数学推导
- 微积分有关内容（供不熟悉微积分的读者参考）
- 本书勘误和增、删内容
- 其他补充资料

当阅读本书正文的时候，读者可能会感觉“不很数学”，或者“很不数学”，这其实也是我所希望的，就如同前面所说，要将读者头脑中早已潜伏的“数学”激发起来，如果书中内容“很数学”，阅读起来就容易昏昏欲睡，适得其反。肯定有读者要看“很数学”的内容，为了满足这部分读者的需要，在本书的在线资料中已有专门提供。

在编写本书的过程中，因知识浅薄、头脑愚钝，错误或不足难免，我深恐谬误流传，所以，恳请读者在阅读发现谬误时不吝赐教，不胜感激。

邀请您关注我的微信公众号：老齐教室，前面提到的在线资料会发布到这个微信公众号。

老齐教室

在本书编写过程中，我得到了很多人帮助。我的妻子帮助我翻译了不少国外资料，西交利物浦大学的 Derek 博士是本书很多内容的第一位读者。感谢本书的编辑，审核那些无聊又不容出错的公式要比编辑或修改文字更痛苦。

最后，要郑重声明，本书内容，有的是个人理解和体会，有的借鉴了其他研究者的成果，在一般情况下我会说明所借鉴的资料来源。如果碰巧原创者看到了我所借鉴的内容且没有说明来源，请通过上述微信公众号联系我，在本书再印刷（希望能再印刷）的时候会进行修改，并在本书在线资料中予以说明。

如果本书能在某种程度上激活潜伏于读者大脑中已久的数学知识，那么请感谢你的大学老师和你的学习与实践，是这些过往的经历播下了智慧的种子；如果看完本书依然处于数学的懵懂之中，则建议利用本书在线资料。

齐伟

2021 年 5 月

目录

1

第 1 章 向量和向量空间

对于向量这个概念，你是不是感到既熟悉、又陌生？

熟悉，是因为在中学数学和物理中，都有这个概念。甚至在小学的数学中，也有向量的影子了——“数轴”已经包含了向量的思想。此外，在日常生活经验中也能感受到“向量”的含义，比如打开手机中的地图导航，会听到“向前行驶 100 米”，这就是生活中的向量。可以说我们与向量并非素不相识。

陌生，是因为线性代数中的向量并非那么直观，甚至超出人类大脑的想象能力，比如“n 维空间”——一维、二维、三维空间，我们能够想象出来或者画出来，那么“n 维”是什么样子的？超越了直觉，于是很多人对向量乃至于对线性代数、对数学望而却步，因为太抽象、不能触摸、无法想象，就觉得它高深莫测。

向量是线性代数的基本概念，而机器学习中的诸多算法又是以线性代数为工具的，由此推知，向量也是这些算法的基本概念。所以，对向量的认识就不能停留在“直觉感知”层面，必须深入下去，进入抽象层面。但是，抽象概念的建立，又不得不以直觉感知为基础。所以，本章会以“直觉感知”为起点，运用逻辑方法，最终达到建立抽象概念的目的。但内容又不会止步于此，否则本书就与数学教材无异了——好的数学教材也不都是抽象概念。本书还将演示这些貌似远离直觉的抽象概念在生产、生活，特别是在机器学习中的具体应用。

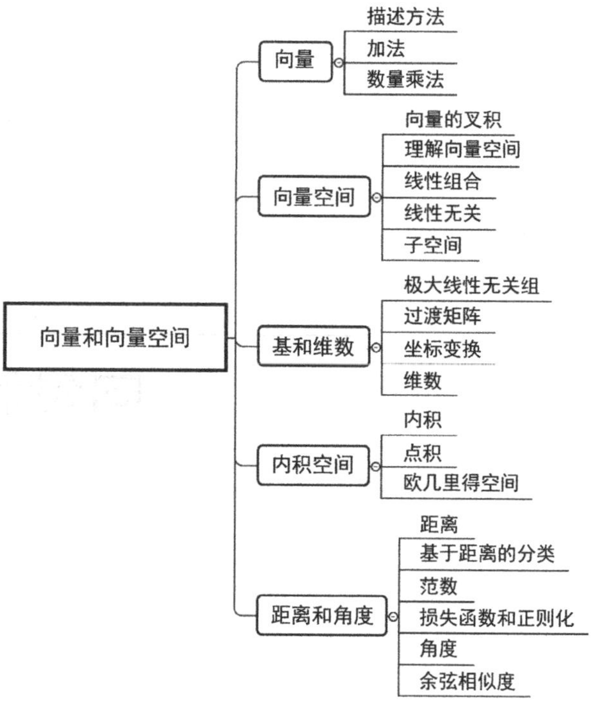

本章主要知识结构图

1.1 向量

说起向量，不能不提到伟大的物理学家、数学家**艾萨克·牛顿**（Isaac Newton，如图 1-1-1 所示），是他在巨著《自然哲学的数学原理》（该书封面如图 1-1-2 所示）中将力的概念化为向量（但是，关于向量的正式定义，是《自然哲学的数学原理》出版一个半世纪之后由 William Rowan Hamilton 确定的），并运用有关向量计算解决力学中的问题。为了纪念他的伟大贡献，物理学中以“牛顿”作为力的单位。

图 1-1-1

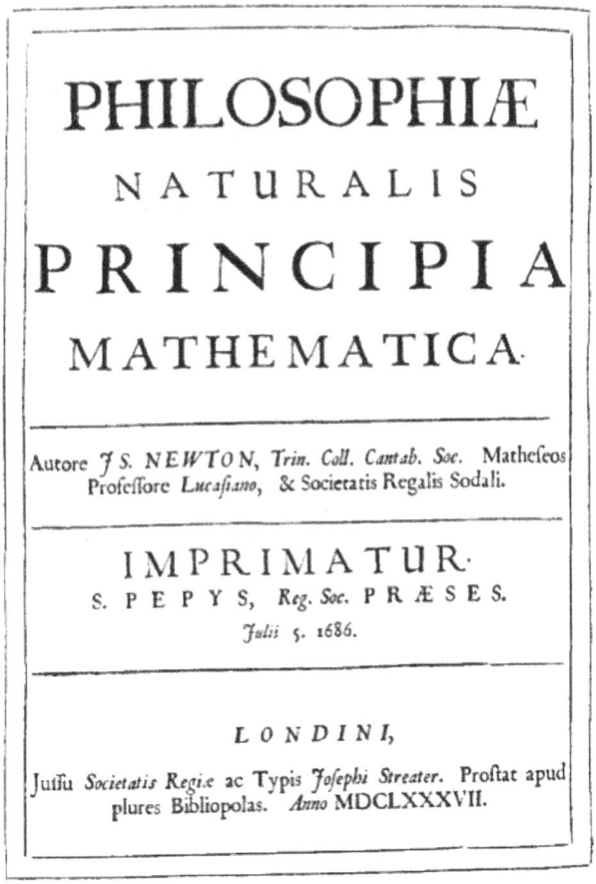

PHILOSOPHIÆ
NATURALIS
PRINCIPIA
MATHEMATICA.

Autore *J S.* NEWTON, *Trin. Coll. Cantab. Soc.* Mathefeos Profeffore *Lucafiano*, & Societatis Regalis Sodali.

IMPRIMATUR.
S. PEPYS, *Reg. Soc.* PRÆSES.
Julii 5. 1686.

LONDINI,

Juffu *Societatis Regiæ* ac Typis *Jofephi Streater.* Proftat apud plures Bibliopolas. *Anno* MDCLXXXVII.

图 1-1-2

英文单词 vector 来源于拉丁文 vehere，意为搬运——这多少体现了 vector 的含义，翻译为中文是“向量”或“矢量”。据传，早期物理学界习惯用“向量”一词，数学界习惯用“矢量”一词，后来物理学界前辈们要向数学同行致敬，于是更多地使用“矢量”，而数学界宗师们也表示谦恭，开始使用“向量”，最后就形成了现在的状态，物理学中习惯用“矢量”，数学中多用“向量”。虽然这是一种没有得到完全证实的传说，但也从另一角度说明数学和物理之间密不可分，以及数学在我们认识世界过程中的重要性。

1.1.1　描述向量

按照我们已有的认识，**向量**（Vector）是有大小和方向的量，比如物理学中的力、速度、加速度、角速度、动量等物理量都是向量。另外有一些量，比如温度、时间、质量、面积等，在描述它们的时候不需要方向，称之为**标量**（Scalar），也称“数量”或“纯量”。

以二维平面空间为例，如图 1-1-3 所示，显示了若干个有向线段，这些线段就直观地表示了向量，以其中的有向线段 OA 为例：

- 线段 OA 的长度表示向量的大小；
- 端点的顺序 $O \to A$ 表示了向量的方向，即箭头所指的方向；
- O 称为始点（尾部），A 称为终点（头部）；
- 此向量记作 $\overrightarrow{OA}$，或者用加粗的斜体小写字母表示，如 $\boldsymbol{v}$（在本书中，如果仅指某个一般意义的向量，均用如 $\boldsymbol{v}$ 这样的形式；如果特指某个有向线段，则采用类似 $\overrightarrow{OA}$ 这样的形式）。

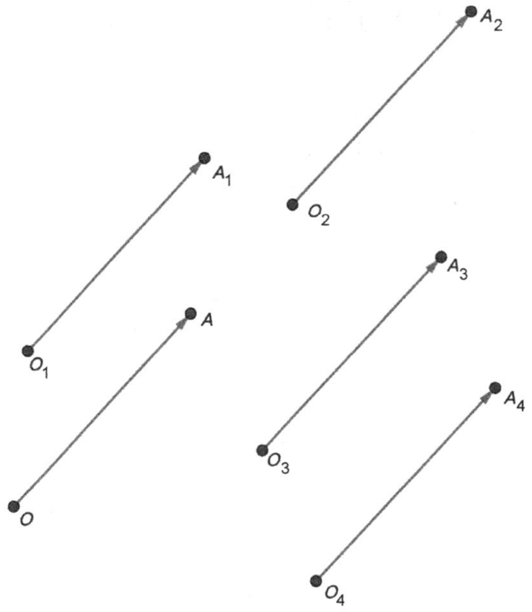

图 1-1-3

图 1-1-3 中显示的几个有向线段，彼此之间大小相等，方向一致，我们称这样的有向线段所表示的**向量相等**。从物理学的角度看，当“万箭齐发”的时候，数量是不可或缺的——一共发射了多少支箭？但是从数学的角度看，它们既然大小、方向都一样，那么只需要用一条有向线段即可说明“箭”的特点了。

为了更“数学”地描述向量，根据已有的数学经验，需要建立一个空间坐标系，最简单的方式，就是以一个向量的始点为坐标原点，建立直角坐标系。如图 1-1-4 所示，以向量 $\overrightarrow{OP}$ 的始点为坐标原点，建立直角坐标系之后，就可以用一个符号（例如 $\boldsymbol{u}$）表示所有与 $\overrightarrow{OP}$ 相等的向量了。

这样，我们就能准确地说明这些向量的大小（即长度）和方向（有关计算方法，请阅读 1.5 节）：

- 向量 $\boldsymbol{u}$ 的大小：$\|\boldsymbol{u}\|_2 = \sqrt{13}$；
- 设向量 $\boldsymbol{u}$ 与 x 轴的夹角为 θ：$\cos\theta = \dfrac{2}{\sqrt{13}}$。

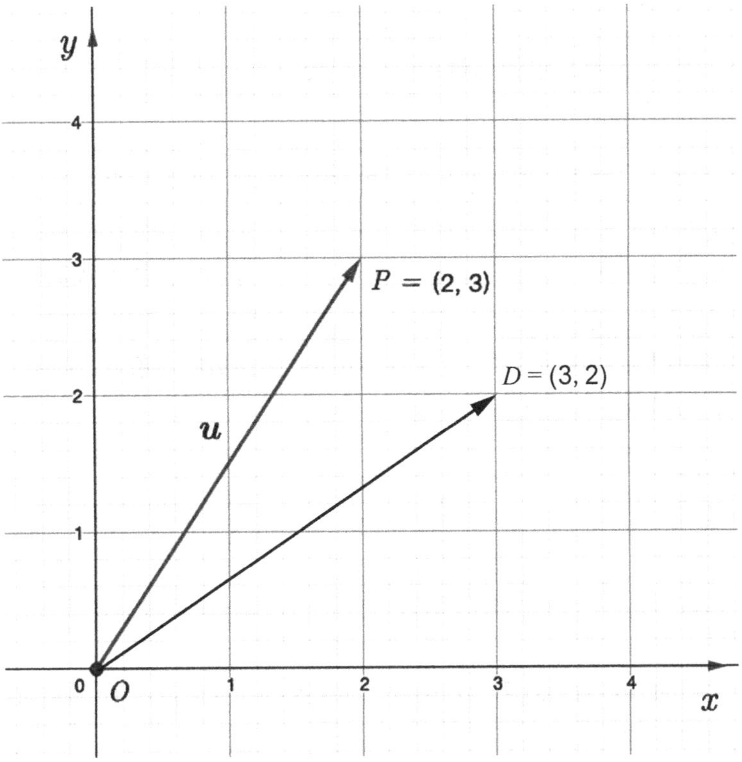

图 1-1-4

在图 1-1-4 所示的坐标系中，$\overrightarrow{OP}$ 的终点 P 的坐标是 $(2,3)$，这对有序数字唯一地表示了二维空间中的一个点，同样也唯一地表示了一个向量。如果另找一个点 $D(3,2)$，那么以原点为始点、D 为终点的向量 $\overrightarrow{OD}$ 以及与它相等的其他向量，显然与向量 $\boldsymbol{u}$ 不相等。因此，我们可以用平面空间中的点的坐标来表示与之对应的向量。

在线性代数中，用数字序列表示向量的写法有两种：

- **行向量**：将有序数字写成一行，比如图 1-1-4 中所示向量 $\boldsymbol{u}=\begin{bmatrix}2 & 3\end{bmatrix}$；
- **列向量**：将有序数字写成一列，比如：$\boldsymbol{u}=\begin{bmatrix}2\\3\end{bmatrix}$。

在本书中，使用列向量的方式表示空间向量，例如：

- 三维空间（用 $\mathbb{R}^3$ 表示）中的向量：$\begin{bmatrix}x_1\\x_2\\x_3\end{bmatrix}$，其中 x_1, x_2, x_3 是空间某点的坐标。此向量也可以写成 $\begin{bmatrix}x_1 & x_2 & x_3\end{bmatrix}^{\mathrm{T}}$，注意右上角的符号 T，表示转置（参阅 2.3.2 节），这样写在排版方面更方便。

- n 维空间（用 $\mathbb{R}^n$ 表示）中的向量：$\begin{bmatrix} x_1 \\ \vdots \\ x_n \end{bmatrix}$，或 $\begin{bmatrix} x_1 & \cdots & x_n \end{bmatrix}^{\mathrm{T}}$。

上述对向量的描述，有赖于所选择的那个坐标系——虽然它有点特殊，对此，本书在 1.2.3 节和 1.3.2 节会做进一步阐述。

对事物的描述，会影响我们对它的认识。当我们选择上面这种描述方式之后，向量的大门就敞开了。

在程序中，有多种表示向量的方法，比如在 NumPy 中用数组对象表示向量（注意：本书所有代码均是在 Jupyter Notebook 中编辑的）。

```
import numpy as np
u = np.array([1, 6, 7])
u

# 输出:
array([1, 6, 7])
```

上面创建的一维数组 $\boldsymbol{u}$，就可以表示行向量。如果要创建列向量，则可以这样操作：

```
v = u.reshape(-1,1)
v

# 输出:
array([[1],
       [6],
       [7]])
```

此外，Pandas 的 DataFrame 对象的每一列（即每个特征）都可以被视为一个列向量。

在机器学习中，用数组表示的向量可谓无处不在，只要有计算，就离不开它。为何？这是因为能够提升运算速度。以如下程序为例，创建一个由随机整数组成的列表，要计算列表中每个整数的平方，一种方法是使用列表解析方式计算，另一种方法是将列表转换为数组计算。

```
import random, time

# 创建一个列表
lst = [random.randint(1, 100) for i in range(100000)]


start = time.time()
lst2 = [i*i for i in lst]          # 用列表解析的方式计算每个数的平方
end = time.time()
print(f"列表解析用时: {end - start}s")

vlst = np.array(lst)               # 将列表转换为数组
start2 = time.time()
vlst2 = vlst * vlst                # 用数组相乘计算每个数的平方
```

```
end2 = time.time()
print(f"数组（向量）运算用时：{end2 - start2}s")
print(f"列表解析的运算时间是向量运算时间的：{round((end-start)/(end2-start2), 3)}倍")

# 输出
列表解析用时： 0.005980014801025391s
数组（向量）运算用时：0.00018000602722167975s
列表解析的运算时间是向量运算时间的：33.221 倍
```

以上程序的输出结果会因所用计算机的不同而有差别。计算结果显示了将数据“向量化”之后带来的优势。

所以，将计算对象“向量化”是机器学习中的一个重要操作，不然，计算速度慢，甚至无法计算。再比如要对一些文本进行处理——自然语言处理（Natural Language Processing，NLP）是人工智能技术的一个重要分支，就必须对组成文本的字词向量化。假设有两个文件，其内容分别是：

- 文件 1（记作：d_1）：mathematics machine learn
- 文件 2（记作：d_2）：learn python learn mathematics

程序无法直接对其中的单词进行计算——计算机认识的是数字，于是要将这两个对象“向量化”，分别统计每个字词在不同文件中出现的次数，最终形成表 1-1-1。

表 1-1-1

字词 / 文件	learn	machine	mathematics	python
d_1	1	1	1	0
d_2	2	0	1	1

如果把一行看作一个向量，就得到了 $\boldsymbol{d}_1=\begin{bmatrix}1 & 1 & 1 & 0\end{bmatrix}$，$\boldsymbol{d}_2=\begin{bmatrix}2 & 0 & 1 & 1\end{bmatrix}$ 这样两个向量，这两个向量分别记录了不同文件中的字词出现次数，并且在记录次数的时候不考虑字词的出现顺序，像这样的对象称为**词袋**（Bag of Words，BOW）。

在这个示例中，文件的字词数量很少，人工数一数就能得知每个字词的出现次数，如果文件中的字词太多怎么办？例如，把《红楼梦》作为一个文件，当然不能“人工数一数”了，此时要使用更有效率的工具。

```
from sklearn.feature_extraction.text import CountVectorizer
vectorizer=CountVectorizer()                                                  # (1)
corpus=["mathematics machine learn", "learn python learn mathematics"]        # (2)
cor_vec = vectorizer.fit_transform(corpus)                                    # (3)
vectorizer.get_feature_names()                                                # (4)

# 输出：
['learn', 'machine', 'mathematics', 'python']
```

在上述代码中，使用了机器学习常用库 Sklearn 中的 CountVectorizer 模型。注释(1)创建一个模型实例；注释(2)是待分析的两个文件；注释(3)利用模型对文件的内容进行训练转换；注释(4)显示所得模型的特征，即表 1-1-1 中显示的所有字词。

```
print(cor_vec)

# 输出:
(0, 2)  1
(0, 1)  1
(0, 0)  1
(1, 2)  1
(1, 0)  2
(1, 3)  1
```

- 第一列数字表示注释(2)中文件的索引，0 表示的是文件 1（即 d_1）。
- 第二列数字表示注释(4)输出结果的索引，例如“(0, 2)”中的 2 表示词语“mathematics”的索引。
- 第三列数字表示该字词在相应文件中出现的次数，例如“(0, 2) 1”中的 1 表示字词“mathematics”在（0 所表示的）d_1 中出现的次数是 1。

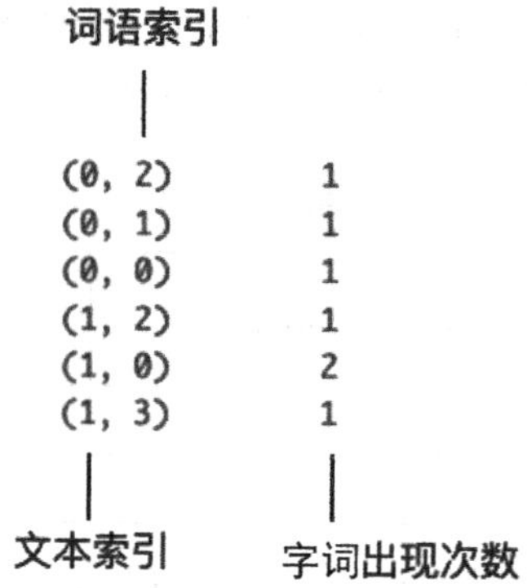

图 1-1-5

以上向量化的结果，还可以用 DataFrame 对象表示：

```
import pandas as pd
df = pd.DataFrame(cor_vec.toarray(), columns=vectorizer.get_feature_names())
df

# 输出:
   learn  machine  mathematics  python
0    1       1          1          0
1    2       0          1          1
```

上述输出结果与表 1-1-1 的内容相同。

像上面那样，统计了某个字词（记作：$t_i,(i=1,2,\cdots,m)$）在某个文件（记作：$d_j,(j=1,2\cdots,n)$）中的出现次数（记作：n_{ij}），在 NLP 中，称 n_{ij} 为**字词频数**（注意：在这里没有使用“词频”，主要是因为“词频”这个词中的“频”，没有明确表示出是“频数”还是“频率”，在统计学中，这是两个完全不同的概念，但是一般机器学习资料中未加区分）。一般认为，n_{ij} 越大，则该字词在相应文件中越重要，即字词频数能够表征某字词在文件中的重要性。

然而，由于不同文件的字词总数量[记作：$N_j,(j=1,2\cdots,n)$]不同，比如一个文件总共有 100 个字词，另外一个文件有 1000 个字词，如果“苏州”这个词在这两个文件中的字词频数都是 20，那么是不是意味着它在两个文件中的重要性一样呢？显然不是。为此，就要用下面的式子：

$$\text{tf}_{ij}=\frac{n_{ij}}{N_j}$$

这里计算所得的 tf_{ij} 称为**字词频率**（Term Frequency，简称 tf 或 TF）。按照此式，“苏州”这个词在两个文件中的 tf 分别为：$\text{tf}_{11}=\frac{20}{100}=0.2$ 和 $\text{tf}_{12}=\frac{20}{1000}=0.02$。

但是，tf 大，也并非意味着它所携带的信息量就大，比如在中文文本中常见“的、地、得”，英文文本中常见“the、a、of”等。所以，要给每个字词的 tf 增加一个权重，这个权重应该能体现该字词所能传递的信息量——越常见的字词，携带的信息量越小，权重值应该越低。

如果统计了包含某个字词的文件数量（记作：F_i）和所有文件的总数量（记作：$N=\sum_1^n j$），那么，就可以用下面的指标表示该字词是否常见：

$$\text{df}=\frac{F_i}{N}$$

F_i 越大，即 df（Document Frequency）越大，表示该字词在全部文件中越常见，则该字词的信息量也越小。因此，应该用 $\frac{1}{\text{df}}$ 作为 tf 的权重，即**逆向文件频率**（Inverse Document Frequency，简称 idf 或 IDF，单词“inverse”有“倒数”之意）。为了避免 df 的线性增长，通常计算时取对数：

$$\text{idf}_i=\log\left(\frac{N}{F_i+1}\right)$$

之所以在分母上加1，是为了避免分母为0（即所有文件都不含该词）。

这样，idf_i 就可以用以表征某个字词所携带的信息量大小，用它作为 tf_{ij} 的权重，即 $\text{tfidf}=\text{idf}_i\cdot\text{tf}_{ij}$，这个指标合称为 tf-idf（或 TF-IDF）。所以，只要计算出了字词的 tf-idf，就知道它在文件中的重要性了。

在前述已经计算了字词频数的基础上，继续使用 Sklearn 中的 TfidfTransformer 模型计算文件中每个字词的 tf-idf。

```
from sklearn.feature_extraction.text import TfidfTransformer

tfidf_trans = TfidfTransformer()
tfidf = tfidf_trans.fit_transform(cor_vec)

# 每个字词的 idf
```

```
tfidf_trans.idf_

# 输出
array([1.        , 1.40546511, 1.        , 1.40546511])

# 每个文档中字词的 tf-idf
tfidf.toarray()

# 输出
array([[0.50154891, 0.70490949, 0.50154891, 0.        ],
       [0.75726441, 0.        , 0.37863221, 0.53215436]])
```

经过如此操作，将原来的文本内容转换为了向量，并且向量包含了文本中每个词汇的有关信息。在此基础上，就可以通过计算，研究这些文本信息了——更多 NLP 的知识，请参阅专门资料。

现在知道了向量如何表示，下一个问题就是怎么计算它了。

1.1.2 向量的加法

在物理学中，我们曾经学过两个向量相加的方法：平行四边形法则。如图 1-1-6 所示，有两个向量 $\boldsymbol{u}$ 和 $\boldsymbol{v}$，分别过 P 点和 Q 点做对边（向量）的平行线，两者交点为 R，则得到的向量 $\boldsymbol{r}$ 就是 $\boldsymbol{u}$ 和 $\boldsymbol{v}$ 相加后所得的和，即 $\boldsymbol{r}=\boldsymbol{u}+\boldsymbol{v}$。

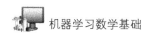

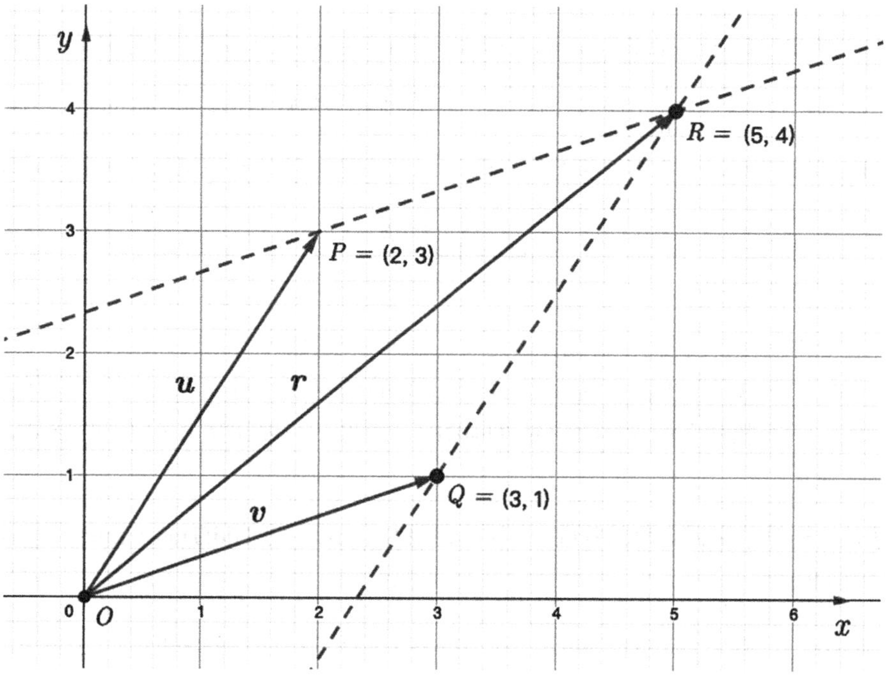

图 1-1-6

如果作图需要非常严格——手工尺规作图很难做到，一般要使用专门软件（例如 GeoGebra），就能得到图 1-1-5 所示的向量 $\boldsymbol{r}$ 的端点在直角坐标系中的坐标。

以上纯粹用几何方式计算两个向量相加。现在，我们要用更定量的方式完成这个运算。使用前面已经介绍过的描述向量的方法，图 1-1-6 的直角坐标系中所示的向量 $\boldsymbol{u}$ 和 $\boldsymbol{v}$ 分别为：

$$\boldsymbol{u}=\begin{bmatrix}2\\3\end{bmatrix},\boldsymbol{v}=\begin{bmatrix}3\\1\end{bmatrix}$$

这两个向量的和就可以写成：

$$\boldsymbol{u}+\boldsymbol{v}=\begin{bmatrix}2\\3\end{bmatrix}+\begin{bmatrix}3\\1\end{bmatrix}=\begin{bmatrix}2+3\\3+1\end{bmatrix}=\begin{bmatrix}5\\4\end{bmatrix}$$

由此可知：两个向量相加，就是对应的坐标相加。

如何理解此结论？可以用中学物理常用的“正交分解法”帮助我们深入分析。还是以平面上的两个向量为例，如图 1-1-7 所示，分别将表示向量 $\boldsymbol{u}$ 和向量 $\boldsymbol{v}$ 的有向线段向坐标系的 x 轴和 y 轴投影（关于投影，参阅 3.4.4 节）。

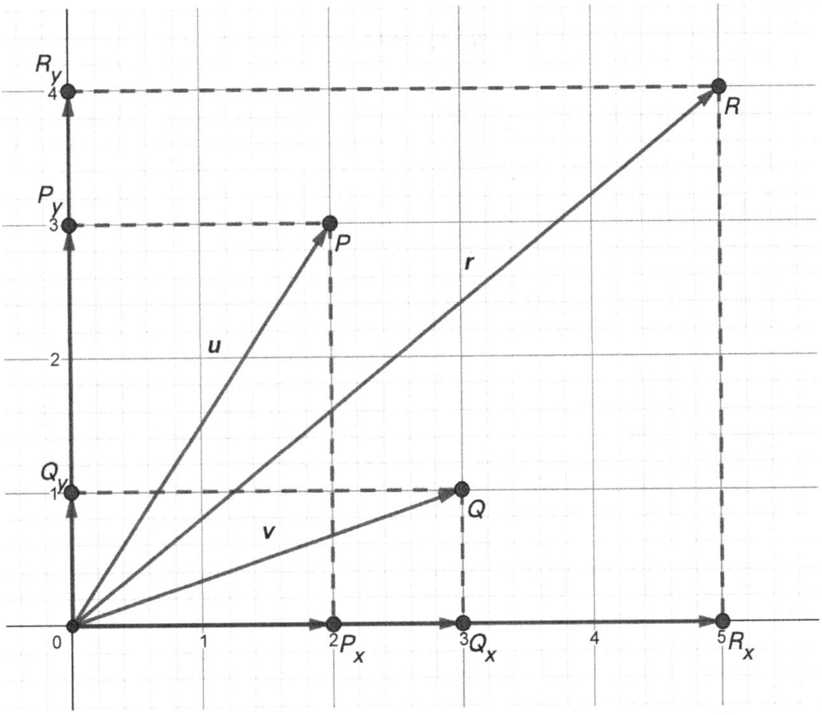

图 1-1-7

从而分别得到了沿着 x 轴的两个向量 $\overrightarrow{OP_x}$、$\overrightarrow{OQ_x}$ 和沿着 y 轴的两个向量 $\overrightarrow{OP_y}$、$\overrightarrow{OQ_y}$，又因为每个向量的起点都是坐标原点，所以，此处的每个向量就可以用终点的坐标表示，这样就将向量运算转换为代数运算，即：

$$\overrightarrow{OR_x} = \overrightarrow{OP_x} + \overrightarrow{OQ_x} = 2 + 3 = 5$$

$$\overrightarrow{OR_y} = \overrightarrow{OQ_y} + \overrightarrow{OP_y} = 1 + 3 = 4$$

然后，将向量$\overrightarrow{OR_x}$和$\overrightarrow{OR_y}$合成，就得到了向量$\boldsymbol{u}$与向量$\boldsymbol{v}$的和$\boldsymbol{r} = \begin{bmatrix} 5 \\ 4 \end{bmatrix}$。

定义：实数空间$\mathbb{R}^n$中的两个向量$\boldsymbol{u} = \begin{bmatrix} u_1 \\ u_2 \\ \vdots \\ u_n \end{bmatrix}, \boldsymbol{v} = \begin{bmatrix} v_1 \\ v_2 \\ \vdots \\ v_n \end{bmatrix}$相加：

$$\boldsymbol{u} + \boldsymbol{v} = \begin{bmatrix} u_1 + v_1 \\ u_2 + v_2 \\ \vdots \\ u_n + v_n \end{bmatrix}$$

有了向量加法的严格定义之后，计算向量减法就不难了。

$$\boldsymbol{u} - \boldsymbol{v} = \boldsymbol{u} + (-\boldsymbol{v})$$

$-\boldsymbol{v}$的含义就是将向量$\boldsymbol{v}$反向。

仍然用 NumPy 的数组表示向量，可用数组间的加减法运算实现向量的加减。

```
# 数组相加实现向量加法
np.array([[2],[1]]) + np.array([[3], [3]])

# 输出
array([[5],
       [4]])

# 数组相减实现向量减法
np.array([[2],[1]]) - np.array([[3], [3]])

# 输出
array([[-1],
       [-2]])
```

1.1.3 向量的数量乘法

在上一节说明向量减法时，提到了$-\boldsymbol{v}$，对此也可理解为$-1 \cdot \boldsymbol{v}$，即用一个标量-1乘以一个向量，像这样的计算，我们称为**数量乘法**。数量乘法的最直接效果是将向量大小进行缩小或放大，即通过乘以一个数——这个数是标量，也称为“数量”，实现对向量长度的放大或者缩小，如图图 1-1-8 所示，有向量$\boldsymbol{v}$，用有向线段$\overrightarrow{OQ}$表示。

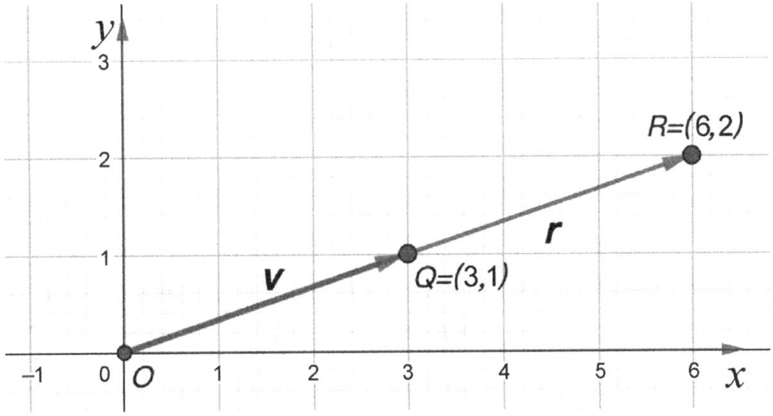

图 1-1-8

如果计算 $2\boldsymbol{v}$，就是将向量长度放大为原来的 2 倍，并且方向与原向量一样，如图 1-1-8 的有向线段 $\overrightarrow{OR}$ 所示的向量，记作 $\boldsymbol{r}$ 。若 $\boldsymbol{v}=\begin{bmatrix}3\\1\end{bmatrix}$，则：

$$\boldsymbol{r}=2\boldsymbol{v}=2\begin{bmatrix}3\\1\end{bmatrix}=\begin{bmatrix}2\times3\\2\times1\end{bmatrix}=\begin{bmatrix}6\\2\end{bmatrix}$$

$-\boldsymbol{v}$ 的计算则是 $-\begin{bmatrix}3\\1\end{bmatrix}=\begin{bmatrix}-3\\-1\end{bmatrix}$，这样我们就得到了一个与 $\boldsymbol{v}$ 方向相反的向量。

当然，如果用 NumPy 数组表示向量，那么数量乘法运算也能够通过标量与数组的乘积实现。

```
# 2v
2 * np.array([[3], [1]])

# 输出
array([[6],
       [2]])

# -1v
-1 * np.array([[3], [1]])

# 输出
array([[-3],
       [-1]])
```

如果把向量的数量乘法也推广到 n 维空间，可得：

定义　n 维空间中的向量 $\boldsymbol{v}=\begin{bmatrix}v_1\\v_2\\\vdots\\v_n\end{bmatrix}$ 的数量乘法：

$$c\boldsymbol{v}=\begin{bmatrix}cv_1\\cv_2\\\vdots\\cv_n\end{bmatrix}$$

其中 c 为实数。

本节在中学数学、物理基础上初步理解向量的描述方法及其加法和数量乘法，并且从二维平面空间推广到了 n 维空间。这些内容，既可以作为理解后续相关知识的基础，也可以认为是某种特例，为何如此说？下一节将从更一般化的角度来理解向量，届时大家将体会到“特例”的含义。

根据经验，是不是还应该有向量与向量的乘法？有，而且还有点复杂，请继续阅读。

1.2 向量空间

生活中所说的“空间”，就是我们所处的地方，通常它有三个维度，里面有各种物体，这些物体各自遵守着一定的运动规则——注意，“空间”非“空”——或者说，这个空间制定了某些规则，里面的物体必须遵循。有时候我们也会画出一个相对小的范围，在这个范围内的对象类型单一，且遵循统一的规律，比如这几年风靡各地的“创客空间”，其中的对象就是喜欢创造的人，他们遵循的规律就是“创造，改变世界”。诚然，由人组成的“空间”总是很复杂的，超出了本书的范畴，我们要探讨的是由向量组成的“空间”。

1.2.1 什么是向量空间

在 1.1 节中，讨论向量的加法和数量乘法的时候，是否注意到了结果向量的特点？比如在二维的平面空间中：

- 两个向量相加所得到的向量，依然在这个二维平面空间中；
- 经过数量乘法所得到的向量，也在这个二维平面空间中。

但是，如果要计算二维平面中的两个向量叉积——这是两个向量相乘，结果就不这样了。

叉积（Cross Product），又称**矢量积**（Vector Product），如图 1-2-1 所示，设二维平面中有向量 $\boldsymbol{u}$ 和 $\boldsymbol{v}$，它们的叉积为：

$$\boldsymbol{u}\times\boldsymbol{v}=(uv\sin\theta)\boldsymbol{k}$$

其中 u 和 v 分别表示向量 $\boldsymbol{u}$ 和 $\boldsymbol{v}$ 的大小，$\boldsymbol{k}$ 表示按照“右手定则”所确定的叉积方向，即右手伸开，拇指与四指垂直，四指并拢，并都与手掌在同一平面；四指指向第一个向量 $\boldsymbol{u}$ 的方向，然后向另外一个向量 $\boldsymbol{v}$ 弯曲，则拇指方向即为 $\boldsymbol{u}\times\boldsymbol{v}$ 的方向。

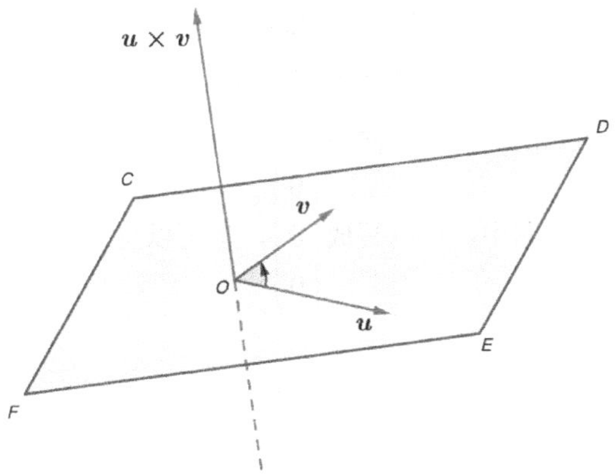

图 1-2-1

结合图 1-2-1 可知，平面中的两个向量的叉积已经不在此平面内，而是垂直于此平面。

所以向量的叉积结果与前述向量的加法及向量的数量乘法结果大相径庭。在线性代数中，我们把如同向量加法及数量乘法那样，计算结果的向量与已知向量在同一个空间，称为**加法和数量乘法封闭**。

如果抽象为严格的数学定义，即为：

定义　设 $\mathbb{V}$ 是一个非空集合，$\mathbb{K}$ 是一个数域。在 $\mathbb{V}$ 中定义了：

- 加法：$\forall \boldsymbol{a},\boldsymbol{b} \in \mathbb{V}$，则 $\boldsymbol{a}+\boldsymbol{b} \in \mathbb{V}$；
- 数量乘法：$\forall \boldsymbol{a} \in \mathbb{V}, \forall k \in \mathbb{K}$，则 $k\boldsymbol{a} \in \mathbb{V}$。

并且满足下述 8 条运算法则：

- $\boldsymbol{a}+\boldsymbol{b}=\boldsymbol{b}+\boldsymbol{a}$
- $\forall \boldsymbol{c} \in \mathbb{V}, \ (\boldsymbol{a}+\boldsymbol{b})+\boldsymbol{c}=\boldsymbol{a}+(\boldsymbol{b}+\boldsymbol{c})$
- $\mathbb{V}$ 中有一个元素 $\mathbf{0}$，有 $\boldsymbol{a}+\mathbf{0}=\boldsymbol{a}$，元素 $\mathbf{0}$ 称为**零元素**
- 对于 $\forall \boldsymbol{a} \in \mathbb{V}$，存在 $\boldsymbol{d} \in \mathbb{V}$，使得 $\boldsymbol{a}+\boldsymbol{d}=\mathbf{0}$，$\boldsymbol{d}$ 称为 $\boldsymbol{a}$ 的**负元素**
- $1\boldsymbol{a}=\boldsymbol{a}$
- $(kl)\boldsymbol{a}=k(l\boldsymbol{a}), \forall k,l \in \mathbb{K}$
- $(k+l)\boldsymbol{a}=k\boldsymbol{a}+l\boldsymbol{a}$
- $k(\boldsymbol{a}+\boldsymbol{b})=k\boldsymbol{a}+k\boldsymbol{b}$

那么，称 $\mathbb{V}$ 是数域 $\mathbb{K}$ 上的一个**线性空间**（Linear Space）。

若把线性空间 $\mathbb{V}$ 的元素称为**向量**，则线性空间又称为**向量空间**（Vector Space）。

在上述定义中，$\forall$ 是全称量词，表示“对所有；对任意”；$\in$ 是元素归属。$\forall \boldsymbol{a} \in \mathbb{V}$ 表示的是任意向量 $\boldsymbol{a}$ 都属于非空集合 $\mathbb{V}$。

由上述定义可知，我们所熟悉的二维的平面空间、三维的立体空间是实数域 $\mathbb{R}$ 上的一个向量空间。本书中，如无特殊说明，所涉及的数域均为实数域。

在向量空间中，有一个特殊的向量：**零向量**。如果按照 1.1 节中的方法描述这个向量，它就位于坐标原点，比如在三维向量空间中，可以写成 $\begin{bmatrix}0\\0\\0\end{bmatrix}$，也可以用粗体 $\mathbf{0}$ 表示任何向量空间中的零向量，而普通的字体 0 表示的是一个标量。

1.2.2 线性组合

在一个向量空间中，会有无数个向量，但是，这些向量之间不是毫无关联的，下面以图 1-2-2 所示的二维空间中的几个向量为例，探讨向量空间中的线性组合问题。

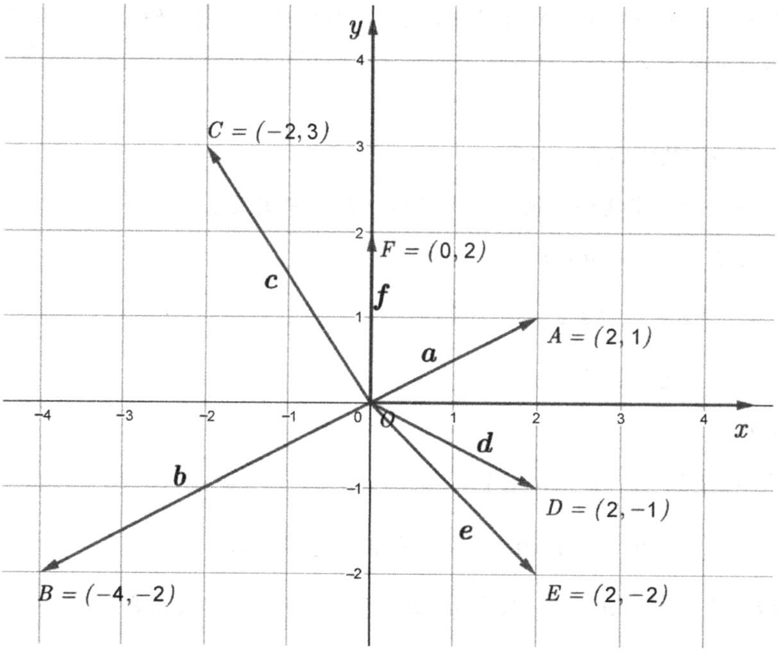

图 1-2-2

设二维向量空间中有向量 $\boldsymbol{a}=\begin{bmatrix}2\\1\end{bmatrix}$，$\boldsymbol{b}=\begin{bmatrix}-4\\-2\end{bmatrix}$，$\boldsymbol{c}=\begin{bmatrix}-2\\3\end{bmatrix}$，$\boldsymbol{d}=\begin{bmatrix}2\\-1\end{bmatrix}$，$\boldsymbol{e}=\begin{bmatrix}2\\-2\end{bmatrix}$，$\boldsymbol{f}=\begin{bmatrix}0\\2\end{bmatrix}$，不难发现如下几项关系：

- $\begin{bmatrix}2\\1\end{bmatrix}=-\frac{1}{2}\begin{bmatrix}-4\\-2\end{bmatrix}$，即 $\boldsymbol{a}=-\frac{1}{2}\boldsymbol{b}$
- $\begin{bmatrix}2\\-1\end{bmatrix}=\begin{bmatrix}-2\\3\end{bmatrix}+2\begin{bmatrix}2\\-2\end{bmatrix}$，即 $\boldsymbol{d}=\boldsymbol{c}+2\boldsymbol{e}$

- $\begin{bmatrix}0\\2\end{bmatrix}=\begin{bmatrix}-2\\3\end{bmatrix}+\begin{bmatrix}2\\-1\end{bmatrix}$，即 $\boldsymbol{f}=\boldsymbol{c}+\boldsymbol{d}$
- ⋯

在以上所列关系式中，只用到了向量空间中所定义的数量乘法、向量加法或者它们的综合，就可以把某个向量用其他若干个向量表示，我们称这个表达式为那些向量的线性组合，严格定义如下：

定义　设 $\boldsymbol{v}_1,\boldsymbol{v}_2,\cdots,\boldsymbol{v}_m$ 是 $\mathbb{R}^n$ 中有限个向量，称为一个**向量组**，则：

$$c_1\boldsymbol{v}_1+c_2\boldsymbol{v}_2+\cdots+c_m\boldsymbol{v}_m$$

是向量组 $\boldsymbol{v}_1,\boldsymbol{v}_2,\cdots,\boldsymbol{v}_m$ 的**一个线性组合**（Linear Combination），其中 $c_1,c_2,\ldots,c_m$ 是标量，称为**系数**（Coefficient）。

在线性代数中，总离不开线性方程组，虽然到目前为止，我们还没有像常规教材那样求解线性方程组，但还是要借助它换个角度来理解线性组合。

$$\begin{cases}x_1-x_2+x_3+2x_4=0\\x_1-3x_3+2x_4=0\\2x_1-x_2-2x_3+4x_4=0\end{cases}\tag{1.2.1}$$

在这个方程组中，只有加法和乘法（减法可以看成是加法和乘法的综合，例如 x_1-x_2，即为 $x_1+(-1x_2)$）。注意，（1.2.1）式的写法中并没有体现出向量的加法和数量乘法，而都是标量间的计算。我们可以将其改写为：

$$x_1\begin{bmatrix}1\\1\\2\end{bmatrix}+x_2\begin{bmatrix}-1\\0\\-1\end{bmatrix}+x_3\begin{bmatrix}1\\-3\\-2\end{bmatrix}+x_4\begin{bmatrix}2\\2\\4\end{bmatrix}=\begin{bmatrix}0\\0\\0\end{bmatrix}\tag{1.2.2}$$

等号左边显然是一个线性组合。

如果 $x_1=x_2=x_3=x_3=0$，则毫无疑问，上式成立，称这个解为原方程组的**零解**。是不是应该有非零解呢？但是，这里暂时不研究这个方程组的非零解，而是认真观察等号左边的线性组合，是不是发现两个有特殊关系的向量：$\begin{bmatrix}1\\1\\2\end{bmatrix}$ 和 $\begin{bmatrix}2\\2\\4\end{bmatrix}$，这两个向量之间具有倍数关系，$\begin{bmatrix}1\\1\\2\end{bmatrix}$ 乘以 2 等于 $\begin{bmatrix}2\\2\\4\end{bmatrix}$。这是一个石破天惊的重大发现。

1.2.3　线性无关

继续使用（1.2.2）式，在重大发现的基础上，就不难为方程组（1.2.1）式构建一组解了（注意，不是用什么方法解出来了，是直接“看”出来的，完全凭经验），比如 $x_1=-2,\ x_2=0,\ x_3=0,\ x_4=1$，即得到了：

$$-2\begin{bmatrix}1\\1\\2\end{bmatrix}+0\begin{bmatrix}-1\\0\\-1\end{bmatrix}+0\begin{bmatrix}1\\-3\\-2\end{bmatrix}+1\begin{bmatrix}2\\2\\4\end{bmatrix}=\begin{bmatrix}0\\0\\0\end{bmatrix}$$

当然，也可以构建其他形式的解。

对于类似于$\begin{bmatrix}1\\1\\2\end{bmatrix}$和$\begin{bmatrix}2\\2\\4\end{bmatrix}$这样的向量，我们称之为**线性相关**（Linear Correlation），与此对应的就是**线性无关**（Linear Independence）。

定义 设$\boldsymbol{v}_1,\cdots,\boldsymbol{v}_m$是一个向量组，如果有一组**不全为**0的数$k_1,\cdots,k_m$，使得：

$$k_1\boldsymbol{v}_1+\cdots+k_m\boldsymbol{v}_m=0$$

那么称向量组$\boldsymbol{v}_1,\cdots,\boldsymbol{v}_m$是**线性相关的**。否则，称向量组$\boldsymbol{v}_1,\cdots,\boldsymbol{v}_m$是**线性无关**的，即如果根据：

$$k_1\boldsymbol{v}_1+\cdots+k_m\boldsymbol{v}_m=0$$

得到$k_1=\cdots=k_m=0$，那么称向量组$\boldsymbol{v}_1,\cdots,\boldsymbol{v}_m$是**线性无关**的。

例如，三维向量空间中的向量组：$\begin{bmatrix}1\\0\\0\end{bmatrix},\begin{bmatrix}0\\1\\0\end{bmatrix},\begin{bmatrix}0\\0\\1\end{bmatrix}$，若想使得这三个向量的线性组合等于$\begin{bmatrix}0\\0\\0\end{bmatrix}$：

$$p\begin{bmatrix}1\\0\\0\end{bmatrix}+q\begin{bmatrix}0\\1\\0\end{bmatrix}+r\begin{bmatrix}0\\0\\1\end{bmatrix}=\begin{bmatrix}0\\0\\0\end{bmatrix}$$

只能$p=0,\quad q=0,\quad r=0$。因此，这三个向量线性无关。

根据线性无关的定义，可以推导出一些结论，此处列举几项：

- 如果向量组$\boldsymbol{v}_1,\cdots,\boldsymbol{v}_m$线性无关，则它的任意一部分向量也线性无关
- 如果向量组$\boldsymbol{v}_1,\cdots,\boldsymbol{v}_m$中有一部分向量线性相关，则此向量组线性相关
- 含有零向量的向量组，一定线性相关。

向量组中向量的线性相关或线性无关分析，是线性代数和机器学习中的重要内容。下面以前（1.2.2）式为例，通过分析由其所得到的线性相关的线性组合，进而完成方程组的求解。

由于$\begin{bmatrix}2\\2\\4\end{bmatrix}=2\begin{bmatrix}1\\1\\2\end{bmatrix}$，（1.2.2）式等号左边可以变化为：

$$x_1\begin{bmatrix}1\\1\\2\end{bmatrix}+x_2\begin{bmatrix}-1\\0\\-1\end{bmatrix}+x_3\begin{bmatrix}1\\-3\\-2\end{bmatrix}+x_4\begin{bmatrix}2\\2\\4\end{bmatrix}=\left(x_1+2x_4\right)\begin{bmatrix}1\\1\\2\end{bmatrix}+x_2\begin{bmatrix}-1\\0\\-1\end{bmatrix}+x_3\begin{bmatrix}1\\-3\\-2\end{bmatrix}$$

令：$x'=x_1+2x_4$，则有：

$$x'\begin{bmatrix}1\\1\\2\end{bmatrix}+x_2\begin{bmatrix}-1\\0\\-1\end{bmatrix}+x_3\begin{bmatrix}1\\-3\\-2\end{bmatrix}=\begin{bmatrix}0\\0\\0\end{bmatrix}$$

也就是得到了一个与原线性方程组（1.2.1）式等效的线性方程组：

$$\begin{cases}x'-x_2+x_3=0\\x'-3x_3=0\\2x'-x_2-2x_3=0\end{cases}$$

由此，解得：

$$\begin{cases}x'=3x_3\\x_2=4x_3\\x_3=x_3\end{cases}$$

又因为：$x'=x_1+2x_4$，所以：

$$\begin{cases}x_1=3x_3-2x_4\\x_2=4x_3\\x_3=x_3\\x_4=x_4\end{cases}$$

其中 x_3、x_4 是自由变量，显然这个方程组有无数个解。

为了更直观地理解线性相关和线性无关，假设有两个向量 $\boldsymbol{u}$ 和 $\boldsymbol{v}$，它们在一条直线上（即一维空间），不论它们的方向关系如何，总能写成 $\boldsymbol{u}=k\boldsymbol{v}\left(k\in\mathbb{R},\text{且}k\neq 0\right)$ 的形式，显然，这两个向量是线性相关的。

以上内容在一维空间中比较容易理解，如果在二维空间中就会稍显复杂了。

如图 1-2-3 所示，假设平面空间上有两个不共线的向量 $\overrightarrow{OA}$，$\overrightarrow{OB}$，这两个向量中的任何一个发生变化，都不会影响另外一个。或者说，当且仅当 $k_1=k_2=0$ 时，才有 $k_1\overrightarrow{OA}+k_2\overrightarrow{OB}=0$，成立。所以它们是线性无关的。

如果适当调整这两个线性无关的向量的大小和它们之间的夹角，就可以合成平面中任何一个其他向量，也就是任何一个其他向量，都可以用这两个向量表示。所以在一个平面空间中，如果确定了两个线性无关的向量，则可以证明，任何第三个向量必然与它们线性相关（严格的证明过程，请参阅本书在线资料。关于在线资料的说明，请阅读前言），即 $\overrightarrow{OD}=x_1\overrightarrow{OB}+x_2\overrightarrow{OA},\left(x_1,x_2\neq 0\right)$。

为了简化表示，我们可以将已知的两个向量特殊化，即 $\overrightarrow{OA}$ 和 $\overrightarrow{OB}$ 两个向量的长度都是1（即单

位向量），且它们的夹角为90°，并用新的符号标记：$\boldsymbol{i}=\overrightarrow{OB}$，$\boldsymbol{j}=\overrightarrow{OA}$。把向量的起点$O$作为长度的计数起点，标记为数字0，如图1-2-4所示。

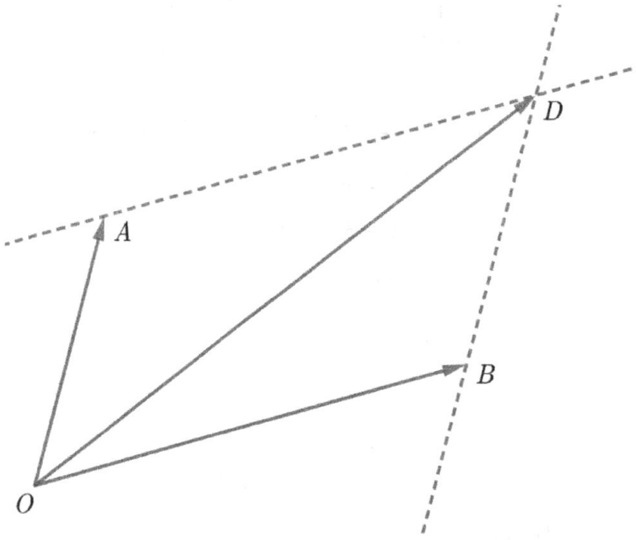

图 1-2-3

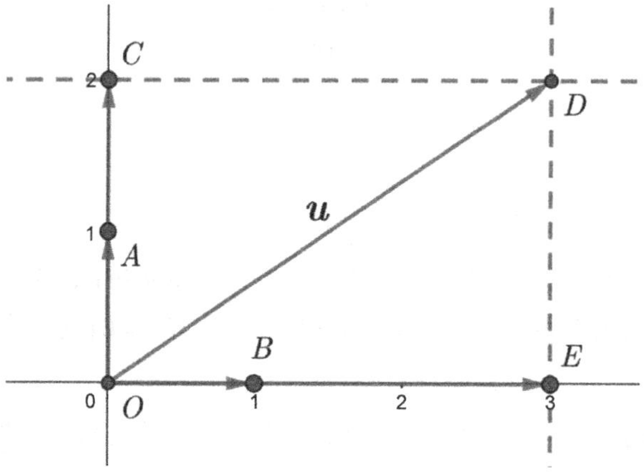

图 1-2-4

平面空间的任意一个向量$\overrightarrow{OD}$本来可以用图1-2-4所示的向量$\overrightarrow{OE},\overrightarrow{OC}$合成，即：

$$\overrightarrow{OD}=\overrightarrow{OE}+\overrightarrow{OC}$$

根据前面的假设，$\overrightarrow{OE}$的长度一定是单位向量$\boldsymbol{i}$的x倍（x是一个实数），且方向与之相同，记作：$\overrightarrow{OE}=x\boldsymbol{i}$。同理，$\overrightarrow{OC}=y\boldsymbol{j}$。所以：

$$\overrightarrow{OD}=x\boldsymbol{i}+y\boldsymbol{j}$$

根据 1.1 节所学，我们知道，单位向量 $\boldsymbol{i}$，$\boldsymbol{j}$ 可以分别表示为：

$$\boldsymbol{i}=\begin{bmatrix}1\\0\end{bmatrix},\quad \boldsymbol{j}=\begin{bmatrix}0\\1\end{bmatrix}$$

所以，也可将 $\overrightarrow{OD}$ 写成：

$$\overrightarrow{OD}=x\begin{bmatrix}1\\0\end{bmatrix}+y\begin{bmatrix}0\\1\end{bmatrix}$$

将上述过程总结一下，我们从“平面上两个不在同一条直线上的向量线性无关”开始，然后用这两个向量表示任何第三个向量，最后将这两个向量特殊化（用单位向量表示），进而得到了我们熟悉的东西——笛卡儿坐标系（Cartesian Coordinate System）。现在复习 1.1.1 节中描述向量的方法，是不是就理解其缘由了呢？如果再结合 1.3 节的阐述，则更能深入领悟。

同样的思路，可以延伸到三维空间或者更高维的空间。

如果用不完全归纳法，则我们会发现，n 维空间中有 n 个线性无关的向量，用它们可以表征任意第 $n+1$ 个向量。并且，为了方便，我们还使用笛卡儿坐标系，n 维空间中的笛卡儿坐标系有 n 个单位向量，用这些单位向量可以表征此空间中任何一个向量。我想，应该首先向伟大的数学家、哲学家笛卡儿（法语名：René Descartes，拉丁语名：Renatus Cartesius，肖像如图 1-2-5 所示）致敬，他于 1637 年发表了巨著《方法论》，并在其附录“几何”中阐述了如今的笛卡儿坐标系。伟大的笛卡儿的这项发明，将代数与欧几里得几何结合了起来，并影响了其他数学分支和其他科学。笛卡儿在文科生里也有很高的声望，就是因为那句“我思故我在”，很多人为理解这句模模糊糊的话费尽周折，甚至于口诛笔伐。

图 1-2-5

1.1.1 节曾提到过，对于 Pandas 的 DataFrame 对象，每一列可以看成一个向量。

```
# 创建一个数据集
df = pd.DataFrame({'A':[1,2,3],'B':[2,4,6],'C':[4,8,12],'target':[1,0,1]})
df

# 输出
   A  B   C  target
0  1  2   4       1
1  2  4   8       0
2  3  6  12       1
```

有数据集 df，其中的特征 target 表示每个样本（每一行）的分类标签，假设用这个数据集训练一个分类模型（注意，这里只是为了说明问题而假设，不是实际情况，因为数据集太小了），上面的数据中显示了三个特征 A、B、C，这三个特征是否可以作为训练模型的自变量呢？

三个特征，相当于三个向量，并且有：

$$2\begin{bmatrix}1\\2\\3\end{bmatrix}+\begin{bmatrix}2\\4\\6\end{bmatrix}-\begin{bmatrix}4\\8\\12\end{bmatrix}=0$$

这三个特征（向量）线性相关，如果想象一种极端情况，三个特征的值都一样，也是线性相关的。所以，这时貌似是三个特征，实则就一个，任何两个特征的线性组合就是第三个。那么，在这样的数据集中，我们只需要选其中任何一个作为自变量即可。

除此之外，在数据集中，还会有一种情况，也需要慎重选择特征。

```
df = pd.read_csv("./datasets/train.csv")           # 读入一个数据集
df_parts = df[['Survived', 'Sex', 'Age', 'Fare']]  # 获取部分特征
df_parts.head()

# 输出
   Survived     Sex   Age     Fare
0         0    male  22.0   7.2500
1         1  female  38.0  71.2833
2         1  female  26.0   7.9250
3         1  female  35.0  53.1000
4         0    male  35.0   8.0500

# 显示每个特征的类型
df_parts.info()

# 输出
<class 'pandas.core.frame.DataFrame'>
RangeIndex: 891 entries, 0 to 890
Data columns (total 4 columns):
 #   Column    Non-Null Count  Dtype
---  ------    --------------  ------------
 0   Survived  891     non-null   int64
 1   Sex       891     non-null   object
 2   Age       714     non-null   float64
 3   Fare      891     non-null   float64
dtypes: float 64(2),  int64(1),  object(1)
memory usage:  28.0+ KB
```

上述操作中加载了泰坦尼克号的数据集，用 df_parts.head()显示了部分特征的前 5 个样本，并以 df_parts.info()得到了每个特征的类型。从输出结果中可知，特征 Sex 不是数字，因此如果要将这个数据集作为某个机器学习模型的训练集，就必须对这个特征进行变换，通常要对它进行 OneHot 编码（参阅《数据准备和特征工程》一书），如以下程序所示。

```
pd.get_dummies(df_parts[['Sex']]).head()

# 输出
   Sex_female   Sex_male
0           0          1
```

```
1          1           0
2          1           0
3          1           0
4          0           1
```

此处的输出结果实现了 OneHot 编码，如果将特征 Sex_femal 和 Sex_male 分别看作两个向量，仅取上面所显示的，即向量$[0\quad 1\quad 1\quad 1\quad 0]^{\mathrm{T}}$和$[1\quad 0\quad 0\quad 0\quad 1]^{\mathrm{T}}$（此处用行向量的转置表示，关于转置，请参阅 2.3.2 节），虽然它们线性无关，但是，对于每一个人而言，一般情况下，我们不需要说"他的性别是男，并且不是女"（即 Sex_female=1 且 Sex_male=0），只需要说"他的性别是男"（即 Sex_female=1）就已经把性别描述清楚了，另外一个特征则是冗余的。所以，可以删除一个。

```
df_parts['Male'] = pd.get_dummies(df_parts[['Sex']], drop_first=True)
df_parts.head()

# 输出
      Survived     Sex     Age    Fare      Male
0            0    male    22.0   7.2500      1
1            1  female    38.0   71.2833     0
2            1  female    26.0   7.9250      0
3            1  female    35.0   53.1000     0
4            0    male    35.0   8.0500      1
```

在机器学习中，像上面那样对特征进行选择和变换，是必不可少的，推荐参阅拙作《数据准备和特征工程》（电子工业出版社）。

1.2.4　子空间

在 1.2.1 节提到了一个概念：加法和数量乘法封闭。当时是以二维空间中的向量加法、数量乘法为例进行说明的，并且用向量的叉积做了对比。本节将要从更一般化的角度对此进行阐述。

我们已经知道，任何维度的空间中都包含了无穷个向量，在线性代数中，通常将这些向量视为一个集合，用$\mathbb{R}^n$表示，n即空间的维度（仅考虑实数域）。

假设$\boldsymbol{v}_1,\boldsymbol{v}_2,\cdots,\boldsymbol{v}_m$是$\mathbb{R}^n$中的一个向量组，$k_1,k_2,\cdots,k_m$是实数，那么可以得到这样的一个集合：

$$\mathbb{R}^m=\{k_1\boldsymbol{v}_1+k_2\boldsymbol{v}_2+\cdots+k_m\boldsymbol{v}_m \mid k_1,k_2,\cdots,k_m\in\mathbb{R}\}$$

由于$\boldsymbol{0}=0\boldsymbol{v}_1+\cdots+0\boldsymbol{v}_m\in\mathbb{R}^m$，因此$\mathbb{R}^m$是$\mathbb{R}^n$的非空子集。

从集合$\mathbb{R}^m$中任取两个元素：$a_1\boldsymbol{v}_1+\cdots+a_m\boldsymbol{v}_m$，$b_1\boldsymbol{v}_1+\cdots+b_m\boldsymbol{v}_m$，则：

$$(a_1\boldsymbol{v}_1+\cdots+a_m\boldsymbol{v}_m)+(b_1\boldsymbol{v}_1+\cdots+b_m\boldsymbol{v}_m)=(a_1+b_1)\boldsymbol{v}_1+\cdots+(a_m+b_m)\boldsymbol{v}_m\in\mathbb{R}^m$$

于是，我们称$\mathbb{R}^m$符合**加法封闭**。还有：

$$h(a_1\boldsymbol{v}_1+\cdots+a_m\boldsymbol{v}_m)=(ha_1)\boldsymbol{v}_1+\cdots+(ha_m)\boldsymbol{v}_m\in\mathbb{R}^m,\forall h\in\mathbb{R}$$

也称 $\mathbb{R}^m$ 符合**数量乘法封闭**。

所以 $\mathbb{R}^m$ 符合加法和数量乘法封闭，并且它是由向量组 $\boldsymbol{v}_1,\boldsymbol{v}_2,\cdots,\boldsymbol{v}_m$ 生成（或张成）的，于是称 $\mathbb{R}^m$ 为 $\mathbb{R}^n$ 的一个**线性子空间**（Linear Subspace），简称**子空间**。

例如，在三维向量空间中有两个向量 $\boldsymbol{u}=\begin{bmatrix}1\\0\\1\end{bmatrix}$ 和 $\boldsymbol{v}=\begin{bmatrix}0\\1\\1\end{bmatrix}$，如图 1-2-6 所示，由这两个向量决定的平面记作 $\mathbb{H}$ 。显然，任何一个线性组合 $\boldsymbol{w}=a\boldsymbol{u}+b\boldsymbol{v}$ 都位于 $\mathbb{H}$ 内，且符合加法和数量乘法封闭，则 $\mathbb{H}$ 是由向量 $\boldsymbol{u}$ 和 $\boldsymbol{v}$ 生成的 $\mathbb{R}^3$ 的子空间。

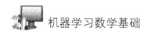

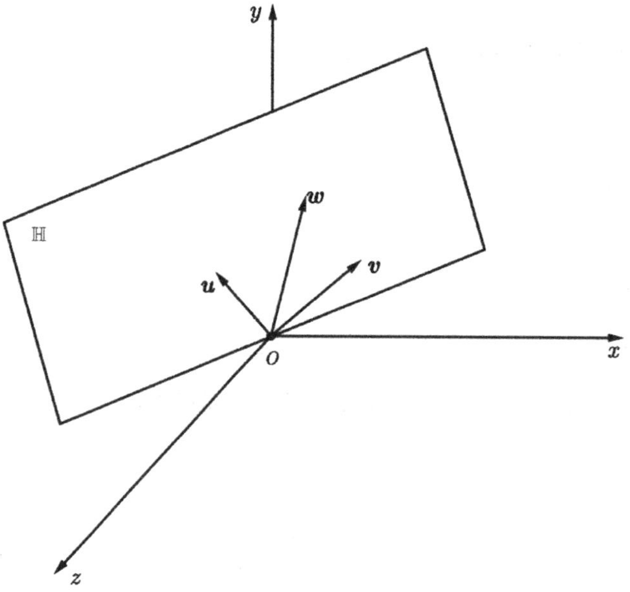

图 1-2-6

在几何空间（关于几何空间，请参阅 1.4.2 节）中，过原点 O 的平面、直线都是几何空间的子空间。但是，不过 O 点的平面和直线，不是子空间。

为了进一步理解子空间的概念，再把前面求解过的线性方程组（1.2.1）式列出来：

$$\begin{cases}x_1-x_2+x_3+2x_4=0\\x_1-3x_3+2x_4=0\\2x_1-x_2-2x_3+4x_4=0\end{cases}$$

方程组的解：

$$\begin{cases}x_1=3x_3-2x_4\\x_2=4x_3\\x_3=x_3\\x_4=x_4\end{cases}$$

其中 x_3、x_4 是自由变量。令 $x_3 = r$，$x_4 = s$，可以将这个解写成 $\mathbb{R}^4$ 中的向量：

$$\begin{bmatrix}3r-2s\\4r\\r\\s\end{bmatrix}=r\begin{bmatrix}3\\4\\1\\0\end{bmatrix}+s\begin{bmatrix}-2\\0\\0\\1\end{bmatrix}$$

继续完成如下计算（以下计算过程中的 q,t,k 都是实数）：

加法：$\left(r\begin{bmatrix}3\\4\\1\\0\end{bmatrix}+s\begin{bmatrix}-2\\0\\0\\1\end{bmatrix}\right)+\left(q\begin{bmatrix}3\\4\\1\\0\end{bmatrix}+t\begin{bmatrix}-2\\0\\0\\1\end{bmatrix}\right)=(r+q)\begin{bmatrix}3\\4\\1\\0\end{bmatrix}+(s+t)\begin{bmatrix}-2\\0\\0\\1\end{bmatrix}$

数量乘法：$k\left(r\begin{bmatrix}3\\4\\1\\0\end{bmatrix}+s\begin{bmatrix}-2\\0\\0\\1\end{bmatrix}\right)=kr\begin{bmatrix}3\\4\\1\\0\end{bmatrix}+ks\begin{bmatrix}-2\\0\\0\\1\end{bmatrix}$

因此我们可以说，向量 $\begin{bmatrix}3\\4\\1\\0\end{bmatrix},\begin{bmatrix}-2\\0\\0\\1\end{bmatrix}$ 生成了 $\mathbb{R}^4$ 的子空间。

通常把像（1.2.1）式那样的方程组（等号右侧都是 0），称为**齐次线性方程组**（参阅第 2 章 2.4.2 节线性方程组），齐次线性方程组的解都是子空间。

1.3　基和维数

一维（线）、二维（平面）、三维（立体），这是我们能感知到的空间；在物理学中还有四维时空；线性代数中更常见的则是 n 维空间，这里的“维”是如何定义的？在 1.2.3 节演绎了笛卡儿坐标系之于平面空间的创建和作用，那么更一般化的“坐标”应该如何定义？

1.3.1　极大线性无关组

以 1.2 节的图 1-2-6 中所示的子空间 $\mathbb{H}$ 为例，在该子空间中，可以有无穷多个向量，这些向量构成了一个向量组或者多个向量组。假设有图 1-3-1 所示的几个向量，它们可以构成一系列的向量组，如：$\{\boldsymbol{a}_1,\boldsymbol{a}_2,\boldsymbol{b}_1,\boldsymbol{b}_2,\boldsymbol{b}_3\},\{\boldsymbol{a}_1,\boldsymbol{a}_2\},\{\boldsymbol{a}_1,\boldsymbol{a}_2,\boldsymbol{b}_1\},\{\boldsymbol{a}_1,\boldsymbol{a}_2\ \boldsymbol{b}_1,\boldsymbol{b}_2\},\{\boldsymbol{b}_1,\boldsymbol{b}_2\},\cdots$ 等向量组。考查这些向量组可以发现，有的向量组中的向量是线性无关的，比如 $\{\boldsymbol{a}_1,\boldsymbol{a}_2\}$；有的向量组中的向量是线性相关的，比如 $\{\boldsymbol{b}_1,\boldsymbol{b}_2,\boldsymbol{b}_3\}$、$\{\boldsymbol{a}_1,\boldsymbol{a}_2,\boldsymbol{b}_1\}$。但它们都可以生成同一个子空间 $\mathbb{H}$。我们将不同向量组的这种现象，称为**等价**。严格的定义可以表述如下。

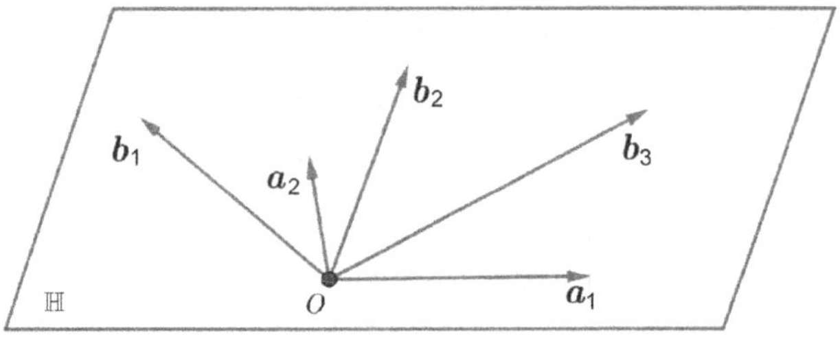

图 1-3-1

定义 如果向量组 A 中的每个向量可以用向量组 B 中的向量以线性组合的形式表示（称为**线性表出**），反之，向量组 B 也可以由向量组 A 线性表出，则这**两个向量组等价**。

取一个向量组 $\{\boldsymbol{a}_1,\boldsymbol{a}_2,\boldsymbol{b}_1,\boldsymbol{b}_2\}$ 进行考查，下面列出几个与它等价的向量组：

- $\{\boldsymbol{a}_1,\boldsymbol{a}_2\}$
- $\{\boldsymbol{a}_1,\boldsymbol{b}_1\}$
- $\{\boldsymbol{a}_1,\boldsymbol{a}_2,\boldsymbol{b}_1\}$
- $\{\boldsymbol{a}_2,\boldsymbol{b}_1,\boldsymbol{b}_2\}$

在这些向量组中，只有两个向量的向量组都是线性无关的，只要再多一个，就线性相关了，于是就称像 $\{\boldsymbol{a}_1,\boldsymbol{a}_2\},\{\boldsymbol{a}_1,\boldsymbol{b}_1\},\{\boldsymbol{b}_1,\boldsymbol{a}_2\},\{\boldsymbol{b}_2,\boldsymbol{b}_3\},\cdots$ 这样的向量组为**极大线性无关组**。

定义 某向量组的一个部分组，如果满足：

- 这个部分组线性无关
- 从向量组的其余向量中（如果有）任取一个添加进去，得到的新的部分组线性相关

那么称这个部分组为此向量组的一个**极大线性无关组**。

从上面的示例可以看出，一个向量组（或者说子空间，因为一个向量组生成一个子空间）可有多个极大线性无关组，并且这些极大线性无关组的向量个数相等且等价。对于极大线性无关组的这个特点，我们可以用“秩”的概念来描述。

定义 向量组的一个极大线性无关组所含向量的个数，称为这个向量组的**秩**（Rank）。如向量组 $\{\boldsymbol{u}_1,\cdots,\boldsymbol{u}_s\}$ 的秩记作 $\text{rank}\{\boldsymbol{u}_1,\cdots,\boldsymbol{u}_s\}$。

与向量组的秩类似，后面还会提到矩阵的秩（参阅 2.5 节），届时请读者对照理解。

有了向量组的秩这个概念，就可以更简洁地表述向量组，比如：两个向量组等价的充分必要条件是它们的秩相等，且其中一个向量组可以由另外一个向量组线性表出。

1.3.2 基

在 1.2.3 节就已经发现，对于二维向量空间，任何一个向量都可以用两个线性无关的向量线性

表出。同样来思考三维向量空间，也有类似的情况，如图 1-3-2 所示，向量组$\{\boldsymbol{i},\boldsymbol{j},\boldsymbol{k}\}$是$\mathbb{R}^3$的一个线性无关的向量组（即：$\boldsymbol{i}=\begin{bmatrix}1\\0\\0\end{bmatrix}$，$\boldsymbol{j}=\begin{bmatrix}0\\1\\0\end{bmatrix}$，$\boldsymbol{k}=\begin{bmatrix}0\\0\\1\end{bmatrix}$），此空间中任意一个向量$\overrightarrow{OA}$可以用这三个向量线性表出，但如果给向量组$\{\boldsymbol{i},\boldsymbol{j},\boldsymbol{k}\}$再增加一个向量，则该向量组不再是线性无关的了，也就是说这个向量组也是一个极大线性无关组。

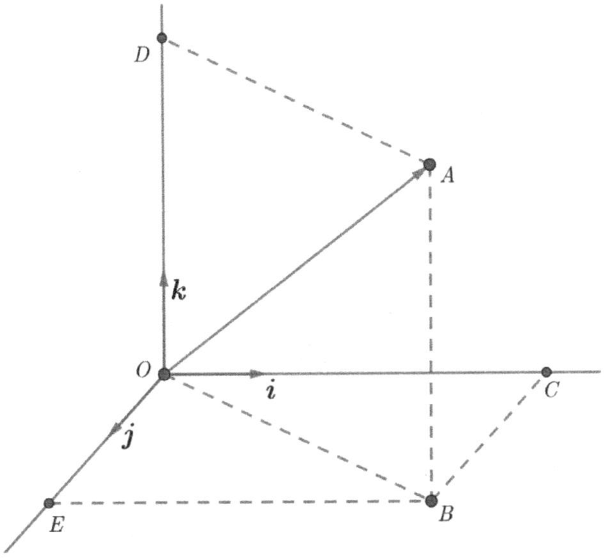

图 1-3-2

将得到的以上结论推广到任何向量空间，如果我们都可以找到一个极大线性无关的向量组，用它可线性表出这个向量空间的任何一个向量，那么称这个极大线性无关组为该向量空间的一个**基**（Basis）。

再如几何空间中的向量组$\begin{bmatrix}1\\2\\3\end{bmatrix},\begin{bmatrix}5\\1\\0\end{bmatrix},\begin{bmatrix}2\\0\\0\end{bmatrix}$，是极大线性无关组，它构成了几何空间的一个基，几何空间中的任何一个向量同样可以用这三个向量的线性组合表示。只不过，相比于图 1-3-2 中所示的那个基，这个基不那么“特殊”。

图 1-3-2 所示的基的特殊性在于：向量长度都是 1，且彼此垂直（另外一种称谓是**正交**，参阅 3.4.1 节），因此也称其为**标准基**（Standard Basis，或称**标准正交基**），例如$\mathbb{R}^n$的一个标准基是：

$$\boldsymbol{v}_1=\begin{bmatrix}1\\0\\0\\\vdots\\0\\0\end{bmatrix},\boldsymbol{v}_2=\begin{bmatrix}0\\1\\0\\\vdots\\0\\0\end{bmatrix},\cdots,\boldsymbol{v}_n=\begin{bmatrix}0\\0\\0\\\vdots\\0\\1\end{bmatrix}\qquad(1.3.1)$$

显然，以上我们所选择的标准基更具有特殊性，即每个向量中只有一个值是非零值。有没有别的标准基呢？是不是标准基都如此？不是！只不过像上面那样选择标准基让向量的描述更简单。如图 1-3-3 所示，二维向量空间中的向量 $\overrightarrow{OA}$（以 $\overrightarrow{OA}$ 表示向量对象本身，即不需要依靠任何基以数学形式描述该向量），在标准基 $\begin{bmatrix}1\\0\end{bmatrix},\begin{bmatrix}0\\1\end{bmatrix}$ 下描述为：

$$\overrightarrow{OA}=3\begin{bmatrix}1\\0\end{bmatrix}+4\begin{bmatrix}0\\1\end{bmatrix} \tag{1.3.2}$$

如果在另外一个标准基 $\begin{bmatrix}\frac{1}{\sqrt{2}}\\\frac{1}{\sqrt{2}}\end{bmatrix},\begin{bmatrix}\frac{1}{\sqrt{2}}\\-\frac{1}{\sqrt{2}}\end{bmatrix}$ 下描述，则为：

$$\overrightarrow{OA}=\frac{7}{2}\sqrt{2}\begin{bmatrix}\frac{1}{\sqrt{2}}\\\frac{1}{\sqrt{2}}\end{bmatrix}-\frac{\sqrt{2}}{2}\begin{bmatrix}\frac{1}{\sqrt{2}}\\-\frac{1}{\sqrt{2}}\end{bmatrix} \tag{1.3.3}$$

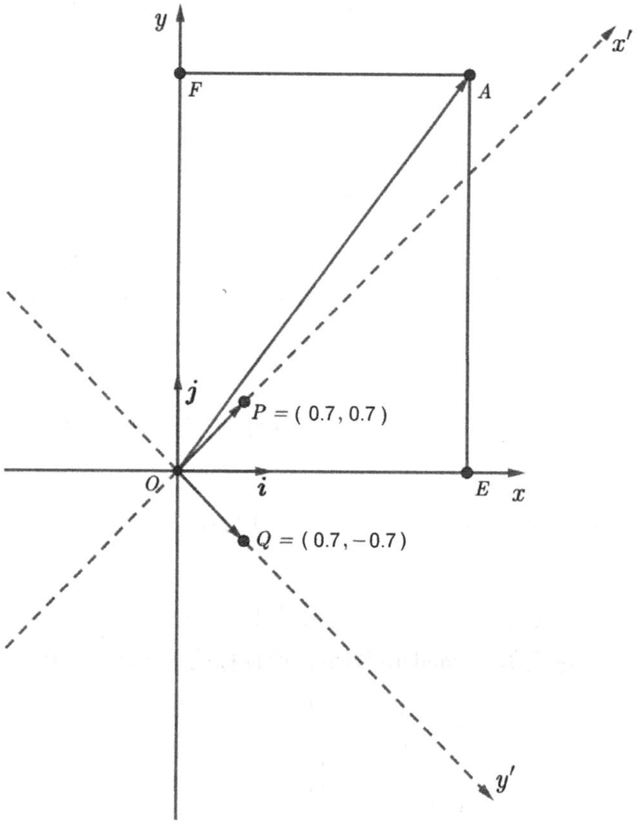

图 1-3-3

比较一下，哪个更简单？一目了然。所以，基于$\begin{bmatrix}1\\0\end{bmatrix},\begin{bmatrix}0\\1\end{bmatrix}$样式的标准基描述空间的向量，更符合我们的意愿。事实上，当我们用线性代数的方式将向量表示出来的时候，就已经为它选定了一个基——向量必须在向量空间的一个基下才能描述。例如，向量$\boldsymbol{v}=\begin{bmatrix}v_1\\v_2\end{bmatrix}$，在我们没有明确说明它的基的时候，事实上已经默认了一个基：

$$\boldsymbol{v}=v_1\begin{bmatrix}1\\0\end{bmatrix}+v_2\begin{bmatrix}0\\1\end{bmatrix}$$

类似于（1.3.1）式的基是我们常用的向量空间的默认基。

如果以基中每个向量所在方向的直线为坐标轴，如图 1-3-3 所示，就创建了一个**坐标系**（Coordinate System）。很显然，不同的基所创建的坐标系是不同的，图 1-3-3 分别以实线和虚线表示了上述两个基所对应的坐标系。

（1.3.2）式和（1.3.3）式分别用不同的基描述向量$\overrightarrow{OA}$，其中系数$(3,4)$或者$\left(\frac{7}{2}\sqrt{2},-\frac{\sqrt{2}}{2}\right)$，称为**坐标**。

如果对$\overrightarrow{OA}=3\begin{bmatrix}1\\0\end{bmatrix}+4\begin{bmatrix}0\\1\end{bmatrix}$进行乘法和加法运算，就得到了$\begin{bmatrix}3\\4\end{bmatrix}$。由此可见，在这个坐标系中，向量的描述和坐标是完全一致的，并且符合我们的直观感觉。所以，在讨论某个空间的列向量或者行向量的时候，如果写成了类似这样的方式，就意味着该向量是基于空间的$\left\{\begin{bmatrix}1\\0\end{bmatrix},\begin{bmatrix}0\\1\end{bmatrix}\right\}$标准基描述的（回顾 1.1 节对向量的描述）。

把上述经验推广到其他向量空间，设$\{\boldsymbol{\alpha}_1,\cdots,\boldsymbol{\alpha}_n\}$（$\boldsymbol{\alpha}_i$表示列向量）是某个向量空间的一个基，则该空间中一个向量$\overrightarrow{OA}$可以描述为：

$$\overrightarrow{OA}=x_1\boldsymbol{\alpha}_1+\cdots+x_n\boldsymbol{\alpha}_n \tag{1.3.4}$$

其中的$(x_1,\cdots,x_n)$即为向量$\overrightarrow{OA}$在基$\{\boldsymbol{\alpha}_1,\cdots,\boldsymbol{\alpha}_n\}$的**坐标**。

如果有另外一个基$\{\boldsymbol{\beta}_1,\cdots,\boldsymbol{\beta}_n\}$（$\boldsymbol{\beta}_i$表示列向量），向量$\overrightarrow{OA}$又描述为：

$$\overrightarrow{OA}=x_1'\boldsymbol{\beta}_1+\cdots+x_n'\boldsymbol{\beta}_n \tag{1.3.5}$$

那么，同一个向量空间的这两个基有没有关系呢？有。不要忘记，基是一个向量组，例如基$\{\boldsymbol{\beta}_1,\cdots,\boldsymbol{\beta}_n\}$中的每个向量也在此向量空间，所以可以用基$\{\boldsymbol{\alpha}_1,\cdots,\boldsymbol{\alpha}_n\}$线性表出，即：

$$\begin{cases}\boldsymbol{\beta}_1=b_{11}\boldsymbol{\alpha}_1+\cdots+b_{n1}\boldsymbol{\alpha}_n\\ \quad\vdots\\ \boldsymbol{\beta}_n=b_{1n}\boldsymbol{\alpha}_1+\cdots+b_{nn}\boldsymbol{\alpha}_n\end{cases}$$

以矩阵（这里提前使用了矩阵的概念，是因为本书已经在前言中声明，我们假定读者学过高等数学。关于矩阵的更详细内容，请参阅第 2 章）的方式，可以表示为：

$$\begin{bmatrix}\boldsymbol{\beta}_1 & \cdots & \boldsymbol{\beta}_n\end{bmatrix}=\begin{bmatrix}\boldsymbol{\alpha}_1 & \cdots & \boldsymbol{\alpha}_n\end{bmatrix}\begin{bmatrix}b_{11} & \cdots & b_{1n}\\ \vdots & \ddots & \vdots\\ b_{n1} & \cdots & b_{nn}\end{bmatrix} \tag{1.3.6}$$

其中：

$$\boldsymbol{P}=\begin{bmatrix}b_{11} & \cdots & b_{1n}\\ \vdots & \ddots & \vdots\\ b_{n1} & \cdots & b_{nn}\end{bmatrix}$$

称为基 $\{\boldsymbol{\alpha}_1,\cdots,\boldsymbol{\alpha}_n\}$ 向基 $\{\boldsymbol{\beta}_1,\cdots,\boldsymbol{\beta}_n\}$ 的**过渡矩阵**。显然，过渡矩阵实现了一个基向另一个基的变换。

定义 在同一个向量空间，由基 $\begin{bmatrix}\boldsymbol{\alpha}_1 & \cdots & \boldsymbol{\alpha}_n\end{bmatrix}$ 向基 $\begin{bmatrix}\boldsymbol{\beta}_1 & \cdots & \boldsymbol{\beta}_n\end{bmatrix}$ 的过渡矩阵是 $\boldsymbol{P}$，则：

$$\begin{bmatrix}\boldsymbol{\beta}_1 & \cdots & \boldsymbol{\beta}_n\end{bmatrix}=\begin{bmatrix}\boldsymbol{\alpha}_1 & \cdots & \boldsymbol{\alpha}_n\end{bmatrix}\boldsymbol{P}$$

根据（1.3.5）式，可得：

$$\begin{aligned}x_1'\boldsymbol{\beta}_1+\cdots+x_n'\boldsymbol{\beta}_n &= x_1'b_{11}\boldsymbol{\alpha}_1+\cdots+x_1'b_{n1}\boldsymbol{\alpha}_n\\ &\quad+\cdots\\ &\quad+x_n'b_{1n}\boldsymbol{\alpha}_1+\cdots+x_n'b_{nn}\boldsymbol{\alpha}_n\\ &=\left(x_1'b_{11}+\cdots+x_n'b_{1n}\right)\boldsymbol{\alpha}_1\\ &\quad+\cdots\\ &\quad+\left(x_1'b_{n1}+\cdots+x_n'b_{nn}\right)\boldsymbol{\alpha}_n\end{aligned}$$

（1.3.4）式和（1.3.5）式描述的是同一个向量，所以：

$$\begin{cases}x_1=x_1'b_{11}+\cdots+x_n'b_{1n}\\ \quad\vdots\\ x_n=x_1'b_{n1}+\cdots+x_n'b_{nn}\end{cases}$$

如果写成矩阵形式，即：

$$\begin{bmatrix}x_1\\ \vdots\\ x_n\end{bmatrix}=\begin{bmatrix}b_{11} & \cdots & b_{1n}\\ \vdots & \ddots & \vdots\\ b_{n1} & \cdots & b_{nn}\end{bmatrix}\begin{bmatrix}x_1'\\ \vdots\\ x_n'\end{bmatrix} \tag{1.3.7}$$

表示了在同一个向量空间中，向量在不同基下的坐标之间的变换关系，我们称之为**坐标变换公式**。

定义 在某个向量空间中，由基$[\boldsymbol{\alpha}_1 \quad \cdots \quad \boldsymbol{\alpha}_n]$向基$[\boldsymbol{\beta}_1 \quad \cdots \quad \boldsymbol{\beta}_n]$的过渡矩阵是$\boldsymbol{P}$。某向量在基$[\boldsymbol{\alpha}_1 \quad \cdots \quad \boldsymbol{\alpha}_n]$下的坐标是$\boldsymbol{x}=\begin{bmatrix}\boldsymbol{x}_1\\ \vdots \\ \boldsymbol{x}_n\end{bmatrix}$，在基$[\boldsymbol{\beta}_1 \quad \cdots \quad \boldsymbol{\beta}_n]$下的坐标是$\boldsymbol{x}'=\begin{bmatrix}\boldsymbol{x}'_1\\ \vdots \\ \boldsymbol{x}'_n\end{bmatrix}$，这两组坐标之间的关系是：

$$\boldsymbol{x}=\boldsymbol{P}\boldsymbol{x}'$$

为了更直观地理解上述概念，下面以平面空间为例给予详细说明。如图 1-3-4 所示，有向量$\overrightarrow{OA}=3\begin{bmatrix}1\\0\end{bmatrix}+4\begin{bmatrix}0\\1\end{bmatrix}=\begin{bmatrix}3\\4\end{bmatrix}$，所对应坐标系如实线 xOy 所示（显然，基是$\left\{\begin{bmatrix}1\\0\end{bmatrix},\begin{bmatrix}0\\1\end{bmatrix}\right\}$）。此向量空间的另外一个基$\left\{\begin{bmatrix}1\\1\end{bmatrix},\begin{bmatrix}-1\\1\end{bmatrix}\right\}$所对应的坐标系如虚线 $x'Oy'$ 所示。

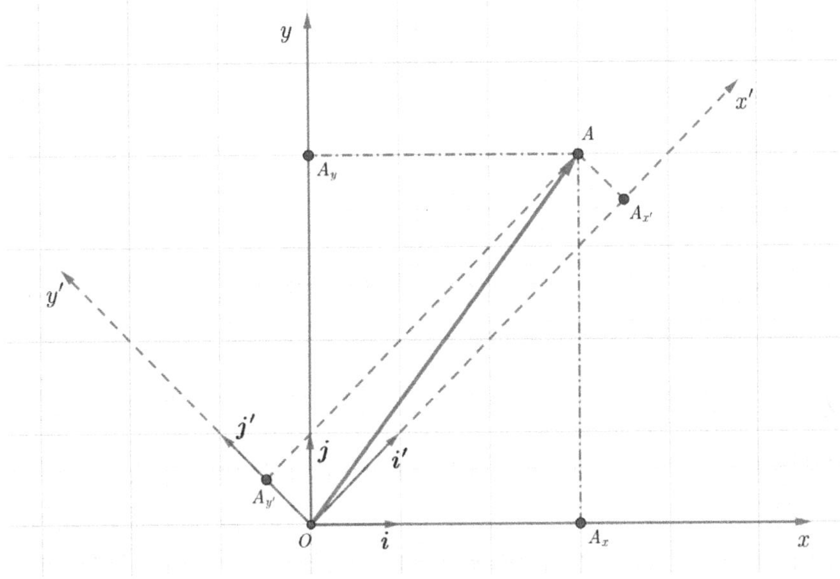

图 1-3-4

在 xOy 中，分别以基向量的$\overrightarrow{Oi}$和$\overrightarrow{Oj}$的长度为单位长度，并以它们的各自方向分别设置为 x 轴和 y 轴的正方向。

- 坐标 3 表示向量$\overrightarrow{OA}$的长度在 x 轴方向上是单位长度的 3 倍（正数表示与 x 轴正方向一致）；
- 坐标 4 表示向量$\overrightarrow{OA}$的长度在 y 轴方向上是单位长度的 4 倍（正数表示与 y 轴正方向一致）。

同样，在 $x'Oy'$ 中，分别以基向量的$\overrightarrow{Oi'}$和$\overrightarrow{Oj'}$的长度为单位长度并建立 x' 和 y' 坐标轴。如

图 1-3-4 所示，先用几何方法，从 A 点分别作 Ox' 和 Oy' 两个坐标轴的平行线，与坐标轴交点分别为 $A_{x'}$，$A_{y'}$，则这两个点的数值代表了相对于基向量长度的倍数，即向量 $\overrightarrow{OA}$ 在 $x'Oy'$ 中的坐标。由图可知，$A_{x'}=3.5$，$A_{y'}=0.5$，于是，在 $x'Oy'$ 中向量 $\overrightarrow{OA}$ 表示为：$\overrightarrow{OA}=3.5\begin{bmatrix}1\\1\end{bmatrix}+0.5\begin{bmatrix}-1\\1\end{bmatrix}$。

如果不用几何的方式，采用前述的坐标变换公式，看看能不能得到同样结果。

基 $\left\{\begin{bmatrix}1\\0\end{bmatrix},\begin{bmatrix}0\\1\end{bmatrix}\right\}$ 向基 $\left\{\begin{bmatrix}1\\1\end{bmatrix},\begin{bmatrix}-1\\1\end{bmatrix}\right\}$ 的过渡矩阵 $\boldsymbol{P}=\begin{bmatrix}1&-1\\1&1\end{bmatrix}$，由坐标变换公式（1.3.7）式得：

$$\begin{bmatrix}3\\4\end{bmatrix}=\begin{bmatrix}1&-1\\1&1\end{bmatrix}\begin{bmatrix}x'\\y'\end{bmatrix}=\begin{bmatrix}x'-y'\\x'+y'\end{bmatrix}$$

解得：

$$\begin{cases}3=x'-y'\\4=x'+y'\end{cases}$$

所以：

$$\begin{cases}x'=\dfrac{7}{2}\\[2mm]y'=\dfrac{1}{2}\end{cases}$$

在 $x'Oy'$ 中，$\overrightarrow{OA}=\dfrac{7}{2}\begin{bmatrix}1\\1\end{bmatrix}+\dfrac{1}{2}\begin{bmatrix}-1\\1\end{bmatrix}$，与前述几何方法计算结果一致。

1.3.3　维数

我们已经使用过“一维”“二维”“三维”等术语，这里的“维”指的是空间“维数”，那么什么是空间“维数”？

在讨论基的时候我们发现，虽然某个向量空间的基不是唯一的，但是，每个基的向量个数都是一样的，例如所有二维空间的基的向量个数都是 2，三维空间的基的向量个数都是 3……我们就将空间的基的向量个数，称为此空间的**维数**（Dimension）。

上述关于基和维数的概念，对于子空间也成立。

例如向量组 $\begin{bmatrix}1\\0\\1\end{bmatrix},\begin{bmatrix}0\\1\\1\end{bmatrix}$ 生成了 $\mathbb{R}^3$ 的一个子空间 $\mathbb{H}$ ——过原点的一个平面，$\mathbb{H}$ 中的任意向量 $\boldsymbol{u}$ 可以表示为：

$$\boldsymbol{u}=p\begin{bmatrix}1\\0\\1\end{bmatrix}+q\begin{bmatrix}0\\1\\1\end{bmatrix}$$

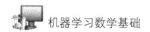

若 $\boldsymbol{u}=\mathbf{0}$，即：

$$p\begin{bmatrix}1\\0\\1\end{bmatrix}+q\begin{bmatrix}0\\1\\1\end{bmatrix}=\begin{bmatrix}0\\0\\0\end{bmatrix}$$

则：$p=0,\quad q=0$，即向量 $\begin{bmatrix}1\\0\\1\end{bmatrix},\begin{bmatrix}0\\1\\1\end{bmatrix}$ 线性无关，所以，$\left\{\begin{bmatrix}1\\0\\1\end{bmatrix},\begin{bmatrix}0\\1\\1\end{bmatrix}\right\}$ 是子空间 $\mathbb{H}$ 的一个基，且 $\mathbb{H}$ 的维数是 2，即平面。

很显然，在向量空间中，根据基所创建的坐标轴的数量与该空间的维数相同。

在本节中讨论的“基”和“维数”的概念，是对向量空间或者子空间而言的，而在机器学习中，我们所遇到的“维”虽然名称与此相同，但含义迥异，请注意区分。

例如三维向量空间的维数是 3，其中某个向量，以列向量的方式可以写成：$\boldsymbol{u}=\begin{bmatrix}2\\3\\4\end{bmatrix}$，如果用 NumPy 的数组对象，则可以有两种方式表示这个向量。

```
import numpy as np

u = np.array([2, 3, 4])
u.ndim     # 输出数组的维数

# 输出
1
```

用这种数组形式表示向量 $\boldsymbol{u}$，其数组的维数是 1。如果用下面的方式，则数组的维数是 2：

```
u2 = np.array([[2], [3], [4]])
u2.ndim

# 输出
2
```

注意上面创建数组的方法。

所以，数组的维数是对数组对象而言的，并不对应这个数组对象所表示的向量。数组的维数，本质上反映的是该数组共有多少个坐标轴[请参阅《跟老齐学 Python：数据分析》（电子工业出版社），有对此内容的详细阐述]。

```
a = np.arange(12).reshape((3, 4))
a

# 输出：
array([[ 0,  1,  2,  3],
       [ 4,  5,  6,  7],
       [ 8,  9, 10, 11]])
```

这里在创建数组的时候，reshape()的参数(3, 4)规定了该数组的形状，即 0 轴 3 个元素；1 轴 4 个元素。这个数组共有 2 个轴，那么它的维度就是 2。

```
a.ndim

# 输出
2
```

在进行数据清理和特征工程操作时，常听到一种说法：数据降维。这里的“维”又指什么呢？

```
import seaborn as sns
iris = sns.load_dataset('iris')
iris.head()

# 输出
     sepal_length sepal_width petal_length petal_width species
137      6.4          3.1         5.5          1.8      virginica
99       5.7          2.8         4.1          1.3      versicolor
```

上面的程序所得到的 iris 就是机器学习中著名的鸢尾花数据集（seaborn 是第三方包，需要单独安装，请参阅《跟老齐学 Python：数据分析》，电子工业出版社），输出所显示的是从这个数据集中随机抽取的两条（称为样本）。每一列，表示了鸢尾花的一个属性，如 sepal_length 表示花萼的长度。在机器学习中，也称这些属性为“特征”，或者“维”——根据 1.2.3 节所述，我们希望这些“维”线性无关，如果是这样，那么也可以说所有“维”是所张成空间的“基”。所谓“降维”，就是减少列的数量（推荐参阅拙作《数据准备和特征工程》）。

1.4 内积空间

前面所讨论的向量空间，只规定了加法和数量乘法。由于规定的运算种类较少，因此其具有比较广泛的适用性。但也带来了一些问题，那就是在解决某些特殊问题的时候，要么会感到力不从心，要么计算过程太复杂。因此，很有必要再增加一些运算，针对某些特殊问题构建具有特殊性质的空间，本节开始探讨的内积就是应此类需求而规定的运算（或者函数），适用于内积运算的空间称为**内积空间**。当然，我们仍然在实数域上讨论这些问题，用严格的术语表述，称之为**实内积空间**。

1.4.1 什么是内积空间

既然内积是一种定义，那么首先给出此定义，再对其进行诠释。

定义 实数域上的向量空间 $\mathbb{V}$ 中的内积是一个函数，用 $\langle \boldsymbol{u},\boldsymbol{v}\rangle$ 表示，其中 $\boldsymbol{u},\boldsymbol{v}$ 是 $\mathbb{V}$ 中的向量，并且 $\langle \boldsymbol{u},\boldsymbol{v}\rangle$ 得到的是一个实数。称 $\langle \boldsymbol{u},\boldsymbol{v}\rangle$ 为**内积**（Inner Product）。

并且，内积有如下公理（设 $\boldsymbol{u},\boldsymbol{v},\boldsymbol{w}$ 为向量空间 $\mathbb{V}$ 的向量，c 为标量）：

- $\langle \boldsymbol{u},\boldsymbol{v}\rangle = \langle \boldsymbol{v},\boldsymbol{u}\rangle$

- $\langle \boldsymbol{u}+\boldsymbol{v},\boldsymbol{w}\rangle = \langle \boldsymbol{u},\boldsymbol{w}\rangle + \langle \boldsymbol{v},\boldsymbol{w}\rangle$
- $\langle c\boldsymbol{u},\boldsymbol{v}\rangle = c\langle \boldsymbol{u},\boldsymbol{v}\rangle$
- $\langle \boldsymbol{u},\boldsymbol{u}\rangle \geqslant 0$，当且仅当 $\boldsymbol{u}=\boldsymbol{0}$ 时 $\langle \boldsymbol{u},\boldsymbol{u}\rangle = 0$

一个赋予了以上内积的向量空间称为**内积空间**（Inner Product Space）。

注意，以上用 $\langle \boldsymbol{u},\boldsymbol{v}\rangle$ 表示内积，但并没有规定这个函数的具体形式，当规定函数的具体形式之后，还要检验它是否符合上述公理，如果符合，则该向量空间就是内积空间。

例如对于某向量空间中的任意向量 $\boldsymbol{u}=\begin{bmatrix}x_1\\x_2\end{bmatrix}$，$\boldsymbol{v}=\begin{bmatrix}y_1\\y_2\end{bmatrix}$，$\boldsymbol{w}=\begin{bmatrix}z_1\\z_2\end{bmatrix}$，规定：

$$\langle \boldsymbol{u},\boldsymbol{v}\rangle = x_1y_1+4x_2y_2 \tag{1.4.1}$$

下面就依次检验这种规定是否符合前述公理。

- 验证 $\langle \boldsymbol{u},\boldsymbol{v}\rangle = \langle \boldsymbol{v},\boldsymbol{u}\rangle$

$$\langle \boldsymbol{u},\boldsymbol{v}\rangle = x_1y_1+4x_2y_2 = y_1x_1+4y_2x_2 = \langle \boldsymbol{v},\boldsymbol{u}\rangle$$

- 验证 $\langle \boldsymbol{u}+\boldsymbol{v},\boldsymbol{w}\rangle = \langle \boldsymbol{u},\boldsymbol{w}\rangle + \langle \boldsymbol{v},\boldsymbol{w}\rangle$

$$\begin{aligned}\langle \boldsymbol{u}+\boldsymbol{v},\boldsymbol{w}\rangle &= \langle (x_1,x_2)+(y_1,y_2),(z_1,z_2)\rangle \\ &= \langle (x_1+y_1,x_2+y_2),(z_1,z_2)\rangle \\ &= (x_1+y_1)z_1+4(x_2+y_2)z_2 \\ &= x_1z_1+4x_2z_2+y_1z_1+4y_2z_2 \\ &= \langle (x_1,x_2),(z_1,z_2)\rangle + \langle (y_1,y_2),(z_1,z_2)\rangle \\ &= \langle \boldsymbol{u},\boldsymbol{w}\rangle + \langle \boldsymbol{v},\boldsymbol{w}\rangle\end{aligned}$$

- 验证 $\langle c\boldsymbol{u},\boldsymbol{v}\rangle = c\langle \boldsymbol{u},\boldsymbol{v}\rangle$

$$\begin{aligned}\langle c\boldsymbol{u},\boldsymbol{v}\rangle &= \langle c(x_1,x_2),(y_1,y_2)\rangle = \langle (cx_1,cx_2),(y_1,y_2)\rangle \\ &= cx_1y_1+4cx_2y_2 = c(x_1y_1+4x_2y_2) \\ &= c\langle \boldsymbol{u},\boldsymbol{v}\rangle\end{aligned}$$

- 验证 $\langle \boldsymbol{u},\boldsymbol{u}\rangle \geqslant 0$，当且仅当 $\boldsymbol{u}=\boldsymbol{0}$ 时 $\langle \boldsymbol{u},\boldsymbol{u}\rangle = 0$

$$\langle \boldsymbol{u},\boldsymbol{u}\rangle = \langle (x_1,x_2),(x_1,x_2)\rangle = x_1^2+4x_2^2 \geq 0$$

当且仅当 $x_1=0$，$x_2=0$ 时上式中等号成立，即当且仅当 $\boldsymbol{u}=\boldsymbol{0}$ 时。

一一验证通过，所以，具有（1.4.1）式内积运算的向量空间是一种内积空间。

通过上面的示例可知，根据内积的具体形式不同，可以规定不同的内积空间。但是在诸多的内积形式中，有一种是非常重要的，当然，它也是比较特殊的一种形式，即下面要探讨的点积。

1.4.2 点积和欧几里得空间

设有向量空间中的两个向量 $\boldsymbol{u}=\begin{bmatrix}u_1\\ \vdots \\ u_n\end{bmatrix},\boldsymbol{v}=\begin{bmatrix}v_1\\ \vdots \\ v_n\end{bmatrix}$，将它们的内积定义为：

$$\langle \boldsymbol{u},\boldsymbol{v}\rangle = u_1v_1+\cdots+u_nv_n \tag{1.4.2}$$

容易验证，这个内积的形式也符合内积的公理，所以就构成了一个内积空间。这个内积空间，也就是我们常说的**欧几里得空间**（简称欧氏空间，Euclidean Space）。

通常，也将（1.4.2）式的函数形式写成：

$$\boldsymbol{u}\cdot\boldsymbol{v} = u_1v_1+\cdots+u_nv_n \tag{1.4.3}$$

正如它的书写样式那样，人们给它取了另外一个名称：**点积**（Dot Product）。

这里特别提醒读者注意，有的资料把“点积”与“内积”混用，认为它们是一个对象的不同名称。经过以上阐述应该明确，点积是内积的一种具体形式，只不过根据这个定义，得到了最常见的内积空间——欧几里得空间。而我们所遇到的绝大多数问题，都是在欧几里得空间，这或许就是人们容易把两者混淆的原因吧。也是因为这个原因，在本书的后续内容中，如果不特别声明，都是在欧几里得空间。

为了深刻理解点积运算的含义，下面以我们最熟悉的平面空间中的两个向量 $\boldsymbol{u}=\begin{bmatrix}u_x\\ u_y\end{bmatrix},\boldsymbol{v}=\begin{bmatrix}v_x\\ v_y\end{bmatrix}$ 为例，以 $\left\{\begin{bmatrix}1\\0\end{bmatrix},\begin{bmatrix}0\\1\end{bmatrix}\right\}$ 为基并创建直角坐标系，则向量中的 u_x,u_y,v_x,v_y 即为相应的坐标。按照点积的定义（1.4.3）式：

$$\boldsymbol{u}\cdot\boldsymbol{v} = u_xv_x+u_yv_y$$

即为相应坐标积的和，这是代数形式的定义，此外，还有一种几何形式的定义：

$$\boldsymbol{u}\cdot\boldsymbol{v} = uv\cos\theta$$

其中 u,v 分别为两个向量的大小，θ 是两个向量的夹角。

其实，这两种定义是等效的。如图 1-4-1 所示，两个向量与 x 轴夹角分别为 θ_1,θ_2，且 $\theta=\theta_2-\theta_1$。

因为 $u_x=u\cos\theta_2,u_y=u\sin\theta_2,v_x=v\cos\theta_1,v_y=v\sin\theta_1$，所以：

$$\begin{aligned}\boldsymbol{u}\cdot\boldsymbol{v} &= u\cos\theta_2 v\cos\theta_1 + u\sin\theta_2 v\sin\theta_1\\ &= uv\left(\cos\theta_2\cos\theta_1+\sin\theta_2\sin\theta_1\right)\\ &= uv\cos\left(\theta_2-\theta_1\right)=uv\cos\theta\end{aligned}$$

根据几何形式的定义，可以将两个向量的内积理解为一个向量 $\boldsymbol{u}$ 的大小与另外一个向量 $\boldsymbol{v}$ 在 $\boldsymbol{u}$ 的方向上的投影 $v\cos\theta$ 的乘积。

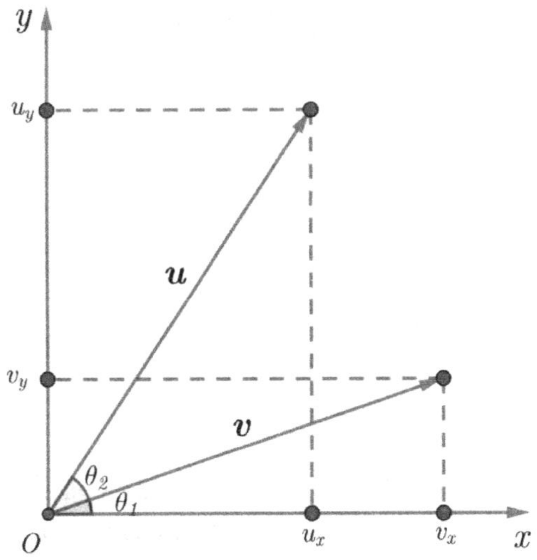

图 1-4-1

点积的一个典型应用就是计算力所做的功：

$$W = \boldsymbol{F} \cdot \boldsymbol{S}$$

在具体计算的过程中，按照上述代数形式或者几何形式均可。

由于定义了点积，从而构建了欧几里得空间，其中的点、线、面关系符合欧几里得几何的原理，因此我们所熟悉的距离、角度等概念都可以在此基础上有明确的定义了，这些内容在 1.5 节继续探讨。

很多关于向量运算的资料，在说明点积的同时，会提到另外一种名为**叉积**的向量运算，在 1.2.1 节已经介绍过叉积的概念。从本节的角度来看，叉积并不能定义内积空间，请读者不要将两者混淆。

手工计算向量的点积，可以依据（1.4.3）式完成，我们在这里不对此做重点介绍，因为这是诸多线性代数教材中都少不了的。下面要演示的是如何用程序实现点积计算。

```
import numpy as np
a = np.array([3,5,7])
b = np.array([2,4,0])
np.dot(a, b)

# 输出
26
```

此处用一维数组表示向量，函数 np.dot()实现了点积运算。在 NumPy 中还有另外一个名为 inner 的函数，它并非专用于实现前述“内积”运算。

```
np.inner(a, b)

# 输出
26
```

对于一维数组而言，np.inner()和 np.dot()的计算结果一样。但是，对于非一维数组，则有所不同。

```
c = np.array([[1,2], [3,4]])
d = np.array([[5,6], [7,8]])
np.dot(c, d)

# 输出
array([[19, 22],
       [43, 50]])
```

np.dot()计算点积的过程如下：

$$\begin{bmatrix}1 & 2\\3 & 4\end{bmatrix}\cdot\begin{bmatrix}5 & 6\\7 & 8\end{bmatrix}=\begin{bmatrix}1\times5+2\times7=19 & 1\times6+2\times8=22\\3\times5+4\times7=43 & 3\times6+4\times8=50\end{bmatrix}=\begin{bmatrix}19 & 22\\43 & 50\end{bmatrix}$$

显然，np.dot()所进行的点积计算与矩阵乘法一致（参阅 2.1.5 节）。

```
np.inner(c, d)

#
array([[17, 23],
       [39, 53]])
```

np.inner()的计算过程如下：

$$\begin{bmatrix}1 & 2\\3 & 4\end{bmatrix}\cdot\begin{bmatrix}5 & 6\\7 & 8\end{bmatrix}=\begin{bmatrix}1\times5+2\times6=17 & 1\times7+2\times8=23\\3\times5+4\times6=39 & 3\times7+4\times8=53\end{bmatrix}=\begin{bmatrix}17 & 23\\39 & 53\end{bmatrix}$$

请注意比较两个函数的差异。

此外，Pandas 的 Series 对象和 DataFrame 对象也都有名为 dot()的方法实现点积运算。

1.5 距离和角度

在一般的内积空间中，利用内积的概念，可以定义距离、角度等量的度量，但是，具体的度量方法，都依赖于内积的函数形式。如果把内积规定为点积的函数形式，也就是在 1.4 节中已经明确的欧几里得空间，那么此时这些量的度量方法与中学的平面几何和解析几何中学到的形式一样了——差异在于维度的多少。

1.5.1 距离

设某个内积空间中有向量 $\boldsymbol{u}$ 和 $\boldsymbol{v}$，这两个向量的起点位于坐标原点，向量间的距离就是指它们的终点——对应于坐标系中的两个点——之间的距离。

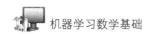

定义：内积空间中的向量 $\boldsymbol{u},\boldsymbol{v}$ 之间的距离记作：$d(\boldsymbol{u},\boldsymbol{v})=\|\boldsymbol{u}-\boldsymbol{v}\|$，定义为：

$$\|\boldsymbol{u}-\boldsymbol{v}\|=\sqrt{\langle(\boldsymbol{u}-\boldsymbol{v}),(\boldsymbol{u}-\boldsymbol{v})\rangle}$$

显然，距离的具体计算方法，是由内积的函数形式确定的。对于欧几里得空间，也就是用点积作为内积的具体函数形式，两个向量之间的距离就称为**欧几里得距离**，在三维几何空间中，就等同于我们所熟知的“两点间的距离”。

- 欧几里得距离

依据点积的定义，**欧几里得距离**（Euclidean Distance）定义如下。

定义　设 $\boldsymbol{u}=\begin{bmatrix}u_1\\ \vdots\\ u_n\end{bmatrix}$ 和 $\boldsymbol{v}=\begin{bmatrix}v_1\\ \vdots\\ v_n\end{bmatrix}$ 是欧几里得空间的两个向量，它们之间的距离是：

$$d(\boldsymbol{u},\boldsymbol{v})=\|\boldsymbol{u}-\boldsymbol{v}\|=\sqrt{(\boldsymbol{u}-\boldsymbol{v})\cdot(\boldsymbol{u}-\boldsymbol{v})}=\sqrt{(u_1-v_1)^2+\ldots+(u_n-v_n)^2}$$

例如，有两个向量 $\boldsymbol{u}=\begin{bmatrix}1\\2\end{bmatrix},\boldsymbol{v}=\begin{bmatrix}9\\8\end{bmatrix}$，它们之间的欧几里得距离是：

$$\|\boldsymbol{u}-\boldsymbol{v}\|=\sqrt{(1-9)^2+(2-8)^2}=10$$

如果对应为平面几何，则如图 1-5-1 所示，就是计算 A、B 两点的距离，根据平面几何知识，容易求得 $|AB|=10$。

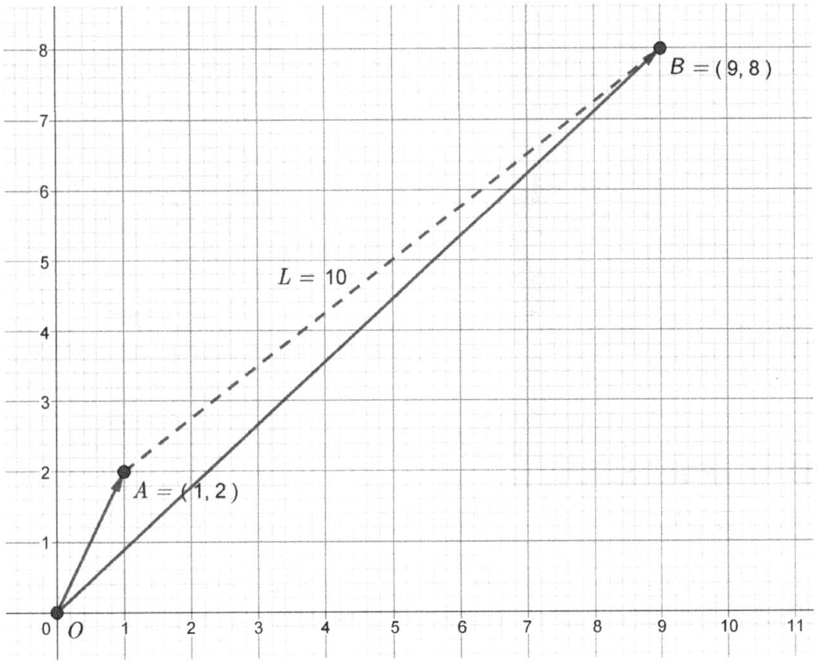

图 1-5-1

手工计算可以依据定义完成，如果用程序计算，则下面所演示的是常见的方法。

```
import numpy as np
vec1 = np.array([1, 2])
vec2 = np.array([9, 8])
dist = np.linalg.norm(vec1- vec2)
print(dist)

# 输出
10.0
```

至此，我们已经从线性代数的角度，从开始探讨向量空间的性质，到进行特殊化，定义内积，再定义点积，然后看到了我们能够直观感受到的欧几里得空间，其中的二维、三维空间就与平面几何、立体几何中遵循的规律相同，并且有一些基本概念还可以在线性代数中推广到更高维度，比如刚才的距离定义。这些我们熟知的内容，皆源自古希腊的伟大数学家欧几里得（Euclid）的著作《几何原本》（图 1-5-2 所示的是 1704 年出版的《几何原本》封面）。

欧几里得距离是线性代数教材所讨论的距离，但是，在机器学习中和生活生产实践中，有时候用其他方式定义距离更方便，下面列举常见的几个。

- 曼哈顿距离

曼哈顿距离（Manhattan Distance），也称**出租车距离**或**城市街区距离**。曼哈顿是美国纽约市（New York City）的中心区，它的大部分道路呈黑棋盘格形状，如图 1-5-3 所示。

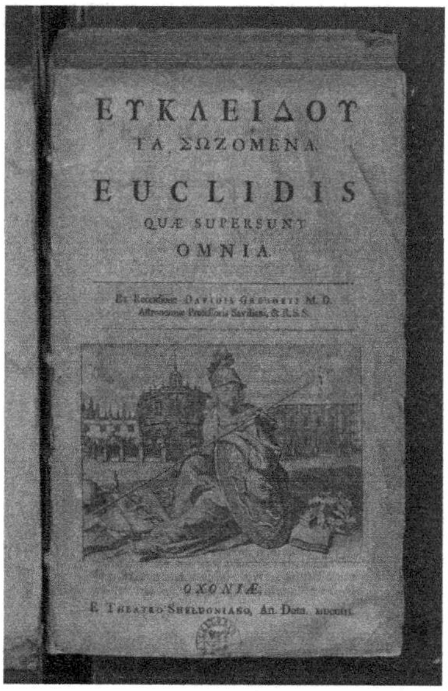

图 1-5-2

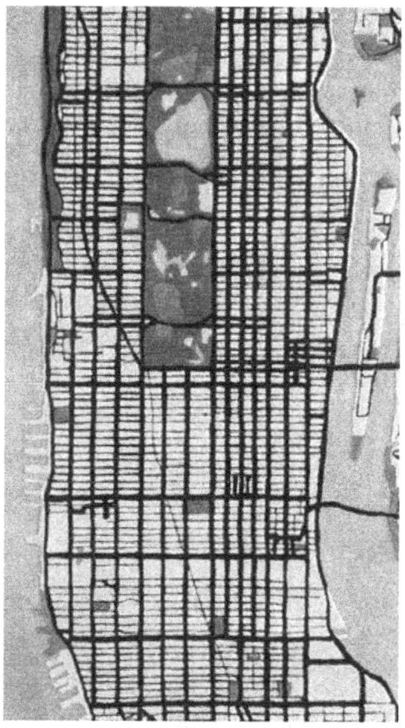

图 1-5-3

在如棋盘布局的街道上，从一点到另外一点，不论怎么走，距离都差不多。考虑理想化情况，如图 1-5-4 中的标记所示。如果从点 $A(1,5)$ 出发，到点 $B(6,2)$，则可以有多种路径，例如：

- $A \to C \to D \to E \to B$，长度为 8 个单位

- $A \to F \to B$，长度为 8 个单位
- $A \to G \to B$，长度为 8 个单位

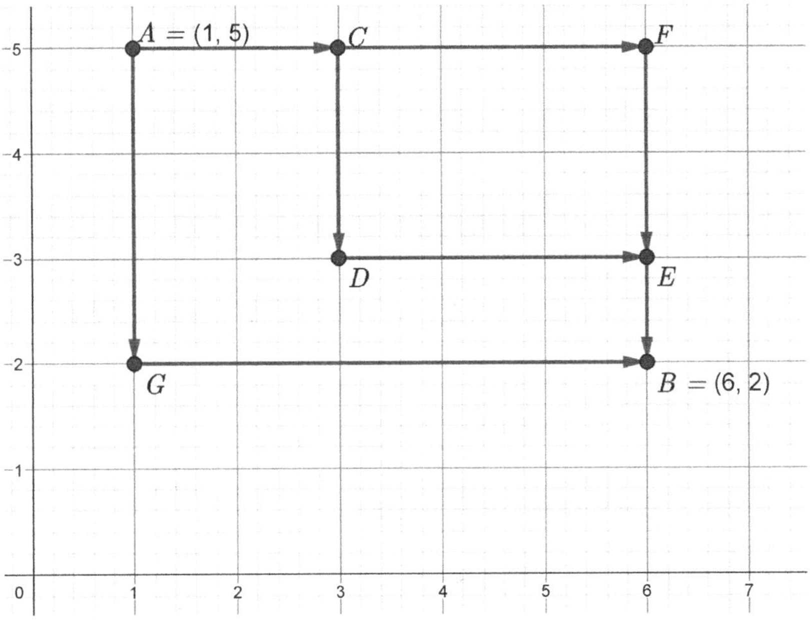

图 1-5-4

德国数学家闵可夫斯基（Hermann Minkowskin，四维时空理论的创立者）根据图 1-5-4 所示的特点，命名了**曼哈顿距离**。

定义　设 $\boldsymbol{u}=\begin{bmatrix}u_1\\ \vdots\\ u_n\end{bmatrix}$ 和 $\boldsymbol{v}=\begin{bmatrix}v_1\\ \vdots\\ v_n\end{bmatrix}$ 是两个向量，这两个向量之间的**曼哈顿距离**为：

$$d(\boldsymbol{u},\boldsymbol{v})=|u_1-v_1|+\cdots+|u_n-v_n|=\sum_{i=1}^{n}|u_i-v_i|$$

曼哈顿距离也被称为 l_1 距离。

例如，对于向量 $\boldsymbol{u}=\begin{bmatrix}1\\5\end{bmatrix},\boldsymbol{v}=\begin{bmatrix}6\\2\end{bmatrix}$，依据上述定义，可以计算它们之间的曼哈顿距离为：

$$\|\boldsymbol{u}-\boldsymbol{v}\|=|1-6|+|5-2|=5+3=8$$

在 Python 的科学计算算法程度序中，有一个重要的库 SciPy，它不仅包括了本节所介绍的各种距离的计算函数，还有其他很多本节没有介绍的距离计算函数。比如曼哈顿距离，可以使用 cityblock() 函数实现计算。

```
from scipy.spatial.distance import cityblock
```

```
a = np.array([2,3,4])
b = np.array([9,8,7])
md = cityblock(a, b)
md

# 输出
15
```

- 切比雪夫距离

以俄罗斯数学家切比雪夫命名的**切比雪夫距离**（Chebyshev Distance），定义如下。

定义：设 $\boldsymbol{u}=\begin{bmatrix}u_1\\ \vdots \\ u_n\end{bmatrix}$ 和 $\boldsymbol{v}=\begin{bmatrix}v_1\\ \vdots \\ v_n\end{bmatrix}$ 是两个向量，这两个向量之间的**切比雪夫距离**为：

$$d(\boldsymbol{u},\boldsymbol{v})=\max_i\left(\{|u_i-v_i|\}\right)$$

即：$\boldsymbol{u}$ 和 $\boldsymbol{v}$ 的对应坐标差的绝对值集合中最大的值。

例如向量 $\begin{bmatrix}1\\5\end{bmatrix},\begin{bmatrix}6\\2\end{bmatrix}$ 之间的切比雪夫距离为：

$$d=\max\{|1-6|,|5-2|\}=5$$

切比雪夫距离的另外一种等价表达方式是：

$$d(\boldsymbol{u},\boldsymbol{v})=\lim_{p\to\infty}(\sum_{i=1}^{n}|u_i-v_i|^p)^{1/p}$$

图 1-5-5

于是也将切比雪夫距离称为 l_∞ 距离。

如果用程序计算切比雪夫距离，则可以使用 scipy.spatial.distance 中提供的函数 chebyshev()实现。

请读者关注切比雪夫（巴夫尼提・列波维奇・切比雪夫，如图 1-5-5 所示），因为他的大名在概率论中还会出现——切比雪夫不等式，而且他还有一个得意门生：安德雷·马尔可夫（Andrey Andreyevich Markov），随机过程中的马尔科夫链就是他的研究成果。

- 闵可夫斯基距离

从数学角度来看，将前述对距离的定义一般化，就是**闵可夫斯基距离**（Minkowski Distance）。

定义 设 $\boldsymbol{u}=\begin{bmatrix}u_1\\ \vdots \\ u_n\end{bmatrix}$ 和 $\boldsymbol{v}=\begin{bmatrix}v_1\\ \vdots \\ v_n\end{bmatrix}$ 是两个向量，这两个向量之间的**闵可夫斯基距离**为：

$$d(\boldsymbol{u},\boldsymbol{v})=(\sum_{i=1}^{n}|u_i-v_i|^p)^{1/p}$$

- 若 $p=1$，$d(\boldsymbol{u},\boldsymbol{v})=\sum_{i=1}^{n}|u_i-v_i|$，即为“曼哈顿距离”；
- 若 $p=2$，$d(\boldsymbol{u},\boldsymbol{v})=(\sum_{i=1}^{n}|u_i-v_i|^2)^{1/2}$，即为“欧几里得距离”；
- 若 $p\to\infty$，$d(\boldsymbol{u},\boldsymbol{v})=\lim_{p\to\infty}(\sum_{i=1}^{n}|u_i-v_i|^p)^{1/p}$，即为“切比雪夫距离”。

这里用闵可夫斯基距离作为更一般化的定义，或许是要纪念这位伟大的数学家、物理学家（如图 1-5-6 所示），他创立了闵可夫斯基时空（四维时空），为后来的广义相对论的建立提供了框架。可惜天妒英才，45 岁便因病英年早逝。

图 1-5-6

1.5.2　基于距离的分类

常言道“物以类聚，人以群分”，这就是说“分类”是我们日常生活中一项重要工作，比如区分“敌人和朋友”，就是典型的分类。如何分类？机器学习中有一种方法，根据两个样本的数据计算它们之间的距离，距离越小，则代表它们之间的相似度越高，归为一类的概率就越大。据有关资料说明，社会心理学将人际距离分为四种：

- 亲密距离：0～0.5 米；
- 个人距离：0.45～1.2 米；
- 社会距离：1.2～3.5 米；
- 公众距离：3.5～7.5 米。

暂不对此研究结果进行评判，这里仅用来说明，借助人与人之间的距离，就可以将人划分为不同的社会关系。在机器学习中，我们也常常用类似的方式，通过距离决定样本的类别。

下面从鸢尾花数据集中选出三个样本，两个样本的 species 值都是 setosa，即同一种花卉，另外一个样本的 species 值是 versicolor。

```
import seaborn as sns
import pandas as pd
import numpy as np

iris = sns.load_dataset('iris')
seto1 = iris.iloc[7]
seto2 = iris.iloc[28]
vers = iris.iloc[72]
df = pd.DataFrame([seto1, seto2, vers])
df

# 输出
      sepal_length sepal_width petal_length petal_width species
7         5.0          3.4         1.5          0.2        setosa
28        5.2          3.4         1.4          0.2        setosa
72        6.3          2.5         4.9          1.5        versicolor
```

然后分别计算两个 setosa 的样本的欧几里得距离和 versicolor 与其中一个 setosa 的欧几里得距离。

```
X = df.iloc[:,:-1]    # 得到除标签特征 species 之外的数据

# 两个 setosa 间的距离
dist_seto = np.linalg.norm(X.iloc[1] - X.iloc[0])
dist_seto

# 输出
0.22360679774997916

# versicolor 与一个 setosa 的距离
dist_vers = np.linalg.norm(X.iloc[2] - X.iloc[0])
dist_vers
# 输出
3.968626966596886
```

很显然，不同类别的花卉之间的欧几里得距离不同，就像前面提到的“人际距离”那样，通过上述距离也可以对花进行分类。

为了更直观地观察，选取 iris 数据集中的两个特征 petal_length 和 petal_width，在平面图中绘制每个样本，如下所示：

```
sns.scatterplot(data=iris,  x="petal_length",  y="petal_width",  hue="species",
style="species")
```

输出图像如图 1-5-7 所示。

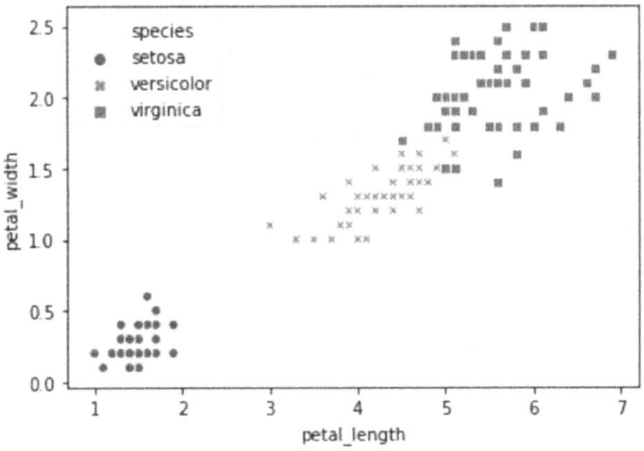

图 1-5-7

从图 1-5-7 中可以观察到，同一类别的鸢尾花"聚集"在一起，即彼此之间的"花际距离"比较近。那么，如果我们在每个类别中选一个相对中心的位置，并以此中心画一个圆，如果某样本到"中心"的距离不超过圆的半径，就可以认为该样本属于"中心"所在的类别。机器学习中的 k-最近邻算法（k-Nearest Neighbors Algorithm，k-NN 算法）就是基于这个设想发展而来的。此处我们不对此算法做完整分析，有兴趣的读者请查阅机器学习算法的有关专门资料。下面仅用 sklearn 库提供的模型演示这个算法的应用，重点体会其中的距离参数（Sklearn 是著名的机器学习库，需要单独安装）。

```
KNeighborsClassifier(n_neighbors=5, weights='uniform', algorithm='auto',
leaf_size=30, p=2, metric='minkowski', metric_params=None, n_jobs=None, **kwargs)
```

KNeighborsClassifier 是 sklearn 中用于实现 k-NN 算法的模型，其中参数 metric='minkowski'，默认值为字符串'minkowski'，表示使用闵可夫斯基距离；另外一个参数默认值 p=2，意味着令 1.5.1 节中介绍的闵可夫斯基距离中的 p=2，即具体应用的是欧几里得距离；如果设置 p=1，则应用曼哈顿距离。

```
from sklearn.datasets import load_iris #鸢尾花是经典的数据集，很多库都集成
from sklearn.neighbors import KNeighborsClassifier  # 引入 k-NN 模型

iris = load_iris()
X = iris.data
y = iris.target

knn_l1 = KNeighborsClassifier(p=1)    # 基于曼哈顿距离
knn_l2 = KNeighborsClassifier(p=2)    # 基于欧几里得距离

# 训练模型
knn_l1.fit(X, y)
knn_l2.fit(X, y)
```

在上面的程序中，已经分别使用曼哈顿距离和欧几里得距离，创建了两个 k-NN 模型，并用鸢尾花数据集进行了训练。然后分别用这两个模型判断数据为 [2.7, 5.2, 6.3, 0.2] 的样本应该属于哪

个类别。

```
flower_l1 = knn_l1.predict([[2.7, 5.2, 6.3, 0.2]])
flower_l2 = knn_l2.predict([[2.7, 5.2, 6.3, 0.2]])
flower_l1_name = iris.target_names[flower_l1]
flower_l2_name = iris.target_names[flower_l2]

print("the instance [2.7, 5.2, 6.3, 0.2] is:")
print(flower_l1_name.item(), " by Manhattan Distance;")
print(flower_l2_name.item(), " by Euclidean Distance.")

# 输出
the instance [2.7, 5.2, 6.3, 0.2] is:
virginica  by Manhattan Distance;
versicolor  by Euclidean Distance.
```

结果显示，对于同一个样本，应用不同距离进行判断，结果不同。这也不用大惊小怪。

1.5.3 范数和正则化

了解距离之后，探讨范数，会发现它不过是一种特殊情况。内积空间中两个向量的距离为 $\|\boldsymbol{u}-\boldsymbol{v}\|=\sqrt{\langle(\boldsymbol{u}-\boldsymbol{v}),(\boldsymbol{u}-\boldsymbol{v})\rangle}$，如果其中一个向量是零向量，设 $\boldsymbol{v}=\boldsymbol{0}$，则 $\|\boldsymbol{u}-\boldsymbol{0}\|=\sqrt{\langle(\boldsymbol{u}-0),(\boldsymbol{u}-0)\rangle}$，即：

$$\|\boldsymbol{u}\|=\sqrt{\langle\boldsymbol{u},\boldsymbol{u}\rangle}$$

其实，这个式子表示了一个向量的终点和起点之间的距离，因此，它被称为向量的**长度**、**大小**或**范数**（norm）。在欧几里得空间，根据点积的定义，范数的具体计算方法为：

$$\|\boldsymbol{u}\|_2=\sqrt{\boldsymbol{u}\cdot\boldsymbol{u}}=\sqrt{u_1^2+\cdots+u_n^2}$$

由于它是欧几里得空间中的计算方式，所以被称为**欧几里得范数**，又因为要对每个坐标的平方后求和，所以还被称为 l_2 **范数**（注意，l 是字母 L 的小写，为了与数字1区分，也可以用大写字母表示，特别是手写的时候）。

除 l_2 范数之外，与 1.5.1 中的曼哈顿距离类似，也有**曼哈顿范数**，又被称为 l_1 **范数**：

$$\|\boldsymbol{u}\|_1=|u_1|+\cdots+|u_n|=\sum_{r=1}^{n}u_i$$

继续比照 1.5.1 中的闵可夫斯基距离的定义，延续前面的思路，就可以定义其他范数：

$$\|\boldsymbol{u}\|_q=\left(\sum_{r=1}^{n}\|u_i\|^q\right)^{1/q}\quad(1\leqslant q<\infty)$$

$$\|\boldsymbol{u}\|_\infty=\max_i|u_i|\text{（数据中的绝对值最大值）}$$

只不过，在机器学习中，l_1 和 l_2 范数是常用的。

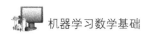

对于范数，还可以使用 NumPy 中的函数 np.linalg.norm()，通过设置参数 ord 的值计算不同类型的范数类型。例如计算 l_1 范数：

```
import numpy as np
a = np.array([[3], [4]])
L1 = np.linalg.norm(a, ord=1)
print(L1)

# 输出
7.0
```

如果不设置参数 ord 的值，则默认为 None，对于向量而言，就是计算 l_2 范数。

```
L2 = np.linalg.norm(a)
L2
# 输出
5.0
```

在机器学习中，用训练集得到的模型，我们希望它对验证集也能有良好的表现，即预测准确率能够让人满意。但是，如果所使用模型参数过多、或过于复杂，常常会出现一种被称为**过拟合**（Overfitting）的现象（在统计学中，同样有这个问题），如图 1-5-8 所示。假设对于训练集而言，从上帝视角看，其模型就是比较简单的那条曲线所示；但是人把问题搞复杂了，弄出来的模型是比较复杂的那条曲线，这条复杂的曲线相对“上帝真相”就是过拟合。

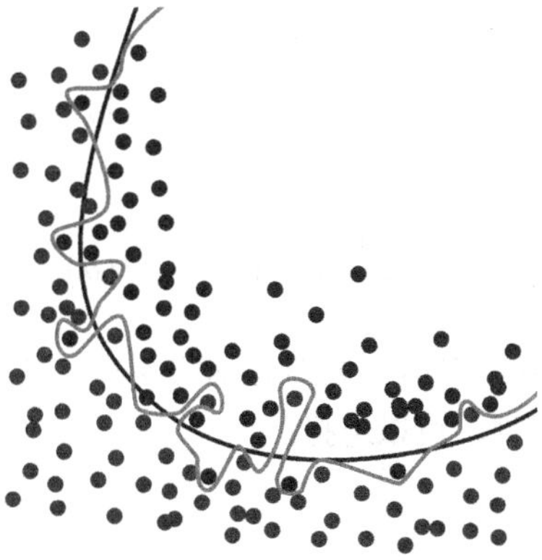

图 1-5-8

如何解决过拟合问题？一种比较简单的思路，就是引入一个正则项。注意，这里并没有从最根本的理论上证明正则项的必要性和可行性，只是说明以 l_1, l_2 范数作为正则项的结果。

假设有一个机器学习模型，记作 f。并且还有一个数据集（dataset）$\boldsymbol{D} = \left[(\boldsymbol{x}_1, y_1), \cdots, (\boldsymbol{x}_n, y_n)\right]$，其中的 $\boldsymbol{x}_i, (i = 1, \cdots, m)$ 是由观测活动得到的数据，作为模型自变量的值；y_i 是每个样本的观测标签，作为模型响应变量的值。如果将 $\boldsymbol{x}_i$ 输入给模型 f，所得就是用这个模型进行预测的结果，记作 $\widehat{y_i}$（预测值）：

$$\widehat{y_i} = f(\boldsymbol{x}_i, \boldsymbol{\theta})$$

这里的$\boldsymbol{\theta}$表示模型中的参数。要想衡量模型f，显然就可以考查预测值和观测值之间的差异——注意，不一定就是“差”（$y_i-\hat{y}_i$）。在机器学习中，常定义一个**损失函数**（Loss Function，在第 4 章 4.4.3 节对损失函数有专门介绍）度量这个差异，比如一种常用的损失函数定义是：

$$\mathrm{loss}\left(y_i,\hat{y}_i\right)=(y_i-\hat{y}_i)^2$$

我们当然希望模型f作用于数据集$\boldsymbol{D}$后的平均损失函数越小越好，即：

$$\min_{\boldsymbol{\theta}}\frac{1}{n}\sum_{i=1}^{n}(y_i-f\left(\boldsymbol{x}_i,\boldsymbol{\theta}\right))^2 \tag{1.5.1}$$

为了让（1.5.1）式能够取到最小值，必须选择适合的参数$\boldsymbol{\theta}$，实现的方法为著名的**最小二乘法**，此处不对这个方法进行详细介绍，有兴趣的可以参阅第 3 章 3.6 节。

正如图 1-5-8 所示那样，为了追求（1.5.1）式——损失函数最小化，就会不断提升模型复杂度——显然对已知数据而言，图 1-5-8 中的“人”所训练出的模型要比“上帝真相”模型更接近（1.5.1）式的目标，这就导致了“过拟合”。

在实际业务中，避免过拟合的方法比较多，比如增加数据量、进行交叉验证等。在这里我们把上面讨论的模型f具体化为一种比较简单的模型：线性回归模型，即：$f\left(\boldsymbol{x},\boldsymbol{\theta}\right)=\boldsymbol{X}\boldsymbol{\theta}$（在 3.4.5 节表示为$\boldsymbol{y}=\boldsymbol{X}\boldsymbol{\beta}$形式，其中$\boldsymbol{X}$表示$\boldsymbol{x}_i$组成的矩阵），再参考点积的定义，于是（1.5.1）式可以写成：

$$\min_{\boldsymbol{\theta}}\frac{1}{n}\|\boldsymbol{y}-\boldsymbol{X}\boldsymbol{\theta}\|^2 \tag{1.5.2}$$

正则化（Regularization）是针这种模型最常用的避免过拟合的方法。如（1.5.3）式所示，对（1.5.2）式增加惩罚项$\lambda J\left(\boldsymbol{\theta}\right)$：

$$\min_{\boldsymbol{\theta}}\frac{1}{n}\|\boldsymbol{y}-\boldsymbol{X}\boldsymbol{\theta}\|^2+\lambda J\left(\boldsymbol{\theta}\right) \tag{1.5.3}$$

$\lambda J\left(\boldsymbol{\theta}\right)$中的$\lambda>0$是一个系数，用以平衡惩罚项的权重；$J\left(\boldsymbol{\theta}\right)$表示模型的复杂度。对于函数$J\left(\boldsymbol{\theta}\right)$，也会有不同的形式，一般地，可以选择：

- $J\left(\boldsymbol{\theta}\right)$使用$\boldsymbol{\theta}$的$l_1$范数：

$$\min_{\boldsymbol{\theta}}\frac{1}{n}\|\boldsymbol{y}-\boldsymbol{X}\boldsymbol{\theta}\|^2+\lambda\|\boldsymbol{\theta}\|_1$$

惩罚项使用l_1范数的线性回归称为 **LASSO 回归**。

- $J\left(\boldsymbol{\theta}\right)$使用$\boldsymbol{\theta}$的$l_2$范数：

$$\min_{\boldsymbol{\theta}}\frac{1}{n}\|\boldsymbol{y}-\boldsymbol{X}\boldsymbol{\theta}\|^2+\lambda\|\boldsymbol{\theta}\|_2^2$$

惩罚项使用l_2范数的线性回归称为**岭回归**（Ridge 回归）。

除此之外，还有其他实现正则化的方法，比如**弹性网络**（Elastic Net），就是通过平衡l_1范数和

l_2 实现了正则化。在 Sklearn 库的 sklearn.linear_model 模块中，有专门针对正则化的线性模型，不妨参考。

1.5.4 角度

在欧几里得空间中定义了距离和向量长度（范数）之后，就可以继续定义角度，以平面几何空间为例，如图 1-5-9 所示，设有 $\boldsymbol{u}=\begin{bmatrix}a\\b\end{bmatrix},\boldsymbol{v}=\begin{bmatrix}c\\d\end{bmatrix}$ 两个向量，并且围成了三角形 ΔOAB，其中角度 θ 即为向量 $\boldsymbol{u}$ 和向量 $\boldsymbol{v}$ 之间的夹角。

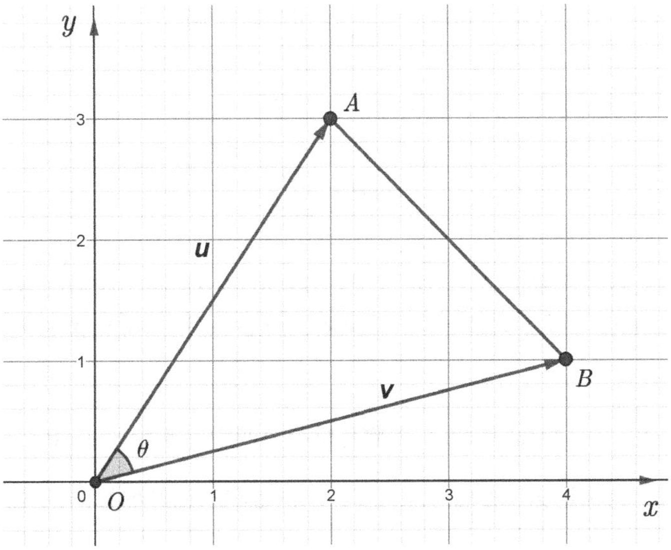

图 1-5-9

对于 ΔOAB，依据边角关系中的余弦定理，得：

$$AB^2 = OA^2 + OB^2 - 2(OA)(OB)\cos\theta$$

其中，AB,OA,OB 分别代表三角形的三条边的长度，OA,OB 又分别是向量 $\boldsymbol{u},\boldsymbol{v}$ 的长度（即范数）。所以：

$$\cos\theta = \frac{OA^2 + OB^2 - AB^2}{2(OA)(OB)}$$

又因为：

$$\begin{aligned}OA^2 + OB^2 - AB^2 &= \|\boldsymbol{u}\|^2 + \|\boldsymbol{v}\|^2 - \|\boldsymbol{v}-\boldsymbol{u}\|^2\\&=(a^2+b^2)+(c^2+d^2)-\left[(c-a)^2+(d-b)^2\right]\\&=2ac+2bd\\&=2\boldsymbol{u}\cdot\boldsymbol{v}\end{aligned}$$

$$2(OA)(OB)=2\|\boldsymbol{u}\|\|\boldsymbol{v}\|$$

则：

$$\cos\theta=\frac{\boldsymbol{u}\cdot\boldsymbol{v}}{\|\boldsymbol{u}\|\|\boldsymbol{v}\|}$$

以上我们在平面几何空间中推导出了两个向量的夹角余弦，此结论也适用于所有的欧几里得空间。

定义 设$\boldsymbol{u},\boldsymbol{v}$是欧几里得空间中的两个非零向量，它们的夹角余弦值为：

$$\cos\theta=\frac{\boldsymbol{u}\cdot\boldsymbol{v}}{\|\boldsymbol{u}\|\|\boldsymbol{v}\|},\ (0\leqslant\theta\leqslant\pi)$$

如果把上述结论向内积空间推广，则角度的定义是：

$$\cos\theta=\frac{\langle\boldsymbol{u},\boldsymbol{v}\rangle}{\|\boldsymbol{u}\|\|\boldsymbol{v}\|}$$

结合图 1-5-9 和上述对角度定义，不难发现，θ角度越小，两个向量的方向越趋于一致。可以考虑一种极端条件，当$\theta=0$时，$\cos\theta=1$，即$\langle\boldsymbol{u},\boldsymbol{v}\rangle=\|\boldsymbol{u}\|\|\boldsymbol{v}\|$。如果用距离来衡量，比如欧几里得距离，也是$0$。

当$\theta=\frac{\pi}{2}$时，$\cos\theta=0$，即$\langle\boldsymbol{u},\boldsymbol{v}\rangle=0$，在欧几里得空间中，即为$\boldsymbol{u}\cdot\boldsymbol{v}=0$，以几何的方式表现就是两个向量相互垂直，也称正交（参阅 3.4.1 节）。例如我们已经熟知的三维几何空间的一个标准基$\left\{\begin{bmatrix}1\\0\\0\end{bmatrix},\begin{bmatrix}0\\1\\0\end{bmatrix},\begin{bmatrix}0\\0\\1\end{bmatrix}\right\}$中的向量就是两两互相垂直的。显然，这样的向量是线性无关的。

前面用 scipy.spatial.distance 中的函数 cityblock()计算了向量间的曼哈顿距离，此模块中也有与余弦值计算相关的函数 cosine()，但是注意：所计算的并不是两个向量夹角的余弦值$\cos\theta$，而是$1-\cos\theta$。

```
import numpy as np
from scipy.spatial.distance import cosine

a = np.array([1, 0, 0])
b = np.array([0, 1, 0])
cosine(a, b)

# 输出
1.0
```

上述代码中的两个数组所表示的向量是正交的，根据两个向量夹角余弦的定义，它们的夹角余弦值应该是 0，但这里实际输出的结果是 1。

余弦反映的是两个向量的夹角大小，在前面的讨论中也可以看出来，夹角越小，两个向量越趋同，因此可以用夹角的余弦来度量两个向量之间的相似程度（称为“余弦相似度”）。例如，一种特殊情况，当两个向量相同的时候，$\theta=0$，$\cos\theta=1$。夹角越大，两个向量的相似度越小。1.5.1 节中探讨的向量间的距离与此异曲同工，基于距离分类，就是将更相似的向量归为一个类别。距离、余弦以不同方式度量向量的关系。

余弦相似度的最典型应用是判断文本内容的相似程度，这是自然语言处理（Natural Language Processing，NLP）中的一项计算。例如有如下两条文本：

- 文本 1：数学是基础，基础很重要
- 文本 2：数学很重要，要打牢基础

按照人的理解，以上两条文本虽然文字不完全相同，但表达的意思是一样的。那么，用余弦相似度来衡量，也会得到此结论吗？

为了计算余弦相似度，先根据 1.1.1 节所述，将两个文本向量化，如表 1-5-1 所示。

表 1-5-1

	数学	是	基础	重要	很	打牢	要
文本 1	1	1	2	1	1	0	0
文本 2	1	0	1	1	1	1	2

从而可以用如下两个向量表示两条文本：

$$\boldsymbol{d}_1=\begin{bmatrix}1\\1\\2\\1\\1\\0\\0\end{bmatrix},\quad \boldsymbol{d}_2=\begin{bmatrix}1\\0\\1\\1\\1\\1\\2\end{bmatrix}$$

计算这两个向量夹角的余弦值：$\cos\theta=0.7$，即上述两个文本的相似性为 0.7。当然，在真实的 NLP 项目中，一般要计算 1.1.1 节中提到的 tf-idf 的值。

关于相似度，是机器学习中一个重要话题，在 5.5.3 节，汇总了各种常见的相似度计算方法，敬请参阅。

1.6　非欧几何

本节纯粹是为了开阔视野，没有兴趣的读者可以略过。

通过 1.4 和 1.5 两节的学习，我们可以总结内积空间中对向量间的距离、角度和向量的范数的定义：

$$d(\boldsymbol{u},\boldsymbol{v})=\|\boldsymbol{u}-\boldsymbol{v}\|=\sqrt{\langle(\boldsymbol{u}-\boldsymbol{v}),(\boldsymbol{u}-\boldsymbol{v})\rangle}$$

$$\cos\theta=\frac{\langle\boldsymbol{u},\boldsymbol{v}\rangle}{\|\boldsymbol{u}\|\|\boldsymbol{v}\|}$$

$$\|\boldsymbol{u}\|=\sqrt{\langle\boldsymbol{u},\boldsymbol{u}\rangle}$$

正如前面两节所述，如果以点积作为内积的具体函数形式，就定义了欧几里得空间，我们在中学平面几何、立体几何中所学习的公理、定理等都适用于此类空间。

如果不用点积呢？

在 1.4.1 中曾有一个这样的内积函数：$\langle\boldsymbol{u},\boldsymbol{v}\rangle=x_1x_2+4y_1y_2$，设此内积空间一个向量$\boldsymbol{a}=\begin{bmatrix}3\\4\end{bmatrix}$，这个向量的长度是多少？如果认为是5，还是回到了欧几里得空间。根据内积空间范数定义，得：

$$\|\boldsymbol{a}\|=\sqrt{\langle\boldsymbol{a},\boldsymbol{a}\rangle}=\sqrt{(3\times3)+4(4\times4)}=\sqrt{73}$$

如果还有另外一个向量$\boldsymbol{b}=\begin{bmatrix}-16\\3\end{bmatrix}$，则根据前述内积定义，计算$\langle\boldsymbol{a},\boldsymbol{b}\rangle$得：

$$\langle\boldsymbol{a},\boldsymbol{b}\rangle=3\times(-16)+4(3\times4)=0$$

这个计算结果意味着两个向量正交。如果在图中表示这两个向量，则如图 1-6-1 所示，图中虚线表示的是欧几里得空间中与向量$\boldsymbol{a}$垂直的方向，但是当前的内积空间因为对内积运算做了有别于点积的定义，使向量$\boldsymbol{a}$和$\boldsymbol{b}$相互垂直。那么当前的这个内积空间就不是欧几里得空间，在这个空间中，原来欧几里得几何中的公理、定理将失效。

这样看来，还可以写出很多$\langle\boldsymbol{u},\boldsymbol{v}\rangle$的具体函数形式，只要符合 1.4.1 节中所列出的公理。我们将那些不与点积形式相同的内积空间，统称为**非欧几里得空间**，这类空间中的几何就是**非欧几何**。

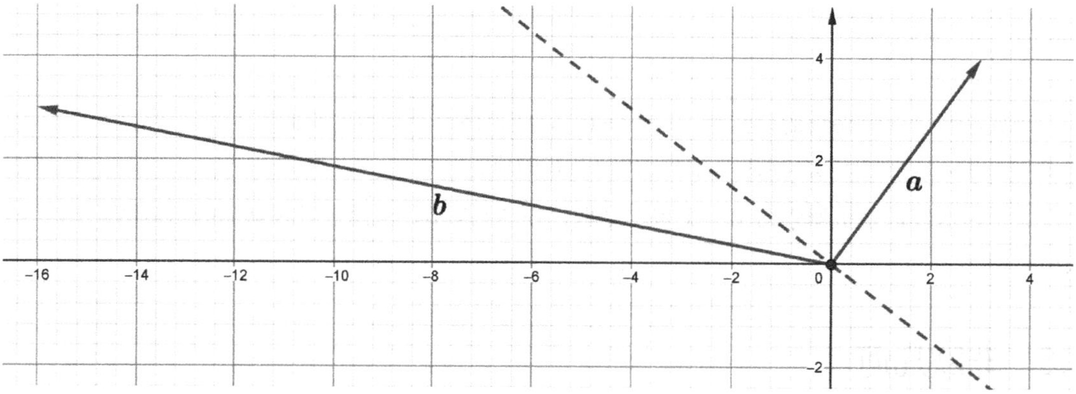

图 1-6-1

非欧几何似乎不符合我们的直觉，但它符合数学逻辑，甚至是探索现实世界的重要工具。例如 19 世纪中叶由德国数学家黎曼（Bernhard Riemann）开创的黎曼几何（如图 1-6-2 所示），就是爱因斯坦相对论的数学基础。在相对论中引入了“时间—空间”的四维空间（简称时空），在这个空间中，欧几里得几何的公理、定理不再适用。在下一章，我们会将向量扩展为矩阵形式或者函数形式，如此所构成的内积空间，则形成了量子力学理论的数学框架。相对论和量子力学是 20 世纪两大重要的成就，现在的科技成果无不以它们为基础。

图 1-6-2

本节以较短的篇幅，旨在向读者强调，以点积定义的欧几里得空间仅是内积空间的一个特例，根据内积的不同具体形式，可以定义其他类型的非欧几里得空间，也请读者注意区分点积和内积。

2

第2章 矩　　阵

矩阵是线性代数的核心概念，它既让人着迷，又让人迷惑。着迷，是因为矩阵以简洁的方式描述了这个世界；迷惑，是因为矩阵有时“静如处子”，有时“动若脱兔”——它不仅用在线性代数中，在后续数理统计中也会用到，它形式简洁、表达的内容丰富。

本章还会将内容放在上一章构建的向量空间中，不同的是主角换成了矩阵——向量是一种特殊的矩阵。那么，矩阵如何既“静”又“动”呢？如何用它来刻画这个世界？这一切将从本章开始逐渐揭晓。

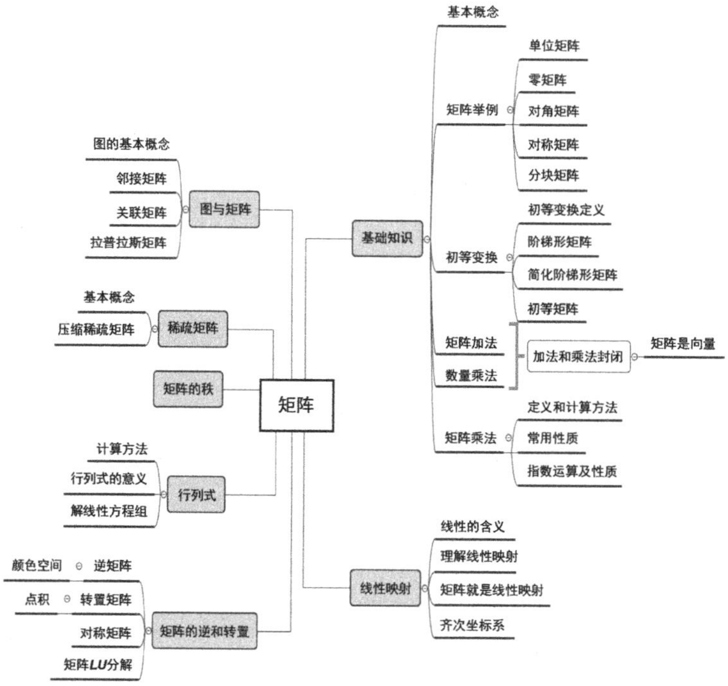

本章知识结构图

2.1 基础知识

一般的线性代数教材都是从线性方程组开始引入矩阵的，本书不准备这样做，因为这里不是从零开始的数学教学，而是尽可能唤醒沉睡在读者脑中的数学（请参阅前言说明），所以，本节要先把关于矩阵的基本概念罗列出来，让读者有一种似曾相识的感觉，进而对以前所学有进一步的理解，必能在某个时候“恍然大悟”：原来矩阵乃至于线性代数就是“这么一回事儿”。如此，不仅剥去了线性代数的神秘感，甚至于抛开本书，读者也能独立理解——这也是我写这本书的目标之一，读者阅后，对数学有自己的理解方法，并能够独立研习。

2.1.1 什么是矩阵

“Matrix”这个单词是由英国数学家希尔维斯特（James Joseph Sylvester）于1848年率先使用的。英国数学家阿瑟·凯莱（Arthur Cayley，如图2-1-1所示）从1858年开始陆续发表了一系列关于矩阵的论文，包括矩阵的运算、逆、转置等，因此他被公认为矩阵理论的奠基者。当然，还有很多数学家对矩阵理论有贡献，如德国数学家弗罗贝尼乌斯（Ferdinand Georg Frobenius）对矩阵的特征方程、秩、正交矩阵、相似矩阵、合同矩阵等进行了研究。

图 2-1-1

矩阵的概念进入我国，最早是1922年，当时的北京师范大学附属中学的数学教师程廷熙在有关文章中使用了“纵横阵”这个词汇作为英文“matrix”的汉译，此后还出现过“方阵”“长方阵”“矩阵式”等译法，1993年中国自然科学名词审定委员会公布的《数学名词》中，将“矩阵”定为正式译名。

到底什么是矩阵？下面是比较通俗且常见的定义。

定义 一般地，由 $m\times n$ 个元素 $a_{ij}\left(i=1,2,\cdots,m;j=1,2,\cdots,n\right)$ 按确定的位置排列成的矩形阵列，称为 $m\times n$ **矩阵**（其中 m 是行的数目，n 是列的数目）。

例如：

$$\boldsymbol{M}=\begin{bmatrix}2&0&2&1\\1&9&0&5\\0&7&2&8\end{bmatrix}$$

在本书中，使用大写粗斜体的英文字母表示矩阵，如上面的 $\boldsymbol{M}$（在第 1 章中用小写粗斜体英文字母表示向量）。此处示例的矩阵 $\boldsymbol{M}$ 的行数是 3，列数是 4。

第 1 章中探讨过的向量，如 $\begin{bmatrix}2\\1\\0\end{bmatrix}$，可视为 3×1 的矩阵；$\begin{bmatrix}0&7&2&8\end{bmatrix}$ 可视为 1×4 的矩阵，也就是说向量也是一种形式的矩阵，换言之，矩阵中的每行或者每列则为向量。

为了更一般化地表述，矩阵：

$$\boldsymbol{A}=\begin{bmatrix}a_{11}&a_{12}&\dots&a_{1n}\\a_{21}&a_{22}&\dots&a_{2n}\\\vdots&\vdots&\ddots&\vdots\\a_{m1}&a_{m2}&\dots&a_{mn}\end{bmatrix}$$

可以简写为：$\boldsymbol{A}=\left(a_{ij}\right)$ 或 $\boldsymbol{A}=(a_{ij})_{m\times n}$。通常用小写英文字母表示矩阵中的元素，$a_{ij}$ 称为矩阵的第 i 行第 j 列的元素。

如果矩阵的行数和列数相等，即 $m=n$，则称此矩阵为 **n 阶方阵**（或 n 级方阵）。

$$\boldsymbol{A}=\begin{bmatrix}a_{11}&a_{12}&\dots&a_{1n}\\a_{21}&a_{22}&\dots&a_{2n}\\\vdots&\vdots&\ddots&\vdots\\a_{n1}&a_{n2}&\dots&a_{nn}\end{bmatrix}$$

以上所显示的是矩阵的一般形式，如果把 a_{ij} 替换为具体的数字，就会出现一些特殊形态的矩阵，对这些特殊形态的矩阵，也分别给予了不同名称——形态特殊，还受到关注，必然有其特殊作用。例如：

- 单位矩阵

在向量空间中，我们引入了基的概念，以三维向量空间为例，它有这样一个标准基：

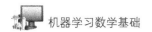

$\left\{\begin{bmatrix}1\\0\\0\end{bmatrix},\begin{bmatrix}0\\1\\0\end{bmatrix},\begin{bmatrix}0\\0\\1\end{bmatrix}\right\}$，写成矩阵就是：$\begin{bmatrix}1&0&0\\0&1&0\\0&0&1\end{bmatrix}$，这个矩阵就称为**单位矩阵**（Identity Matrix），通常用 $\boldsymbol{I}$ 或 $\boldsymbol{E}$ 表示，并且以下角标说明该向量空间的维数，如 $\boldsymbol{I}_3=\begin{bmatrix}1&0&0\\0&1&0\\0&0&1\end{bmatrix}$，更一般化地表示为：

$$\boldsymbol{I}_n=\begin{bmatrix}1&0&\dots&0\\0&1&\dots&0\\\vdots&\vdots&\ddots&\vdots\\0&0&\dots&1\end{bmatrix}$$

观察单位矩阵，会发现如下特点：

- 单位矩阵是方阵；
- 数字1都在方阵的对角线；
- 除了对角线上的1之外，其他位置的数字都是0；
- 将每一列（行）看作一个列（行）向量，各个列（行）向量线性无关；
- 单位矩阵的列（行）向量是相应维度的线性空间的一个标准基；
- 在欧几里得空间，每个列（行）向量的长度都是1。

还可能有其他的发现，因为单位矩阵集中了很多特殊矩阵的特征，由此它也能生成一些其他矩阵，在2.1.2中介绍的**初等变换**就是以单位矩阵为基础的。

- 零矩阵

矩阵中所有元素都是0，这样的矩阵称为**零矩阵**（Null Matrix，Zero Matrix），常用 $\boldsymbol{O}_{mn}$ 表示，其中 m 为行数，n 为列数。

$$\boldsymbol{O}_{mn}=\begin{bmatrix}0&0&\dots&0\\0&0&\dots&0\\\vdots&\vdots&\ddots&\vdots\\0&0&\dots&0\end{bmatrix}$$

这是一个 $m\times n$ 的零矩阵。

- 对角矩阵

对于 n 阶方阵 $\boldsymbol{A}=(a_{ij})_{n\times n}$，位置索引值 $i=j$ 的那些元素，构成了矩阵的**主对角线**（Main Diagonal），即 $a_{11},a_{22},\cdots,a_{nn}$ 这些从左上角到右下角的元素。如果方阵中除主对角线的元素之外，其他元素都是0，如下所示：

$$A=\begin{bmatrix}a_{11}&0&\cdots&0\\0&a_{22}&\cdots&0\\\cdots&\cdots&\ddots&\cdots\\0&0&\cdots&a_{nn}\end{bmatrix}$$

这样的矩阵称为**对角矩阵**（Diagonal Matrix）。

- 对称矩阵

以主对角线为对称轴，两侧元素对称分布的对角矩阵，例如：

$$A=\begin{bmatrix}1&5&7&0\\5&2&8&9\\7&8&3&5\\0&9&5&4\end{bmatrix}$$

即 $a_{ij}=a_{ji}$，$i\neq j$，这样的矩阵称为**对称矩阵**（Symmetric Matrix）。注意，对称矩阵是方阵。

- 分块矩阵

我们可以把矩阵看作是一些数字按照一定顺序排列的，也可以看成是由列（行）向量组成的，如果按照后面的看法，矩阵其实就是按照下面的方式分块了：

$$A=\left[\begin{array}{c|c|c}1&2&3\\4&5&6\\7&8&9\end{array}\right]$$

若 $a_1=\begin{bmatrix}1\\4\\7\end{bmatrix}$，$a_2=\begin{bmatrix}2\\5\\8\end{bmatrix}$，$a_3=\begin{bmatrix}3\\6\\9\end{bmatrix}$，则 $A=[a_1\quad a_2\quad a_3]$。当然，这种分块方法似乎有点特殊，如果按照更一般的方式分块，可以为：

$$A=\left[\begin{array}{cc|c}1&2&3\\4&5&6\\\hline 7&8&9\end{array}\right]$$

这样划分之后，矩阵 A 可以写成 2×2 的**分块矩阵**（Block Matrix，Partitioned Matrix）：

$$A=\begin{bmatrix}A_{11}&A_{12}\\A_{21}&A_{22}\end{bmatrix}$$

矩阵中的每个元素都是一个**子矩阵**（或者分块）：

$$A_{11}=\begin{bmatrix}1&2\\4&5\end{bmatrix},\quad A_{12}=\begin{bmatrix}3\\6\end{bmatrix},\quad A_{21}=[7\quad 8],\quad A_{22}=[9]$$

如果用 Python 语言来表示矩阵，可以使用 NumPy 的二维数组，例如：

```
import numpy as np

matrix_I = np.array([[1, 0, 0], [0, 1, 0], [0, 0, 1]])
matrix_I

# 输出
array([[1, 0, 0],
       [0, 1, 0],
       [0, 0, 1]])
```

另外，NumPy 中还提供了专门的矩阵类。

```
import numpy as np
np.mat("1 2 3; 4 5 6; 7 8 9")

# 输出
matrix([[1, 2, 3],
        [4, 5, 6],
        [7, 8, 9]])
```

注意：在 NumPy 中，二维数组和矩阵是两类不同的对象，不仅创建方法不同，在后续的内容中可以看到，它们在运算中所遵循的规则也不同。

如果要创建特殊矩阵，比如对角矩阵、单位矩阵等，则可以使用 NumPy 中提供的有关函数——注意返回的是数组对象，例如：

```
np.eye(3, dtype=int)

# 输出
array([[1, 0, 0],
       [0, 1, 0],
       [0, 0, 1]])
```

关于 NumPy 的更多内容以及各种矩阵的创建方法，请参阅《跟老齐学 Python：数据分析》（电子工业出版社）。

2.1.2 初等变换

矩阵中的元素排列成了行或者列，我们可以对行或者列施以如下操作：

- 互换两行（列）：$r_i \leftrightarrow r_j$，$c_i \leftrightarrow c_j$，（r_i 表示行；c_i 表示列，下同）
- 用一个非零数乘以一行（列）：$k \times r_i$，$k \times c_i$，（k 表示一个常数）
- 一行（列）的 k 倍加到另一行（列）：$k \times r_i + r_j$，$k \times c_i + c_j$

这些操作称为矩阵的**初等行（列）变换**（Elementary Row/Column Operations），统称为矩阵的

初等变换。例如，要对矩阵$\begin{bmatrix}1&2&5&11\\2&-1&6&19\\3&10&2&3\\-1&3&-1&-8\end{bmatrix}$进行初等变换，如下所示。

（1）初等变换（$r_i,(i=1,2,3,4)$表示行）：$r_2 \leftarrow r_2+r_1\cdot(-2)$；$r_3 \leftarrow r_3+r_1\cdot(-3)$；$r_4 \leftarrow r_4+r_1$，得：

$$\begin{bmatrix}1&2&5&11\\0&-5&-4&-3\\0&4&-13&-30\\0&5&4&3\end{bmatrix}$$

（2）初等变换：$r_3 \leftarrow r_3+r_2$；$r_4 \leftarrow r_4+r_2$，得：

$$\begin{bmatrix}1&2&5&11\\0&-5&-4&-3\\0&-1&-17&-33\\0&0&0&0\end{bmatrix}$$

（3）初等变换：$r_3 \leftrightarrow r_2$，得：

$$\begin{bmatrix}1&2&5&11\\0&-1&-17&-33\\0&-5&-4&-3\\0&0&0&0\end{bmatrix}$$

（4）初等变换：$r_3 \leftarrow r_3+r_2\cdot(-5)$，得：

$$\begin{bmatrix}1&2&5&11\\0&-1&-17&-33\\0&0&81&162\\0&0&0&0\end{bmatrix} \tag{2.1.1}$$

经过一系列初等变换之后，最终得到了（2.1.1）式的矩阵。观察这个矩阵的形态，它具有如下特点：

- 零行（即元素都是0的行，如果有的话）在矩阵的最下方；
- 每个非零行的第一个元素，如1、-1、81，称为这个矩阵的**主元**（pivot），主元位置下方的元素都是0。

具有上述特点的矩阵，称为**阶梯形矩阵**。再如，矩阵$\begin{bmatrix}1&2&5&11&7\\0&-1&-17&-3&3\\0&0&0&16&2\\0&0&0&0&0\end{bmatrix}$也是阶梯形矩阵，其主元分别是1、$-1$、16。

对（2.1.1）式矩阵还可继续进行初等变换：

（5）初等变换：$r_2 \leftarrow r_2 \cdot (-1)$；　$r_3 \leftarrow r_3 \cdot \frac{1}{81}$，得：

$$\begin{bmatrix} 1 & 2 & 5 & 11 \\ 0 & 1 & 17 & 33 \\ 0 & 0 & 1 & 2 \\ 0 & 0 & 0 & 0 \end{bmatrix}$$

（6）初等变换：$r_1 \leftarrow r_1 + r_3 \cdot (-5)$；　$r_2 \leftarrow r_2 + r_3 \cdot (-17)$，得：

$$\begin{bmatrix} 1 & 2 & 0 & 1 \\ 0 & 1 & 0 & -1 \\ 0 & 0 & 1 & 2 \\ 0 & 0 & 0 & 0 \end{bmatrix}$$

（7）初等变换：$r_1 \leftarrow r_1 + r_2 \cdot (-2)$，得：

$$\begin{bmatrix} 1 & 0 & 0 & 3 \\ 0 & 1 & 0 & -1 \\ 0 & 0 & 1 & 2 \\ 0 & 0 & 0 & 0 \end{bmatrix} \tag{2.1.2}$$

现在得到的矩阵仍然是阶梯形矩阵，此外，它还具有以下特点：

- 主元都是 1；
- 每个主元所在的列的其余元素都是 0，

具有这些特点的阶梯形矩阵称为**简化阶梯形矩阵**（Reduced Rowechelon Form，RREF）。

阶梯形矩阵和简化阶梯形矩阵，将在解线性方程组中有广泛应用（参阅 2.4.2 节）。

我们特别关注对单位矩阵所进行的初等变换，为此专门定义了初等矩阵。

单位矩阵经过一次初等变换而得到的矩阵，称为**初等矩阵**（Elementary Matrix）。

例如单位矩阵 $\boldsymbol{I}_3 = \begin{bmatrix} 1 & 0 & 0 \\ 0 & 1 & 0 \\ 0 & 0 & 1 \end{bmatrix}$，经初等变换之后所得的初等矩阵主要有以下三种形态：

- 两行互换，例如互换 $\boldsymbol{I}_3$ 第 1 行和第 2 行：$\begin{bmatrix} 0 & 1 & 0 \\ 1 & 0 & 0 \\ 0 & 0 & 1 \end{bmatrix}$
- 某行乘以非零数，例如第 2 行乘以 3：$\begin{bmatrix} 1 & 0 & 0 \\ 0 & 3 & 0 \\ 0 & 0 & 1 \end{bmatrix}$

- 某行乘以一个数加到另一行，例如第2行乘以3，然后加到第3行：$\begin{bmatrix}1&0&0\\0&1&0\\0&3&1\end{bmatrix}$

如果仅仅用以上概念说明初等矩阵，并没有体现出它的用途。在 2.1.5 节矩阵乘法中，我们就能看到初等矩阵的一项应用了。

在 2.1.1 节已经用 NumPy 中的二维数组表示过矩阵，也可以用 np.mat()创建矩阵对象，其实，在 Python 体系中，还有很多与科学计算相关的库提供了创建矩阵的方法，比如 SymPy。

```
from sympy.matrices import Matrix
A = Matrix([[1,3,5],[2,4,6]])
A
```

输出结果：

$$\begin{bmatrix}1&3&5\\2&4&6\end{bmatrix}$$

这样创建的就是矩阵对象，而不是用二维数组表示的矩阵。这个矩阵对象中提供了一个 rref() 方法，通过它能够得到此矩阵的简化阶梯形矩阵及其主元。

```
Arref, Apivots = A.rref()
print(f'简化阶梯矩阵：{Arref}')
print(f'主元：{Apivots}')

# 输出
简化阶梯矩阵：Matrix([[1, 0, -1], [0, 1, 2]])
主元：(0, 1)
```

2.1.3 矩阵加法

两个矩阵能够相加的前提是它们具有相同的形状，否则不能相加。

定义 设矩阵 $\boldsymbol{A}=(a_{ij})_{m\times n}$ 和矩阵 $\boldsymbol{B}=(b_{ij})_{m\times n}$ 有相同的形状，$\boldsymbol{C}=\boldsymbol{A}+\boldsymbol{B}$，则矩阵 $\boldsymbol{C}$ 的元素 $c_{ij}=a_{ij}+b_{ij}$。

例如：$\boldsymbol{A}=\begin{bmatrix}1&4&6\\8&9&10\end{bmatrix}$，$\boldsymbol{B}=\begin{bmatrix}2&3&5\\7&11&13\end{bmatrix}$，$\boldsymbol{D}=\begin{bmatrix}1&3\\2&4\end{bmatrix}$

$$\boldsymbol{A}+\boldsymbol{B}=\begin{bmatrix}1+2&4+3&6+5\\8+7&9+11&10+13\end{bmatrix}=\begin{bmatrix}3&7&11\\15&20&23\end{bmatrix}$$

但是，矩阵 $\boldsymbol{A}$ 或 $\boldsymbol{B}$ 不能与矩阵 $\boldsymbol{D}$ 相加。

如果用二维数组表示矩阵，则其加法运算如下：

```
a = np.array([[1,4,6], [8,9,10]])
b = np.array([[2,3,5], [7,11,13]])
```

```
a + b

# 输出
array([[ 3,  7, 11],
       [15, 20, 23]])
```

用 np.mat()创建矩阵，计算方法也一样。

```
np.mat('1 4 6; 8 9 10') + np.mat('2 3 5; 7 11 13')

$ 输出
matrix([[ 3,  7, 11],
        [15, 20, 23]])
```

注意，如果下面的两个数组分别表示两个矩阵，则它们之间可以做加法运算。

```
c = np.array([1, 2, 3])
d = np.array([[7],[8]])
c + d

# 输出
array([[ 8,  9, 10],
       [ 9, 10, 11]])
```

这是由数组运算中的“广播机制”导致的，与前面所说的矩阵形状必须相同才能相加不矛盾。

前面已经提到，矩阵可以看成是由列（行）向量组成的，上面示例中的矩阵 $\boldsymbol{A}$ 就可以写成 $\boldsymbol{A}=\begin{bmatrix}\boldsymbol{a}_1 & \boldsymbol{a}_2 & \boldsymbol{a}_3\end{bmatrix}$，其中 $\boldsymbol{a}_1=\begin{bmatrix}1\\8\end{bmatrix}$，$\boldsymbol{a}_2=\begin{bmatrix}4\\9\end{bmatrix}$，$\boldsymbol{a}_3=\begin{bmatrix}6\\10\end{bmatrix}$。同样有 $\boldsymbol{B}=\begin{bmatrix}\boldsymbol{b}_1 & \boldsymbol{b}_2 & \boldsymbol{b}_3\end{bmatrix}$。那么，这两个矩阵相加，也可以理解为对应位置的向量相加，即：

$$\boldsymbol{A}+\boldsymbol{B}=\begin{bmatrix}\boldsymbol{a}_1+\boldsymbol{b}_1 & \boldsymbol{a}_2+\boldsymbol{b}_2 & \boldsymbol{a}_3+\boldsymbol{b}_3\end{bmatrix}$$

这样就将矩阵的加法转换为向量的加法，而向量加法则是在第 1 章 1.1.2 节中已经学习过的了。

根据矩阵加法的定义，不难看出，两个矩阵相加之后所得的矩阵 $\boldsymbol{C}$ 与矩阵 $\boldsymbol{A}$ 和 $\boldsymbol{B}$ 形状一样。参考第 1 章 1.2 节中对向量空间的定义，组成矩阵 $\boldsymbol{C}$ 的所有列向量与组成 $\boldsymbol{A}$、$\boldsymbol{B}$ 的所有列向量在同一个向量空间。如果把向量的概念扩展，将矩阵也视为一种形态的向量（向量的组合还是向量），那么 $\boldsymbol{C}$ 和 $\boldsymbol{A}$、$\boldsymbol{B}$ 都在同一个空间。

2.1.4 数量乘法

继续使用 2.1.3 中的矩阵 $\boldsymbol{A}=\begin{bmatrix}1 & 4 & 6\\8 & 9 & 10\end{bmatrix}$，探讨标量与矩阵相乘的结果，例如 $2\boldsymbol{A}$，因为 $\boldsymbol{A}=\begin{bmatrix}\boldsymbol{a}_1 & \boldsymbol{a}_2 & \boldsymbol{a}_3\end{bmatrix}$，于是可以用第 1 章 1.1.3 节已经熟知的向量的数量乘法来探讨 $2\boldsymbol{A}$ 的结果：

$$2\boldsymbol{A}=\begin{bmatrix}2\boldsymbol{a}_1 & 2\boldsymbol{a}_2 & 2\boldsymbol{a}_3\end{bmatrix}$$
$$=\begin{bmatrix}2\times1 & 2\times4 & 2\times6\\ 2\times8 & 2\times9 & 2\times10\end{bmatrix}$$
$$=\begin{bmatrix}2 & 8 & 12\\ 16 & 18 & 20\end{bmatrix}$$

矩阵的数量乘法定义如下。

定义 设 c 是一个标量，矩阵 $\boldsymbol{A}=(a_{ij})_{m\times n}$ 与它的数量乘法记作：$\boldsymbol{B}=c\boldsymbol{A}$，$\boldsymbol{B}=(b_{ij})_{m\times n}$ 与 $\boldsymbol{A}$ 有同样形状，且 $b_{ij}=ca_{ij}$。

根据加法和数量乘法，就可以计算两个矩阵的差。

$$\boldsymbol{A}-\boldsymbol{B}=\boldsymbol{A}+(-1)\boldsymbol{B}$$

例如：

$$\boldsymbol{A}-\boldsymbol{B}=\boldsymbol{A}+(-1)\boldsymbol{B}=\begin{bmatrix}1 & 4 & 6\\ 8 & 9 & 10\end{bmatrix}+(-1)\begin{bmatrix}2 & 3 & 5\\ 7 & 11 & 13\end{bmatrix}=\begin{bmatrix}-1 & 1 & 1\\ 1 & -2 & -3\end{bmatrix}$$

用程序计算数量乘法，操作过程也非常直观。

```
# 以数组表示矩阵
2 * np.array([[1,4,6], [8,9,10]])

# 输出
array([[ 2,  8, 12],
       [16, 18, 20]])

# 用矩阵对象
2 * np.mat('1 4 6; 8 9 10')

# 输出
matrix([[ 2,  8, 12],
        [16, 18, 20]])
```

观察矩阵数量乘法的结果，其中的列（行）向量与原来矩阵的每个列（行）向量，还是在同一个空间，也就是说：

- 两个矩阵的相加符合加法封闭原则；
- 如果用一个标量 c 乘以矩阵，则此计算结果仍然是与原矩阵形状一样的矩阵，遵从数量乘法封闭的原则。

由此，可以说 $m\times n$ 的矩阵集合 $\mathbb{M}_{mn}$ 是向量空间，其中的每个矩阵都是向量。

第 1 章 1.2 节中提及的线性组合的形式：$c_1\boldsymbol{v}_1+c_2\boldsymbol{v}_2+\cdots+c_m\boldsymbol{v}_m$，这种形式也可以用于 $\mathbb{M}_{mn}$ 中，只不过这里应该将其中的向量从列（行）向量一般化为矩阵。

例如：将矩阵$\begin{bmatrix}-1 & 7\\ 8 & -1\end{bmatrix}$表示为矩阵$\begin{bmatrix}1 & 0\\ 2 & 1\end{bmatrix}$，$\begin{bmatrix}2 & -3\\ 0 & 2\end{bmatrix}$，$\begin{bmatrix}0 & 1\\ 2 & 0\end{bmatrix}$的线性组合。求解过程如下：

$$c_1\begin{bmatrix}1 & 0\\ 2 & 1\end{bmatrix}+c_2\begin{bmatrix}2 & -3\\ 0 & 2\end{bmatrix}+c_3\begin{bmatrix}0 & 1\\ 2 & 0\end{bmatrix}=\begin{bmatrix}-1 & 7\\ 8 & -1\end{bmatrix}$$

解得：$c_1=3$，$c_2=-2$，$c_3=1$，则该矩阵可以写成如下线性组合的形式：

$$\begin{bmatrix}-1 & 7\\ 8 & -1\end{bmatrix}=3\begin{bmatrix}1 & 0\\ 2 & 1\end{bmatrix}-2\begin{bmatrix}2 & -3\\ 0 & 2\end{bmatrix}+\begin{bmatrix}0 & 1\\ 2 & 0\end{bmatrix}$$

那么，我们同样可以说向量（矩阵）$\boldsymbol{v}_1,\cdots\boldsymbol{v}_m$ 生成向量空间 $\mathbb{M}_{mn}$。

于是，第 1 章 1.2 节中的“子空间”概念，现在也可以推广到矩阵生成的向量空间。

例如 2×2 的对角矩阵的集合就是 2×2 矩阵生成的向量空间（记作：$\mathbb{M}_{22}$）的子空间。

设两个矩阵$\boldsymbol{U}=\begin{bmatrix}a & 0\\ 0 & b\end{bmatrix}$、$\boldsymbol{V}=\begin{bmatrix}p & 0\\ 0 & q\end{bmatrix}$，容易验证它们符合加法和乘法封闭，由此可知它们所生成的空间是 $\mathbb{M}_{22}$ 的子空间。

在这里需要注意的是，因为零向量的特殊性，导致任何子空间都会包含向量空间的零向量，否则就不能构成子空间。例如形似$[\boldsymbol{a},\boldsymbol{a},\boldsymbol{a}+2]$的向量集合，就不是三维向量空间的子空间。

至此，我们其实拓展了第 1 章中的向量概念——**矩阵也是向量**，它们生成了向量空间，这是从静态的角度理解矩阵。

但矩阵还有其特殊性，因为又规定了乘法。

2.1.5 矩阵乘法

矩阵乘法是指两个矩阵相乘——请区别于 2.1.4 节中的数量乘法，其定义为：

定义 矩阵 $\boldsymbol{A}=(a_{ij})_{m\times r}$ 和矩阵 $\boldsymbol{B}=(b_{ij})_{r\times n}$ 相乘，记作：$\boldsymbol{C}=\boldsymbol{AB}$，其中 $\boldsymbol{C}=(c_{ij})_{m\times n}$，$c_{ij}=a_{i1}b_{1j}+\cdots+a_{in}b_{nj}$。

例如：$\boldsymbol{A}=\begin{bmatrix}1 & 2\\ 3 & 4\end{bmatrix}$，$\boldsymbol{B}=\begin{bmatrix}5 & 6\\ 7 & 8\end{bmatrix}$，根据定义，计算 $\boldsymbol{AB}$ 和 $\boldsymbol{BA}$。

$$\boldsymbol{AB}=\begin{bmatrix}1\times5+2\times7 & 1\times6+2\times8\\ 3\times5+4\times7 & 3\times6+4\times8\end{bmatrix}=\begin{bmatrix}19 & 22\\ 43 & 50\end{bmatrix}$$

$$\boldsymbol{BA}=\begin{bmatrix}5\times1+6\times3 & 5\times2+6\times4\\ 7\times1+8\times3 & 7\times2+8\times3\end{bmatrix}=\begin{bmatrix}23 & 34\\ 31 & 46\end{bmatrix}$$

显然 $\boldsymbol{AB}\neq\boldsymbol{BA}$，交换律不适用于矩阵乘法。

并且，矩阵乘法并非两个矩阵的对应元素相乘——为什么不固定为对应元素相乘？这样不更简单吗？这个问题，会在 2.2 节揭晓。不过，这里提醒读者注意，如果用 NumPy 中的数组表示矩阵，那么在使用乘法符号“*”计算乘法的时候，就会对应元素相乘，而且要求相乘的两个数组形状一样——这其实是数组相乘。

```
a = np.array([[1, 2],[4, 5]])
b = np.array([[2, 3],[7, 11]])
a * b

# 输出
array([[ 2,  6],
       [28, 55]])
```

在第 1 章 1.4.2 节介绍向量的点积运算时，提到了一个函数 np.dot()，如果用二维数组表示矩阵，则通过这个函数所实现的乘法与矩阵乘法的定义相同。

```
c = np.array([[1, 2],[4, 5]])
d = np.array([[2, 3, 5],[7, 11, 13]])
np.dot(c, d)   # 或者 a.dot(b)

# 输出
array([[16, 25, 31],
       [43, 67, 85]])
```

比较直接的方法是创建矩阵对象，在矩阵对象之间使用乘法符号“*”进行计算，即本节所探讨的矩阵乘法。

```
A = np.mat('1 2; 4 5')
B = np.mat('2 3 5; 7 11 13')
A * B

# 输出
matrix([[16, 25, 31],
        [43, 67, 85]])
```

在矩阵乘法定义中，对两个矩阵的形状也做出了规定，并非任意形状的两个矩阵都能相乘，如图 2-1-2 所示。

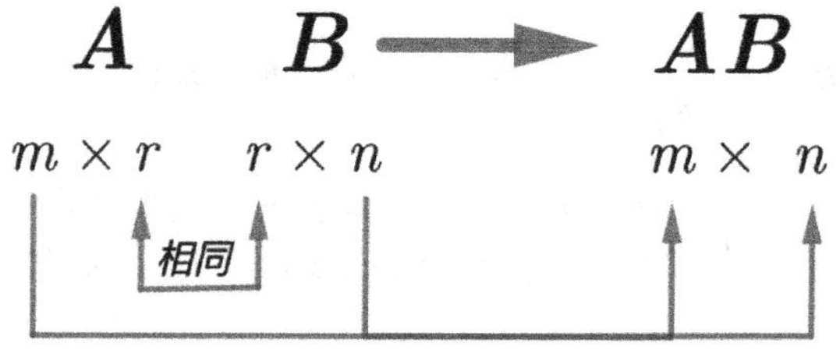

图 2-1-2

下面换个角度，尝试用列向量来理解矩阵乘法的计算过程。

性质 假设矩阵 $\boldsymbol{A}=(a_{ij})_{m\times r}$ 和矩阵 $\boldsymbol{B}=(b_{ij})_{r\times n}$，矩阵 $\boldsymbol{B}$ 的列分别用 $\boldsymbol{b}_1,\boldsymbol{b}_2,\cdots,\boldsymbol{b}_n$ 表示，即 $\boldsymbol{B}=\begin{bmatrix}\boldsymbol{b}_1 & \cdots & \boldsymbol{b}_n\end{bmatrix}$，则：

$$\boldsymbol{AB}=\boldsymbol{A}\begin{bmatrix}\boldsymbol{b}_1 & \cdots & \boldsymbol{b}_n\end{bmatrix}=\begin{bmatrix}\boldsymbol{Ab}_1 & \cdots & \boldsymbol{Ab}_n\end{bmatrix}$$

例如：$\boldsymbol{A}=\begin{bmatrix}2 & 3\\5 & 7\end{bmatrix}$，$\boldsymbol{B}=\begin{bmatrix}2 & 4 & 6\\1 & 3 & 5\end{bmatrix}$，按照上述方式计算，得：

$$\boldsymbol{AB}=\left[\begin{bmatrix}2 & 3\\5 & 7\end{bmatrix}\begin{bmatrix}2\\1\end{bmatrix}\quad\begin{bmatrix}2 & 3\\5 & 7\end{bmatrix}\begin{bmatrix}4\\3\end{bmatrix}\quad\begin{bmatrix}2 & 3\\5 & 7\end{bmatrix}\begin{bmatrix}6\\5\end{bmatrix}\right]=\begin{bmatrix}7 & 17 & 27\\17 & 41 & 65\end{bmatrix}$$

若 $\boldsymbol{B}$ 是 $r\times1$ 的矩阵（列向量），$\boldsymbol{B}=\begin{bmatrix}b_1\\\vdots\\b_r\end{bmatrix}$，则：

$$\boldsymbol{AB}=b_1\boldsymbol{a}_1+b_2\boldsymbol{a}_2+\cdots+b_r\boldsymbol{a}_r$$

其中 $\boldsymbol{a}_1,\boldsymbol{a}_2,\cdots,\boldsymbol{a}_r$ 是矩阵 $\boldsymbol{A}$ 的列向量。

例如：$\boldsymbol{A}=\begin{bmatrix}2 & 3 & 3\\5 & 7 & 8\end{bmatrix}$，$\boldsymbol{B}=\begin{bmatrix}1\\-2\\3\end{bmatrix}$，按照上述方式计算，得：

$$\boldsymbol{AB}=1\begin{bmatrix}2\\5\end{bmatrix}+(-2)\begin{bmatrix}3\\7\end{bmatrix}+3\begin{bmatrix}3\\8\end{bmatrix}=\begin{bmatrix}2\\5\end{bmatrix}+\begin{bmatrix}-6\\-14\end{bmatrix}+\begin{bmatrix}9\\24\end{bmatrix}=\begin{bmatrix}5\\15\end{bmatrix}$$

这说明，如果一个矩阵与列向量相乘，那么可以认为是矩阵每列的线性组合，或者说将列向量转换为以矩阵的列为基的向量。

下面总结了矩阵运算的性质，其中大写粗斜体字母表示矩阵，小写字母表示标量。

性质　加法和数量乘法：

- $\boldsymbol{A}+\boldsymbol{B}=\boldsymbol{B}+\boldsymbol{A}$
- $\boldsymbol{A}+(\boldsymbol{B}+\boldsymbol{C})=(\boldsymbol{A}+\boldsymbol{B})+\boldsymbol{C}$
- $\boldsymbol{A}+\boldsymbol{O}=\boldsymbol{O}+\boldsymbol{A}=\boldsymbol{A}$，$\boldsymbol{O}$ 代表零矩阵（矩阵的元素都是 0）
- $r(\boldsymbol{A}+\boldsymbol{B})=r\boldsymbol{A}+r\boldsymbol{B}$
- $(r+s)\boldsymbol{C}=r\boldsymbol{C}+s\boldsymbol{C}$
- $r(s\boldsymbol{C})=(rs)\boldsymbol{C}$

矩阵乘法：

- $\boldsymbol{A}(\boldsymbol{BC})=(\boldsymbol{AB})\boldsymbol{C}$
- $\boldsymbol{A}(\boldsymbol{B}+\boldsymbol{C})=\boldsymbol{AB}+\boldsymbol{AC}$
- $(\boldsymbol{A}+\boldsymbol{B})\boldsymbol{C}=\boldsymbol{AC}+\boldsymbol{BC}$

- $\boldsymbol{AI} = \boldsymbol{IA} = \boldsymbol{A}$，$\boldsymbol{I}$ 是单位矩阵
- $r(\boldsymbol{AB}) = (r\boldsymbol{A})\boldsymbol{B} = \boldsymbol{A}(r\boldsymbol{B})$
- 注意：$\boldsymbol{AB} \neq \boldsymbol{BA}$

代数中的一些运算性质，不能随意套用到矩阵运算中，特别是与矩阵乘法相关的运算。例如：

- $a \neq 0, ab = ac \Rightarrow b = c$
- $pq = 0 \Rightarrow p = 0 \text{或} q = 0$

上述在数量乘法中显然成立的结论，对矩阵乘法不一定都成立。

- $\boldsymbol{A} = \begin{bmatrix} 1 & 2 \\ 2 & 4 \end{bmatrix}, \boldsymbol{B} = \begin{bmatrix} -1 & 2 \\ 2 & 1 \end{bmatrix}, C = \begin{bmatrix} -3 & 8 \\ 3 & -2 \end{bmatrix}$，计算显示：$\boldsymbol{AB} = \boldsymbol{AC} = \begin{bmatrix} 3 & 4 \\ 6 & 8 \end{bmatrix}$，但 $\boldsymbol{B} \neq \boldsymbol{C}$
- $\boldsymbol{P} = \begin{bmatrix} 1 & -3 \\ -2 & 6 \end{bmatrix}, \boldsymbol{Q} = \begin{bmatrix} 3 & -9 \\ 1 & -3 \end{bmatrix}$，计算显示：$\boldsymbol{PQ} = \boldsymbol{O}$，但 $\boldsymbol{P} \neq \boldsymbol{O}, \boldsymbol{Q} \neq \boldsymbol{O}$。

也有类似的，例如指数运算（仅限于方阵）。

性质　设 $\boldsymbol{A} = (a_{ij})_{n\times n}$，则：

$$\boldsymbol{A}^k = \underbrace{\boldsymbol{AA}\cdots\boldsymbol{AA}}_{k\text{个}}$$

例如：$\boldsymbol{A} = \begin{bmatrix} 1 & -2 \\ -1 & 0 \end{bmatrix}$，计算 $\boldsymbol{A}^4$。

$$\boldsymbol{A}^2 = \begin{bmatrix} 1 & -2 \\ -1 & 0 \end{bmatrix}\begin{bmatrix} 1 & -2 \\ -1 & 0 \end{bmatrix} = \begin{bmatrix} 3 & -2 \\ -1 & 2 \end{bmatrix}$$

$$\boldsymbol{A}^4 = \boldsymbol{AAAA} = (\boldsymbol{AA})(\boldsymbol{AA}) = \boldsymbol{A}^2\boldsymbol{A}^2 = \begin{bmatrix} 3 & -2 \\ -1 & 2 \end{bmatrix}\begin{bmatrix} 3 & -2 \\ -1 & 2 \end{bmatrix} = \begin{bmatrix} 11 & -10 \\ -5 & 6 \end{bmatrix}$$

矩阵的指数运算，还有如下性质：

性质　矩阵 $\boldsymbol{A}$ 是 $n\times n$ 的方阵，r，s 是大于 0 的正整数：

- $\boldsymbol{A}^r\boldsymbol{A}^s = \boldsymbol{A}^{r+s}$
- $(\boldsymbol{A}^r)^s = \boldsymbol{A}^{rs}$
- 规定：$\boldsymbol{A}^0 = \boldsymbol{I}_n$

在 NumPy 中有一个进行指数运算的函数 np.power()，但它不能实现以上所说的矩阵指数运算。

```
M = np.mat('1 -2; -1 0')
np.power(M, 4)

# 输出
```

```
matrix([[ 1, 16],
        [ 1,  0]])
```

从输出结果中可以看出，np.power()计算了矩阵中每个元素计算的 4 次方，这不符合矩阵的指数运算法则。其实 np.power()函数，是对 NumPy 中数组进行指数运算的函数，如果进行矩阵指数运算，则应该这样做：

```
from numpy.linalg import matrix_power
matrix_power(M, 4)

# 输出
matrix([[ 11, -10],
        [ -5,   6]])
```

此外，还可以使用运算符 `**`：

```
M ** 4

# 输出
matrix([[ 11, -10],
        [ -5,   6]])
```

在计算中，要注意区分二维数组和矩阵对象，以及所用函数，是否按照矩阵运算规则完成相应计算。

曾记否，在 2.1.2 节提到了初等变换和初等矩阵的概念，现在从矩阵乘法的角度，来看一看这两个概念之间的关系。

设矩阵 $\boldsymbol{A}=\begin{bmatrix}1&3&5\\2&4&6\\7&8&9\end{bmatrix}$，进行初等行变换，$r_2 \leftarrow r_2+r_1$，得：$\begin{bmatrix}1&3&5\\3&7&11\\7&8&9\end{bmatrix}$。

换一个角度来看一看初等变换的过程。如果用单位矩阵左乘上面的矩阵 $\boldsymbol{A}$，即：

$$\begin{bmatrix}1&0&0\\0&1&0\\0&0&1\end{bmatrix}\begin{bmatrix}1&3&5\\2&4&6\\7&8&9\end{bmatrix}=\begin{bmatrix}1&3&5\\2&4&6\\7&8&9\end{bmatrix}$$

除了左乘，还可以检测右乘，这就是前面的乘法运算性质中提到的 $\boldsymbol{AI}=\boldsymbol{IA}=\boldsymbol{A}$，单位矩阵左（右）乘任何一个矩阵，结果都是该矩阵。

由单位矩阵经过一次初等行（列）变换得到了初等矩阵，例如也是第二行加上第一行（与刚才 $\boldsymbol{A}$ 进行的初等行变换一致）：$\boldsymbol{I}_{2+1}=\begin{bmatrix}1&0&0\\1&1&0\\0&0&1\end{bmatrix}$，然后用这个初等矩阵左乘矩阵 $\boldsymbol{A}$：

$$\begin{bmatrix}1&0&0\\1&1&0\\0&0&1\end{bmatrix}\begin{bmatrix}1&3&5\\2&4&6\\7&8&9\end{bmatrix}=\begin{bmatrix}1&3&5\\3&7&11\\7&8&9\end{bmatrix}$$

读者可以自行验证，如果要实现矩阵的初等列变换，则可以通过右乘一个初等矩阵实现。由此总结如下：

性质 初等行（列）变换相当于左（右）乘相应的初等矩阵。

如此，就将矩阵乘法和初等变换联系起来了。

2.2 线性映射

在第 1 章 1.3.2 节讨论基的时候，引入了过渡矩阵的概念，借此矩阵，建立了同一个向量在不同基下的坐标关系 $\boldsymbol{x}=\boldsymbol{P}\boldsymbol{x}'$（$\boldsymbol{P}$ 为过渡矩阵），如图 2-2-1 所示，$\boldsymbol{x}$ 与 $\boldsymbol{x}'$ 之间通过矩阵 $\boldsymbol{P}$ 建立了一种关系，本节的核心问题就是研究这种关系以及对这种关系的描述。

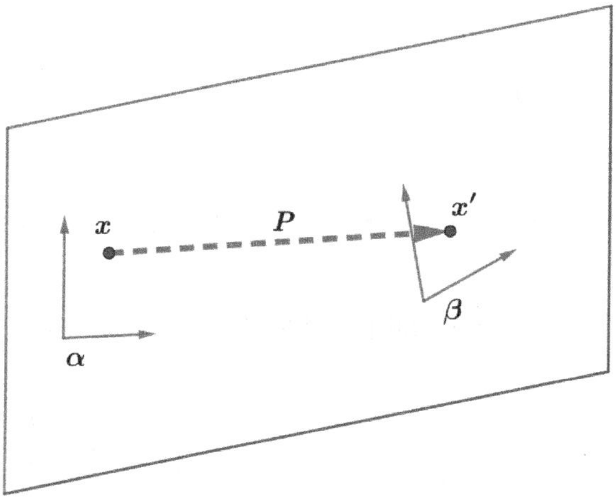

图 2-2-1

2.2.1 理解什么是线性

不论是在数学还是在机器学习中，“线性”这个词都不鲜见，比如现在学习的是“线性代数”，机器学习中有“线性回归”，初中我们就学习过“线性函数”，等等。但是，那些名词中的“线性”是什么意思？它们与“线性空间”中的“线性”是否同义？

在第 1 章 1.2.1 节已经定义了线性代数的一个重要对象——线性空间（或向量空间），判断一个空间是否是线性空间，就是看其中的向量是否符合加法和数量乘法封闭——不要忘记，我们已经在 2.1.4 节将向量的形态从行或者列推广到了矩阵。这样看来，“线性代数”中的线性，就应该如此理解了。

再来考查“线性函数”中的“线性”所指为何。有点复杂。

首先要说明“函数”的含义——尽管读者可能知晓，但为了阐述的连贯性，这里需要再次强调。清代数学家李善兰在翻译《代数学》（1859 年）一书时，把英文中的“function”译成了“函数”。

按照现代一般的定义，函数是两个非空集合之间的对应法则。那么“线性函数”，就是指“对应法则”应该是“线性”的。符合什么样的具体规则，算是线性的呢？在线性代数中有严格规定。

定义 如果函数 $f(x)$ 是线性的，那么它必须满足：

- 可加性：$f(x_1+x_2)=f(x_1)+f(x_2)$
- 齐次性：$f(cx)=cf(x)$，c 为常数

上述定义，也可以统一写成：

$$f(c_1x_1+c_2x_2)=c_1f(x_1)+c_2f(x_2),\quad c_1,c_2\text{为常数}$$

从形式上看，对线性函数的定义就是线性空间中所定义的加法和乘法封闭，这是因为线性函数就是线性空间中运算过程的具体体现。

根据上述定义，显然函数 $f(x)=kx$ 是线性函数，但另一个被称为“线性函数”的 $f(x)=kx+b$ 仅以上述规定的第二条考查（$f(cx)=kcx+b,\ c(fx)=ckx+cb$，得：$f(cx)\neq cf(x)$），就明显不符合，因此也就不能再严格地称它作“线性函数”了——中学数学中的称呼，更可能是因为它的几何形状是一条直线。

如果在平面空间创建一个笛卡儿坐标系，并绘制 $f(x)=kx$ 和 $f(x)=kx+b$ 这两个函数所对应的图像，则如图 2-2-2 所示，直线 l 过坐标系原点，其函数式为 $y=3x$；直线 m 不过坐标系原点，其函数式为 $y=-2x+5$。

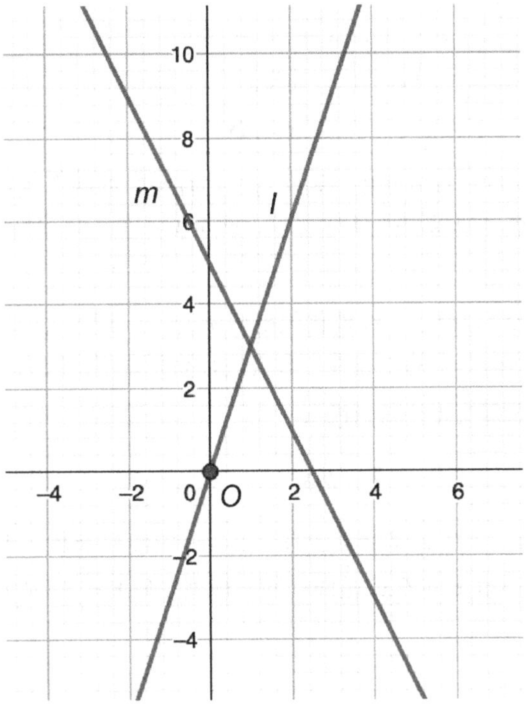

图 2-2-2

如果用第 1 章 1.2.4 节中的子空间概念来衡量，则直线 m 所表示的空间不是平面空间的子空间，因此它所对应的函数，也不在我们要讨论的“线性函数”范畴——称 $y=kx+b$ 是“一次函数”更好。故：直线不等于线性函数。

上面讨论的 $f(x)=kx$ 是一元函数，它生成的是二维向量空间的子空间。如果把这个概念推广到 n 元函数，则可以写成：

$$f(x_1,x_2,\cdots,x_n)=k_1x_1+k_2x_2+\cdots+k_nx_n \tag{2.2.1}$$

（2.2.1）式等号右侧，就是 $x_1,\cdots,x_n$ 的线性组合。假设 $x_1,\cdots,x_n$ 是可以观测到的具体值，若与之对应的函数值（记作 $y_1,\cdots,y_m$）也已知，则可列出如下线性方程组：

$$\begin{cases} y_1 &= a_{11}x_1+\cdots+a_{1n}x_n \\ &\vdots \\ y_m &= a_{m1}x_1+\cdots+a_{mn}x_n \end{cases}$$

关于这个方程组的求解方法，我们放在第 2 章 2.4.2 节中。这里不妨用已经学习过的矩阵有关知识，将这个线性方程组改写为：

$$\begin{bmatrix} y_1 \\ \vdots \\ y_m \end{bmatrix}=\begin{bmatrix} a_{11} & \cdots & a_{1n} \\ \vdots & \ddots & \vdots \\ a_{m1} & \cdots & a_{mn} \end{bmatrix}\begin{bmatrix} x_1 \\ \vdots \\ x_n \end{bmatrix}$$

令：$\boldsymbol{y}=\begin{bmatrix} y_1 \\ \vdots \\ y_m \end{bmatrix}$，$\boldsymbol{A}=\begin{bmatrix} a_{11} & \cdots & a_{1n} \\ \vdots & \ddots & \vdots \\ a_{m1} & \cdots & a_{mn} \end{bmatrix}$，$\boldsymbol{x}=\begin{bmatrix} x_1 \\ \vdots \\ x_n \end{bmatrix}$，则：

$$\boldsymbol{y}=\boldsymbol{A}\boldsymbol{x} \tag{2.2.2}$$

对于（2.2.2）式，如果将其看成函数，则它符合线性函数的两个规定；看成向量，则符合加法和乘法封闭原则。并且向量 $\boldsymbol{x}$ 通过矩阵 $\boldsymbol{A}$ 变换成了向量 $\boldsymbol{y}$，至于这个变换的具体含义，请看 2.2.2 节详述。

经过以上阐述，读者已经理解了在线性代数范畴所说的“线性”含义。在本节即将结束的时候，再对机器学习中的“线性回归”中的“线性”含义进行简要说明，因为它也容易引起误解。

通常，用下面的表达式表示线性回归模型：

$$\boldsymbol{Y}=\beta_1\boldsymbol{x}_1+\cdots+\beta_n\boldsymbol{x}_n+\epsilon$$

所谓线性，是指 $\beta_1\boldsymbol{x}_1+\cdots+\beta_n\boldsymbol{x}_n$ 是参数 $\beta_i\,(i=1,\cdots,n)$ 的线性函数，不必是 $\boldsymbol{x}_i\,(i=1,\cdots,n)$ 的线性函数，所以，式子 $\boldsymbol{Y}=\beta_1\boldsymbol{x}_1+\beta_2\boldsymbol{x}_2^2+\beta_3\boldsymbol{x}_3^3$ 是线性回归模型，但 $\boldsymbol{Y}=\beta_1\mathrm{e}^{\beta_2 x}+\epsilon$ 则是非线性模型。

2.2.2 线性映射

在 2.2.1 节中解释函数的时候，曾经说它是非空集合之间的对应法则，诸如 $y=kx$、$\boldsymbol{y}=\boldsymbol{A}\boldsymbol{x}$ 等，

都是这句话的具体表现形式。这是用集合论的观点看待函数，还可以称之为**映射**。

定义 设两个非空集合 $\mathbb{A}$ 与 $\mathbb{B}$ 间存在着对应关系 $\boldsymbol{T}$，而且对于 $\mathbb{A}$ 中的每一个元素 a，$\mathbb{B}$ 中总有唯一的一个元素 b 与之对应，这种对应称为从 $\mathbb{A}$ 到 $\mathbb{B}$ 的**映射**（map），记作 $\boldsymbol{T}:\mathbb{A}\to\mathbb{B}$。

其中，b 称为元素 a 在映射 $\boldsymbol{T}$ 下的**像**，a 称为 b 关于映射 $\boldsymbol{T}$ 的**原像**。

上面的定义，可以用图 2-2-3 直观地表示。

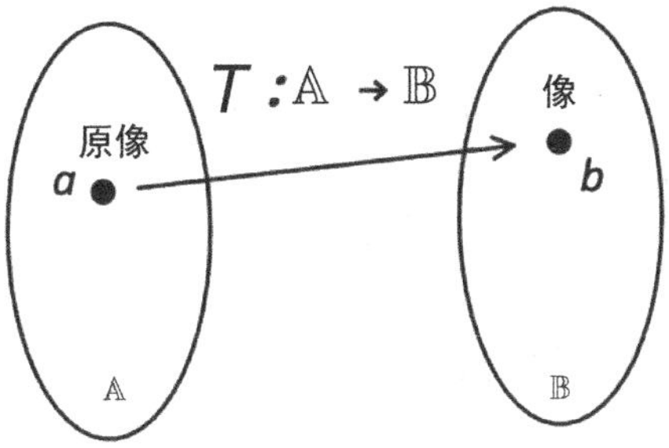

图 2-2-3

例如，有向量 $\begin{bmatrix}x\\y\end{bmatrix}$，经过映射 $\boldsymbol{T}$，得到了向量 $\begin{bmatrix}2x+y\\3y\end{bmatrix}$，并且所有输入向量和输出向量各自形成一个集合。这个映射，可以用类似于函数的形式写成：

$$\boldsymbol{T}\left(\begin{bmatrix}x\\y\end{bmatrix}\right)=\begin{bmatrix}2x+y\\3y\end{bmatrix} \tag{2.2.3}$$

之所以能够如此表示，是因为函数本质上也是一种映射，只不过在线性代数之前的函数，多数是 $\mathbb{R}\mapsto\mathbb{R}$ 的映射，现在，将它推广到了 $\mathbb{R}^n\mapsto\mathbb{R}^m$ 的映射。表 2-2-1 列出了初等代数中函数概念向线性代数中映射的推广。

表 2-2-1

函数	映射
函数 $f:\mathbb{R}\mapsto\mathbb{R}$	线性映射：$\boldsymbol{T}:\mathbb{R}^n\mapsto\mathbb{R}^m$，表示矩阵：$\boldsymbol{A}\in\mathbb{R}^{m\times n}$
输入：$x\in\mathbb{R}$	输入：$\boldsymbol{x}\in\mathbb{R}^n$
输出：$f(x)\in\mathbb{R}$	输出：$\boldsymbol{T}(\boldsymbol{x})=\boldsymbol{A}\boldsymbol{x}\in\mathbb{R}^m$
$g\circ f(x)=g(f(x))$	$\boldsymbol{T}_B(\boldsymbol{T}_A(\boldsymbol{x}))=\boldsymbol{B}\boldsymbol{A}\boldsymbol{x}$
反函数：f^{-1}	逆矩阵：$\boldsymbol{A}^{-1}$

表 2-2-1 中有些关于矩阵的概念会在后续内容中逐一介绍。

因为映射是函数的推广，并且形式雷同，我们就大胆地根据第 2 章 2.2.1 节对线性函数的定义来操作（2.2.3）式，看看结果如何。

$$
\begin{aligned}
\boldsymbol{T}\left(\begin{bmatrix}x_1\\y_1\end{bmatrix}+\begin{bmatrix}x_2\\y_2\end{bmatrix}\right)&=\boldsymbol{T}\left(\begin{bmatrix}x_1+x_2\\y_1+y_2\end{bmatrix}\right)\\
&=\begin{bmatrix}2(x_1+x_2)+(y_1+y_2)\\3(y_1+y_2)\end{bmatrix}=\begin{bmatrix}2x_1+y_1+2x_2+y_2\\3y_1+3y_2\end{bmatrix}\\
&=\begin{bmatrix}2x_1+y_1\\3y_1\end{bmatrix}+\begin{bmatrix}2x_2+y_2\\3y_2\end{bmatrix}\\
&=\boldsymbol{T}\left(\begin{bmatrix}x_1\\y_1\end{bmatrix}\right)+\boldsymbol{T}\left(\begin{bmatrix}x_2\\y_2\end{bmatrix}\right)
\end{aligned}
$$

$$
\begin{aligned}
\boldsymbol{T}\left(c\begin{bmatrix}x_1\\y_1\end{bmatrix}\right)&=\boldsymbol{T}\left(\begin{bmatrix}cx_1\\cy_1\end{bmatrix}\right)=c\begin{bmatrix}2x_1+y_1\\3y_1\end{bmatrix}\\
&=c\boldsymbol{T}\left(\begin{bmatrix}x_1\\y_1\end{bmatrix}\right)
\end{aligned}
$$

由上述计算结果不难得知：（2.2.3）式居然符合前述线性函数的规定，只是我们这里说的是映射，所以就称之为**线性映射**（Linear Map）。

定义 设 $\mathbb{V}$ 和 $\mathbb{V}'$ 是实数域上的两个向量空间，$\mathbb{V}$ 到 $\mathbb{V}'$ 的一个映射 $\boldsymbol{T}$ 如果具有加法和数量乘法运算，即：

$$
\boldsymbol{T}(\boldsymbol{u}+\boldsymbol{v})=\boldsymbol{T}(\boldsymbol{u})+\boldsymbol{T}(\boldsymbol{v}),\quad \forall \boldsymbol{u},\boldsymbol{v}\in\mathbb{V}
$$

$$
\boldsymbol{T}(c\boldsymbol{u})=c\boldsymbol{T}(\boldsymbol{u}),\quad \forall \boldsymbol{u}\in\mathbb{V},c\in\mathbb{R}
$$

则称 $\boldsymbol{T}$ 是 $\mathbb{V}$ 到 $\mathbb{V}'$ 的一个**线性映射**。

继续考查（2.2.3）式，可以将它写成：

$$
\boldsymbol{T}\left(\begin{bmatrix}x\\y\end{bmatrix}\right)=\begin{bmatrix}2&1\\0&3\end{bmatrix}\begin{bmatrix}x\\y\end{bmatrix} \tag{2.2.4}
$$

由此，我们可以看到，如果一个线性映射的输入是向量 $\boldsymbol{v}=\begin{bmatrix}x\\y\end{bmatrix}$，并将这个线性映射用矩阵 $\boldsymbol{A}=\begin{bmatrix}2&1\\0&3\end{bmatrix}$表示，那么，用矩阵乘以输入向量（$\boldsymbol{Av}$）就得到了此线性映射的输出$\begin{bmatrix}2x+y\\3y\end{bmatrix}$。这个过程可以记作：$\boldsymbol{v}\mapsto\boldsymbol{Av}$。也就是现在我们发现，可以用矩阵表示线性映射。

但是，还要谨慎地考查，如果用矩阵表示了线性映射，是否还符合前述线性映射定义中的加法和数量乘法封闭的要求？

容易验证：

$$
\boldsymbol{A}(\boldsymbol{v}_1+\boldsymbol{v}_2)=\boldsymbol{Av}_1+\boldsymbol{Av}_2
$$

$$
\boldsymbol{A}(c\boldsymbol{v})=c\boldsymbol{Av}
$$

依然符合线性映射定义。

再比如线性映射 $\boldsymbol{T}\left(\begin{bmatrix}x\\y\\z\end{bmatrix}\right)=\begin{bmatrix}x-y\\2z\end{bmatrix}$，用矩阵表示，可以写成：

$$\boldsymbol{T}\left(\begin{bmatrix}x\\y\\z\end{bmatrix}\right)=\begin{bmatrix}1&-1&0\\0&0&2\end{bmatrix}\begin{bmatrix}x\\y\\z\end{bmatrix}\tag{2.2.5}$$

如果三维向量空间中的向量是 $\begin{bmatrix}1\\2\\1\end{bmatrix}$，那么经过线性映射之后，$\begin{bmatrix}1&-1&0\\0&0&2\end{bmatrix}\begin{bmatrix}1\\2\\1\end{bmatrix}=\begin{bmatrix}-1\\2\end{bmatrix}$，就得到了二维向量空间中的一个向量（如图 2-2-4 所示），用符号表示为：$\boldsymbol{T}:\mathbb{R}^3\mapsto\mathbb{R}^2$。

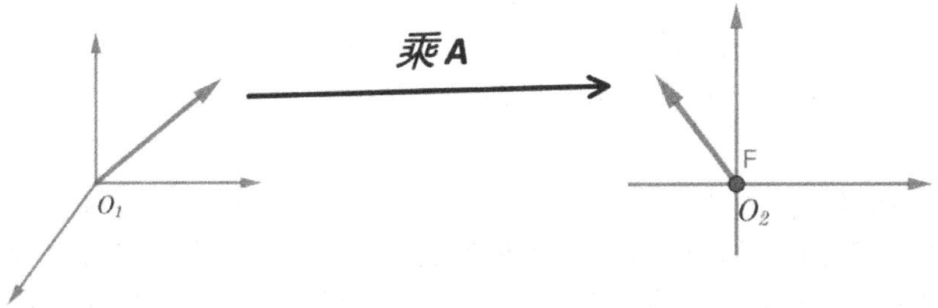

图 2-2-4

第 1 章 1.3.2 节中的坐标变换公式（$\boldsymbol{x}=\boldsymbol{P}\boldsymbol{x}'$），表示的是在同一个向量空间中，某个向量在不同基下坐标之间的关系。现在用线性映射的概念来理解此公式，即向量在同一向量空间不同基下的映射。

例如：二维向量空间中的向量 $\begin{bmatrix}x\\y\end{bmatrix}$，在映射 $\boldsymbol{T}=\begin{bmatrix}1&0\\0&-1\end{bmatrix}$ 下：

$$\boldsymbol{T}\left(\begin{bmatrix}x\\y\end{bmatrix}\right)=\begin{bmatrix}1&0\\0&-1\end{bmatrix}\begin{bmatrix}x\\y\end{bmatrix}=\begin{bmatrix}x\\-y\end{bmatrix}$$

对上面的计算过程，可以有两种理解方式：

- 按照坐标变换的思路，可以理解为将向量在标准基 $\left\{\begin{bmatrix}1\\0\end{bmatrix},\begin{bmatrix}0\\1\end{bmatrix}\right\}$ 下的坐标 $\begin{bmatrix}x\\y\end{bmatrix}$ 变换为另外一个基 $\left\{\begin{bmatrix}1\\0\end{bmatrix},\begin{bmatrix}0\\-1\end{bmatrix}\right\}$ 下的坐标 $\begin{bmatrix}x\\-y\end{bmatrix}$。这是第 1 章 1.3.2 节已经阐述过的。
- 如图 2-2-5 所示，标准基 $\left\{\begin{bmatrix}1\\0\end{bmatrix},\begin{bmatrix}0\\1\end{bmatrix}\right\}$ 构建的坐标系中，向量 $\overrightarrow{OA}$ 经过映射 $\boldsymbol{T}=\begin{bmatrix}1&0\\0&-1\end{bmatrix}$ 变换为向量 $\overrightarrow{OB}$，即相对 x 轴的**对称变换**。

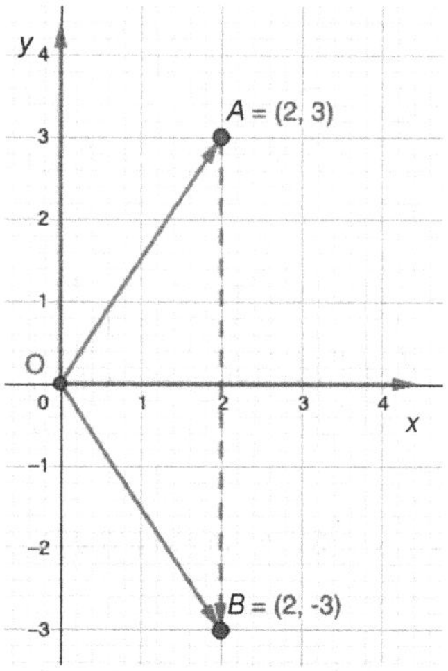

图 2-2-5

第一种理解从基的角度，向量“客观不变”，变换的是在不同基下的坐标——正所谓“横看成岭侧成峰”；第二种理解则认为坐标系固定，因映射而使向量变换——正所谓“物换星移几度秋”。二者殊途同归。

在前面的几个示例中，有的线性映射发生在不同向量空间，有的则发生在同一个向量空间内。对于在同一向量空间发生的线性映射，常称为**线性变换**（注意：“线性映射”和“线性变换”这两个术语，不同作者有不同的理解。有的认为线性映射是不同向量空间之间的映射，线性变换是同一向量空间内的映射；有的认为两个术语是同义语，可以互换。本书在行文中采用前一种说法）。

2.2.3 矩阵与线性映射

现在，我们已经知道，如果将矩阵作为线性映射或者线性变换，以 $\boldsymbol{Av}$ 的形式，就能够实现向量 $\boldsymbol{v}$ 的线性映射，输出为另外一个向量。

为了强化理解，再看一个**旋转变换**的示例：如图 2-2-6 所示，在二维向量空间中，向量 $\overrightarrow{OA}$ 旋转 θ 角，变换为向量 $\overrightarrow{OB}$，注意，这是发生在同一个向量空间的线性变换。

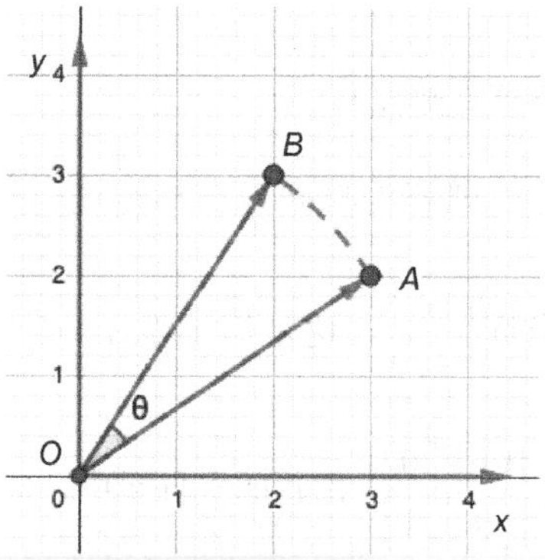

图 2-2-6

$$\begin{bmatrix} x' \\ y' \end{bmatrix} = \begin{bmatrix} \cos\theta & -\sin\theta \\ \sin\theta & \cos\theta \end{bmatrix} \begin{bmatrix} x \\ y \end{bmatrix}$$

此处的矩阵$\begin{bmatrix} \cos\theta & -\sin\theta \\ \sin\theta & \cos\theta \end{bmatrix}$即为实现旋转变换的矩阵。

至此，我们已经从线性映射的角度理解了矩阵乘以向量的含义了。那么，矩阵乘以矩阵是什么含义呢？可以从以下两个角度理解 2.1.5 节矩阵乘法——殊途同归。

在 2.1.4 节，曾经把向量的概念拓展，除了列（行）向量之外，矩阵也能生成一个向量空间，它也是向量。那么，按照前述对线性映射的理解，如果矩阵 $\boldsymbol{A}$ 乘以矩阵 $\boldsymbol{B}$，即：$\boldsymbol{AB}$，其含义就应该是用映射 $\boldsymbol{A}$ 对矩阵（向量）$\boldsymbol{B}$ 实施线性映射（或线性变换）。例如：$\boldsymbol{T} = \begin{bmatrix} 4 & 2 \\ 2 & 3 \end{bmatrix}$是一个二维向量空间的线性变换，此向量空间中一个矩阵$\begin{bmatrix} 1 & 1 & 0 & 0 \\ 0 & 1 & 1 & 0 \end{bmatrix}$，则：

$$\begin{bmatrix} 4 & 2 \\ 2 & 3 \end{bmatrix} \begin{bmatrix} 1 & 1 & 0 & 0 \\ 0 & 1 & 1 & 0 \end{bmatrix} = \begin{bmatrix} 4 & 6 & 2 & 0 \\ 2 & 5 & 3 & 0 \end{bmatrix}$$

在二维平面空间中，矩阵$\begin{bmatrix} 1 & 1 & 0 & 0 \\ 0 & 1 & 1 & 0 \end{bmatrix}$的每一列对应平面上的一个点，如图 2-2-7 中的 A、B、C、O，左乘$\begin{bmatrix} 4 & 2 \\ 2 & 3 \end{bmatrix}$，相当于每个点（对应前述向量）分别变换到图中平行四边形 $OEFG$ 的对应各点，即原来的正方形经过线性变换成了平行四边形。

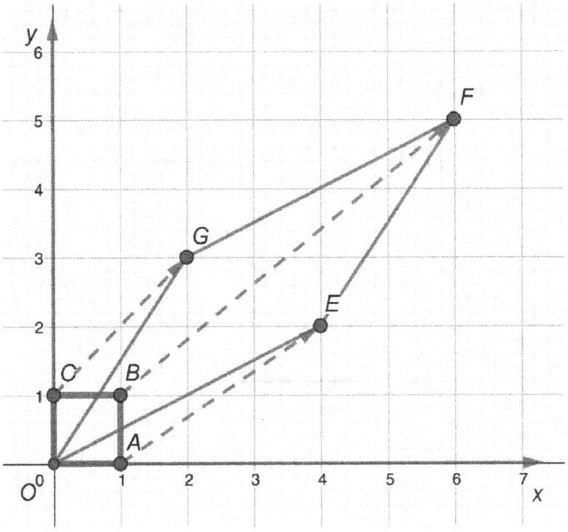

图 2-2-7

例如对点 A 实施线性变换：

$$\begin{bmatrix} 4 & 2 \\ 2 & 3 \end{bmatrix} \begin{bmatrix} 1 \\ 0 \end{bmatrix} = \begin{bmatrix} 4 \\ 2 \end{bmatrix}$$

即变换为点 E。

由此，我们也就理解了为什么矩阵乘法“不能是对应元素相乘”。

由上述示例推广到更高维度的向量空间，作为原像的矩阵，左乘表示线性映射的矩阵之后，得到了像的矩阵。这就是矩阵乘以矩阵含义，非代数运算中简单地“相乘”。

此外，还可以借助函数来理解矩阵乘法的含义。对于 $z=g\left(f\left(x\right)\right)$ 这种类型的函数，我们并不陌生，它是指将 x 输入到函数 $f\left(x\right)$ 得到了输出 $y\left(y=f\left(x\right)\right)$，然后将 y 作为函数 $g\left(y\right)$ 的输入得到了 z。与此类似，如果对于某向量也经历了两次连续的线性映射，那么可以写成：

$$\boldsymbol{u}=\boldsymbol{B}\left(\boldsymbol{A}\left(\boldsymbol{v}\right)\right)$$

既然线性映射都可以用矩阵表示，那么上述符号 $\boldsymbol{A}$、$\boldsymbol{B}$ 若表示为矩阵，则：

$$\boldsymbol{u}=\boldsymbol{BAv}$$

由此，我们也可以认为矩阵和矩阵的乘法，就是连续发生的线性映射。

综上所述，可以总结为一句话：**矩阵就是线性映射**。

稍等，貌似还有一个小问题。在 $\boldsymbol{v}\mapsto\boldsymbol{Av}$ 中，矩阵是线性映射，这相当于矩阵表示了一个过程（映射）。但是，针对单独一个矩阵，应该如何理解？比如矩阵 $\boldsymbol{A}=\begin{bmatrix}2&1\\1&3\end{bmatrix}$。

在矩阵乘法性质中，有 $\boldsymbol{AI}=\boldsymbol{A}$，现在从线性映射的角度理解这个式子：

- 以二维向量空间为例，从几何角度来看，单位矩阵就是以 $\left\{\begin{bmatrix}1\\0\end{bmatrix},\begin{bmatrix}0\\1\end{bmatrix}\right\}$ 为基的笛卡儿坐标系，如图 2-2-8 的（a）所示。
- 从线性映射的角度来看，$\boldsymbol{AI}$ 就是将单位矩阵的空间用矩阵 $\boldsymbol{A}$ 实施线性变换，变成了图 2-2-8 的（b）所示的空间。

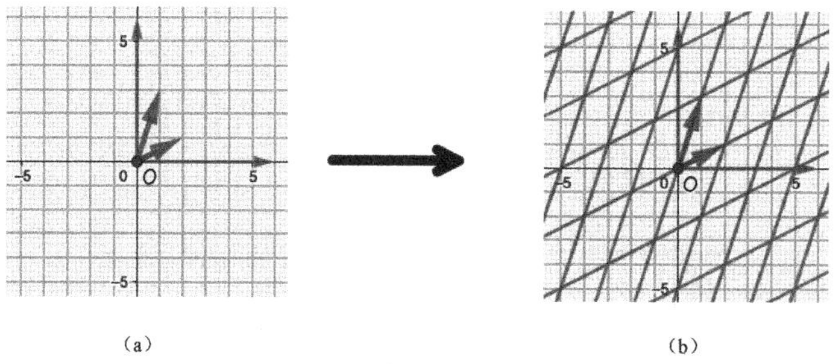

图 2-2-8

综上两点，又因为 $\boldsymbol{AI}=\boldsymbol{A}$，那么单独一个矩阵也就代表它所生成的向量空间，即对单位矩阵空间的线性变换。

在前面的各个示例中，我们已经看到，以矩阵来表征线性变换，能够实现对向量空间中的平面、体或者超平面、超体进行旋转变换、对称变换。另外还能够进行缩放变换，比如矩阵$\begin{bmatrix} k_1 & 0 \\ 0 & k_2 \end{bmatrix}$，若$k_1 = 2,\ k_2 = 1$，则在二维向量空间中，$\begin{bmatrix} 2 & 0 \\ 0 & 1 \end{bmatrix}\begin{bmatrix} 1 & 1 & 0 & 0 \\ 0 & 1 & 1 & 0 \end{bmatrix} = \begin{bmatrix} 2 & 2 & 0 & 0 \\ 0 & 1 & 1 & 0 \end{bmatrix}$将正方形$OBCD$沿$x$轴放大到$OB_1C_1D$；若$k_1 = 2,\ k_2 = 2$，则$\begin{bmatrix} 2 & 0 \\ 0 & 2 \end{bmatrix}\begin{bmatrix} 1 & 1 & 0 & 0 \\ 0 & 1 & 1 & 0 \end{bmatrix} = \begin{bmatrix} 2 & 2 & 0 & 0 \\ 0 & 2 & 2 & 0 \end{bmatrix}$将正方形$OBCD$放大到$OB_2C_2D_2$（如图2-2-9所示）。当然，图2-2-7所示也是一种典型的线性变换示例。

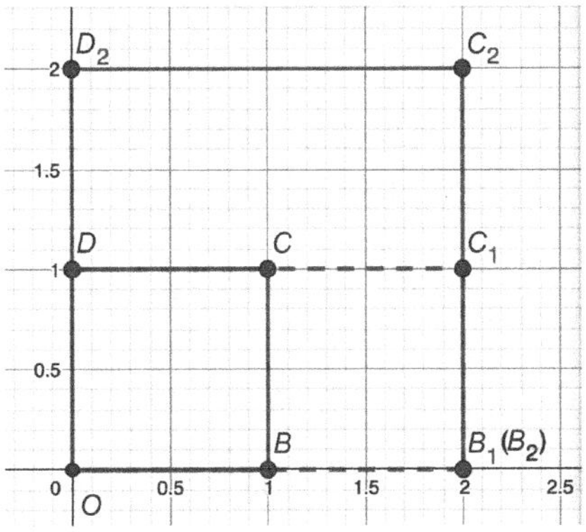

图 2-2-9

2.2.4　齐次坐标系

在前面讨论线性变换的时候，我们没有提到平移。什么是平移？以二维平面为例，如图2-2-10所示，向量$\overrightarrow{O'A'}$就是向量$\overrightarrow{OA}$平移的结果，即连接两个图形的对应点的直线平行，则两个图形是平移变换。很显然，这种平移不是线性变换——向量$\overrightarrow{O'A'}$所在直线并不是平面空间的子空间。尽管如此，我们可以用矩阵加法表示图2-2-10所示的平移变换：

$$\overrightarrow{OA} = \begin{bmatrix} 0 & 1 \\ 0 & 2 \end{bmatrix}, \overrightarrow{O'A'} = \begin{bmatrix} 3 & 4 \\ 1 & 3 \end{bmatrix}$$

$$\begin{bmatrix} 3 & 4 \\ 1 & 3 \end{bmatrix} = \begin{bmatrix} 0 & 1 \\ 0 & 2 \end{bmatrix} + \begin{bmatrix} 3 & 3 \\ 1 & 1 \end{bmatrix}$$

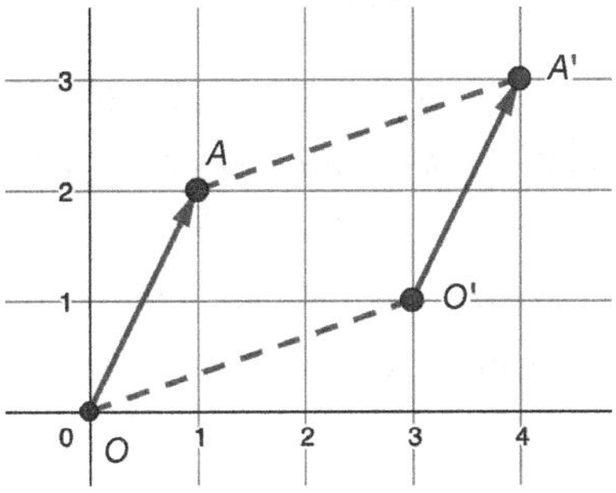

图 2-2-10

既然平移不是线性变换，当然就不能用矩阵乘法的形式表示。然而在计算机图形学中，旋转、缩放、平移又是三种非常经典且常用的图形变换，旋转、缩放用矩阵乘法形式表示，偏偏平移不能，这从形式上看不美，且不便于计算和操作。为了解决这个问题，数学家们引入了**齐次坐标系**，这是一种与笛卡儿坐标系完全不同的坐标系形式，还是以平面空间为例，在笛卡儿坐标系中，每个点可以用(x,y)的形式表示，在齐次坐标系中，则变成了(x',y',w)，其中$x=x'/w$，$y=y'/w$。通常，可以设$w=1$（关于齐次坐标系的详细内容，读者可以参考计算机图形学有关资料）。

利用齐次坐标系，图 2-2-10 所示的平移就可以写成：

$$\overrightarrow{OA}=\begin{bmatrix}0&1\\0&2\\1&1\end{bmatrix},\quad \overrightarrow{O'A'}=\begin{bmatrix}3&4\\1&3\\1&1\end{bmatrix}$$

$$\begin{bmatrix}3&4\\1&3\\1&1\end{bmatrix}=\begin{bmatrix}1&0&3\\0&1&1\\0&0&1\end{bmatrix}\begin{bmatrix}0&1\\0&2\\1&1\end{bmatrix}$$

这样，平移也可以用矩阵乘法形式表示了。还是注意，这本质上不是线性变换，只不过创建齐次坐标系之后，可以使用线性变换的形式。

对于二维向量空间的齐次坐标系，以下几个矩阵分别是实现了齐次坐标中的旋转、伸缩、平移变换（如图 2-2-11 所示）：

- 旋转：$\boldsymbol{A}=\begin{bmatrix}\cos\theta&-\sin\theta&0\\\sin\theta&\cos\theta&0\\0&0&1\end{bmatrix}$，$\theta$表示旋转的角度
- 伸缩：$\boldsymbol{C}=\begin{bmatrix}r&0&0\\0&r&0\\0&0&1\end{bmatrix}$，$r$表示伸缩的倍数
- 平移：$\boldsymbol{E}=\begin{bmatrix}1&0&h\\0&1&k\\0&0&1\end{bmatrix}$，$h$，$k$分别为$x$、$y$移动的长度

对于某个向量分别实施伸缩、旋转、平移变换，则可写成：

$$\begin{aligned}\boldsymbol{EAC}\begin{bmatrix}x\\y\\1\end{bmatrix}&=\begin{bmatrix}1&0&h\\0&1&k\\0&0&1\end{bmatrix}\begin{bmatrix}\cos\theta&-\sin\theta&0\\\sin\theta&\cos\theta&0\\0&0&1\end{bmatrix}\begin{bmatrix}r&0&0\\0&r&0\\0&0&1\end{bmatrix}\begin{bmatrix}x\\y\\1\end{bmatrix}\\&=\begin{bmatrix}r\cos\theta&-r\sin\theta&h\cos\theta-kr\sin\theta\\r\sin\theta&r\cos\theta&h\sin\theta+kr\cos\theta\\0&0&1\end{bmatrix}\begin{bmatrix}x\\y\\1\end{bmatrix}\end{aligned}$$

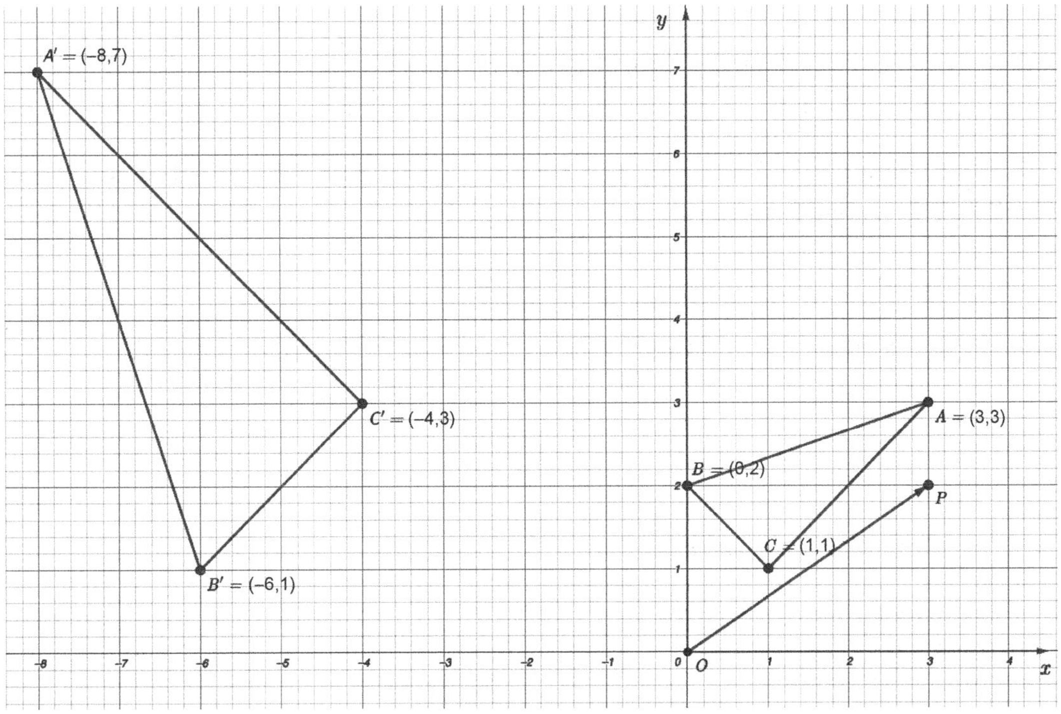

图 2-2-11

对于图 2-2-11 中的ΔABC，如果要让它连续完成“伸缩→旋转→平移”变换之后，最后变成$\Delta A'B'C'$，用$\boldsymbol{M}=\boldsymbol{EAC}$实现：

$$\boldsymbol{M}=\boldsymbol{EAC}=\begin{bmatrix}1&0&h\\0&1&k\\0&0&1\end{bmatrix}\begin{bmatrix}\cos\theta&-\sin\theta&0\\\sin\theta&\cos\theta&0\\0&0&1\end{bmatrix}\begin{bmatrix}r&0&0\\0&r&0\\0&0&1\end{bmatrix}$$

$$=\begin{bmatrix}r\cos\theta&-r\sin\theta&hr\cos\theta-kr\sin\theta\\r\sin\theta&r\cos\theta&hr\sin\theta+kr\cos\theta\\0&0&1\end{bmatrix}$$

设 $h=-2,\ k=1,\ r=2,\ \theta=\dfrac{\pi}{2}$，则：

$$\boldsymbol{M}=\begin{bmatrix}r\cos\theta&-r\sin\theta&hr\cos\theta-kr\sin\theta\\r\sin\theta&r\cos\theta&hr\sin\theta+kr\cos\theta\\0&0&1\end{bmatrix}=\begin{bmatrix}0&-2&-2\\2&0&1\\0&0&1\end{bmatrix}$$

于是：

$$\boldsymbol{M}\begin{bmatrix}3&0&1\\3&2&1\\1&1&1\end{bmatrix}=\begin{bmatrix}-8&-6&-4\\7&1&3\\1&1&1\end{bmatrix}$$

即：$\boldsymbol{A}:\begin{bmatrix}3\\3\\1\end{bmatrix}\mapsto\boldsymbol{A}':\begin{bmatrix}-8\\7\\1\end{bmatrix}$，$\boldsymbol{B}:\begin{bmatrix}0\\2\\1\end{bmatrix}\mapsto\boldsymbol{B}':\begin{bmatrix}-6\\1\\1\end{bmatrix}$，$\boldsymbol{C}:\begin{bmatrix}1\\1\\1\end{bmatrix}\mapsto\boldsymbol{C}':\begin{bmatrix}-4\\3\\1\end{bmatrix}$。

如前所述，缩放、旋转是线性变换，但平移不是。如果将线性变换和平移综合起来，统称这类变换为**仿射变换**（Affine Transformation）。常见的仿射变换，除了缩放、旋转和平移之外，还包括反射和剪切。

以上以手工计算的方式演示了图形变换的基本原理，在程序中，我们会使用一些库和模块实现各种图形变换。下面以目前常用的 OpenCV 为例，演示图形的平移、缩放和旋转变换。

1. 平移

```
import cv2
import numpy as np
import matplotlib.pyplot as plt

img = cv2.imread("headpic.png")
M = np.float32([[1, 0, 500], [0, 1, 1000]])
rows, cols, ch = img.shape

res = cv2.warpAffine(img, M, (rows, cols))

plt.subplot(121)
plt.imshow(img)
plt.title('Input')

plt.subplot(122)
plt.imshow(res)
plt.title('Output')
```

输出图像：

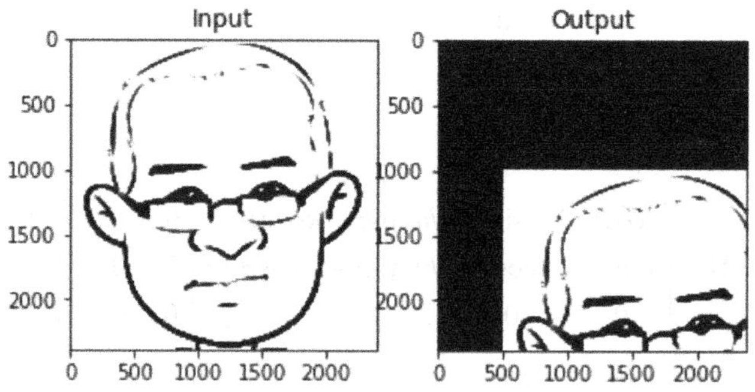

在上述程序中，M = np.float32([[1,0,500],[0,1,1000]])是平移变换矩阵，即 $\boldsymbol{E}=\begin{bmatrix}1&0&h\\0&1&k\\0&0&1\end{bmatrix}$，只是在程序中省略了矩阵的最后一行。构造的矩阵 M 中，$h=500,k=1000$，这就是分别在 x 轴和 y 轴

方向移动距离（对照输出图像）。

OpenCV 中的函数 warpAffine() 实现了图像按照平移矩阵的仿射变换，其函数形式是 warpAffine (src, M, dsize)，主要参数的含义为：

- src：需要变换的图像对象，即上述程序中的 img；
- M：变换矩阵，上述程序中即为定义的平移变换矩阵 M；
- dsize：变换后输出图像的大小。程序中以(rows,cols)表示输入图像的大小。

2. 缩放

仿照实现平移变换的程序，构造缩放矩阵，依然使用 warpAffine() 函数实现变换。

```
M = np.float32([[0.5, 0, 0],[0, 0.5, 0]])

res = cv2.warpAffine(img, M, (rows//2, cols//2))

plt.subplot(121)
plt.imshow(img)
plt.title('Input')

plt.subplot(122)
plt.imshow(res)
plt.title('Output')
```

输出图像：

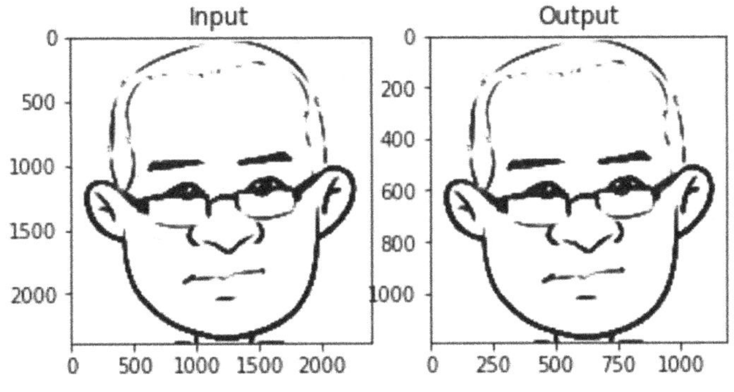

在 OpenCV 中，还提供了专门实现缩放操作的函数 cv2.resize()，如果实现以上输出效果，将上述程序中的 res = cv2.warpAffine(img, C, (rows//2,cols//2)) 替换为 res2 = cv2.resize(img,(rows//2, cols//2)) 即可，其中的 (rows//2,cols//2) 为缩放后的图像大小。

3. 旋转

虽然可以按照旋转变换的矩阵形式，比如旋转角度 $\theta = 45°$，构建旋转矩阵，再使用 warpAffine() 函数实现变换，但是，这样做的结果往往不如人意。

```
M = np.float32([[0.702, -0.702, 0],[0.702, 0.702, 0]])

res = cv2.warpAffine(img, M, (4000, 4000))

plt.subplot(121)
plt.imshow(img)
plt.title('Input')

plt.subplot(122)
plt.imshow(res)
plt.title('Output')
```

输出图像：

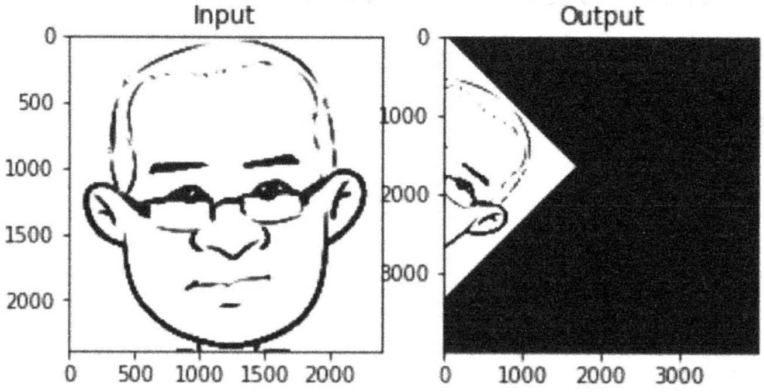

从输出结果中可以看出，上述旋转是以原始图像的坐标原点（注意：计算机图形中坐标原点在左上角）为旋转中心，旋转了45°。为了避免此种情况，可以使用OpenCV中的专有函数构造旋转变换矩阵，如以下程序所示。

```
M = cv2.getRotationMatrix2D((rows/2, cols/2), 45, 1)
res = cv2.warpAffine(img, M, (rows, cols))

plt.subplot(121)
plt.imshow(img)
plt.title('Input')

plt.subplot(122)
plt.imshow(res)
plt.title('Output')
```

输出图像：

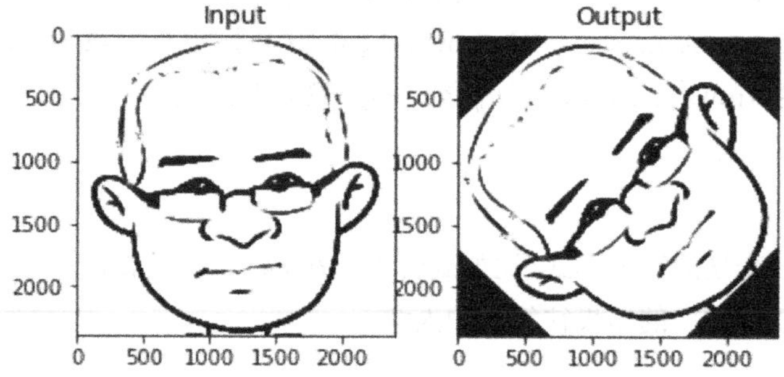

函数 getRotationMatrix2D(center, angle, scale)可以设置旋转中心（center）、旋转角度（angle）和缩放比例（scale）。

以上简要介绍了 OpenCV 中的实现旋转、缩放、平移三种变换的函数，除了这三种变换之外，OpenCV 还支持其他形式的变换，比如对应点变换（用函数 cv2.getAffineTransform 构造变换矩阵）等。读者若对计算机视觉或计算机图形学有兴趣，不妨深入研习 OpenCV 的有关应用。

如果用深度学习框架训练模型，则往往需要大量的数据，但是很多真实业务中，数据量并不充足，此时常常需要采取一些方式扩充数据。对于图像数据而言，比较简单的数据扩充方式包括图像水平翻转、尺度变换、旋转等。

2.3 矩阵的逆和转置

矩阵的逆和转置都是对矩阵自身的变换，是对上一节所建立的重要观念——矩阵就是映射——的深入应用。

2.3.1 逆矩阵

以 2.2.3 节中图 2-2-6 所示的向量旋转变换为例，矩阵 $\boldsymbol{A}=\begin{bmatrix}\cos\theta & -\sin\theta\\ \sin\theta & \cos\theta\end{bmatrix}$ 是向量 $\overrightarrow{OA}$ 逆时针旋转到 $\overrightarrow{OB}$ 的旋转变换，那么，如果从 $\overrightarrow{OB}$ 顺时针转到 $\overrightarrow{OA}$ 的旋转变换是什么呢？这个变换相对于 $\boldsymbol{A}$ 而言，是逆变换。

$$\boldsymbol{B}=\begin{bmatrix}\cos(-\theta) & -\sin(-\theta)\\ \sin(-\theta) & \cos(-\theta)\end{bmatrix}=\begin{bmatrix}\cos\theta & \sin\theta\\ -\sin\theta & \cos\theta\end{bmatrix}$$

$\boldsymbol{B}$ 是 $\boldsymbol{A}$ 的逆变换，反之亦然。这两个矩阵具有如下特点：

$$\boldsymbol{AB}=\begin{bmatrix}\cos\theta & -\sin\theta\\ \sin\theta & \cos\theta\end{bmatrix}\begin{bmatrix}\cos\theta & \sin\theta\\ -\sin\theta & \cos\theta\end{bmatrix}=\begin{bmatrix}1 & 0\\ 0 & 1\end{bmatrix}=\boldsymbol{I}_2$$

当然，并非所有的线性映射都能如同上面演示的那样，从像通过逆变换到原像。例如 2.2.2 节中的（2.2.5）式的线性映射 $\boldsymbol{T}=\begin{bmatrix}1 & -1 & 0\\ 0 & 0 & 2\end{bmatrix}$，它将三维向量空间的向量映射到了二维向量空间，又如：

$$\boldsymbol{T}\begin{bmatrix}1 & 1\\ 1 & 1\\ 1 & 0\end{bmatrix}=\begin{bmatrix}1 & -1 & 0\\ 0 & 0 & 2\end{bmatrix}\begin{bmatrix}1 & 1\\ 1 & 1\\ 1 & 0\end{bmatrix}=\begin{bmatrix}0 & 0\\ 2 & 0\end{bmatrix}$$

其中 $\begin{bmatrix}1 & 1\\ 1 & 1\\ 1 & 0\end{bmatrix}$ 是三维空间的一个平面，$\begin{bmatrix}0 & 0\\ 2 & 0\end{bmatrix}$ 是二维空间的一条线段，如图 2-3-1 所示，对于这

种线性映射，就无法逆回去了，或者即便逆回去，也不是唯一解了。那么，矩阵$\boldsymbol{T}$就不能乘以某个矩阵之后得到一个单位矩阵。

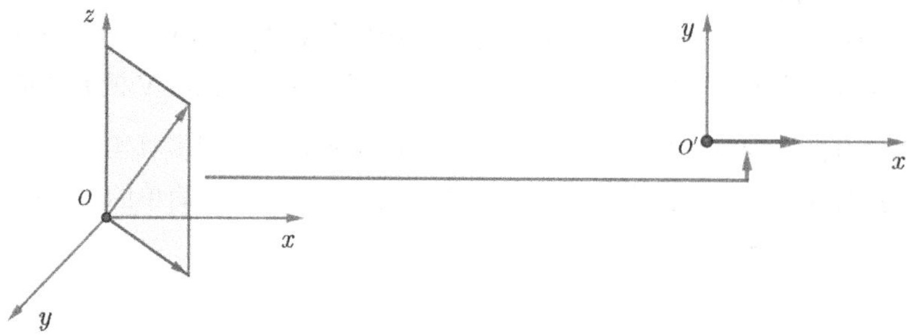

图 2-3-1

比较$\boldsymbol{A}$和$\boldsymbol{T}$，能够实现逆向变换的矩阵$\boldsymbol{A}$是方阵。这个结论可以推广到$n\times n$的矩阵中，即：

定义 设$\boldsymbol{A}$是$n\times n$的方阵，如果存在矩阵$\boldsymbol{B}$，使得：

$$\boldsymbol{AB}=\boldsymbol{BA}=\boldsymbol{I}_n$$

其中$\boldsymbol{I}_n$是单位矩阵，我们就说矩阵$\boldsymbol{A}$是**可逆的**（或称“非奇异的”，Invertible），称矩阵$\boldsymbol{B}$为$\boldsymbol{A}$的**逆矩阵**（Inverse Matrix），记作：$\boldsymbol{A}^{-1}$。

$$\boldsymbol{AA}^{-1}=\boldsymbol{A}^{-1}\boldsymbol{A}=\boldsymbol{I}_n$$

由逆矩阵的定义可知，一个矩阵如果是可逆的，那么它首先要是一个方阵。在我们所学过的各种矩阵中，单位矩阵毫无疑问都是方阵，并且$\boldsymbol{I}_n\boldsymbol{I}_n=\boldsymbol{I}_n$，所以单位矩阵的逆矩阵还是单位矩阵。

如果把单位矩阵经过一次初等行变换之后，会得到初等矩阵，显然行变换是可逆的，所以初等矩阵也是可逆的。例如对$\boldsymbol{I}_3$实施初等行变换$r_3\leftarrow r_3+r_1\cdot(-4)$后得到初等矩阵$\boldsymbol{A}=\begin{bmatrix}1&0&0\\0&1&0\\-4&0&1\end{bmatrix}$，如果要计算它的逆矩阵，则只要将它变换回单位矩阵，同形状的单位矩阵也同时变换：

$$\left(\begin{array}{ccc|ccc}1&0&0&1&0&0\\0&1&0&0&1&0\\-4&0&1&0&0&1\end{array}\right)$$

在上面的矩阵中，竖线左侧是初等矩阵$\boldsymbol{A}$，右侧是同形状的单位矩阵。如此排列，主要目的是变换方便。这样的矩阵，称为**增广矩阵**。如果将左侧的初等矩阵变换为单位矩阵，右侧的单位矩阵做同样的变换，那么所得到的矩阵，就是$\boldsymbol{A}$的可逆矩阵。实施变换$r_3\leftarrow r_3+r_1\cdot 4$得：

$$\left(\begin{array}{ccc|ccc}1&0&0&1&0&0\\0&1&0&0&1&0\\0&0&1&4&0&1\end{array}\right)$$

所以，$\boldsymbol{A}^{-1}=\begin{bmatrix}1 & 0 & 0\\0 & 1 & 0\\4 & 0 & 1\end{bmatrix}$。

对于任何可逆矩阵，要计算它的逆矩阵，都可以用类似上面的方法。但是，这里要特别说明，用手工方式进行计算，不是本书的重点，致力于机器学习的读者，更要熟练使用 Python 语言生态系统中的 NumPy、Pandas 等各种库、模块来解决各种计算问题（参阅：《跟老齐学 Python：数据分析》（电子工业出版社））。

下面以显示器上对颜色的表示为例，说明逆矩阵的应用和计算方法。通常可以用三个相对独立的变量来描述颜色，这就构成了一个向量空间，我们称之为**颜色空间**，比如：

- RGB：通过 Red、Green、Blue 三原色来描述颜色的颜色空间。在网页的 CSS 中设置颜色的时候，常用十六进制的 6 个数字，如 #336699 表示一种颜色，这里的 6 个数字被分为三组，即(33,66,99)，分别对应红（R）、绿（G）、蓝（B）三种颜色。每种颜色的成分可以用从 0 到 255（十进制）的数表示，0 是最低级，255 是最高级。此外，还可以用诸如 rgb(255,0,0)或 rgb(100%,0%,0%)（这两者都表示红色）的形式表示颜色。
- YIQ：是 NTSC 制式的模拟彩色电视所使用的颜色空间，Y 表示图像的亮度，I、Q 是色调的两个分量，I 代表从橙色到青色的颜色变化，Q 代表从紫色到黄绿色的颜色变化。
- YUV：是 PAL 制式的模拟彩色电视所使用的颜色空间，我国的模拟彩色电视机即为 PAL 制式。Y 代表亮度，U、V 代表色差，构成彩色的两个分量。YUV 颜色空间将 Y、U、V 分离，如果只有 Y 分量而没有 U、V 分量，那么表示的图像就是黑白灰度图像，从而让黑白电视机也能接收彩色电视机的信号。

不同的颜色空间从不同角度描述了颜色，也有不同的特点和用途。比如 RGB 颜色空间适用于显示色彩，不适用于获取图像，因为三个分量容易受到亮度的影响，特别是在自然环境下，而 YUV 则对外界干扰有一定的鲁棒性。

正如不同向量空间可以变换，颜色空间都可以表示为向量，它们之间也可以线性映射。下面所表示的就是从 RGB 变换为 YUV 的方式：

$$\begin{bmatrix}Y\\U\\V\end{bmatrix}=\begin{bmatrix}0.299 & 0.587 & 0.114\\-0.147 & -0.289 & 0.436\\0.615 & -0.515 & -0.100\end{bmatrix}\begin{bmatrix}R\\G\\B\end{bmatrix}$$

反过来，通过逆矩阵，可以计算从 YUV 变换为 RGB 的关系：

$$\begin{bmatrix}R\\G\\B\end{bmatrix}=\begin{bmatrix}0.299 & 0.587 & 0.114\\-0.147 & -0.289 & 0.436\\0.615 & -0.515 & -0.100\end{bmatrix}^{-1}\begin{bmatrix}Y\\U\\V\end{bmatrix}$$

即：

$$\begin{bmatrix}R\\G\\B\end{bmatrix}=\begin{bmatrix}1.000 & 0.000 & 1.140\\1.000 & -0.395 & -0.581\\1.000 & 2.032 & 0.000\end{bmatrix}\begin{bmatrix}Y\\U\\V\end{bmatrix}$$

那么，这个逆矩阵是如何计算出来的？刚才已经说了，手工计算逆矩阵不是本书的重点，以下用代码实现：

```
import numpy as np
a = np.array([[0.299, 0.587, 0.114], [-0.147, -0.289, 0.436], [0.615, -0.515, -0.1]])
a

# 输出
array([[ 0.299,  0.587,  0.114],
       [-0.147, -0.289,  0.436],
       [ 0.615, -0.515, -0.1  ]])
```

这里所创建的二维数组表示 RGB 变换为 YUV 的矩阵，利用 NumPy 提供的函数 inv()计算其逆矩阵。

```
from numpy.linalg import inv
np.round(inv(a), 3)

# 输出
array([[ 1.   , -0.   ,  1.14 ],
       [ 1.   , -0.395, -0.581],
       [ 1.   ,  2.032, -0.   ]])
```

对计算结果取 3 位小数，与前述显示相同。

用手工计算逆矩阵比较烦琐，还是用 inv()简单，不过读者要理解逆矩阵的基本含义。

其实，我们很少具体计算某个矩阵的逆矩阵，但是逆矩阵在进行理论推导的时候会经常用到，特别是它的一些运算性质，罗列如下，请读者了解：

性质 矩阵 $\boldsymbol{A}$, $\boldsymbol{B}$ 是 $n\times n$ 的可逆矩阵，c 是非零数：

- $(\boldsymbol{A}^{-1})^{-1}=\boldsymbol{A}$
- $(c\boldsymbol{A})^{-1}=\frac{1}{c}\boldsymbol{A}^{-1}$
- $(\boldsymbol{AB})^{-1}=\boldsymbol{B}^{-1}\boldsymbol{A}^{-1}$
- $(\boldsymbol{A}^{n})^{-1}=(\boldsymbol{A}^{-1})^{n}$
- $(\boldsymbol{A}^{\mathrm{T}})^{-1}=(\boldsymbol{A}^{-1})^{\mathrm{T}}$
- 若计算 $(\boldsymbol{A}^{-1})^{k}$，将其表示为 $\boldsymbol{A}^{-k}$：$\boldsymbol{A}^{-k}=\underbrace{\boldsymbol{A}^{-1}\boldsymbol{A}^{-1}\cdots\boldsymbol{A}^{-1}}_{k个}$
- $\boldsymbol{A}$ 的各列线性无关

- A^{T}是可逆矩阵
- 当且仅当$|A| \neq 0$时，A可逆

这里所列出的可逆矩阵的性质，有的内容要在后续介绍，比如A^{T}是什么，看下一节。

2.3.2 转置矩阵

将矩阵$A=(a_{ij})_{m\times n}$的行列互换后所得的矩阵，称为A的**转置**（Transpose）矩阵，记作：A^{T}或者A'。经过转置后，第(i,j)个元素，变成了第(j,i)个元素。矩阵的形状由$m\times n$变为$n\times m$。

例如：$A=\begin{bmatrix}3 & 5\\7 & 11\end{bmatrix}$，转置矩阵为$A^{\mathrm{T}}=\begin{bmatrix}3 & 7\\5 & 11\end{bmatrix}$。

如果用 np.mat()创立矩阵对象，用它计算转置矩阵就很直观、简单了。

```
A = np.mat('2 3 5; 7 11 13')
A

# 输出
matrix([[ 2,  3,  5],
        [ 7, 11, 13]])
```

计算上述矩阵的转置：

```
A.T

# 输出
matrix([[ 2,  7],
        [ 3, 11],
        [ 5, 13]])
```

还可以使用：

```
np.transpose(A)
```

输出结果同上。

如果用二维数组表示矩阵，则需要用 np.transpose()函数实现转置操作。

```
np.transpose(np.array([[2,3,5],[7,11,13]]))

# 输出
array([[ 2,  7],
       [ 3, 11],
       [ 5, 13]])
```

转置矩阵在线性代数及机器学习理论推导中都会广泛应用，读者在后续的学习过程中可以体会到它的必要性和用途。在这里我们仅以第 1 章 1.4.2 节的点积运算，来说明矩阵转置的应用。

设向量 $\boldsymbol{u}=\begin{bmatrix}u_1\\ \vdots\\ u_n\end{bmatrix}$、$\boldsymbol{v}=\begin{bmatrix}v_1\\ \vdots\\ v_n\end{bmatrix}$，它们的点积是 $\boldsymbol{u}\cdot\boldsymbol{v}=u_1v_1+\cdots+u_nv_n$。如果将两个列向量都看作矩阵，那么点积运算就可以转换为矩阵乘法：

$$\begin{aligned}\boldsymbol{u}^{\mathrm{T}}\boldsymbol{v}&=\begin{bmatrix}u_1 & \cdots & u_n\end{bmatrix}\begin{bmatrix}v_1\\ \vdots\\ v_n\end{bmatrix}\\ &=u_1v_1+\cdots+u_nv_n\\ &=\boldsymbol{u}\cdot\boldsymbol{v}\end{aligned}$$

所以：$\boldsymbol{u}\cdot\boldsymbol{v}=\boldsymbol{u}^{\mathrm{T}}\boldsymbol{v}$。

于是，在欧几里得空间中的距离、长度和角度定义，可以用上面矩阵乘积的形式表示（特别注意，是欧几里得空间，而不是一般的内积空间）

- 欧氏距离：$\|\boldsymbol{u}-\boldsymbol{v}\|=\sqrt{(\boldsymbol{u}-\boldsymbol{v})\cdot(\boldsymbol{u}-\boldsymbol{v})}=\sqrt{(\boldsymbol{u}-\boldsymbol{v})^{\mathrm{T}}(\boldsymbol{u}-\boldsymbol{v})}$
- l_2 范数：$\|\boldsymbol{u}\|=\sqrt{\boldsymbol{u}\cdot\boldsymbol{u}}=\sqrt{\boldsymbol{u}^{\mathrm{T}}\boldsymbol{u}}$
- 向量夹角：$\cos\theta=\dfrac{\boldsymbol{u}\cdot\boldsymbol{v}}{\|\boldsymbol{u}\|\|\boldsymbol{v}\|}=\dfrac{\boldsymbol{u}^{\mathrm{T}}\boldsymbol{v}}{\|\boldsymbol{u}\|\|\boldsymbol{v}\|}$

对于转置矩阵，有一些运算性质，是必须要了解的，罗列如下：

- $(\boldsymbol{A}^{\mathrm{T}})^{\mathrm{T}}=\boldsymbol{A}$
- $(\boldsymbol{A}+\boldsymbol{B})^{\mathrm{T}}=\boldsymbol{A}^{\mathrm{T}}+\boldsymbol{B}^{\mathrm{T}}$
- $(\boldsymbol{AB})^{\mathrm{T}}=\boldsymbol{B}^{\mathrm{T}}\boldsymbol{A}^{\mathrm{T}}$
- $(c\boldsymbol{A})^{\mathrm{T}}=c\boldsymbol{A}^{\mathrm{T}}$，（$c$ 是常数）

任何矩阵都有转置矩阵，但有一类矩阵的转置矩阵比较特殊，例如：

$$\boldsymbol{A}=\begin{bmatrix}0&1&4\\1&7&8\\4&8&3\end{bmatrix},\quad \boldsymbol{A}^{\mathrm{T}}=\begin{bmatrix}0&1&4\\1&7&8\\4&8&3\end{bmatrix}$$

矩阵 $\boldsymbol{A}$ 转置之后，$\boldsymbol{A}^{\mathrm{T}}$ 居然与 $\boldsymbol{A}$ 相同，这样的矩阵称为**对称矩阵**（Symmetric Matrix）：

定义 矩阵 $\boldsymbol{A}$ 是 $n\times n$ 方阵，若满足 $\boldsymbol{A}^{\mathrm{T}}=\boldsymbol{A}$，则 $\boldsymbol{A}$ 为**对称矩阵**。

对于一般的矩阵而言，$\boldsymbol{AB}\neq\boldsymbol{BA}$，但如果这两个矩阵是同形状的对称矩阵，并且它们的乘积 $\boldsymbol{AB}$ 也是对称矩阵，则有：

$$\boldsymbol{AB}=(\boldsymbol{AB})^{\mathrm{T}}=\boldsymbol{B}^{\mathrm{T}}\boldsymbol{A}^{\mathrm{T}}=\boldsymbol{BA}$$

反之，如果 $\boldsymbol{AB}=\boldsymbol{BA}$，可得：

$$(\boldsymbol{AB})^{\mathrm{T}} = (\boldsymbol{BA})^{\mathrm{T}} = \boldsymbol{A}^{\mathrm{T}}\boldsymbol{B}^{\mathrm{T}} = \boldsymbol{AB} \Rightarrow \boldsymbol{AB} \text{ 是对称矩阵}$$

概括上述证明过程，就是：$\boldsymbol{A}$、$\boldsymbol{B}$ 是两个对称矩阵，它们的乘积 $\boldsymbol{AB}$ 是对称矩阵的充分必要条件是 $\boldsymbol{AB} = \boldsymbol{BA}$。

2.3.3 矩阵 LU 分解

尽管我们没有按照一般的线性代数教材那样，从线性方程组开始探讨矩阵，但还是少不了要用到它，毕竟矩阵以及第 2.4 节探讨的行列式，起初都是为了求解线性方程组。假设有如下线性方程组：

$$\begin{cases} x_1 + x_2 + x_3 = 2 \\ 2x_1 + 3x_2 + x_3 = 3 \\ x_1 - x_2 - 2x_3 = -6 \end{cases}$$

用矩阵表示，则为：

$$\begin{bmatrix} 1 & 1 & 1 \\ 2 & 3 & 1 \\ 1 & -1 & -2 \end{bmatrix}\begin{bmatrix} x_1 \\ x_2 \\ x_3 \end{bmatrix} = \begin{bmatrix} 2 \\ 3 \\ -6 \end{bmatrix}$$

要解此线性方程组，可以使用高斯消元法，其本质就是对系数矩阵 $\boldsymbol{A} = \begin{bmatrix} 1 & 1 & 1 \\ 2 & 3 & 1 \\ 1 & -1 & -2 \end{bmatrix}$ 进行初等行变换，当然，在实际实施过程中，等号右侧的矩阵要同时变换，即通过增广矩阵的方式变换。此处仅仅演示系数矩阵的初等行变换：

$$\begin{bmatrix} 1 & 1 & 1 \\ 2 & 3 & 1 \\ 1 & -1 & -2 \end{bmatrix} \xrightarrow{r_2+(-2)r_1} \begin{bmatrix} 1 & 1 & 1 \\ 0 & 1 & -1 \\ 1 & -1 & -2 \end{bmatrix}$$

$$\xrightarrow{r_3+(-1)r_{11}} \begin{bmatrix} 1 & 1 & 1 \\ 0 & 1 & -1 \\ 0 & -2 & -3 \end{bmatrix}$$

$$\xrightarrow{r_3+(2)r_2} \begin{bmatrix} 1 & 1 & 1 \\ 0 & 1 & -1 \\ 0 & 0 & -5 \end{bmatrix}$$

经过三步初等行变换之后，得到一个阶梯形矩阵，而且它还有更特殊的，就是对角线以下的元素都是 0，这样的矩阵称为**上三角矩阵**，言外之意还有**下三角矩阵**。在这里令 $\boldsymbol{U} = \begin{bmatrix} 1 & 1 & 1 \\ 0 & 1 & -1 \\ 0 & 0 & -5 \end{bmatrix}$，因

为 $\boldsymbol{U}$ 的主元都不等于零，所以可知此线性方程组有唯一解，且系数矩阵是可逆矩阵。

在第 2.1.5 节中曾经介绍过，如果矩阵左乘一个初等矩阵，就可以实现对应的初等行变换，所以，上述各项行变换，分别对应着如下初等矩阵：

$$\boldsymbol{E}_{21}=\begin{bmatrix}1&0&0\\-2&1&0\\0&0&1\end{bmatrix},\ \boldsymbol{E}_{31}=\begin{bmatrix}1&0&0\\0&1&0\\-1&0&1\end{bmatrix},\ \boldsymbol{E}_{32}=\begin{bmatrix}1&0&0\\0&1&0\\0&2&1\end{bmatrix}$$

那么，前述初等行变换可以写成：

$$\boldsymbol{E}_{32}\boldsymbol{E}_{31}\boldsymbol{E}_{21}\boldsymbol{A}=\boldsymbol{U}$$

又因为初等矩阵都是可逆的，所以：

$$\boldsymbol{A}=\boldsymbol{E}_{21}^{-1}\boldsymbol{E}_{31}^{-1}\boldsymbol{E}_{32}^{-1}\boldsymbol{U}=\boldsymbol{L}\boldsymbol{U}$$

其中，$\boldsymbol{L}=\boldsymbol{E}_{21}^{-1}\boldsymbol{E}_{31}^{-1}\boldsymbol{E}_{32}^{-1}$，记录了行变换的过程（即消元的过程），而 $\boldsymbol{U}$ 则代表着行变换的结果（即消元的结果）。再来看矩阵 $\boldsymbol{L}$ 的特点：

$$\boldsymbol{L}=\boldsymbol{E}_{21}^{-1}\boldsymbol{E}_{31}^{-1}\boldsymbol{E}_{32}^{-1}=\begin{bmatrix}1&0&0\\2&1&0\\0&0&1\end{bmatrix}\begin{bmatrix}1&0&0\\0&1&0\\1&0&1\end{bmatrix}\begin{bmatrix}1&0&0\\0&1&0\\0&-2&1\end{bmatrix}=\begin{bmatrix}1&0&0\\2&1&0\\1&-2&1\end{bmatrix}$$

矩阵 $\boldsymbol{L}$ 是下三角矩阵，且主对角线的元素都是1（称为**单位下三角矩阵**）。

如果把上面的示例推广，则有如下定义。

定义 将 n 阶方阵 $\boldsymbol{A}$ 表示为两个 n 阶三角矩阵的乘积：

$$\boldsymbol{A}=\boldsymbol{L}\boldsymbol{U}$$

其中 $\boldsymbol{L}$ 是单位下三角矩阵，$\boldsymbol{U}$ 是上三角矩阵。将这种形式，称为矩阵 $\boldsymbol{A}$ 的 **LU** 分解（LU Matrixde Composition）。

但是，要注意，并非所有的可逆矩阵都可以 **LU** 分解，比如 $\boldsymbol{A}=\begin{bmatrix}0&2\\1&3\end{bmatrix}$ 就不能分解成 **LU** 形式（读者可以用上述方法自行检验）。矩阵 $\boldsymbol{A}$ 能够施行 **LU** 分解的必备条件是主对角线上的第一个元素不能为零，如果仍然坚持对刚才所写出的矩阵 $\boldsymbol{A}$ 进行分解，就要先施行行变换，用初等矩阵 $\boldsymbol{P}=\begin{bmatrix}0&1\\1&0\end{bmatrix}$ 对矩阵 $\boldsymbol{A}$ 进行行变换：

$$\boldsymbol{P}\boldsymbol{A}=\begin{bmatrix}0&1\\1&0\end{bmatrix}\begin{bmatrix}0&2\\1&3\end{bmatrix}=\begin{bmatrix}1&3\\0&2\end{bmatrix}$$

这样，$\boldsymbol{PA}$ 就可以写成 **LU** 形式了：$\boldsymbol{PA}=\boldsymbol{LU}$，又因为 $\boldsymbol{P}^{-1}=\boldsymbol{P}$，所以：

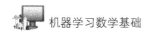

$$
\begin{aligned}
\boldsymbol{P}^{-1}\boldsymbol{P}\boldsymbol{A} &= \boldsymbol{P}^{-1}\boldsymbol{L}\boldsymbol{U} \\
\boldsymbol{A} &= \boldsymbol{P}\boldsymbol{L}\boldsymbol{U}
\end{aligned}
$$

这样将原本不能写成 $\boldsymbol{LU}$ 形式的矩阵，变成了 $\boldsymbol{PLU}$ 形式。此处的矩阵 $\boldsymbol{P}$ 称为**置换矩阵**，这种分解方式则称 **$\boldsymbol{PLU}$ 分解**。

从上述 $\boldsymbol{LU}$ 或者 $\boldsymbol{PLU}$ 分解不难看出，通过矩阵分解，将原来的矩阵用比较简单的矩阵表示，这种“化繁为简”的方法，可以简化矩阵的运算，并且在机器学习中还能实现诸如降维等操作。关于矩阵分解的方法，除此处的 $\boldsymbol{LU}$ 分解之外，在第 3 章 3.5 节还会介绍其他方法。

另外，我们也不难发现，$\boldsymbol{LU}$ 分解的本质就是高斯消元法，而高斯消元法是求解线性方程组的重要方法，因此 $\boldsymbol{LU}$ 分解的一个重要用途就是求解线性方程组。

设有线性方程组 $\boldsymbol{Ax}=\boldsymbol{b}$，并且 $\boldsymbol{A}$ 是可逆矩阵——注意这个条件，说明此线性方程组有唯一解。如果 $\boldsymbol{A}=\boldsymbol{LU}$，则：

$$
\boldsymbol{LUx}=\boldsymbol{b} \tag{2.3.1}
$$

令 $\boldsymbol{y}=\boldsymbol{Ux}$，将（2.3.1）式改写为：

$$
\begin{aligned}
\boldsymbol{Ly} &= \boldsymbol{b} \\
\boldsymbol{Ux} &= \boldsymbol{y}
\end{aligned}
$$

这样就将原来的线性方程改写为由两个三角矩阵构成的方程组，特别是在手工计算求解线性方程组的时候，这样做之后就减小了计算量。但是，对于计算机而言，并没有显示出其优势。不过，如果有多个方程组，如 $\boldsymbol{Ax}=\boldsymbol{b}_1$，$\boldsymbol{Ax}=\boldsymbol{b}_2,\cdots$，则可以通过 $\boldsymbol{A}=\boldsymbol{LU}$ 或 $\boldsymbol{A}=\boldsymbol{PLU}$ 分解减小计算量。

在科学计算专用库 SciPy 中提供了实现 $\boldsymbol{LU}$ 分解的函数 lu()（SciPy 是 Python 的第三方库，需要单独安装）：

```
import pprint
from scipy.linalg import lu

A = np.array([ [7, 3, -1, 2], [3, 8, 1, -4], [-1, 1, 4, -1], [2, -4, -1, 6] ])
P, L, U = lu(A)

print("A:")
pprint.pprint(A)

print("P:")
pprint.pprint(P)

print("L:")
pprint.pprint(L)

print("U:")
pprint.pprint(U)

# 输出
A:
```

```
array([[ 7,  3, -1,  2],
       [ 3,  8,  1, -4],
       [-1,  1,  4, -1],
       [ 2, -4, -1,  6]])
P:
array([[1., 0., 0., 0.],
       [0., 1., 0., 0.],
       [0., 0., 1., 0.],
       [0., 0., 0., 1.]])
L:
array([[ 1.        ,  0.        ,  0.        ,  0.        ],
       [ 0.42857143,  1.        ,  0.        ,  0.        ],
       [-0.14285714,  0.21276596,  1.        ,  0.        ],
       [ 0.28571429, -0.72340426,  0.08982036,  1.        ]])
U:
array([[ 7.        ,  3.        , -1.        ,  2.        ],
       [ 0.        ,  6.71428571,  1.42857143, -4.85714286],
       [ 0.        ,  0.        ,  3.55319149,  0.31914894],
       [ 0.        ,  0.        ,  0.        ,  1.88622754]])
```

诚然，我们也直接用上面的方法求解线性方程组。

2.4 行列式

一般的教材都会把行列式作为重要内容，估计原因有三，一是在数学发展史上，行列式本来就先于矩阵被提出——虽然在数学逻辑上矩阵先于行列式比较好，历史上却非如此；二是行列式在手工计算（比如解线性方程组等）中的确有一定作用；三是沿袭了教材的传统——也有数学家提出行列式在现代线性代数中并不占据重要地位（《线性代数应该这样学》（第 3 版），Sheldon Axler 著）。

正如前言中已经明确的，本书不是一本教材，所以，从“实用主义”角度出发，不将行列式作为重点，主要原因是本书将重点放在了对概念的理解和应用，应用中的计算，又不是手工完成的，而是用程序完成的。尽管如此，我们还必须看到，行列式在某些理论分析中，还是不可或缺的，况且线性方程组依然被应用于各种工程实践，所以，还是有必要理解行列式的意义，但不强调进行大规模的手工计算。

2.4.1 计算方法和意义

行列式是由一些按照某种方式排列的**方阵**所确定的**一个数**，这种思想最早是由日本数学家关孝和（1683 年），以及德国数学家莱布尼茨（1693 年，Gottfried Wilhelm (von) Leibniz）分别独立提出的，瑞士数学家克拉默（1750 年，Gabriel Cramer）和法国数学家柯西（1812 年，Augustin Louis Cauchy）将其应用在线性方程组中。此后人们对行列式进行了系统化研究，形成了现在线性代数教材中关于行列式的知识。教材中常常在介绍了 2 阶和 3 阶行列式计算方法之后，给出 n 阶行列式计算公式：

$$\begin{vmatrix} a_{11} & a_{12} & \cdots & a_{1n} \\ a_{21} & a_{22} & \cdots & a_{2n} \\ \vdots & \vdots & & \vdots \\ a_{n1} & a_{n2} & \cdots & a_{nn} \end{vmatrix} = \sum_{j_1j_2\cdots j_n} (-1)^{\tau(j_1j_2\cdots j_n)} a_{1j_1}a_{2j_2}\cdots a_{nj_n}$$

其中 $\tau(j_1j_2\cdots j_n)$ 表示**逆序数**。

关于逆序数的概念和对本公式的详细介绍，请参阅丘维声先生的《高等代数》一书。本书不对手工计算行列式的方法进行详细阐述，但是，对于行列式的含义，仍然需要理解，因为它能够帮助我们理解某些理论问题，另外，简单的行列式计算，如 2 阶方阵 $\boldsymbol{A} = \begin{bmatrix} a_1 & b_1 \\ a_2 & b_2 \end{bmatrix}$ 的行列式 $|\boldsymbol{A}| = \begin{vmatrix} a_1 & b_1 \\ a_2 & b_2 \end{vmatrix} = a_1b_2 - a_2b_1$，还是应该掌握的。

通常，用 $|\boldsymbol{A}|$ 或 $det(\boldsymbol{A})$ 表示方阵的行列式，其中 $\boldsymbol{A}$ 是 $n \times n$ 的矩阵。

下面重点以 2 阶方阵的行列式为例，介绍行列式的几何意义，以及由此得到的推论。

如图 2-4-1 所示，向量 $\boldsymbol{v}_1 = \begin{bmatrix} a_1 \\ a_2 \end{bmatrix}$ 逆时针旋转（注意此方向）到向量 $\boldsymbol{v}_2 = \begin{bmatrix} b_1 \\ b_2 \end{bmatrix}$，以这两个向量为邻边，可以围成一个平行四边形，计算这个平行四边形的面积。

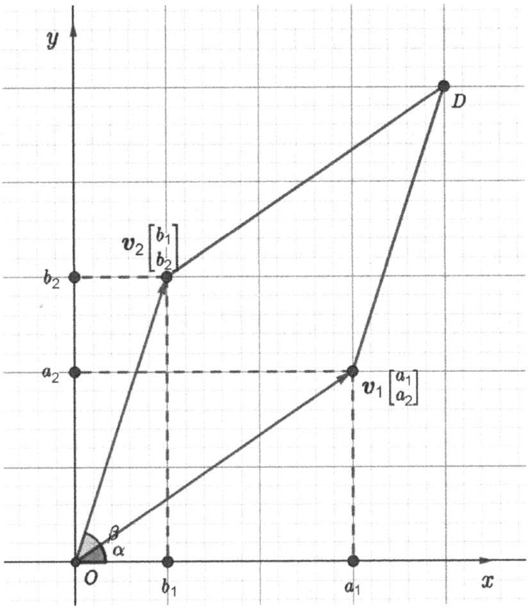

图 2-4-1

注意，我们所探讨的问题均在欧几里得空间，即以点积函数作为内积的具体实现（请参阅第 1 章 1.4.2 节有关内容）。

在图 2-4-1 所示的平面空间中，向量 $\boldsymbol{v}_1$ 和 $\boldsymbol{v}_2$ 的长度分别用 $\|\boldsymbol{v}_1\|$ 和 $\|\boldsymbol{v}_2\|$ 表示（为了简化，将 l_2 范数 $\|\boldsymbol{v}_1\|_2$ 简写为 $\|\boldsymbol{v}_1\|$），这两个向量与 x 轴的夹角分别为 α 和 β，根据几何知识，可知所围成的平行

四边形的面积为：

$$S=\|\boldsymbol{v}_1\|\|\boldsymbol{v}_2\|\sin(\beta-\alpha)$$

又因为：

$$\sin(\beta-\alpha)=\sin\beta\cos\alpha-\cos\beta\sin\alpha$$

$$\sin\beta=\frac{b_2}{\|\boldsymbol{v}_2\|},\quad \sin\alpha=\frac{a_2}{\|\boldsymbol{v}_1\|},\quad \cos\beta=\frac{b_1}{\|\boldsymbol{v}_2\|},\quad \cos\alpha=\frac{a_1}{\|\boldsymbol{v}_1\|}$$

所以，可得：

$$S=\|\boldsymbol{v}_1\|\|\boldsymbol{v}_2\|\left(\frac{b_2}{\|\boldsymbol{v}_2\|}\frac{a_1}{\|\boldsymbol{v}_1\|}-\frac{b_1}{\|\boldsymbol{v}_2\|}\frac{a_2}{\|\boldsymbol{v}_1\|}\right)=a_1b_2-a_2b_1$$

由此可得结论：矩阵 $\boldsymbol{A}=\begin{bmatrix}a_1 & b_1\\ a_2 & b_2\end{bmatrix}$ 的行列式 $|\boldsymbol{A}|$ 就是列向量所围成的平四边形的面积。

以上只是证明此结论的一种方法，还有其他一些方法，有兴趣的读者请参阅本书在线资料（地址见前言说明）。

此外，也可以证明由三个线性无关的列向量构成的矩阵的行列式与它们在三维空间中围成的六面体的体积相等。推而广之，可以说：

性质 行列式表征矩阵中线性无关的列向量在空间围成的多面体的体积（如果是二维空间，则退化为平面面积）。

如果矩阵的列向量线性相关，比如对于矩阵 $\boldsymbol{A}=\begin{bmatrix}1 & 2\\ 2 & 4\end{bmatrix}$，两个列向量在图 2-4-2 中分别用 $\boldsymbol{v}$ 和 $\boldsymbol{u}$ 表示，显然，它们在一条直线上，所围成的图形面积即为 0 。用行列式的计算公式，亦得 $|\boldsymbol{A}|=1\times4-2\times2=0$ 。

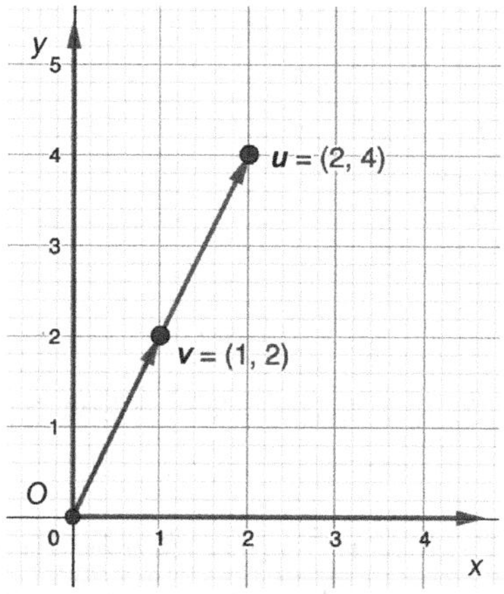

图 2-4-2

基于上述内容，可推论出矩阵列向量和行列式之间的如下关系：

性质

- 矩阵列向量线性无关 ⇔ $|\boldsymbol{A}| \neq 0$
- 矩阵列向量线性相关 ⇔ $|\boldsymbol{A}| = 0$

在 2.2.3 节曾提到“矩阵就是映射”，下面就从映射的角度理解行列式的意义。

设矩阵 $\boldsymbol{M} = [\boldsymbol{v}_1, \cdots, \boldsymbol{v}_n]$，其中 $\boldsymbol{v}_i\,(i = 1,2,\cdots,n)$ 是列向量，则它们围成的多面体体积是：

$$V_M = |\boldsymbol{v}_1, \cdots, \boldsymbol{v}_n| = |\boldsymbol{M}|$$

如有 $\boldsymbol{T} = \boldsymbol{A}\boldsymbol{M}$，其中 $\boldsymbol{A}$ 为映射，则：

$$V_T = |\boldsymbol{T}| = |\boldsymbol{A}\boldsymbol{M}| = |\boldsymbol{A}\,\boldsymbol{M}| = |\boldsymbol{A}|V_M$$

由此，我们也可以说，行列式表征映射之间的体积（面积）缩放倍数，并且还有以下推论：

- 若 $|\boldsymbol{A}| = 0$，则 $V_T = 0$，这说明将矩阵 $\boldsymbol{M}$ 的列向量映射成了线性相关的向量，经过此映射，相当于丢失了原有矩阵 $\boldsymbol{M}$ 的部分信息，因此，映射 $\boldsymbol{A}$ 是不可逆的，即方阵 $\boldsymbol{A}$ 为不可逆矩阵（请结合 2.3.1 节对可逆矩阵的介绍进行理解）。这种不可逆矩阵还被称为**奇异矩阵**（Singular Matrix）。
- 若 $|\boldsymbol{A}| \neq 0$，则意味着经映射 $\boldsymbol{A}$ 后的矩阵 $\boldsymbol{T}$ 和原矩阵 $\boldsymbol{M}$ 的列向量之间有一对一关系，故方阵 $\boldsymbol{A}$ 为可逆矩阵，也称为**非奇异矩阵**（Nonsingular Matrix）。

对于行列式的计算，使用 NumPy 中的 np.linalg.det()函数可以很便捷地完成。

```
import numpy as np
a = np.array([[6,1,1], [4, -2, 5], [2,8,7]])    # 以二维数组表示矩阵
np.linalg.det(a)

# 输出
-306.0
```

虽然我们不需要手工计算行列式，但在理论分析中会使用它的一些运算性质，下面列出常见的若干项，以便应用时查阅。

性质　矩阵 $\boldsymbol{A} = (a_{ij})_{n \times n}$，$c$ 为非零的标量（下同），则：

- $|c\boldsymbol{A}| = c^n|\boldsymbol{A}|$
- $|\boldsymbol{A}\boldsymbol{B}| = |\boldsymbol{A}||\boldsymbol{B}|$
- $|\boldsymbol{A}^{\mathrm{T}}| = |\boldsymbol{A}|$
- $|\boldsymbol{A}^{-1}| = \dfrac{1}{|\boldsymbol{A}|}$（假设 $\boldsymbol{A}^{-1}$ 存在）

- $\boldsymbol{A}$可逆 $\Leftrightarrow |\boldsymbol{A}| \neq 0$
- $|\boldsymbol{A}| = \prod_{i=1}^{n} \lambda_i$，$\lambda_i$是$\boldsymbol{A}$的特征值

在历史上，行列式的作用就在于解线性方程组，那么，也有必要对线性方程组及其求解方法有所了解，为将来探讨线性回归问题奠定基础。

2.4.2 线性方程组

这里对线性方程组的讨论会比较简略，但并不意味着它在生产实践中应用比较少，恰恰相反，线性方程组如今在很多领域都有广泛的应用，只不过，很多时候，我们不再用手工计算的方式求解了。但是，必要的手工计算演示，有助于深入理解概念的含义。所以，下面还是以求解一个简单的线性方程组为例，将以往所学知识贯穿于其中，体会相关概念的含义。

以如下的线性方程组为例：

$$\begin{cases} -x_1 + 3x_2 - 5x_3 = -3 \\ 2x_1 - 2x_2 + 4x_3 = 8 \\ x_1 + 3x_2 = 6 \end{cases} \tag{2.4.1}$$

我们可以把它的系数排列为矩阵，称为系数矩阵（参阅 2.3.3 节），此外，还有另外一种写法，如下所示：

$$\left[\begin{array}{ccc|c} -1 & 3 & -5 & -3 \\ 2 & -2 & 4 & 8 \\ 1 & 3 & 0 & 6 \end{array}\right] \tag{2.4.2}$$

将线性方程组等号右侧的常数也纳入矩阵中，这种类型的矩阵称为**增广矩阵**。

求解线性方程组的过程，可以看作矩阵的初等行变换（注意，不是列变换），通过对增广矩阵的行变换，最终得到阶梯矩阵（参阅 2.1.2 节），称此方法为**高斯消元法**。

对（2.4.2）式的增广矩阵进行初等行变换之后，最终得到了：

$$\left[\begin{array}{ccc|c} 1 & -3 & 5 & 3 \\ 0 & 2 & -3 & 1 \\ 0 & 0 & -14 & 0 \end{array}\right]$$

此阶梯矩阵对应着一个新的线性方程组，且与（2.4.1）式的线性方程组具有相同的解。

$$\begin{cases} x_1 - 3x_2 + 5x_3 = 3 \\ 2x_2 - 3x_3 = 1 \\ -14x_3 = 0 \end{cases} \tag{2.4.3}$$

由（2.4.3）式比较容易求得：

$$\begin{cases} x_1 = \dfrac{9}{2} \\ x_2 = \dfrac{1}{2} \\ x_3 = 0 \end{cases}$$

对于任何一个矩阵，都可以通过一系列的初等行变换化成阶梯矩阵，那么，是否意味着所有的线性方程组就都有解呢？下面给出关于线性方程组解的情况和判定结论，但此处省略相关证明，读者可以参考本书在线资料（详情参阅前言说明）。

更一般化的线性方程组的形式，可以写成：

$$\begin{cases} a_{11}x_1 + a_{12}x_2 + \cdots + a_{1n}x_n = b_1 \\ a_{21}x_1 + a_{22}x_2 + \cdots + a_{2n}x_n = b_2 \\ \qquad\qquad \vdots \\ a_{m1}x_1 + a_{m2}x_2 + \cdots + a_{mn}x_n = b_m \end{cases} \tag{2.4.4}$$

其中，n 表示了线性方程组中未知量的个数，m 表示方程组的行数，即方程的个数。也可以简写为：

$$\boldsymbol{Ax} = \boldsymbol{b} \tag{2.4.5}$$

$\boldsymbol{A}$ 为系数矩阵，$\boldsymbol{A} = \begin{bmatrix} a_{11} & \cdots & a_{1n} \\ \vdots & \ddots & \vdots \\ a_{m1} & \cdots & a_{mn} \end{bmatrix}$；$\boldsymbol{b}$ 表示方程组等号右侧的常数项（列向量），$\boldsymbol{b} = \begin{bmatrix} b_1 \\ \vdots \\ b_m \end{bmatrix}$；$\boldsymbol{x}$ 表示未知量，$\boldsymbol{x} = \begin{bmatrix} x_1 \\ \vdots \\ x_n \end{bmatrix}$。

根据高斯消元法，解此线性方程组，就是将其增广矩阵化成阶梯矩阵 $\boldsymbol{J}$（或者简化阶梯矩阵），设 $\boldsymbol{J}$ 有 r 个非零行。

- 如果变换之后，根据阶梯矩阵，出现了“$0 = a$”（a 为非零数）形式的方程，则方程组无解。
- 如果 $r = n$，则方程组有唯一解。
- 如果 $r < n$，则方程组有无穷多个解。

除上述一般情况之外，线性方程组（2.4.4）还具有以下两种特殊情形。

1. 齐次线性方程组

如果线性方程组（2.4.4）的常数项全为 0，即：

$$\begin{cases} a_{11}x_1 + a_{12}x_2 + \cdots + a_{1n}x_n = 0 \\ a_{21}x_1 + a_{22}x_2 + \cdots + a_{2n}x_n = 0 \\ \qquad\qquad \vdots \\ a_{m1}x_1 + a_{m2}x_2 + \cdots + a_{mn}x_n = 0 \end{cases} \tag{2.4.6}$$

或者：

$$\boldsymbol{A}\boldsymbol{x}=\boldsymbol{0} \tag{2.4.7}$$

称方程组（2.4.6）和（2.4.7）为**齐次线性方程组**。对于齐次线性方程组，有两种情况：

- 如果 $\boldsymbol{x}=\boldsymbol{0}$，则（2.4.7）是恒等式，所以，$\boldsymbol{0}$（即零向量$\begin{bmatrix}0\\ \vdots\\ 0\end{bmatrix}$）是齐次线性方程组的一个解，称为**零解**；如果还有其余的解，则称为**非零解**。
- n 元齐次线性方程组有非零解的充分必要条件是：系数矩阵 $\boldsymbol{A}$ 经过初等行变换化成阶梯形矩阵，非零行的数量 $r<n$。
- 在方程组（2.4.6）中，若方程的个数 $m<n$，则一定有非零解。

2. 未知量和方程个数相同

如果线性方程组（2.4.4）中的 $m=n$，即：

$$\begin{cases}a_{11}x_1+a_{12}x_2+\cdots+a_{1n}x_n=b_1\\ a_{21}x_1+a_{22}x_2+\cdots+a_{2n}x_n=b_2\\ \qquad\qquad\vdots\\ a_{n1}x_1+a_{n2}x_2+\cdots+a_{nn}x_n=b_n\end{cases} \tag{2.4.8}$$

此时系数矩阵 $\boldsymbol{A}=\begin{bmatrix}a_{11}&\cdots&a_{1n}\\ \vdots&\ddots&\vdots\\ a_{n1}&\cdots&a_{nn}\end{bmatrix}$ 是 $n\times n$ 的方阵，则可以用行列式来判断线性方程组（2.4.8）的解的情况：

- $|\boldsymbol{A}|=0$，则该方程组**无解**，或有**无穷多个解**。
- $|\boldsymbol{A}|\neq 0$，则该方程组有**唯一解**，且两者互为充要条件。这就是**克拉默法则**（Cramer's Rule），克拉默法则还给出了唯一解的形式：

$$x_1=\frac{|\boldsymbol{A}_1|}{|\boldsymbol{A}|},x_2=\frac{|\boldsymbol{A}_2|}{|\boldsymbol{A}|},\cdots,x_n=\frac{|\boldsymbol{A}_n|}{|\boldsymbol{A}|}$$

其中 $\boldsymbol{A}_j$ 是将系数矩阵的行列式中第 j 列的元素用方程组等号右侧常数项替代后所得到的 n 阶行列式，即：

$$|\boldsymbol{A}_j|=\begin{vmatrix}a_{11}&\cdots&a_{1(j-1)}&b_1&a_{1(j+1)}\cdots&a_{1n}\\ \vdots&\vdots&\vdots&\vdots&\vdots&\vdots\\ a_{n1}&\cdots&a_{n(j-1)}&b_n&a_{n(j+1)}\cdots&a_{nn}\end{vmatrix}$$

线性方程组（2.4.8）的常数项也可以全是 0，于是就得到了 n 个未知量 n 个方程的齐次线性方程组，用 $\boldsymbol{A}\boldsymbol{x}=\boldsymbol{0}$ 表示，其中矩阵 $\boldsymbol{A}$ 是 n 阶方阵。齐次线性方程组一定有解，只是要区分零解和非零解：

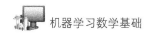

- $|A|=0 \Leftrightarrow$ 有非零解 $\Leftrightarrow A$ 不可逆（奇异矩阵）
- $|A|\neq 0 \Leftrightarrow$ 只有零解 $\Leftrightarrow A$ 可逆（非奇异矩阵）

以上对行列式和线性方程组仅做简要了解，因为我们有更好的工具解决有关计算问题。

```
A = np.mat("-1 3 -5; 2 -2 4;1 3 0")        # 系数矩阵
b = np.mat("-3 8, 6").T                     # 常数项矩阵

r = np.linalg.solve(A,b)                    # 调用 solve 函数求解
print(r)

# 输出
[[ 4.5]
 [ 0.5]
 [-0. ]]
```

此结果中的三项依次对应为 x_1,x_2,x_3 的结果。

但是，如果要利用上述方法求解下面的线性方程组：

$$\begin{cases} x_1+3x_2-4x_3+2x_4=0 \\ 3x_1-x_2+2x_3-x_4=0 \\ -2x_1+4x_2-x_3+3x_4=0 \\ 3x_1+9x_2-7x_3+6x_4=0 \end{cases}$$

会得到如下的解：

```
A = np.mat("1 3 -4 2; 3 -1 2 -1; -2 4 -1 3; 3 9 -7 6")
b = np.mat("0 0 0 0")T

r = np.linalg.solve(A, b)

# 抛出异常信息: numpy.linalg.LinAlgError: Singular
  matrix
```

观察线性方程组，如果各个变量的值都是 0，则此线性方程组成立。

不妨查看一番系数矩阵经过初等行变换所化成的阶梯形矩阵：

$$\begin{bmatrix} 1 & 3 & -4 & 2 \\ 3 & -1 & 2 & -1 \\ -2 & 4 & -1 & 3 \\ 3 & 9 & -7 & 6 \end{bmatrix} \rightarrow \begin{bmatrix} 1 & 0 & 0 & -\frac{1}{10} \\ 0 & 1 & 0 & \frac{7}{10} \\ 0 & 0 & 1 & 0 \\ 0 & 0 & 0 & 0 \end{bmatrix}$$

观察可知，原线性方程组有解，又因为阶梯形矩阵的非零行数量 $r=3$，未知量个数 $n=4$，

$m<n$，所以原线性方程组有无穷多个解。前面通过程序所得到的解只是其中一个，这个解称为特解。如果用更一般的方式表达，则可以写成：

$$\begin{cases} x_1 = \dfrac{1}{10}x_4 \\ x_2 = -\dfrac{7}{10}x_4 \\ x_3 = 0 \end{cases}$$

这个解称为原线性方程组的一般解，其中 x_4 称为自由变量。

那么，通过程序，是否可以求得一般解？

```
from sympy import *
from sympy.solvers.solveset import linsolve
x1, x2, x3, x4 = symbols("x1 x2 x3 x4")
linsolve([x1 + 3*x2 - 4*x3 + 2*x4, 3*x1 - x2 + 2*x3 - x4, -2*x1 + 4*x2 - x3 + 3*x4,
3*x1 +9*x2 - 7*x3 + 6*x4], (x1, x2, x3, x4))
```

输出结果为：

$$\left\{\left(\frac{x_4}{10},-\frac{7x_4}{10},0,x_4\right)\right\}$$

用未知量表示，即为：

$$\begin{cases} x_1 = \dfrac{x_4}{10} \\ x_2 = -\dfrac{7x_4}{10} \\ x_3 = 0 \\ x_4 = x_4 \end{cases}$$

此结果与上述运用初等行变换手工计算结果一样。

关于使用 SymPy 求解线性方程组的详细说明，请参阅官方文档。

2.5 矩阵的秩

一个人原来处于较低的社会阶层，如果在较短时间内获得了大量财富，比如抓奖券中了大奖，我们称其为“暴发户”，用之于区分豪门世家，虽然都表现为挥金如土，但两者的内在差异巨大。与这种状况类似，各式各样的矩阵也有着本源的阶层，这个阶层就用**秩**来描述。

任何一个矩阵，其列向量能生成空间，行向量也能生成空间，那么这两个空间是否有差别呢？例如矩阵 $\boldsymbol{A}=\begin{bmatrix}1&-1&2\\-2&2&-4\end{bmatrix}$，如果从列的角度看，是二维向量空间中的向量组 $\left\{\begin{bmatrix}1\\-2\end{bmatrix},\begin{bmatrix}-1\\2\end{bmatrix},\begin{bmatrix}2\\-4\end{bmatrix}\right\}$，

如图 2-5-1 所示，这三个向量其实在一条直线上，或者说三个向量在二维向量空间中生成了一个一维子空间。

如果从行的角度看，则是三维向量空间中的向量组 $\left\{\begin{bmatrix}1\\-1\\2\end{bmatrix},\begin{bmatrix}-2\\2\\-4\end{bmatrix}\right\}$，也将这两个向量以图 2-5-2 中的 $\boldsymbol{p}$ 和 $\boldsymbol{q}$ 表示，它们还是在一条直线上，或者说这两个向量在三维向量空间中生成了一个一维子空间。

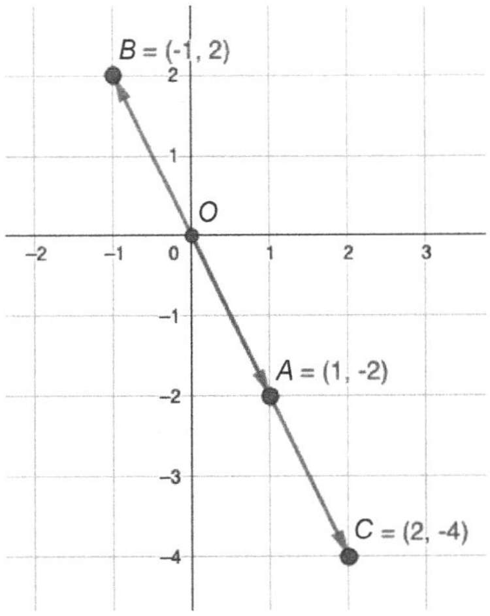

图 2-5-1

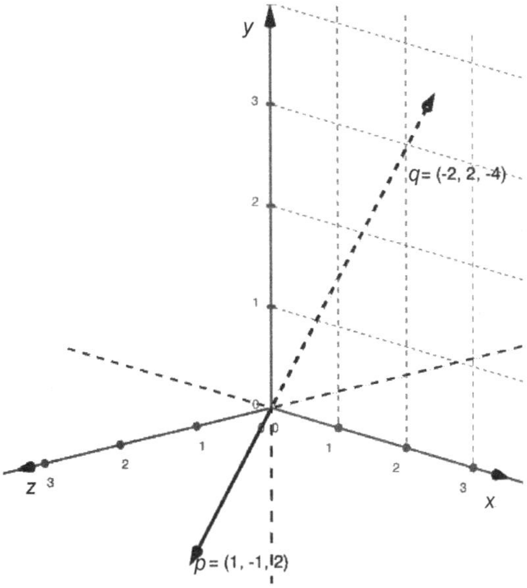

图 2-5-2

由上可知，不论是以列向量还是行向量，虽然它们各自是不同维度向量空间的子空间，但都表示一条直线，或者说都是一维子空间——这就是矩阵 $\boldsymbol{A}$ 的本色。

再如，矩阵 $\boldsymbol{B}=\begin{bmatrix}1&0&-1\\0&1&1\\1&1&0\end{bmatrix}$，三个列向量在平面 $x+y-z=0$ 内，三个行向量在平面 $x-y-z=-2$ 内，亦即不论是行向量还是列向量，均生成了二维子空间——这就是矩阵 $\boldsymbol{B}$ 的本色。

由上述示例可知，矩阵列和行向量的外观会有差别，但它们用自己能够生成的子空间维数表征了该矩阵的本色。

定义

矩阵的列向量生成的子空间维数称为矩阵的**列秩**；

矩阵的行向量生成的子空间维数称为矩阵的**行秩**。

对于任何矩阵，**列秩等于行秩**，统称为矩阵的**秩**（rank）。记作 $\operatorname{rank}(\boldsymbol{A})$（或：$\operatorname{Rank}(\boldsymbol{A}), r(\boldsymbol{A})$。如果明确是某个矩阵，秩也可以用 r 表示）。

由第 1 章 1.3.3 节可知，要根据向量组确定所生成空间的维数，必须找出极大线性无关组，其中极大线性无关组中向量的个数就是该空间的维数，从而就得到了这里所说的矩阵的秩。为此，我们可以通过矩阵初等变换，将它变换为阶梯矩阵，例如：

$$\boldsymbol{A}=\begin{bmatrix}1&2&3\\0&1&2\\2&5&8\end{bmatrix}\rightarrow\boldsymbol{J}=\begin{bmatrix}1&2&3\\0&1&2\\0&0&0\end{bmatrix}$$

上式将矩阵 $\boldsymbol{A}$ 变换为阶梯矩阵 $\boldsymbol{J}$，观察阶梯矩阵的非零行个数，这个数字就是矩阵的行秩；或者主元所在列构成的列向量组成了一个极大线性无关组，通过它能够知道矩阵的列秩。因此经过上述变换之后，可知 $\text{rank}(\boldsymbol{A})=2$。

性质

- 阶梯形矩阵的秩等于非零行的个数，且主元所在的列构成了列向量组的一个极大线性无关组。
- 矩阵的初等行变换不改变矩阵的列向量组的线性无关性，从而不改变矩阵的列秩。

这就是计算矩阵秩的依据和方法。

性质 对矩阵 $\boldsymbol{A}$，经过初等行变换，得到阶梯矩阵 $\boldsymbol{J}$，则 $\boldsymbol{A}$ 的秩等于 $\boldsymbol{J}$ 的非零行个数。设 $\boldsymbol{J}$ 的主元位于第 $j_1,j_2,\cdots,j_r$ 列，则 $\boldsymbol{A}$ 的第 $j_1,j_2,\cdots,j_r$ 列构成 $\boldsymbol{A}$ 的列向量组的一个极大线性无关组，其生成的向量空间维数，就是矩阵 $\boldsymbol{A}$ 的秩。

有的矩阵比较特殊，比如 $\boldsymbol{I}_3=\begin{bmatrix}1&0&0\\0&1&0\\0&0&1\end{bmatrix}$，对于这个 3 阶单位矩阵，用上面的方法，易知 $\text{rank}(\boldsymbol{I}_3)=3$，这种情形称为**满秩**。

定义 如果 n 阶矩阵的秩等于 n，则称此矩阵是**满秩矩阵**。

至此，我们已经认识到，矩阵的秩代表了矩阵的列（行）空间的维数。前面已经多次提到，矩阵就是映射。如果用矩阵乘以某个向量，就相当于把该向量映射到矩阵的列空间，即所得向量的维度就是此映射矩阵的秩。例如矩阵 $\boldsymbol{T}=\begin{bmatrix}2&3&5\\5&7&11\\13&17&21\end{bmatrix}$ 经 $\boldsymbol{A}=\begin{bmatrix}1&0&0\\0&1&0\\0&0&0\end{bmatrix}$ 映射，得到：

$$\boldsymbol{T}'=\boldsymbol{AT}=\begin{bmatrix}1&0&0\\0&1&0\\0&0&0\end{bmatrix}\begin{bmatrix}2&3&5\\5&7&11\\13&17&21\end{bmatrix}=\begin{bmatrix}2&3&5\\5&7&11\\0&0&0\end{bmatrix}$$

下面不用手工计算方式求矩阵 $\boldsymbol{T}$、$\boldsymbol{A}$、$\boldsymbol{T}'$ 的秩，而是用 NumPy 中的 np.linalg.matrix_rank()函数计算。

```
import numpy as np
T = np.mat("2 3 5; 5 7 11; 13 17 21")
A = np.mat("1 0 0; 0 1 0; 0 0 0")
T2 = A * T
rank_T = np.linalg.matrix_rank(T)
rank_A = np.linalg.matrix_rank(A)
rank_T2 = np.linalg.matrix_rank(T2)
print(f"rank(T)={rank_T}")
print(f"rank(A)={rank_A}")
print(f"rank(AT)={rank_T2}")

# 输出
rank(T)=3
rank(A)=2
rank(AT)=2
```

从输出结果可知：$\text{rank}(\boldsymbol{T})=3$，$\text{rank}(\boldsymbol{A})=2$，$\text{rank}(\boldsymbol{T}')=2$。通过映射矩阵 $\boldsymbol{A}$ 的秩，就可以知道所得到的像（矩阵 $\boldsymbol{T}'$）秩，因为像是经映射而得的——正所谓“龙生龙、凤生凤”。

矩阵的秩是矩阵的本色，因为它显示了该矩阵所在子空间的维数，亦即行向量或列向量中线性无关的向量数。下面构建一个矩阵，此矩阵三个列向量线性无关。

```
# 设置 NumPy 中所有浮点数保留小数点后 4 位
np.set_printoptions(precision=4, suppress=True)

# 创建一个 10×3 的数组对象，表示矩阵
trend = np.linspace(0, 1, 10)
X = np.ones((10, 3))
X[:, 0] = trend
X[:, 1] = trend ** 2
X

# 输出
array([[0.    , 0.    , 1.    ],
       [0.1111, 0.0123, 1.    ],
       [0.2222, 0.0494, 1.    ],
       [0.3333, 0.1111, 1.    ],
       [0.4444, 0.1975, 1.    ],
       [0.5556, 0.3086, 1.    ],
       [0.6667, 0.4444, 1.    ],
       [0.7778, 0.6049, 1.    ],
       [0.8889, 0.7901, 1.    ],
       [1.    , 1.    , 1.    ]])
```

然后计算所得矩阵的秩：

```
np.linalg.matrix_rank(X)

# 输出
3
```

输出结果显示此矩阵的秩是 3，这与构造矩阵（数组）时的设置一致——3 个列向量线性无关。

之所以在这里构建这样一个向量，还有一个目的，提醒读者注意，“线性无关”与统计学中的“相关系数为 0”是有区别的（关于相关系数，请参阅第 5 章 5.5.2 节），例如对上述数据，计算第 1 列和第 2 列之间的相关系数：

```
np.corrcoef(X[:,0], X[:, 1])

# 输出
array([[1.    , 0.9627],
       [0.9627, 1.    ]])
```

下面再构造一个矩阵（数组），其列向量之间线性相关，请注意比较。

```
Y = np.zeros((10, 4))
Y[:, :3] = X
Y[:, 3] = np.dot(X, [-1, 0.5, 0.5])    # 用 np.dot()增加第 4 列
Y

# 输出
array([[0.    , 0.    , 1.    , 0.5   ],
       [0.1111, 0.0123, 1.    , 0.3951],
       [0.2222, 0.0494, 1.    , 0.3025],
       [0.3333, 0.1111, 1.    , 0.2222],
       [0.4444, 0.1975, 1.    , 0.1543],
       [0.5556, 0.3086, 1.    , 0.0988],
       [0.6667, 0.4444, 1.    , 0.0556],
       [0.7778, 0.6049, 1.    , 0.0247],
       [0.8889, 0.7901, 1.    , 0.0062],
       [1.    , 1.    , 1.    , 0.    ]])
```

第 4 列是根据 np.dot(X, [-1, 0.5, 0.5])增加的，显然是前 3 列的线性组合。

再计算 $\boldsymbol{Y}$ 的秩：

```
np.linalg.matrix_rank(Y)

# 输出：
3
```

至此，我们对矩阵的基本概念已经有所了解，特别是逆、转置、秩及行列式，这些内容是机器学习理论讨论的基本概念。这其中，可逆矩阵又具有比较特殊的地位，因此将与之等效的表述罗列如下，供读者在进行理论推导时参考。

对于 $n\times n$ 的矩阵 $\boldsymbol{A}$，以下表述是等效的：

- $\boldsymbol{A}$ 是可逆矩阵
- 方程 $\boldsymbol{Ax}=\boldsymbol{b}, \ (\boldsymbol{b}\in\mathbb{R}^n)$ 有唯一解
- $\boldsymbol{A}$ 的列（行）线性无关

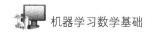

- $\boldsymbol{A}$ 的秩是 n
- $\boldsymbol{A}^{\mathrm{T}}$ 也可逆
- $|\boldsymbol{A}| \neq 0$
- $\boldsymbol{A}\boldsymbol{A}^{-1} = \boldsymbol{I}$

2.6 稀疏矩阵

在线性代数的一般教材中，并不专门研究稀疏矩阵，因为它在表象上与其他矩阵没有本质区别。本书中之所以要把它作为单独一节，是因为在机器学习和深度学习中，乃至在其他科学工程计算领域，比如流体力学、统计物理、电路模拟、图像处理等，稀疏矩阵比较常见，所以此处单独探讨。

2.6.1 生成稀疏矩阵

在第 1 章 1.1.1 节曾经讨论过词向量问题，现在我们设想有 1000 封电子邮件，这些电子邮件中总共有 10 000 个词，以电子邮件为文档，统计每个词的出现频率。通常，每封电子邮件的字数不会很多，最终会得到类似下面的表格：

文档	词 1	词 2	词 3	词 4	词 5	……	词 9997	词 9998	词 9999	词 10 000
邮件 1	0.02	0	0	0	0	……	0	0.05	0	0
邮件 2	0	0	0	0	0	……	0	0	0	0
……	……	……	……							
邮件 999	0	0	0	0.18	0	……	0	0.20	0	0
邮件 1000	0	0.40	0	0	0	……	0	0	0	0

在表格中，绝大数的数字是 0，可以用一个$1000 \times 10\,000$ 的矩阵表示：

$$\boldsymbol{TF} = \begin{bmatrix} 0.02 & 0 & 0 & 0 & 0 & \cdots & 0.05 & 0 & 0 \\ 0 & 0 & 0 & 0 & 0 & \cdots & 0 & 0 & 0 \\ & & & & & \vdots & & & \\ 0 & 0 & 0 & 0.18 & 0 & \cdots & 0 & 0.20 & 0 \\ 0 & 0.40 & 0 & 0 & 0 & \cdots & 0 & 0 & 0 \end{bmatrix}$$

这里所得到的矩阵，其大部分元素为零，称这种矩阵为**稀疏矩阵**（Spares Matrix）。

除在上述统计字词频率时生成稀疏矩阵之外，还有很多情况都会生成稀疏矩阵，下面列举几种：

- 在 One-Hot 编码（请参考《数据准备和特征工程》一书）中，会生成若干个虚拟变量，每个样本只在其中一个虚拟变量下是非零数字，其他都为零。

- 统计某个大型电商网站用户购买商品的次数。对电商网站的研究表明，不论是用户的购买分布还是商品的销售分布，都是按照“长尾”模型分布的（如图 2-6-1 所示，关于“长尾”分布，请参阅第 5 章 5.3.3 节），那么如果以网站的商品为列（特征），以用户为样本，统计每个用户所购买商品数量（在没购买的商品下标记 0），则会生成一个巨大的稀疏矩阵。

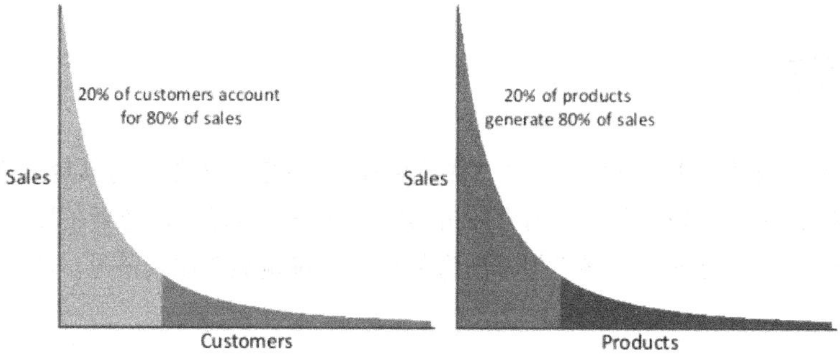

图 2-6-1

- 统计网站彼此相互链接。据统计，截止到 2020 年 1 月，本星球的互联网上一共有 17.4 亿个网站，如果统计这些网站之间是否彼此之间相互链接（有则标记为 1，否则标记为 0），也会生成一个巨大的稀疏矩阵（谷歌等搜索引擎在搜索排名中就会用到这样巨大的稀疏矩阵）。

所以，稀疏矩阵很常见。

对于稀疏矩阵，常用下面的计算方法衡量其稀疏性：

$$稀疏性 = \frac{零元素数量}{所有元素数量}$$

例如：

$$\boldsymbol{A} = \begin{bmatrix} 1 & 0 & 0 & 0 & 0 & 0 & 0 \\ 0 & 0 & 0 & 2 & 0 & 1 & 0 \\ 0 & 2 & 1 & 0 & 0 & 0 & 0 \end{bmatrix}$$

其稀疏性为$16/21 = 0.762 = 76.2\%$。

2.6.2 稀疏矩阵压缩

我们已经可以用 NumPy 中的二维数组表示矩阵或者 NumPy 中的 np.mat()函数创建矩阵对象，这样就能够很方便地完成有关矩阵的各种运算。但是，对于稀疏矩阵而言，因为存在大量的零元素，每个零元素都要存储和参与运算，所以会造成大量的冗余和浪费。其实，只需要记录非零数字和位置，比如 2.6.1 节统计网站互相链接的矩阵中，只需要存储标记为 1 的有关网站信息即可，标记为 0

的——这些是冗余——可以不保存。以矩阵乘法为例，0 乘以任何数都是 0，0 加上任何数都等于该数，所以这些计算可以不进行。

由此，就要修改矩阵的表示形式，只记录非零元素及其位置，没有记录的位置对应的都是零元素，这就是**矩阵压缩**。

定义　矩阵压缩的基本原则：

- 不重复存储相同元素
- 不存储零元素

下面详细介绍一种压缩稀疏行（Compressed Sparse Row，CSR）的矩阵压缩方法。

假设有三条文本，内容如下（为了方便讨论，以英文为例）：

- 文档 1：Short sentence
- 文档 2：This is not a short sentence.
- 文档 3：It is not raining. Is it?

去掉所有的标点符号，并且忽略大小写，然后将所有单词编排序号，如图 2-6-2 所示。

0 1
short sentence

2 3 4 5 6 7
this is not a short sentence

8 9 10 11 12 13
It is not raining is it

图 2-6-2

然后将图 2-6-2 中的所有单词取出（去除重复单词），并统计每个文档中单词的出现次数（直观起见，此处统计词的频数而不是频率），如下所示：

单词	short	sentence	this	is	not	a	it	raining
索引	**0**	**1**	**2**	**3**	**4**	**5**	**6**	**7**
文档 1	1	1	0	0	0	0	0	0
文档 2	1	1	1	1	1	1	0	0
文档 3	0	0	0	2	1	0	2	1

如果写成矩阵，则为：

$$\boldsymbol{T}=\begin{bmatrix}1&1&0&0&0&0&0&0\\1&1&1&1&1&1&0&0\\0&0&0&2&1&0&2&1\end{bmatrix}$$

按照表格和该矩阵，可以得到三个文档中的每个单词出现的列索引，即矩阵中非零元素对应的列索引，组成一个列表：

```
ind = [0, 1, 0, 1, 2, 3, 4, 5, 3, 4, 6, 7]
```

一般称 ind 为**列索引**。

然后，将矩阵 $\boldsymbol{T}$ 中的所有非零数字（单词出现次数）也组成一个列表（与 ind 中的列索引对应）：

```
val = [1, 1, 1, 1, 1, 1, 1, 1, 2, 1, 2, 1]
```

一般称 val 为**值**。

最后，观察稀疏矩阵 $\boldsymbol{T}$，第一行第一个非零元素之前共有 0 个非零元素；第二行的第一个非零元素之前共有 2 个非零元素，第三行的第一个非零元素之前共有 8 个非零元素；再记录矩阵中所有的非零数字个数 12。通过 0、2、8、12 这几个数字，就能确定每行非零数字的数量。将这几个数字仍然组成一个列表：

```
ptr = [0, 2, 8, 12]
```

这样，我们通过 ind、val、ptr 三个列表中的值，就能准确地记录矩阵 $\boldsymbol{T}$ 中所有非零数字的位置和值，同时剔除了零元素。从而实现了对原有稀疏矩阵的压缩。从图 2-6-3 中，能够更直观地了解上述压缩过程和效果。

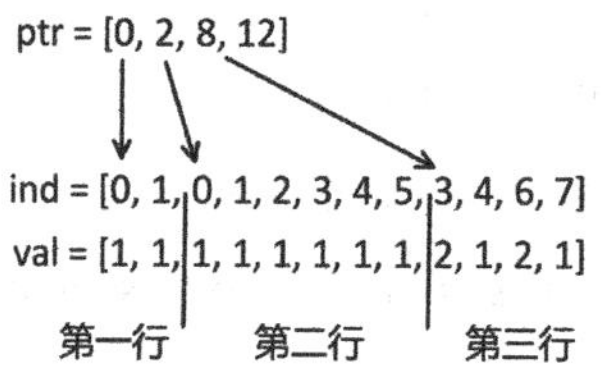

图 2-6-3

CSR 的“按行压缩”就体现在 ptr 所记录的结果中，其中的数值可以称为**行偏移量**，从中可以确定每行的非零数字个数。

与 CSR 对应的，还有按列压缩（Compressed Sparse Column，CSC）。此外，还有其他压缩方式，如：COO、DIA、ELL、HYB 等。本书在此不对这些压缩方式予以介绍，有兴趣的读者可以查阅有关资料。

在 SciPy 库中，提供了多种针对稀疏矩阵的类，分别实现不同的压缩方式：

类 名 称	说 明
bsr_matrix	对分块稀疏矩阵按行压缩
coo_matrix	坐标格式的稀疏矩阵
csc_matrix	压缩系数矩阵
csr_matrix	按行压缩
dia_matrix	压缩对角线为非零元素的稀疏矩阵
dok_matrix	字典格式的稀疏矩阵
lil_matrix	基于行用列表保存稀疏矩阵的非零元素

下面以 csr_matrix 为例进行演示。

```
import numpy as np
from scipy.sparse import csr_matrix

m = csr_matrix((3, 8), dtype=np.int8)
m

# 输出
<3x8 sparse matrix of type '<class 'numpy.int8'>'
    with 0 stored elements in Compressed Sparse Row format>
```

以上创建了一个用变量 m 引用的被压缩过的矩阵，从输出信息可知，其中保存了 0 个元素，也就意味着对应的稀疏矩阵中都是零元素。

```
m.toarray()    # 转换为数组

# 输出
array([[0, 0, 0, 0, 0, 0, 0, 0],
       [0, 0, 0, 0, 0, 0, 0, 0],
       [0, 0, 0, 0, 0, 0, 0, 0]], dtype=int8)
```

显然，在上面所创建的是所有元素都是零的矩阵——常说的“空矩阵”。

```
row = np.array([0, 0, 2])
col = np.array([0, 2, 2])
data = np.array([1, 2, 3])
m2 = csr_matrix((data, (row, col)), shape=(3, 8))
m2

# 输出
<3x8 sparse matrix of type '<class 'numpy.int64'>'
    with 3 stored elements in Compressed Sparse Row format>
```

这里创建了一个3×8 的稀疏矩阵，然后用 CSR 方式压缩，从返回信息中可知，在 m2 这个压缩矩阵中，保存了 3 个元素，与 data 中的值的数量一致。如果将这个压缩矩阵还原，则为：

```
m2.toarray()

# 输出
array([[1, 0, 2, 0, 0, 0, 0, 0],
       [0, 0, 0, 0, 0, 0, 0, 0],
       [0, 0, 3, 0, 0, 0, 0, 0]], dtype=int64)
```

为了便于对照理解前述对稀疏矩阵 $\boldsymbol{T}$ 的压缩分析，下面的程序中就创建了该矩阵，并用 CSR 压缩。

```
T = np.array([[1,1,0,0,0,0,0,0], [1,1,1,1,1,1,0,0], [0,0,0,2,1,0,2,1]])
csr_T = csr_matrix(T)
csr_T

# 输出
```

```
<3x8 sparse matrix of type '<class 'numpy.int64'>'
    with 12 stored elements in Compressed Sparse Row format>
```

变量 csr_T 引用的对象是对矩阵 $\boldsymbol{T}$ 施行 CSR 后的结果，从输出结果中可知，此对象是将原 3×8 的稀疏矩阵以 CSR 模式压缩为含有 12 个元素的对象。

可以通过 csr_T 的属性，分别得到行偏移量、列索引和值，请与前述分析对照，理解 CSR 的特点。

```
# 列索引
csr_T.indices

# 输出
array([0, 1, 0, 1, 2, 3, 4, 5, 3, 4, 6, 7], dtype=int32)
```

```
# 行偏移量
csr_T.indptr

# 输出
array([ 0,  2,  8, 12], dtype=int32)
```

```
# 值
csr_T.data

# 输出
array([1, 1, 1, 1, 1, 1, 1, 1, 2, 1, 2, 1], dtype=int64)
```

其他压缩模式，读者可以结合 SciPy 中的类进行理解和使用。

2.7 图与矩阵

这里所说的“图”，是“图论”的图，不是日常用语中的图。图论（Graph Theory）是一个数学分支，它与群论、矩阵理论、拓扑学等有着密切关系，在很多领域都有应用，例如信用卡欺诈行为监测、遗传学研究、社交网络人际关系研究等。如今，图论与机器学习结合，诞生了一个新的分支：图机器学习。经典的机器学习模型关注样本的特征，很少考虑样本间的关系。而图论研究的就是复杂系统中节点与节点之间的关系，所以，图论与机器学习结合，正在引起相关领域从业者的关注，认为其在理论和应用上都会有广阔的发展前景。

本节不会对图论做系统的介绍，只是依据本章的主要内容，简要说明与图有关的几种矩阵，试图以此“开一个天窗”（赵凯华教授的观点），引导读者看一看大千世界，或许为解决某个问题提供一丝灵感，或许成为读者将来在此领域大展身手的垫脚石。

2.7.1 图的基本概念

一般认为，图论起源于著名的柯尼斯堡七桥问题（Seven Bridges of Königsberg），这是欧拉

（Leonhard Euler）在 1735 年提出的一个问题，并且他于第二年把这个问题解决了：证明符合条件的走法并不存在。

东普鲁士柯尼斯堡市区跨普列戈利亚河两岸，河中心有两个小岛。小岛与河的两岸有七座桥。若所有桥都只能走一遍，如何才能把所有桥都走遍？（图 2-7-1 所示的是欧拉时代的柯尼斯堡地图及七座桥的位置）。

后来，人们公认柯尼斯堡七桥问题是图论的起源，欧拉因为解决了此问题而被尊为图论的创始人（图 2-7-2 为欧拉画像）。

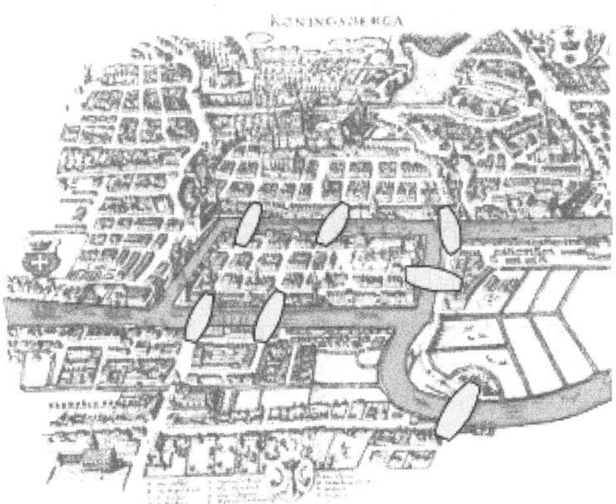

图 2-7-1

图 2-7-2

专有名词“Graph”，是希尔维斯特（James Joseph Sylvester）在 1878 年首先提出的——没错，就是在 2.1.1 节提到的引入了“Matrix”的那个希尔维斯特。

了解了图论的极简史后，就从图 2-7-1 的柯尼斯堡七桥问题中抽象出图 2-7-3 中（2）所示的图——这就是“图论”中的图，从此，请读者在阅读过程中注意行文中“图”的含义。

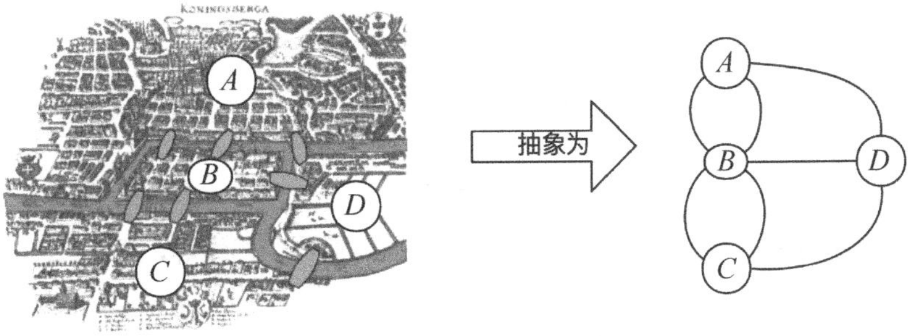

（1） （2）

图 2-7-3

在图 2-7-3（2）中的“圆圈”——A、B、C、D，称为**节点**（Vertex），用字母 V 表示；连接节点的线称为**边**（Edge），用字母 E 表示。对于每个节点而言，有一定数量的边与之相连，称这个数量为该节点的**自由度**（Degree），例如连接 A 节点的边的数量是 3，则 A 节点的自由度是 3；节点 B 的自由度是 5。

更一般化的定义是：

定义 图 $G=(V,E)$ 有 p 个节点、q 条边，即节点集合 $V=\{v_1,v_2,\cdots,v_p\}$，边集合 $E=\{e_1,e_2,\cdots,e_q\}$，通常称 G 为 (p,q) 图。

显然，边集合 E 中的每个边有一对相异的节点，记作 $e=\{x,y\}$，我们称节点 x 和节点 y **邻接**（Adjacent），并称节点 x 和 y 与边 e **相关联**（Incident）。

如果连接节点 x 和 y 的边 $e=\{x,y\}$ 有方向，则称之为**有向边**（Directed Edge），包含有向边的图称为**有向图**（Directed Graph）。如果边没有方向，其对应图即为**无向图**（Undirected Graph）。为了区分，有向图的边可以用 $e=(x,y)$ 表示，其中 x 是有向边 e 的初始节点，y 是终止节点。

2.7.2 邻接矩阵

如图 2-7-4 所示，图中有 A、B、C、D、E 这 5 个节点，每两个节点之间，有的没有连接，比如 A、C。对于有连接的节点之间，用箭头标示，箭头的方向表示连接方向。例如 A 和 B 之间，表示可以从 A 到 B，但不能从 B 到 A；B 和 C 之间，则用双向箭头标示，表示既能从 B 到 C，又能从 C 到 B。

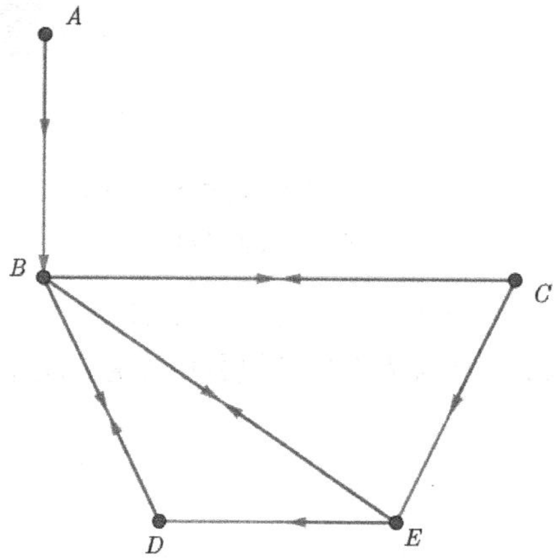

图 2-7-4

像这样的图，在很多业务中都可能存在，比如交通、通信、网络等，根据 2.7.1 节的概念，我们知道它属于有向图。

继续观察图 2-7-4，任何两个节点之间的关系，都可以用下面的形式表示：

$$a_{ij}=\begin{cases}1, & 能从P_i点连接到P_j点 \\ 0, & 不能从P_i点连接到P_j点 \\ 0, & 若i=j\end{cases}$$

根据上式，例如：

- 从 A 到 C，即为 0；

- 从 B 到 C，即为1；
- 从 E 到 B，即为1；
- 从 D 到 D，即为0。

为了能够将任意两个点之间的关系一目了然表示出来，可以绘制如下表格：

	A	*B*	*C*	*D*	*E*
A	0	1	0	0	0
B	0	0	1	1	1
C	0	1	0	0	1
D	0	1	0	0	0
E	0	1	0	1	0

表中数字是根据从左侧每个节点到顶部每个节点。根据前述定义所得结果，如果把表格中的数字写成矩阵，则为：

$$\boldsymbol{P}=\begin{bmatrix}0 & 1 & 0 & 0 & 0\\0 & 0 & 1 & 1 & 1\\0 & 1 & 0 & 0 & 1\\0 & 1 & 0 & 0 & 0\\0 & 1 & 0 & 1 & 0\end{bmatrix}$$

例如（对照表格），$P_{12}=1$，表示节点 A 可以连接到节点 B；$P_{53}=0$，表示节点 E 不能连接到节点 C。

至此，用矩阵 $\boldsymbol{P}$ 表示了图2-7-4所示的有向图，这个矩阵我们称之为**邻接矩阵**（Adjacency Matrix，或 Connection Matrix），显然矩阵 $\boldsymbol{P}$ 也是稀疏矩阵。

在上述有向图中，没有涉及连接节点之间的权重，或者说它们是平权的。关于权重、距离等更多图相关的知识，读者可以自行参考有关资料。

如果用程序实现图和邻接矩阵，可以使用 NetworkX，这是一个 Python 语言的第三方包，它能够实现各种图。例如创建图 2-7-4 所示有向图：

```
import networkx as nx
G = nx.DiGraph()
G.add_edges_from([('A','B'),('B','C'),('B','D'),('B','E'),('C','B'),('C','E'),(
'D','B'),('E','B'),('E','D')])
```

这样就创建了有向图对象（用变量 G 引用），还可以使用内置的方法绘制展现各个节点关系的图。

```
%matplotlib inline
import matplotlib.pyplot as plt
pos = nx.spring_layout(G)
nx.draw_networkx_nodes(G, pos, cmap=plt.get_cmap('jet'), node_size = 500)
nx.draw_networkx_labels(G, pos)
nx.draw_networkx_edges(G, pos,arrows=True)
```

输出图像：

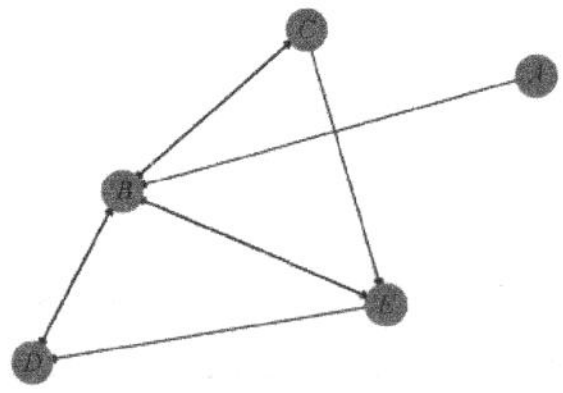

将此图与图 2-7-4 相比，除各节点的位置有所不同之外，它们的相关系是一样的，并且，在视觉上更反映了“聚焦”的节点。

利用 NetworkX 中的函数 adjacency_matrix()可以得到图 G 的邻接矩阵。

```
G_A = nx.adjacency_matrix(G)
G_A

# 输出
<5x5 sparse matrix of type '<class 'numpy.longlong'>'
            with 9 stored elements in Compressed Sparse Row format>
```

显然，邻接矩阵是稀疏矩阵，此处所得到的 G_A 即为稀疏矩阵的压缩格式。

前面从柯尼斯堡七桥问题所抽象出来的图是一个无向图（如图 2-7-5 所示）。对于无向图，也可以创建邻接矩阵，只不过节点没有方向（或者说是对称的），其规则是：

$$a_{ij}=\begin{cases}1, & P_i\text{点与}P_j\text{点连接}\\0, & \text{若}i=j\end{cases}$$

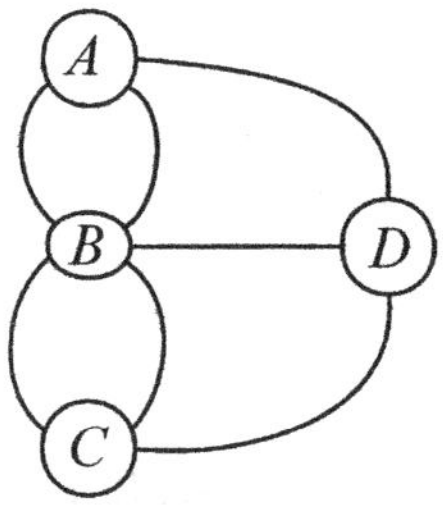

图 2-7-5

故可得图 2-7-5 所示的无向图的邻接矩阵：

$$\boldsymbol{P}=\begin{bmatrix}0 & 1 & 1 & 1\\1 & 0 & 0 & 0\\1 & 0 & 0 & 1\\1 & 1 & 1 & 0\end{bmatrix}$$

显然无向图的邻接矩阵是对称矩阵。

再观察图 2-7-4 和图 2-7-5，不难发现，并非所有节点之间都有边直接连接，有的节点之间是一条边连接（如图 2-7-5 中 $A\to B$），有的节点之间则是多条边连接（如图 2-7-5 中 $A\to B\to C$ 或

$A \to D \to C$），为了描述像这种从一个节点与另外一个节点的连接关系，引入了**连通**和**路径**两个概念。

假设一个有向图，从一个节点 v_0 开始，按照如下的路径，可以达到另外一个节点 v_l：

$$v_0 \to v_1 \to \cdots v_l$$

则称这两个节点是**连通的**（Connected）。若连通的节点之间没有重复节点，那么就称之为一条**路径**（Path）。如图 2-7-6 所示，从节点 A 到节点 C 是连通的，其路径包括：

- 路径 1：$A \to B \to C$；
- 路径 2：$A \to E \to D \to C$；
- 路径 3：$A \to D \to C$；
- 路径 4：$A \to D \to B \to C$；
- 路径 5：$A \to E \to D \to B \to C$。

路径 1 中有两条边，路径 2 中有三条边，我们将路径中边的条数称为路径的**长度**，两个节点之间的最短长度称为**距离**，记作 $d(v_i, v_j)$，v_i 和 v_j 分别表示两个节点。仍以图 2-7-6 中的节点 A 到节点 C 为例，显然 $d(A,C)=2$；从节点 C 到节点 E（注意方向）是不连通的，则其距离为 $d(C,E)=\infty$。

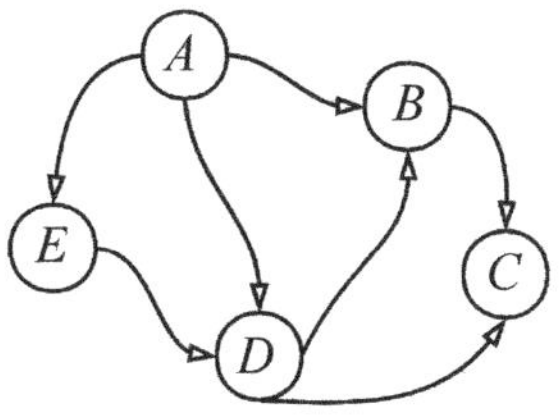

图 2-7-6

由图 2-7-6 所得到的邻接矩阵为：

```
import numpy as np
A = np.mat("0 1 0 1 1; 0 0 1 0 0; 0 0 0 0 0; 0 1 1 0 0; 0 0 0 1 0")
A

# 输出
matrix([[0, 1, 0, 1, 1],
        [0, 0, 1, 0, 0],
        [0, 0, 0, 0, 0],
        [0, 1, 1, 0, 0],
        [0, 0, 0, 1, 0]])
```

通过这个邻接矩阵，不仅可以显示任意两个节点之间的关系，而且可以知道两个节点之间长度为 1 的路径的数量，比如第 1 行第 2 列的元素 1，即 $a_{12}=1$，表示节点 A 到节点 B 长度为 1 的路径数是 1；$a_{13}=0$ 表示节点 A 到节点 C 长度为 1 的路径数是 0。对照图 2-7-6 检查，的确如此。

```
A * A
```

```
# 输出
matrix([[0, 1, 2, 1, 0],
        [0, 0, 0, 0, 0],
        [0, 0, 0, 0, 0],
        [0, 0, 1, 0, 0],
        [0, 1, 1, 0, 0]])
```

这里计算的是 $\boldsymbol{A}^2$，所得矩阵的元素表示节点之间长度为2的路径数，比如第 1 行第 3 列的元素2，即 $a_{13}=2$，表示节点 A 到节点 C 长度为2的路径数是2。对照图 2-7-6，前面列出的“路径 1”和“路径 3”是 $A \to C$ 中长度为2的路径。

```
A * A * A

# 输出
matrix([[0, 1, 2, 0, 0],
        [0, 0, 0, 0, 0],
        [0, 0, 0, 0, 0],
        [0, 0, 0, 0, 0],
        [0, 0, 1, 0, 0]])
```

$\boldsymbol{A}^3$ 中的元素表示节点之间长度为3的路径数量，$a_{13}=2$ 表示节点 $A \to C$ 长度为3的路径数是2，即前述“路径 2”和“路径 4”。

```
A * A * A * A

# 输出
matrix([[0, 0, 1, 0, 0],
        [0, 0, 0, 0, 0],
        [0, 0, 0, 0, 0],
        [0, 0, 0, 0, 0],
        [0, 0, 0, 0, 0]])
```

$\boldsymbol{A}^4$ 中只有 $a_{13}=1$，其余元素都是0，即节点 $A \to C$ 长度为4的路径只有1个，恰为前述“路径 5”。

```
A * A * A * A * A

# 输出
matrix([[0, 0, 0, 0, 0],
        [0, 0, 0, 0, 0],
        [0, 0, 0, 0, 0],
        [0, 0, 0, 0, 0],
        [0, 0, 0, 0, 0]])
```

按照前面的逻辑，$\boldsymbol{A}^5$ 中的元素都为0就比较容易理解了。

归纳以上可知，邻接矩阵的幂矩阵 $\boldsymbol{A}^l$ 中的第 i 行第 j 列元素（用 $(\boldsymbol{A}^l)_{ij}$ 表示），即为节点 v_i 至节点 v_j 且长度为 l 的路径数量。

2.7.3 关联矩阵

邻接矩阵表示了图中节点和节点之间的关系，对有向图而言，我们还发现边与两端的节点有不同的关系——“进入”该节点或“离开”该节点，如图 2-7-7 所示。

如果将节点与边的关系，也用矩阵表示，这个矩阵就是所谓的**关联矩阵**（Incidence Matrix），图 2-7-8 所示的就是根据图 2-7-7 中节点与边的关系创建的关联矩阵。每一行表示一个节点，每一列表示一条边。如果边“进入”节点，则矩阵对应元素为1；若边“离开”节点，则矩阵对应元素为 −1；若边与节点无关，则矩阵对应元素为 0 。

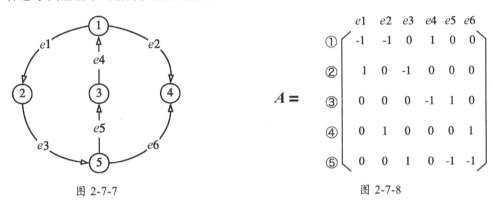

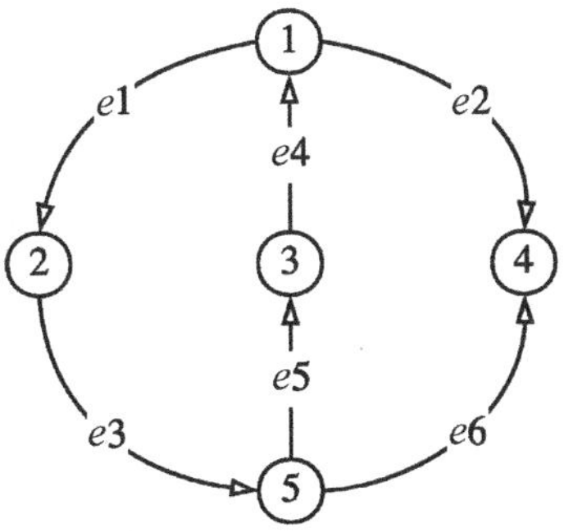

图 2-7-7

$$
\begin{array}{c} \\ ① \\ ② \\ ③ \\ ④ \\ ⑤ \end{array}
\begin{array}{c} \begin{array}{cccccc} e1 & e2 & e3 & e4 & e5 & e6 \end{array} \\
\boldsymbol{A} = \begin{pmatrix} -1 & -1 & 0 & 1 & 0 & 0 \\ 1 & 0 & -1 & 0 & 0 & 0 \\ 0 & 0 & 0 & -1 & 1 & 0 \\ 0 & 1 & 0 & 0 & 0 & 1 \\ 0 & 0 & 1 & 0 & -1 & -1 \end{pmatrix} \end{array}
$$

图 2-7-8

另外，无向图也可以定义关联矩阵，如果边与节点有连接，则矩阵对应元素为1，否则为0。只是无向图和有向图的关联矩阵在性质、应用上都有差异。本节仅简要介绍有向图的关联矩阵。

```
nodes = [1, 2, 3, 4, 5]
edges = [[1, 2], [1, 4], [2, 5], [3, 1], [5, 3], [5, 4]]
D = nx.DiGraph()
D.add_nodes_from(nodes)
D.add_edges_from(edges)

# 图 D 的关联矩阵
M = nx.incidence_matrix(D, oriented=True)
M

# 输出
<5x6 sparse matrix of type '<class 'numpy.float64'>'
        with 12 stored elements in Compressed Sparse Column format>

# 转换为稠密矩阵，主要目的是直观地观察矩阵
A = M.todense()
A

# 输出
matrix([[-1., -1.,  0.,  1.,  0.,  0.],
        [ 1.,  0., -1.,  0.,  0.,  0.],
        [ 0.,  0.,  0., -1.,  1.,  0.],
```

```
 [ 0.,  1.,  0.,  0.,  0.,  1.],
 [ 0.,  0.,  1.,  0., -1., -1.]])
```

依然使用 NetworkX 库中的方法创建图 2-7-7 对应的图 D，然后用 nx.incidence_matrix()函数得到图 D 的关联矩阵 $\boldsymbol{M}$，它也是稀疏矩阵，可以用 M.todense()转换为便于直观地观察的矩阵。

对于有向图的关联矩阵，如图 2-7-8 或者上述程序输出的关联矩阵所示，每一列的所有元素之和为 0，因为每一列是一条边，它必然包含表示“进入”和“离开”两个节点的数字 1 和 −1 。换言之，关联矩阵所有行向量之和等于 $\mathbf{0}$（零向量）。对关联矩阵的深入探讨，超出了本书的范畴，有兴趣的读者，可以参阅本书在线资料提供的内容或查阅其他参考资料。

2.7.4 拉普拉斯矩阵

在 2.7.1 节，曾介绍过节点自由度的概念，以无向图为例（如图 2-7-9 所示），首先可以写出其邻接矩阵 $\boldsymbol{A}$，并且可以确定每个节点的自由度（记作 d_i），以每个节点的自由度作为对角线，可以写出矩阵 $\boldsymbol{D}$ 。

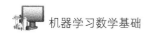

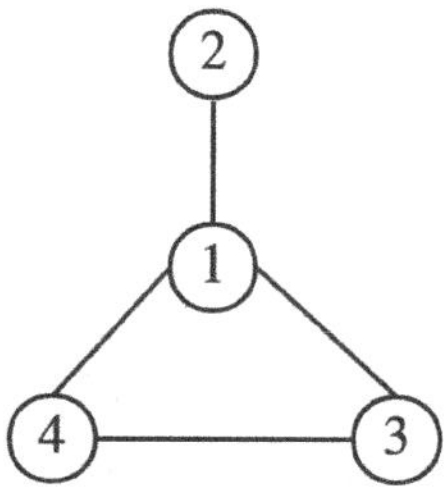

图 2-7-9

$$\boldsymbol{A}=\begin{bmatrix}0&1&1&1\\1&0&0&0\\1&0&0&1\\1&0&1&0\end{bmatrix},\quad \boldsymbol{D}=\begin{bmatrix}3&0&0&0\\0&1&0&0\\0&0&2&0\\0&0&0&2\end{bmatrix}$$

因为每个节点的自由度是所有连接该节点的边的数量，所以 d_i 等于邻接矩阵 $\boldsymbol{A}$ 的第 i 行（或列）元素的和，$d_i=\sum_{j=1}^{n}a_{ij}$。下面就根据矩阵 $\boldsymbol{A}$ 和 $\boldsymbol{D}$ 定义无向图的拉普拉斯矩阵：

$$\boldsymbol{L}=\boldsymbol{D}-\boldsymbol{A}$$

对应图 2-7-9，其拉普拉斯矩阵是：

$$\boldsymbol{L}=\begin{bmatrix}3&-1&-1&-1\\-1&1&0&0\\-1&0&2&-1\\-1&0&-1&2\end{bmatrix}$$

在 NetworkX 库中，也提供了根据图得到拉普拉斯矩阵的函数。

```
# 创建无向图
nodes = [1,2,3,4]
edges = [(1,2),(1,3),(1,4),(3,4)]
G = nx.Graph()
G.add_nodes_from(nodes)
G.add_edges_from(edges)

L = nx.laplacian_matrix(G)  # 返回拉普拉斯矩阵，拉普拉斯矩阵是稀疏矩阵
L.todense()

# 输出
matrix([[ 3, -1, -1, -1],
        [-1,  1,  0,  0],
        [-1,  0,  2, -1],
        [-1,  0, -1,  2]], dtype=int64)
```

关于拉普拉斯矩阵的一系列性质，此处不再探讨。

3

第 3 章 特征值和特征向量

特征值和特征向量，不仅线性代数，在各类科学、工程项目中，在计算机科学和机器学习中，都少不了它。就单纯的定义而言，特征值和特征向量并不难理解，但是，关于它的应用五花八门，所以本章会在这方面着重予以介绍，读者从这些应用案例中，可以领悟特征值和特征向量的真谛。

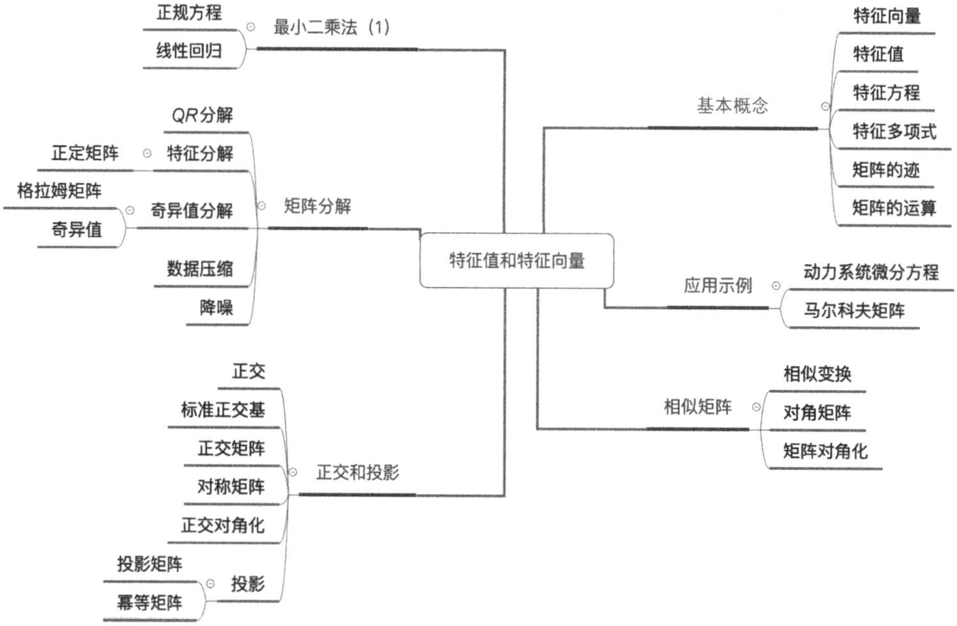

本章知识结构图

3.1　基本概念

在第 2 章中，我们已经反复强化了一个观念——矩阵就是映射，如果用矩阵乘以一个向量，比如：

$$\boldsymbol{A}=\begin{bmatrix}2 & -1\\0 & 3\end{bmatrix},\boldsymbol{v}_A=\begin{bmatrix}2\\1\end{bmatrix}$$

$$\boldsymbol{A}\boldsymbol{v}_A=\begin{bmatrix}2 & -1\\0 & 3\end{bmatrix}\begin{bmatrix}2\\1\end{bmatrix}=\begin{bmatrix}3\\3\end{bmatrix}$$

则如图 3-1-1 所示，矩阵 $\boldsymbol{A}$ 对向量 $\boldsymbol{v}_A$ 实施了线性变换后，从 $\overrightarrow{OA}$ 变换为 $\overrightarrow{OB}$，在这个变换过程中，向量 $\boldsymbol{v}_B$ 相对 $\boldsymbol{v}_A$ 发生了旋转和长度伸长。这是一种比较一般的变换，本节要研究的不是这种，而是一类特殊的变换，但仍然是线性变换。

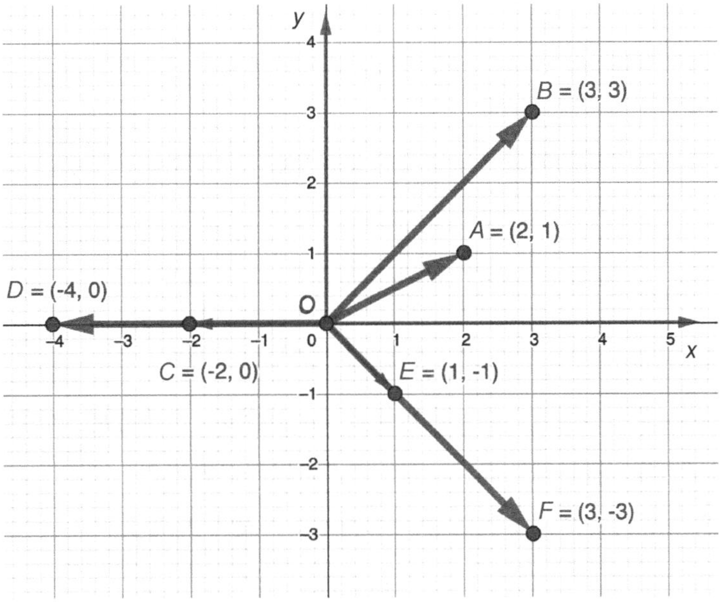

图 3-1-1

3.1.1　定义

有这样一些向量，通过某线性变换之后，它只在大小上发生了变换——显然这些向量是众向量中比较特立独行的。

以图 3-1-1 中的向量 $\overrightarrow{OC}$ 为例，用列向量表示为 $\boldsymbol{v}_C=\begin{bmatrix}-2\\0\end{bmatrix}$，矩阵 $\boldsymbol{A}$ 乘以这个向量，即对其进行线性变换：

$$Av_C=\begin{bmatrix}2 & -1\\0 & 3\end{bmatrix}\begin{bmatrix}-2\\0\end{bmatrix}=\begin{bmatrix}-4\\0\end{bmatrix}$$

经过线性变换之后，所得矩阵如图 3-1-1 中的 $\overrightarrow{OD}$ 所示。从图中可以清晰看出，对于向量 v_C 而言，经矩阵 A 线性变换之后，所得到的向量相对于原向量只是长度变化了，方向没变。换言之，就是变换后的向量（矩阵）方向与原向量（矩阵）方向一致。

那么，这个向量 v_C 就是一个比较特殊的向量。注意，不是所有向量都如此，而且在此向量空间中对于线性变换 A 而言，也不只有一个这样的向量，如图 3-1-1 中标识的另外一个向量 $\overrightarrow{OE}$，也具有同样的性质。

$$v_E=\begin{bmatrix}1\\-1\end{bmatrix}$$

$$Av_E=\begin{bmatrix}2 & -1\\0 & 3\end{bmatrix}\begin{bmatrix}1\\-1\end{bmatrix}=\begin{bmatrix}3\\-3\end{bmatrix}$$

请注意，表示线性变换的矩阵 A 必须是方阵，否则就成为不同子空间的线性映射了，在不同子空间中的向量，不具有上面所讨论的可比性。

如果再考查线性变换之后的向量与原向量的大小关系，会发现如下关系：

$$Av_C=\begin{bmatrix}2 & -1\\0 & 3\end{bmatrix}\begin{bmatrix}-2\\0\end{bmatrix}=\begin{bmatrix}-4\\0\end{bmatrix}=2\begin{bmatrix}-2\\0\end{bmatrix}=2v_C$$

$$Av_E=\begin{bmatrix}2 & -1\\0 & 3\end{bmatrix}\begin{bmatrix}1\\-1\end{bmatrix}=\begin{bmatrix}3\\-3\end{bmatrix}=3\begin{bmatrix}1\\-1\end{bmatrix}=3v_E$$

线性变换之后的向量与原向量之间是倍数关系（在实数域，倍数就是一个实数）。

至此我们探讨了这样一种特殊的向量，它的特点可以严格表述为：

定义 设 A 是 $n\times n$ 的矩阵，如果存在非零向量 v，使下式成立：

$$Av=\lambda v$$

则标量 λ 是矩阵 A 的**特征值**（Eigen Value），向量 v 是特征值对应的**特征向量**（Eigen Vector）。

对于示例 $Av_C=2v_C$，2 是矩阵 A 的特征值，$v_C=\begin{bmatrix}-2\\0\end{bmatrix}$ 是相应的特征向量。

注意，特征值 λ 可以是正数，也可以是负数。如果 $\lambda<0$，则意味着 v 和 Av 的方向相反。另外，通过前面关于矩阵 $A=\begin{bmatrix}2 & -1\\0 & 3\end{bmatrix}$ 计算可知，它的特征值和特征向量都不止一个，这是比较一般的现象。

如果以 $v_1,v_2,\cdots,v_k$ 表示矩阵 A 的特征向量，$\lambda_1,\lambda_2,\cdots,\lambda_k$ 为相应的特征值，并且不重复（这很重要），则特征向量组 $\{v_1,v_2,\cdots,v_k\}$ 线性无关（对这个结论可以用反证法进行证明，在本书在线资料中有详细证明，请参阅），那么它们就生成了一个子空间，称为**特征空间**。

如何计算一个方阵的特征值和特征向量呢？比如前面示例中使用的矩阵 $\boldsymbol{A}=\begin{bmatrix}2 & -1\\0 & 3\end{bmatrix}$ 的特征值和特征向量都有哪些？

根据定义中的 $\boldsymbol{Av}=\lambda\boldsymbol{v}$，可得：

$$\boldsymbol{Av}-\lambda\boldsymbol{v}=\boldsymbol{0}$$

$$(\boldsymbol{A}-\lambda\boldsymbol{I}_n)\boldsymbol{v}=\boldsymbol{0} \tag{3.1.1}$$

我们不将零向量作为特征向量，即特征向量 $\boldsymbol{v}\neq\boldsymbol{0}$，只讨论（3.1.1）式有非零解的情况，即 $\boldsymbol{A}-\lambda\boldsymbol{I}_n$ 不可逆，由第 2 章 2.4.2 节可知（或参考本节最后的总结）：

$$|\boldsymbol{A}-\lambda\boldsymbol{I}_n|=0$$

这个方程称为矩阵 $\boldsymbol{A}$ 的**特征方程**，通过特征方程，可以求解特征值 λ。其中 $|\boldsymbol{A}-\lambda\boldsymbol{I}_n|$ 是**特征多项式**（Characteristic Polynomial）。

例如矩阵 $\boldsymbol{A}=\begin{bmatrix}-4 & -6\\3 & 5\end{bmatrix}$，先写出矩阵 $\boldsymbol{A}$ 的特征多项式：

$$\boldsymbol{A}-\lambda\boldsymbol{I}_n=\begin{bmatrix}-4 & -6\\3 & 5\end{bmatrix}-\lambda\begin{bmatrix}1 & 0\\0 & 1\end{bmatrix}=\begin{bmatrix}-4-\lambda & -6\\3 & 5-\lambda\end{bmatrix}$$

$$|\boldsymbol{A}-\lambda\boldsymbol{I}_n|=\begin{vmatrix}-4-\lambda & -6\\3 & 5-\lambda\end{vmatrix}=(-4-\lambda)(5-\lambda)+18$$

最终得到了一个多项式，令此多项式等于 0，即：$(-4-\lambda)(5-\lambda)+18=0$

则：$\lambda^2-\lambda-2=0$

解得：$\lambda=2$ 或 $\lambda=-1$

故矩阵 $\boldsymbol{A}$ 的特征值是 2 和 -1。

对于特征值而言，所对应的特征向量可能会有多个。例如，当 $\lambda=2$ 时，可以通过求解 $(\boldsymbol{A}-2\boldsymbol{I}_2)\boldsymbol{v}=\boldsymbol{0}$ 得到向量 $\boldsymbol{v}$：

$$\begin{bmatrix}-6 & -6\\3 & 3\end{bmatrix}\begin{bmatrix}v_1\\v_2\end{bmatrix}=0$$

利用求解线性方程组的方法，可得：$\begin{cases}v_1=-r\\v_2=r\end{cases}$，其中 r 为实数。因此，矩阵 $\boldsymbol{A}$ 的特征值 2 对应的非零特征向量，可以写成：

$$r\begin{bmatrix}-1\\1\end{bmatrix}$$

用同样的方法，可以求得 $\lambda=-1$ 的特征向量为：$s\begin{bmatrix}-2\\1\end{bmatrix}$，其中 s 为实数。

由上面的示例可知，计算矩阵的特征值，重要步骤是写出它的特征多项式。

如果遇到了某种特殊形态的矩阵，则计算 $|\boldsymbol{A}-\lambda\boldsymbol{I}_n|$ 会比较简单。例如：

$$\boldsymbol{A}=\begin{bmatrix}a_{11}&a_{12}&a_{13}\\0&a_{22}&a_{23}\\0&0&a_{33}\end{bmatrix},\ \boldsymbol{B}=\begin{bmatrix}a_{11}&0&0\\a_{21}&a_{22}&0\\a_{31}&a_{32}&a_{33}\end{bmatrix}$$

矩阵 $\boldsymbol{A}$ 称为上三角矩阵，矩阵 $\boldsymbol{B}$ 称为下三角矩阵。三角矩阵的行列式等于主对角线上元素的乘积，$|\boldsymbol{A}|=a_{11}a_{22}a_{33}$。那么，三角矩阵的特征多项式即为：

$$f(\lambda)=|\boldsymbol{A}-\lambda\boldsymbol{I}_n|=\begin{vmatrix}a_{11}-\lambda&a_{12}&a_{13}\\0&a_{22}-\lambda&a_{23}\\0&0&a_{33}-\lambda\end{vmatrix}=(a_{11}-\lambda)(a_{22}-\lambda)(a_{33}-\lambda)$$

由此可知，**三角矩阵的特征值就是主对角线的元素。**

除了特殊矩阵，就一般矩阵而言，特别是“大矩阵”，如果用手工计算方法求特征值和特征向量，则感受一定不太舒服，例如谷歌搜索的核心 PageRank 算法，它就用到矩阵的特征向量，2002 年时，这个矩阵是 27 亿行×27 亿列。对于如此大的矩阵，当然不能用手工计算了，必须要交给机器。不过，谷歌所用的方法，也不是下面的程序中将要介绍的。至今，谷歌尚未完全公开它的计算方法。

```
import numpy as np
from numpy.linalg import eig

A = np.array([[1,2,3], [4,5,6], [7,8,9]])          # 用二维数组表示矩阵
values, vectors = eig(A)                            # 计算矩阵的特征值和特征向量
values                                              # 输出特征值

# 输出
array([ 1.61168440e+01, -1.11684397e+00, -1.30367773e-15])

vectors                                             # 输出特征向量

# 输出
array([[-0.23197069, -0.78583024,  0.40824829],
       [-0.52532209, -0.08675134, -0.81649658],
       [-0.8186735 ,  0.61232756,  0.40824829]])
```

函数 eig()的返回值有两个，values 是矩阵 A 的特征值，vectors 是特征向量，并且此特征向量是经过标准化之后的特征向量，即特征向量的欧几里得长度（l_2 范数）为1。注意，返回的特征向量是一个二维数组（矩阵），每一列是矩阵 A 的一个特征向量。例如第一个特征向量 vectors[:,0]，其所对应的特征值是 values[0]。

```
A.dot(vectors[:,0])

# 输出
array([ -3.73863537,  -8.46653421, -13.19443305])
```

这里计算的是 $\boldsymbol{Av}$，得到了一个向量。下面用相应的特征值计算 $\lambda\boldsymbol{v}$，检验输出结果是否与上述结果一致。

```
values[0] * vectors[:,0]

# 输出
array([ -3.73863537,  -8.46653421, -13.19443305])
```

对比两个输出结果，用特征向量 vectors[:,0]和特征值 values[0]验证了 $\boldsymbol{Av}=\lambda\boldsymbol{v}$ 。

此处先对特征值和特征向量的基本概念有初步了解，在后续章节中，将不断使用它们帮助我们解决一些问题，并且还将有关探讨深化。

3.1.2　矩阵的迹

设矩阵 $\boldsymbol{A}=\begin{bmatrix}a & b\\ c & d\end{bmatrix}$，根据 3.1.1 节中对特征多项式的定义，可以有：

$$
\begin{aligned}
f(\lambda)=|\boldsymbol{A}-\lambda\boldsymbol{I}_n| &= \left|\begin{bmatrix}a & b\\ c & d\end{bmatrix}-\lambda\begin{bmatrix}1 & 0\\ 0 & 1\end{bmatrix}\right| = \begin{vmatrix}a-\lambda & b\\ c & d-\lambda\end{vmatrix}\\
&=(a-\lambda)(d-\lambda)-bc\\
&=\lambda^2-(a+d)\lambda+(ad-bc)
\end{aligned}
\tag{3.1.2}
$$

从上述结果中可以看出：

- $ad-bc$ 就是行列式 $|\boldsymbol{A}|$；
- $a+d$ 是矩阵 $\boldsymbol{A}$ 的对角线元素和。

在线性代数中，将 $n\times n$ 的方阵主对角线元素的和称为**迹**（Trace）。

定义　n 阶方阵 $\boldsymbol{A}$ 的迹记作 $\mathrm{Tr}(\boldsymbol{A})$：

$$
\mathrm{Tr}\left(\begin{bmatrix}a_{11} & a_{12} & \cdots & a_{1,n-1} & a_{1n}\\ a_{21} & a_{22} & \cdots & a_{2,n-1} & a_{2n}\\ \vdots & \vdots & & \vdots & \vdots\\ a_{n-1,1} & a_{n-1,2} & \cdots & a_{n-1,n-1} & a_{n-1,n}\\ a_{n1} & a_{n2} & \cdots & a_{n,n-1} & a_{nn}\end{bmatrix}\right)=a_{11}+a_{22}+\cdots+a_{nn}
$$

如果用迹和行列式表示 2 阶方阵的特征多项式（3.1.2），则为：$f(\lambda)=\lambda^2-\mathrm{Tr}(\boldsymbol{A})\lambda+|\boldsymbol{A}|$。

如此，在手工计算特征值的时候，就多了一种更直接的方式，比如对于 3.1.1 节中所示例的矩阵 $\boldsymbol{A}=\begin{bmatrix}-4 & -6\\ 3 & 5\end{bmatrix}$，直接套用上式即可得到特征多项式：

$$f(\lambda)=\lambda^2-(-4+5)\lambda+(-4\cdot5-(-6)\cdot3)=\lambda^2-\lambda-2$$

由此再计算其特征值。

对于 $n\times n$ 的方阵，特征值与行列式和迹之间，有如下关系（对此结论的证明，请参阅本书在线资料）。

性质 设 $\lambda_1,\cdots,\lambda_n$ 是方阵 $\boldsymbol{A}$ 的特征值（可以重复），则：

- $|\boldsymbol{A}|=\prod_{i=1}^{n}\lambda_i$，方阵 $\boldsymbol{A}$ 的行列式等于特征值的积。
- $\text{Tr}(\boldsymbol{A})=\sum_{i=1}^{n}\lambda_i$，方阵 $\boldsymbol{A}$ 的迹等于特征值的和。

关于迹的几项运算性质，列于此处备查。

性质 设 $\boldsymbol{A}$、$\boldsymbol{B}$ 是两个方阵：

- $\text{Tr}(\boldsymbol{A})=\text{Tr}(\boldsymbol{A}^{\text{T}})$
- $\text{Tr}(\boldsymbol{AB})=\text{Tr}(\boldsymbol{BA})$
- $\text{Tr}(c\boldsymbol{A})=c\text{Tr}(\boldsymbol{A})$，$c$ 是常数
- $\text{Tr}(\boldsymbol{A}+\boldsymbol{B})=\text{Tr}(\boldsymbol{A})+\text{Tr}(\boldsymbol{B})$
- 若 $\boldsymbol{A}\sim\boldsymbol{B}$，则 $\text{Tr}(\boldsymbol{A})=\text{Tr}(\boldsymbol{B})$

3.1.3 一般性质

下面列出与特征值和特征向量有关的运算性质，以便应用时查询（此处省略证明过程，本书在线资料中会有部分内容的证明或推导，请参阅前言）。

1. 设 $\boldsymbol{v}_1,\boldsymbol{v}_2,\cdots,\boldsymbol{v}_s$ 都是矩阵 $\boldsymbol{A}$ 的特征向量，所对应的特征值为 λ，则 $k_1\boldsymbol{v}_1+k_2\boldsymbol{v}_2+\cdots+k_s\boldsymbol{v}_s$ 也是矩阵 $\boldsymbol{A}$ 对应于特征值 λ 的特征向量（$k_1,k_2,\cdots,k_s$ 不全为 0）。

2. 矩阵 $\boldsymbol{A}$ 的不同特征值所对应的特征向量线性无关。

- 推论 1：若 $\boldsymbol{v}_1,\boldsymbol{v}_2$ 分别是 $\boldsymbol{A}$ 的不同特征值 λ_1,λ_2 对应的特征向量，则 $\boldsymbol{v}_1+\boldsymbol{v}_2$ 不是 $\boldsymbol{A}$ 的特征向量。
- 推论 2：$\boldsymbol{A}$ 可逆当且仅当 $\lambda_i\neq0\ (i=1,2,\cdots,n)$。

3. 设 λ 为 $\boldsymbol{A}$ 的一特征值（即有特征值），$\boldsymbol{v}$ 是其对应的特征向量：

- $f(\boldsymbol{A})=a_m\boldsymbol{A}^m+a_{m-1}\boldsymbol{A}^{m-1}+\cdots+a_0\boldsymbol{I}$，则 $f(\lambda)$ 为 $f(\boldsymbol{A})$ 的特征值，对应特征向量是 $\boldsymbol{v}$。
- 若 $\boldsymbol{A}$ 可逆，则 $\lambda\neq0$，且 $\dfrac{1}{\lambda}$ 是逆矩阵 $\boldsymbol{A}^{-1}$ 的特征值，对应特征向量是 $\boldsymbol{v}$。

- 若 $\boldsymbol{P}^{-1}\boldsymbol{A}\boldsymbol{P}=\boldsymbol{B}$（相似矩阵，参阅 3.3 节），则 λ 为 $\boldsymbol{B}$ 的特征值，对应的特征向量是 $\boldsymbol{P}^{-1}\boldsymbol{v}$。
- λ^k 是 $\boldsymbol{A}^k$ 的特征值，对应的特征向量是 $\boldsymbol{v}$。
- $\boldsymbol{A}$ 与 $\boldsymbol{A}^{\mathrm{T}}$ 有相同的特征值（但对应的特征向量不一定相同）。

3.2 应用示例

特征值和特征向量的应用非常广泛，本节列举的两个案例，不能称为典型代表，只能帮助读者有所体验罢了。

3.2.1 动力系统微分方程

在高等数学中，一阶常微分方程：

$$\frac{\mathrm{d}u}{\mathrm{d}t}=au(t) \tag{3.2.1}$$

其解为：$u(t)=x\mathrm{e}^{(at)}$，x 是标量。

与（3.2.1）式对应的矩阵形式：

$$\frac{\mathrm{d}\boldsymbol{u}}{\mathrm{d}t}=\boldsymbol{A}\boldsymbol{u} \tag{3.2.2}$$

（3.2.2）式就可以表示一个动力系统的变化——当然这是一个比较简单的模型。其中 $\boldsymbol{u}(t)$ 为该系统的当前状态，（3.2.2）式说明系统对时间的变化率 $\frac{\mathrm{d}\boldsymbol{u}}{\mathrm{d}t}$ 与当前的状态线性相关。

根据微分方程的通解，设：$\boldsymbol{u}(t)=\mathrm{e}^{\lambda t}\boldsymbol{x}$，其中 $\boldsymbol{x}$ 是向量，

则：

$$\frac{\mathrm{d}\boldsymbol{u}}{\mathrm{d}t}=\mathrm{d}\frac{\mathrm{e}^{\lambda t}\boldsymbol{x}}{\mathrm{d}t}=\lambda\mathrm{e}^{\lambda t}\boldsymbol{x}=\lambda\boldsymbol{u}$$

得：

$$\boldsymbol{A}\boldsymbol{u}=\lambda\boldsymbol{u}$$

$$\boldsymbol{A}\mathrm{e}^{\lambda t}\boldsymbol{x}=\lambda\mathrm{e}^{\lambda t}\boldsymbol{x}$$

$$\boldsymbol{A}\boldsymbol{x}=\lambda\boldsymbol{x}$$

到最后这个表达式，就非常明确了，λ 是矩阵 $\boldsymbol{A}$ 的特征值，$\boldsymbol{x}$ 是 λ 对应的特征向量。

假设特征值是 $\lambda_1=-4,\lambda_2=-2,\lambda_3=-2$，所对应的特征向量分别为 $\boldsymbol{x}_1=\begin{bmatrix}1\\1\\2\end{bmatrix},\boldsymbol{x}_2=\begin{bmatrix}1\\1\\0\end{bmatrix},\boldsymbol{x}_3=\begin{bmatrix}-1\\0\\1\end{bmatrix}$，

则 $\boldsymbol{u}(t)$ 可以写成如下线性组合：

$$\boldsymbol{u}(t)=c_1\mathrm{e}^{-4t}\begin{bmatrix}1\\1\\2\end{bmatrix}+c_2\mathrm{e}^{-2t}\begin{bmatrix}1\\1\\0\end{bmatrix}+c_3\mathrm{e}^{-2t}\begin{bmatrix}-1\\0\\1\end{bmatrix}$$

其中，c_1,c_2,c_3 为常数。

在上面的假设中，因为所有特征值都是负数，所以函数 $\boldsymbol{u}(t)$ 所表示的系统会达到稳定状态。

物理学中的谐振子系统，就是符合 $\frac{\mathrm{d}\boldsymbol{u}}{\mathrm{d}t}=\boldsymbol{A}\boldsymbol{u}$ 的典型代表，如图 3-2-1 所示。

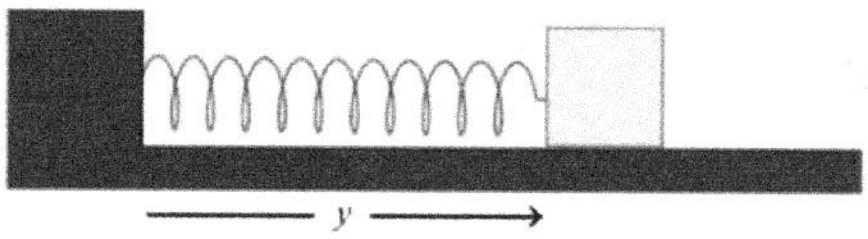

图 3-2-1

图 3-2-1 中 $\boldsymbol{y}$ 表示振子的位移。根据牛顿第二定律 $F=ma$，得 $F=m\ddot{\boldsymbol{y}}$（其中 $\ddot{\boldsymbol{y}}$ 表示对时间的二阶导数），为了简化，令 $m=1$，则 $F=\ddot{\boldsymbol{y}}$。

考虑有阻尼的谐振动，随着时间推移，振子速度越来越慢，离开平衡位置的距离也越来越小，直到最终达到稳定状态。有阻尼的动力学方程可以表示为：

$$m\ddot{\boldsymbol{y}}=-b\dot{\boldsymbol{y}}-k\boldsymbol{y}$$

其中，b 表示阻尼系数，k 表示弹簧的弹性系数。

又因为：

$$\dot{\boldsymbol{y}}=\frac{\mathrm{d}}{\mathrm{d}t}\boldsymbol{y}$$

$$\ddot{\boldsymbol{y}}=\frac{\mathrm{d}}{\mathrm{d}t}\dot{\boldsymbol{y}}=-k\boldsymbol{y}-b\dot{\boldsymbol{y}}$$

写成向量的方式：

$$\frac{\mathrm{d}}{\mathrm{d}t}\begin{bmatrix}\boldsymbol{y}\\\dot{\boldsymbol{y}}\end{bmatrix}=\begin{bmatrix}0&1\\-k&-b\end{bmatrix}\begin{bmatrix}\boldsymbol{y}\\\dot{\boldsymbol{y}}\end{bmatrix}$$

即：

$$\frac{\mathrm{d}}{\mathrm{d}t}\boldsymbol{u}=\boldsymbol{A}\boldsymbol{u}$$

所以，对上述二阶微分方程的求解，就转化为计算矩阵 $\boldsymbol{A}$ 的特征值及其对应特征向量，回到了前述方法。

上面的谐振子，只是特征值和特征向量的示例之一，其他示例还很多，再如量子力学中著名的薛定谔方程：

$$i\hbar\frac{\partial\Psi}{\partial t}=E\Psi$$

不能继续沉醉在物理中了——虽然本书作者曾经深爱过，下面还是继续探讨 $\frac{\mathrm{d}}{\mathrm{d}t}\boldsymbol{u}=\boldsymbol{A}\boldsymbol{u}$ 的应用。

3.2.2　马尔科夫矩阵

这里举例说明一下。例如 A 国，按照经济状况将全社会人群分为 3 层：下层、中层、上层。社会学家发现决定一个人处于哪个阶层的最重要的因素是其父代的阶层，例如：如果父代处于“下层”，其子代属于“下层”的概率是 0.65，属于“中层”的概率是 0.28，属于“上层”的概率是 0.07——“逆袭”真的不容易。在下表中依次给出了子代的层级变化概率——这是社会学家的研究结果，本书不对具体数字的准确性承担责任。

父代				
下层	中层	上层		
0.65	0.15	0.12	下层	子代
0.28	0.67	0.36	中层	
0.07	0.18	0.52	上层	

将表中的数字用矩阵的形式表示：

$$\boldsymbol{P}=\begin{bmatrix}0.65 & 0.15 & 0.12\\ 0.28 & 0.67 & 0.36\\ 0.07 & 0.18 & 0.52\end{bmatrix}$$

矩阵的每个元素就表示了从父代到子代的阶层转移的概率，此矩阵称为**马尔科夫矩阵**（Markov Matrix）或**转移矩阵**，如 p_{ij} 表示 j 向 i 转化的概率。注意，转移矩阵的每一列的和是 1。这个转移过程还可以用图 3-2-2 表示。

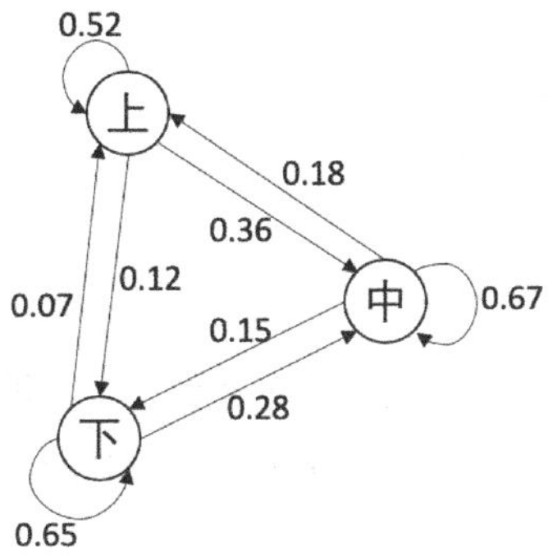

图 3-2-2

假设初始值 $\boldsymbol{u}_0=\begin{bmatrix}0.21\\0.68\\0.11\end{bmatrix}$，代表父代在三个阶层的概率（这个值可以任意设置），则下一代的概率分布为：

$$\boldsymbol{u}_1=\boldsymbol{P}\boldsymbol{u}_0=\begin{bmatrix}0.65&0.15&0.12\\0.28&0.67&0.36\\0.07&0.18&0.52\end{bmatrix}\begin{bmatrix}0.21\\0.68\\0.11\end{bmatrix}=\begin{bmatrix}0.252\\0.554\\0.194\end{bmatrix}$$

还可以继续向下计算，再下一代的概率分布

$$\begin{aligned}\boldsymbol{u}_2&=\boldsymbol{P}\boldsymbol{u}_1=\boldsymbol{P}\left(\boldsymbol{P}\boldsymbol{u}_0\right)=\boldsymbol{P}^2\boldsymbol{u}_0\\&=\begin{bmatrix}0.65&0.15&0.12\\0.28&0.67&0.36\\0.07&0.18&0.52\end{bmatrix}\begin{bmatrix}0.65&0.15&0.12\\0.28&0.67&0.36\\0.07&0.18&0.52\end{bmatrix}\begin{bmatrix}0.21\\0.68\\0.11\end{bmatrix}\\&=\begin{bmatrix}0.27\\0.512\\0.218\end{bmatrix}\end{aligned}$$

按照上面的计算方法，还可以继续计算后一代的概率分布——子子孙孙，无穷匮也。诚然，我们不需要手工计算，编写一段代码，计算每代的概率分布：

```
import numpy as np
np.set_printoptions(precision=3, suppress=True)
P = np.mat("0.65 0.15 0.12;0.28 0.67 0.36;0.07 0.18 0.52")
u0 = np.mat("0.21;0.68;0.11")
for i in range(1, 10):
    u = P**i*u0
    d = u.flatten()
    print(f"descendant {i}: {d}")

# 输出
descendant 1: [[0.252 0.554 0.194]]
descendant 2: [[0.27  0.512 0.218]]
descendant 3: [[0.278 0.497 0.225]]
descendant 4: [[0.282 0.492 0.226]]
descendant 5: [[0.284 0.49  0.226]]
descendant 6: [[0.285 0.489 0.225]]
descendant 7: [[0.286 0.489 0.225]]
descendant 8: [[0.286 0.489 0.225]]
descendant 9: [[0.286 0.489 0.225]]
```

观察输出结果，发现从第 7 代开始，概率分布就稳定了，我们称这种现象为**收敛**。是不是与所设置的初始分布值有关？在程序中调整初始概率分布，再计算：

```
u0 = np.mat("0.50;0.49;0.01")
for i in range(1, 12):
    u = P**i*u0
```

```
    d = u.flatten()
    print(f"descendant {i}: {d}")
# 输出：
descendant 1: [[0.4   0.472 0.128]]
descendant 2: [[0.346 0.474 0.18 ]]
descendant 3: [[0.318 0.479 0.203]]
descendant 4: [[0.303 0.483 0.214]]
descendant 5: [[0.295 0.486 0.219]]
descendant 6: [[0.291 0.487 0.222]]
descendant 7: [[0.289 0.488 0.224]]
descendant 8: [[0.288 0.488 0.224]]
descendant 9: [[0.287 0.488 0.225]]
descendant 10: [[0.287 0.488 0.225]]
descendant 11: [[0.287 0.488 0.225]]
```

与前面的相比，这次仅仅是收敛得“慢”了一些，到第 9 代才稳定，但最终还是收敛了，并且，尽管两次的初始值差距较大，最终收敛的值却可以认为一样。

在历史上，最早研究上述过程的是俄国数学家安德烈·马尔科夫（Andrey Andreyevich Markov），因此得名为**马尔科夫链**（Markov chain）。如果从具体的事物中抽象出来，马尔科夫链实为状态空间中从一个状态到另一个状态转换的随机过程（因此，也有人将马尔科夫矩阵称为**随机矩阵**）。

结合 3.2.1 节中的示例，马尔科夫链和谐振子的振动过程都是：下一个状态只能由当前状态决定，与之前的历史状态无关，这一特性常常被形象地概括为“无记忆”。可以用数学的方式把这种共性抽象概括为：

$$\boldsymbol{u}_{k+1} = \boldsymbol{A}\boldsymbol{u}_k \qquad (k = 0,1,2,\cdots) \tag{3.2.3}$$

这种方程称为**差分方程**（Difference Equation）。此时，不由得想起了《功夫熊猫》中的那句台词“Yesterday is history, tomorrow is a mystery, today is God's gift, that's why we call it the present.”，今天决定了明天，而非昨天。

马尔科夫链有很多应用，除类似示例所属的社会学之外，在物理学、生物学、统计学等多个学科门类中都有应用，特别是在机器学习技术比如语音识别、图像识别中有着重要的地位。为此，有必要对其进行定义，并从数学角度深入探究。

定义　马尔科夫矩阵 $\boldsymbol{A} = (a_{ij})_{nn}$ 是 $n \times n$ 的实数矩阵，其元素满足：

- $a_{ij} \geqslant 0,\quad 1 \leqslant i, j \leqslant n$；
- $\sum_{j=1}^{n} a_{ij} = 1,\quad (1 \leqslant i \leqslant n)$ 或者 $\sum_{i=1}^{n} a_{ij} = 1,\quad (1 \leqslant j \leqslant n)$，即行或者列的所有元素和为 1（在本书中使用列所有元素和为 1 的马尔科夫矩阵）。

对于列所有元素和为 1 的马尔科夫矩阵，可以有：

$$\begin{bmatrix} a_{11} & \cdots & a_{1n} \\ \vdots & \vdots & \vdots \\ a_{n1} & \cdots & a_{nn} \end{bmatrix} - \begin{bmatrix} 1 & \cdots & 0 \\ \vdots & \ddots & \vdots \\ 0 & \cdots & 1 \end{bmatrix} = \begin{bmatrix} a_{11}-1 & \cdots & a_{1n} \\ \vdots & a_{ij}-1 & \vdots \\ a_{n1} & \cdots & a_{nn}-1 \end{bmatrix}$$

因为：$(a_{11}-1)+\cdots+a_{n1}=0,\cdots,a_{1n}+\cdots+(a_{nn}-1)=0$，所以，上式等号右侧的矩阵的行列式等于0，即：

$$|\boldsymbol{A}-1\cdot\boldsymbol{I}_n|=0$$

这就是3.1节中出现的特征方程，由此可知 $\boldsymbol{A}$ 的一个特征值是 $\lambda_1=1$。

性质 马尔科夫矩阵总有一个特征值是1。

马尔科夫矩阵还有如下性质。

- （M1）：如果 $\boldsymbol{A}$ 和 $\boldsymbol{B}$ 都是 $n\times n$ 的马尔科夫矩阵，则 $\boldsymbol{AB}$ 也是马尔科夫矩阵。
- （M2）：马尔科夫矩阵的特征值的绝对值小于等于1。

此处略去对这两条性质的证明，有兴趣看证明的读者可以参阅本书在线资料（在线资料地址见前言说明）。下面运用这两条性质，对前述计算结果所显示的马尔科夫链的收敛性给予理论解释。

由 $\boldsymbol{u}_{k+1}=\boldsymbol{A}\boldsymbol{u}_k$，$(k=0,1,2,\cdots)$ 可得：

- 如果 $k=0$，则 $\boldsymbol{u}_1=\boldsymbol{A}\boldsymbol{u}_0=\lambda\boldsymbol{u}_0$
- 如果 $k=1$，则 $\boldsymbol{u}_2=\boldsymbol{A}\boldsymbol{u}_1=\lambda\boldsymbol{u}_1\Rightarrow\boldsymbol{u}_2=\boldsymbol{A}^2\boldsymbol{u}_0=\lambda^2\boldsymbol{u}_0$
- 如果 $k=2$，则 $\boldsymbol{u}_3=\boldsymbol{A}\boldsymbol{u}_2=\lambda\boldsymbol{u}_2\Rightarrow\boldsymbol{u}_3=\boldsymbol{A}^3\boldsymbol{u}_0=\lambda^3\boldsymbol{u}_0$

……

最终，可得：$\boldsymbol{u}_k=\boldsymbol{A}^k\boldsymbol{u}_0=\lambda^k\boldsymbol{u}_0\quad(k=1,2,\cdots)$

设矩阵 $\boldsymbol{A}$ 相异的特征值是 $\lambda_1,\lambda_2,\cdots,\lambda_n$，对应的特征向量分别为 $\boldsymbol{x}_1,\boldsymbol{x}_2,\cdots,\boldsymbol{x}_n$，因为这些特征向量线性无关，所以向量 $\boldsymbol{u}_0$ 可以写成这些特征向量的线性组合：

$$\boldsymbol{u}_0=c_1\boldsymbol{x}_1+c_2\boldsymbol{x}_2+\cdots+c_n\boldsymbol{x}_n$$

则

$$\boldsymbol{u}_k=\boldsymbol{A}^k\boldsymbol{u}_0=\boldsymbol{A}^k(c_1\boldsymbol{x}_1+c_2\boldsymbol{x}_2+\cdots+c_n\boldsymbol{x}_n)=c_1\boldsymbol{A}^k\boldsymbol{x}_1+c_2\boldsymbol{A}^k\boldsymbol{x}_2+\cdots+c_n\boldsymbol{A}^k\boldsymbol{x}_n$$

$\boldsymbol{A}$ 是马尔科夫矩阵，由前述性质（M1）可知 $\boldsymbol{A}^k$ 也是马尔科夫矩阵，所以，$\boldsymbol{A}^k\boldsymbol{x}=\lambda^k\boldsymbol{x}$ 成立，则：

$$\boldsymbol{u}_k=c_1\lambda_1^k\boldsymbol{x}_1+c_2\lambda_2^k\boldsymbol{x}_2+\cdots+c_n\lambda_n^k\boldsymbol{x}_n$$

因为：$\lambda_1=1$，所以：

$$\boldsymbol{u}_k=c_1\boldsymbol{x}_1+c_2\lambda_2^k\boldsymbol{x}_2+\cdots+c_n\lambda_n^k\boldsymbol{x}_n$$

由前述马尔科夫矩阵的性质（M2）可知，当 k 趋向于无穷大的时候，$\lambda_2^k,\lambda_3^k,\cdots$ 各项趋近于0，最终得：

$$\boldsymbol{u}_k \approx c_1\boldsymbol{x}_1$$

由此可见，马尔科夫链最终会收敛到某个固定值，而与初始状态无关。这就解释了示例中的计算结果。

理解了马尔科夫矩阵的特点之后，下面看另外一个示例，以显示马尔科夫矩阵的用途——为网页重要性排序。

假设互联网系统一共有 3 个网页——一个极端简化模型，便于理解和计算。如下面的矩阵 $\boldsymbol{A}$ 所示—— $\boldsymbol{A}$ 即为马尔科夫矩阵，其中的元素 a_{ij} 表示从网页 j 跳转到网页 i 的概率，即 $a_{ij} = P(\text{nextpage} = i \mid \text{page} = j)$。

$$\boldsymbol{A} = \begin{bmatrix} 0.5 & 0.1 & 0.7 \\ 0.3 & 0.5 & 0.2 \\ 0.2 & 0.4 & 0.1 \end{bmatrix}$$

因为 $\lambda_1 = 1$ 是它的特征值，所以相应的特征向量为 $\boldsymbol{x}_1 = \begin{bmatrix} \frac{37}{90} \\ \frac{31}{90} \\ \frac{22}{90} \end{bmatrix} = \begin{bmatrix} 0.411 \\ 0.344 \\ 0.244 \end{bmatrix}$。

令 $c_1 = 1$，则 $\boldsymbol{u}_k \to \begin{bmatrix} 0.411 \\ 0.344 \\ 0.244 \end{bmatrix}$。在这个极简化的网络系统中，3 个页面的访问概率分别是 $0.411, 0.344, 0.244$。

设想有一个搜索引擎，在搜到这三个页面之后，就可以按照上述访问概率的顺序呈现搜索结果。

你可能想到了一些搜索引擎的算法，比如著名的 PageRank 算法，它是 Google 所使用的对搜索结果中的网页进行排名的一种算法，据说是以谷歌公司创始人之一的拉里·佩奇（Larry Page）的名字来命名的。Google 的搜索引擎用它来分析网页的相关性和重要性。目前，PageRank 算法已不再是 Google 给网页进行排名的唯一算法，但它是最早的，也是最著名的算法。当然，上面的极简模型并非是 PageRank 算法的原理。有兴趣的读者，可以进一步阅读相关的专业资料，深入了解 PageRank 算法。

3.3　相似矩阵

“矩阵就是线性映射”——这是第 2 章 2.2.3 节的结论，但是，并不是说一个线性映射就是一个矩阵，在下面的示例中，大家就会看到同一个线性映射，可以用不同矩阵表示。

如图 3-3-1 所示，以 $\left\{\boldsymbol{i} = \begin{bmatrix} 1 \\ 0 \end{bmatrix}, \boldsymbol{j} = \begin{bmatrix} 0 \\ 1 \end{bmatrix}\right\}$ 为基，创建的坐标系即为我们所熟悉的笛卡儿坐标系。在

这个坐标系中，任何一个向量$\overrightarrow{OA}$都可以表示为$\boldsymbol{v}=\begin{bmatrix}x\\y\end{bmatrix}$（$x$、$y$是向量在此基下的坐标），如果要对此向量实现关于$y=-x$直线的镜像变换——一种线性变换，即：

$$\begin{bmatrix}0 & -1\\-1 & 0\end{bmatrix}\begin{bmatrix}x\\y\end{bmatrix}=\begin{bmatrix}-y\\-x\end{bmatrix}$$

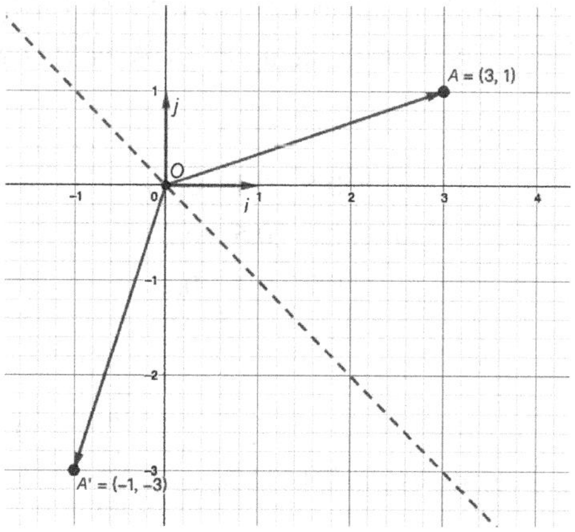

图 3-3-1

那么，此处的线性变换就可以用矩阵$\boldsymbol{A}=\begin{bmatrix}0 & -1\\-1 & 0\end{bmatrix}$来表示，通常把矩阵$\boldsymbol{A}$称作此线性变换的**表示矩阵**。

如果向量$\overrightarrow{OA}$的大小和方向都不变，只是换一个基，如图 3-3-2 所示，新的基是$\left\{\boldsymbol{e}=\begin{bmatrix}1\\1\end{bmatrix},\boldsymbol{f}=\begin{bmatrix}-1\\1\end{bmatrix}\right\}$，那么在这个新的基下，向量$\overrightarrow{OA}$表示为$\boldsymbol{u}=\begin{bmatrix}x'\\y'\end{bmatrix}$（$x'$、$y'$是向量在新的基下的坐标，与前述$\boldsymbol{v}$中的坐标不同，两者的关系可以由第 1 章 1.3.2 节的坐标变换公式得到）。

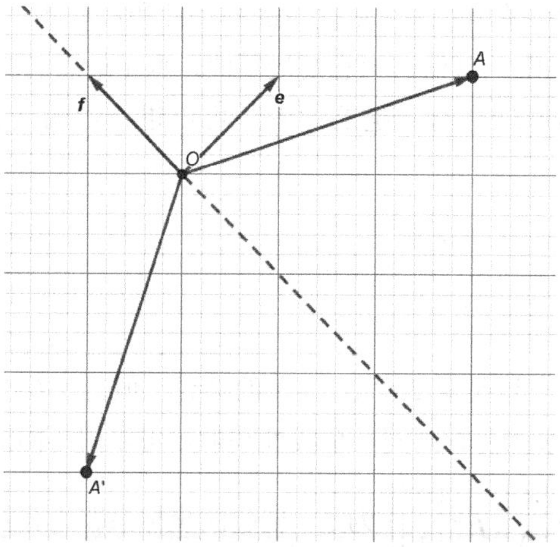

图 3-3-2

在这个新的基下，图 3-3-2 中镜像变换的虚线与其中一个基的方向重合，再对向量 $\overrightarrow{OA}$ 基于此线镜像变换，其形式为：

$$\begin{bmatrix}-1 & 0\\0 & 1\end{bmatrix}\begin{bmatrix}x'\\y'\end{bmatrix}=\begin{bmatrix}-x'\\y'\end{bmatrix}$$

从而得知在新的基下镜像变换的表示矩阵是 $\boldsymbol{B}=\begin{bmatrix}-1 & 0\\0 & 1\end{bmatrix}$。

如此，得到了两个矩阵 $\boldsymbol{A}$、$\boldsymbol{B}$，它们是同一个线性变换在不同基下的表示矩阵。那么，这两个矩阵之间有什么关系吗？

3.3.1 相似变换

“年年岁岁花相似，岁岁年年人不同”，我们发现某些事物潜藏着的相似性，就能抽象出其本质的规律，对于矩阵亦如此。请读者屏气凝神，注意观察如下推导过程，并在脑海中不断对照前面所提问题——同一个线性变换在不同基下的表示矩阵的关系。

设极大线性无关向量组 $\{\boldsymbol{\alpha}_1,\cdots,\boldsymbol{\alpha}_n\}$ 和 $\{\boldsymbol{\beta}_1,\cdots,\boldsymbol{\beta}_n\}$ 分别作为向量空间的两个基（图 3-3-1 中用二维向量空间表示），从基 $\{\boldsymbol{\alpha}_1,\cdots,\boldsymbol{\alpha}_n\}$ 到基 $\{\boldsymbol{\beta}_1,\cdots,\boldsymbol{\beta}_n\}$ 的过渡矩阵是 $\boldsymbol{P}$，根据第 1 章 1.3.2 节内容可知，两个基之间的变换关系如下：

$$[\boldsymbol{\beta}_1,\cdots\boldsymbol{\beta}_n]=[\boldsymbol{\alpha}_1,\cdots,\boldsymbol{\alpha}_n]\boldsymbol{P}$$

简写为：$[\boldsymbol{\beta}]=[\boldsymbol{\alpha}]\boldsymbol{P}$。

由于此变换是可逆的（基的向量线性无关），所以：$[\boldsymbol{\alpha}]=[\boldsymbol{\beta}]\boldsymbol{P}^{-1}$，即过渡矩阵 $\boldsymbol{P}$ 可逆（$|\boldsymbol{P}|\neq 0$）。

下面分别考查在两个基内的线性变换（参阅第 1 章 1.3.2 节和第 2 章 2.2.3 节有关内容）。

在基 $\{\boldsymbol{\alpha}_1,\cdots,\boldsymbol{\alpha}_n\}$ 中（如图 3-3-3 中左侧坐标系所示）：

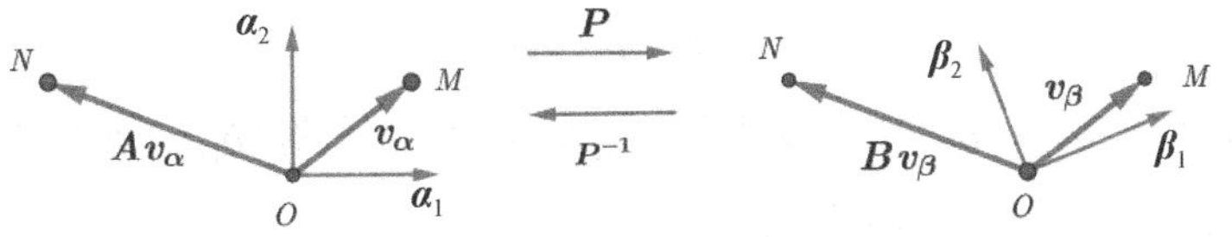

图 3-3-3

- 假设有一个向量 $\overrightarrow{OM}$，表示为 $\overrightarrow{OM}=[\boldsymbol{\alpha}]\begin{bmatrix}v_{\alpha_1}\\\vdots\\v_{\alpha_n}\end{bmatrix}$，其中 $\boldsymbol{v}_\alpha=\begin{bmatrix}v_{\alpha_1}\\\vdots\\v_{\alpha_n}\end{bmatrix}$ 是此向量在基 $[\boldsymbol{\alpha}]$ 中的坐标。
- 向量 $\overrightarrow{OM}$ 经线性变换 $\boldsymbol{A}$ 后变成了向量 $\overrightarrow{ON}$，那么，$\overrightarrow{ON}=\boldsymbol{A}\boldsymbol{v}_\alpha$，记作：

$$\boldsymbol{v}'_\alpha = \boldsymbol{A}\boldsymbol{v}_\alpha \tag{3.3.1}$$

即 $\boldsymbol{v}'_\alpha$ 是 $\overrightarrow{ON}$ 在基 $[\boldsymbol{\alpha}]$ 下的坐标。

如果向量 $\overrightarrow{OM}$ 不变（大小和方向都不变），但是，在基 $[\boldsymbol{\beta}]$ 中描述它（如图 3-3-3 中右侧坐标系所示）：

- $\overrightarrow{OM}$ 表示为：$\overrightarrow{OM} = [\boldsymbol{\beta}]\begin{bmatrix} v_{\beta_1} \\ \vdots \\ v_{\beta_n} \end{bmatrix}$，$\boldsymbol{v}_\beta = \begin{bmatrix} v_{\beta_1} \\ \vdots \\ v_{\beta_n} \end{bmatrix}$ 是向量坐标。

- 由于基变化了，此时将向量 $\overrightarrow{OM}$ 变换为向量 $\overrightarrow{ON}$ 的经线性变换是 $\boldsymbol{B}$，则 $\overrightarrow{ON} = \boldsymbol{B}\boldsymbol{v}_\beta$，记作：

$$\boldsymbol{v}'_\beta = \boldsymbol{B}\boldsymbol{v}_\beta \tag{3.3.2}$$

即 $\boldsymbol{v}'_\beta$ 是 $\overrightarrow{ON}$ 在基 $[\boldsymbol{\beta}]$ 下的坐标。

接下来应用第 1 章 1.3.2 节的坐标变换公式，写出同一个向量在不同基下的坐标（$\boldsymbol{v}_\alpha, \boldsymbol{v}_\beta$）和（$\boldsymbol{v}'_\alpha, \boldsymbol{v}'_\beta$）之间的关系：

$$\boldsymbol{v}_\alpha = \boldsymbol{P}\boldsymbol{v}_\beta \tag{3.3.3}$$

$$\boldsymbol{v}'_\alpha = \boldsymbol{P}\boldsymbol{v}'_\beta \tag{3.3.4}$$

将（3.3.1）式、（3.3.2）式代入（3.3.4）式得：

$$\boldsymbol{A}\boldsymbol{v}_\alpha = \boldsymbol{P}\boldsymbol{B}\boldsymbol{v}_\beta$$

因为 $\boldsymbol{P}$ 可逆，由（3.3.3）式得到：$\boldsymbol{v}_\beta = \boldsymbol{P}^{-1}\boldsymbol{v}_\alpha$，所以：

$$\boldsymbol{A}\boldsymbol{v}_\alpha = \boldsymbol{P}\boldsymbol{B}\boldsymbol{P}^{-1}\boldsymbol{v}_\alpha$$

则：$\boldsymbol{A} = \boldsymbol{P}\boldsymbol{B}\boldsymbol{P}^{-1}$，或者改写为：

$$\boldsymbol{B} = \boldsymbol{P}^{-1}\boldsymbol{A}\boldsymbol{P} \tag{3.3.5}$$

(3.3.5)式给出了基 $\{\boldsymbol{\alpha}_1, \cdots, \boldsymbol{\alpha}_n\}$ 中的线性变换的表示矩阵 $\boldsymbol{A}$ 和基 $\{\boldsymbol{\beta}_1, \cdots, \boldsymbol{\beta}_n\}$ 中的线性变换的表示矩阵 $\boldsymbol{B}$ 之间的关系，即不同基下的矩阵关系。

定义 设 $\boldsymbol{A}$、$\boldsymbol{B}$ 是两个 n 阶方阵，如果有 n 阶可逆矩阵 $\boldsymbol{P}$，使得

$$\boldsymbol{B} = \boldsymbol{P}^{-1}\boldsymbol{A}\boldsymbol{P}$$

那么称 $\boldsymbol{A}$ 与 $\boldsymbol{B}$ 是**相似的**（Similar），记作 $\boldsymbol{A} \sim \boldsymbol{B}$。也说 $\boldsymbol{A}$ 是 $\boldsymbol{B}$ 的**相似矩阵**，并将此过程称为对矩阵 $\boldsymbol{B}$ 的**相似变换**（Similarity Transformation）。

结合定义和(3.3.5)式可知，相似矩阵是某向量空间中同一个线性变换在不同基下的表示矩阵。如果用类比的方式来帮助我们理解——注意，类比不是论证，只是帮助理解——就如同给一个人照

相，他在相机前可以有不同的表情、姿势，每张照片是他的一种表现，相当于“表示矩阵”。虽然有表现不同的照片，但终究人还是那个人。

回到本节开始的问题，利用上面所得结论，不难看出，镜像变换在基$\left\{\boldsymbol{i}=\begin{bmatrix}1\\0\end{bmatrix},\boldsymbol{j}=\begin{bmatrix}0\\1\end{bmatrix}\right\}$下的表示矩阵$\boldsymbol{A}=\begin{bmatrix}0&-1\\-1&0\end{bmatrix}$和在基$\left\{\boldsymbol{e}=\begin{bmatrix}1\\1\end{bmatrix},\boldsymbol{f}=\begin{bmatrix}-1\\1\end{bmatrix}\right\}$下的表示矩阵$\boldsymbol{B}=\begin{bmatrix}-1&0\\0&1\end{bmatrix}$之间就是相似关系，如果要用（3.3.5）式的形式表示两者的关系，就必须找出两个基之间的过渡矩阵$\boldsymbol{P}$。因为：

$$[\boldsymbol{e}\quad \boldsymbol{f}]=[\boldsymbol{i}\quad \boldsymbol{j}]\boldsymbol{P}$$

所以，过渡矩阵是$\boldsymbol{P}=\begin{bmatrix}1&-1\\1&1\end{bmatrix}$，易得$\boldsymbol{P}^{-1}=\begin{bmatrix}\frac{1}{2}&\frac{1}{2}\\-\frac{1}{2}&\frac{1}{2}\end{bmatrix}$，则可以用式（3.3.5）式验证$\boldsymbol{A}=\begin{bmatrix}0&-1\\-1&0\end{bmatrix}$与$\boldsymbol{B}=\begin{bmatrix}-1&0\\0&1\end{bmatrix}$是一对相似矩阵。

这对相似矩阵比较简单，是进行手工计算的好材料，不妨借用它们将前面已经学习过的知识复习一下。本书虽然不以手工计算为主，但从来没有说要放弃手工计算。下面分别计算这两矩阵的秩、行列式、特征多项式和特征值、迹，计算结果如下：

$$\operatorname{rank}(\boldsymbol{A})=\operatorname{rank}(\boldsymbol{B})=2$$
$$|\boldsymbol{A}|=|\boldsymbol{B}|=-1$$
$$\lambda_1=1,\lambda_2=-1$$
$$\operatorname{tr}(\boldsymbol{A})=\operatorname{tr}(\boldsymbol{B})=0$$

以上计算所得结论不仅仅对上述示例中的相似矩阵成立，推而广之，对任何相似矩阵都有这样的结论。

性质 若$\boldsymbol{A}\sim\boldsymbol{B}$，即$\boldsymbol{B}=\boldsymbol{P}^{-1}\boldsymbol{A}\boldsymbol{P}$，则它们具有如下性质：

- $\operatorname{rank}(\boldsymbol{A})=\operatorname{rank}(\boldsymbol{B})$
- $|\boldsymbol{B}|=|\boldsymbol{A}|=\prod_{i=1}^{n}\lambda_i$
- 特征多项式和特征值相同（但特征向量是否相同，关键要看$(\boldsymbol{A}-\lambda\boldsymbol{I})\boldsymbol{v}=\boldsymbol{0}$和$(\boldsymbol{B}-\lambda\boldsymbol{I})\boldsymbol{v}=\boldsymbol{0}$）
- 迹相同，$\operatorname{Tr}(\boldsymbol{A})=\operatorname{Tr}(\boldsymbol{B})=\sum_{i=1}^{n}\lambda_i=\sum_{i=1}^{n}a_{ii}=\sum_{i=1}^{n}b_{ii}$
- $\boldsymbol{A}\sim\boldsymbol{A}$（反身性）
- $\boldsymbol{A}\sim\boldsymbol{B}\Leftrightarrow\boldsymbol{B}\sim\boldsymbol{A}$（对称性）
- $\boldsymbol{A}\sim\boldsymbol{B},\boldsymbol{B}\sim\boldsymbol{C}\Rightarrow\boldsymbol{A}\sim\boldsymbol{C}$

- $\boldsymbol{A} \sim \boldsymbol{B}$，且 $\boldsymbol{A}$ 可逆 $\Rightarrow \boldsymbol{B}$ 可逆，且 $\boldsymbol{A}^{-1} \sim \boldsymbol{B}^{-1}$

对上述各项性质的证明，此处从略，有意研究证明的读者可以参考本书的在线资料（请阅读前言中的说明）。

如果一个矩阵写成了 $\boldsymbol{B}=\boldsymbol{P}^{-1}\boldsymbol{A}\boldsymbol{P}$ 形式，就相当于 $9=3\times3$ 这样实现了对矩阵的分解，类似的情况在第 2 章 2.3.3 节中已经出现过，曾经将一个矩阵写成 $\boldsymbol{A}=\boldsymbol{L}\boldsymbol{U}$ 形式，即矩阵的 $\boldsymbol{LU}$ 分解。矩阵分解的目的之一就是将一个形式"复杂"的矩阵，用若干个"简单"的矩阵乘法表示，从而能够降低运算难度（特别是手工计算，参阅 3.5 节）。

对于 $\boldsymbol{B}=\boldsymbol{P}^{-1}\boldsymbol{A}\boldsymbol{P}$ 这种形式的矩阵分解，常用于如下计算：

设 $\boldsymbol{B}=\boldsymbol{P}^{-1}\boldsymbol{A}\boldsymbol{P}$，

$$
\begin{aligned}
\boldsymbol{B}^2=\boldsymbol{B}\boldsymbol{B}=\left(\boldsymbol{P}^{-1}\boldsymbol{A}\boldsymbol{P}\right)\left(\boldsymbol{P}^{-1}\boldsymbol{A}\boldsymbol{P}\right)=\boldsymbol{P}^{-1}\boldsymbol{A}\left(\boldsymbol{P}\boldsymbol{P}^{-1}\right)\boldsymbol{A}\boldsymbol{P}&=\boldsymbol{P}^{-1}\boldsymbol{A}\boldsymbol{I}_n\boldsymbol{A}\boldsymbol{P}\\
&=\boldsymbol{P}^{-1}\boldsymbol{A}\boldsymbol{A}\boldsymbol{P}\\
&=\boldsymbol{P}^{-1}\boldsymbol{A}^2\boldsymbol{P}
\end{aligned}
$$

如果计算 $\boldsymbol{B}^3$，则有：

$$
\boldsymbol{B}^3=\boldsymbol{B}^2\boldsymbol{B}=\left(\boldsymbol{P}^{-1}\boldsymbol{A}^2\boldsymbol{P}\right)\left(\boldsymbol{P}^{-1}\boldsymbol{A}\boldsymbol{P}\right)=\boldsymbol{P}^{-1}\boldsymbol{A}^2\left(\boldsymbol{P}\boldsymbol{P}^{-1}\right)\boldsymbol{A}\boldsymbol{P}=\boldsymbol{P}^{-1}\boldsymbol{A}^3\boldsymbol{P}
$$

最终，可以归纳出：

$$
\boldsymbol{B}^n=\boldsymbol{P}^{-1}\boldsymbol{A}^n\boldsymbol{P}
$$

这样，就能够比较容易实现某些矩阵的幂运算了。例如矩阵 $\boldsymbol{A}=\begin{bmatrix}5&13\\-2&-5\end{bmatrix}$，可以分解为 $\boldsymbol{A}=\begin{bmatrix}5&13\\-2&-5\end{bmatrix}=\begin{bmatrix}-2&3\\1&-1\end{bmatrix}\begin{bmatrix}0&-1\\1&0\end{bmatrix}\begin{bmatrix}-2&3\\1&-1\end{bmatrix}^{-1}$（如果好奇如何才能找到一个矩阵的相似矩阵，请阅读 3.3.3 节），然后计算 $\boldsymbol{A}^{100}$：

$$
\boldsymbol{A}^{100}=\begin{bmatrix}-2&3\\1&-1\end{bmatrix}\begin{bmatrix}0&-1\\1&0\end{bmatrix}^{100}\begin{bmatrix}-2&3\\1&-1\end{bmatrix}^{-1}
$$

这样就把计算 $\begin{bmatrix}5&13\\-2&-5\end{bmatrix}^{100}$ 转化为计算 $\begin{bmatrix}0&-1\\1&0\end{bmatrix}^{100}$，矩阵 $\begin{bmatrix}0&-1\\1&0\end{bmatrix}$ 的作用是对向量进行逆时针旋转 $\frac{\pi}{2}$，比如：

$$
\begin{bmatrix}0&-1\\1&0\end{bmatrix}\begin{bmatrix}1&0\\0&1\end{bmatrix}=\begin{bmatrix}0&-1\\1&0\end{bmatrix}
$$

相当于将图 3-3-4 所示线段 AB 做了一次逆时针 $\frac{\pi}{2}$ 的旋转变换，变换为线段 CA。

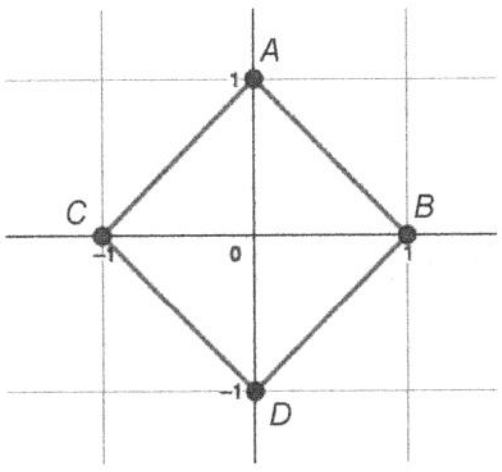

图 3-3-4

用同样的道理，可以通过增加旋转矩阵的指数，改变旋转次数：

$$\begin{bmatrix}0 & -1\\1 & 0\end{bmatrix}^2\begin{bmatrix}1 & 0\\0 & 1\end{bmatrix}=\begin{bmatrix}-1 & 0\\0 & -1\end{bmatrix},\quad AB \Rightarrow CD$$

$$\begin{bmatrix}0 & -1\\1 & 0\end{bmatrix}^3\begin{bmatrix}1 & 0\\0 & 1\end{bmatrix}=\begin{bmatrix}0 & -1\\1 & 0\end{bmatrix},\quad AB \Rightarrow DB$$

$$\begin{bmatrix}0 & -1\\1 & 0\end{bmatrix}^4\begin{bmatrix}1 & 0\\0 & 1\end{bmatrix}=\begin{bmatrix}1 & 0\\0 & 1\end{bmatrix},\quad AB \Rightarrow AB$$

从上述计算可知，每经过 4 次旋转，就回到初始位置，即 $\begin{bmatrix}0 & -1\\1 & 0\end{bmatrix}^4=\begin{bmatrix}1 & 0\\0 & 1\end{bmatrix}$，所以 $\begin{bmatrix}0 & -1\\1 & 0\end{bmatrix}^{100}=\begin{bmatrix}1 & 0\\0 & 1\end{bmatrix}$，于是得：

$$\begin{aligned}\boldsymbol{A}^{100}&=\begin{bmatrix}-2 & 3\\1 & -1\end{bmatrix}\begin{bmatrix}0 & -1\\1 & 0\end{bmatrix}^{100}\begin{bmatrix}-2 & 3\\1 & -1\end{bmatrix}^{-1}\\&=\begin{bmatrix}-2 & 3\\1 & -1\end{bmatrix}\begin{bmatrix}1 & 0\\0 & 1\end{bmatrix}\begin{bmatrix}-2 & 3\\1 & -1\end{bmatrix}^{-1}=\begin{bmatrix}1 & 0\\0 & 1\end{bmatrix}\end{aligned}$$

这样看来，作为矩阵分解的一种方式，矩阵的相似变换简化了计算。

3.3.2　几何理解

古希腊哲学家柏拉图（Plato）在公元前 385 年左右创办了柏拉图学院（Plato Academy），该学院以研讨当时的数学知识为主，甚至于在门楣上写有“不习几何者不得入内”。为什么几何如此重要？除了社会原因之外，可能还因为几何（特别是欧几里得几何）较之于其他数学分支，更能给人以直观性——毕竟有图。线性代数研究的就是空间中的向量关系，因此，可以用我们所喜欢的几何理解某些概念，这在前面已经有所体现了。本节继续用几何帮助我们更深入地理解相似变换 $\boldsymbol{B}=\boldsymbol{P}^{-1}\boldsymbol{AP}$，及“相似矩阵是不同基下的线性变换的表示矩阵”这句话的含义，

特别说明，本节内容可能比较晦涩，所以建议读者根据自己的喜好决定是否阅读。

首先要明确，当提到某个向量$\boldsymbol{v}=\begin{bmatrix}1\\2\end{bmatrix}$时，其实已经为它设置了默认基$\left\{\begin{bmatrix}1\\0\end{bmatrix},\begin{bmatrix}0\\1\end{bmatrix}\right\}$，或者我们默认这个向量所对应的点$(1,2)$是在笛卡儿坐标系内描述的，还可以说是以单位矩阵$\begin{bmatrix}1&0\\0&1\end{bmatrix}$的列向量为基生成的向量空间。如果用向量的坐标与基的线性组合形式完整写出来，即为：

$$\boldsymbol{v}=1\begin{bmatrix}1\\0\end{bmatrix}+2\begin{bmatrix}0\\1\end{bmatrix}=\begin{bmatrix}1&0\\0&1\end{bmatrix}\begin{bmatrix}1\\2\end{bmatrix}$$

其中的数字 1、2 是向量$\boldsymbol{v}$在以$\begin{bmatrix}1&0\\0&1\end{bmatrix}$的列向量为基的二维向量空间中的坐标。

通过以上貌似啰唆的阐述，我们再一次明确，当提到每个向量或者矩阵的时候，都是在某个基下讨论的，只不过如果不明确说，是以单位矩阵列向量为基（记作：$[\boldsymbol{I}]=[\boldsymbol{i}_1 \quad \cdots \quad \boldsymbol{i}_n]$，$\boldsymbol{i}_1,\cdots,\boldsymbol{i}_n$分别为单位矩阵的列向量），并且这个单位矩阵与向量空间维度数相同。

设某个向量$\overrightarrow{OA}$，在基$[\boldsymbol{I}]$下用$\boldsymbol{x}$描述，其坐标记作：$[\boldsymbol{x}]_I=\begin{bmatrix}x_1\\\vdots\\x_n\end{bmatrix}$，根据前面的分析，向量可以写成下面的形式：

$$\boldsymbol{x}=x_1\boldsymbol{i}_1+\cdots+x_n\boldsymbol{i}_n=[\boldsymbol{i}_1 \quad \cdots \quad \boldsymbol{i}_n]\begin{bmatrix}x_1\\\vdots\\x_n\end{bmatrix}=\boldsymbol{I}_n[\boldsymbol{x}]_I \tag{3.3.6}$$

然后，考虑一般的情况。

设$n\times n$可逆矩阵$\boldsymbol{P}$，它的列向量$\boldsymbol{p}_1,\cdots,\boldsymbol{p}_n$线性无关，以它们为基（记作：$[\boldsymbol{\beta}]=[\boldsymbol{p}_1,\cdots,\boldsymbol{p}_n]$）生成$n$维向量空间。则向量$\overrightarrow{OA}$在基$[\boldsymbol{\beta}]$下可以表述为：

$$\boldsymbol{x}'=x_1\boldsymbol{p}_1+\cdots+x_n'\boldsymbol{p}_n=[\boldsymbol{p}_1 \quad \cdots \boldsymbol{p}_n]\begin{bmatrix}x_1'\\\vdots\\x_n'\end{bmatrix}=\boldsymbol{P}[\boldsymbol{x}']_\beta \tag{3.3.7}$$

根据第 1 章 1.3.2 节的过渡矩阵可知，$[\boldsymbol{\beta}]=[\boldsymbol{I}]\boldsymbol{P}$，即$[\boldsymbol{I}]$向$[\boldsymbol{\beta}]$的过渡矩阵也为$\boldsymbol{P}$，因此：$[\boldsymbol{x}]_I=\boldsymbol{P}[\boldsymbol{x}']_\beta$，即$\boldsymbol{I}_n[\boldsymbol{x}]_I=\boldsymbol{P}[\boldsymbol{x}']_\beta$，结合式（3.3.6），得到：

$$\boldsymbol{x}=\boldsymbol{P}[\boldsymbol{x}']_\beta \tag{3.3.8}$$

（3.3.6）式说明，在基$[\boldsymbol{I}]$下，向量与其坐标数值一样，所以，（3.3.8）式可以解释为将基$[\boldsymbol{\beta}]$下的向量坐标变换为基$[\boldsymbol{I}]$下的向量；还可以表述为：矩阵$\boldsymbol{P}$将基$[\boldsymbol{\beta}]$下的向量变换为基$[\boldsymbol{I}]$下的向量$\boldsymbol{x}$。

由（3.3.8）式还可以得到：

$$[\boldsymbol{x}']_\beta=\boldsymbol{P}^{-1}\boldsymbol{x} \tag{3.3.9}$$

其含义是通过$\boldsymbol{P}^{-1}$将基$[\boldsymbol{I}]$下的向量$\boldsymbol{x}$转换为基$[\boldsymbol{\beta}]$下的向量。

弄清楚上述向量在不同基下的坐标变换之后，下面从几何角度考查相似变换的含义。

假设向量 $\boldsymbol{x}$，在基 $[\boldsymbol{I}]$ 下计算 $\boldsymbol{Bx}$，即将此向量通过矩阵 $\boldsymbol{B}$ 实现线性变换。然后：

（1）根据（3.3.9）式，将向量 $\boldsymbol{x}$ 从基 $[\boldsymbol{I}]$ 下转换到基 $[\boldsymbol{\beta}]$ 下，即 $\boldsymbol{P}^{-1}\boldsymbol{x}$；

（2）在基 $[\boldsymbol{\beta}]$ 下，用矩阵 $\boldsymbol{A}$ 对向量 $\boldsymbol{P}^{-1}\boldsymbol{x}$ 进行变换，即 $\boldsymbol{AP}^{-1}\boldsymbol{x}$；

（3）将基 $[\boldsymbol{\beta}]$ 下的向量 $\boldsymbol{AP}^{-1}\boldsymbol{x}$ 转换为基 $[\boldsymbol{I}]$ 下的向量 $\boldsymbol{Bx}$，即 $\boldsymbol{PAP}^{-1}\boldsymbol{x}$。

对于上述过程，再次说明，如果 $\boldsymbol{A}\sim\boldsymbol{B}$，则这两个矩阵是在不同基（坐标系）下完成了同样的线性变换。

直观一点，以平面空间容易画出来的向量为例。设有如下三个矩阵：

$$\boldsymbol{B}=\begin{bmatrix}\frac{1}{2} & \frac{3}{2}\\ \frac{3}{2} & \frac{1}{2}\end{bmatrix},\quad \boldsymbol{A}=\begin{bmatrix}2 & 0\\ 0 & -1\end{bmatrix},\quad \boldsymbol{P}=\begin{bmatrix}1 & 1\\ 1 & -1\end{bmatrix}$$

根据（3.3.5）式可以验证：$\boldsymbol{B}=\boldsymbol{PAP}^{-1}$。

所以，矩阵 $\boldsymbol{P}$ 的列向量可以构成一个基 $[\boldsymbol{\beta}]$。

假设向量 $\boldsymbol{x}=\begin{bmatrix}0\\ -2\end{bmatrix}$，在基 $[\boldsymbol{I}]$ 下实现线性变换（如图 3-3-5 所示）：

$$\boldsymbol{Bx}=\begin{bmatrix}\frac{1}{2} & \frac{3}{2}\\ \frac{3}{2} & \frac{1}{2}\end{bmatrix}\begin{bmatrix}0\\ -2\end{bmatrix}=\begin{bmatrix}-3\\ -1\end{bmatrix}$$

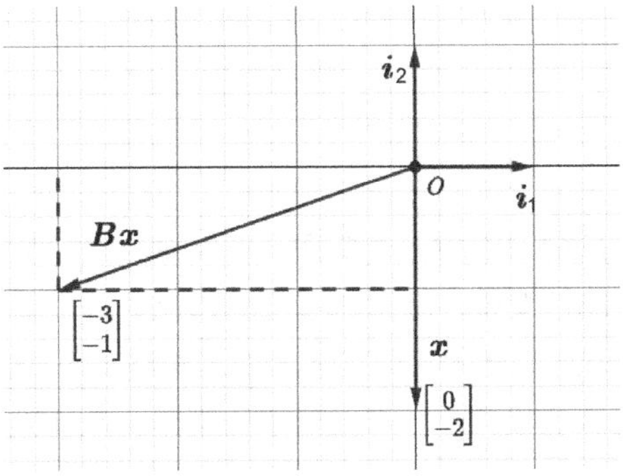

图 3-3-5

如果按照上述三个步骤进行：

（1）将向量 $\boldsymbol{x}$ 从基 $[\boldsymbol{I}]$ 下转换为基 $[\boldsymbol{\beta}]$ 下（如图 3-3-6 所示）：$\boldsymbol{x}'=\boldsymbol{P}^{-1}\boldsymbol{x}=\begin{bmatrix}\frac{1}{2} & \frac{1}{2}\\ \frac{1}{2} & -\frac{1}{2}\end{bmatrix}\begin{bmatrix}0\\ -2\end{bmatrix}=\begin{bmatrix}-1\\ 1\end{bmatrix}$

（2）在基$[\boldsymbol{\beta}]$下，用矩阵$\boldsymbol{A}$对向量$\boldsymbol{P}^{-1}\boldsymbol{x}$进行变换（如图 3-3-6 所示）：

$$\boldsymbol{AP}^{-1}\boldsymbol{x}=\begin{bmatrix}2&0\\0&-1\end{bmatrix}\begin{bmatrix}-1\\1\end{bmatrix}=\begin{bmatrix}-2\\-1\end{bmatrix}$$

（3）将基$[\boldsymbol{\beta}]$下的向量$\boldsymbol{AP}^{-1}\boldsymbol{x}$转换为基$[\boldsymbol{I}]$下：$\boldsymbol{PAP}^{-1}\boldsymbol{x}=\begin{bmatrix}1&1\\1&-1\end{bmatrix}\begin{bmatrix}-2\\-1\end{bmatrix}=\begin{bmatrix}-3\\-1\end{bmatrix}$

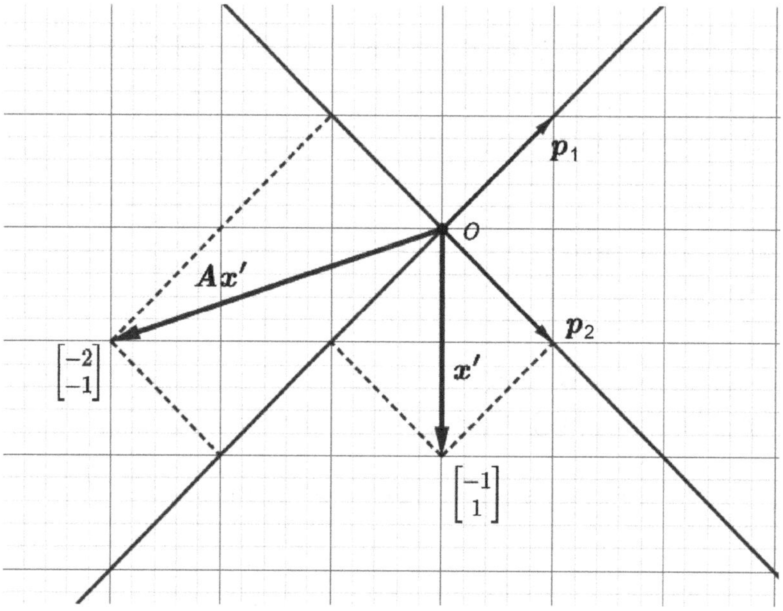

图 3-3-6

对照图 3-3-5 和图 3-3-6，结合上述三步计算，$\boldsymbol{P}^{-1}\boldsymbol{AP}$对向量的作用效果是在基$[\boldsymbol{\beta}]$进行线性变换$\boldsymbol{A}$之后，再转换到基$[\boldsymbol{I}]$下。

3.3.3 对角化

现在我们已经知道，某向量空间中的一个变换，可以用此向量空间的不同基下的矩阵描述。或者说，只要用矩阵表示了一个线性变换，就意味着已经选定了一个基，如果没有明确声明，那就是采用了默认的基$[\boldsymbol{I}]$。同一个线性变换在不同基下的表示矩阵是不同的，有的形式简单，有的形式复杂。从计算的角度看，我们希望找到一个形式简单的矩阵，从而减小计算量或者简化计算过程。

这就好比研究太阳系中行星的运动规律。历史上曾经有两种观点，即所谓“日心说”和“地心说”。地心说选择地球作为参考系，建立了托勒密模型，这个模型中为了解释某些天文观测现象，不得不引入“均轮”“本轮”等概念，使模型的形式过于复杂（如图 3-3-7 所示）。日心说选择太阳作为参考系，建立了哥白尼模型，在这个模型中，行星的运动就是围绕太阳的圆周运动，模型简单。乃至于今天，我们甚至认为“地心说是错误的”。这就是选择参考系（相当于向量空间中的基）导致对同一个对象的不同形式的描述，看来只有简单才能流传。

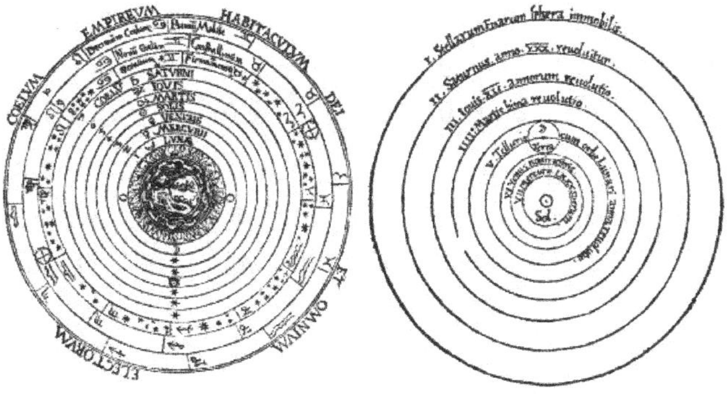

图 3-3-7

既然如此，我们就要找到线性变换在哪个基下的表示矩阵是简单的。

先弄清楚，简单的矩阵是什么形式的？毋庸置疑，单位矩阵是一种非常简单的形式（就不考虑零矩阵了），但是如果以单位矩阵作为表示矩阵，就相当于没有对向量实施线性变换，所以不选它。

再有就是形状如下所示的矩阵属于形式比较简单的：

$$\begin{bmatrix} a_{11} & 0 & \cdots & 0 & 0 \\ 0 & a_{22} & \cdots & 0 & 0 \\ \vdots & \vdots & \ddots & \vdots & \vdots \\ 0 & 0 & \cdots & a_{n-1,n-1} & 0 \\ 0 & 0 & \cdots & 0 & a_{nn} \end{bmatrix}$$

这就是第 2 章 2.1.1 节介绍过的对角矩阵。下面通过几个简单示例，先体会一番对角矩阵在计算上的简便之处。

对于 $\boldsymbol{Ax}$，如果：

$$\begin{bmatrix} a_{11} & a_{12} & a_{13} \\ a_{21} & a_{22} & a_{23} \\ a_{31} & a_{32} & a_{33} \end{bmatrix}\begin{bmatrix} x_1 \\ x_2 \\ x_3 \end{bmatrix} = \begin{bmatrix} a_{11}x_1 + a_{12}x_2 + a_{13}x_3 \\ a_{21}x_1 + a_{22}x_2 + a_{23}x_3 \\ a_{31}x_1 + a_{32}x_2 + a_{33}x_3 \end{bmatrix}$$

且如果矩阵 $\boldsymbol{A}$ 是对角矩阵，则：

$$\begin{bmatrix} a_{11} & 0 & 0 \\ 0 & a_{22} & 0 \\ 0 & 0 & a_{33} \end{bmatrix}\begin{bmatrix} x_1 \\ x_2 \\ x_3 \end{bmatrix} = \begin{bmatrix} a_{11}x_1 \\ a_{22}x_2 \\ a_{33}x_3 \end{bmatrix}$$

此外，对角矩阵在矩阵的幂运算中，也能体现出其计算简便的特点。

$$A^2 = \begin{bmatrix} a_{11} & 0 & 0 \\ 0 & a_{22} & 0 \\ 0 & 0 & a_{33} \end{bmatrix}\begin{bmatrix} a_{11} & 0 & 0 \\ 0 & a_{22} & 0 \\ 0 & 0 & a_{33} \end{bmatrix} = \begin{bmatrix} a_{11}^2 & 0 & 0 \\ 0 & a_{22}^2 & 0 \\ 0 & 0 & a_{33}^2 \end{bmatrix}$$

$$A^3 = A^2 A = \begin{bmatrix} a_{11}^2 & 0 & 0 \\ 0 & a_{22}^2 & 0 \\ 0 & 0 & a_{33}^2 \end{bmatrix}\begin{bmatrix} a_{11} & 0 & 0 \\ 0 & a_{22} & 0 \\ 0 & 0 & a_{33} \end{bmatrix} = \begin{bmatrix} a_{11}^3 & 0 & 0 \\ 0 & a_{22}^3 & 0 \\ 0 & 0 & a_{33}^3 \end{bmatrix}$$

$$\vdots$$

$$A^n = \begin{bmatrix} a_{11}^n & 0 & 0 \\ 0 & a_{22}^n & 0 \\ 0 & 0 & a_{33}^n \end{bmatrix}$$

既然如此，我们就要以对角矩阵作为线性变换的表示矩阵。

定义 对于向量空间 $\mathbb{V}$ 中的一个线性变换 $\boldsymbol{T}$，如果存在一个基，使得 $\boldsymbol{T}$ 在这个基下的表示矩阵是对角矩阵，则称 $\boldsymbol{T}$ 可对角化（Diagonalizable）。

一般情况下，我们描述某个线性变换的时候已经使用了一个矩阵（记作 $\boldsymbol{A}$），通常是在 $[\boldsymbol{I}]$ 下，于是就要通过这个矩阵找到在别的基下描述这个线性变换的对角矩阵（记作 $\boldsymbol{D}$）。根据 3.3.1 可知，如果能够找到 $\boldsymbol{D}$，$\boldsymbol{A} \sim \boldsymbol{D}$，则矩阵 $\boldsymbol{A}$ 可对角化，$\boldsymbol{D}$ 就是所要找的对角矩阵。它们之间的关系应该是：

$$\boldsymbol{A} = \boldsymbol{C}\boldsymbol{D}\boldsymbol{C}^{-1} \tag{3.3.10}$$

$\boldsymbol{D}$ 是对角矩阵，$\boldsymbol{C}$ 是可逆矩阵（参阅 3.3.1 节内容可知），接下来的任务就是要确定这两个矩阵的具体形式，从而找到线性变换的表示矩阵中的那个对角矩阵。为此，要使用如下定理：

定理 一个 $n \times n$ 矩阵 $\boldsymbol{A}$ 能对角化，当且仅当 $\boldsymbol{A}$ 有 n 个线性无关的特征向量。

对这个定理的证明过程，请参阅本书的在线资料（在前言中有说明），此处重点演示如何对能够对角化的矩阵对角化。

设可逆矩阵 $\boldsymbol{C}$ 的列向量分别为 $\boldsymbol{\alpha}_1,\cdots,\boldsymbol{\alpha}_n$，即 $\boldsymbol{C} = [\boldsymbol{\alpha}_1 \ \cdots \ \boldsymbol{\alpha}_n]$；对角矩阵 $\boldsymbol{D} = \begin{bmatrix} d_{11} & \cdots & 0 \\ \vdots & \ddots & \vdots \\ 0 & \cdots & d_{nn} \end{bmatrix}$，由式（3.3.10）可知：

$$\boldsymbol{AC} = \boldsymbol{CD}$$

$$\boldsymbol{A}[\boldsymbol{\alpha}_1 \ \cdots \ \boldsymbol{\alpha}_n] = [\boldsymbol{\alpha}_1 \ \cdots \ \boldsymbol{\alpha}_n]\begin{bmatrix} d_{11} & \cdots & 0 \\ \vdots & \ddots & \vdots \\ 0 & \cdots & d_{nn} \end{bmatrix}$$

$$[\boldsymbol{A\alpha}_1 \ \cdots \ \boldsymbol{A\alpha}_n] = [d_{11}\boldsymbol{\alpha}_1 \ \cdots \ d_{nn}\boldsymbol{\alpha}_n]$$

所以：$\boldsymbol{A}\boldsymbol{\alpha}_1 = d_{11}\boldsymbol{\alpha}_1,\cdots,\boldsymbol{A}\boldsymbol{\alpha}_n = d_{nn}\boldsymbol{\alpha}_n$，可以写成 $\boldsymbol{A}\boldsymbol{\alpha}_i = d_{ii}\boldsymbol{\alpha}_i,(i=1,2,\cdots,n)$，其中 $\boldsymbol{\alpha}_i$ 为列向量。

是不是很面熟？这就是本章的核心：$\boldsymbol{A}\boldsymbol{v} = \lambda\boldsymbol{v}$。对照之后，不难发现：

- 可逆矩阵 $\boldsymbol{C}$ 的列向量，就是矩阵 $\boldsymbol{A}$ 的特征向量——n 个线性无关的向量
- 对角矩阵 $\boldsymbol{D}$ 的主对角线元素就是矩阵 $\boldsymbol{A}$ 的特征值——与 $\boldsymbol{C}$ 中特征向量对应的 n 个特征值

$$\boldsymbol{C} = \left[\boldsymbol{v}_1,\cdots,\boldsymbol{v}_n\right] \quad \boldsymbol{D} = \begin{bmatrix} \lambda_1 & \cdots & 0 \\ \vdots & \ddots & \vdots \\ 0 & \cdots & \lambda_n \end{bmatrix} \tag{3.3.11}$$

根据上述推导过程，对（3.3.10）式可用下面的文字阐释。

$\boldsymbol{D}$ 为对角矩阵的充分必要条件是 $\boldsymbol{C}$ 的列向量是 $\boldsymbol{A}$ 的 n 个线性无关的特征向量，则 $\boldsymbol{D}$ 的主对角线元素是对应于 $\boldsymbol{C}$ 中特征向量的特征值。也就是该线性变换在向量空间中以特征向量为基（$\boldsymbol{C}$ 的列向量），这个基称为**特征向量基**，在这个基下特征变换的表示矩阵就是 $\boldsymbol{D}$。

例如矩阵 $\boldsymbol{A} = \begin{bmatrix} \frac{1}{2} & \frac{3}{2} \\ \frac{3}{2} & \frac{1}{2} \end{bmatrix}$，根据上述结论对其进行对角化。

1. 计算特征值

根据 3.1.2 节内容可得到矩阵的特征多项式：

$$f(\lambda) = \lambda^2 - \mathrm{Tr}(\boldsymbol{A})\lambda + |\boldsymbol{A}| = \lambda^2 - \lambda - 2 = (\lambda+1)(\lambda-2)$$

所以矩阵 $\boldsymbol{A}$ 的特征值是 $\lambda_1 = -1, \lambda_2 = 2$。

2. 计算特征向量

- $\lambda_1 = -1$：

$$\left(\boldsymbol{A} - (-1)\boldsymbol{I}_2\right)\boldsymbol{v} = \boldsymbol{0} \Rightarrow \begin{bmatrix} \frac{3}{2} & \frac{3}{2} \\ \frac{3}{2} & \frac{3}{2} \end{bmatrix}\boldsymbol{v} = \boldsymbol{0} \Rightarrow \begin{bmatrix} 1 & 1 \\ 0 & 0 \end{bmatrix}\boldsymbol{v} = \boldsymbol{0}$$

所以 $\boldsymbol{v}_1 = \begin{bmatrix} -1 \\ 1 \end{bmatrix}$。

- $\lambda_2 = 2$：

以同样的方法，可得 $\boldsymbol{v}_2 = \begin{bmatrix} 1 \\ 1 \end{bmatrix}$。

3. 对角化

根据（3.3.11）式得：

$$C=\begin{bmatrix}-1 & 1\\ 1 & 1\end{bmatrix} \quad D=\begin{bmatrix}-1 & 0\\ 0 & 2\end{bmatrix}$$

即 $A=CDC^{-1}$。

至此，我们已经理解，将一个矩阵对角化，本质上就是选择一个合适的基，让线性变换的表示矩阵是对角矩阵。那么，对角矩阵除形式简单之外，在线性变换上有什么优势吗？下面以二维向量空间的几个对角矩阵对圆形的变换为例，体会对角矩阵的线性变换效果——这种变换在图形处理中常常被采用。

- 对角矩阵 $D_1=\begin{bmatrix}2 & 0\\ 0 & 2\end{bmatrix}$，能够对图形在各个方向上均匀放大，效果如图 3-3-8 所示。

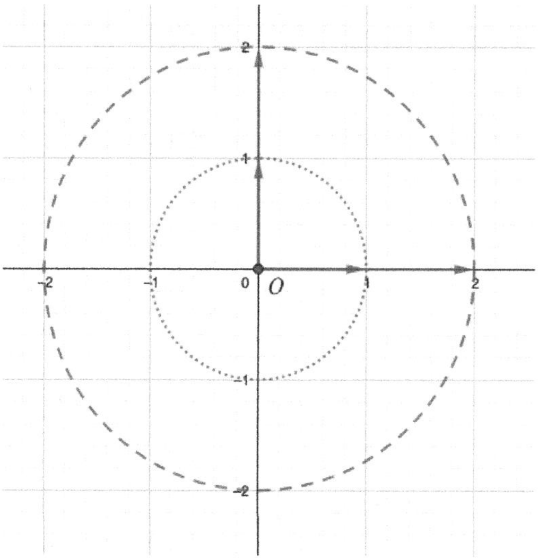

图 3-3-8

- 对角矩阵 $D_2=\begin{bmatrix}1 & 0\\ 0 & 3\end{bmatrix}$，对图形在各方向上做不同幅度的缩放变换，如在 x 轴方向上不变，在 y 轴方向上扩大，效果如图 3-3-9 所示。

- 对角矩阵 $D_3=\begin{bmatrix}\frac{1}{2} & 0\\ 0 & 2\end{bmatrix}$，对图形在各方向上做不同幅度的缩放变换，如在 x 轴方向上缩小，在 y 轴方向上扩大，效果如图 3-3-10 所示。

通过手工计算，能够深入相似变换和对角化的原理，在工程实践中，如果遇到此类问题，则通常用工具完成。科学计算中有一个常用的库 SymPy，用它可以实现线性代数中的各种计算，如特征值和特征向量，以及本节的矩阵对角化等。

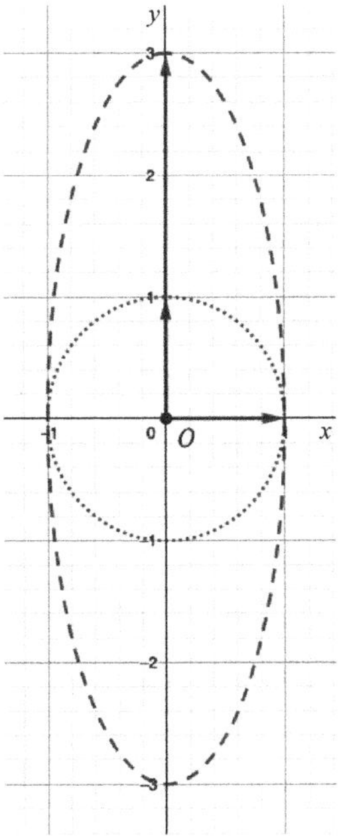

图 3-3-9

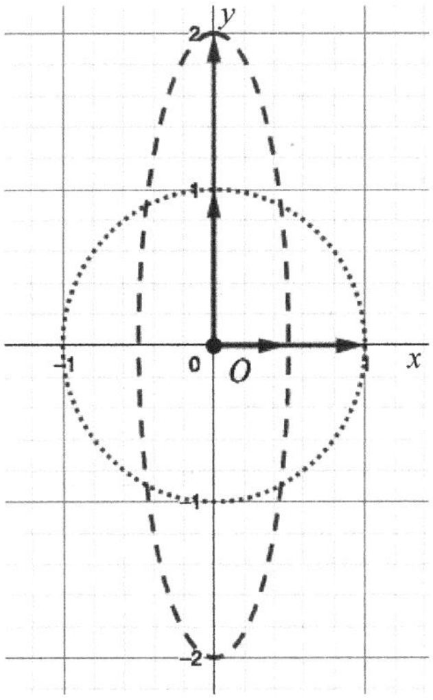

图 3-3-10

```
from sympy import *

M = Matrix([[3, -2,  4, -2], [5,  3, -3, -2], [5, -2,  2, -2], [5, -2, -3,  3]])

# 特征值
M.eigenvals()

# 输出
{3: 1, -2: 1, 5: 2}
```

返回的 Python 字典对象，在每个键/值对中（例如 5: 2）的键（如 5）表示特征值，键/值对中的值（如 2）表示相应特征值的数量。一般地，把某个特征值的个数称为该特征值的**代数重数**（简称**重数**，即重复的个数）。在 3.1.1 节已经提到过两个相似矩阵“特征多项式和特征值相同”，从而它们也具有相同的代数重数。

```
# 特征向量
M.eigenvects()

# 输出特征向量
[(-2, 1, [Matrix([
   [0],
   [1],
   [1],
   [1]])]), (3, 1, [Matrix([
   [1],
   [1],
   [1],
```

```
  [1]])]), (5, 2, [Matrix([
  [1],
  [1],
  [1],
  [0]]), Matrix([
  [ 0],
  [-1],
  [ 0],
  [ 1]])])]
```

从输出结果中可以看出每个特征向量和相应的特征值，以及特征值的数量。

```
# 对角化
P, D = M.diagonalize()
```

通过矩阵对象的 diagonalize 方法按照 $\boldsymbol{M}=\boldsymbol{PDP}^{-1}$ 返回 $\boldsymbol{P}$、$\boldsymbol{D}$ 。上面的程序所得到的可逆矩阵 $\boldsymbol{P}$ 为：

$$\begin{bmatrix}0&1&1&0\\1&1&1&-1\\1&1&1&0\\1&1&0&1\end{bmatrix}$$

对角矩阵 $\boldsymbol{D}$ 是：

$$\begin{bmatrix}-2&0&0&0\\0&3&0&0\\0&0&5&0\\0&0&0&5\end{bmatrix}$$

在 SymPy 中，提供了符号显示和计算的功能，如下所示，即得到了矩阵的特征多项式。

```
lam = symbols('lambda')
f = M.charpoly(lam)
factor(f.as_expr())
```

上述程序输出结果是：

$$(\lambda-5)^2(\lambda-3)(\lambda+2)$$

3.4 正交和投影

在日常生活中，我们一般把光线视为平行线，把大地看成平面，当光照射到物体上时，就会在地面上形成影子——立竿见影，这种现象其实隐含了一种映射，即将物体从三维映射为二维，将此现象抽象为数学概念，就是本节将要介绍的投影。

3.4.1 正交集和标准正交基

从平面几何的角度说，所谓正交（Orthogonality），就是两条直线相互垂直，即它们的夹角为90°。

在第 1 章 1.5.3 节曾经讨论过两个向量的夹角（本章所讨论的长度或者距离，如无特别说明，均是 l_2 范数或欧几里得距离，因此符号 $\|\boldsymbol{v}\|_2$ 与 $\|\boldsymbol{v}\|$ 的含义相同）：

$$\cos\theta = \frac{\boldsymbol{u}\cdot\boldsymbol{v}}{\|\boldsymbol{u}\|\|\boldsymbol{v}\|}$$

其中，$\boldsymbol{u}$ 和 $\boldsymbol{v}$ 表示非零两个向量。令 $\theta = \frac{\pi}{2}$，则 $\cos\frac{\pi}{2} = 0$，得：

$$\frac{\boldsymbol{u}\cdot\boldsymbol{v}}{\|\boldsymbol{u}\|\|\boldsymbol{v}\|} = 0$$

因为 $\boldsymbol{u}$ 和 $\boldsymbol{v}$ 表示向量的长度，都不为 0，所以：

$$\boldsymbol{u}\cdot\boldsymbol{v} = 0$$

性质

两个向量正交 $\Leftrightarrow \boldsymbol{u}\cdot\boldsymbol{v} = 0$

或者用内积符号表示：

两个向量正交 $\Leftrightarrow \langle \boldsymbol{u},\boldsymbol{v}\rangle = 0$

值得注意的是，$\boldsymbol{0}$ 向量与任何向量正交。

对于一个向量集合，如果其中的向量两两正交，那么这个集合称为**正交集**。例如 $\left\{\boldsymbol{v}_1 = \begin{bmatrix}1\\0\\0\end{bmatrix}, \boldsymbol{v}_2 = \begin{bmatrix}0\\\frac{3}{5}\\\frac{4}{5}\end{bmatrix}, \boldsymbol{v}_3\begin{bmatrix}0\\\frac{4}{5}\\-\frac{3}{5}\end{bmatrix}\right\}$，这个集合中有三个向量，根据上面的正交定义计算：

$$\begin{aligned}\boldsymbol{v}_1\cdot\boldsymbol{v}_2 &= 0\\ \boldsymbol{v}_1\cdot\boldsymbol{v}_3 &= 0\\ \boldsymbol{v}_2\cdot\boldsymbol{v}_3 &= 0\end{aligned}$$

很显然，由非零向量构成的正交集中的向量都是线性无关的，所以它们是向量空间的一个基，例如上面的 3 个向量可以作为 $\mathbb{R}^3$ 的一个基。再进一步考查上面的示例，发现：

$$\|\boldsymbol{v}_1\| = 1, \|\boldsymbol{v}_2\| = 1, \|\boldsymbol{v}_3\| = 1$$

每个向量的长度都是 1，这样的基就称为**标准正交基**。

其实，示例中的向量是经过特别选择过的，让它们 l_2 范数都恰好为 1。如果针对更一般的情况，设 $\{\boldsymbol{u}_1,\cdots,\boldsymbol{u}_n\}$ 是向量空间 $\mathbb{V}$ 的一个基，且各向量正交，可以用每个向量除以各自的 l_2 范数得到对应的单位向量：

$$\boldsymbol{e}_i=\frac{\boldsymbol{u}_i}{\|\boldsymbol{u}_i\|}=1,\quad i=1,2,\cdots,n$$

再由$\{\boldsymbol{e}_1,\cdots,\boldsymbol{e}_n\}$构成了$\mathbb{V}$的一个标准正交基（记作$[\boldsymbol{e}]$），并且有：

$$\boldsymbol{e}_i\cdot\boldsymbol{e}_j=\begin{cases}1 & (i=j)\\0 & (i\neq j)\end{cases}\quad (i,j=1,2,\cdots,n)$$

若$\boldsymbol{v}$是$\mathbb{V}$中的一个向量，则以$[\boldsymbol{e}]$为基，可以表示为：

$$\boldsymbol{v}=c_1\boldsymbol{e}_1+\cdots+c_n\boldsymbol{e}_n$$

计算$\boldsymbol{v}\cdot\boldsymbol{e}_i$，得：

$$\boldsymbol{v}\cdot\boldsymbol{e}_i=(c_1\boldsymbol{e}_1+\cdots+c_n\boldsymbol{e}_n)\cdot\boldsymbol{e}_i=c_1\boldsymbol{e}_1\cdot\boldsymbol{e}_i+\cdots+c_n\boldsymbol{e}_n\cdot\boldsymbol{e}_i$$

若$i\neq j$，则$\boldsymbol{e}_i\cdot\boldsymbol{e}_j=0$，所以：

$$\boldsymbol{v}\cdot\boldsymbol{e}_i=c_i\boldsymbol{e}_i\cdot\boldsymbol{e}_i=c_i \tag{3.4.1}$$

即：$\boldsymbol{v}\cdot\boldsymbol{e}_1=c_1,\boldsymbol{v}\cdot\boldsymbol{e}_2=c_2,\cdots,\boldsymbol{v}\cdot\boldsymbol{e}_n=c_n$，根据第1章1.4.2节中所介绍的点积的几何含义和图3-4-1可知，如果基于标准正交基建立坐标系，则（3.4.1）式中的c_i其实是向量在各坐标轴（也就是标准正交基各向量）方向上的坐标。

于是，前面关于向量$\boldsymbol{v}$的线性组合，可以写成：

$$\boldsymbol{v}=(\boldsymbol{v}\cdot\boldsymbol{e}_1)\boldsymbol{e}_1+\cdots+(\boldsymbol{v}\cdot\boldsymbol{e}_n)\boldsymbol{e}_n \tag{3.4.2}$$

有了这个结论，对于任何向量，都能比较容易地写出它关于标准正交基的线性组合。

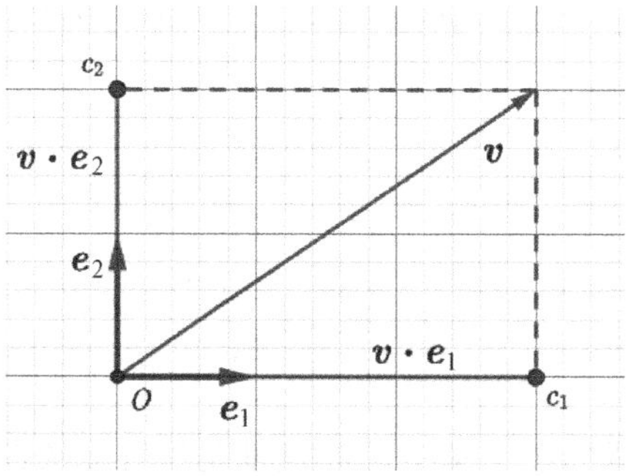

图 3-4-1

有一些比较特殊的标准正交基，我们在前面已多次用到，或者将其作为默认向量空间的基。例如：

- $\mathbb{R}^2$：$\left\{\begin{bmatrix}1\\0\end{bmatrix},\begin{bmatrix}0\\1\end{bmatrix}\right\}$

- $\mathbb{R}^3$：$\left\{\begin{bmatrix}1\\0\\0\end{bmatrix},\begin{bmatrix}0\\1\\0\end{bmatrix},\begin{bmatrix}0\\0\\1\end{bmatrix}\right\}$
- $\mathbb{R}^n$：$\left\{\begin{bmatrix}1\\\vdots\\0\end{bmatrix},\cdots,\begin{bmatrix}0\\\vdots\\1\end{bmatrix}\right\}$

以上所探讨的都是已经熟知的内容了，在此基础上，我们要引入一些新的概念。

设三维欧几里得空间的一个子空间 $\mathbb{W}$（如图 3-4-2 所示），直线 L 过原点并与 $\mathbb{W}$ 正交，向量 $\boldsymbol{v}$ 在直线 L 上，那么它与 $\mathbb{W}$ 中的任何一个向量都正交。或者说，与 $\mathbb{W}$ 中的向量正交的向量都在直线 L 上，将所有与 $\mathbb{W}$ 正交的向量组成一个集合，称为 $\mathbb{W}$ 的**正交补**（Orthogonal Complement），记作 $\mathbb{W}^{\perp}$。

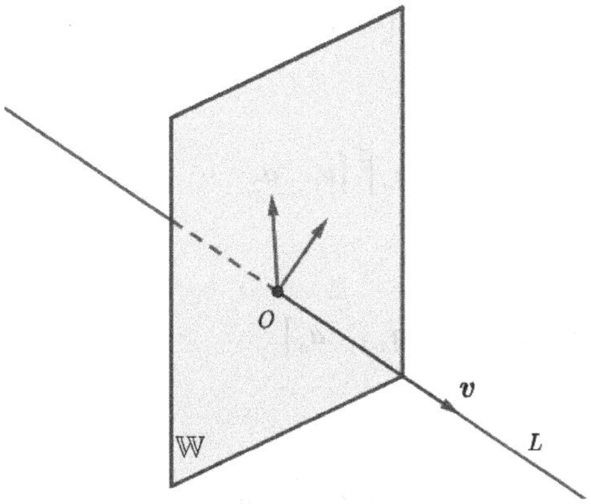

图 3-4-2

如果直线 L 不垂直于 $\mathbb{W}$，如图 3-4-3 所示，在直线 L 上的一个向量 $\boldsymbol{x}$ 的终点为 A，在 $\mathbb{W}$ 上任取一个向量 $\boldsymbol{y}$，其终点为 B，连接这两点，则从向量运算的角度来看，$\overrightarrow{BA}=\boldsymbol{x}-\boldsymbol{y}$，从而可知点 A 到点 B 的距离 $\|\overrightarrow{BA}\|=\|\boldsymbol{x}-\boldsymbol{y}\|$（这里讨论欧几里得空间的欧几里得距离）。显然，类似这样的，点 A 到 $\mathbb{W}$ 上一个点的距离有无穷多个。现在，我们最关心的是其中最短的那个。怎么找呢？请参阅 3.6 节。

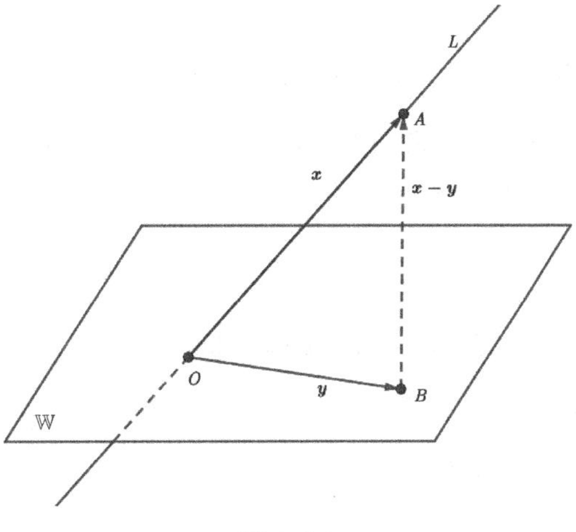

图 3-4-3

3.4.2 正交矩阵

设 $m\times n$ 矩阵 $\boldsymbol{A}=\begin{bmatrix}a_{11} & \cdots & a_{1n}\\ \vdots & \ddots & \vdots\\ a_{m1} & \cdots & a_{mn}\end{bmatrix}$，且每列都是单位向量，$\boldsymbol{a}_i=\begin{bmatrix}a_{1i}\\ \vdots\\ a_{mi}\end{bmatrix},(i=1,2,\cdots,n)$，则矩阵可以表示为 $\boldsymbol{A}=[\boldsymbol{a}_1 \quad \cdots \quad \boldsymbol{a}_n]$。

如果矩阵 $\boldsymbol{A}$ 满足如下条件：

- 列向量是单位向量，$\|\boldsymbol{a}_i\|=1$；
- 列向量两两正交，$\boldsymbol{a}_i\cdot\boldsymbol{a}_j=\boldsymbol{a}_i^{\mathrm{T}}\boldsymbol{a}_j=\begin{cases}1 & (i=j)\\ 0 & (i\neq j)\end{cases} \quad (i,j=1,2,\cdots,n)$。

则：

$$
\begin{aligned}
\boldsymbol{A}^{\mathrm{T}}\boldsymbol{A}&=[\boldsymbol{a}_1 \quad \boldsymbol{a}_2 \quad \cdots \quad \boldsymbol{a}_{n-1} \quad \boldsymbol{a}_n]^{\mathrm{T}}[\boldsymbol{a}_1 \quad \boldsymbol{a}_2 \quad \cdots \quad \boldsymbol{a}_{n-1} \quad \boldsymbol{a}_n]\\
&=\begin{bmatrix}\boldsymbol{a}_1^{\mathrm{T}}\\ \boldsymbol{a}_2^{\mathrm{T}}\\ \vdots\\ \boldsymbol{a}_{n-1}^{\mathrm{T}}\\ \boldsymbol{a}_n^{\mathrm{T}}\end{bmatrix}[\boldsymbol{a}_1 \quad \boldsymbol{a}_2 \quad \cdots \quad \boldsymbol{a}_{n-1} \quad \boldsymbol{a}_n]\\
&=\begin{bmatrix}\boldsymbol{a}_1^{\mathrm{T}}\boldsymbol{a}_1 & \boldsymbol{a}_1^{\mathrm{T}}\boldsymbol{a}_2 & \cdots & \boldsymbol{a}_1^{\mathrm{T}}\boldsymbol{a}_{n-1} & \boldsymbol{a}_1^{\mathrm{T}}\boldsymbol{a}_n\\ \boldsymbol{a}_2^{\mathrm{T}}\boldsymbol{a}_1 & \boldsymbol{a}_2^{\mathrm{T}}\boldsymbol{a}_2 & \cdots & \boldsymbol{a}_2^{\mathrm{T}}\boldsymbol{a}_{n-1} & \boldsymbol{a}_2^{\mathrm{T}}\boldsymbol{a}_n\\ \vdots & \vdots & \ddots & \vdots & \vdots\\ \boldsymbol{a}_{n-1}^{\mathrm{T}}\boldsymbol{a}_1 & \boldsymbol{a}_{n-1}^{\mathrm{T}}\boldsymbol{a}_2 & \cdots & \boldsymbol{a}_{n-1}^{\mathrm{T}}\boldsymbol{a}_{n-1} & \boldsymbol{a}_{n-1}^{\mathrm{T}}\boldsymbol{a}_n\\ \boldsymbol{a}_n^{\mathrm{T}}\boldsymbol{a}_1 & \boldsymbol{a}_n^{\mathrm{T}}\boldsymbol{a}_2 & \cdots & \boldsymbol{a}_n^{\mathrm{T}}\boldsymbol{a}_{n-1} & \boldsymbol{a}_n^{\mathrm{T}}\boldsymbol{a}_n\end{bmatrix}=\begin{bmatrix}1 & 0 & \cdots & 0 & 0\\ 0 & 1 & \cdots & 0 & 0\\ \vdots & \vdots & \ddots & \vdots & \vdots\\ 0 & 0 & \cdots & 1 & 0\\ 0 & 0 & \cdots & 0 & 1\end{bmatrix}=\boldsymbol{I}_n
\end{aligned}
$$

在上述计算中，矩阵 $\boldsymbol{A}$ 不一定是方阵，$\boldsymbol{A}^{\mathrm{T}}\boldsymbol{A}$ 一定是方阵，且当列向量是单位正交向量时，$\boldsymbol{A}^{\mathrm{T}}\boldsymbol{A}=\boldsymbol{I}_n$。

性质 $m\times n$ 矩阵 $\boldsymbol{A}$ 具有单位正交列向量 $\Leftrightarrow$ $\boldsymbol{A}^{\mathrm{T}}\boldsymbol{A}=\boldsymbol{I}_n$。

再将条件收紧，如果 $m=n$，即矩阵 $\boldsymbol{A}$ 是 n 阶方阵，根据矩阵 $\boldsymbol{A}$ 的列向量特点，可知所有列向量线性无关，则矩阵 $\boldsymbol{A}$ 可逆，由上述结论可知：

$$\boldsymbol{A}^{\mathrm{T}}=\boldsymbol{A}^{-1}$$

在此条件下的矩阵 $\boldsymbol{A}$ 称为**正交矩阵**（Orthogonal Matrix）。

对于正交矩阵，还有如下性质（相关证明，请参阅本书在线资料）。

- 正交矩阵的行向量（或列向量）是正交集
- $|\boldsymbol{A}|=\pm 1$

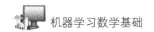

- $\boldsymbol{A}^{-1}$ 是正交矩阵
- 如果 $\boldsymbol{A}$、$\boldsymbol{B}$ 都是正交矩阵，则 $\boldsymbol{AB}$ 也是正交矩阵

在有关计算中，正交矩阵也表现出一些特点，比如，以正交矩阵 $\boldsymbol{A}$ 对向量 $\boldsymbol{x}$ 进行变换，变换之后的向量的 l_2 范数不变。

$$\|\boldsymbol{Ax}\|^2=(\boldsymbol{Ax})^{\mathrm{T}}(\boldsymbol{Ax})=\boldsymbol{x}^{\mathrm{T}}\boldsymbol{A}^{\mathrm{T}}\boldsymbol{Ax}=\boldsymbol{x}^{\mathrm{T}}\boldsymbol{x}=\|\boldsymbol{x}\|^2$$

向量 $\boldsymbol{x}$ 在变换前后的长度未变——这就是**正交变换**（Orthogonal Transformation）。

理解正交矩阵的基本含义之后，下面探讨正交矩阵在计算上的作用。设正交矩阵 $\boldsymbol{Q}=[\boldsymbol{q}_1\quad \boldsymbol{q}_2\cdots\boldsymbol{q}_n]$（这里使用符号 $\boldsymbol{Q}$ 表示正交矩阵，方便顺利过渡到 3.5.1 节的内容），在 $\boldsymbol{Q}$ 的列空间中，任何一个向量都可以写成列向量的线性组合。

$$\boldsymbol{b}=x_1\boldsymbol{q}_1+x_2\boldsymbol{q}_2+\cdots+x_n\boldsymbol{q}_n \tag{3.4.3}$$

如何计算系数 $x_1,x_2,\cdots,x_n$？利用正交矩阵的特点，（3.4.3）式两边同时乘以 $\boldsymbol{q}_1^{\mathrm{T}}$，得到：

$$\boldsymbol{q}_1^{\mathrm{T}}\boldsymbol{b}=x_1\boldsymbol{q}_1^{\mathrm{T}}\boldsymbol{q}_1+x_2\boldsymbol{q}_1^{\mathrm{T}}\boldsymbol{q}_2+\cdots+x_n\boldsymbol{q}_1^{\mathrm{T}}\boldsymbol{q}_n$$

因为 $\boldsymbol{q}_1^{\mathrm{T}}\boldsymbol{q}_j=0,(j=2,3,\cdots,n)$，所以得：

$$\boldsymbol{q}_1^{\mathrm{T}}\boldsymbol{b}=x_1\boldsymbol{q}_1^{\mathrm{T}}\boldsymbol{q}_1$$

又因为 $\boldsymbol{q}_1^{\mathrm{T}}\boldsymbol{q}_1=1$，可得 $x_1=\boldsymbol{q}_1^{\mathrm{T}}\boldsymbol{b}$。同理，$x_2=\boldsymbol{q}_2^{\mathrm{T}}\boldsymbol{b},\cdots,x_n=\boldsymbol{q}_n^{\mathrm{T}}\boldsymbol{b}$。于是：

$$\boldsymbol{b}=(\boldsymbol{q}_1^{\mathrm{T}}\boldsymbol{b})\boldsymbol{q}_1+(\boldsymbol{q}_2^{\mathrm{T}}\boldsymbol{b})\boldsymbol{q}_2+\cdots+(\boldsymbol{q}_n^{\mathrm{T}}\boldsymbol{b})\boldsymbol{q}_n \tag{3.4.4}$$

换一种方式，（3.4.3）式也可以写成 $\boldsymbol{b}=\boldsymbol{Qx}$，其中 $\boldsymbol{x}=\begin{bmatrix}x_1\\ \vdots\\ x_n\end{bmatrix}$。由于 $\boldsymbol{Q}$ 可逆，则 $\boldsymbol{x}=\boldsymbol{Q}^{-1}\boldsymbol{b}$；又因为 $\boldsymbol{Q}^{-1}=\boldsymbol{Q}^{\mathrm{T}}$，即得 $\boldsymbol{x}=\boldsymbol{Q}^{\mathrm{T}}\boldsymbol{b}$：

$$\boldsymbol{x}=\boldsymbol{Q}^{\mathrm{T}}\boldsymbol{b}=\begin{bmatrix}\boldsymbol{q}_1^{\mathrm{T}}\\ \vdots\\ \boldsymbol{q}_n^{\mathrm{T}}\end{bmatrix}\boldsymbol{b}=\begin{bmatrix}\boldsymbol{q}_1^{\mathrm{T}}\boldsymbol{b}\\ \vdots\\ \boldsymbol{q}_n^{\mathrm{T}}\boldsymbol{b}\end{bmatrix}$$

这样也能够得到（3.4.3）式中的系数。

由于 $\boldsymbol{Q}$ 是正交矩阵，列向量就是列空间的一个标准正交基，那么（3.4.3）式中的系数 $x_n=\boldsymbol{q}_n^{\mathrm{T}}\boldsymbol{b},(n=1,\cdots,n)$ 也就是向量 $\boldsymbol{b}$ 在每个基向量（如果是三维空间，就分别是 x、y、z 三个坐标轴）上的坐标，从几何角度来看，就是向量 $\boldsymbol{b}$ 向每个基向量投影的大小——在 3.4.4 节会继续讨论这个话题。

如果要计算 $\boldsymbol{b}$ 的 l_2 范数，则由（3.4.4）式可得：

$$\|\boldsymbol{b}\|^2=(\boldsymbol{q}_1^{\mathrm{T}}\boldsymbol{b})^2+(\boldsymbol{q}_2^{\mathrm{T}}\boldsymbol{b})^2+\cdots+(\boldsymbol{q}_n^{\mathrm{T}}\boldsymbol{b})^2$$

退回熟悉的三维或者二维空间，不难看出，（3.4.4）式即为中学物理中常提到的“正交分解”。

3.4.3 再探对称矩阵

在第2章2.1.1节和2.3.2节先后讨论过对称矩阵，用转置来描述：$\boldsymbol{A}$ 是 n 阶对称矩阵 $\Leftrightarrow \boldsymbol{A}^{\mathrm{T}}=\boldsymbol{A}$。本节将在此基础上，运用正交的有关知识，再考查一番对称矩阵的特征向量之间的关系——特征向量是本章的重点概念。

设 $\boldsymbol{v}_1$ 和 $\boldsymbol{v}_2$ 是对称矩阵 $\boldsymbol{A}$ 的两个特征向量，$\boldsymbol{A}\boldsymbol{v}_1=\lambda_1\boldsymbol{v}_1,\boldsymbol{A}\boldsymbol{v}_2=\lambda_2\boldsymbol{v}_2$，且 $\lambda_1\neq\lambda_2$，

$$\begin{aligned}\lambda_1\left(\boldsymbol{v}_1^{\mathrm{T}}\boldsymbol{v}_2\right)&=(\lambda_1\boldsymbol{v}_1)^{\mathrm{T}}\boldsymbol{v}_2=(\boldsymbol{A}\boldsymbol{v}_1)^{\mathrm{T}}\boldsymbol{v}_2=\left(\boldsymbol{v}_1^{\mathrm{T}}\boldsymbol{A}^{\mathrm{T}}\right)\boldsymbol{v}_2=\left(\boldsymbol{v}_1^{\mathrm{T}}\boldsymbol{A}\right)\boldsymbol{v}_2\quad\left(\because \boldsymbol{A}^{\mathrm{T}}=\boldsymbol{A}\right)\\&=\boldsymbol{v}_1^{\mathrm{T}}\left(\boldsymbol{A}\boldsymbol{v}_2\right)=\boldsymbol{v}_1^{\mathrm{T}}\left(\lambda_2\boldsymbol{v}_2\right)\\&=\lambda_2\left(\boldsymbol{v}_1^{\mathrm{T}}\boldsymbol{v}_2\right)\end{aligned}$$

所以：$\lambda_1\left(\boldsymbol{v}_1^{\mathrm{T}}\boldsymbol{v}_2\right)=\lambda_2\left(\boldsymbol{v}_1^{\mathrm{T}}\boldsymbol{v}_2\right)$，$\left(\lambda_1-\lambda_2\right)\left(\boldsymbol{v}_1^{\mathrm{T}}\boldsymbol{v}_2\right)=0$，因为 $\lambda_1\neq\lambda_2$，故：

$$\boldsymbol{v}_1^{\mathrm{T}}\boldsymbol{v}_2=0$$
$$\boldsymbol{v}_1\cdot\boldsymbol{v}_2=0$$

以二维对称矩阵 $\boldsymbol{A}=\begin{bmatrix}3&1\\1&0.8\end{bmatrix}$ 为例，验证上述结论，并进一步观察对称矩阵的特点。

```
import numpy as np
import matplotlib.pyplot as plt
from matplotlib import colors
from numpy import linalg as la
%matplotlib inline

A = np.array([[3, 1],[1, 0.8]])
lam, v = la.eig(A)
print("lam =", np.round(lam, 4))
print("v =", np.round(v, 4))

# 输出
lam = [3.3866 0.4134]
v = [[ 0.9327 -0.3606]
     [ 0.3606  0.9327]]
```

运用上面的程序计算，得到了矩阵 $\boldsymbol{A}$ 的特征向量（la.eig()函数所返回的两个特征向量都是单位向量）：

$$\boldsymbol{v}_1=\begin{bmatrix}0.9327\\0.3606\end{bmatrix},\quad \boldsymbol{v}_2=\begin{bmatrix}-0.3606\\0.9327\end{bmatrix}$$

对应的特征值：

$$\lambda_1 = 3.3866,\quad \lambda_2 = 0.4134$$

很显然，矩阵 $\boldsymbol{A}$ 的两个特征向量正交。此外，还可以通过图示，进一步观察矩阵 $\boldsymbol{A}$ 对向量的变换结果。

```
# 创设向量 x
xi1 = np.linspace(-1.0, 1.0, 100)
xi2 = np.linspace(1.0, -1.0, 100)
yi1 = np.sqrt(1 - xi1**2)
yi2 = -np.sqrt(1 - xi2**2)
xi = np.concatenate((xi1, xi2),axis=0)
yi = np.concatenate((yi1, yi2),axis=0)
x = np.vstack((xi, yi))

# 计算 Ax
t = A @ x # 等效于 A.dot(x)，即矩阵乘法
origin = [0], [0] # 坐标原点

fig, (ax1, ax2) = plt.subplots(1, 2, figsize=(20,30))
plt.subplots_adjust(wspace=0.4)

# 绘制表示 x 的图示
ax1.plot(x[0,:], x[1,:], color='b')
ax1.quiver(*origin,  v[0,:],  v[1,:],  color=['b'],  width=0.012,  angles='xy',
scale_units='xy', scale=1)
ax1.set_xlabel('x', fontsize=14)
ax1.set_ylabel('y', fontsize=14)
ax1.set_xlim([-4,4])
ax1.set_ylim([-4,4])
ax1.set_aspect('equal')
ax1.grid(True)
ax1.set_title("Original vectors")
ax1.axhline(y=0, color='k')
ax1.axvline(x=0, color='k')
ax1.text(1, 0.3, "$\mathbf{v_1}$", fontsize=14)
ax1.text(-0.8, 0.5, "$\mathbf{v_2}$", fontsize=14)
ax1.text(0.3, 1.3, "$\mathbf{x}$", color='b', fontsize=14)

# 绘制表示 t=Ax 的图示
ax2.plot(t[0, :], t[1, :], color='b')
# 特征向量图示
ax2.quiver(*origin, v[0,:].T, v[1,:].T, color=['b'], width=0.012, angles='xy',
scale_units='xy', scale=1)
# lam*v_1, lam*v_2 图示
ax2.quiver(*origin, lam*v[0,:], lam*v[1,:], color=['r'], width=0.012, angles='xy',
scale_units='xy', scale=1)
```

```
ax2.set_xlabel('x', fontsize=14)
ax2.set_ylabel('y', fontsize=14)
ax2.set_xlim([-4,4])
ax2.set_ylim([-4,4])
ax2.set_aspect('equal')
ax2.grid(True)
ax2.set_title("New vectors after transformation")
ax2.axhline(y=0, color='k')
ax2.axvline(x=0, color='k')
ax2.text(1, 0.3, "$\mathbf{v_1}$", fontsize=14)
ax2.text(-0.8, 0.5, "$\mathbf{v_2}$", fontsize=14)
ax2.text(3, 1.5, "$\mathbf{Ax}$", color='b', fontsize=14)

plt.show()
```

输出图像：

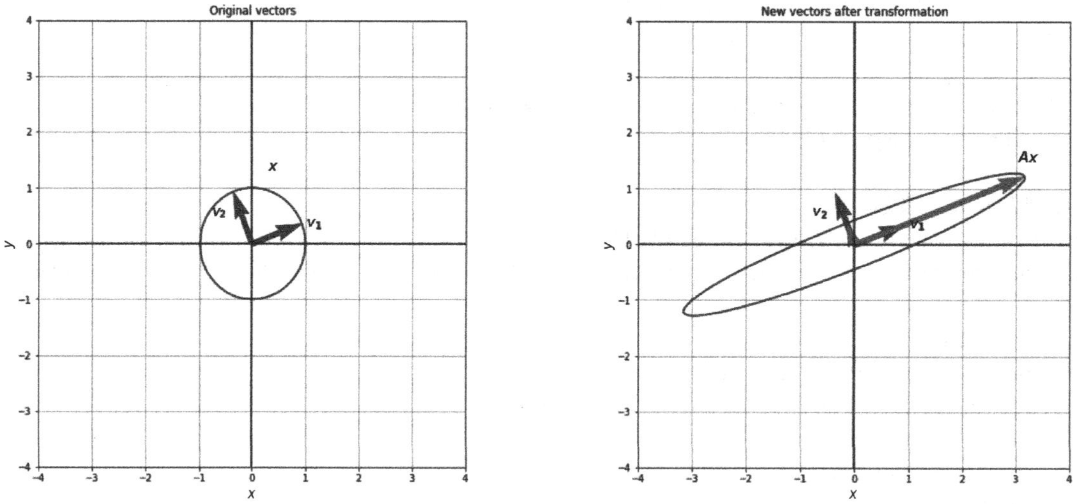

由此可知，对称矩阵能够让向量沿特征向量的方向伸长和收缩。

将上述结论推广，n 阶对称矩阵有 n 个特征向量，且两两正交，即 n 个特征向量生成的特征空间是正交空间。此外还可以证明对称矩阵的 n 个特征向量线性无关（证明过程请参考本书在线资料），故对称矩阵可对角化（参阅 3.3.3 节）。

设有 n 阶对称矩阵 $\boldsymbol{A}$，将其对角化：$\boldsymbol{A}=\boldsymbol{CDC}^{-1}$，其中 $\boldsymbol{D}$ 是由 n 个特征值组成的对角矩阵，$\boldsymbol{C}$ 的列向量是 $\boldsymbol{A}$ 的 n 个特征向量，又因为这些特征向量正交，即 $\boldsymbol{C}$ 是正交矩阵，$\boldsymbol{C}^{-1}=\boldsymbol{C}^{\mathrm{T}}$，所以：

$$\boldsymbol{A}=\boldsymbol{CDC}^{\mathrm{T}} \tag{3.4.5}$$

（3.4.5）式说明矩阵 $\boldsymbol{A}$ 能够用正交矩阵 $\boldsymbol{C}$ 实现对角化（对角矩阵 $\boldsymbol{D}$），这种对角化称为**正交对角化**。

将上面的推理反过来：

$$\boldsymbol{A}^{\mathrm{T}}=(\boldsymbol{CDC}^{\mathrm{T}})^{\mathrm{T}}=(\boldsymbol{C}^{\mathrm{T}})^{\mathrm{T}}\boldsymbol{D}^{\mathrm{T}}\boldsymbol{C}^{\mathrm{T}}=\boldsymbol{CDC}^{\mathrm{T}}=\boldsymbol{A}$$

说明 $\boldsymbol{A}$ 是对称矩阵。

性质　设 $\boldsymbol{A}$ 是 n 阶矩阵，当且仅当 $\boldsymbol{A}$ 是对称矩阵时，$\boldsymbol{A}$ 可正交对角化。

在机器学习中，对称矩阵并不鲜见，例如第 2 章 2.6.3 节的邻接矩阵，在后续内容中，还会遇到更多。

3.4.4　投影

回想中学物理中所学习过的“力的分解”，将一个力分解为 x 轴和 y 轴两个方向的力，这其实就是投影。用数学语言描述，那就是假设二维向量空间中的两个向量 $\boldsymbol{a}$ 和 $\boldsymbol{b}$，它们的夹角是 α，如图 3-4-4 所示，过 $\boldsymbol{b}$ 的端点 A 向 $\boldsymbol{a}$ 所在的直线做垂线，垂足为 B ——注意，B 不一定是向量 $\boldsymbol{a}$ 上的点，但一定是 $\boldsymbol{a}$ 所在的直线上的点。图 3-4-4 所示的是 α 小于 90° 的情形，大于 90° 的情形，请读者自行探究。

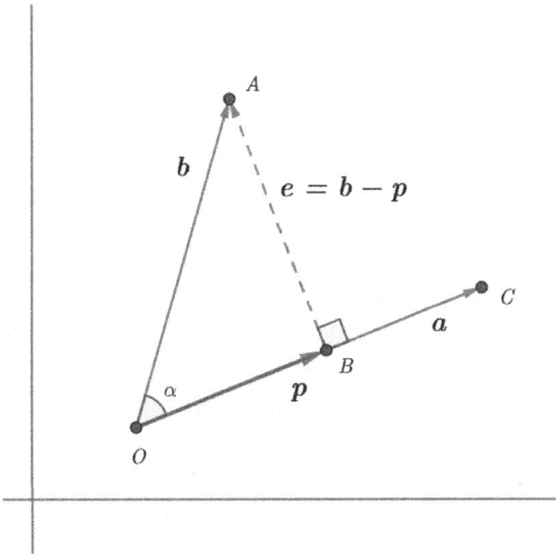

图 3-4-4

原点 O 到 B 点也构成了一个向量（记作：$\overrightarrow{OB}$），这个向量可能与 $\boldsymbol{a}$ 方向一致，也可能相反。我们称 $\overrightarrow{OB}$ 为 $\boldsymbol{b}$ 在 $\boldsymbol{a}$ 上的**投影**（Projection），记作 $\boldsymbol{p}$。

结合图 3-4-4，计算投影 $\overrightarrow{OB}$ 的长度（下面的计算是在欧几里得空间完成，$\|\boldsymbol{b}\|$ 表示的是 l_2 范数）：

$$\begin{aligned}|OB| &= |OA|\cos\alpha \\ &= \|\boldsymbol{b}\|\cos\alpha \\ &= \|\boldsymbol{b}\|\left(\frac{\boldsymbol{b}\cdot\boldsymbol{a}}{\|\boldsymbol{b}\|\|\boldsymbol{a}\|}\right) \\ &= \frac{\boldsymbol{b}\cdot\boldsymbol{a}}{\|\boldsymbol{a}\|}\end{aligned}$$

又因为 $\overrightarrow{OB}$ 的方向与 $\boldsymbol{a}$ 的方向一致（如果相反，可以增加一个负号“–”表示该方向），所以，可以将上面的计算结果乘以 $\boldsymbol{a}$ 的单位向量，即：

$$\boldsymbol{p}=\frac{\boldsymbol{a}}{\|\boldsymbol{a}\|}|OB|=\frac{\boldsymbol{a}}{\|\boldsymbol{a}\|}\left(\frac{\boldsymbol{b}\cdot\boldsymbol{a}}{\|\boldsymbol{a}\|}\right)=\boldsymbol{a}\frac{\boldsymbol{b}\cdot\boldsymbol{a}}{\|\boldsymbol{a}\|^{2}}=\boldsymbol{a}\frac{\boldsymbol{a}^{\mathrm{T}}\boldsymbol{b}}{\boldsymbol{a}^{\mathrm{T}}\boldsymbol{a}} \tag{3.4.6}$$

还可以写成：

$$\boldsymbol{p}=\frac{\boldsymbol{a}\boldsymbol{a}^{\mathrm{T}}}{\boldsymbol{a}^{\mathrm{T}}\boldsymbol{a}}\boldsymbol{b} \tag{3.4.7}$$

（3.4.7）式也可以通过另外一个途径得到，在此给予演示，从而了解 3.4.1 节中所探讨的“正交”概念如何应用。如图 3-4-4 所示，易知 $\overrightarrow{BA}=\overrightarrow{OA}-\overrightarrow{OB}$，令 $\boldsymbol{e}=\overrightarrow{BA}$，则有

$$\boldsymbol{e}=\boldsymbol{b}-\boldsymbol{p} \tag{3.4.8}$$

由于 $\boldsymbol{e}$ 与 $\boldsymbol{a}$ 正交（垂直），可得：

$$\boldsymbol{e}\cdot\boldsymbol{a}=0 \ \Rightarrow\ \boldsymbol{a}^{\mathrm{T}}(\boldsymbol{b}-\boldsymbol{p})=0$$

因为 $\boldsymbol{p}$ 与 $\boldsymbol{a}$ 在同一条直线上，故它们的关系为 $\boldsymbol{p}=\boldsymbol{a}\hat{x}$，注意这里使用的 $\hat{x}$ 是一个实数，并且是我们要找的一个值，如果知道了它，就能得到投影向量的值——这个符号后续还会遇到，常称为“估计值”。

$$\boldsymbol{a}^{\mathrm{T}}(\boldsymbol{b}-\boldsymbol{a}\hat{x})=0 \ \Rightarrow\ \hat{x}=\frac{\boldsymbol{a}^{\mathrm{T}}\boldsymbol{b}}{\boldsymbol{a}^{\mathrm{T}}\boldsymbol{a}} \tag{3.4.9}$$

所以，同样得到了（3.4.6）式和（3.4.7）式结果：

$$\boldsymbol{p}=\boldsymbol{a}\frac{\boldsymbol{a}^{\mathrm{T}}\boldsymbol{b}}{\boldsymbol{a}^{\mathrm{T}}\boldsymbol{a}}=\frac{\boldsymbol{a}\boldsymbol{a}^{\mathrm{T}}}{\boldsymbol{a}^{\mathrm{T}}\boldsymbol{a}}\boldsymbol{b}$$

上述推导过程中，（3.4.8）式的向量 $\boldsymbol{e}$ 表示了向量 $\boldsymbol{b}$ 和投影向量 $\boldsymbol{p}$ 之间的“差距”，一般称之为**残差向量**，在 3.6 节探讨最小二乘法问题时，残差向量会扮演重要角色。

（3.4.7）式还透露了另外一个天机，它显示了投影向量 $\boldsymbol{p}$ 和原向量 $\boldsymbol{b}$ 之间的关系，即向量 $\boldsymbol{b}$ 经过变换 $\frac{\boldsymbol{a}\boldsymbol{a}^{\mathrm{T}}}{\boldsymbol{a}^{\mathrm{T}}\boldsymbol{a}}$ 之后成为投影向量 $\boldsymbol{p}$，那么 $\frac{\boldsymbol{a}\boldsymbol{a}^{\mathrm{T}}}{\boldsymbol{a}^{\mathrm{T}}\boldsymbol{a}}$ 对向量 $\boldsymbol{b}$ 施行的是什么变换呢？先看分母 $\boldsymbol{a}^{\mathrm{T}}\boldsymbol{a}$，它是向量 $\boldsymbol{a}$ 的 l_2 范数平方，是一个实数；再看分子 $\boldsymbol{a}\boldsymbol{a}^{\mathrm{T}}$（注意顺序），若假设 $\boldsymbol{a}=\begin{bmatrix}x\\y\end{bmatrix}$，则 $\boldsymbol{a}\boldsymbol{a}^{\mathrm{T}}=\begin{bmatrix}xx & xy\\xy & yy\end{bmatrix}$，即分子是矩阵。因此 $\frac{\boldsymbol{a}\boldsymbol{a}^{\mathrm{T}}}{\boldsymbol{a}^{\mathrm{T}}\boldsymbol{a}}$ 是矩阵，也就是说（3.4.7）式表明，向量 $\boldsymbol{b}$ 经过矩阵 $\frac{\boldsymbol{a}\boldsymbol{a}^{\mathrm{T}}}{\boldsymbol{a}^{\mathrm{T}}\boldsymbol{a}}$ 线性变换成为投影向量 $\boldsymbol{p}$。矩阵 $\frac{\boldsymbol{a}\boldsymbol{a}^{\mathrm{T}}}{\boldsymbol{a}^{\mathrm{T}}\boldsymbol{a}}$ 通常记作：

$$\boldsymbol{P}=\frac{\boldsymbol{a}\boldsymbol{a}^{\mathrm{T}}}{\boldsymbol{a}^{\mathrm{T}}\boldsymbol{a}} \tag{3.4.10}$$

（3.4.10）式中的矩阵 $\boldsymbol{P}$ 称为**投影矩阵**（Projection Matrix）。

定义 将向量 $\boldsymbol{b}$ 投影到向量 $\boldsymbol{a}$，所得投影向量是 $\boldsymbol{p}=\boldsymbol{P}\boldsymbol{b}$。

再观察（3.4.6）式，即 $\boldsymbol{p}=\boldsymbol{a}\frac{\boldsymbol{a}^{\mathrm{T}}\boldsymbol{b}}{\boldsymbol{a}^{\mathrm{T}}\boldsymbol{a}}$，说明了投影向量 $\boldsymbol{p}$ 和向量 $\boldsymbol{a}$ 之间的关系，其中 $\frac{\boldsymbol{a}^{\mathrm{T}}\boldsymbol{b}}{\boldsymbol{a}^{\mathrm{T}}\boldsymbol{a}}$ 是系数。如果 $\boldsymbol{a}$ 是单位向量，可得 $\boldsymbol{p}=\left(\boldsymbol{a}^{\mathrm{T}}\boldsymbol{b}\right)\boldsymbol{a}$，以 $\boldsymbol{a}$ 为方向建立一个坐标轴，$\boldsymbol{a}$ 是标准正交基中的一个向量，那么 $\boldsymbol{a}^{\mathrm{T}}\boldsymbol{b}$ 则为 $\boldsymbol{p}$ 在此基中的坐标，也就是 $\boldsymbol{a}$ 的线性组合中的系数。阅读至此，请参阅 3.4.2 节对（3.4.3）式、（3.4.6）式的阐述。

在以上探讨中，将向量 $\boldsymbol{b}$ 投影到向量 $\boldsymbol{a}$ 上，$\boldsymbol{a}$ 是一维向量（直线），并且 $\boldsymbol{b}$ 与 $\boldsymbol{a}$ 不在同一条直线，即向量 $\boldsymbol{b}$ 不在 $\boldsymbol{a}$ 所生成的子空间。

$\boldsymbol{b}$ 在 $\boldsymbol{a}$ 所生成的子空间——两个向量在一条直线上，$\boldsymbol{b}=k\boldsymbol{a}$，由（3.4.9）式得 $\hat{\boldsymbol{x}}=k$，则 $\boldsymbol{p}=\boldsymbol{a}k=\boldsymbol{b}$，即此时 $\boldsymbol{b}$ 在 $\boldsymbol{a}$ 上的投影就是其本身——这是理所当然的。

此外，向量 $\boldsymbol{b}$ 也可以投影到一个平面或者超平面上，平面或者超平面可以由矩阵的列向量生成，也就是将向量 $\boldsymbol{b}$ 向矩阵的列空间投影。

为了直观，以平面 $\mathbb{W}$ 表示矩阵 $\boldsymbol{A}$ 的列向量所生成的平面（或者超平面，即列空间，如图 3-4-5 所示），向量 $\boldsymbol{b}$ 与其在列空间中的投影 $\boldsymbol{p}$ 之间的残差向量 $\boldsymbol{e}=\boldsymbol{b}-\boldsymbol{p}$，且与 $\boldsymbol{p}$ 正交，也与平面 $\mathbb{W}$ 中的任何向量正交，即与 $\boldsymbol{A}$ 的列向量正交。

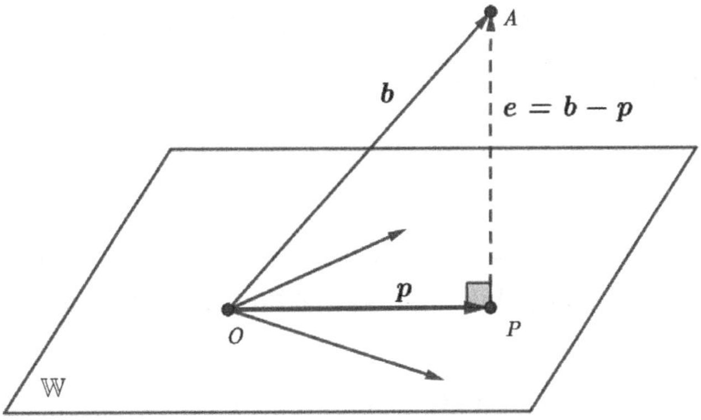

图 3-4-5

设 $\boldsymbol{A}=\left[\boldsymbol{a}_1 \quad \cdots \boldsymbol{a}_n\right]$，参考对（3.4.6）式的理解，可以将投影向量 $\boldsymbol{p}$ 写成列向量的线性组合：

$$\boldsymbol{p}=\hat{x}_1\boldsymbol{a}_1+\cdots+\hat{x}_n\boldsymbol{a}_n$$

即 $\boldsymbol{p}=\boldsymbol{A}\hat{\boldsymbol{x}}$，其中 $\hat{\boldsymbol{x}}=\begin{bmatrix}\hat{x}_1\\ \vdots\\ \hat{x}_n\end{bmatrix}$。

由于 $\boldsymbol{e}$ 与 $\boldsymbol{A}$ 的所有列向量正交，即 $\boldsymbol{a}_1^{\mathrm{T}}\boldsymbol{e}=0,\cdots,\boldsymbol{a}_n^{\mathrm{T}}\boldsymbol{e}=0$，写成矩阵形式为：

$$\boldsymbol{A}^{\mathrm{T}}\boldsymbol{e}=\boldsymbol{A}^{\mathrm{T}}\left(\boldsymbol{b}-\boldsymbol{p}\right)=\boldsymbol{A}^{\mathrm{T}}\left(\boldsymbol{b}-\boldsymbol{A}\hat{\boldsymbol{x}}\right)=0$$

解得：

$$\hat{\boldsymbol{x}}=(\boldsymbol{A}^{\mathrm{T}}\boldsymbol{A})^{-1}\boldsymbol{A}^{\mathrm{T}}\boldsymbol{b} \tag{3.4.11}$$

所以：

$$p = A(A^{\mathrm{T}}A)^{-1}A^{\mathrm{T}}b \tag{3.4.12}$$

由此得到实现向量 b 向矩阵 A 的列空间投影的投影矩阵（类似于得到（3.4.10）式的思路）：

$$P = A(A^{\mathrm{T}}A)^{-1}A^{\mathrm{T}} \tag{3.4.13}$$

换言之，$p = Pb$ 在矩阵 A 的列空间内，残差向量 $e = b - Pb$ 与此列空间正交。

在上述论述中，并没有对向量 b 和矩阵 A 做任何约束，如果对它们做出某些约束，就会出现以下针对（3.4.12）式的几种特殊情况。

- 如果向量 b 在矩阵 A 的列空间，则有 $b = Ax$，代入（3.4.12）式，$p = A(A^{\mathrm{T}}A)^{-1}A^{\mathrm{T}}Ax = Ax = b$，即 b 的投影还是它本身。这与前面讨论一维情况下的 b 与 a 在同一条直线上（同一个子空间）的特例结论一致。
- 如果向量 b 与矩阵 A 的列向量正交，$A^{\mathrm{T}}b = 0$，则由（3.4.12）式可知 $p = A(A^{\mathrm{T}}A)^{-1}A^{\mathrm{T}}b = A(A^{\mathrm{T}}A)^{-1}0 = 0$，即 b 在列空间的投影是 0。借助于三维空间更容易理解。
- 如果矩阵 A 是方阵且可逆，则由（3.4.12）式可得 $p = A(A^{\mathrm{T}}A)^{-1}A^{\mathrm{T}}b = AA^{-1}(A^{\mathrm{T}})^{-1}A^{\mathrm{T}}b = b$；由（3.4.11）可得 $\hat{x} = A^{-1}(A^{\mathrm{T}})^{-1}A^{\mathrm{T}}b = A^{-1}b = x, \left(设Ax = b\right)$。这说明向量 b 等于它在矩阵 A 各个列向量上的投影的线性组合。
- 如果矩阵 A 只有一个列向量，则（3.4.11）式、（3.4.12）式就退回到了（3.4.9）式和（3.4.7）式。

（3.4.13）式的投影矩阵（包括（3.4.10）式），是我们要重点关注并理解的。先看其局部 $A^{\mathrm{T}}A$（在 3.4.2 节讨论正交矩阵时曾有类似形式出现，但那里的矩阵 A 的列向量是单位正交向量），它的特别之处在于：

$$(A^{\mathrm{T}}A)^{\mathrm{T}} = A^{\mathrm{T}}(A^{\mathrm{T}})^{\mathrm{T}} = A^{\mathrm{T}}A$$

这说明 $A^{\mathrm{T}}A$ 是对称矩阵（不论 A 是什么形状）。如果 A 的列向量线性无关，则还可以证明 $A^{\mathrm{T}}A$ 是方阵、对称矩阵、可逆矩阵。在 3.5 节会对这种形式的矩阵运算进行更深入的探讨。

再看投影矩阵所表现出来的两个特性：

- $P^2 = P$

由（3.4.13）得：$P^2 = A(A^{\mathrm{T}}A)^{-1}A^{\mathrm{T}}A(A^{\mathrm{T}}A)^{-1}A^{\mathrm{T}} = A(A^{\mathrm{T}}A)^{-1}A^{\mathrm{T}} = P$。这说明某个向量投影一次 Pb 与投影两次 P^2b 结果一样，即不论投影矩阵的幂是多少，都等于 P，由此投影矩阵也被称为**幂等矩阵**（Idempotent Matrix）。

- P 是对称矩阵，$P^{\mathrm{T}} = P$

由（3.4.13）得：$P^{\mathrm{T}} = (A^{\mathrm{T}})^{\mathrm{T}}\left((A^{\mathrm{T}}A)^{-1}\right)^{\mathrm{T}}A^{\mathrm{T}} = A(A^{\mathrm{T}}A)^{-1}A^{\mathrm{T}} = P$

综合前述介绍可以总结，Pb 是向量 b 在 P 的列空间（记作 $C\left(P\right)$）上的投影，即：

$$p = Pb \tag{3.4.14}$$

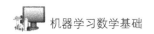

换个角度，列空间 $C(\boldsymbol{P})$ 是 $\mathbb{R}^n$ 的一个子空间，也就是线性变换 $\boldsymbol{P}$ 的值域，其中的任意一个向量都可以表示为 $\boldsymbol{Pb}$ 。

3.5　矩阵分解

前面已经体会到矩阵分解的妙用了，比如第 2 章 2.3.3 节的矩阵 $\boldsymbol{LU}$ 分解、3.3.3 节的对角化等。在线性代数中，矩阵分解的目的是为了降低计算量和计算复杂度，如果移植到机器学习中，矩阵分解的功效不仅仅在于此，还能够达到降维、降噪等目的。

我们熟知，可以把一个整数分解为若干个整数的乘积，比如 $12=3\times2\times2$ 或者 $12=6\times2$ ，最终要根据具体需要确定选择哪种分解方式，矩阵分解亦然。本节将继续介绍几种矩阵分解方法，目的就在于为具体需要提供更多选择——能够进行选择，其意义远非如此。

3.5.1　*QR* 分解

与矩阵的 $\boldsymbol{LU}$ 分解命名类似，这里的 $\boldsymbol{QR}$ 分解中的 $\boldsymbol{Q}$ 和 $\boldsymbol{R}$ 还是两个矩阵，与前面已经探讨过的 $\boldsymbol{LU}$ 分解和对角化不同，$\boldsymbol{QR}$ 分解中所要分解的矩阵不再是 n 阶方阵，而是更一般的 $m\times n$ 阶矩阵。

设 $m\times n$ 的矩阵 $\boldsymbol{A}$ 的各个列向量线性无关，那么，矩阵 $\boldsymbol{A}$ 可以分解为矩阵 $\boldsymbol{Q}$ 和 $\boldsymbol{R}$ 的乘积：

$$\boldsymbol{A}=\boldsymbol{QR} \tag{3.5.1}$$

其中：

- $\boldsymbol{Q}$ 是 $m\times n$ 的矩阵，且 n 个列向量构成单位正交集，即 $\boldsymbol{Q}^{\mathrm{T}}\boldsymbol{Q}=\boldsymbol{I}$ 。如果 $\boldsymbol{A}$ 是 $n\times n$ 的方阵，则 $\boldsymbol{Q}$ 是正交矩阵。
- $\boldsymbol{R}$ 是可逆的上三角矩阵，且主对角线的元素不等于零，因此 $\boldsymbol{R}$ 也是非奇异矩阵（在第 2 章 2.2.3 节介绍矩阵的 $\boldsymbol{LU}$ 分解时，上三角矩阵用 $\boldsymbol{U}$ 表示，此处上三角矩阵用 $\boldsymbol{R}$ 表示，据说这是由于历史原因造成的，可以将 $\boldsymbol{R}$ 理解为“right”）。

令 $\boldsymbol{A}=[\boldsymbol{a}_1\ \cdots\ \boldsymbol{a}_n]$，$\boldsymbol{Q}=[\boldsymbol{q}_1\ \cdots\ \boldsymbol{q}_n]$，$\boldsymbol{R}=\begin{bmatrix}r_{11}&r_{12}&\cdots&r_{1n}\\0&r_{22}&\cdots&r_{2n}\\\vdots&\vdots&\ddots&\vdots\\0&0&\cdots&r_{nn}\end{bmatrix}$（$\boldsymbol{a}_j,\boldsymbol{q}_j,(j=1,2,\cdots,n)$ 是 $m\times1$ 的向量），（3.5.1）式可以写成：

$$[\boldsymbol{a}_1\ \cdots\ \boldsymbol{a}_n]=[\boldsymbol{q}_1\ \cdots\ \boldsymbol{q}_n]\begin{bmatrix}r_{11}&r_{12}&\cdots&r_{1n}\\0&r_{22}&\cdots&r_{2n}\\\vdots&\vdots&\ddots&\vdots\\0&0&\cdots&r_{nn}\end{bmatrix}$$

可以用线性方程组的形式将上式表示为：

$$\begin{cases} \boldsymbol{a}_1 & = r_{11}\boldsymbol{q}_1 \\ \boldsymbol{a}_2 & = r_{12}\boldsymbol{q}_1 + r_{22}\boldsymbol{q}_2 \\ & \vdots \\ \boldsymbol{a}_j & = r_{1j}\boldsymbol{q}_1 + r_{2j}\boldsymbol{q}_2 + \cdots + r_{jj}\boldsymbol{q}_j \\ & \vdots \\ \boldsymbol{a}_n & = r_{1n}\boldsymbol{q}_1 + r_{2n}\boldsymbol{q}_2 + \cdots + r_{jj}\boldsymbol{q}_j + \cdots + r_{nn}\boldsymbol{q}_n \end{cases}$$

注意$\begin{bmatrix}\boldsymbol{q}_1 & \cdots & \boldsymbol{q}_n\end{bmatrix}$的各个向量是单位正交的，即：

$$\boldsymbol{q}_i^{\mathrm{T}}\boldsymbol{q}_j = \delta_{ij} = \begin{cases} 1,(i=j) \\ 0,(i \neq j) \end{cases} \tag{3.5.2}$$

取方程式：

$$\boldsymbol{a}_j = r_{1j}\boldsymbol{q}_1 + r_{2j}\boldsymbol{q}_2 + \cdots + r_{jj}\boldsymbol{q}_j,(j=1,2,\cdots,n) \tag{3.5.3}$$

于是 $\boldsymbol{QR}$ 分解的目标就是要找到r_{ij}和单位向量$\boldsymbol{q}_j$（$i \leqslant j$）。

在（3.5.3）式的两边都左乘$\boldsymbol{q}_i^{\mathrm{T}}$，请注意上面的假设条件：$i \leqslant j$，即$i=1,2,\cdots,j-1$，那么在(3.5.3)式中必然有$r_{ij}\boldsymbol{q}_i$项，得：

$$\boldsymbol{q}_i^{\mathrm{T}}\boldsymbol{a}_j = \boldsymbol{q}_i^{\mathrm{T}}(r_{1j}\boldsymbol{q}_1 + r_{2j}\boldsymbol{q}_2 + \cdots + r_{ij}\boldsymbol{q}_i + \cdots + r_{jj}\boldsymbol{q}_j)$$

利用（3.5.2）式，计算可得：

$$\begin{aligned} \boldsymbol{q}_i^{\mathrm{T}}\boldsymbol{a}_j &= \boldsymbol{q}_i^{\mathrm{T}}r_{1j}\boldsymbol{q}_1 + \boldsymbol{q}_i^{\mathrm{T}}r_{2j}\boldsymbol{q}_2 + \cdots + \boldsymbol{q}_i^{\mathrm{T}}r_{ij}\boldsymbol{q}_i + \cdots + \boldsymbol{q}_i^{\mathrm{T}}r_{jj}\boldsymbol{q}_j \\ &= r_{1j}\boldsymbol{q}_i^{\mathrm{T}}\boldsymbol{q}_1 + r_{2j}\boldsymbol{q}_i^{\mathrm{T}}\boldsymbol{q}_2 + \cdots + r_{ij}\boldsymbol{q}_i^{\mathrm{T}}\boldsymbol{q}_i + \cdots + r_{jj}\boldsymbol{q}_i^{\mathrm{T}}\boldsymbol{q}_j \\ &= 0 \quad +0 \quad + \cdots + r_{ij}\cdot 1 \quad + \cdots + 0 \\ &= r_{ij} \end{aligned}$$

故：

$$\boldsymbol{q}_i^{\mathrm{T}}\boldsymbol{a}_j = r_{ij},(i=1,2,\cdots,j-1) \tag{3.5.4}$$

（3.5.4）式中等号左边的$\boldsymbol{q}_i^{\mathrm{T}}\boldsymbol{a}_j = \boldsymbol{a}_j \cdot \boldsymbol{q}_i$（注意，$\boldsymbol{q}_i$是单位向量），表示向量$\boldsymbol{a}_j$在$\boldsymbol{q}_i$方向上的投影大小，其值是等号右边的$r_{ij}$，这就是（3.5.4）式的含义。

因为前面假设$m \times n$的矩阵$\boldsymbol{A}$的各列向量线性无关，所以$\mathrm{rank}(\boldsymbol{A}) = n$，则$\mathrm{rank}(\boldsymbol{QR}) = n$，故可知$r_{ij} \neq 0$。于是可以通过（3.5.3）式计算$\boldsymbol{q}_j$：

$$\boldsymbol{q}_j = \frac{1}{r_{jj}}\left(\boldsymbol{a}_j - \left(r_{1j}\boldsymbol{q}_1 + r_{2j}\boldsymbol{q}_2 + \cdots + r_{j-1,j}\boldsymbol{q}_{j-1}\right)\right),(j=1,2,\cdots,n) \tag{3.5.5}$$

令

$$\boldsymbol{u}_j = \left(\boldsymbol{a}_j - \left(r_{1j}\boldsymbol{q}_1 + r_{2j}\boldsymbol{q}_2 + \cdots + r_{j-1,j}\boldsymbol{q}_{j-1}\right)\right) = \boldsymbol{a}_j - \sum_{k=1}^{j-1} r_{kj}\boldsymbol{q}_k \tag{3.5.6}$$

前面在解释（3.5.4）式的含义时已经提到，r_{kj}是$\boldsymbol{a}_j$在单位向量$\boldsymbol{q}_k$方向上的投影大小，那么$r_{kj}\boldsymbol{q}_k$就是含有方向的投影（参阅 3.4.4 节关于投影的定义）。此处的向量$\boldsymbol{u}_j$的含义即为向量$\boldsymbol{a}_j$减去它在

$\boldsymbol{q}_1,\boldsymbol{q}_2,\cdots,\boldsymbol{q}_{j-1}$方向的正交投影量之后的残余量。

将$\boldsymbol{u}_j$代入（3.5.5）式，则有：

$$\boldsymbol{q}_j=\frac{1}{r_{jj}}\boldsymbol{u}_j \tag{3.5.7}$$

因为$\|\boldsymbol{q}_j\|_2=1$，所以由（3.5.7）式得：

$$r_{jj}=\|\boldsymbol{u}_j\|_2 \tag{3.5.8}$$

（3.5.7）式说明$\boldsymbol{q}_j$是残余量$\boldsymbol{u}_j$的单位向量，（3.5.8）式说明r_{jj}是残余向量$\boldsymbol{u}_j$的l_2范数（欧几里得长度）。

至此，根据以上各式，以循环的方式就可以逐一计算出$\boldsymbol{Q}$和$\boldsymbol{R}$中的各个元素。下面用手工计算方法对矩阵$\boldsymbol{A}=\begin{bmatrix}2&1&1\\1&3&2\\1&0&0\end{bmatrix}$进行$\boldsymbol{QR}$分解。

（1）向量$\boldsymbol{a}_1=\begin{bmatrix}2\\1\\1\end{bmatrix}$，根据（3.5.6）式可得到对应的$\boldsymbol{u}_1=\boldsymbol{a}_1=\begin{bmatrix}2\\1\\1\end{bmatrix}$；根据（3.5.8）式得$r_{11}=\|\boldsymbol{u}_1\|=\sqrt{6}$；

根据（3.5.7）式得$\boldsymbol{q}_1=\begin{bmatrix}\frac{2}{\sqrt{6}}\\\frac{1}{\sqrt{6}}\\\frac{1}{\sqrt{6}}\end{bmatrix}$；

（2）向量$\boldsymbol{a}_2=\begin{bmatrix}1\\3\\0\end{bmatrix}$，由（3.5.4）式得$r_{12}=\boldsymbol{q}_1^{\mathrm{T}}\boldsymbol{a}_2=\begin{bmatrix}\frac{2}{\sqrt{6}}&\frac{1}{\sqrt{6}}&\frac{1}{\sqrt{6}}\end{bmatrix}\begin{bmatrix}1\\3\\0\end{bmatrix}=\frac{5}{\sqrt{6}}$；根据（3.5.6）式得$\boldsymbol{u}_2=\boldsymbol{a}_2-r_{12}\boldsymbol{q}_1=\begin{bmatrix}1\\3\\0\end{bmatrix}-\frac{5}{\sqrt{6}}\begin{bmatrix}\frac{2}{\sqrt{6}}\\\frac{1}{\sqrt{6}}\\\frac{1}{\sqrt{6}}\end{bmatrix}=\begin{bmatrix}-\frac{4}{6}\\\frac{13}{6}\\-\frac{5}{6}\end{bmatrix}$；根据（3.5.8）式得$r_{22}=\|\boldsymbol{u}_2\|=\frac{\sqrt{210}}{6}$；根据（3.5.7）式得$\boldsymbol{q}_2=\frac{\boldsymbol{u}_2}{r_{22}}=\begin{bmatrix}-\frac{4}{\sqrt{210}}\\\frac{13}{\sqrt{210}}\\-\frac{5}{\sqrt{210}}\end{bmatrix}$；

（3）向量 $\boldsymbol{a}_3=\begin{bmatrix}1\\2\\0\end{bmatrix}$，由（3.5.4）式得 $r_{13}=\boldsymbol{q}_1^{\mathrm{T}}\boldsymbol{a}_3=\frac{4}{\sqrt{6}}$，$r_{23}=\boldsymbol{q}_2^{\mathrm{T}}\boldsymbol{a}_3=\frac{22}{\sqrt{210}}$；根据（3.5.6）式得 $\boldsymbol{u}_3=\boldsymbol{a}_3-\left(r_{13}\boldsymbol{q}_1+r_{23}\boldsymbol{q}_2\right)=\begin{bmatrix}\frac{3}{35}\\-\frac{1}{35}\\-\frac{5}{35}\end{bmatrix}$；根据（3.5.8）式得 $r_{33}=\|\boldsymbol{u}_3\|=\frac{1}{\sqrt{35}}$；根据（3.5.7）式得

$$\boldsymbol{q}_3=\frac{\boldsymbol{u}_3}{r_{33}}=\begin{bmatrix}\frac{3}{\sqrt{35}}\\-\frac{1}{\sqrt{35}}\\-\frac{5}{\sqrt{35}}\end{bmatrix}。$$

综上可得矩阵 $\boldsymbol{A}$ 的 $\boldsymbol{QR}$ 分解结果：

$$\boldsymbol{Q}=\begin{bmatrix}\frac{2}{\sqrt{6}}&-\frac{4}{\sqrt{210}}&\frac{3}{\sqrt{35}}\\\frac{1}{\sqrt{6}}&\frac{13}{\sqrt{210}}&-\frac{1}{\sqrt{35}}\\\frac{1}{\sqrt{6}}&-\frac{5}{\sqrt{210}}&-\frac{5}{\sqrt{35}}\end{bmatrix},\quad \boldsymbol{R}=\begin{bmatrix}\sqrt{6}&\frac{5}{\sqrt{6}}&\frac{4}{\sqrt{6}}\\0&\frac{\sqrt{210}}{6}&\frac{22}{\sqrt{210}}\\0&0&\frac{1}{\sqrt{35}}\end{bmatrix}$$

其实，上面的方法就是**格拉姆—施密特正交化**（Gram-Schmidt）方法，只不过这里以数值计算的算法流程形式演示了一遍。此外，实现 $\boldsymbol{QR}$ 分解的计算方法还有豪斯霍尔德三角化法（Householder Triangularization）和吉文斯旋转法（Givens Rotations）等，此处不对这些方法进行详细介绍，有兴趣了解的可以浏览本书的在线资料。

手工计算虽然能让我们了解其基本原理，但算起来真的比较麻烦，还容易出错。所以，在科学和工程中，还是用程序完成。

```
from sympy import *
X = Matrix([[2,1,1],[1,3,2],[1,0,0]])
Q, R = X.QRdecomposition()
```

输出的矩阵 $\boldsymbol{Q}$ 是：

$$\begin{bmatrix}\frac{\sqrt{6}}{3}&-\frac{2\sqrt{210}}{105}&\frac{3\sqrt{35}}{35}\\\frac{\sqrt{6}}{6}&\frac{13\sqrt{210}}{210}&-\frac{\sqrt{35}}{35}\\\frac{\sqrt{6}}{6}&-\frac{\sqrt{210}}{42}&-\frac{\sqrt{35}}{7}\end{bmatrix}$$

输出的矩阵 $\boldsymbol{R}$ 是：

$$\begin{bmatrix} \sqrt{6} & \frac{4\sqrt{6}}{6} & \frac{2\sqrt{6}}{3} \\ 0 & \frac{\sqrt{210}}{5} & \frac{11\sqrt{210}}{105} \\ 0 & 0 & \frac{\sqrt{35}}{35} \end{bmatrix}$$

3.5.2　特征分解

特征分解，又称谱分解，是一种应用比较广泛的矩阵分解方法。

若 $\boldsymbol{A}$ 是实对称矩阵（即元素都是实数的对称矩阵），则 $\boldsymbol{A}=\boldsymbol{A}^{\mathrm{T}}$，并且有如下性质：

- 特征值是实数；
- 特征向量彼此正交。

下面对这两条性质给予简要证明，目的是借以复习有关知识，读者也可以跳过证明过程，不影响后面的阅读，但需要牢记有这两条性质。

1. 证明“对称矩阵的特征值是实数”

设 $\boldsymbol{Av}=\lambda\boldsymbol{v}$，$\lambda$ 是特征值，$\boldsymbol{v}$ 是特征向量。取其共轭（设复数 $z=a+ib$，其共轭复数 $\overline{z}=\overline{a+ib}=a-ib$），则得：

$$\begin{aligned} \boldsymbol{A}\overline{\boldsymbol{v}} &= \overline{\lambda}\overline{\boldsymbol{v}} \\ (\boldsymbol{A}\overline{\boldsymbol{v}})^{\mathrm{T}} &= (\overline{\lambda}\overline{\boldsymbol{v}})^{\mathrm{T}} \\ \overline{\boldsymbol{v}}^{\mathrm{T}}\boldsymbol{A}^{\mathrm{T}} &= \overline{\boldsymbol{v}}^{\mathrm{T}}\overline{\lambda} \\ \overline{\boldsymbol{v}}^{\mathrm{T}}\boldsymbol{A} &= \overline{\boldsymbol{v}}^{\mathrm{T}}\overline{\lambda}\left(\because \boldsymbol{A}=\boldsymbol{A}^{\mathrm{T}}\right) \\ \overline{\boldsymbol{v}}^{\mathrm{T}}\boldsymbol{A}\boldsymbol{v} &= \overline{\boldsymbol{v}}^{\mathrm{T}}\overline{\lambda}\boldsymbol{v}\left(\text{两边同右乘}\boldsymbol{v}\right) \end{aligned} \tag{3.5.9}$$

如果对 $\boldsymbol{Av}=\lambda\boldsymbol{v}$ 左乘 $\overline{\boldsymbol{v}}^{\mathrm{T}}$，则得到：

$$\overline{\boldsymbol{v}}^{\mathrm{T}}\boldsymbol{A}\boldsymbol{v}=\overline{\boldsymbol{v}}^{\mathrm{T}}\lambda\boldsymbol{v} \tag{3.5.10}$$

比较（3.5.9）式和（3.5.10）式，可知 $\lambda=\overline{\lambda}$，故 λ 是实数。

2. 证明“对称矩阵的特征向量彼此正交”

对于欧几里得空间，两个向量的点积 $\boldsymbol{u}\cdot\boldsymbol{v}=\boldsymbol{u}^{\mathrm{T}}\boldsymbol{v}$（也有的资料用内积形式表示 $\langle\boldsymbol{u},\boldsymbol{v}\rangle=\boldsymbol{u}^{\mathrm{T}}\boldsymbol{v}$，这种表示方式就意味着该资料中将内积等同于点积，对此的有关探讨参阅第 1 章 1.4 节）。设 $\boldsymbol{u}$、$\boldsymbol{v}$ 是对称矩阵 $\boldsymbol{A}$ 的两个特征向量，其对应的特征值分别为 λ_1、λ_2，且 $\lambda_1\neq\lambda_2$。计算：

$$\begin{aligned}\boldsymbol{A v}\cdot\boldsymbol{u}&=(\boldsymbol{A v})^{\mathrm{T}}\boldsymbol{u}=\boldsymbol{v}^{\mathrm{T}}\boldsymbol{A}^{\mathrm{T}}\boldsymbol{u}\\&=\boldsymbol{v}^{\mathrm{T}}\boldsymbol{A u}\quad\left(\because \boldsymbol{A}=\boldsymbol{A}^{\mathrm{T}}\right)\\&=\boldsymbol{v}\cdot\boldsymbol{A u}\end{aligned}$$

此处计算所得的结论将在后续证明中使用，即对称矩阵 $\boldsymbol{A}$：

$$\boldsymbol{A v}\cdot\boldsymbol{u}=\boldsymbol{v}\cdot\boldsymbol{A u}\tag{3.5.11}$$

再计算：

$$\begin{aligned}\lambda_1(\boldsymbol{v}\cdot\boldsymbol{u})&=(\lambda_1\boldsymbol{v})\cdot\boldsymbol{u}\\&=\boldsymbol{A v}\cdot\boldsymbol{u}\quad(\because \boldsymbol{A v}=\lambda_1\boldsymbol{v})\\&=\boldsymbol{v}\cdot\boldsymbol{A u}\quad(\text{根据（3.5.11）式})\\&=\boldsymbol{v}\cdot\lambda_2\boldsymbol{u}\quad(\because \boldsymbol{A u}=\lambda_2\boldsymbol{u})\\&=\lambda_2(\boldsymbol{v}\cdot\boldsymbol{u})\end{aligned}$$

所以：$(\lambda_1-\lambda_2)(\boldsymbol{v}\cdot\boldsymbol{u})=0$。

又因为 $\lambda_1\neq\lambda_2$，$\lambda_1-\lambda_2\neq 0$，所以有 $\boldsymbol{v}\cdot\boldsymbol{u}=0$，即 $\boldsymbol{v}^{\mathrm{T}}\boldsymbol{u}=0$，这两个特征向量正交。

有了前面两个性质，再给对称矩阵 $\boldsymbol{A}$ 增加一个约束条件：可对角化，即设矩阵 $\boldsymbol{A}$ 是可对角化的 n 阶对称方阵（虽然这么说有概念重复，但更直观），根据 3.3.3 节的（3.3.10）式，得：

$$\boldsymbol{A}=\boldsymbol{C D C}^{-1}=\boldsymbol{C D C}^{\mathrm{T}}\tag{3.5.12}$$

其中：

- $\boldsymbol{D}$ 是由矩阵 $\boldsymbol{A}$ 的 n 个特征值 $\lambda_1,\cdots,\lambda_n$ 作为主对角线的对角矩阵（特征值可以重复）；
- $\boldsymbol{C}$ 是由 n 个特征向量 $\boldsymbol{v}_1,\cdots,\boldsymbol{v}_n$ 作为列向量的正交矩阵，在这里我们假设这些特征向量已经单位化，即 $\|\boldsymbol{v}_i\|^2=\boldsymbol{v}_i\cdot\boldsymbol{v}_i=\boldsymbol{v}_i^{\mathrm{T}}\boldsymbol{v}_i=1$。

按照上面的要求，将一个可对角化的对称方阵分解为（3.5.12）式的形式，就是**特征分解**（Eigen Decomposition）——对角矩阵 $\boldsymbol{D}$ 由特征值构成；矩阵 $\boldsymbol{C}$ 由特征向量构成。为了更直观地体现特征分解的特点，可以将（3.5.12）式写成：

$$\boldsymbol{A}=[\boldsymbol{v}_1,\cdots,\boldsymbol{v}_n]\begin{bmatrix}\lambda_1&\cdots&0\\\vdots&\ddots&\vdots\\0&\cdots&\lambda_n\end{bmatrix}\begin{bmatrix}\boldsymbol{v}_1^{\mathrm{T}}\\\vdots\\\boldsymbol{v}_n^{\mathrm{T}}\end{bmatrix}$$

按照乘法规则对上式进行计算，可得：

$$\boldsymbol{A}=[\boldsymbol{v}_1,\cdots,\boldsymbol{v}_n]\begin{bmatrix}\lambda_1\boldsymbol{v}_1^{\mathrm{T}}\\\vdots\\\lambda_n\boldsymbol{v}_n^{\mathrm{T}}\end{bmatrix}=\lambda_1\boldsymbol{v}_1\boldsymbol{v}_1^{\mathrm{T}}+\lambda_2\boldsymbol{v}_2\boldsymbol{v}_2^{\mathrm{T}}+\cdots+\lambda_n\boldsymbol{v}_n\boldsymbol{v}_n^{\mathrm{T}}\tag{3.5.13}$$

这样，$\boldsymbol{A}$ 被分解为 n 个特征值与 n 个 n 阶矩阵的乘积的和，其中每一项中的矩阵是 $\boldsymbol{v}_i\boldsymbol{v}_i^{\mathrm{T}}$。正是因为（3.5.13）式的缘由，特征分解也称为**谱分解**（Spectral Decomposition）。

设有单位向量 $\boldsymbol{v}$（$\|\boldsymbol{v}\|=1$）和另外一个向量 $\boldsymbol{x}$，根据 3.4.4 节中关于投影的定义，可得：

$$proj_{\boldsymbol{v}}\boldsymbol{x}=(\boldsymbol{x}\cdot\boldsymbol{v})\boldsymbol{v}=(\boldsymbol{v}^{\mathrm{T}}\boldsymbol{x})\boldsymbol{v}=\boldsymbol{v}\boldsymbol{v}^{\mathrm{T}}\boldsymbol{x} \tag{3.5.14}$$

（3.5.14）中的 $\boldsymbol{v}\boldsymbol{v}^{\mathrm{T}}$ 的计算结果是一个方阵，它右乘向量 $\boldsymbol{x}$，得到向量 $\boldsymbol{x}$ 在单位向量 $\boldsymbol{v}$ 方向上的投影，因此称 $\boldsymbol{v}\boldsymbol{v}^{\mathrm{T}}$ 为**投影矩阵**——读者在此还可体会到“矩阵是映射”的含义，用投影矩阵乘以向量，就是将向量变换成投影。

如果用（3.5.14）式定义的投影矩阵来观察（3.5.13）式，就会发现特征分解或者谱分解，是将 $\boldsymbol{A}$ 展开为若干个投影矩阵的线性组合，其特征值可以理解为投影矩阵的权重。

为了进一步理解特征分解的过程，下面用一个示例，借助程序完成相关计算。对矩阵 $\boldsymbol{A}=\begin{bmatrix}3&1\\1&2\end{bmatrix}$ 计算特征值和特征向量。

```
import numpy as np
import numpy.linalg as la

A = np.array([[3, 1],[1, 2]])
lam, v = la.eig(A)
print("lam =", np.round(lam, 4))
print("v =", np.round(v, 4))

# 输出
lam = [3.618 1.382]
v = [[ 0.8507 -0.5257]
     [ 0.5257  0.8507]]
```

矩阵 $\boldsymbol{A}$ 有两个特征值（$\lambda_1=3.618,\lambda_2=1.382$），按照（3.5.13）式那样的展开式就有两项，分别计算如下：

```
v1 = v[:,0].reshape(2,1)
lam1 = lam[0]
A1 = lam1 * (v1.dot(v1.T))

v2 = v[:,1].reshape(2,1)
lam2 = lam[1]
A2 = lam2 * (v2.dot(v2.T))

print("A1 = ", np.round(A1, 4))
print("A2 = ", np.round(A2, 4))

# 输出
A1 =  [[2.618 1.618]
       [1.618 1.   ]]
A2 =  [[ 0.382 -0.618]
       [-0.618  1.   ]]
```

结果显示这两项都是对称矩阵，这一点从 $\boldsymbol{v}\boldsymbol{v}^{\mathrm{T}}$ 也不难看出来。（3.5.13）式中的任意一项 $\lambda_i\boldsymbol{v}_i\boldsymbol{v}_i^{\mathrm{T}}$

中的每一个元素等于$\lambda_i v_{ij} v_{ji}$，当$i=j$时是主对角线元素。例如：

$$\begin{bmatrix} a \\ b \\ c \end{bmatrix} \begin{bmatrix} a & b & c \end{bmatrix} = \begin{bmatrix} a^2 & ab & ac \\ ab & b^2 & bc \\ ac & bc & c^2 \end{bmatrix}$$

以上述计算得到的矩阵 A1 为例，按照下面的方式，可以看到更有意思的性质。

```
lam_A1, v_A1   = la.eig(A1)
print("lam = ", np.round(lam_A1, 4))
print("v = ", np.round(v_A1, 4))

# 输出
lam = [ 3.618  -0.   ]
v =  [[ 0.8507 -0.5257]
      [ 0.5257  0.8507]]
```

它也有两个特征值，一个是0，另一个与矩阵$\boldsymbol{A}$的特征值λ_1相同，并且，两个特征向量都和$\boldsymbol{A}$的特征向量相同。巧合吗？

取出（3.5.13）式中的任意一项，做如下计算（要牢记$\boldsymbol{v}_i$是$\boldsymbol{A}$的单位特征向量，$\boldsymbol{v}_i \cdot \boldsymbol{v}_i = \boldsymbol{v}_i^{\mathrm{T}} \boldsymbol{v}_i = 1$）：

$$\left(\lambda_i \boldsymbol{v}_i \boldsymbol{v}_i^{\mathrm{T}}\right) \boldsymbol{v}_i = \lambda_i \boldsymbol{v}_i \left(\boldsymbol{v}_i^{\mathrm{T}} \boldsymbol{v}_i\right) = \lambda_i \boldsymbol{v}_i$$

根据特征值和特征向量的定义，矩阵$\lambda_i \boldsymbol{v}_i \boldsymbol{v}_i^{\mathrm{T}}$的特征值是$\lambda_i$，对应的特征向量是$\boldsymbol{v}_i$。但是，这个矩阵是$n \times n$的对称矩阵，它应该有$n$个特征值和特征向量。如果用$\boldsymbol{A}$中任意一个其他特征向量与此矩阵相乘：

$$\left(\lambda_i \boldsymbol{v}_i \boldsymbol{v}_i^{\mathrm{T}}\right) \boldsymbol{v}_j = \lambda_i \boldsymbol{v}_i \left(\boldsymbol{v}_i^{\mathrm{T}} \boldsymbol{v}_j\right)$$

则因为$i \neq j$，且矩阵$\boldsymbol{A}$的特征向量彼此正交，所以$\boldsymbol{v}_i^{\mathrm{T}} \boldsymbol{v}_j = 0$，即

$$\left(\lambda_i \boldsymbol{v}_i \boldsymbol{v}_i^{\mathrm{T}}\right) \boldsymbol{v}_j = \lambda_i \boldsymbol{v}_i \left(\boldsymbol{v}_i^{\mathrm{T}} \boldsymbol{v}_j\right) = 0 = 0 \cdot \boldsymbol{v}_j$$

这说明矩阵$\lambda_i \boldsymbol{v}_i \boldsymbol{v}_i^{\mathrm{T}}$的另外一个特征值是0，并且与矩阵$\boldsymbol{A}$的其余特征向量对应。

用上面的理论推导，再理解示例，就不觉得是巧合了。

至此，我们已经理解了（3.5.13）式的含义，它将一个n阶对称矩阵$\boldsymbol{A}$分解为n个$\lambda_i \boldsymbol{v}_i \boldsymbol{v}_i^{\mathrm{T}}$的和，每个矩阵项具有和$\boldsymbol{A}$同样的$n$个特征向量，以及相应的特征值$\lambda_i$（另外$n-1$个特征值是0）。

如果将本节中所讨论的对称矩阵$\boldsymbol{A}$乘以一个向量$\boldsymbol{x}$，即线性变换$\boldsymbol{x} \mapsto \boldsymbol{A}\boldsymbol{x}$，则从几何角度讲，对称矩阵$\boldsymbol{A}$会使得$\boldsymbol{x}$在特征向量的方向上缩放。在此基础上，由（3.5.13）式得到：

$$\boldsymbol{A}\boldsymbol{x} = \lambda_1 \boldsymbol{v}_1 \boldsymbol{v}_1^{\mathrm{T}} \boldsymbol{x} + \cdots + \lambda_n \boldsymbol{v}_n \boldsymbol{v}_n^{\mathrm{T}} \boldsymbol{x}$$

此处每个特征向量依然如前面的假设那样是单位向量，那么$\boldsymbol{v}_i \boldsymbol{v}_i^{\mathrm{T}} \boldsymbol{x}$的含义就是向量$\boldsymbol{x}$在特征向量方向的投影（根据（3.5.14）式），这些投影的λ_i倍（缩放）的和就是$\boldsymbol{A}\boldsymbol{x}$，如图 3-5-1 所示。亦

即（3.5.13）式表示将线性变换 $\boldsymbol{A}$ 分解为沿着各个特征向量方向的线性变换，且在各个特征向量方向上的线性变换只能缩放 λ_i 倍，或者说 λ_i 表示了该方向上的伸缩幅度。

以上我们假设矩阵 $\boldsymbol{A}$ 是可对角化的对称矩阵。下面要引入一个新的概念，用于对矩阵 $\boldsymbol{A}$ 增加约束条件，并在这个约束条件下，继续探讨对它的特征分解。

设 $\boldsymbol{A}$ 是对称矩阵，当且仅当对所有 n 维非零向量 $\boldsymbol{v}$ ，使得：

$$\boldsymbol{v}^{\mathrm{T}}\boldsymbol{A}\boldsymbol{v} > 0 \tag{3.5.15}$$

则称 $\boldsymbol{A}$ 为正定的（Positive Definite），即 $\boldsymbol{A}$ 为对称正定矩阵。

约束条件放宽一些，若 $\boldsymbol{v}^{\mathrm{T}}\boldsymbol{A}\boldsymbol{v} \geqslant 0$，则称 $\boldsymbol{A}$ 为半正定的（Positive Semidefinite）。

设 $\boldsymbol{v}_i$ 是正定矩阵 $\boldsymbol{A}$ 的一个单位特征向量，所对应的特征值是 λ_i：

$$\boldsymbol{v}_i^{\mathrm{T}}\boldsymbol{A}\boldsymbol{v}_i = \boldsymbol{v}_i^{\mathrm{T}}\left(\lambda_i\boldsymbol{v}_i\right) = \lambda_i\left(\boldsymbol{v}_i^{\mathrm{T}}\boldsymbol{v}_i\right) = \lambda_i$$

根据（3.5.15）式可知：$\lambda_i > 0$，即正定矩阵不仅仅是对称矩阵，而且其特征值是正数。反之，特征值都是负数的矩阵称为负定矩阵。

借此看一种特殊情况，对正定矩阵就不陌生了。如果矩阵 $\boldsymbol{A}$ 的阶数 $n=1$，那么（3.5.15）式中的矩阵和向量分别退化为标量 a 和 v，即 $vav = av^2 > 0$，故 $a > 0$。此时，我们说 a 是正定的，简称 a 是正的。

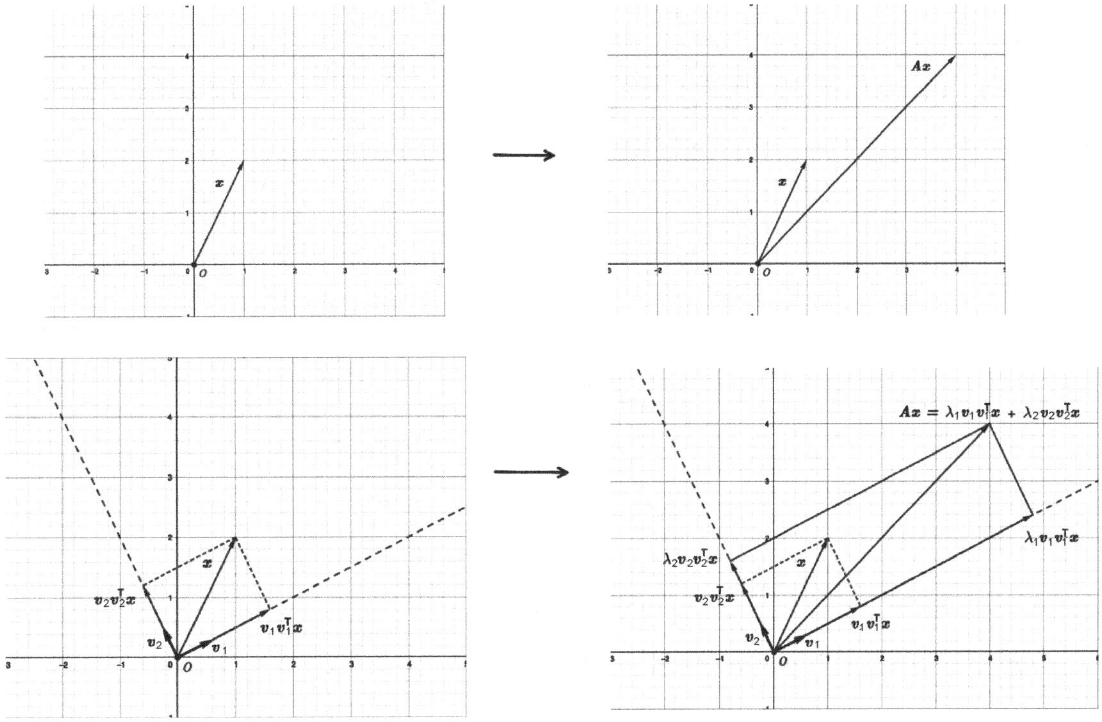

图 3-5-1

为什么要关心正定矩阵呢？原因有二：

- 对称正定矩阵有一些引人注目的性质，本节后续内容将介绍。
- 把对称正定矩阵研究清楚，其他矩阵可以转换为对称正定矩阵来研究。

下面就继续探讨特征分解问题，但分解的是正定矩阵，即 $\lambda_i > 0$。从（3.5.13）式可知，特征值越大，在相应特征向量方向的线性变换对整个线性变换的影响也越大。如果令正定矩阵 $\boldsymbol{A}$ 的特征值按照 $\lambda_1 \geqslant \lambda_2 \geqslant \cdots \geqslant \lambda_k \geqslant \cdots \lambda_n > 0$ 排列，假设前 $\boldsymbol{k}$ 个特征值明显大于后面的特征值，那么就可以将（3.5.13）式近似为：

$$\boldsymbol{A} \approx \boldsymbol{A}_k = \lambda_1 \boldsymbol{v}_1 \boldsymbol{v}_1^{\mathrm{T}} + \lambda_2 \boldsymbol{v}_2 \boldsymbol{v}_2^{\mathrm{T}} + \cdots + \lambda_k \boldsymbol{v}_k \boldsymbol{v}_k^{\mathrm{T}} \quad (3.5.16)$$

“近似”，似乎不被纯粹数学喜欢，但在物理学和工程中应用广泛，机器学习中也处处少不了“近似”，因为这样才能让我们“抓住主要矛盾和矛盾的主要方面”。

例如矩阵 $\boldsymbol{C} = \begin{bmatrix} 5 & 1 \\ 1 & 0.35 \end{bmatrix}$ 的特征值和特征向量是（可以用前面程序中使用过的函数 la.eig()计算，此处省略计算过程）：

$$\lambda_1 = 5.2059 \qquad \lambda_2 = 0.1441$$

$$\boldsymbol{v}_1 = \begin{bmatrix} 0.9749 \\ 0.2017 \end{bmatrix} \qquad \boldsymbol{v}_2 = \begin{bmatrix} -0.2017 \\ 0.9749 \end{bmatrix}$$

$\lambda_1 > \lambda_2$，因此可以将原来的矩阵 $\boldsymbol{C}$ 近似为 $\boldsymbol{C}_1 = \lambda_1 \boldsymbol{v}_1 \boldsymbol{v}_1^{\mathrm{T}} = \begin{bmatrix} 4.95 & 1.02 \\ 1.02 & 0.21 \end{bmatrix}$。图 3-5-2 显示了矩阵 $\boldsymbol{C}$ 和 $\boldsymbol{C}_1$ 对同一个向量进行线性变换的结果，从而可以比较它们的近似性。

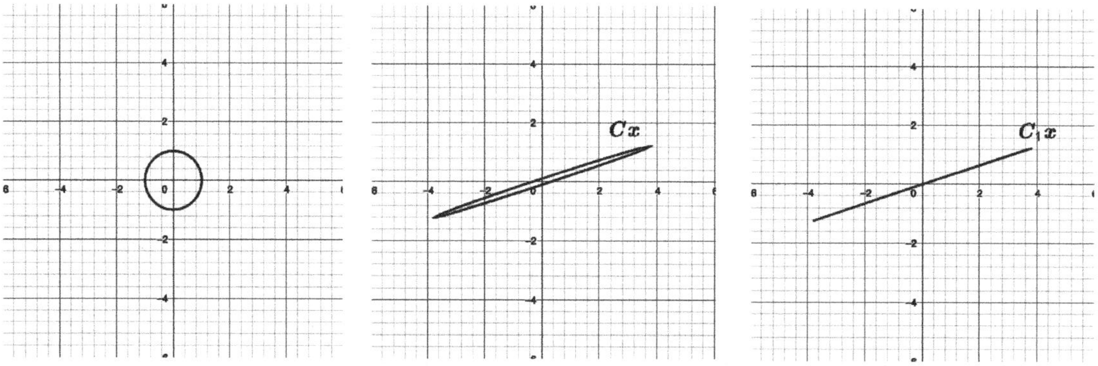

图 3-5-2

最后要特别提示，本节所讨论的矩阵，必须是对称矩阵。如果不是对称矩阵怎么办？请看下节。

3.5.3 奇异值分解

对于 $m \times n, (m \neq n)$ 的矩阵 $\boldsymbol{A}$，显然不能直接进行 3.5.2 节的特征分解，怎么办？明修栈道，暗度陈仓！

设 $\boldsymbol{A}=[\boldsymbol{a}_1 \quad \cdots \quad \boldsymbol{a}_n]$，其中 $\boldsymbol{a}_i\,(i=1,2,\cdots,n)$ 是矩阵的列向量，则：

$$\boldsymbol{G}=\boldsymbol{A}^{\mathrm{T}}\boldsymbol{A}=\begin{bmatrix}\boldsymbol{a}_1^{\mathrm{T}}\\ \vdots\\ \boldsymbol{a}_n^{\mathrm{T}}\end{bmatrix}[\boldsymbol{a}_1 \quad \cdots \quad \boldsymbol{a}_n]=\begin{bmatrix}\boldsymbol{a}_1^{\mathrm{T}}\boldsymbol{a}_1 & \cdots & \boldsymbol{a}_1^{\mathrm{T}}\boldsymbol{a}_n\\ \vdots & \ddots & \vdots\\ \boldsymbol{a}_n^{\mathrm{T}}\boldsymbol{a}_1 & \cdots & \boldsymbol{a}_n^{\mathrm{T}}\boldsymbol{a}_n\end{bmatrix}$$

这里所得的矩阵 $\boldsymbol{G}$ 中的每一个元素，都可以用矩阵 $\boldsymbol{A}$ 中的列向量点积得到，即 $g_{ij}=\boldsymbol{a}_i^{\mathrm{T}}\boldsymbol{a}_j=\boldsymbol{a}_i\cdot\boldsymbol{a}_j$，再宽泛一些，可以用内积表示 $g_{ij}=\langle\boldsymbol{a}_i,\boldsymbol{a}_j\rangle$，像这样的矩阵称为**格拉姆矩阵**（Gramian Matrix，或 Gram Matrix）。因为：

$$(\boldsymbol{A}^{\mathrm{T}}\boldsymbol{A})^{\mathrm{T}}=\boldsymbol{A}^{\mathrm{T}}(\boldsymbol{A}^{\mathrm{T}})^{\mathrm{T}}=\boldsymbol{A}^{\mathrm{T}}\boldsymbol{A}$$

所以格拉姆矩阵是对称矩阵。如此，就把任意一个 $m\times n$ 的矩阵 $\boldsymbol{A}$ 转换为 $n\times n$ 的对称矩阵 $\boldsymbol{A}^{\mathrm{T}}\boldsymbol{A}$，对于这个对称矩阵（注意是 $\boldsymbol{A}^{\mathrm{T}}\boldsymbol{A}$）就可以使用特征分解了。

从线性映射的角度来看，我们已经知道，矩阵 $\boldsymbol{A}$ 表示 $\boldsymbol{x}\mapsto\boldsymbol{A}\boldsymbol{x}$ 的一个线性映射，$\boldsymbol{A}\boldsymbol{x}$ 是映射之后的向量，它的 l_2 范数的平方显然大于 0，即 $\|\boldsymbol{A}\boldsymbol{x}\|_2^2\geqslant 0$（$l_2$ 范数的平方简写为 $\|\boldsymbol{A}\boldsymbol{x}\|^2$）。又因为：

$$\|\boldsymbol{A}\boldsymbol{x}\|^2=(\boldsymbol{A}\boldsymbol{x})^{\mathrm{T}}(\boldsymbol{A}\boldsymbol{x})=\boldsymbol{x}^{\mathrm{T}}\boldsymbol{A}^{\mathrm{T}}\boldsymbol{A}\boldsymbol{x}=\boldsymbol{x}^{\mathrm{T}}(\boldsymbol{A}^{\mathrm{T}}\boldsymbol{A})\boldsymbol{x}\geqslant 0$$

所以由 3.5.2 节中的（3.5.15）式关于正定矩阵和半正定矩阵的定义可知，格拉姆矩阵 $\boldsymbol{A}^{\mathrm{T}}\boldsymbol{A}$ 是半正定矩阵——将一般的矩阵转换为（半）正定矩阵来研究。

设 $\boldsymbol{v}_1,\boldsymbol{v}_2,\cdots\boldsymbol{v}_n$ 是 $\boldsymbol{A}^{\mathrm{T}}\boldsymbol{A}$ 单位化的正交特征向量，对于每个特征向量 $\boldsymbol{v}_i$ 所对应的特征值记作 λ_i：

$$\boldsymbol{A}^{\mathrm{T}}\boldsymbol{A}\boldsymbol{v}_i=\lambda_i\boldsymbol{v}_i\ (i=i,\cdots,n) \tag{3.5.17}$$

并且：

$$\begin{cases}\boldsymbol{v}_i^{\mathrm{T}}\boldsymbol{v}_j=0\,(i\neq j)\\ \boldsymbol{v}_i^{\mathrm{T}}\boldsymbol{v}_i=1\end{cases} \tag{3.5.18}$$

若以 $\boldsymbol{A}^{\mathrm{T}}\boldsymbol{A}$ 的单位正交特征向量 $\boldsymbol{v}_1,\cdots\boldsymbol{v}_n$ 为向量空间的一个基，当 $\boldsymbol{x}=\boldsymbol{v}_i$ 时：

$$\begin{aligned}\|\boldsymbol{A}\boldsymbol{v}_i\|^2&=(\boldsymbol{A}\boldsymbol{v}_i)^{\mathrm{T}}(\boldsymbol{A}\boldsymbol{v}_i)\\ &=\boldsymbol{v}_i^{\mathrm{T}}\boldsymbol{A}^{\mathrm{T}}\boldsymbol{A}\boldsymbol{v}_i\\ &=\boldsymbol{v}_i^{\mathrm{T}}\lambda_i\boldsymbol{v}_i\quad(\because \boldsymbol{A}^{\mathrm{T}}\boldsymbol{A}\boldsymbol{v}_i=\lambda_i\boldsymbol{v}_i,\ \text{(3.5.17) 式})\\ &=\lambda_i\boldsymbol{v}_i^{\mathrm{T}}\boldsymbol{v}_i\\ &=\lambda_i\quad(\because \boldsymbol{v}_i^{\mathrm{T}}\boldsymbol{v}_i=1,\ \text{(3.5.18) 式})\end{aligned}$$

所以：

$$\|\boldsymbol{A}\boldsymbol{v}_i\|^2=\lambda_i \tag{3.5.19}$$

可以得到关于格拉姆矩阵 $\boldsymbol{A}^{\mathrm{T}}\boldsymbol{A}$ 的如下结论：

- 格拉姆矩阵 $\boldsymbol{A}^{\mathrm{T}}\boldsymbol{A}$ 的特征值都不是负数，将特征值按从大到小的顺序排序，假设为：$\lambda_1 \geqslant \lambda_2 \geqslant \cdots \geqslant \lambda_n \geqslant 0$。
- $n \times n$ 的格拉姆矩阵 $\boldsymbol{A}^{\mathrm{T}}\boldsymbol{A}$ 的特征值 λ_i，对应的单位特征向量 $\boldsymbol{v}_i$（$i=1,2,\cdots,n$），由（3.5.19）式可以定义：

$$\sigma_i = \sqrt{\lambda_i} = \|\boldsymbol{A}\boldsymbol{v}_i\| \tag{3.5.20}$$

称 σ_i 为 $m \times n$ 的矩阵 $\boldsymbol{A}$ 的**奇异值**（Singular Value）。

前面已经证明，格拉姆矩阵是半正定矩阵，即其特征值有大于零的，也有等于零的，于是就可以将 $\boldsymbol{A}^{\mathrm{T}}\boldsymbol{A}$ 的 n 个特征值分为两部分（这种假设更具有一般性），一部分是非零特征值，假设有 r 个，并且还按照从大到小的次序排列：$\lambda_1 \geqslant \cdots \geqslant \lambda_r > 0$；另外一部分是零特征值，即 $\lambda_{r+1} = \cdots = \lambda_n = 0$。根据奇异值的定义式（3.5.20）式得：

- 当 $i=1,\cdots,r$ 时，$\|\boldsymbol{A}\boldsymbol{v}_i\| = \sqrt{\lambda_i}$，相应的奇异值按从大到小的次序排列 $\sigma_1 \geqslant \cdots \geqslant \sigma_r > 0$；
- 当 $i=r+1,\cdots,n$ 时，$\|\boldsymbol{A}\boldsymbol{v}_i\| = 0$，则奇异值为 $\sigma_{r+1} = \cdots = \sigma_n = 0$。

这样我们就得到了 r 个向量 $\boldsymbol{A}\boldsymbol{v}_1,\cdots,\boldsymbol{A}\boldsymbol{v}_r$，如果 $i \neq j$，则这些向量中的任意两个的点积是：

$$\begin{aligned}(\boldsymbol{A}\boldsymbol{v}_i)^{\mathrm{T}}\left(\boldsymbol{A}\boldsymbol{v}_j\right) &= \boldsymbol{v}_i^{\mathrm{T}}\boldsymbol{A}^{\mathrm{T}}\boldsymbol{A}\boldsymbol{v}_j \\ &= \boldsymbol{v}_i^{\mathrm{T}}\lambda_j\boldsymbol{v}_j \quad \left(\because \boldsymbol{A}^{\mathrm{T}}\boldsymbol{A}\boldsymbol{v}_j = \lambda_j\boldsymbol{v}_j,\ （3.5.17）式\right) \\ &= \lambda_j\boldsymbol{v}_i^{\mathrm{T}}\boldsymbol{v}_j \\ &= 0 \quad \left(\because \boldsymbol{v}_i^{\mathrm{T}}\boldsymbol{v}_j = 0,\ （3.5.18）式\right)\end{aligned}$$

所以，$\left\{\boldsymbol{A}\boldsymbol{v}_1,\cdots,\boldsymbol{A}\boldsymbol{v}_r\right\}$ 是一组正交向量集。

若令 $\boldsymbol{u}_1,\cdots,\boldsymbol{u}_r$ 是 $\boldsymbol{A}\boldsymbol{v}_1,\cdots,\boldsymbol{A}\boldsymbol{v}_r$ 中每个向量对应的单位向量，即：

$$\boldsymbol{u}_i = \frac{\boldsymbol{A}\boldsymbol{v}_i}{\|\boldsymbol{A}\boldsymbol{v}_i\|} = \frac{1}{\sigma_i}\boldsymbol{A}\boldsymbol{v}_i\left(i=1,\cdots,r\right) \tag{3.5.21}$$

则：

$$\boldsymbol{A}\boldsymbol{v}_i = \begin{cases}\sigma_i\boldsymbol{u}_i & i=1,\cdots,r \\ \boldsymbol{0} & i=r+1,\cdots n\end{cases} \tag{3.5.22}$$

由此，我们认识到，当向量 $\boldsymbol{v}_1,\cdots,\boldsymbol{v}_n$ 经过线性映射 $\boldsymbol{A}$ 之后，变成了 $\boldsymbol{A}\boldsymbol{v}_1,\cdots,\boldsymbol{A}\boldsymbol{v}_r,\boldsymbol{0},\cdots,\boldsymbol{0}$ 一系列向量（从第 $r+1$ 个开始直到第 n 个向量都是 $\boldsymbol{0}$ 向量），其中非零向量 $\boldsymbol{A}\boldsymbol{v}_i,\left(i=1,\cdots,r\right)$ 具有如下特点：

- $\boldsymbol{A}\boldsymbol{v}_i$ 的长度是奇异值 σ_i，即 $\|\boldsymbol{A}\boldsymbol{v}_i\| = \sigma_i$；
- $\boldsymbol{A}\boldsymbol{v}_i$ 两两正交。

上述映射关系可以通过图 3-5-3 表示。

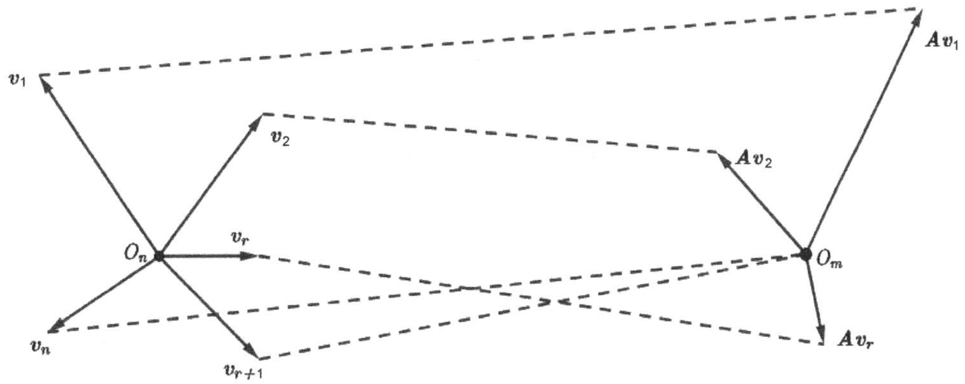

图 3-5-3

由（3.5.22）式可得：

$$\boldsymbol{A}[\boldsymbol{v}_1 \quad \cdots \boldsymbol{v}_r \quad \boldsymbol{v}_{r+1} \quad \cdots \quad \boldsymbol{v}_n] = [\sigma_1 \boldsymbol{u}_1 \quad \cdots \quad \sigma_r \boldsymbol{u}_r \quad 0 \quad \cdots \quad 0]$$
$$= [\boldsymbol{u}_1 \quad \cdots \quad \boldsymbol{u}_r] \begin{bmatrix} \sigma_1 & \cdots & 0 & \cdots & 0 \\ \vdots & \ddots & \vdots & \ddots & \vdots \\ 0 & \cdots & \sigma_r & \cdots & 0 \end{bmatrix}$$

其中，$\boldsymbol{A}$ 是 $m \times n$ 矩阵，$[\boldsymbol{v}_1 \quad \cdots \boldsymbol{v}_r \quad \boldsymbol{v}_{r+1} \quad \cdots \quad \boldsymbol{v}_n]$ 是格拉姆矩阵 $\boldsymbol{A}^{\mathrm{T}}\boldsymbol{A}$ 单位化的正交特征向量，用符号 $\boldsymbol{V}$ 表示，即 $\boldsymbol{V} = [\boldsymbol{v}_1 \quad \cdots \boldsymbol{v}_r \quad \boldsymbol{v}_{r+1} \quad \cdots \quad \boldsymbol{v}_n]$ 是 $n \times n$ 正交矩阵。

设 $m \times r$ 矩阵 $\boldsymbol{U} = [\boldsymbol{u}_1 \quad \cdots \quad \boldsymbol{u}_r]$，$r \times n$ 矩阵 $\boldsymbol{\Sigma} = [\boldsymbol{S} \quad \boldsymbol{0}]$，其中 $\boldsymbol{S}$ 是对角矩阵 $\boldsymbol{S} = \begin{bmatrix} \sigma_1 & \cdots & 0 \\ \vdots & \ddots & \vdots \\ 0 & \cdots & \sigma_r \end{bmatrix}$，

则有：

$$\boldsymbol{AV} = \boldsymbol{U\Sigma}$$
$$\boldsymbol{AVV}^{-1} = \boldsymbol{U\Sigma V}^{-1}$$

因为 $\boldsymbol{V}$ 是正交矩阵，所以 $\boldsymbol{V}^{-1} = \boldsymbol{V}^{\mathrm{T}}$，得：

$$\boldsymbol{A} = \boldsymbol{U\Sigma V}^{\mathrm{T}} \tag{3.5.23}$$

这就是本节的核心——矩阵的**奇异值分解**（Singular Value Decomposition，SVD）。

如果从更一般化的角度理解奇异值分解的（3.5.23）式，可以认为，任意 $m \times n$ 的矩阵 $\boldsymbol{A}$ 可以分解为：

- $\boldsymbol{U}$ 是 $m \times m$ 正交矩阵（$\boldsymbol{U}^{\mathrm{T}} = \boldsymbol{U}^{-1}$），$\boldsymbol{U} = [\boldsymbol{u}_1 \quad \cdots \quad \boldsymbol{u}_m]$，其中 $\boldsymbol{u}_i\ (i = 1, \cdots, m)$ 是列向量；
- $\boldsymbol{V}$ 是 $n \times n$ 正交矩阵（$\boldsymbol{V}^{\mathrm{T}} = \boldsymbol{V}^{-1}$），$\boldsymbol{V} = [\boldsymbol{v}_1 \quad \cdots \quad \boldsymbol{v}_n]$，其中 $\boldsymbol{v}_i\ (i = 1, \cdots, n)$ 是列向量；
- $\boldsymbol{\Sigma}$ 是 $m \times n$（类）对角矩阵，形式为：

$$\boldsymbol{\Sigma}=\begin{bmatrix}\sigma_1 & 0 & \cdots & 0 & 0 & \cdots & 0\\ 0 & \sigma_2 & \cdots & 0 & 0 & \cdots & 0\\ \vdots & \vdots & \ddots & \vdots & \vdots & \ddots & \vdots\\ 0 & 0 & \cdots & \sigma_r & 0 & \cdots & 0\\ 0 & 0 & \cdots & 0 & 0 & \cdots & 0\\ \vdots & \vdots & \ddots & \vdots & \vdots & \ddots & \vdots\\ 0 & 0 & \cdots & 0 & 0 & \cdots & 0\end{bmatrix}$$

其中 $\sigma_i>0\left(i=1,2,\cdots,r\right)$ 是 $\boldsymbol{A}$ 的奇异值，且 $\sigma_{r+1}=\cdots=\sigma_p=0\left(p=\min\left(m,n\right)\right)$，通常将奇异值按照从大到小的次序排序：$\sigma_1\geqslant\cdots\geqslant\sigma_r>0$。

根据上述奇异值分解各个矩阵的形式，可以做如下计算：

$$\boldsymbol{A}=\begin{bmatrix}\boldsymbol{u}_1 & \cdots & \boldsymbol{u}_m\end{bmatrix}\begin{bmatrix}\sigma_1 & 0 & \cdots & 0 & 0 & \cdots & 0\\ 0 & \sigma_2 & \cdots & 0 & 0 & \cdots & 0\\ \vdots & \vdots & \ddots & \vdots & \vdots & \ddots & \vdots\\ 0 & 0 & \cdots & \sigma_r & 0 & \cdots & 0\\ 0 & 0 & \cdots & 0 & 0 & \cdots & 0\\ \vdots & \vdots & \ddots & \vdots & \vdots & \ddots & \vdots\\ 0 & 0 & \cdots & 0 & 0 & \cdots & 0\end{bmatrix}\begin{bmatrix}\boldsymbol{v}_1^{\mathrm{T}}\\ \vdots\\ \boldsymbol{v}_n^{\mathrm{T}}\end{bmatrix}$$

$$=\begin{bmatrix}\boldsymbol{u}_1 & \cdots & \boldsymbol{u}_m\end{bmatrix}\begin{bmatrix}\sigma_1\boldsymbol{v}_1^{\mathrm{T}}\\ \vdots\\ \sigma_r\boldsymbol{v}_r^{\mathrm{T}}\\ 0\\ 0\end{bmatrix}$$

$$=\sigma_1\boldsymbol{u}_1\boldsymbol{v}_1^{\mathrm{T}}+\cdots+\sigma_r\boldsymbol{u}_r\boldsymbol{v}_r^{\mathrm{T}}$$

$$\boldsymbol{A}=\sigma_1\boldsymbol{u}_1\boldsymbol{v}_1^{\mathrm{T}}+\sigma_2\boldsymbol{u}_2\boldsymbol{v}_2^{\mathrm{T}}+\cdots+\sigma_r\boldsymbol{u}_r\boldsymbol{v}_r^{\mathrm{T}} \tag{3.5.24}$$

（3.5.24）式中的最终结果在形式上与 3.5.2 节表示特征分解的（3.5.13）式一样。对于每一项 $\sigma_i\boldsymbol{u}_i\boldsymbol{v}_i^{\mathrm{T}}$，都是一个 $m\times n$ 的矩阵。

按此方式，我们说任意矩阵 $\boldsymbol{A}$ 都能被分解为 r 个同样形状的矩阵之和。在前面已经假设 $\sigma_1\geqslant\cdots\geqslant\sigma_r>0$，如果认为奇异值表示了各项的重要程度，可见从第一项开始，每项的重要程度依次递减。利用这个特点，我们可以用若干个维度较小的矩阵近似表示原矩阵——又是一种近似计算。

如果将 $\boldsymbol{A}$ 作用于一个向量 $\boldsymbol{x}$，则由（3.5.24）式得：

$$\boldsymbol{Ax}=\sigma_i\boldsymbol{u}_1\boldsymbol{v}_1^{\mathrm{T}}\boldsymbol{x}+\cdots+\sigma_r\boldsymbol{u}_r\boldsymbol{v}_r^{\mathrm{T}}\boldsymbol{x} \tag{3.5.25}$$

（3.5.25）式称为 **SVD 方程**。对于 SVD 方程，我们还可以从投影的角度进行理解——基本思路和 3.5.2 节中对（3.5.13）式的理解类似。

由（3.5.25）可知，单位正交向量 $\boldsymbol{u}_1,\cdots,\boldsymbol{u}_r$ 构成了向量 $\boldsymbol{Ax}$ 所在空间的一个基（记作 $[\boldsymbol{u}]$），那么，向量 $\boldsymbol{Ax}$ 就可以用这个基表示为：

$$\boldsymbol{Ax} = a_1\boldsymbol{u}_1 + \cdots + a_r\boldsymbol{u}_r \tag{3.5.26}$$

这里的 a_i 是向量 $\boldsymbol{Ax}$ 在基 $[\boldsymbol{u}]$ 下的坐标，又因为基的各向量已经单位化且正交（可以想象笛卡儿坐标系），则：

$$a_i = \boldsymbol{Ax}\cdot\boldsymbol{u}_i = (\boldsymbol{Ax})^{\mathrm{T}}\boldsymbol{u}_i = \boldsymbol{x}^{\mathrm{T}}\boldsymbol{A}^{\mathrm{T}}\boldsymbol{u}_i$$

依据（3.5.21）式、（3.5.17）式和（3.5.20）式，上式可以变换为：

$$a_i = \boldsymbol{x}^{\mathrm{T}}\boldsymbol{A}^{\mathrm{T}}\frac{\boldsymbol{Av}_i}{\sigma_i} = \frac{1}{\sigma_i}\boldsymbol{x}^{\mathrm{T}}\boldsymbol{A}^{\mathrm{T}}\boldsymbol{Av}_i = \frac{1}{\sigma_i}\boldsymbol{x}^{\mathrm{T}}\lambda_i\boldsymbol{v}_i = \frac{1}{\sigma_i}\boldsymbol{x}^{\mathrm{T}}\sigma_i^2\boldsymbol{v}_i = \sigma_i\boldsymbol{x}^{\mathrm{T}}\boldsymbol{v}_i$$

由于 $\boldsymbol{x}^{\mathrm{T}}\boldsymbol{v}_i = \boldsymbol{x}\cdot\boldsymbol{v}_i = \boldsymbol{v}_i^{\mathrm{T}}\boldsymbol{x}$，上式可写成：

$$a_i = \sigma_i\boldsymbol{v}_i^{\mathrm{T}}\boldsymbol{x}$$

此处的 $\boldsymbol{v}_i^{\mathrm{T}}\boldsymbol{x}$ 即为向量 $\boldsymbol{x}$ 在 $\boldsymbol{v}_i$ 上的投影，并且此投影的长度为奇异值 σ_i。于是，（3.5.26）式就进一步变换为：

$$\boldsymbol{Ax} = \sigma_1\boldsymbol{u}_1\boldsymbol{v}_1^{\mathrm{T}}\boldsymbol{x} + \cdots + \sigma_r\boldsymbol{u}_r\boldsymbol{v}_r^{\mathrm{T}}\boldsymbol{x}$$

回到了（3.5.25）式，但这是从基的角度得到的。

至此已经对奇异值分解的含义有所了解，接下来就要进一步探讨如何将任意一个矩阵按照（3.5.23）式分解为 $\boldsymbol{U}$、$\boldsymbol{\Sigma}$、$\boldsymbol{V}$ 三部分。

```
import numpy as np
from numpy.linalg import svd
A = np.array([[1, 2], [3, 4], [5, 6]])
U, s, VT = svd(A)
print("U = ", U)
print('s = ', s)
print('VT = ', VT)

# 输出
U =  [[-0.2298477   0.88346102  0.40824829]
      [-0.52474482  0.24078249 -0.81649658]
      [-0.81964194 -0.40189603  0.40824829]]
s =  [9.52551809 0.51430058]
VT =  [[-0.61962948 -0.78489445]
       [-0.78489445  0.61962948]]
```

在上述程序中，创建了数组 A，表示一个矩阵，使用 numpy.linalg 模块提供的函数 svd()对其进行奇异值分解，得到三个返回值，其中 U 对应（3.5.23）式中的矩阵 $\boldsymbol{U}$；s 为矩阵 $\boldsymbol{A}$ 的奇异值；VT 对应（3.5.23）式中的 $\boldsymbol{V}^{\mathrm{T}}$（注意，一般资料可能将 VT 变量名称写成 V，但即使这样写，其所引用的矩阵对象仍然是 $\boldsymbol{V}^{\mathrm{T}}$，而不是矩阵 $\boldsymbol{V}$）。

在上述计算中，没有直接得到矩阵 $\boldsymbol{\Sigma}$，注意，它不是简单的对角矩阵。因为 $\boldsymbol{\Sigma}$ 与矩阵 $\boldsymbol{A}$ 的形状一样，所以，先按照矩阵 $\boldsymbol{A}$ 创建一个元素都是零的矩阵。

```
Sigma = np.zeros(A.shape)
```

然后，将 Sigma 的部分对角线元素改为 s 所表示的奇异值。

```
Sigma[:A.shape[1], :A.shape[1]] = np.diag(s)
Sigma

# 输出
array([[9.52551809, 0.        ],
       [0.        , 0.51430058],
       [0.        , 0.        ]])
```

在此基础上，可以进一步验证，将已经得到的表示三个矩阵的数组相乘，是否返回 A。

```
B = U.dot(Sigma.dot(VT))
print(B)
# 输出
[[1. 2.]
 [3. 4.]
 [5. 6.]]
```

奇异值分解（SVD）对所要分解的矩阵没有特别的要求，这个特点使得它应用广泛，在机器学习、信号处理甚至金融领域，都有它的身影。在后面的应用介绍中，将主要展示它的风采。

3.5.4 数据压缩

数据压缩是指在不丢失有用信息的前提下，缩减数量，以利于减少存储空间、提高传输和利用效率等。在第 2 章 2.6 节曾经介绍过稀疏矩阵以及对其压缩，主要是用一种方法记录了稀疏矩阵中的非零元素，这与本节将要介绍的数据压缩大相径庭。下面就以图片为例，利用奇异值分解，“抓矛盾的主要方面”，从而实现数据压缩。

首先，读取一张图片，并将其转换为灰度模式，然后生成数组。

```
import numpy as np
from numpy.linalg import svd
import matplotlib.pyplot as plt
from PIL import Image

pic = np.array(Image.open("./datasets/hepburn.jpg").convert('L'))
pic.shape

# 输出
(768, 1024)
```

以数组表示矩阵，灰度模式图片的矩阵是 768×1024，即图片的大小是 768×1024 个像素，每个像素用 0（表示黑色）或 1（表示白色）表示。

然后对表示图片的矩阵（即变量 pic 引用的二维数组）进行奇异值分解，并构建对角矩阵 $\boldsymbol{\Sigma}$（在下面的程序中用变量 Sigma 表示）。

```
U, s, VT = svd(pic)

Sigma = np.zeros((pic.shape[0], pic.shape[1]))
Sigma[:min(pic.shape[0], pic.shape[1]), :min(pic.shape[0], pic.shape[1])] =
np.diag(s)
```

接下来，选择前 20 个奇异值，即（3.5.24）式的前 20 项。同时，U 要选择前 20 列，VT 选择前 20 行——下述程序中 k=20 是完全主观的设定，也可以设置为其他整数，只不过最终得到的图像清晰度有所差异。

```
k = 20
pic_approx = U[:, :k] @ Sigma[:k, :k] @ VT[:k, :]

fig, (ax1, ax2) = plt.subplots(1, 2, figsize=(10,8))
plt.subplots_adjust(wspace=0.3, hspace=0.2)

ax1.imshow(pic, cmap='gray')
ax1.set_title("Original image")

ax2.imshow(pic_approx, cmap='gray')
ax2.set_title("Reconstructed image using the \n first {} singular
values".format(k))
```

输出图像：

```
Text(0.5, 1.0, 'Reconstructed image using the \n first 20 singular values')
```

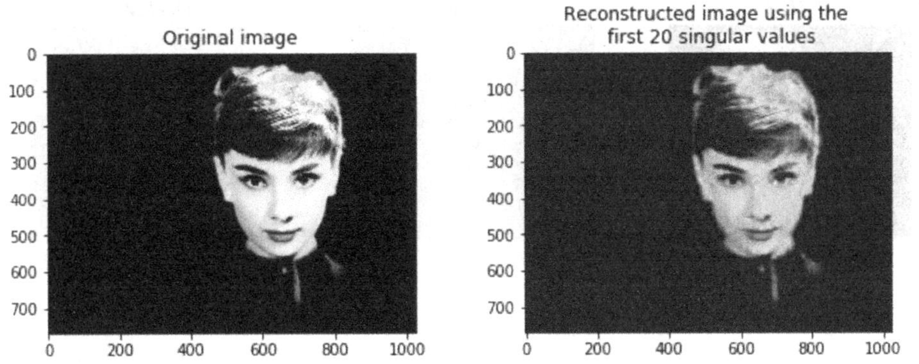

在上述输出结果中，左侧的是原图，总数据量是 $768 \times 1024 = 786\ 432$。右侧是“压缩”后的图片，从上面的程序可以看出，所谓压缩，就是取（3.5.24）式前 k 个特征值所对应的项，也就是 $\boldsymbol{U}_k$ 大小为 $768 \times k$（前 k 个列向量），$\boldsymbol{V}_k^{\mathrm{T}}$ 的大小是 $k \times 1024$（前 k 个行向量），$\boldsymbol{\Sigma}$ 只需要对角线上的前 k 个奇异值，这样总的数据量是 $768 \times k + k \times 1024 + k = (768 + 1024 + 1) \times k$。在上述程序中，$k = 20$，则压缩后的图片数据量是 $(768 + 1024 + 1) \times 20 = 35\ 860$，小于原图的数据量。当然，压缩之后，图片的显示效果上会受到损失，但是有用的信息并没有丢失。也就是说，通过 k 得到了原矩阵的近似矩阵，可以用图 3-5-4 表示。

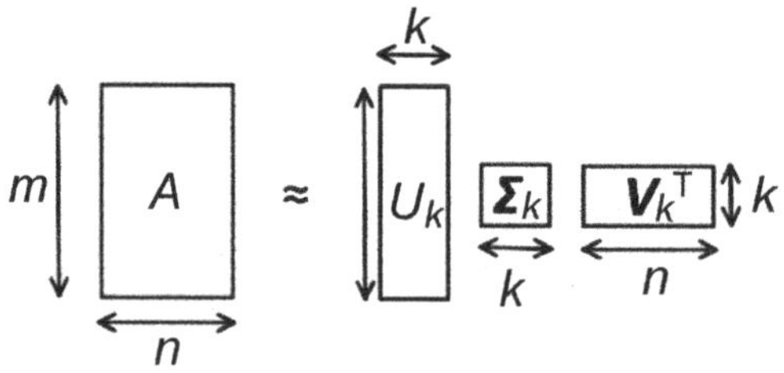

图 3-5-4

在（3.5.24）式中的每项$\sigma_i \boldsymbol{u}_i \boldsymbol{v}_i^{\mathrm{T}}$，均代表了原矩阵（即原图）的部分信息，这些“部分信息”如果显示出来是什么样子？下面的程序中依次展示了前 6 项的效果。

```
fig, axes = plt.subplots(2, 3, figsize=(10,8))
plt.subplots_adjust(wspace=0.3, hspace=0.2)

pic_six = 0
for i in range(0, 6):
    mat_i = s[i] * U[:,i].reshape(-1,1) @ VT[i,:].reshape(1,-1)
    pic_six = mat_i + pic_six
    axes[i // 3, i % 3].imshow(mat_i, cmap='gray')
    axes[i // 3, i % 3].set_title(
        "$\sigma_{0}\mathbf{{u_{0}}}\mathbf{{v_{0}}}^T$".format(i+1),
    fontsize=16)
plt.show()
```

输出图像：

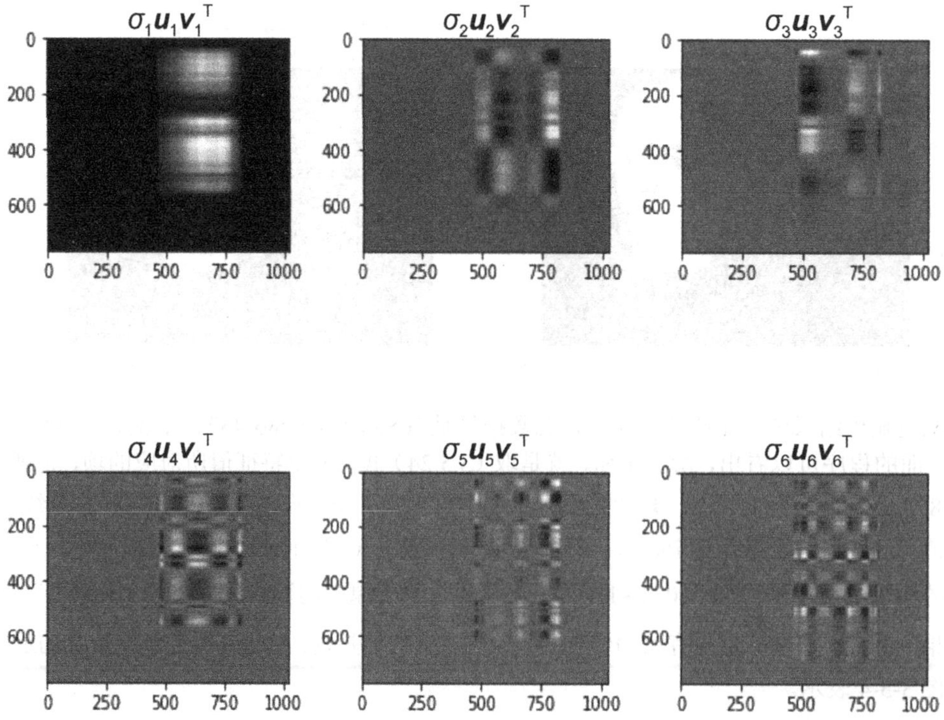

从第一项开始，因为奇异值依次减小，所以所携带的信息量也依次减少。如果你不觉得上面所显示的每一项与原图有什么关系的话，我们不妨再绘制一幅将上述 6 项加起来之后的图——即程序中的变量 pic_six 所引用的数组。

```
plt.imshow(pic_six, cmap='gray')
```

输出图像：

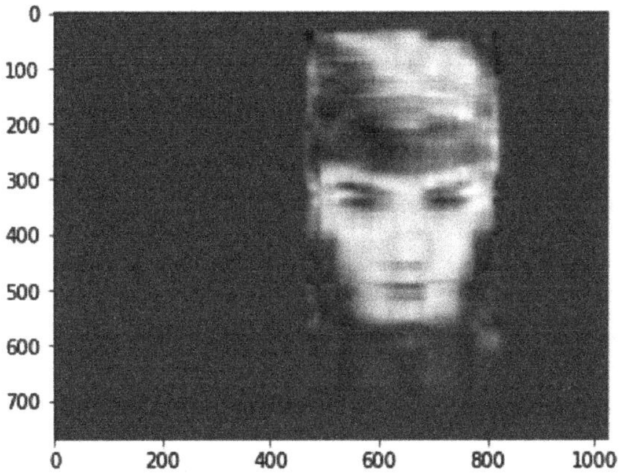

原图的主要信息已经依稀可见。

为了更直观地理解各项 $\sigma_i \boldsymbol{u}_i \boldsymbol{v}_i^{\mathrm{T}}$ 所携带的信息量不同，下面用一幅简单的图演示。

```
pillar = np.array(Image.open("huabiao.png").convert('L'))
plt.imshow(pillar, cmap='gray')
plt.show()
```

输出图像：

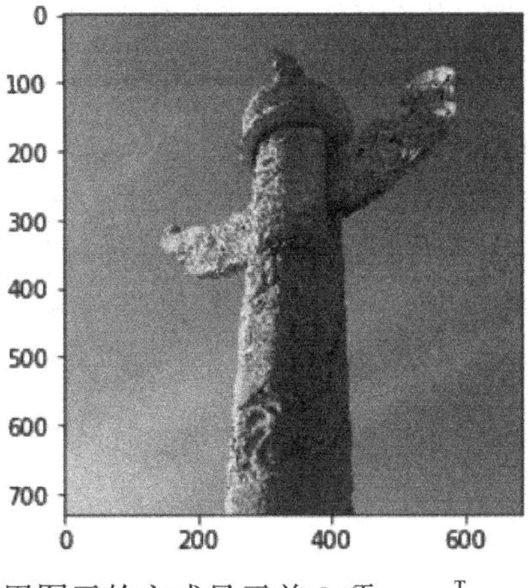

对 pillar 进行奇异值分解，并用图示的方式显示前 3 项 $\sigma_i \boldsymbol{u}_i \boldsymbol{v}_i^{\mathrm{T}}$ 。

```
U, s, VT = svd(pillar)

fig, axes = plt.subplots(1, 3, figsize=(10,8))
plt.subplots_adjust(wspace=0.3, hspace=0.2)
```

```
for i in range(0, 3):
    mat_i = s[i] * U[:,i].reshape(-1,1) @ VT[i,:].reshape(1,-1)
    axes[i%3].imshow(mat_i)

axes[i%3].set_title("$\sigma_{0}\mathbf{{u_{0}}}\mathbf{{v_{0}}}^T$".format(i+1
), fontsize=16)
plt.show()
```

输出图像：

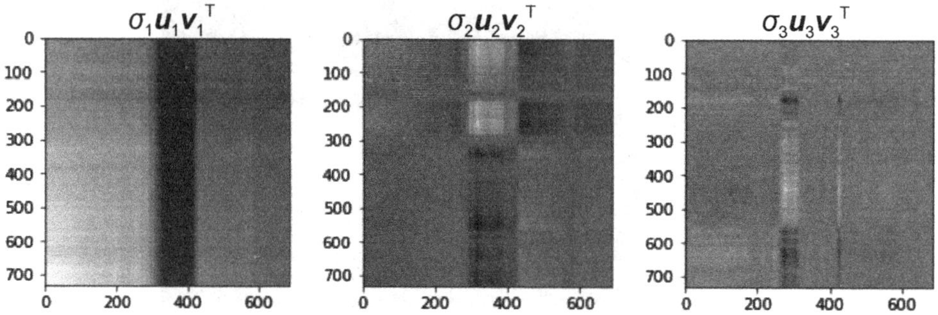

注意，在上述程序中，axes[i%3].imshow(mat_i)没有写参数 cmap='gray'，所以不再以灰度模式显示。从输出结果中可以很明显地看出，$\sigma_1 \boldsymbol{u}_1 \boldsymbol{v}_1^{\mathrm{T}}$ 中就已经包含了原图中最主要的信息——柱子。

3.5.5 降噪

在机器学习项目中总离不开数据，在真实的项目中，数据中总会存在“噪声”——这里的“噪声”是一种类比的说法，一般指的是数据测量过程中的产生的误差、异常值等数据。在进行数据准备的时候，需要对数据进行处理，从而降低“噪声”对训练模型的影响（请参阅《数据准备和特征工程》一书），这个过程就是降噪（Reducing Noise）。降噪的方法有多种，奇异值分解是其中一种。

假设某次物理实验中获得了下表所示的数据：

	A	B	C	D	E	F	G	H	I	J
X	-1.2	.7	-.5	.5	-1.5	1	.7	-.1	-.5	1.1
Y	-2.2	1.9	-.5	.9	-2.6	2.3	1.4	-.4	-1.5	2.5

用矩阵表示上述数据，并在坐标系中描点显示数据分布。

```
import numpy as np
import numpy.linalg as lg
import matplotlib.pyplot as plt

A = np.array([[-1.2, 0.7, -0.5, 0.5, -1.5, 1, 0.7, -0.1, -0.5, 1.1], [-2.2, 1.9,
-0.5, 0.9, -2.6, 2.3, 1.4, -0.4, -1.5, 2.5]])

plt.scatter(A[0, :], A[1, :])

plt.grid(True)
```

```
plt.xlabel("x")
plt.ylabel("y")
plt.show()
```

输出图像：

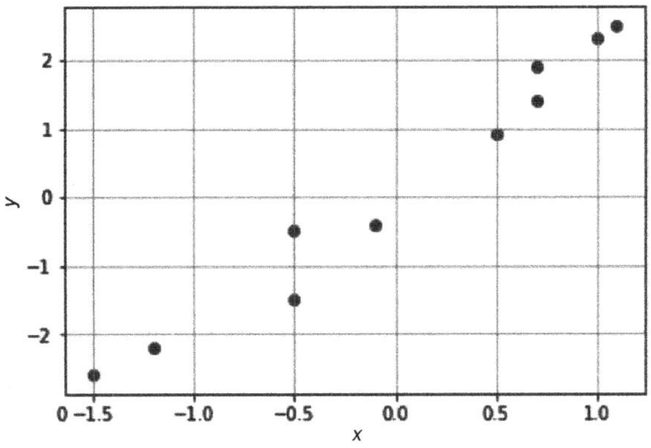

由结果图可以看出，这些数据虽然没有严格地排列成一条直线，但可以猜测，它们遵循线性模型的规律，只不过由于“噪声”导致数据点偏离了直线。

下面对矩阵 A 进行奇异值分解，特别注意观察所得到的奇异值。

```
U, s, V = lg.svd(A)
s
# 输出：
array([6.29226561, 0.47685791])
```

矩阵 A 的两个奇异值 $\sigma_1 = 6.29, \sigma_2 = 0.48$，如果只保留第一个奇异值，即保留（3.5.24）式中的第一项，则得到了原矩阵 A 的近似矩阵。

```
Sigma = np.zeros((A.shape[0], A.shape[1]))
Sigma[:min(A.shape[0], A.shape[1]), :min(A.shape[0], A.shape[1])] = np.diag(s)

A_approx = np.dot(U[:, :1], np.dot(Sigma[:1, :1], V[:1, :]))
print(A_approx)

# 输出：
[[-1.08606367  0.87462564 -0.2896289   0.44601062 -1.29893644  1.08749841
   0.67914848 -0.17521207 -0.68058321  1.18451962]
 [-2.25487753  1.81589141 -0.60132542  0.92600403 -2.69684243  2.25785632
   1.41004315 -0.36377404 -1.41302194  2.45929105]]
```

原矩阵 A 的数据中含有“噪声”，导致不便于根据其数据点的分布找出代表规律的直线。现在使用奇异值分解，只保留第一个奇异值之后，得到了近似矩阵 A_approx，这个矩阵相对原矩阵而言，去掉了“噪声”——奇异值 σ_2 所对应矩阵的数据。然后根据 A_approx 的数据，可以得到如下图像。

```
    plt.scatter(A[0, :], A[1, :])
plt.plot(A_approx[0, :], A_approx[1, :], marker="D")
plt.grid(True)
```

```
plt.xlabel("x")
plt.ylabel("y")
plt.show()
```

输出图像：

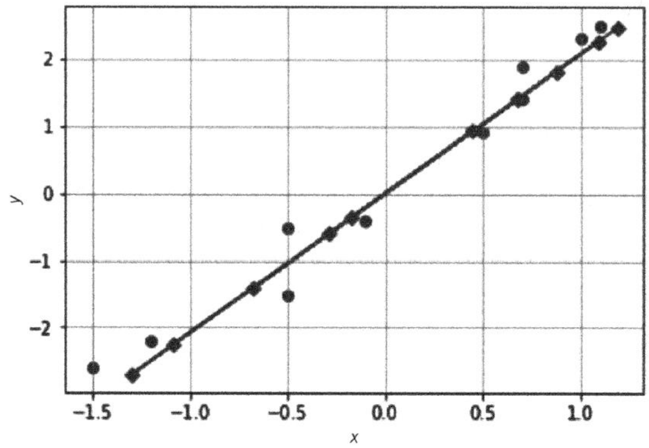

图中菱形点表示近似矩阵的数据点，根据这些点绘制的直线，代表了原矩阵数据的规律。

3.6 最小二乘法（1）

最小二乘法是一种拟合曲线的常用方法，在很多领域中都有应用，本节在前述有关知识基础上对此方法和相关问题进行探讨。此外，最小二乘法不仅仅是一种解决曲线拟合的方法，对它进行探讨的过程也是相关知识的综合应用的过程，所以本书在第 6 章还会换个角度对此方法进行探讨。

3.6.1 正规方程

在第 2 章 2.4.2 节曾探讨了线性方程组的有关问题，我们已经知道，对于线性方程组 $\boldsymbol{A}\boldsymbol{x}=\boldsymbol{b}$ 而言，如果向量 $\boldsymbol{b}$ 在矩阵 $\boldsymbol{A}$ 列空间内，则可以用高斯消元法求解，否则不能。例如：

$$\begin{cases}2x=b_1\\3x=b_2\\4x=b_3\end{cases}\tag{3.6.1}$$

如果 $\boldsymbol{b}=\begin{bmatrix}b_1\\b_2\\b_3\end{bmatrix}$ 在 $\boldsymbol{A}=\begin{bmatrix}2\\3\\4\end{bmatrix}$ 的列空间内，即与向量 $\begin{bmatrix}2\\3\\4\end{bmatrix}$ 在同一条直线上，显然有解，比如 $\boldsymbol{b}=\begin{bmatrix}4\\6\\8\end{bmatrix}$，解为 $x=2$。但这终究是太理想化了，“骨感”的现实中常常是二者不共线，还要找到一个适合的解。怎么办？只能找一个让（3.6.1）式三个方程都“认可”的值作为解——凑合着用。如何让三个方程都“满意”呢？

假设 $\hat{x}$ 就是那个“三方认可”的值（但它不等于 2），用它作为 x 解，则有 $2\hat{x}-b_1\neq0$, $3\hat{x}-b_2\neq0$, $4\hat{x}-b_3\neq0$，于是可以计算：

$$E=\left(2\hat{x}-b_1\right)+\left(3\hat{x}-b_2\right)+\left(4\hat{x}-b_3\right)$$

E 表示 $\hat{x}$ 给三个方程代入的“误差”，比较自然的想法是，三个方程之所以“认可”$\hat{x}$，是因为它能够让 E 最小。但是，因为 $\left(n\hat{x}-b_i\right)\left(n=2,3,4;i=1,2,3\right)$ 有正、有负，E 的取值范围在 $\left(-\infty,+\infty\right)$，所以难以确定其最小值，于是计算：

$$E^2=(2\hat{x}-b_1)^2+(3\hat{x}-b_2)^2+(4\hat{x}-b_3)^2$$

如果 $\hat{x}$ 是使 E^2 最小的，那么它就是（3.6.1）三方都“认可”的解了，于是本来无解的方程组也找到了一个“最近似解”。

现在问题又转化为如何找到 $\hat{x}$ 了，这就好办多了，只要对：

$$E^2=(2x-b_1)^2+(3x-b_2)^2+(4x-b_3)^2 \tag{3.6.2}$$

求导数，并令导数等于 0：

$$\frac{\mathrm{d}E^2}{\mathrm{d}x}=2\cdot2\left(2x-b_1\right)+2\cdot3\left(3x-b_2\right)+2\cdot4\left(4x-b_3\right)=0$$

从而得到 $\hat{x}$：

$$\hat{x}=\frac{2b_1+3b_2+4b_3}{2^2+3^2+4^2}$$

方程组（3.6.1）式中的 $\boldsymbol{A}=\begin{bmatrix}2\\3\\4\end{bmatrix}$ 是一个列向量，也可以用 $\boldsymbol{a}$ 表示，即 $\boldsymbol{a}=\begin{bmatrix}2\\3\\4\end{bmatrix}$，于是上面所得到的 $\hat{x}$ 可以写成：

$$\hat{x}=\frac{\boldsymbol{a}^{\mathrm{T}}\boldsymbol{b}}{\boldsymbol{a}^{\mathrm{T}}\boldsymbol{a}}$$

此结果与 3.4.4 节的（3.4.9）式完全相同，这是巧合吗？不是。借用 3.4.4 节的图 3-4-4，我们可以从几何角度理解两者结果相同的原因。

根据几何知识，我们知道，点 A 到直线 OC 上所有点的距离中，只有当 $AB\perp OC$ 时，AB 最短，即 $\boldsymbol{b}-\boldsymbol{p}$ 是最小值；也只有在这个条件下，$\boldsymbol{p}$ 是最近似 $\boldsymbol{b}$ 的值。正是由于这个原因，用 $\boldsymbol{p}$ 代替 $\boldsymbol{b}$，则（3.6.1）式有解，这个解就是 $\hat{x}$，它被所有方程“认可”。

以上所演示的求解方程组的方法，就是著名的**最小二乘法**（Least Squares Method，又称**最小平方法**）。

定义　最小二乘法是一种数学优化方法，通过最小化误差的平方和寻找数据的最佳函数匹配。

一般认为，高斯（Johann Carl Friedrich Gauss）（如图 3-6-1 所示）和勒让德（Adrien-Marie Legendre）（如图 3-6-2 所示）分别独立发现了最小二乘法。

图 3-6-1

图 3-6-2

为了不失一般性，设 $\boldsymbol{Ax}=\boldsymbol{b}$，其中 $\boldsymbol{A}$ 是 $m\times n$ 矩阵，且 $m>n$，即方程组中方程的个数多于未知数的数量，向量 $\boldsymbol{b}$ 不在 $\boldsymbol{A}$ 的列空间。用最小二乘法求解 $\hat{\boldsymbol{x}}$ 的问题可以表述为：

$$\min_{\hat{x}}\|\boldsymbol{b}-\boldsymbol{Ax}\|^2$$

从几何的角度来看，就是 $\boldsymbol{e}=\boldsymbol{b}-\boldsymbol{A}\hat{\boldsymbol{x}}$ 与 $\boldsymbol{A}$ 的列空间正交：

$$\boldsymbol{A}^{\mathrm{T}}\left(\boldsymbol{b}-\boldsymbol{A}\hat{\boldsymbol{x}}\right)=\boldsymbol{0}$$

$$\boldsymbol{A}^{\mathrm{T}}\boldsymbol{A}\hat{\boldsymbol{x}}=\boldsymbol{A}^{\mathrm{T}}\boldsymbol{b} \tag{3.6.3}$$

（3.6.3）式的方程称为**正规方程**（Normal Equation，或称“法方程”）。

若 $\boldsymbol{A}$ 的列向量线性无关，则 $\boldsymbol{A}^{\mathrm{T}}\boldsymbol{A}$ 可逆，从而得到：

$$\hat{\boldsymbol{x}}=(\boldsymbol{A}^{\mathrm{T}}\boldsymbol{A})^{-1}\boldsymbol{A}^{\mathrm{T}}\boldsymbol{b}$$

此处所得的 $\hat{\boldsymbol{x}}$ 就是 $\boldsymbol{x}$ 的最佳估计。关于估计的详细介绍，请参阅第 6 章 6.2 节，这里不妨用一种更直观的方式理解。令 $\boldsymbol{A}=[\boldsymbol{a}_1 \quad \cdots \boldsymbol{a}_n]$，$\boldsymbol{x}=\begin{bmatrix}x_1\\ \vdots\\ x_n\end{bmatrix}$，$\hat{\boldsymbol{x}}=\begin{bmatrix}\hat{x}_1\\ \vdots\\ \hat{x}_n\end{bmatrix}$，由 3.4.4 节内容，可知：

$$\boldsymbol{b}=x_1\boldsymbol{a}_1+\cdots+x_n\boldsymbol{a}_n$$
$$\boldsymbol{p}=\hat{x}_1\boldsymbol{a}_1+\cdots+\hat{x}_n\boldsymbol{a}_n$$

我们已经知道，向量 $\boldsymbol{b}$ 与其在列空间的投影 $\boldsymbol{p}$ 最近似，由此，对比上面二方程式，可知 $\hat{\boldsymbol{x}}$ 是 $\boldsymbol{x}$ 的最佳近似——最佳估计。

3.6.2 线性回归（1）

英国遗传学家、统计学家弗朗西斯·高尔顿（Francis Galton，如图 3-6-3 所示）在 1877 年发表了关于种子的研究成果，并指出了一种回归到平均值（Regression Toward the Mean）的现象，这是对“回归”术语的最早使用，后来统计学中就继承了这个词汇，虽然其含义大相径庭。

图 3-6-3

线性回归（Linear Regression）是统计学中的一种回归分析方法，在统计学、机器学习等领域有广泛的应用。在真实的问题中，我们通常可以获得一些数据——统计学中的样本，参阅第 6 章 6.1.1 节。然后根据这些数据，找出它们所符合的函数关系——也称为模型，这个过程称为**拟合**（Fitting）。假设通过观测（或测量）得到了一系列的 x_i 和 y_i，如表 3-6-1 所示。

表 3-6-1

$\boldsymbol{y}$	$\boldsymbol{x}_1$	$\boldsymbol{x}_2$	$\cdots$	$\boldsymbol{x}_n$
y_1	x_{11}	x_{12}	$\cdots$	x_{1n}
$\vdots$	$\vdots$	$\vdots$	$\vdots$	$\vdots$
y_m	x_{m1}	x_{m2}	$\cdots$	x_{mn}

表中总共记录了 m 次观测的数据，即 m 个样本（一行表示一个样本），每个样本分为两部分：$\boldsymbol{x}_i,(i=1,2,\cdots,m)$ 表示函数的输入变量——自变量，$\boldsymbol{y}_i$ 表示相应的结果——称作标签、响应变量、因变量，即输出数据。将自变量和标签分别用矩阵表示：

$$\boldsymbol{X}=\begin{bmatrix}x_{11}&\cdots&x_{1n}\\\vdots&\ddots&\vdots\\x_{m1}&\cdots&x_{mn}\end{bmatrix},\quad \boldsymbol{y}=\begin{bmatrix}y_1\\\vdots\\y_m\end{bmatrix}$$

$\boldsymbol{X}$ 中的每一列，表示一个属性或特征，通常表示为列向量 $\boldsymbol{x}_i,(i=1,2,\cdots,n)$。假设这些数据符合如下函数关系：

$$\boldsymbol{y}=\beta_1\boldsymbol{x}_1+\beta_2\boldsymbol{x}_2+\cdots+\beta_n\boldsymbol{x}_n \tag{3.6.4}$$

其中系数 $\beta_1,\beta_2,\cdots,\beta_n$ 是未知的。将表 3-6-1 中已经测得的数据代入（3.6.4）式，得到线性方程组（3.6.5）式：

$$\begin{cases} x_{11}\beta_1 + x_{12}\beta_2 + \cdots + x_{1n}\beta_n = y_1 \\ \quad\vdots \\ x_{m1}\beta_1 + x_{m2}\beta_2 + \cdots + x_{mn}\beta_n = y_m \end{cases} \tag{3.6.5}$$

用矩阵形式表示（3.6.5）式：

$$\boldsymbol{X\beta} = \boldsymbol{y} \tag{3.6.6}$$

其中 $\boldsymbol{X}$ 是观测到的样本数据，$\boldsymbol{y}$ 是观测到的样本标签，$\boldsymbol{\beta}$ 是待定系数。

如你所知，任何观测都会有误差，解决观测误差问题的常用方法之一就是增加观测次数，这就会导致 $m > n$，甚至于 $m \gg n$。但是，我们又不能随意删除某些观测——注意“误差”和“错误”是不同的，有“误差”不代表该观测是“错误”的。由此，求解（3.6.6）式的 $\boldsymbol{\beta}$ 问题就转化为了 3.6.1 节中所讨论的解线性方程组问题了，即通过最小二乘法找到 $\boldsymbol{\beta}$ 的最佳估计值，由 3.6.1 节的内容和（3.6.3）式，得到（3.6.6）式的正规方程：

$$\boldsymbol{X}^{\mathrm{T}}\boldsymbol{X}\hat{\boldsymbol{\beta}} = \boldsymbol{X}^{\mathrm{T}}\boldsymbol{y} \tag{3.6.7}$$

由此得到最佳估计 $\hat{\boldsymbol{\beta}}$。

为了理解上述方法，我们借助一组非常简单的数据，通过手工计算，体会最小二乘法在线性回归中的应用。

假设有一组观测数据：$x_1 = -1,\ y_1 = 1;\ x_2 = 1,\ y_2 = 1;\ x_3 = 2,\ y_3 = 3$，利用这些数据拟合直线 $\boldsymbol{y} = \beta_0 + \beta_1\boldsymbol{x}$，对应于（3.6.6）式：

$$\boldsymbol{X} = \begin{bmatrix} 1 & -1 \\ 1 & 1 \\ 1 & 2 \end{bmatrix},\quad \boldsymbol{\beta} = \begin{bmatrix} \beta_0 \\ \beta_1 \end{bmatrix},\quad \boldsymbol{y} = \begin{bmatrix} 1 \\ 1 \\ 3 \end{bmatrix}$$

即：

$$\boldsymbol{X\beta} = \boldsymbol{y} \quad \Rightarrow \quad \begin{bmatrix} 1 & -1 \\ 1 & 1 \\ 1 & 2 \end{bmatrix}\begin{bmatrix} \beta_0 \\ \beta_1 \end{bmatrix} = \begin{bmatrix} 1 \\ 1 \\ 3 \end{bmatrix}$$

用最小二乘法求解，写出（3.6.7）式的正规方程：

$$\begin{bmatrix} 1 & 1 & 1 \\ -1 & 1 & 2 \end{bmatrix}\begin{bmatrix} 1 & -1 \\ 1 & 1 \\ 1 & 2 \end{bmatrix}\begin{bmatrix} \hat{\beta}_0 \\ \hat{\beta}_1 \end{bmatrix} = \begin{bmatrix} 1 & 1 & 1 \\ -1 & 1 & 2 \end{bmatrix}\begin{bmatrix} 1 \\ 1 \\ 3 \end{bmatrix}$$

$$\begin{bmatrix} 3 & 2 \\ 2 & 6 \end{bmatrix}\begin{bmatrix} \hat{\beta}_0 \\ \hat{\beta}_1 \end{bmatrix} = \begin{bmatrix} 5 \\ 6 \end{bmatrix}$$

解得：$\hat{\beta}_0 = \dfrac{9}{7}, \hat{\beta}_1 = \dfrac{4}{7}$，即用观测数据拟合的直线是 $y = \dfrac{9}{7} + \dfrac{4}{7}x$，如图 3-6-4 所示，观测数据中的三个点不在同一条直线上。根据得到的直线方程，可以得到 $p_i\,(i = 1,2,3)$，这三个值构成了 $\boldsymbol{y}$ 在 $\boldsymbol{X}$ 列空间的投影（如图 3-6-5 所示）。

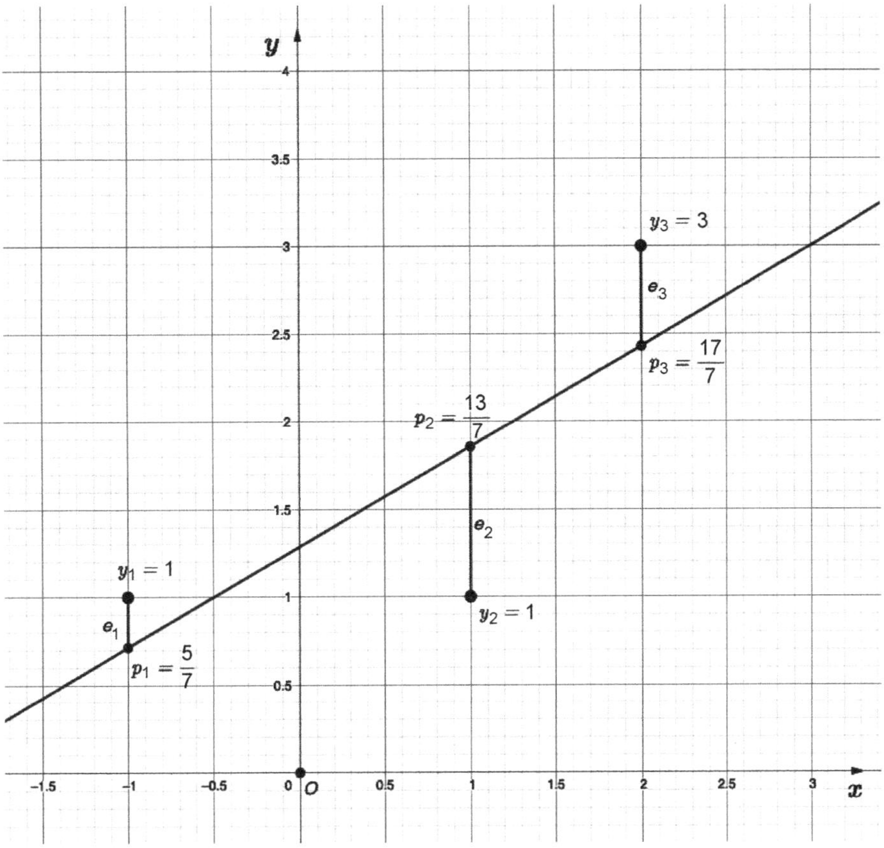

y
x
O
$y_3=3$
e_3
$p_3=\frac{17}{7}$
$p_2=\frac{13}{7}$
e_2
$y_1=1$
e_1
$p_1=\frac{5}{7}$
$y_2=1$

图 3-6-4

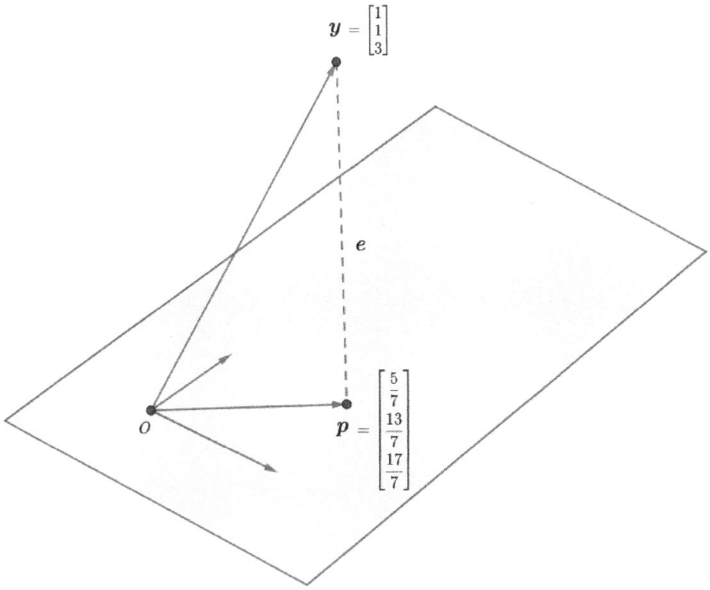

$y=\begin{bmatrix}1\\1\\3\end{bmatrix}$
e
O
$p=\begin{bmatrix}\frac{5}{7}\\\frac{13}{7}\\\frac{17}{7}\end{bmatrix}$

图 3-6-5

以上用手工计算的方法完成了线性回归的求解，如果用程序实现，则可以使用一些第三方库提供的模型，比如 sklearn 中的 LinearRegression 模型。

```
import numpy as np
from sklearn.linear_model import LinearRegression
X = np.array([[1,-1],[1,1],[1,2]])
y = np.array([1,1,3]).reshape((-1, 1))

reg = LinearRegression().fit(X, y)
print("直线斜率：", reg.coef_, "直线纵截距：", reg.intercept_)

# 输出
直线斜率： [[0.         0.57142857]] 直线纵截距： [1.28571429]
```

上述代码中用 LinearRegression 模型得到了与手工计算同样结果，这里仅仅演示基本流程，在实际项目中，LinearRegression 模型可以解决更复杂的回归问题，并且为了防止过拟合，还要对模型进行一些修正，常见方法包括 l_1 范数和 l_2 范数等（参阅第 1 章 1.5.3 节）。

4

第 4 章 向量分析

向量分析（Vector Analysis），也称为向量微积分（Vector Calculus），主要关注的是欧几里得空间中向量场的微分和积分。此外，多元微积分也通常被纳入向量分析范围，或者将向量分析作为其代名词。特别是微分几何和偏微分方程的内容，在物理学、工程中有广泛应用。在机器学习中，很多算法中也会用到这些内容。向量分析中的部分内容在前述各章中已经有所涉及，本章将依据机器学习的需要，介绍尚未涉及的向量分析的有关内容——注意，不是完整的向量分析内容，只遴选了与机器学习关系密切的基础性知识。

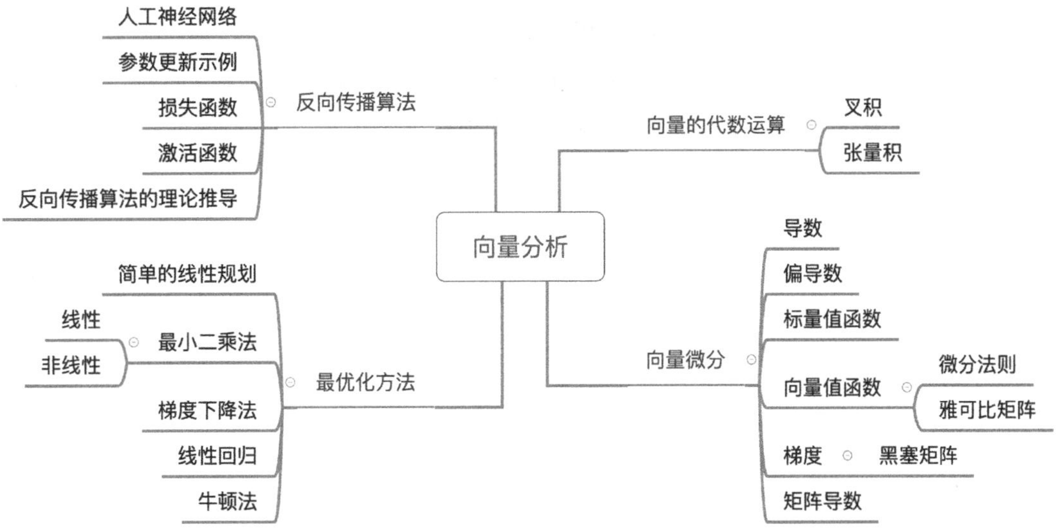

本章知识结构图

4.1 向量的代数运算

如果读者已经阅读了本书前面几章，那么对向量的一些代数运算已经不陌生了，比如第 1 章 1.1 节介绍了向量与标量相乘和向量的加法；1.4 节介绍了向量的内积以及在欧几里得空间的点积运算。本节将重点介绍另外一种向量代数运算——叉积，并且为了与叉积对比和扩充知识，还会简要介绍张量及张量积的有关概念。

4.1.1 叉积

理工科毕业的学生，一定学过物理学。第 1 章 1.4.2 节中的介绍的点积，在物理学中有着广泛应用，比如计算力所做的功 $W=\boldsymbol{F}\cdot\boldsymbol{s}$，其中 $\boldsymbol{F}$ 是作用在质点上的力，$\boldsymbol{s}$ 是质点发生的位移，两者都是向量。在物理学中，除有两个向量的点积运算之外，还有两个向量的叉积运算，比如在质点曲线运动中，角速度 $\omega=\boldsymbol{r}\times\boldsymbol{v}$ 就是 $\boldsymbol{r}$ 和 $\boldsymbol{v}$ 的叉积。

在第 1 章 1.2.1 节已介绍过叉积的一种计算方法，$\boldsymbol{u}\times\boldsymbol{v}=(\boldsymbol{uv}\sin\theta)\boldsymbol{k}$，其中 $\boldsymbol{k}$ 垂直于向量 $\boldsymbol{u}$ 和 $\boldsymbol{v}$ 所生成的子空间。从工程应用的角度看，叉积运算一般是在三维空间，如果要推广到高维空间，则需要一定的数学技巧。本节暂仅限于在三维空间讨论叉积及与之相关的运算，使用更“线性代数”的方法，推导出 1.2.1 节的结论，“知其所以然”。

在三维空间中，按照习惯，创建如图 4-1-1 所示的笛卡儿坐标系，以向量组 $\left\{\boldsymbol{i}=\begin{bmatrix}1\\0\\0\end{bmatrix},\ \boldsymbol{j}=\begin{bmatrix}0\\1\\0\end{bmatrix},\ \boldsymbol{k}=\begin{bmatrix}0\\0\\1\end{bmatrix}\right\}$ 为标准正交基，即 $\boldsymbol{i},\boldsymbol{j},\boldsymbol{k}$ 分别沿图 4-1-1 所示的 x,y,z 坐标轴的正向，且是单位正交向量。那么，此空间中的任意向量可以表示为：

$$\boldsymbol{v}=v_x\boldsymbol{i}+v_y\boldsymbol{j}+v_z\boldsymbol{k} \tag{4.1.1}$$

其中 v_x,v_y,v_z 分别为向量在 $\boldsymbol{i},\boldsymbol{j},\boldsymbol{k}$ 三个方向的投影，即坐标。

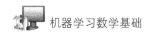

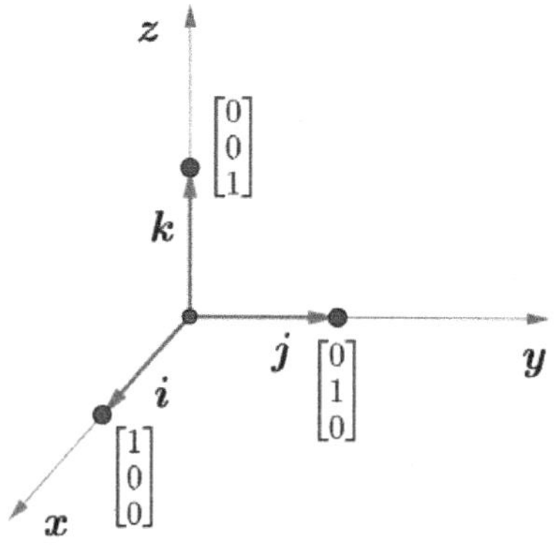

图 4-1-1

假设有两个向量 $\boldsymbol{a}=a_x\boldsymbol{i}+a_y\boldsymbol{j}+a_z\boldsymbol{k}$ 和 $\boldsymbol{b}=b_x\boldsymbol{i}+b_y\boldsymbol{j}+b_z\boldsymbol{k}$，它们的叉积写作 $\boldsymbol{a}\times\boldsymbol{b}$，定义为：

$$\begin{aligned}\boldsymbol{a}\times\boldsymbol{b}&=\begin{vmatrix}\boldsymbol{i}&\boldsymbol{j}&\boldsymbol{k}\\a_x&a_y&a_z\\b_x&b_y&b_z\end{vmatrix}\\&=\begin{vmatrix}a_y&a_z\\b_y&b_z\end{vmatrix}\boldsymbol{i}-\begin{vmatrix}a_x&a_z\\b_x&b_z\end{vmatrix}\boldsymbol{j}+\begin{vmatrix}a_x&a_y\\b_x&b_y\end{vmatrix}\boldsymbol{k}\\&=\left(a_yb_z-a_zb_y\right)\boldsymbol{i}-\left(a_xb_z-a_zb_x\right)\boldsymbol{j}+\left(a_xb_y-a_yb_x\right)\boldsymbol{k}\end{aligned}\tag{4.1.2}$$

根据（4.1.2）式叉积的定义和 $\{\boldsymbol{i},\boldsymbol{j},\boldsymbol{k}\}$ 向量组的特点（单位正交），不难得出这些单位向量之间进行叉积运算的结果：

$$\boldsymbol{i}\times\boldsymbol{i}=0,\ \boldsymbol{j}\times\boldsymbol{j}=0,\ \boldsymbol{k}\times\boldsymbol{k}=0$$

$$\boldsymbol{i}\times\boldsymbol{j}=\boldsymbol{k},\ \boldsymbol{j}\times\boldsymbol{k}=\boldsymbol{i},\ \boldsymbol{k}\times\boldsymbol{i}=\boldsymbol{j}$$

$$\boldsymbol{j}\times\boldsymbol{i}=-\boldsymbol{k},\ \boldsymbol{k}\times\boldsymbol{j}=-\boldsymbol{i},\ \boldsymbol{i}\times\boldsymbol{k}=-\boldsymbol{j}$$

设向量 $\boldsymbol{c}=c_x\boldsymbol{i}+c_y\boldsymbol{j}+c_z\boldsymbol{k}$，计算：

$$\begin{aligned}\left(\boldsymbol{a}\times\boldsymbol{b}\right)\cdot\boldsymbol{c}&=\left(\begin{vmatrix}a_y&a_z\\b_y&b_z\end{vmatrix}\boldsymbol{i}-\begin{vmatrix}a_x&a_z\\b_x&b_z\end{vmatrix}\boldsymbol{j}+\begin{vmatrix}a_x&a_y\\b_x&b_y\end{vmatrix}\boldsymbol{k}\right)\cdot\left(c_x\boldsymbol{i}+c_y\boldsymbol{j}+c_z\boldsymbol{k}\right)\\&=\begin{vmatrix}a_y&a_z\\b_y&b_z\end{vmatrix}c_x-\begin{vmatrix}a_x&a_z\\b_x&b_z\end{vmatrix}c_y+\begin{vmatrix}a_x&a_y\\b_x&b_y\end{vmatrix}c_z\\&=\begin{vmatrix}a_x&a_y&a_z\\b_x&b_y&b_z\\c_x&c_y&c_z\end{vmatrix}\end{aligned}\tag{4.1.3}$$

在（4.1.3）式的计算中，我们没有特别规定向量 $\boldsymbol{c}$ 与向量 $\boldsymbol{a}$ 和 $\boldsymbol{b}$ 之间的关系。下面分两种情况进行讨论。

1. $\boldsymbol{c}$ 是 $\boldsymbol{a},\boldsymbol{b}$ 生成的子空间中的一个向量

如果 $\boldsymbol{c}$ 是向量 $\boldsymbol{a},\boldsymbol{b}$ 所生成的子空间中的任意一个向量，那么向量 $\boldsymbol{c}$ 与向量 $\boldsymbol{a},\boldsymbol{b}$ 线性相关，即（4.1.3）式中的行列式 $\begin{vmatrix}a_x&a_y&a_z\\b_x&b_y&b_z\\c_x&c_y&c_z\end{vmatrix}$ 的第三行与第一行、第二行线性相关，所以：

$$\left(\boldsymbol{a}\times\boldsymbol{b}\right)\cdot\boldsymbol{c}=0$$

这说明向量 $\left(\boldsymbol{a}\times\boldsymbol{b}\right)$ 与向量 $\boldsymbol{c}$ 正交，即 $\left(\boldsymbol{a}\times\boldsymbol{b}\right)$ 与 $\boldsymbol{a},\boldsymbol{b}$ 生成的子空间中的任意向量正交，也就是说与该子空间正交。用几何的方式表示它们的关系，如图 4-1-2 所示，$\left(\boldsymbol{a}\times\boldsymbol{b}\right)$ 的方向垂直于向量 $\boldsymbol{a},\boldsymbol{b}$ 所在平面。

在物理学和工程中，通常我们使用“右手法则”来确定 $\left(\boldsymbol{a}\times\boldsymbol{b}\right)$ 的方向，如图 4-1-2 所示。

从而可知，两个向量的叉积还是向量，但是，叉积所得向量并不与原来的两个向量在同一个子空间——请对比两个向量点积的结果。

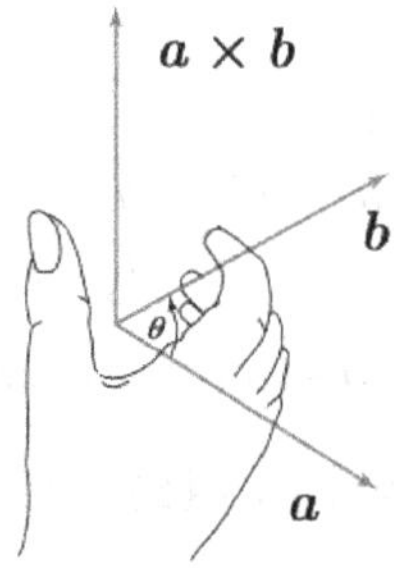

图 4-1-2

在明确$(\boldsymbol{a}\times\boldsymbol{b})$的方向之后，再计算其大小（即$l_2$范数，若无特别说明，$\|\cdot\|$表示$l_2$范数）：

$$\begin{aligned}\|\boldsymbol{a}\times\boldsymbol{b}\|^2 &= (a_yb_z-a_zb_y)^2+(a_xb_z-a_zb_x)^2+(a_xb_y-a_yb_x)^2\\ &=\left(a_x^2+a_y^2+a_z^2\right)\left(b_x^2+b_y^2+b_z^2\right)-(a_xb_x+a_yb_y+a_zb_z)^2\\ &=\|\boldsymbol{a}\|^2\|\boldsymbol{b}\|^2-(\boldsymbol{a}\cdot\boldsymbol{b})^2\\ &=\|\boldsymbol{a}\|^2\|\boldsymbol{b}\|^2-(\|\boldsymbol{a}\|\|\boldsymbol{b}\|\cos\theta)^2\\ &=\|\boldsymbol{a}\|^2\|\boldsymbol{b}\|^2\sin^2\theta\end{aligned}$$

其中，θ为两个向量之间的夹角，设$0\leqslant\theta\leqslant\pi$，则：

$$\|\boldsymbol{a}\times\boldsymbol{b}\|=\|\boldsymbol{a}\|\|\boldsymbol{b}\|\sin\theta \tag{4.1.4}$$

根据（4.1.4）式，结合图 4-1-3，从几何的角度来看，$\boldsymbol{a}\times\boldsymbol{b}$的大小（向量长度，或$l_2$范数）就是以这两个向量为邻边的平行四边形的面积。

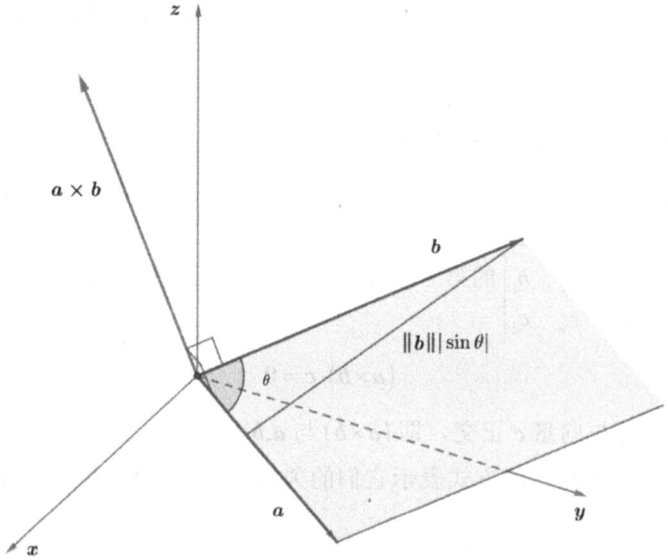

图 4-1-3

2. c 不是 a,b 生成的子空间中的一个向量

如果向量 $\boldsymbol{c}$ 不在 $\boldsymbol{a},\boldsymbol{b}$ 所生成的子空间，即 $\boldsymbol{a},\boldsymbol{b},\boldsymbol{c}$ 三个向量线性无关，如图 4-1-4 所示，以这三个向量为邻边，可以形成一个平行六面体。由（4.1.4）式可知，这个六面体的底面积是 $(\boldsymbol{a}\times\boldsymbol{b})$ 的大小，又因为 $h=\|\boldsymbol{c}\|\cos\alpha$ ，则此六面体的体积：

$$V=\left(\|\boldsymbol{a}\|\|\boldsymbol{b}\|\sin\theta\right)\left(\|\boldsymbol{c}\|\cos\alpha\right)=\|(\boldsymbol{a}\times\boldsymbol{b})\cdot\boldsymbol{c}\| \tag{4.1.5}$$

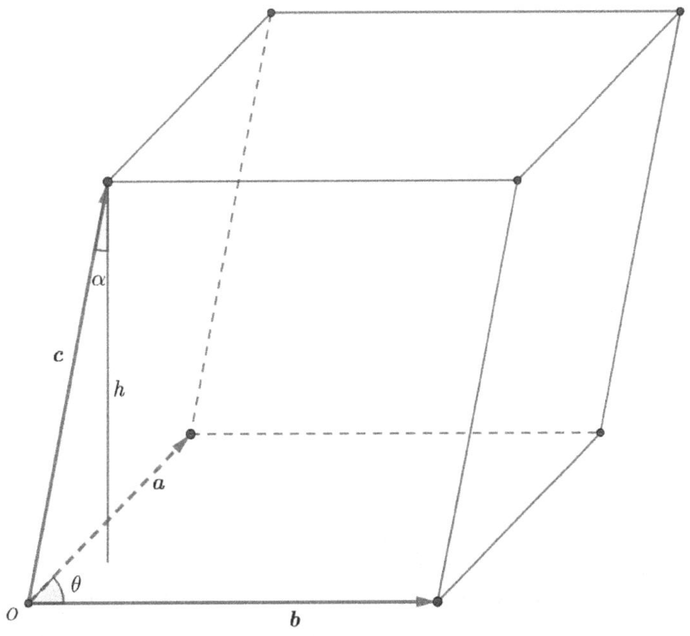

图 4-1-4

对于平行六面体而言，任何一个面都可以作为底面，其面积与相应的高线乘积都是该六面体的体积，所以，依据（4.1.5）式的方法，可得：

$$(\boldsymbol{a}\times\boldsymbol{b})\cdot\boldsymbol{c}=(\boldsymbol{c}\times\boldsymbol{a})\cdot\boldsymbol{b}=(\boldsymbol{b}\times\boldsymbol{c})\cdot\boldsymbol{a} \tag{4.1.6}$$

（4.1.6）式显示的是向量的三元计算，按照这种计算方式，所得结果为三个向量生成的平行六面体的体积。

对于向量的叉积运算，还有一些常用的性质，请读者知悉（相关证明请参考本书在线资料，地址请参阅前言）。

性质

- $\boldsymbol{a}\times\boldsymbol{a}=0$
- $\boldsymbol{a}\times\boldsymbol{b}=-(\boldsymbol{b}\times\boldsymbol{a})$
- $\boldsymbol{a}\times(\boldsymbol{b}+\boldsymbol{c})=(\boldsymbol{a}\times\boldsymbol{b})+(\boldsymbol{a}\times\boldsymbol{c})$

- $\boldsymbol{a}\times(\boldsymbol{b}\times\boldsymbol{c})=\boldsymbol{b}(\boldsymbol{a}\cdot\boldsymbol{c})-\boldsymbol{c}(\boldsymbol{a}\cdot\boldsymbol{b})$
- $(r\boldsymbol{a})\times\boldsymbol{b}=\boldsymbol{a}\times(r\boldsymbol{b})=r(\boldsymbol{a}\times\boldsymbol{b})$，其中 r 是标量

在三维空间中，手工计算叉积的基本方法就是（4.1.2）式。如果利用程序计算叉积，则可以使用 NumPy 提供的函数完成。

```
import numpy as np
a = np.array([1, 4, 0])
b = np.array([2, 2, 1])
print("Inner product of a and b:")
print(np.inner(a, b))
print("Cross product of a and b:")
print(np.cross(a, b))
print("Outer product of a and b:")
print(np.outer(a, b))

# 输出
Inner product of a and b:
10
Cross product of a and b:
[ 4 -1 -6]
Outer product of a and b:
[[2 2 1]
 [8 8 4]
 [0 0 0]]
```

NumPy 提供了计算叉积的函数 np.cross()，与它对比，还有另外一个函数 np.outer 是用于计算外积的，这也就是在本节开始的时候特别说明的本书不将“外积”作为“叉积”两个名称等同的原因。

4.1.2 张量和外积

本节内容本不应该是向量代数运算的组成部分，但是，由于有的资料将叉积称为外积，为了能够让读者对此有所了解，故增设之。

读者可能听说过 TensorFlow，就是 Google 开发的那个深度学习框架，伴随着这个框架的推广，一个本来很“物理”的名词也走入了人们的视野——**张量**（Tensor）。之所以说它很“物理”，是因为它是广义相对论中的一个重要的物理量——这当然要归功于伟大的爱因斯坦（如图 4-1-5 所示）。所以，必须要恭敬地将著名的爱因斯坦方程写出来。

$$\boldsymbol{R}_{\mu\nu}-\frac{1}{2}\boldsymbol{R}\boldsymbol{g}_{\mu\nu}+\boldsymbol{\Lambda}\boldsymbol{g}_{\mu\nu}=\frac{8\pi G}{c^4}\boldsymbol{T}_{\mu\nu}$$

在这个方程中，$\boldsymbol{R}_{\mu\nu}$、$\boldsymbol{g}_{\mu\nu}$、$\boldsymbol{T}_{\mu\nu}$ 都是张量。如果读者有兴趣从理论上研究张量，则可以参考一些专门资料，例如《微分几何入门与广义相对论》（梁灿彬、周彬，科学出版社）。在此处，我们既

不研究理论问题，也不研究张量的数学概念，仅从深度学习框架的角度，对其中所说的张量进行简要介绍，并演示由此而来的相关运算——张量积或外积。

在深度学习框架中，张量是一个数学概念，更是一种操作性很强的数据结构。

- 标量：被认为是零阶张量，在程序中用数字表示。
- 向量：被认为是一阶张量，在程序中可以用一维数组表示。
- 矩阵：被认为是二阶张量，在程序中可以用二维数组表示。
- 还有三阶张量等各类更高阶的张量，在程序中可以用多维数组表示。

图 4-1-5

这样看来，深度学习中的张量就可以约等于“多维数组”了——这是从实践操作层面的简单理解，不是严格意义上的数学理解。但是，又因为它是深度学习中的一种数据结构，所以在深度学习框架中，可以把它定义为一种对象，该对象就具有 NumPy 中定义的多维数组所不具备的特点。

在此提醒读者注意，如果要进行理论研究，则常用到抽象的张量概念，并且需要相应的专门知识；如果仅是用于深度学习中的运算，则张量的具体表现形式就是深度学习框架的一种对象类型，与多维数组类似。请读者务必知悉，不要误解，更不要张冠李戴。

了解张量这个术语之后，再来探讨关于它的运算。张量除具有向量的那些代数运算性质之外——体现在各阶张量所对应的具体对象，还在数学上定义了**张量积**——也称为**外积**。

定义　设一阶张量（向量）$\boldsymbol{u}=\begin{bmatrix}u_1\\u_2\\\vdots\\u_m\end{bmatrix},\boldsymbol{v}=\begin{bmatrix}v_1\\v_2\\\vdots\\v_n\end{bmatrix}$，张量积定义为：

$$\boldsymbol{u}\otimes\boldsymbol{v}=\begin{bmatrix}u_1\\u_2\\\vdots\\u_m\end{bmatrix}\otimes\begin{bmatrix}v_1\\v_2\\\vdots\\v_n\end{bmatrix}=\begin{bmatrix}u_1v_1 & u_1v_2 & \cdots & u_1v_n\\u_2v_1 & u_2v_2 & \cdots & u_2v_n\\\vdots & \vdots & \ddots & \vdots\\u_mv_1 & u_mv_2 & \cdots & u_mv_n\end{bmatrix}\qquad(4.1.7)$$

请读者特别注意，“外积”并非是与“内积”相对应的名称。

以 4.1.1 节的演示程序中所创建的两个向量为例，$\boldsymbol{a}=\begin{bmatrix}1\\4\\0\end{bmatrix}$，$\boldsymbol{b}=\begin{bmatrix}2\\2\\1\end{bmatrix}$，根据张量积（外积）的定义（4.1.7）式，可得：

$$\boldsymbol{a}\otimes\boldsymbol{b}=\begin{bmatrix}1\\4\\0\end{bmatrix}\otimes\begin{bmatrix}2\\2\\1\end{bmatrix}=\begin{bmatrix}2&2&1\\8&8&4\\0&0&0\end{bmatrix}$$

此计算结果与使用函数 np.outer(a, b)的计算结果一致。

另外，根据（4.1.7）式，还可以将张量积（外积）运算转换为矩阵乘法：

$$\boldsymbol{u}\otimes\boldsymbol{v}=\boldsymbol{u}\boldsymbol{v}^{\mathrm{T}}=\begin{bmatrix}u_1\\u_2\\\vdots\\u_m\end{bmatrix}\begin{bmatrix}v_1&v_2&\cdots&v_n\end{bmatrix}=\begin{bmatrix}u_1v_1&u_1v_2&\cdots&u_1v_n\\u_2v_1&u_2v_2&\cdots&u_2v_n\\\vdots&\vdots&\ddots&\vdots\\u_mv_1&u_mv_2&\cdots&u_mv_n\end{bmatrix}\tag{4.1.8}$$

请注意张量积（外积）与第 1 章 1.4.2 节中介绍的点积之间的差异，$\boldsymbol{u}\cdot\boldsymbol{v}=\boldsymbol{u}^{\mathrm{T}}\boldsymbol{v}$。观察（4.1.8）式最终的矩阵，还会发现，两个向量的点积正好是张量积（外积）所得矩阵的迹。

以上是针对一阶张量（向量）定义的张量积，如果是二阶张量（矩阵），则其张量积的具体形式称为**克罗内克积**（Kronecker Product），定义如下。

定义 设 $\boldsymbol{A}=\begin{bmatrix}a_{11}&\cdots&a_{1n}\\\vdots&\ddots&\vdots\\a_{m1}&\cdots&a_{mn}\end{bmatrix}$ 是 $m\times n$ 的矩阵，$\boldsymbol{B}=\begin{bmatrix}b_{11}&\cdots&b_{1q}\\\vdots&\ddots&\vdots\\b_{p1}&\cdots&b_{pq}\end{bmatrix}$ 是 $p\times q$ 的矩阵，两个矩阵的**克罗内克积**定义为：

$$\boldsymbol{A}\otimes\boldsymbol{B}=\begin{bmatrix}a_{11}\boldsymbol{B}&\cdots&a_{1n}\boldsymbol{B}\\\vdots&\ddots&\vdots\\a_{m1}\boldsymbol{B}&\cdots&a_{mn}\boldsymbol{B}\end{bmatrix}\tag{4.1.9}$$

如果将（4.1.9）式的矩阵完全展开，将是一个 $mp\times nq$ 的矩阵，通常我们用更紧凑的方式表示：

$$(\boldsymbol{A}\otimes\boldsymbol{B})_{p(r-1)+v,q(s-1)+w}=\boldsymbol{a}_{rs}\boldsymbol{b}_{vw}\tag{4.1.10}$$

如果要计算两个矩阵的克罗内克积，则可以使用如下方法：

```
import numpy as np
A = np.array([[1,2, 4], [3,1, 2]])
B = np.array([[0,3], [2,1]])
np.kron(A, B)

# 输出
array([[ 0,  3,  0,  6,  0, 12],
       [ 2,  1,  4,  2,  8,  4],
```

```
 [ 0,  9,  0,  3,  0,  6],
 [ 6,  3,  2,  1,  4,  2]])
```

数组 A 表示一个是 2×3 的矩阵（二阶张量），数组 B 表示的是 2×2 的矩阵，这两个矩阵的克罗内克积是一个 4×6 的矩阵（二阶张量）。

在深度学习框架中，张量是一种数据类型，通过框架可以定义更高阶的张量——类似多维数组，并支持应有的运算。更详细的内容，读者可以参阅深度学习框架的有关资料。

4.2　向量微分

微积分的发明，是人类伟大的创举，这要归功于伟大的科学家、数学家**艾萨克·牛顿**和伟大的数学家**戈特弗里德·威廉·莱布尼兹**（Gottfried Wilhelm Leibniz）（如图 4-2-1 所示），两位先贤曾因争夺微积分发明权而争论不休，现在我们已认为他们均具有这项伟大功绩的发明权。毫不夸张地说，微积分开启了现代科技。

因为本书不是一般的高等数学教材翻版，并且读者或多或少已经对微积分的基本知识有所了解，所以本节仅列出与后续章节相关的一些基本内容，供读者回忆那灿烂的大学时光。

图 4-2-1

4.2.1　函数及其导数

函数，是我们从中学数学就开始接触的概念，并不陌生，它与第 2 章 2.2.2 节中介绍的映射异曲同工。

定义　从输入集合 $\mathbb{X}$ 到可能的输出集合 Y 的函数 f，记作：$f:X\to Y$。

设 $x\in X$，相应的函数输出值是 y，通常用（4.2.1）式表示 x,y 之间的对应关系：

$$y=f(x) \tag{4.2.1}$$

比如 $s=v_0t+\frac{1}{2}at^2$，表示了时刻 t 与质点的位移 s 之间的对应关系（v_0 是常数，表示初速度；a 是常数，表示加速度）。像这样的自变量只有一个的函数称为一元函数，通常用（4.2.1）式作为一元函数的一般形式。多元函数自然就是有多个自变量的函数了，如 $f(x,y,z)$。

一个函数在某一点的**导数**（Derivative）描述了这个函数在这一点附近的变化率。当然，还有一个是否可导的问题，在这里我们所讨论的都是可导的函数。先探讨一元函数，设 $y=f(x)$ 可导，它在 $x=x_0$ 点的导数记作：$f'(x_0)$、$y'(x_0)$ 或 $\frac{\mathrm{d}f}{\mathrm{d}x}(x_0)$、$\frac{\mathrm{d}y}{\mathrm{d}x}|_{x=x_0}$、$\frac{\mathrm{d}f}{\mathrm{d}x}|_{x=x_0}$。

由于历史原因，导数的记法五花八门。比如：

- 牛顿用 $\dot{y}$ 表示 $y=f(x)$ 的一阶导数，如果是二阶就用 $\ddot{y}$。这个习惯在物理学中至今还保留着——毕竟牛顿是宗师，比如用 $\dot{v}$ 表示加速度。但是，这种记法对于更高阶的导数，显然就不是很适合了。

- 另外一个大宗师莱布尼兹，则采用了 $\frac{\mathrm{d}f}{\mathrm{d}x}(x)$、$\frac{\mathrm{d}y}{\mathrm{d}x}$ 形式的记法，对于高阶导数，可以用 $\frac{\mathrm{d}^n y}{\mathrm{d}x^n}$ 的形式。这是目前广为流传的一种记法。
- 法国大物理学家、数学家拉格朗日，又觉得莱布尼兹的记法不紧凑，于是用 $f'(x)$、$f''(x)$、$f^n(x)$ 的形式表示不同阶导数。这种记法现在也广为使用。

此外，还有一些其他记法，甚至在某些教材或专业资料里也在使用，但从广泛性来看，目前习惯采用的是莱布尼兹和拉格朗日所创造的两种记法。在本书中，这两种记法会根据情况混合使用。

从几何的角度看，函数在某点的导数表示过该点的函数曲线的切线斜率，以 $s=v_0t+\frac{1}{2}at^2$ 为例，设 $v_0=1,a=2$，则 $s=t+t^2$（忽略具体的物理意义），此函数的图像是抛物线，如图 4-2-2 所示，在 A 点的导数（$\frac{\mathrm{d}s}{\mathrm{d}t}|_{t=1}=1+2t|_{t=1}=3$）是图中过 A 点的曲线的切线斜率。通过此斜率（导数），可以判断出函数的值在 $t+\Delta t(\Delta t\to 0)$ 是增加还是减少。

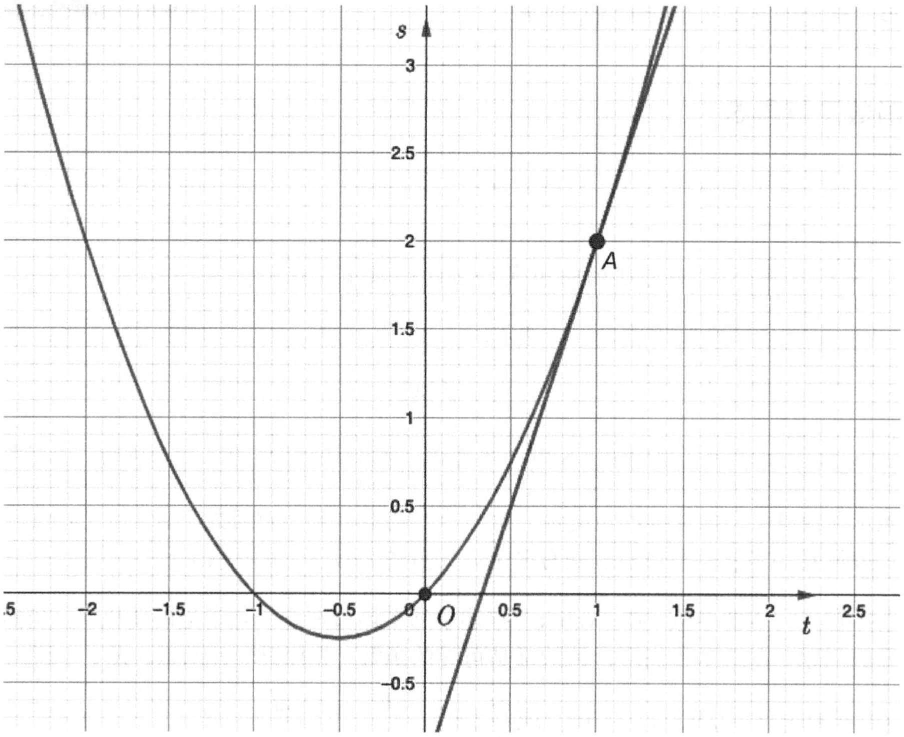

图 4-2-2

计算一个函数的导数，从根本上讲是求极限——这方面的内容不是本书重点，请读者参考有关高等数学教材。下面列出导数的求导法则，供计算时查阅（注：下述各式中，f、g 表示可导的函数，a、b 表示常数）。

- $(af+bg)'=af'+bg'$
- $(fg)'=f'g+fg'$
- $\left(\frac{f}{g}\right)'=\frac{f'g-fg'}{g^2}$

通常的 $y=f(x)$ 中的自变量 x 是一个实数（或者复数），此外，它还可以是另外一个函数，如（4.2.2）式所示，被称为**复合函数**（Composite Function）。

$$(f\circ g)(x)=f(g(x)) \tag{4.2.2}$$

如果对复合函数求导数，则要遵循链式法则：

$$\frac{\mathrm{d}f}{\mathrm{d}x}=\frac{\mathrm{d}f}{\mathrm{d}g}\frac{\mathrm{d}g}{\mathrm{d}x} \tag{4.2.3}$$

以上对函数及其导数的最基本知识做个简单回顾，以唤起那美好的回忆。如果读者感觉仍未尽兴，则可以参考本书的在线资料。

4.2.2 偏导数

除一元函数之外，函数的家族中还有所谓多元函数，这些函数有多个自变量，比如函数 $f(x,y)=x^2+xy+y^2$，如果计算它的导数，就要说明是对哪个自变量的导数，例如将此函数对 x 求导数，则视另外一个变量 y 为常数，这样计算所得结果就是**偏导数**：

$$\frac{\partial f}{\partial x}(x,y)=2x+y$$

这里使用了符号 ∂（称之为**偏导符号**）表示当前计算的是函数 $f(x,y)$ 对变量 x 的偏导数。符号 ∂ 其实是一个弯曲的 d，可以读作“der”“del”“dah”或“偏”，但不能与 d 同音，目的是要与一元函数的导数进行区分。

还是上面的多元函数，如果对 y 求导，则：

$$\frac{\partial f}{\partial y}(x,y)=x+2y$$

所以，所谓求偏导数，就是计算导数，只是将其他自变量看作常数。因此，计算偏导数的法则也与导数类似，例如：

- $\frac{\partial}{\partial x_i}(f(\boldsymbol{x})g(\boldsymbol{x}))=\frac{\partial f}{\partial x_i}g(\boldsymbol{x})+f(\boldsymbol{x})\frac{\partial g}{\partial x_i}$

- $\frac{\partial}{\partial x_i}\left(f(\boldsymbol{x})+g(\boldsymbol{x})\right)=\frac{\partial f}{\partial x_i}+\frac{\partial g}{\partial x_i}$

对于多元函数，除计算偏导数之外，还要对所有变量都求导数，这种现象称为对函数 f 求**全导数**。

为了表示对多元函数 $f(x,y)$ 的全导数，首先要用一个向量表示函数的多个变量，如 $\boldsymbol{x}=\begin{bmatrix}x\\y\end{bmatrix}$，于是对 f 的全导数可以写成 $\frac{\mathrm{d}f}{\mathrm{d}\boldsymbol{x}}$。然后就是对向量 $\boldsymbol{x}$ 中的每一个元素求偏导数：

$$\frac{\mathrm{d}f}{\mathrm{d}\boldsymbol{x}}=\begin{bmatrix}\frac{\partial f}{\partial x} & \frac{\partial f}{\partial y}\end{bmatrix}=\begin{bmatrix}2x+y & x+2y\end{bmatrix} \tag{4.2.4}$$

从（4.2.4）式可知，对于多元函数，其变量可以视为向量，如果计算其全导数，则结果也是向量。

这种情况在物理学中很常见，比如静电场的电势 $\phi(x,y,z)$，在某点计算它的全导数，则可以得到相应的电场强度，即 $\boldsymbol{E}(\boldsymbol{r})=-\frac{\mathrm{d}\phi}{\mathrm{d}\boldsymbol{r}}$，其中 $\boldsymbol{r}=x\boldsymbol{i}+y\boldsymbol{j}+z\boldsymbol{k}$：

$$\frac{\mathrm{d}\phi}{\mathrm{d}\boldsymbol{r}}=\frac{\partial\phi}{\partial x}\boldsymbol{i}+\frac{\partial\phi}{\partial y}\boldsymbol{j}+\frac{\partial\phi}{\partial z}\boldsymbol{k} \tag{4.2.5}$$

（4.2.5）式表示对 $\phi(x,y,z)$ 求全导数，其结果写成三维欧几里得空间正交标准基线性组合形式，与写成行向量 $\begin{bmatrix}\frac{\partial\phi}{\partial x} & \frac{\partial\phi}{\partial y} & \frac{\partial\phi}{\partial z}\end{bmatrix}$ 等效。

在物理学中，电势是标量，电场强度是向量，也就是再次说明，对一个多元函数求全导数所得结果为向量。

以上讨论的是一阶偏导数，$\frac{\partial f}{\partial x}$ 是一种常见的记法。除此之外，还有其他形式的记法，并且对偏导数也存在更高阶。下面以对 $f(x,y,z)$ 求偏导数为例，列出常见的一些偏导数记法：

- 一阶偏导数：$\frac{\partial f}{\partial x}=f_x=\partial_x f$
- 二阶偏导数：$\frac{\partial^2 f}{\partial x^2}=f_{xx}=\partial_{xx} f$
- 二阶混合偏导数：$\frac{\partial^2 f}{\partial y\partial x}=\frac{\partial}{\partial y}\left(\frac{\partial f}{\partial x}\right)=f_{xy}=\partial_{yx} f$
- 高阶偏导数：$\frac{\partial^n f}{\partial x^n}=f^{(n)}$

以（4.2.5）式中的电势 $\phi(x,y,z)$ 为例，尽管输入的变量是向量（$\boldsymbol{r}=x\boldsymbol{i}+y\boldsymbol{j}+z\boldsymbol{k}$），但是输出的函数值是标量，类似的函数还有，比如表征温度、气压、湿度的函数，输入的变量都是空间点坐标

（向量），输出的函数值则是标量。像这样的函数，我们称之为**标量值函数**（Scalar-Valued Function）。在电场空间中，每一点的电势都可以用 $\phi(x,y,z)$ 这标量值函数表示，因此，这个“场”被称为**标量场**（或纯量场，Scalar Field），与之类似，温度、气压、湿度也分别对应着各自的标量场。

在物理学中，**场**（Field）是以时空（时间和空间，(x,y,z,t)）为变量的物理量。空间中的基本相互作用——引力相互作用、电磁相互作用、弱相互作用、强相互作用——被命名为“场”。根据时空中每一点的值是标量、向量还是张量，将场分为标量场、向量场和张量场。

根据经验，我们会想到另外一类函数，输入可以是单变量，也可以是多变量，而输出则是多维向量，例如在二维欧几里得空间中，一个以时间 t 为参数的函数：

$$\boldsymbol{r}(t)=f(t)\boldsymbol{i}+g(t)\boldsymbol{j} \tag{4.2.6}$$

其中，$f(t),g(t)$ 都是以 t 为参数的函数，并且是 $\boldsymbol{r}(t)$ 在 x,y 坐标轴上的坐标。像 $\boldsymbol{r}(t)$ 这样的函数，称为**向量值函数**（Vector-Valued Function），它所对应的场称为**向量场**（Vector Field）。

定义　函数 $\boldsymbol{f}:\mathbb{R}^n\to\mathbb{R}^m$，其自变量 $\boldsymbol{x}=\begin{bmatrix}x_1\\ \vdots\\ x_n\end{bmatrix}\in\mathbb{R}^n$，函数值是：

$$\boldsymbol{f}(\boldsymbol{x})=\begin{bmatrix}f_1(\boldsymbol{x})\\ \vdots\\ f_m(\boldsymbol{x})\end{bmatrix}$$

这样的函数称为**向量值函数**。

为了更直观地了解向量值函数，将（4.2.6）式具体化为函数 $\boldsymbol{r}(t)=4\cos t\boldsymbol{i}+3\sin t\boldsymbol{j}$，并用图 4-2-3 表示 $t=0,\frac{\pi}{4},\frac{\pi}{2},\frac{3\pi}{4},\pi,\frac{5\pi}{4},\frac{3\pi}{2},\frac{7\pi}{4}$ 所得到的向量值，图 4-2-3 中的椭圆表示函数所有向量值的集合。

向量值函数在物理学中有很多，比如电场中的电场强度等。在机器学习中表示线性模型的函数通常也是向量值函数，例如：

$$\boldsymbol{y}=\boldsymbol{A}\boldsymbol{x}+\boldsymbol{b} \tag{4.2.7}$$

其中，$\boldsymbol{x}$ 是 $n\times1$ 的向量，$\boldsymbol{b}$ 是 $m\times1$ 的向量，$\boldsymbol{A}$ 是 $m\times n$ 的矩阵，输出 $\boldsymbol{y}$ 则是 $m\times1$ 的向量。用映射的方式表达（4.2.7）式这样的函数：

$$\boldsymbol{f}:\mathbb{R}^n\to\mathbb{R}^m \tag{4.2.8}$$

即向量值函数 $\boldsymbol{f}(\boldsymbol{x})$ 建立了从 $\boldsymbol{x}\in\mathbb{R}^n$ 到向量 $\boldsymbol{f}(\boldsymbol{x})\in\mathbb{R}^m$ 的映射。

那么，向量值函数的导数应该怎么计算？基本思想是对各个分量分别求导。

例如（4.2.6）式的向量值函数对 t 求导：

$$\frac{\mathrm{d}\boldsymbol{r}(t)}{\mathrm{d}t}=f'(t)\boldsymbol{i}+g'(t)\boldsymbol{j}$$

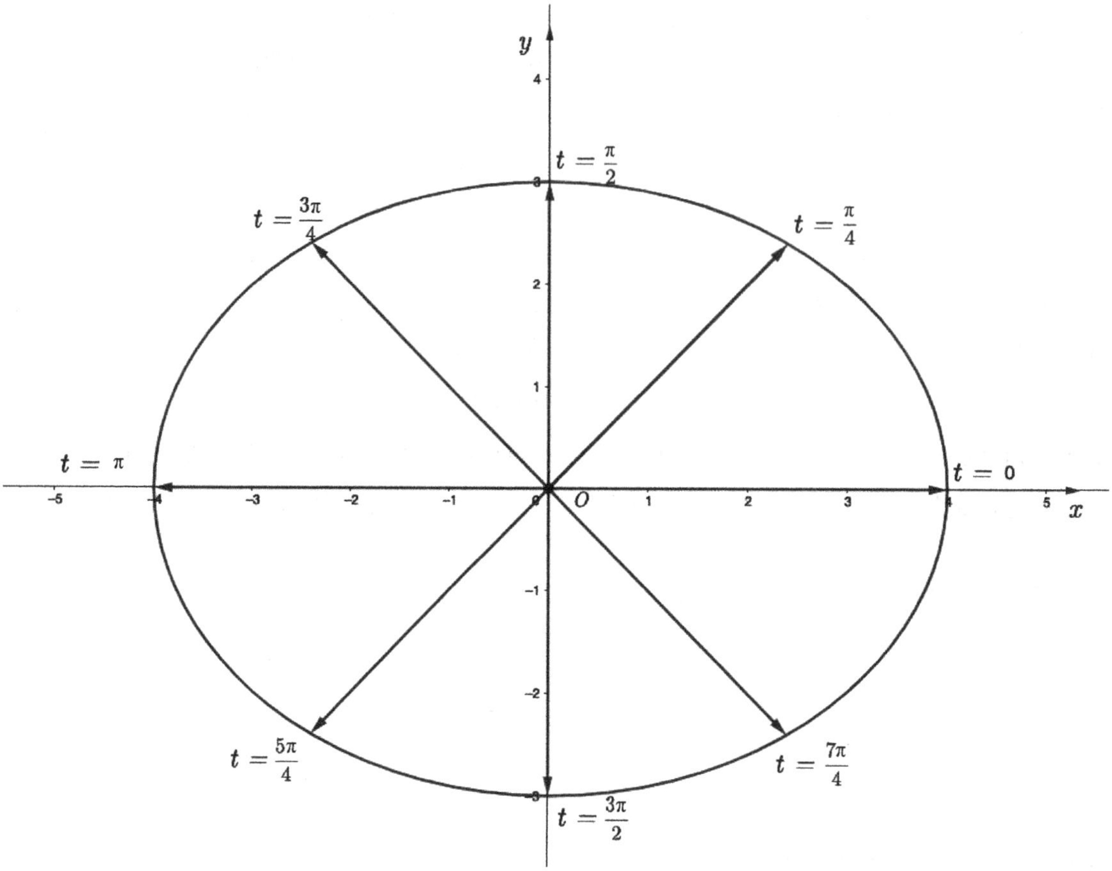

图 4-2-3

对于（4.2.8）式那样的向量值函数，还要兼顾自变量 $\boldsymbol{x}$ 中的不同元素，所以要用偏导数形式表达。

$$\frac{\mathrm{d}\boldsymbol{f}}{\mathrm{d}\boldsymbol{x}}=\begin{bmatrix}\frac{\partial \boldsymbol{f}}{\partial x_1} & \frac{\partial \boldsymbol{f}}{\partial x_2} & \cdots & \frac{\partial \boldsymbol{f}}{\partial x_n}\end{bmatrix}=\begin{bmatrix}\frac{\partial f_1}{\partial x_1} & \frac{\partial f_1}{\partial x_2} & \cdots & \frac{\partial f_1}{\partial x_n}\\ \frac{\partial f_2}{\partial x_1} & \frac{\partial f_2}{\partial x_2} & \cdots & \frac{\partial f_2}{\partial x_n}\\ \vdots & \vdots & \ddots & \vdots\\ \frac{\partial f_m}{\partial x_1} & \frac{\partial f_m}{\partial x_2} & \cdots & \frac{\partial f_m}{\partial x_n}\end{bmatrix} \tag{4.2.9}$$

（4.2.9）式最终得到的矩阵，有一个专有名字：**雅可比矩阵**（Jacobian Matrix），习惯于用 $\boldsymbol{J}$ 表示，矩阵中的每个元素，可以记作：

$$\boldsymbol{J}_{ij}=\frac{\partial f_i}{\partial x_j} \tag{4.2.10}$$

例如（4.2.11）式向量值函数 $\boldsymbol{f}:\mathbb{R}^3\to\mathbb{R}^4$：

$$\begin{bmatrix} y_1 \\ y_2 \\ y_3 \\ y_4 \end{bmatrix} = \begin{bmatrix} x_1 \\ 5x_3 \\ 4x_2^2 - 2x_3 \\ x_3 \sin x_1 \end{bmatrix} \tag{4.2.11}$$

根据（4.2.9）式得到雅可比矩阵：

$$\boldsymbol{J}(x_1,x_2,x_3) = \begin{bmatrix} \frac{\partial y_1}{\partial x_1} & \frac{\partial y_1}{\partial x_2} & \frac{\partial y_1}{\partial x_3} \\ \frac{\partial y_2}{\partial x_1} & \frac{\partial y_2}{\partial x_2} & \frac{\partial y_2}{\partial x_3} \\ \frac{\partial y_3}{\partial x_1} & \frac{\partial y_3}{\partial x_2} & \frac{\partial y_3}{\partial x_3} \\ \frac{\partial y_4}{\partial x_1} & \frac{\partial y_4}{\partial x_2} & \frac{\partial y_4}{\partial x_3} \end{bmatrix} = \begin{bmatrix} 1 & 0 & 0 \\ 0 & 0 & 5 \\ 0 & 8x_2 & -2 \\ x_3\cos x_1 & 0 & \sin x_1 \end{bmatrix} \tag{4.2.12}$$

根据函数的映射关系，由（4.2.11）式和（4.2.12）式可得：

$$\begin{bmatrix} y_1 \\ y_2 \\ y_3 \\ y_4 \end{bmatrix} = \begin{bmatrix} 1 & 0 & 0 \\ 0 & 0 & 5 \\ 0 & 8x_2 & -2 \\ x_3\cos x_1 & 0 & \sin x_1 \end{bmatrix} \begin{bmatrix} x_1 \\ x_2 \\ x_3 \end{bmatrix} \tag{4.2.13}$$

（4.2.13）式说明雅可比矩阵 $\boldsymbol{J}(x_1, x_2, x_3)$ 是上述示例中的 $\mathbb{R}^3 \to \mathbb{R}$ 的线性映射。

如果（4.2.8）式的函数中 $m = n$，则（4.2.9）式的雅可比矩阵就是一个 n 阶方阵，于是可以取它的行列式，称之为**雅可比行列式**。雅可比行列式主要用于多重积分的换元积分法，对此本书不再详解。

在 4.2.1 节中提到了一元函数中的复合函数，对其求导要遵循链式法则，如（4.2.3）式。与之类似，在多元函数中，也存在复合函数，比如 $f(x_1,x_2) = x_1^2 + 2x_2$，其中 $x_1 = \sin t, x_2 = \cos t$。如果计算 $\frac{\mathrm{d}f}{\mathrm{d}t}$，基本方法与（4.2.3）式类似：

$$\begin{aligned} \frac{\mathrm{d}f}{\mathrm{d}t} &= \frac{\partial f}{\partial x_1}\frac{\partial x_1}{\partial t} + \frac{\partial f}{\partial x_2}\frac{\partial x_2}{\partial t} \\ &= 2x_1\frac{\partial x_1}{\partial t} + 2\frac{\partial x_2}{\partial t} \\ &= 2\sin t\frac{\partial \sin t}{\partial t} + 2\frac{\partial \cos t}{\partial t} \\ &= 2\sin t\cos t - 2\sin t = 2\sin t(\cos t - 1) \end{aligned}$$

下面的（4.2.14）式以更一般的形式表示多元复合函数求导的链式法则：

$$\frac{\partial}{\partial \boldsymbol{x}}(f \circ g)(\boldsymbol{x}) = \frac{\partial}{\partial \boldsymbol{x}}\big(f(g(\boldsymbol{x}))\big) = \frac{\partial f}{\partial g}\frac{\partial g}{\partial \boldsymbol{x}} \tag{4.2.14}$$

如果函数 $f(x_1,x_2)$ 中的变量是 $x_1(s,t)$ 和 $x_2(s,t)$，则根据式（4.2.14）链式法则计算全导数

$\frac{\mathrm{d}f}{\mathrm{d}(s,t)}$，其形式为：

$$\frac{\mathrm{d}f}{\mathrm{d}(s,t)}=\frac{\partial f}{\partial \boldsymbol{x}}\frac{\partial \boldsymbol{x}}{\partial(s,t)}=\begin{bmatrix}\frac{\partial f}{\partial x_1} & \frac{\partial f}{\partial x_2}\end{bmatrix}\begin{bmatrix}\frac{\partial x_1}{\partial s} & \frac{\partial x_1}{\partial t}\\ \frac{\partial x_2}{\partial s} & \frac{\partial x_2}{\partial t}\end{bmatrix}$$

其中 $\frac{\partial f}{\partial \boldsymbol{x}}=\begin{bmatrix}\frac{\partial f}{\partial x_1} & \frac{\partial f}{\partial x_2}\end{bmatrix}$，$\frac{\partial \boldsymbol{x}}{\partial(s,t)}=\begin{bmatrix}\frac{\partial x_1}{\partial s} & \frac{\partial x_1}{\partial t}\\ \frac{\partial x_2}{\partial s} & \frac{\partial x_2}{\partial t}\end{bmatrix}$，看起来有点复杂，请对照（4.2.14）式的法则耐心揣摩。不过，这一节中所涉及的各种类型函数的导数，在表现形式上的确有点复杂。从某种角度来说，数学中的符号表示，对学科发展有着不小的影响。因此，在历史上数学家们探索了很多数学符号，经过历史的筛选，最终形成了现在通用的符号体系。

法则 向量值函数微分法则：

设 $\boldsymbol{f}(t)$ 和 $\boldsymbol{g}(t)$ 是两个可导的向量值函数，$\boldsymbol{c}$ 是向量常数，c 是标量常数，$h(t)$ 是一个标量值函数。

- $\frac{\mathrm{d}}{\mathrm{d}t}\boldsymbol{c}=0$
- $\frac{\mathrm{d}}{\mathrm{d}t}(c\boldsymbol{f}(t))=c\boldsymbol{f}'(t)$
- $\frac{\mathrm{d}}{\mathrm{d}t}(h(t)\boldsymbol{f}(t))=h'(t)\boldsymbol{f}(t)+h(t)\boldsymbol{f}'(t)$
- $\frac{\mathrm{d}}{\mathrm{d}t}(\boldsymbol{f}(t)+\boldsymbol{g}(t))=\boldsymbol{f}'(t)+\boldsymbol{g}'(t)$
- $\frac{\mathrm{d}}{\mathrm{d}t}(\boldsymbol{f}(t)-\boldsymbol{g}(t))=\boldsymbol{f}'(t)-\boldsymbol{g}'(t)$
- $\frac{\mathrm{d}}{\mathrm{d}t}(\boldsymbol{f}(t)\cdot\boldsymbol{g}(t))=\boldsymbol{f}'(t)\cdot\boldsymbol{g}(t)+\boldsymbol{f}(t)\cdot\boldsymbol{g}'(t)$
- $\frac{\mathrm{d}}{\mathrm{d}t}(\boldsymbol{f}(t)\times\boldsymbol{g}(t))=\boldsymbol{f}'(t)\times\boldsymbol{g}(t)+\boldsymbol{f}(t)\times\boldsymbol{g}'(t)$
- $\frac{\mathrm{d}}{\mathrm{d}t}(\boldsymbol{f}(h(t)))=h'(t)\boldsymbol{f}'(t)$

4.2.3 梯度

为了阅读方便，将（4.2.5）式复制在下面：

$$\frac{\mathrm{d}\phi}{\mathrm{d}\boldsymbol{r}}=\frac{\partial\phi}{\partial x}\boldsymbol{i}+\frac{\partial\phi}{\partial y}\boldsymbol{j}+\frac{\partial\phi}{\partial z}\boldsymbol{k}$$

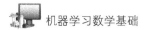

其中 $\phi(\boldsymbol{r})$ 是标量函数，自变量 $\boldsymbol{r}$ 是向量，在三维欧几里得空间表示为 $r = x\boldsymbol{i} + y\boldsymbol{j} + z\boldsymbol{k}$ 。

在形式上还可以改写为：

$$\frac{\partial \phi}{\partial x}\boldsymbol{i} + \frac{\partial \phi}{\partial y}\boldsymbol{j} + \frac{\partial \phi}{\partial z}\boldsymbol{k} = \left(\frac{\partial}{\partial x}\boldsymbol{i} + \frac{\partial}{\partial y}\boldsymbol{j} + \frac{\partial}{\partial z}\boldsymbol{k}\right)\phi \tag{4.2.15}$$

显然这里的 $\frac{\partial}{\partial x}\boldsymbol{i} + \frac{\partial}{\partial y}\boldsymbol{j} + \frac{\partial}{\partial z}\boldsymbol{k}$ 具有“公共性”，于是把它定义为一个**算子**（Operator），记作：

$$\text{grad} = \nabla = \frac{\partial}{\partial x}\boldsymbol{i} + \frac{\partial}{\partial y}\boldsymbol{j} + \frac{\partial}{\partial z}\boldsymbol{k} \tag{4.2.16}$$

grad 或 ∇ 是向量微分算子。

定义　算子，即执行某种运算，将向量空间的一个元素映射为另一个元素，例如：$\frac{\mathrm{d}}{\mathrm{d}x}$ 对函数执行微分运算，是微分算子。

符号 ∇ 读作“del”或“nabla”，是向量微分算子。在三维空间中：

$$\nabla = \frac{\partial}{\partial x}\boldsymbol{i} + \frac{\partial}{\partial y}\boldsymbol{j} + \frac{\partial}{\partial z}\boldsymbol{k} \quad 或 \quad \nabla = \begin{bmatrix} \frac{\partial}{\partial x} \\ \frac{\partial}{\partial y} \\ \frac{\partial}{\partial z} \end{bmatrix}$$

于是，（4.2.15）式在形式上又可以改写为：

$$\text{grad}(\phi) \quad 或 \quad \nabla\phi \tag{4.2.17}$$

无论是（4.2.15）式还是（4.2.17）式，虽然形式有所不同，但表示的含义都是一样的，我们称这些式子为标量函数 $\phi(x,y,z)$ 的**梯度**（Gradient）。

定义　设函数 $f:\mathbb{R}^n \to \mathbb{R}$，自变量 $\boldsymbol{x} = \begin{bmatrix} x_1 \\ \vdots \\ x_n \end{bmatrix}$，则：

$$\frac{\mathrm{d}f}{\mathrm{d}\boldsymbol{x}} = \nabla f = \begin{bmatrix} \frac{\partial f}{\partial x_1} \\ \vdots \\ \frac{\partial f}{\partial x_n} \end{bmatrix}$$

称为函数 f 的梯度。

注意，梯度是一个向量，并且表示了函数在各个分量方向上的变化。

既然如此，假设有单位向量 $\boldsymbol{u}$，可以计算梯度与单位向量的点积：

$$\nabla f\cdot\boldsymbol{u}=\|\nabla f\|\|\boldsymbol{u}\|\cos\theta=\|\nabla f\|\cos\theta \tag{4.2.18}$$

其中 θ 是 ∇f 与单位向量 $\boldsymbol{u}$ 之间的夹角：

- $\theta=0$，即 ∇f 与 $\boldsymbol{u}$ 同方向，此时 $\nabla f\cdot\boldsymbol{u}=\|\nabla f\|$，意味着函数 f 沿着单位向量 $\boldsymbol{u}$ 或者梯度方向增长最快。
- $\theta=\pi$，$\nabla f\cdot\boldsymbol{u}=-\|\nabla f\|$，则说明在单位向量 $\boldsymbol{u}$ 的方向上，即 $-\nabla f$ 的方向上，函数 f 下降最快。
- $\theta=\dfrac{\pi}{2}$，则 ∇f 与 $\boldsymbol{u}$ 正交，$\nabla f\cdot\boldsymbol{u}=0$，此时在 $\boldsymbol{u}$ 方向上函数 f 不变。

例如：计算函数 $f(x,y)=x\mathrm{e}^y+\cos(xy)$ 在点 $(2,0)$ 的导数，并找出在向量 $\boldsymbol{v}=3\boldsymbol{i}-4\boldsymbol{j}$ 方向上的变化。

首先，根据 $\boldsymbol{v}$ 计算它的单位向量 $\boldsymbol{u}$：

$$\boldsymbol{u}=\frac{\boldsymbol{v}}{\|\boldsymbol{v}\|_2}=\frac{3}{5}\boldsymbol{i}-\frac{4}{5}\boldsymbol{j}$$

再计算梯度 ∇f：

$$\because\quad \nabla f=\frac{\partial f}{\partial x}\boldsymbol{i}+\frac{\partial f}{\partial y}\boldsymbol{j}=\left(\mathrm{e}^y-y\sin(xy)\right)\boldsymbol{i}+\left(x\mathrm{e}^y-x\sin(xy)\right)\boldsymbol{j}$$

$$\therefore\quad \nabla f\,|_{(2,0)}=\left(\mathrm{e}^0-0\right)\boldsymbol{i}+\left(2\mathrm{e}^0-2\cdot 0\right)\boldsymbol{j}=\boldsymbol{i}+2\boldsymbol{j}$$

如图 4-2-4 所示，显示了在点 $(2,0)$ 处，函数的梯度方向和单位向量 $\boldsymbol{u}$ 的方向，也显示了曲线。请注意观察三者之间的关系。

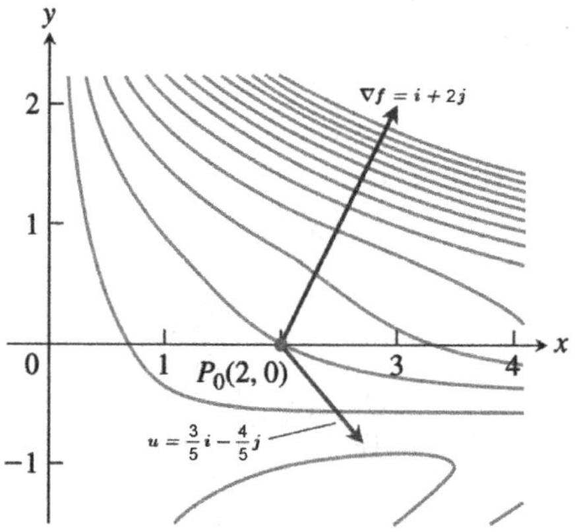

图 4-2-4

最后计算：

$$\nabla f\big|_{(2,0)}\cdot \boldsymbol{u}=(\boldsymbol{i}+2\boldsymbol{j})\cdot\left(\frac{3}{5}\boldsymbol{i}-\frac{4}{5}\boldsymbol{j}\right)=\frac{3}{5}-\frac{8}{5}=-1$$

这说明，在图 4-2-4 的 $P_0(2,0)$ 点，函数 f 在 $\boldsymbol{u}$ 的方向上是减小的，但并不是减小最快的——此结论从图中也可以直观地看出来。

定理　函数沿梯度方向增加最快。

函数的梯度还有另外一个重要的特征，其方向与过该点的函数的切面（对于二维空间即为切线）垂直。对于此性质，可以通过下面的示例理解。为了直观，以二维空间中的椭圆曲线方程 $\frac{x^2}{4}+y^2=2$ 为例，图 4-2-5 绘制了此椭圆曲线。

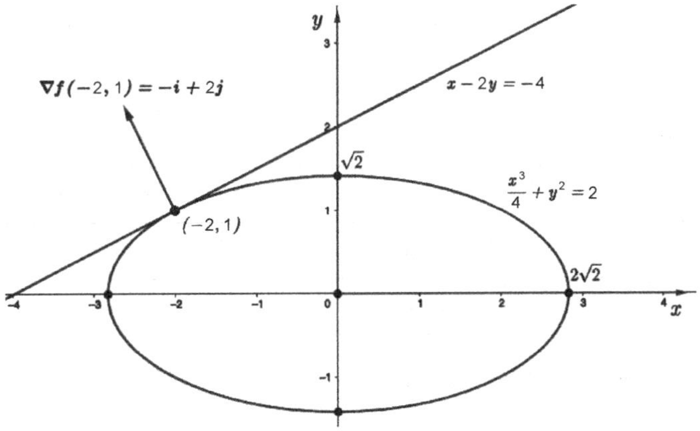

图 4-2-5

椭圆曲线的函数：

$$f(x,y)=\frac{x^2}{4}+y^2$$

此函数在点 $(-2,1)$ 的梯度：

$$\nabla f\Big|_{-2,1}=\left(\frac{x}{2}\boldsymbol{i}+2y\boldsymbol{j}\right)\Big|_{-2,1}=-\boldsymbol{i}+2\boldsymbol{j}$$

过该点的椭圆函数切线（依据切线公式：$f_x(x_0,y_0)(x-x_0)+f_y(x_0,y_0)(y-y_0)=0$，其中，$f_x, f_y$ 分别表示函数对 x 和 y 的偏导数）：

$$x-2y=-4$$

容易证明，上述所得切线与在切点的梯度 ∇f 垂直。

在梯度定义中的函数 $f:\mathbb{R}^n\to\mathbb{R}$ 的一阶导数是梯度，并且 ∇f 还是一个向量值函数：

$\nabla f:\mathbb{R}^n\to\mathbb{R}$，如果梯度还可导，就回到了4.2.2节的（4.2.9）式，计算梯度的雅可比矩阵。

$$\boldsymbol{H}=\begin{bmatrix}\dfrac{\partial}{\partial\boldsymbol{x}}\left(\dfrac{\partial f}{\partial x_1}\right) & \dfrac{\partial}{\partial\boldsymbol{x}}\left(\dfrac{\partial f}{\partial x_2}\right) & \cdots & \dfrac{\partial}{\partial\boldsymbol{x}}\left(\dfrac{\partial f}{\partial x_n}\right)\end{bmatrix}=\begin{bmatrix}\dfrac{\partial^2 f}{\partial x_1\partial x_1} & \dfrac{\partial^2 f}{\partial x_1\partial x_2} & \cdots & \dfrac{\partial^2 f}{\partial x_1\partial x_n}\\ \dfrac{\partial^2 f}{\partial x_2\partial x_1} & \dfrac{\partial^2 f}{\partial x_2\partial x_2} & \cdots & \dfrac{\partial^2 f}{\partial x_2\partial x_n}\\ \vdots & \vdots & \ddots & \vdots\\ \dfrac{\partial^2 f}{\partial x_n\partial x_1} & \dfrac{\partial^2 f}{\partial x_n\partial x_2} & \cdots & \dfrac{\partial^2 f}{\partial x_n\partial x_n}\end{bmatrix}$$

这里得到的矩阵 $\boldsymbol{H}$ 称为**黑塞矩阵**（Hessian Matrix），又译作**海森矩阵**、**海塞矩阵**或**海瑟矩阵**，它是一个 $n\times n$ 的对称矩阵。

在梯度的基础上，还可以继续定义散度、旋度等，这些内容因为在物理学中常用，在机器学习中比较罕见，所以此处不详细说明，仅将它们的有关概念列在下面的表格中，供读者参考。

算子	表示	说明
梯度	$\text{grad}(f)=\nabla f$	梯度表示标量场中某点增加最快的方向。标量场的梯度是向量场
散度	$\text{div}(\vec{F})=\nabla\cdot\vec{F}$	散度表示向量场中某点附近发散或汇聚的程度。向量场的散度是标量场
旋度	$\text{cur}(\vec{F})=\nabla\times\vec{F}$	旋度表示向量场中某点附近旋转的程度。向量场的旋度是向量场
拉普拉斯算子	$\Delta f=\nabla^2 f=\nabla\cdot\nabla f$	标量场的拉普拉斯是标量场

关于梯度、散度、旋度计算中常用的公式，列在这里，供理论推导时参阅。

- $\nabla(f+g)=\nabla f+\nabla g$
- $\nabla(f-g)=\nabla f-\nabla g$
- $\nabla(kf)=k\nabla f$，k 是任意常数
- $\nabla(fg)=f\nabla g+g\nabla f$
- $\nabla\left(\dfrac{f}{g}\right)=\dfrac{g\nabla f-f\nabla g}{g^2}$
- $\nabla\cdot(f\vec{F})=f\nabla\cdot\vec{F}+\nabla f\cdot\vec{F}$
- $\nabla\times(f\vec{F})=f\nabla\times\vec{F}+\nabla f\times\vec{F}$
- $\nabla\cdot(\vec{F}\times\vec{G})=(\nabla\times\vec{F})\cdot\vec{G}-\vec{F}\cdot(\nabla\times\vec{G})$
- $\nabla\times(\vec{F}\times\vec{G})=(\vec{G}\cdot\nabla)\vec{F}-(\vec{F}\cdot\nabla)\vec{G}+\vec{F}(\nabla\cdot\vec{G})-\vec{G}(\nabla\cdot\vec{F})$
- $\nabla\times(\nabla f)=0$

- $\nabla\cdot\left(\nabla\times\vec{F}\right)=0$
- $\nabla\times\left(\nabla\times\vec{F}\right)=\nabla\left(\nabla\cdot\vec{F}\right)-\nabla^2\vec{F}$

在本节的最后，要恭恭敬敬地录上一组伟大的方程组——麦克斯韦方程组：

$$\begin{aligned}\nabla\cdot E&=\frac{\rho}{\epsilon_0}\\ \nabla\cdot B&=0\\ \nabla\times E&=-\frac{\partial B}{\partial t}\\ \nabla\times B&=\mu_0 J+\mu_0\epsilon_0\frac{\partial E}{\partial t}\end{aligned}$$

这是麦克斯韦方程组的微分形式，暂不必深究其含义，仅观察其形式，体验其中的美感。如果读者有兴趣深入理解，可以查阅电磁学的有关资料。麦克斯韦肖像如图 4-2-6 所示。

图 4-2-6

4.2.4　矩阵导数

我们已经知道，标量值函数的自变量可以是标量形式的单变量，如 $f(x)$；也可以是向量形式的多变量，如 $f(x_1,x_2,\cdots,x_n)$，通常用 $f(\boldsymbol{x})$ 表示，自变量 $\boldsymbol{x}$ 是向量 $\boldsymbol{x}=\begin{bmatrix}x_1\\ \vdots\\ x_n\end{bmatrix}$。沿着这个思路推广，也可以用矩阵作为自变量，如 $f(\boldsymbol{X})$，$\boldsymbol{X}$ 是 $m\times n$ 的矩阵。如果矩阵坍缩为 $m\times 1$ 矩阵则变成以向量为自变量的函数；如果矩阵是 1×1 矩阵，那就是 $f(x)$ 了。

对于向量值函数的值（因变量），也可以从向量推广到矩阵。在下表中就列出了不同类型的函数对不同类型的自变量求导的形式，以 $x,\boldsymbol{x},\boldsymbol{X}$ 表示自变量中的标量、向量和矩阵，以 $y,\boldsymbol{y},\boldsymbol{Y}$ 表示因变量。

类型	标量	向量	矩阵
标量	$\frac{\mathrm{d}y}{\mathrm{d}x}$	$\frac{\mathrm{d}\boldsymbol{y}}{\mathrm{d}x}$	$\frac{\mathrm{d}\boldsymbol{Y}}{\mathrm{d}x}$
向量	$\frac{\mathrm{d}y}{\mathrm{d}\boldsymbol{x}}$	$\frac{\mathrm{d}\boldsymbol{y}}{\mathrm{d}\boldsymbol{x}}$	
矩阵	$\frac{\mathrm{d}y}{\mathrm{d}\boldsymbol{X}}$		

在表格中，还有一些空置的，比如“向量—矩阵”（$\frac{\mathrm{d}\boldsymbol{y}}{\mathrm{d}\boldsymbol{X}}$）的求导，可以将矩阵看作列向量，先通过“向量—向量”求导，再深入到每个元素，再次通过“向量—向量”求导，这样逐层深入，直到最终结果。

在 4.2.2 节和 4.2.3 节中，我们已经探讨了标量值函数和向量值函数的求导问题，在这里根据上表所示的不同状态，分别列出有关的求导公式，既是复习，又是公式备查（注：“标量—标量”的求导公式不再列出）。

向量—标量：$\frac{\mathrm{d}\boldsymbol{y}}{\mathrm{d}x}$

设标量 a、向量 $\boldsymbol{a}$、矩阵 $\boldsymbol{A}$ 都是与 x 无关的常量，函数 $f(\boldsymbol{u}),\boldsymbol{u}(x),\boldsymbol{v}(x)$ 都可导。

- $\frac{\partial \boldsymbol{a}}{\partial x}=\boldsymbol{0}^{\mathrm{T}}$
- $\frac{\partial a\boldsymbol{u}}{\partial x}=a\frac{\partial \boldsymbol{u}}{\partial x}$
- $\frac{\partial \boldsymbol{A}\boldsymbol{u}}{\partial x}=\frac{\partial \boldsymbol{u}}{\partial x}\boldsymbol{A}^{\mathrm{T}}$
- $\frac{\partial(\boldsymbol{u}+\boldsymbol{v})}{\partial x}=\frac{\partial \boldsymbol{u}}{\partial x}+\frac{\partial \boldsymbol{v}}{\partial x}$
- $\frac{\partial \boldsymbol{u}^{\mathrm{T}}}{\partial x}=\left(\frac{\partial u}{\partial x}\right)^{\mathrm{T}}$
- $\frac{\partial f(\boldsymbol{u})}{\partial x}=\frac{\partial \boldsymbol{u}}{\partial x}\frac{\partial f(\boldsymbol{u})}{\partial \boldsymbol{u}}$

向量—向量：$\frac{\mathrm{d}\boldsymbol{y}}{\mathrm{d}\boldsymbol{x}}$

设标量 a、向量 $\boldsymbol{a}$、矩阵 $\boldsymbol{A}$ 都是与 x 无关的常量，函数 $\boldsymbol{f}(\boldsymbol{u}),\boldsymbol{u}(\boldsymbol{x}),\boldsymbol{v}(\boldsymbol{x})$ 都可导。

- $\frac{\partial a}{\partial \boldsymbol{x}}=\boldsymbol{0}$
- $\frac{\partial \boldsymbol{x}}{\partial \boldsymbol{x}}=\boldsymbol{1}$

- $\frac{\partial \boldsymbol{A}\boldsymbol{x}}{\partial \boldsymbol{x}} = \boldsymbol{A}^{\mathrm{T}}$
- $\frac{\partial \boldsymbol{x}^{\mathrm{T}}\boldsymbol{A}}{\partial \boldsymbol{x}} = \boldsymbol{A}$
- $\frac{\partial a\boldsymbol{u}}{\partial \boldsymbol{x}} = a\frac{\partial \boldsymbol{u}}{\partial \boldsymbol{x}}$
- $\frac{\partial \boldsymbol{A}\boldsymbol{u}}{\partial \boldsymbol{x}} = \frac{\partial \boldsymbol{u}}{\partial \boldsymbol{x}}\boldsymbol{A}^{\mathrm{T}}$
- $\frac{\partial \boldsymbol{f}(\boldsymbol{u})}{\partial \boldsymbol{x}} = \frac{\partial \boldsymbol{u}}{\partial \boldsymbol{x}}\frac{\partial \boldsymbol{f}(\boldsymbol{u})}{\partial \boldsymbol{u}}$
- $\frac{\partial \boldsymbol{u}^{\mathrm{T}}\boldsymbol{v}}{\partial \boldsymbol{x}} = \frac{\partial \boldsymbol{u}}{\partial \boldsymbol{x}}\boldsymbol{v} + \frac{\partial \boldsymbol{v}}{\partial \boldsymbol{x}}\boldsymbol{u}$
- $\frac{\partial \boldsymbol{u}^{\mathrm{T}}\boldsymbol{A}\boldsymbol{v}}{\partial \boldsymbol{x}} = \frac{\partial \boldsymbol{u}}{\partial \boldsymbol{x}}\boldsymbol{A}\boldsymbol{v} + \frac{\partial \boldsymbol{v}}{\partial \boldsymbol{x}}\boldsymbol{A}\boldsymbol{u}$
- $\frac{\partial \boldsymbol{a}^{\mathrm{T}}\boldsymbol{x}}{\partial \boldsymbol{x}} = \frac{\partial \boldsymbol{x}^{\mathrm{T}}\boldsymbol{a}}{\partial \boldsymbol{x}} = \boldsymbol{a}$
- $\frac{\partial \boldsymbol{b}^{\mathrm{T}}\boldsymbol{A}\boldsymbol{x}}{\partial \boldsymbol{x}} = \boldsymbol{A}^{\mathrm{T}}\boldsymbol{b}$
- $\frac{\partial \boldsymbol{x}^{\mathrm{T}}\boldsymbol{A}\boldsymbol{x}}{\partial \boldsymbol{x}} = \left(\boldsymbol{A} + \boldsymbol{A}^{\mathrm{T}}\right)\boldsymbol{x}$
- $\frac{\partial \boldsymbol{x}^{\mathrm{T}}\boldsymbol{x}}{\partial \boldsymbol{x}} = 2\boldsymbol{x}$
- $\frac{\partial \boldsymbol{a}^{\mathrm{T}}\boldsymbol{x}\boldsymbol{x}^{\mathrm{T}}\boldsymbol{b}}{\partial \boldsymbol{x}} = \left(\boldsymbol{a}\boldsymbol{b}^{\mathrm{T}} + \boldsymbol{b}\boldsymbol{a}^{\mathrm{T}}\right)\boldsymbol{x}$

标量一向量： $\frac{\mathrm{d}y}{\mathrm{d}\boldsymbol{x}}$

设标量 a 、向量 $\boldsymbol{a}$ 、矩阵 $\boldsymbol{A}$ 都是与 x 无关的常量；函数 $f(u),u(\boldsymbol{x}),v(\boldsymbol{x})$ 都可导。

- $\frac{\partial a}{\partial \boldsymbol{x}} = 0$
- $\frac{\partial au}{\partial \boldsymbol{x}} = a\frac{\partial u}{\partial \boldsymbol{x}}$
- $\frac{\partial (u+v)}{\partial \boldsymbol{x}} = \frac{\partial u}{\partial \boldsymbol{x}} + \frac{\partial v}{\partial \boldsymbol{x}}$
- $\frac{\partial (uv)}{\partial \boldsymbol{x}} = u\frac{\partial v}{\partial \boldsymbol{x}} + v\frac{\partial u}{\partial \boldsymbol{x}}$

- $\frac{\partial f(u)}{\partial \boldsymbol{x}}=\frac{\partial f(u)}{\partial u}\frac{\partial u}{\partial \boldsymbol{x}}$

标量—矩阵： $\frac{\mathrm{d}y}{\mathrm{d}\boldsymbol{X}}$

设标量 a 、向量 $\boldsymbol{a}$ 、矩阵 $\boldsymbol{A}$ 都是与 x 无关的常量，函数 $f(u),u(\boldsymbol{X}),v(\boldsymbol{X})$ 都可导。

- $\frac{\partial a}{\partial \boldsymbol{X}}=0$
- $\frac{\partial au}{\partial \boldsymbol{X}}=a\frac{\partial u}{\partial \boldsymbol{X}}$
- $\frac{\partial (u+v)}{\partial \boldsymbol{X}}=\frac{\partial u}{\partial \boldsymbol{X}}+\frac{\partial v}{\partial \boldsymbol{X}}$
- $\frac{\partial f(u)}{\partial \boldsymbol{X}}=\frac{\partial f(u)}{\partial u}\frac{\partial u}{\partial \boldsymbol{X}}$
- $\frac{\partial \boldsymbol{a}^{\mathrm{T}}\boldsymbol{X}\boldsymbol{b}}{\partial \boldsymbol{X}}=\boldsymbol{a}\boldsymbol{b}^{\mathrm{T}}$
- $\frac{\partial \boldsymbol{a}^{\mathrm{T}}\boldsymbol{X}^{\mathrm{T}}\boldsymbol{b}}{\partial \boldsymbol{X}}=\boldsymbol{b}\boldsymbol{a}^{\mathrm{T}}$
- $\frac{\partial \boldsymbol{a}^{\mathrm{T}}\boldsymbol{X}\boldsymbol{a}}{\partial \boldsymbol{X}}=\frac{\partial \boldsymbol{a}^{\mathrm{T}}\boldsymbol{X}^{\mathrm{T}}\boldsymbol{a}}{\partial \boldsymbol{X}}=\boldsymbol{a}\boldsymbol{a}^{\mathrm{T}}$
- $\frac{\partial \boldsymbol{a}^{\mathrm{T}}\boldsymbol{X}^{\mathrm{T}}\boldsymbol{X}\boldsymbol{b}}{\partial \boldsymbol{X}}=\boldsymbol{X}\left(\boldsymbol{a}\boldsymbol{b}^{\mathrm{T}}+\boldsymbol{b}\boldsymbol{a}^{\mathrm{T}}\right)$

矩阵—标量： $\frac{\mathrm{d}\boldsymbol{Y}}{\mathrm{d}x}$

设标量 a 、向量 $\boldsymbol{a}$ 、矩阵 $\boldsymbol{A}$、$\boldsymbol{B}$ 都是与 x 无关的常量，函数 $\boldsymbol{U}(x),\boldsymbol{V}(x)$ 是矩阵，且都可导。

- $\frac{\partial \boldsymbol{A}}{\partial x}=0$
- $\frac{\partial a\boldsymbol{U}}{\partial x}=a\frac{\partial \boldsymbol{U}}{\partial x}$
- $\frac{\partial (\boldsymbol{U}+\boldsymbol{V})}{\partial x}=\frac{\partial \boldsymbol{U}}{\partial x}+\frac{\partial \boldsymbol{V}}{\partial x}$
- $\frac{\partial (\boldsymbol{U}\boldsymbol{V})}{\partial x}=\boldsymbol{U}\frac{\partial \boldsymbol{V}}{\partial x}+\boldsymbol{V}\frac{\partial \boldsymbol{U}}{\partial x}$
- $\frac{\partial (\boldsymbol{A}\boldsymbol{U}\boldsymbol{B})}{\partial x}=\boldsymbol{A}\frac{\partial \boldsymbol{U}}{\partial x}\boldsymbol{B}$

- $\frac{\partial \boldsymbol{U}^{-1}}{\partial x} = \boldsymbol{U}^{-1} \frac{\partial \boldsymbol{U}}{\partial x} \boldsymbol{U}^{-1}$
- $\frac{\partial \mathrm{e}^{x\boldsymbol{A}}}{\partial x} = \boldsymbol{A}\mathrm{e}^{x\boldsymbol{A}} = \mathrm{e}^{x\boldsymbol{A}}\boldsymbol{A}$

以上各个公式证明，请见本书的在线资料。如果读者在研究有关机器学习、深度学习算法原理的时，可以在此查阅。

4.3 最优化方法

最优化理论与算法是一个重要的数学分支，它所研究的问题是在众多的方案中找出最优方案。这类问题普遍存在于各类工程设计、资源分配、经济规划、军事指挥等领域。在机器学习中，可以说各种算法最终都可以归结为最优化问题。例如有监督学习，要找到一个最佳模型，使得损失函数最小化（例如第 3 章 3.6.2 节中以最小二乘法实现线性回归）。一般来讲，优化算法可以分为两大类，一类是求解析解，如对函数 $f(x)=x^2$ 求一阶导数，并令 $f'(x)=0$ 求得极值；另外一类是通过数值计算的方法得到近似解。不论哪一类，都有很多具体的方法。根据本书的定位，这里不对最优化理论和方法面面俱到地系统介绍（这方面的专门资料很多），而是根据机器学习的需要，介绍最优化方法基本概念及其实现过程，或者说抛砖引玉。

4.3.1 简单的线性规划

线性规划（Linear Programming）是最优化方法中的一个重要领域，在经济学、商业和生产管理等领域有着广泛的应用。下面通过一个简单的示例，说明线性规划的基本问题。

假设某工厂生产 P1 和 P2 两款产品，生产一个 P1 耗时 5 小时，成本是 8 元，生产一个 P2 耗时 2 小时，成本是 10 元。产品销售出去，每个 P1 可得利润 3 元，每个 P2 可得利润 2 元。如果工厂的生产线每周可以有 900 小时用于生产这两款产品，每周能够为它们投入的资金最多是 2800 元。那么，如何安排两款产品的生产量，才能使利润最高？

这是一个很简单的线性规划示例——解剖一个麻雀，通过它说明线性规划的基本问题。

首先，要用数学的方式，把示例中的描述表现出来——就如同解数学应用题那样。假设 P1 的生产量是 x，P2 的生产量是 y，那么：

- 它们的总利润是 $f=3x+2y$。此问题最终要找到使得函数 f 取最大值的两个自变量，在线性规划中称此函数为**目标函数**（Objective Function）。
- 总生产时间是 $5x+2y$，且不能超过 900 小时：$5x+2y \leqslant 900$。
- 总成本是 $8x+10y$，且不能超过 2800 元：$8x+10y \leqslant 2800$。
- 此外，还有一个天然成立的条件：$x \geqslant 0, y \geqslant 0$。

把上面的式子按照线性规划的一般形式写出来，如下所示：

$$\begin{aligned} \text{maximize}: \quad & f = 3x + 2y \\ \text{subject to}: \quad & 5x + 2y \leqslant 900 \\ & 8x + 10y \leqslant 2800 \\ & x \geqslant 0 \\ & y \geqslant 0 \end{aligned} \tag{4.3.1}$$

在（4.3.1）式中，maximize 所标示的函数 f 就是本例中的目标函数，得到它的最大值即为利润最大化。subject to 所标示的各项线性不等式，是约束条件。

如果是手工计算，可以根据线性不等式的解集，最终找到在上述约束条件下的函数 f 最大值。如图 4-3-1 所示，在 $ABCO$ 范围内的点都是符合（4.3.1）的解，其中，能够让 f 有最大值的是点 B，即 $x = 100, y = 200$ 时，$f_{\max} = 3\times100 + 2\times200 = 700$。

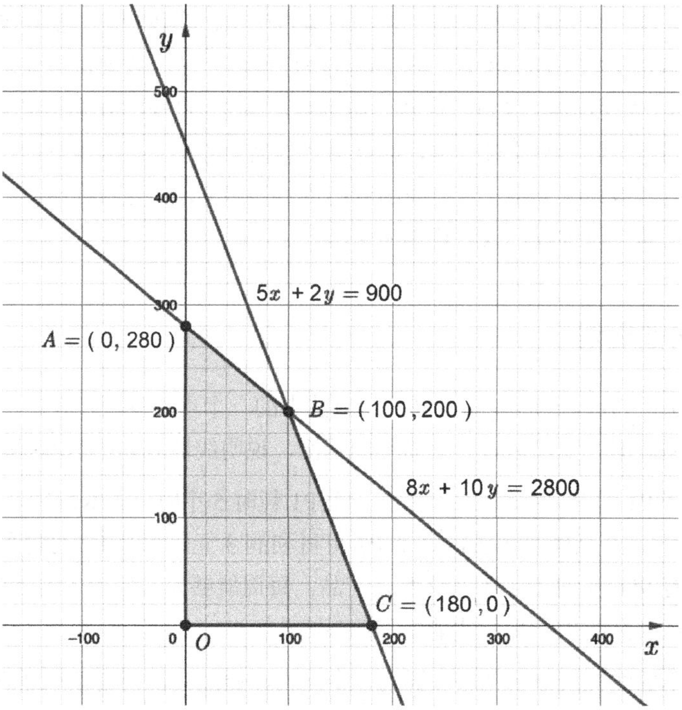

图 4-3-1

类似本例这样的简单问题，手工计算能够轻易完成。但是，当面对真正的工程项目时，不论是目标函数还是线性不等式，都要复杂得多，并且不等式的个数也会增加，那就要借助程序进行计算了。

下面用 SciPy 中提供的最优化函数 scipy.optimize.linprog()计算上述示例中的线性不等式，并最终得到所要的结果。但是要注意一个问题，scipy.optimize.linprog()只能解决函数的最小化问题，而且线性不等式中不能有大于等于符号（≥），但 x,y 的范围除外。为此，要将（4.3.1）式中的 maximize 进行修改（加一个负号“-”，即可转化为最小化问题）：

$$\begin{aligned} \text{minimize:} &\quad -f = -3x - 2y \\ \text{subject to:} &\quad 5x + 2y < 900 \\ &\quad 8x + 10y < 2800 \\ &\quad x \geqslant 0 \\ &\quad y \geqslant 0 \end{aligned} \tag{4.3.2}$$

依据（4.3.2）式分别创建如下对象：

```
from scipy.optimize import linprog

obj = [-3, -2]

lhs_ineq = [[5, 2], [8, 10]]
rhs_ineq = [900, 2800]
bnd = [(0, float('inf')), (0, float('inf'))]
```

- obj 列表中的元素分别对应 $-f = -3x - 2y$ 中的系数；
- lhs_ineq 是嵌套列表，每个子列表中的数字，分别是线性不等式中不等号左侧表达式的系数，如[5, 2]对应的是 $5x + 2y < 900$ 的不等号左侧表达式的系数；
- rhs_ineq 列表中的元素是线性不等式中不等号的右侧数值，例如 900 对应的是 $5x + 2y < 900$ 的不等号右侧的值 900；
- bnd 中每个元素是一个元组，表示变量的范围，比如(0, float('inf'))表示变量 x 的取值范围是从 0 到正无穷（$x \geqslant 0$）。

```
opt = linprog(c=obj, A_ub=lhs_ineq, b_ub=rhs_ineq,bounds=bnd)
opt

# 输出
     con: array([], dtype=float64)
     fun: -699.9999951751693
 message: 'Optimization terminated successfully.'
     nit: 5
   slack: array([5.21824904e-06, 2.27471892e-05])
  status: 0
 success: True
       x: array([ 99.9999998 , 199.99999788])
```

在输出的项目中，fun 的值-699.9999951751693 是 $-3x - 2y$ 的最小值，即 $-f_{\min} = -699.9999951751693$，所以 $f_{\max} = 699.9999951751693 = 700$，对应的变量取值是 x 项中的输出 array([99.9999998, 199.99999788])，即 $x = 100, y = 200$。

还可以用下面的方式得到各项的值：

```
opt.fun

# 输出
```

```
-699.9999951751693

opt.x

# 输出
array([ 99.9999998 , 199.99999788])

opt.success

# 输出
True
```

opt.sucdess 输出结果是 True，已经找到了当前问题的最优化解。

除了上面所演示的 scipy.optimize.linprog()函数可以用于计算线性规划问题之外，在 Python 语言体系中，有用于解决线性规划问题的专门工具库，比如 PuLP、CVXOPT 等。不过，对这些库的专门介绍，已经超出本书的范畴，读者可以参阅有关资料。

通过上述示例，我们初步了解了线性规划。

定义 目标函数是线性函数，约束条件也是线性的（线性等式或者线性不等式），并基于此而寻找目标函数的最大或最小值。

当然，线性规划不完全是上述演示的那么简单。为了解决更多复杂的问题，在线性规划的发展过程中，已经衍生了诸多概念，并已经建立起了最优化理论的核心内容，比如“对偶”“分解”等。此处不一一介绍，读者在用到这些内容的时候，可以参考有关资料。

4.3.2 最小二乘法（2）

最小二乘法也是一种最优化方法，下面在第 3 章 3.6 节对最小二乘法初步了解的基础上，从最优化的角度对其进行理解。

从最优化的角度来说，最小二乘法就是由若干个函数的平方和构成目标函数，即：

$$F(\boldsymbol{x})=\sum_{i=1}^{m} f_i^2(\boldsymbol{x}) \tag{4.3.3}$$

其中 $\boldsymbol{x}=\begin{bmatrix}x_1 & x_2 & \cdots & x_n\end{bmatrix}^{\mathrm{T}}$，通常 $m \geqslant n$。极小化此目标函数的问题，称为**最小二乘问题**（本节内容主要参考资料是陈宝林所著《最优化理论与算法》，这本书对最优化方法有系统化的介绍，有兴趣的读者可以阅读）。

- 如果 $f_i(\boldsymbol{x})$ 是 $\boldsymbol{x}$ 的线性函数，则称（4.3.3）式为**线性最小二乘问题**；
- 如果 $f_i(\boldsymbol{x})$ 是 $\boldsymbol{x}$ 的非线性函数，则称（4.3.3）式为**非线性最小二乘问题**。

在第 3 章 3.6 节运用正交方法，解决了线性最小二乘问题，除该方法之外，还可以利用导数方法解决（第 3 章 3.6 节中的示例就使用了导数方法），下面使用向量的偏导数对 $\boldsymbol{Ax}=\boldsymbol{b}$ 运用最小二乘法求解，这是最优化思想在最小二乘法中的运用。

继续使用第 3 章 3.6 节对 $\boldsymbol{Ax}=\boldsymbol{b}$ 的假设，其中 $\boldsymbol{A}$ 是 $m\times n$ 矩阵（$m\geqslant n$）。注意，下面以行向量表示 $\boldsymbol{A}=\begin{bmatrix}\boldsymbol{r}_1\\ \vdots\\ \boldsymbol{r}_m\end{bmatrix}$，$\boldsymbol{b}=\begin{bmatrix}b_1\\ \vdots\\ b_m\end{bmatrix}$，则：

$$\begin{cases}\boldsymbol{r}_1\boldsymbol{x} & =b_1\\ & \vdots\\ \boldsymbol{r}_m\boldsymbol{x} & =b_m\end{cases}$$

令（4.3.3）式的 $f_i(\boldsymbol{x})=\boldsymbol{r}_i\boldsymbol{x}-b_i,(i=1,\cdots,m)$ ——这是一个线性函数。

$$\because\quad F(\boldsymbol{x})=\sum_{i=1}^{m}f_i^2(\boldsymbol{x})=\begin{bmatrix}f_i(\boldsymbol{x}) & \cdots & f_m(\boldsymbol{x})\end{bmatrix}\begin{bmatrix}f_i(\boldsymbol{x})\\ \vdots\\ f_m(\boldsymbol{x})\end{bmatrix}$$

$$\therefore\quad F(\boldsymbol{x})=(\boldsymbol{Ax}-\boldsymbol{b})^2=(\boldsymbol{Ax}-\boldsymbol{b})^{\mathrm{T}}(\boldsymbol{Ax}-\boldsymbol{b})=\boldsymbol{x}^{\mathrm{T}}\boldsymbol{A}^{\mathrm{T}}\boldsymbol{Ax}-2\boldsymbol{b}^{\mathrm{T}}\boldsymbol{Ax}+\boldsymbol{b}^{\mathrm{T}}\boldsymbol{b} \tag{4.3.4}$$

现在要通过计算 $\nabla_{\boldsymbol{x}}F(\boldsymbol{x})$ 解决最小二乘问题。由 4.2.4 节的“向量—向量”偏导数公式（$\frac{\partial\boldsymbol{x}^{\mathrm{T}}\boldsymbol{Ax}}{\partial\boldsymbol{x}}=(\boldsymbol{A}+\boldsymbol{A}^{\mathrm{T}})\boldsymbol{x},\frac{\partial\boldsymbol{Ax}}{\partial\boldsymbol{x}}=\boldsymbol{A}^{\mathrm{T}}$）可知：

$$\begin{aligned}\frac{\partial\boldsymbol{x}^{\mathrm{T}}\boldsymbol{A}^{\mathrm{T}}\boldsymbol{Ax}}{\partial\boldsymbol{x}} &=\left(\boldsymbol{A}^{\mathrm{T}}\boldsymbol{A}+(\boldsymbol{A}^{\mathrm{T}}\boldsymbol{A})^{\mathrm{T}}\right)\boldsymbol{x}=2\boldsymbol{A}^{\mathrm{T}}\boldsymbol{Ax}\\ \frac{\partial 2\boldsymbol{b}^{\mathrm{T}}\boldsymbol{Ax}}{\partial\boldsymbol{x}} &=(2\boldsymbol{b}^{\mathrm{T}}\boldsymbol{A})^{\mathrm{T}}=2\boldsymbol{A}^{\mathrm{T}}\boldsymbol{b}\end{aligned}$$

所以：

$$\nabla_{\boldsymbol{x}}F(\boldsymbol{x})=2\boldsymbol{A}^{\mathrm{T}}\boldsymbol{Ax}-2\boldsymbol{A}^{\mathrm{T}}\boldsymbol{b}=0$$

由此解得第 3 章 3.6.1 节（3.6.3）式的正规方程：

$$\boldsymbol{A}^{\mathrm{T}}\boldsymbol{Ax}=\boldsymbol{A}^{\mathrm{T}}\boldsymbol{b} \tag{4.3.5}$$

设 $\boldsymbol{A}$ 列满秩，$\boldsymbol{A}^{\mathrm{T}}\boldsymbol{A}$ 为 n 阶对称正定矩阵，可得：

$$\hat{\boldsymbol{x}}=(\boldsymbol{A}^{\mathrm{T}}\boldsymbol{A})^{-1}\boldsymbol{A}^{\mathrm{T}}\boldsymbol{b} \tag{4.3.6}$$

只要 $\boldsymbol{A}^{\mathrm{T}}\boldsymbol{A}$ 非奇异，即可用（4.3.6）式得到最优解。

对于非线性最小二乘问题，就不能套用（4.3.5）式的正规方程求解了。但是，自从伟大的牛顿和莱布尼兹创立了微分学之后，我们已经有了一个重要的武器：化曲为直，通过解一系列的线性最小二乘问题求解非线性最小二乘问题。但是，由于在机器学习中，我们较少直接使用这类方法解决非线性问题，因此将理论推导放在了本书在线资料中，供有兴趣的读者参考。

如果用程序解决非线性最小二乘问题，则可以使用 SciPy 提供的 scipy.optimize.least_squares()

函数实现。在第 3 章 3.6.2 节中已经用最小二乘法拟合了直线，下面的示例中也创造一些数据，但这些数据不符合直线型的函数，拟合之后是曲线（注意，创造这些函数的时候，就是根据 logistic 函数形式 $y(t)=\frac{K}{1+e^{-r(t-t_0)}}$ 创建的，那么拟合的曲线也应该是此函数曲线形状，有关 logistic 函数，请参阅 4.4.1 节的（4.4.4）式和图 4-4-3）。

```
from scipy.optimize import least_squares
import numpy as np

def y(theta, t):    # logistic 函数
    return theta[0]/(1+np.exp(-theta[1]*(t-theta[2])))

# 训练数据
ts = np.linspace(0, 1)
K = 1
r = 10
t0 = 0.5
noise = 0.1
ys = y([K,r,t0], ts) + noise * np.random.rand(ts.shape[0])

def fun(theta):
    return y(theta, ts) - ys

theta0 = [1,2,3]    # 设置初始值
res1 = least_squares(fun, theta0)
res1.x

# 输出
array([1.09603227, 8.23405779, 0.49645518])
```

用 least_squares()函数，从所设置的初始值 theta0 开始，以迭代的方式，逐步逼近函数 fun 的最小二乘解，res1.x 返回结果是最优估计。如果将上述数据和依据最小二乘法拟合的曲线绘制成图像，则为：

```
import matplotlib.pyplot as plt

# 数据分布
plt.plot(ts, ys, 'o')

# 拟合直线
plt.plot(ts, y(res1.x, ts), linewidth=2)

plt.xlabel('t')
plt.ylabel('y')
plt.title('Logistic function')
plt.show()
```

输出图像：

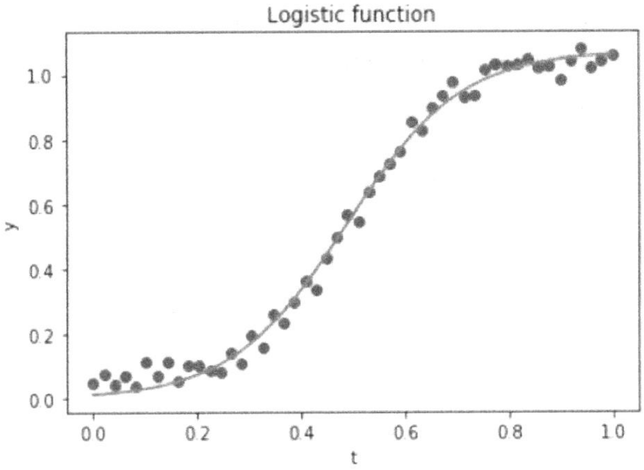

4.3.3 梯度下降法

线性规划是有约束问题，与之对应的是无约束问题，即针对目标函数 $f:\mathbb{R}^n \to \mathbb{R}$，找到 $\boldsymbol{x} \in \mathbb{R}^n$，使得 $f(\boldsymbol{x})$ 有最小值。表示为：

$$\min_{\boldsymbol{x} \in \mathbb{R}^n} f(\boldsymbol{x})$$

其中，$f(\boldsymbol{x})$ 是一阶连续可导函数。如果希望找到最大值，则可以仿照（4.3.2）式改变目标函数的正负号。对于这类问题，我们通常会在某个范围内找到最小值，即局部最小值，并将其视为全局最优解。接下来要探讨的梯度下降法就是解决此问题的一种算法。

梯度下降法及其改进方法在机器学习特别是深度学习中应用广泛，除本节对这个方法进行介绍之外，4.3.3 节和 4.4 节还会演示它的具体应用。

首先，我们用类比的方式理解这种算法的基本含义。假设一个人站在了山上的某个位置，要想到达山下的平地，他可以有很多路径。如果按照梯度下降法下山，则基本流程就是：

- 站在山上的某个位置，观察一下脚下的周围——注意，不要看太远，比如就在一步范围内，看看哪个方向最陡峭——悬崖除外；
- 向着最陡峭的方向迈出一小步，这样就相对原来位置，在各种可能方向上下降的幅度最大；
- 再环顾四周，采用同样的方法，选择最陡峭的方向，迈出一步；
- 不断重复上面的行为，直到环顾四周，发现都一样平了，说明就到了山下的平地。

上面说的下山方法不一定是真实的操作，但它是严格按照梯度下降法实施的下山流程。

梯度下降法的关键就是要找到目标函数下降最快的方向，然后通过迭代计算，直到发现该函数的最小值。

在 4.2.3 节对（4.2.18）式的讨论中我们已经知道，函数值下降最快的方向就是该函数的梯度方向的反向。在此我们再应用泰勒展开式（关于泰勒展开式的详细内容，请参阅本书在线资料），对函数下降最快的方向及迭代运算的表达式进行探究。

设函数 $f(\boldsymbol{x})$ 在 $\boldsymbol{x}_0$ 点展开：

$$f(\boldsymbol{x})=f(\boldsymbol{x}_0)+(\boldsymbol{x}-\boldsymbol{x}_0)\cdot\nabla f(\boldsymbol{x}_0)+O\left(\|\boldsymbol{x}-\boldsymbol{x}_0\|^2\right) \tag{4.3.7}$$

忽略二次以及更高的项，$\|\boldsymbol{x}-\boldsymbol{x}_0\|^2$ 表示 l_2 范数，并且足够小，于是得到一阶展开式：

$$f(\boldsymbol{x})\approx f(\boldsymbol{x}_0)+(\boldsymbol{x}-\boldsymbol{x}_0)\cdot\nabla f(\boldsymbol{x}_0) \tag{4.3.8}$$

设 $\|\boldsymbol{x}-\boldsymbol{x}_0\|=\eta$，$\boldsymbol{u}$ 是 $\boldsymbol{x}-\boldsymbol{x}_0$ 的单位向量，则：

$$\boldsymbol{x}-\boldsymbol{x}_0=\eta\boldsymbol{u} \tag{4.3.9}$$

将（4.3.9）式代入（4.3.8）式，得：

$$f(\boldsymbol{x})-f(\boldsymbol{x}_0)\approx\eta\boldsymbol{u}\cdot\nabla f(\boldsymbol{x}_0) \tag{4.3.10}$$

本问题是要找到函数值下降最快的方向，即 $f(\boldsymbol{x})<f(\boldsymbol{x}_0)$，又因为 $\eta>0$，所以需要：

$$\boldsymbol{u}\cdot\nabla f(\boldsymbol{x}_0)<0 \tag{4.3.11}$$

当单位向量 $\boldsymbol{u}$ 的方向与 $\nabla f(\boldsymbol{x}_0)$ 的方向相反，即与 $-\nabla f(\boldsymbol{x}_0)$ 方向一致时，（4.3.11）式成立——与 4.2.3 节的（4.2.18）式结果相同。所以，单位向量 $\boldsymbol{u}$ 还可以是：

$$\boldsymbol{u}=-\frac{\nabla f(\boldsymbol{x}_0)}{\|\nabla f(\boldsymbol{x}_0)\|} \tag{4.3.12}$$

于是，（4.3.9）式可以改写为：

$$\boldsymbol{x}=\boldsymbol{x}_0-\frac{\eta}{\|\nabla f(\boldsymbol{x}_0)\|}\nabla f(\boldsymbol{x}_0)$$

由于 $\|\nabla f(\boldsymbol{x}_0)\|$ 是标量，可以把 $\frac{\eta}{\|\nabla f(\boldsymbol{x}_0)\|}$ 用一个标量符号 λ 表示，即令 $\lambda=\frac{\eta}{\|\nabla f(\boldsymbol{x}_0)\|}$，则：

$$\boldsymbol{x}=\boldsymbol{x}_0-\lambda\nabla f(\boldsymbol{x}_0) \tag{4.3.13}$$

利用（4.3.13）式就可以迭代计算下一个位置。

- $\boldsymbol{x}_0$ 是初始位置坐标；
- λ 表示"下山时迈出的一小步"的步长——在深度学习中，称之为"学习率"，这是一个超参数，即主观设置的；
- $-\nabla f(\boldsymbol{x}_0)$ 是函数下降最快的方向；
- $\boldsymbol{x}$ 是下一个位置坐标。

为了进一步理解（4.3.13）式的应用，以单变量函数 $f(x)=x^2$ 为目标函数，用梯度下降法找到它的最小值——读者一眼就能够看出，这个函数的最小值是 0 。之所以要以此为例，目的在于展示梯度下降法的过程，并且将最终结果与你已知答案对照，如果越来越近似，就证实梯度下降法有效。

设起点坐标 $x_0=1$ ——这个值随机设置，步长 $\lambda=0.4$ ——这个值通常不要太大。然后根据（4.3.13）式迭代计算：

$$
\begin{aligned}
f'(x) &= 2x \\
x_1 &= x_0-0.4(2x_0)=1-0.4(2\cdot1)=0.2 \\
x_2 &= x_1-0.4(2x_1)=0.2-0.4(2\cdot0.2)=0.04 \\
x_3 &= x_2-0.4(2x_2)=0.04-0.4(2\cdot0.04)=0.008 \\
x_4 &= x_3-0.4(2x_3)=0.008-0.4(2\cdot0.008)=0.0016 \\
x_5 &= x_4-0.4(2x_4)=0.0016-0.4(2\cdot0.0016)=0.00032
\end{aligned}
$$

由上述计算可知，经过 5 步之后，结果就非常接近我们所知道的最小值了。在实际运算中，常常会设置一个阈值，当结果小于该阈值的时候，我们就认为达到了计算的目标。

以上单变量函数的示例比较简单，所以用手工计算的方式就能够完成。下面再以 $f(x,y)=x^2+y^2$ 为目标函数，演示（4.3.13）式在多变量函数上的应用。由于此时的运算量明显增加了，所以我们用程序解决。

首先，编写实现 $f(x,y)$ 的函数 paraboloid()，并绘制此函数的图像——抛物面。注意，在以下的程序中，因为数据量不大，所以用 Python 语言中的列表对象来表示目标函数 $f(x,y)$ 中的多元自变量，即用列表表示向量。

```
def paraboloid(x, y):
    return x**2 + y**2

x = y = [i for i in range(-10, 11, 1)]
z = []

for i in x:
    temp = []
    for j in y:
        result = paraboloid(i, j)
        temp.append(result)
    z.append(temp)

import plotly.graph_objs as go

fig = go.Figure(go.Surface(x=x, y=y, z=z, colorscale='Viridis'))
fig.show()
```

输出图像：

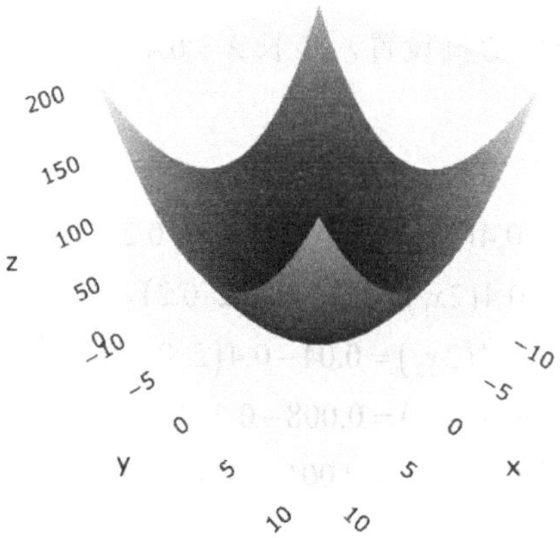

目标函数 $f(x,y)=x^2+y^2$ 的梯度：

$$\nabla f(x,y)=\begin{bmatrix}2x\\2y\end{bmatrix} \tag{4.3.14}$$

根据（4.3.14）式编写梯度计算的实现函数 gradient()。然后根据（4.3.13）式编写计算下一个位置的函数 next_position()。

```
def gradient(vec):
    assert len(vec) == 2
    x = vec[0]
    y = vec[1]
    return [2*x, 2*y]

def next_position(curr_pos, step):
    grad = gradient(curr_pos)
    grad[0] *= -step
    grad[1] *= -step
    next_pos = [0, 0]
    next_pos[0] = curr_pos[0] + grad[0]
    next_pos[1] = curr_pos[1] + grad[1]
    return next_pos
```

（4.3.13）式中的 $\boldsymbol{x}_0$ 代表初始位置坐标，它可以随机设置，下面的程序就是利用 Python 中的随机函数设置此初始位置坐标。

```
import random

start_pos = []
while True:
    startx = random.randint(-10, 11)
    starty = random.randint(-10, 11)
    if startx != 0 and starty != 0:
        start_pos = [startx, starty]
```

```
        break
print(start_pos)
# 输出
[10, -1]
```

在下面的程序中，epochs 变量表示迭代的次数，step 代表每次前进的步长（注意：由于初始坐标位置的随机性，导致输出结果会有所不同）。

```
epochs = 5000
step = 0.001

best_pos = start_pos

for i in range(0, epochs):
    next_pos = next_position(best_pos, step)
    if i % 500 == 0:
        print(f"Epoch {i}: {next_pos}")
    best_pos = next_pos

print(f"Best guess for a minimum: {best_pos}")

# 输出
Epoch 0: [9.98, -0.998]
Epoch 500: [3.6677623234744514, -0.36677623234744494]
Epoch 1000: [1.3479439340179038, -0.13479439340179025]
Epoch 1500: [0.4953845666680148, -0.04953845666680151]
Epoch 2000: [0.1820594037330319, -0.018205940373303215]
Epoch 2500: [0.06690887992447267, -0.006690887992447277]
Epoch 3000: [0.02458976642212994, -0.002458976642212984]
Epoch 3500: [0.009037015914441402, -0.0009037015914441417]
Epoch 4000: [0.0033212050588804732, -0.00033212050588804796]
Epoch 4500: [0.0012205802388271054, -0.00012205802388271089]
Best guess for a minimum: [0.0004494759270793589, -4.494759270793607e-05]
```

从计算结果中可以看出，通过梯度下降，越来越逼近图示抛物面的最低点。

通过以上两个示例可以发现，当使用梯度下降法的时候，最终结果都会趋向于某个极限值，这被称为**收敛**。毋庸置疑，我们希望实现收敛的时间越短越好——行话说“收敛速度快”。但是，目标函数、初始值和步长，都是影响收敛速度的因素。读者可以改变上述程序中的步长，体会收敛速度的变化。

梯度下降法是一种重要的最优化方法，在机器学习和深度学习的很多算法中，都会用它实现极值的计算，比如 sklearn 库中的 SGDRegressor 模型，就用随机梯度下降法实现了机器学习的线性模型。

尽管梯度下降法应用广泛，但它也不是万能的，比如对于非凸函数（前面示例中的函数，都是凸函数。关于凸函数的详细说明，请参考本书在线资料）的表现就不太理想，不能保证会收敛到全局最小值。另外，计算量也会随着数据量的增大而显著变大。为了解决梯度下降法所遇到的这些问题，研究者对其进行了不同层面的优化，提出了一些改进算法，例如：

- 小批量梯度下降（Mini-Batch Gradient Descent，MBGD，此算法在深度学习的反向传播中应用较多）
- 随机梯度下降（Stochastic Gradient Descent，SGD）
- 动量梯度下降（Momentum Gradient Descent）
- 自适应梯度下降（AdaGrad）

这些方法各有各的特点，欲详细了解，可以参阅有关专门资料，此处不一一介绍。

4.3.4 线性回归（2）

在 4.3.2 节和第 3 章 3.6.2 节曾用最小二乘法实现了线性回归模型。最小二乘法和梯度下降法都是机器学习中的无约束优化方法，此外还有牛顿法和拟牛顿法（参阅 4.3.5 节）。最小二乘法适用于样本量不太大，且存在解析解的情况，它的优势在于计算速度快。但是，如果样本量比较大了，就不适用使用最小二乘法，梯度下降法就显出优势来了。本节就用梯度下降法来解决线性回归问题——问题虽然简单，但能体现出梯度下降法在机器学习算法中的具体应用。

继续使用 3.6.2 节中以矩阵形式表示的线性回归的公式：

$$\boldsymbol{y}=\boldsymbol{X}\boldsymbol{\beta} \tag{4.3.15}$$

其中：

- $\boldsymbol{y}=\begin{bmatrix}y_1\\ \vdots\\ y_n\end{bmatrix}$，是 $n\times1$ 的向量，表示样本标签。
- $\boldsymbol{\beta}=\begin{bmatrix}\beta_0\\ \beta_1\\ \vdots\\ \beta_d\end{bmatrix}$，是 $(d+1)\times1$ 的向量，其中 β_0 对应着模型中的常数项——偏置（Bias），比如二维空间中的 $y=wx+b$ 的 b，在表示直线的函数中叫作截距。
- $\boldsymbol{X}=\begin{bmatrix}1 & x_{11} & \cdots & x_{1d}\\ 1 & x_{12} & \cdots & x_{2d}\\ \vdots & \vdots & \ddots & \vdots\\ 1 & x_{n1} & \cdots & x_{nd}\end{bmatrix}$，是 $n\times(d+1)$ 的矩阵，表示样本数据，其中第一列，与偏置对应。

线性回归的目标就是要通过数据集中已经知道的 $\boldsymbol{X}$ 和 $\boldsymbol{y}$，运用一定的方法找到 $\boldsymbol{\beta}$。在 3.6.2 节使用的是最小二乘法，此处要使用梯度下降法。

在第 1 章 1.5.3 节曾引入了损失函数，显然我们的目的是要使损失函数最小化。对于线性回归模型，常用的损失函数是：

$$L(\boldsymbol{\beta})=\frac{1}{2}\|\boldsymbol{y}-\hat{\boldsymbol{y}}\|_2^2 \tag{4.3.16}$$

其中，$\hat{\boldsymbol{y}}$ 表示线性回归模型的预测值或预估值，即如果已经得到参数 $\boldsymbol{\beta}$ 的值（记作：$\hat{\boldsymbol{\beta}}$），就可以用（4.3.15）式所表示的模型对任意一组输入变量进行预测。

$$\hat{\boldsymbol{y}}=\boldsymbol{X}\hat{\boldsymbol{\beta}} \tag{4.3.17}$$

那么 $\boldsymbol{y}-\hat{\boldsymbol{y}}$ 则表示每个样本的观测值和预估值之间的差异，称为**残差**。$\boldsymbol{y}-\hat{\boldsymbol{y}}$ 显然是一个向量，我们其实想要的是它的大小，因此在（4.3.16）中计算其 l_2 范数（$\|\boldsymbol{u}\|_2=\sqrt{\boldsymbol{u}\cdot\boldsymbol{u}}=\sqrt{u_1^2+\cdots+u_n^2}$），为了去掉根号，对 l_2 范数取平方。注意，（4.3.16）式中的 $\frac{1}{2}$ 是为了简化后面即将得到的表达式而添加的，没有什么特别的含义，并且不会影响结算结果。

我们的目标就是要找到最佳估计值 $\hat{\boldsymbol{\beta}}$，使得真实值和预估值之间的残差最小，也就是求（4.3.16）式的最小值——与最小二乘法的思想完全一致，不同点在于计算方法。

根据 l_2 范数的定义（$\|\boldsymbol{u}\|_2^2=\boldsymbol{u}^{\mathrm{T}}\boldsymbol{u}$），由（4.3.16）式得：

$$L(\boldsymbol{\beta})=\frac{1}{2}(\boldsymbol{y}-\hat{\boldsymbol{y}})^{\mathrm{T}}(\boldsymbol{y}-\hat{\boldsymbol{y}})=\frac{1}{2}(\boldsymbol{y}-\boldsymbol{X}\boldsymbol{\beta})^{\mathrm{T}}(\boldsymbol{y}-\boldsymbol{X}\boldsymbol{\beta}) \tag{4.3.18}$$

计算函数 $L(\boldsymbol{\beta})$ 的梯度：

$$\begin{aligned}\nabla L&=\nabla\left(\frac{1}{2}(\boldsymbol{y}-\boldsymbol{X}\boldsymbol{\beta})^{\mathrm{T}}(\boldsymbol{y}-\boldsymbol{X}\boldsymbol{\beta})\right)=\frac{1}{2}\nabla\left(\left(\boldsymbol{y}^{\mathrm{T}}-\boldsymbol{\beta}^{\mathrm{T}}\boldsymbol{X}^{\mathrm{T}}\right)(\boldsymbol{y}-\boldsymbol{X}\boldsymbol{\beta})\right)\\&=\frac{1}{2}\nabla\left(\boldsymbol{y}^{\mathrm{T}}\boldsymbol{y}-\boldsymbol{\beta}^{\mathrm{T}}\boldsymbol{X}^{\mathrm{T}}\boldsymbol{y}-\boldsymbol{y}^{\mathrm{T}}\boldsymbol{X}\boldsymbol{\beta}+\boldsymbol{\beta}^{\mathrm{T}}\boldsymbol{X}^{\mathrm{T}}\boldsymbol{X}\boldsymbol{\beta}\right)\end{aligned} \tag{4.3.19}$$

下面计算（4.3.19）式中各项梯度（注意，其实是对 $\boldsymbol{\beta}$ 计算偏导数）：

- 第一项：$\nabla\left(\boldsymbol{y}^{\mathrm{T}}\boldsymbol{y}\right)=0$；
- 第二项和第三项：$\nabla\boldsymbol{\beta}^{\mathrm{T}}\boldsymbol{X}^{\mathrm{T}}\boldsymbol{y}$ 和 $\nabla\boldsymbol{y}^{\mathrm{T}}\boldsymbol{X}\boldsymbol{\beta}$。根据偏导公式 $\frac{\partial\boldsymbol{x}^{\mathrm{T}}\boldsymbol{a}}{\partial\boldsymbol{x}}=\frac{\partial\boldsymbol{a}^{\mathrm{T}}\boldsymbol{x}}{\partial\boldsymbol{x}}=\boldsymbol{a}$（参考 4.2.4 节）可得：

$$\nabla\boldsymbol{\beta}^{\mathrm{T}}\boldsymbol{X}^{\mathrm{T}}\boldsymbol{y}=\nabla(\boldsymbol{X}^{\mathrm{T}}\boldsymbol{y})^{\mathrm{T}}\boldsymbol{\beta}$$
$$\therefore\quad\nabla\boldsymbol{\beta}^{\mathrm{T}}\boldsymbol{X}^{\mathrm{T}}\boldsymbol{y}=\nabla\boldsymbol{y}^{\mathrm{T}}\boldsymbol{X}\boldsymbol{\beta}=\boldsymbol{X}^{\mathrm{T}}\boldsymbol{y}$$

- 第四项：根据偏导公式 $\frac{\partial\boldsymbol{x}^{\mathrm{T}}\boldsymbol{A}\boldsymbol{x}}{\partial\boldsymbol{x}}=\left(\boldsymbol{A}+\boldsymbol{A}^{\mathrm{T}}\right)\boldsymbol{x}$，得：

$\nabla\boldsymbol{\beta}^{\mathrm{T}}\boldsymbol{X}^{\mathrm{T}}\boldsymbol{X}\boldsymbol{\beta}=(\boldsymbol{X}^{\mathrm{T}}\boldsymbol{X}+\left(\boldsymbol{X}^{\mathrm{T}}\boldsymbol{X})^{\mathrm{T}}\right)\boldsymbol{\beta}=\left(\boldsymbol{X}^{\mathrm{T}}\boldsymbol{X}+\boldsymbol{X}^{\mathrm{T}}\boldsymbol{X}\right)\boldsymbol{\beta}=2\boldsymbol{X}^{\mathrm{T}}\boldsymbol{X}\boldsymbol{\beta}$。

将上述计算结果分别代入（4.3.19）式，得：

$$\nabla L=\frac{1}{2}\left(0-2\boldsymbol{X}^{\mathrm{T}}\boldsymbol{y}+2\boldsymbol{X}^{\mathrm{T}}\boldsymbol{X}\boldsymbol{\beta}\right)=\boldsymbol{X}^{\mathrm{T}}\boldsymbol{X}\boldsymbol{\beta}-\boldsymbol{X}\boldsymbol{y} \tag{4.3.20}$$

这就得到了损失函数的梯度，然后根据（4.3.13）式，用梯度下降法得到最佳估计值 $\hat{\boldsymbol{\beta}}$，其迭代公式表示如下：

$$\boldsymbol{\beta}_k' = \boldsymbol{\beta}_k - \lambda \nabla L(\boldsymbol{\beta}_k) \tag{4.3.21}$$

至此，或许有读者会说，既然已经有了（4.3.15），那么如果令 $\nabla L = 0$，不就得到 $\hat{\boldsymbol{\beta}}$ 了吗？

$$\nabla L = \boldsymbol{X}^{\mathrm{T}}\boldsymbol{X}\boldsymbol{\beta} - \boldsymbol{X}\boldsymbol{y} = 0$$

$$\boldsymbol{X}^{\mathrm{T}}\boldsymbol{X}\hat{\boldsymbol{\beta}} = \boldsymbol{X}\boldsymbol{y}$$

$$\hat{\boldsymbol{\beta}} = (\boldsymbol{X}^{\mathrm{T}}\boldsymbol{X})^{-1}\boldsymbol{X}\boldsymbol{y}$$

这其实是第 3 章 3.6.2 节中用最小二乘法得到的（3.6.7）式的解析解，而（4.3.21）式是通过迭代计算得到的 $\hat{\boldsymbol{\beta}}$，请注意两者的区分。

有了（4.3.21）式之后，就可根据它编写程序进行计算，最终得到线性回归模型。不过，这个工作我们也不一定非要自己动手做，因为一般的机器学习库都已经提供了相应的“轮子”，例如 sklearn 中了提供了名为 SGDRegressor 的模型，就是通过随机梯度下降法实现了回归模型，有关使用方法，读者可参考官方文档。

4.3.5 牛顿法

在前面所介绍的梯度下降法和最小二乘法中，都要求函数一次可导，现在所介绍的牛顿法，也是求解无约束问题的一种最优化方法，但它要求函数 $f(\boldsymbol{x})$ 二次可导。把 $f(\boldsymbol{x})$ 在 $\hat{\boldsymbol{x}}_k$ 按泰勒级数展开，并取二阶近似：

$$f(\boldsymbol{x}) \approx \phi(\boldsymbol{x}) = f(\hat{\boldsymbol{x}}_k) + \nabla f(\hat{\boldsymbol{x}}_k)^{\mathrm{T}}(\boldsymbol{x} - \hat{\boldsymbol{x}}_k) + \frac{1}{2}(\boldsymbol{x} - \hat{\boldsymbol{x}}_k)^{\mathrm{T}}\nabla^2 f(\hat{\boldsymbol{x}}_k)(\boldsymbol{x} - \hat{\boldsymbol{x}}_k)$$

其中 $\nabla^2 f(\hat{\boldsymbol{x}}_k)$ 是黑塞矩阵（Hessian Matrix，参阅 4.2.3 节）。令 $\nabla\phi(\boldsymbol{x}) = 0$，则：

$$\nabla f(\hat{\boldsymbol{x}}_k) + \nabla^2 f(\hat{\boldsymbol{x}}_k)(\boldsymbol{x} - \hat{\boldsymbol{x}}_k) = 0 \tag{4.3.22}$$

设 $\nabla^2 f(\hat{\boldsymbol{x}}_k)$ 可逆，由（4.3.22）式可得牛顿法的迭代公式：

$$\hat{\boldsymbol{x}}_{k+1} = \hat{\boldsymbol{x}}_k - (\nabla^2 f(\hat{\boldsymbol{x}}_k))^{-1}\nabla f(\hat{\boldsymbol{x}}_k) \tag{4.3.23}$$

根据（4.3.23）式，设置一个初始值 $\hat{\boldsymbol{x}}_k$，然后计算在这一点处目标函数的梯度和黑塞矩阵的逆，代入（4.3.23）式就可以得到后续点 $\hat{\boldsymbol{x}}_{k+1}$。依此方式，得到一个序列。在前述推导的假设条件下：$f(\boldsymbol{x})$ 是二次连续可导函数，$\boldsymbol{x} \in \mathbb{R}^n$，$\hat{\boldsymbol{x}}$ 满足 $\nabla f(\hat{\boldsymbol{x}}) = 0$，且 $\nabla^2 f(\hat{\boldsymbol{x}})^{-1}$ 存在。设初始点 $\boldsymbol{x}_1$ 充分接近 $\hat{\boldsymbol{x}}$，由牛顿法所产生这个序列则收敛于 $\hat{\boldsymbol{x}}$（证明过程见本书在线资料，此处从略）。

在理解了基本原理之后，下面使用 SciPy 中提供的函数完成实际的计算。比如求解：

$$\min (x_1 - 1)^4 + x_2^2$$

将初始值设为 $x_1 = 0, x_2 = 1$，有关程序如下：

```
from scipy import optimize
```

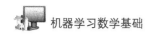

```
import numpy as np

def f(x):    # 定义函数
    return (x[0]-1) ** 4 + x[1] ** 2

def jacobian(x):     # 函数的一阶导数
    return np.array([4*(x[0] - 1)**3, 2*x[1]])

# 使用牛顿法
optimize.minimize(f, [0,1], method="Newton-CG", jac=jacobian)

# 输出
     fun: 1.1257246255935117e-09
     jac: array([-7.77381348e-07,  6.15527504e-14])
 message: 'Optimization terminated successfully.'
    nfev: 14
    nhev: 0
     nit: 13
    njev: 60
  status: 0
 success: True
       x: array([9.94207607e-01, 3.07763752e-14])
```

从输出结果可知，此问题的收敛值为 array([9.94207607e-01,3.07763752e-14])，非常接近 $[1,0]$。

从迭代进展情况看，牛顿法收敛速度比较快，举一个极端的例子，对于二次凸函数而言，如果用牛顿法求解，则经一次迭代就能达到极小点。设：

$$f(\boldsymbol{x})=\frac{1}{2}\boldsymbol{x}^{\mathrm{T}}\boldsymbol{A}\boldsymbol{x}+\boldsymbol{b}^{\mathrm{T}}\boldsymbol{x}+c$$

其中 $\boldsymbol{A}$ 是对称正定矩阵。用牛顿法求解，任取初始点 $\boldsymbol{x}_1$，根据（4.3.23）式，有：

$$\boldsymbol{x}_2=\boldsymbol{x}_1-\boldsymbol{A}^{-1}\nabla f(\boldsymbol{x}_1)=\boldsymbol{x}_1-\boldsymbol{A}^{-1}(\boldsymbol{A}\boldsymbol{x}_1+\boldsymbol{b})=-\boldsymbol{A}^{-1}\boldsymbol{b}$$

如果用极值条件求解，令 $\nabla f(\boldsymbol{x})=\boldsymbol{A}\boldsymbol{x}+\boldsymbol{b}=0$，则得到最优解：$\hat{\boldsymbol{x}}=-\boldsymbol{A}^{-1}\boldsymbol{b}$。将牛顿法一次迭代的结果与此解比较，$\boldsymbol{x}_2=\hat{\boldsymbol{x}}$，即一次迭代达到极小点。

牛顿法并非十全十美，比如初始点如果远离极小点，则可能导致不收敛。为此对牛顿法也有一些改进，比如阻尼牛顿法等，此处不做深入介绍，有兴趣的读者可以阅读本书在线资料的有关内容（在线资料网址请参阅前言的说明）。

4.4 反向传播算法

在深度学习中，反向传播算法是非常响亮的名词，甚至于有的人误认为它是多层神经网络的算法。“实际上，反向传播仅指用于计算梯度的方法”（《深度学习》，伊恩·古德费洛等著），不过，由于这个名词太能引起人们的注意，所以本节采用了这个标题，而实际内容则包括但不限于反向传播算法，同时介绍神经网络中如何利用梯度下降法更新参数，进而从数学角度理解神经网络的基本原理，为读者日后进一步学习奠定基础。

4.4.1　神经网络

神经网络是简称，全称是**人工神经网络**（Artificial Neural Network，ANN），历史上它曾经被边缘化，研究者后来又以“深度学习”这个名词代替了“神经网络”，果然改名之后带来了好运气，“深度学习”得到了广泛推崇，乃至于它今日成为“人工智能”的代名词。尽管如此，在任何一本讲解深度学习的书籍中，除封面之外，里面各章节还是经常出现“神经网络”，毕竟其根源在于此。

笛卡儿说“Cogito, ergo sum”（拉丁语，通常译作：“我思故我在”），为什么人会“思考”？科学家们的研究结果是人脑中有一个被称为“神经元”的东西，它们组成了一个“神经网络”。那么，如果能够制造一个“人工神经元”，是不是就可以模拟“人的思考”了呢？在 20 世纪 60 年代就有科学家这么做了，他提出了一个名为“感知机”（Perceptron）的人工神经元，并用它解决了一些简单的问题。

通常习惯用图 4-4-1 介绍感知机，它是一个结构非常简单的“人造神经元”。x_1、x_2、x_3 表示输入信号（Input），y 是输出信号（Output），w_1、w_2、w_3 是感知机内部的参数，称为**权重**（Weight）。图中的大圆圈，表示一个“神经元”，也称为“节点”。输入信号与权重相乘后求和，然后与指定的一个阈值相比较，最后输出 0 或1 。这个过程可以用如下数学表达式来表示：

$$y=\begin{cases}0, & \sum_j w_j x_j \leqslant \theta \\ 1, & \sum_j w_j x_j > \theta\end{cases} \tag{4.4.1}$$

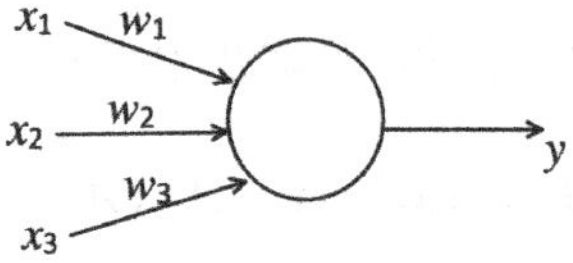

图 4-4-1

感知机是一种简单的线性模型，它或许受到了大脑的神经元结构启示，但“没有设计成生物功能的真实模型”（《深度学习》，伊恩 · 古德费洛等著），而是大量使用了数学知识——现代神经网络更是如此。

对于（4.4.1）式，如果运用本书前面已经介绍过的向量，则可以更简洁地表述为（设 $\theta=-b$ ）：

$$y=\begin{cases}0, & \boldsymbol{w}^{\mathrm{T}}\boldsymbol{x}+b \leqslant 0 \\ 1, & \boldsymbol{w}^{\mathrm{T}}\boldsymbol{x}+b > 0\end{cases} \tag{4.4.2}$$

其中 $\boldsymbol{w}=\begin{bmatrix}w_1\\w_2\\w_3\end{bmatrix}$ 是权重向量，$\boldsymbol{x}=\begin{bmatrix}x_1\\x_2\\x_3\end{bmatrix}$ 是输入信号向量，b 在神经网络中常常称为**偏置**（Bias）。如

果 $y=1$，则称此神经元被激活。显然，权重 $\boldsymbol{w}$ 体现了输入信号的重要性，偏置 b 则调整神经元被激活的容易程度。

虽然感知机能够做一些事情，但它略显简陋，于是在这个基础上，研究者又提出了新的人工神经元结构，如图 4-4-2 所示，这个结构通常称为**现代人工神经元模型**，它是由连接、求和节点、激活函数组成的。

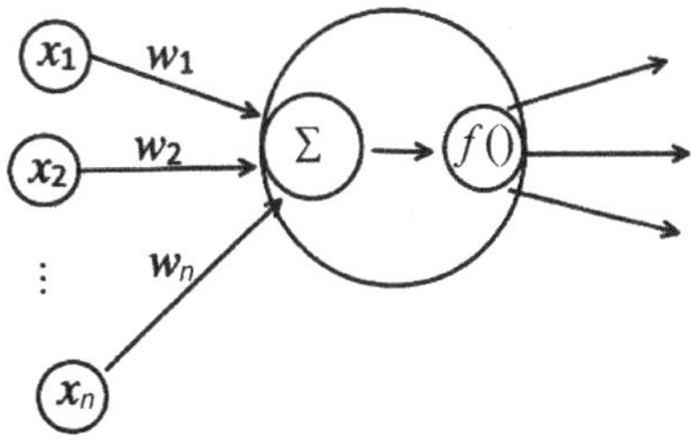

图 4-4-2

在现代人工神经元模型中，首先要对所有输入信号进行加权求和（对应图 4-4-2 中的符号 $\sum$ 所示的位置），即：

$$z=\sum_{j=1}^{n}w_jx_j+b=\boldsymbol{w}^{\mathrm{T}}\boldsymbol{x}+b \tag{4.4.3}$$

为了得到（4.4.2）式的结果，引入函数 f，即 $y=f(z)$，此函数的作用是将输入信号的总和（即（4.4.3）式的 z）转换为输出信号（对应图 4-4-2 中符号 $f()$ 所示的位置），通常将此函数称为**激活函数**（Activation Function，在 4.4.4 节对激活函数有更完整的介绍）。激活函数不是任意一个函数都能充当的，它必须能够以某个阈值为界限，一旦超过阈值就要变换输出，例如常用的一个激活函数：

$$\sigma(x)=\frac{1}{1+\mathrm{e}^{-x}} \tag{4.4.4}$$

图 4-4-3 是（4.4.4）式函数图像。

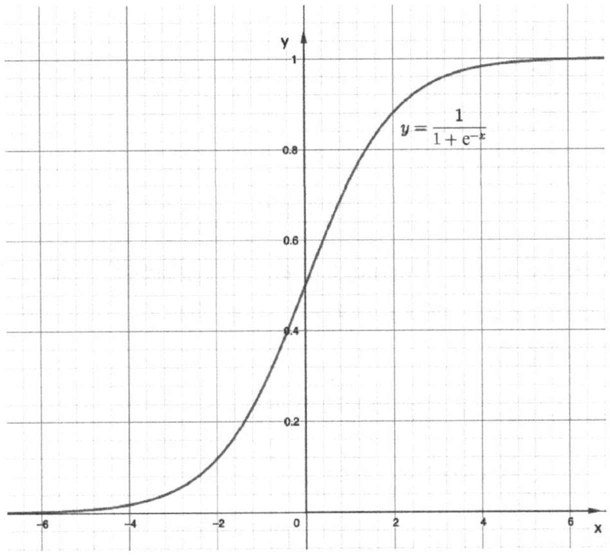

图 4-4-3

根据这个函数曲线的形状，称之为 S 形状的函数——**Sigmoid 函数**；在机器学习中，有一个“Logistic 算法”（有的翻译为“逻辑斯蒂算法”，但翻译为“逻辑算法”则明显不适合了，对此函数名称的翻译问题，周志华教授在《机器学习》中有专门论述），也使用了这个函数，在此算法中称为 Logistic 函数。

在数学上，曲线的形状是S形状的函数，不仅仅只有（4.4.4）式所示的函数，比如：

- $y=\tan^{-1}(x)$
- $y\dfrac{x}{\sqrt{1+x^2}}$

等等。图4-4-4是上述两个函数的曲线。

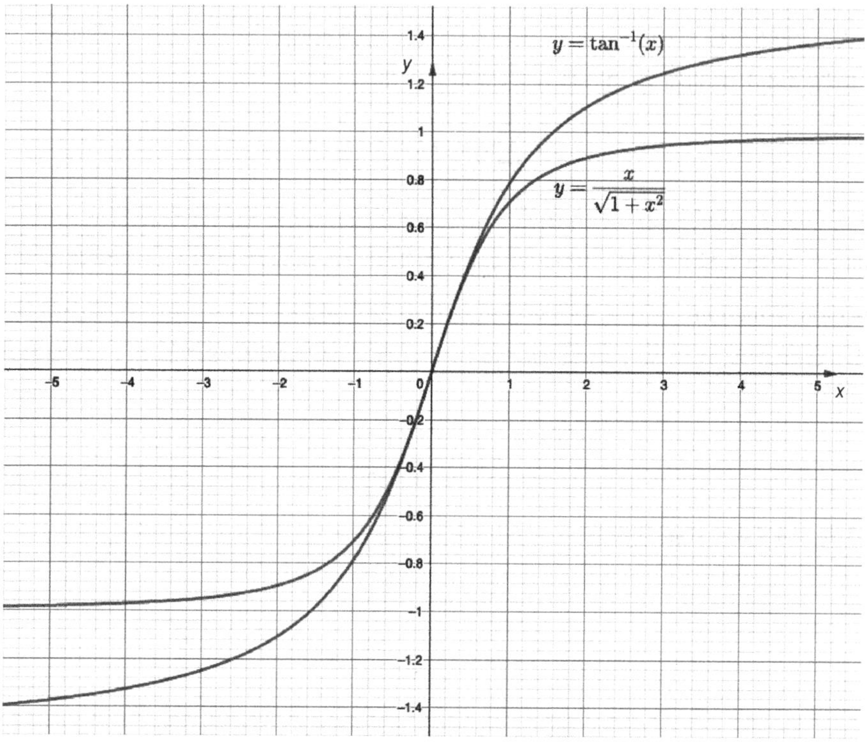

图 4-4-4

但是，在神经网络中由于最早把“Sigmoid 函数”的冠名权给了（4.4.4）式，所以，现在只要提到S形状的函数（Sigmoid 函数）就仅指（4.4.4）式的函数了，尽管后来又选用其他函数作为激活函数，怎奈这个习惯已经形成。

不过，不得不承认，（4.4.4）式的函数的确有个性：

$$
\begin{aligned}
\frac{\partial}{\partial x}(\sigma(x)) &= -\frac{1}{(1+\mathrm{e}^{-x})^2}\cdot\mathrm{e}^{-x}\cdot(-1)\\
&=\frac{\mathrm{e}^{-x}}{(1+\mathrm{e}^{-x})^2}=\frac{(1+\mathrm{e}^{-x})-1}{(1+\mathrm{e}^{-x})^2}\\
&=\frac{1}{1+\mathrm{e}^{-x}}-(\frac{1}{1+\mathrm{e}^{-x}})^2\\
&=\sigma(x)-(\sigma(x))^2=\sigma(x)(1-\sigma(x))
\end{aligned}
$$

通常，可以将上面求导的结果简写为：

$$\sigma' = \sigma(1-\sigma), \quad \left(\sigma = \frac{1}{1+e^{-x}}\right) \tag{4.4.5}$$

所以，选择（4.4.4）式的函数作为激活函数，能够直接用函数计算其导数，使得计算简单高效。也有不利之处，比如此函数的输出值都是大于零的，可能会导致梯度下降的收敛速度变慢，等等。于是研究者又使用了一些其他函数作为激活函数，比如著名的 **ReLU**（Rectified Linear Unit，修正线性单元，也称 **rectifier 函数**）：

$$\text{ReLU}(x) = \begin{cases} x, & (x \geqslant 0) \\ 0, & (x < 0) \end{cases} \tag{4.4.6}$$

此外，还有其他类型的激活函数可选，相关内容请读者查阅深度学习有关资料。

图 4-4-2 所示的是一个神经元，单一神经元功能有限——人类的大脑皮质包含 140 亿～160 亿个神经元，这些神经元并非单打独斗，而是组成了网络来工作的。受此启发，将单个人工神经元组成网络，就能具有更强悍的功能了，这就形成了**人工神经网络**。

根据神经网络的拓扑结构，可以将其分为**前馈神经网络**、**反馈神经网络**和**图网络**。对于这些内容的深入介绍，已经超出了本书的范畴，下面仅以前馈神经网络中的**全连接网络**为例，说明其基本结构。

如图 4-4-5 所示，图中的一个"圆圈"代表一个神经元，即包含加权求和和激活函数两部分。标记为 x_1,x_2,x_3,x_4,x_5 的那一层称为**输入层**（Input Layer），图中所示的输入层可以用 5×1 的向量表示。输入层的神经元个数由数据本身的特点确定，例如识别手写数字所用的样本图片是 32×32 的灰度图像（单位是像素），则输入层的神经元个数是 $32\times32=1024$。

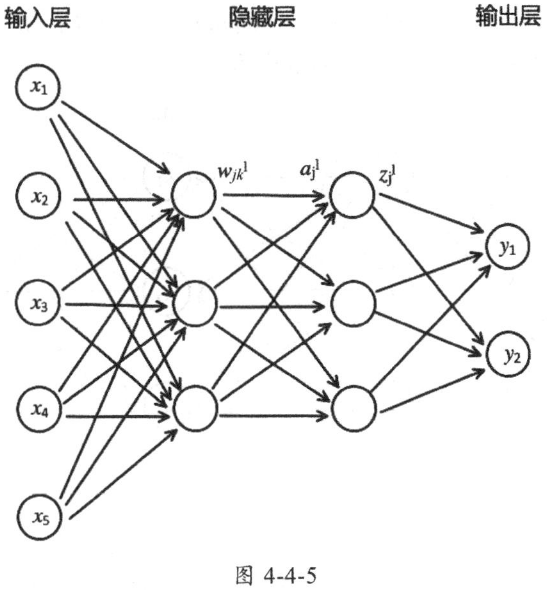

图 4-4-5

图 4-4-5 中最右边的 y_1,y_2 那一层是**输出层**（Output Layer），所包含的神经元称为输出神经元。输出神经元的个数也与数据有关，还是以识别手写数字为例，如果判断一张图片上写的数字是否是"7"，经过神经网络计算之后，输出层最终只需要一个神经元根据阈值判断该图片上数字是否是"7"。

处于输入层和输出层之间的，称为**隐藏层**（Hidden Layer），现代神经网络中常常有多个隐藏层，**“深度学习”**中的“深度”也就名副其实了。对于某一层而言，其上一层的输出为本层的输入；本层的输出为下一层的输入。

如果上一层的每个神经元都与下一层的所有神经元有连接，则这样的网络称为**全连接网络**，图 4-4-5 中所示的输入层有 5 个神经元，隐藏层的第一层有 3 个神经元，那么它们之间就建立了 5×3 个连接，每个连接都有独立的权重参数，这些权重参数的整体可以用矩阵表示（图 4-4-2 中单个神经元的权重参数用向量表示）。

4.4.2 参数学习

用于神经网络的训练集数据，一般是有标签的，比如识别手写数字的训练集数据（Training Data）中，每张图片中的真实数字是已知的（标签）。我们的目标就是要借助训练集数据，找到神经网络中各层的权重和偏置（如（4.4.3）式所示），这个过程称为**训练**。

具体怎么找呢？基本思路与 4.3.3 节中解决线性回归问题是一致的——希望得到预测值 $\hat{\boldsymbol{y}}$ 和观测值 $\boldsymbol{y}$ 之间的残差最小的模型：

$$\min \quad \mathrm{Loss}\left(\hat{\boldsymbol{y}}, \boldsymbol{y}\right) \tag{4.4.7}$$

其中的预测值 $\hat{\boldsymbol{y}}$ 就是网络的输出层的输出值。为了实现（4.4.7）式，可以使用梯度下降法。

为了更直观地理解神经网络的工作流程和原理，下面构造一个比较简单的神经网络，用手工计算的方式完成参数学习过程——手工计算帮助理解内涵。

假设有图 4-4-6 所示的一个网络，包含输入层（input）、两个隐藏层（h1 和 h2）、输出层（output）。为了简化，下述计算假设每层中每个神经元的偏置都是 1。

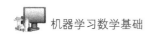

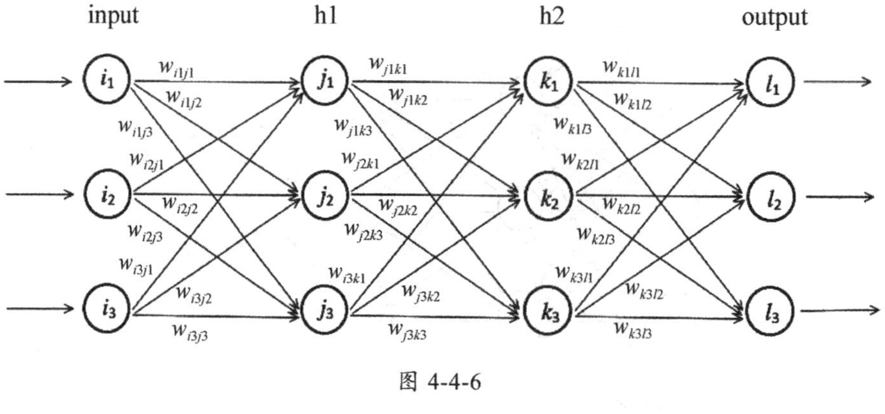

图 4-4-6

首先，作如下初始化设置：

- 输入的训练集的数据是 $\boldsymbol{x} = [0.1 \quad 0.2 \quad 0.7]$（在本节中，向量用行向量表示，目的是与通常的深度学习图书保持一致）。
- 输出值（即样本标签）是 $\boldsymbol{y} = [1.0 \quad 0.0 \quad 0.0]$。

- 为网络的初始权重赋值，在神经网络训练中，一般是随机赋值的，这里因为是手工计算，所以将初始权重赋值为：

$$\boldsymbol{W}_{ij}=\begin{bmatrix} w_{i1j1} & w_{i1j2} & w_{i1j3} \\ w_{i2j1} & w_{i2j2} & w_{i2j3} \\ w_{i3j1} & w_{i3j2} & w_{i3j3} \end{bmatrix}=\begin{bmatrix} 0.1 & 0.2 & 0.3 \\ 0.3 & 0.2 & 0.7 \\ 0.4 & 0.3 & 0.9 \end{bmatrix}$$

$$\boldsymbol{W}_{jk}=\begin{bmatrix} w_{j1k1} & w_{j1k2} & w_{j1k3} \\ w_{j2k1} & w_{j2k2} & w_{j2k3} \\ w_{j3k1} & w_{j3k2} & w_{j3k3} \end{bmatrix}=\begin{bmatrix} 0.2 & 0.3 & 0.5 \\ 0.3 & 0.5 & 0.7 \\ 0.6 & 0.4 & 0.8 \end{bmatrix}$$

$$\boldsymbol{W}_{kl}=\begin{bmatrix} w_{k1l1} & w_{k1l2} & w_{k1l3} \\ w_{k2l1} & w_{k2l2} & w_{k2l3} \\ w_{k3l1} & w_{k3l2} & w_{k3l3} \end{bmatrix}=\begin{bmatrix} 0.1 & 0.4 & 0.8 \\ 0.3 & 0.7 & 0.2 \\ 0.5 & 0.2 & 0.9 \end{bmatrix}$$

请对照图 4-4-6 所示，理解上述符号的含义。例如 $\boldsymbol{W}_{ij}$ 表示所有从输入层到隐藏层 $h1$ 的连接的权重参数组成的矩阵，w_{i1j1} 表示从节点 i_1 到节点 j_1 连接的权重参数。在一般的深度学习资料中，还会用诸如 w_{jk}^l 这样的符号表示权重参数，其中上角标 l 表示连接所对应的神经网络中的层，j 和 k 分别是连接的节点。但是，在此处由于神经网络中的神经元数量有限，为了表述清晰，省略了层的表示，而是在下角标中表明连接的节点和顺序。

为了计算简化，将偏置都设置为1。

然后，按照下述流程，实现参数的学习过程。

1. 正向传播

习惯上以从左向右为“正向”，对于图 4-4-6 所示的网络，如果按照这个顺序逐层计算，就称为信号的**正向传播**（Forward Propagation，也译为**前向传播**）。

（1）从 input 到 $h1$

如图 4-4-7 所示，以隐藏层 $h1$ 中的节点 j_1 为例，此节点的 $h1_{\text{in1}}$ 对输入信号进行加权求和，即：

$$h1_{\text{in1}}=w_{i1j1}\cdot x_1+w_{i2j1}\cdot x_2+w_{i3j1}\cdot x_3+b_j \tag{4.4.8}$$

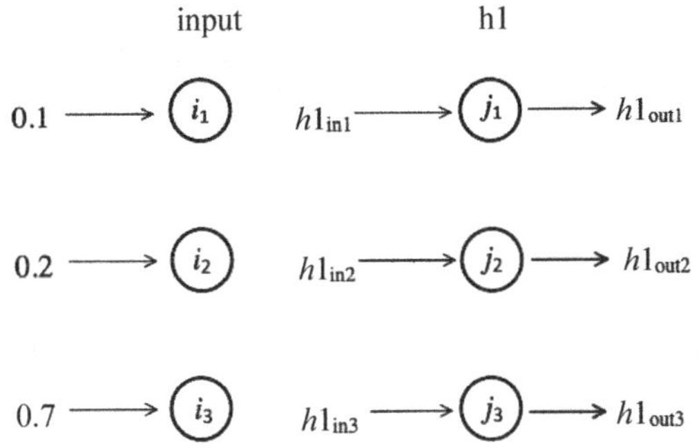

图 4-4-7

如果以（4.4.6）式的 ReLU 函数作为激活函数（$\text{relu} = \max(0,x)$），则：

$$h1_{\text{out1}} = \max\left(0, h1_{\text{in1}}\right) \tag{4.4.9}$$

在（4.4.8）式和（4.4.9）式的基础上，将图 4-4-7 所示的过程用矩阵形式表示（注意，这里使用的是行向量）：

$$\boldsymbol{h}1_{\text{in}} = \boldsymbol{X}\boldsymbol{W}_{ij} + \boldsymbol{b}_j$$

$$\begin{bmatrix} h1_{\text{in1}} & h1_{\text{in2}} & h1_{\text{in3}} \end{bmatrix} = \begin{bmatrix} x_1 & x_2 & x_3 \end{bmatrix} \begin{bmatrix} w_{i1j1} & w_{i1j2} & w_{i1j3} \\ w_{i2j1} & w_{i2j2} & w_{i2j3} \\ w_{i3j1} & w_{i3j2} & w_{i3j3} \end{bmatrix} + \begin{bmatrix} b_{j1} & b_{j2} & b_{j3} \end{bmatrix} \tag{4.4.10}$$

$$\begin{bmatrix} h1_{\text{out1}} & h1_{\text{out2}} & h1_{\text{out3}} \end{bmatrix} = \begin{bmatrix} \max\left(0, h1_{\text{in1}}\right) & \max\left(0, h1_{\text{in2}}\right) & \max\left(0, h_{\text{in3}}\right) \end{bmatrix} \tag{4.4.11}$$

根据相应的数值，计算得到：

$$\begin{bmatrix} h1_{\text{in1}} & h1_{\text{in2}} & h1_{\text{in3}} \end{bmatrix} = \begin{bmatrix} 0.1 & 0.2 & 0.7 \end{bmatrix} \begin{bmatrix} 0.1 & 0.2 & 0.3 \\ 0.3 & 0.2 & 0.7 \\ 0.4 & 0.3 & 0.9 \end{bmatrix} + \begin{bmatrix} 1.0 & 1.0 & 1.0 \end{bmatrix} = \begin{bmatrix} 1.35 & 1.27 & 1.80 \end{bmatrix}$$

$$\begin{bmatrix} h1_{\text{out1}} & h1_{\text{out2}} & h1_{\text{out3}} \end{bmatrix} = \begin{bmatrix} 1.35 & 1.27 & 1.80 \end{bmatrix}$$

（2）从 $h1$ 到 $h2$

与前面的流程类似，但是，这里我们将激活函数更换为 Sigmoid 函数：

$$h2_{\text{out}} = \frac{1}{1 + \mathrm{e}^{-h2_{\text{in}}}} \tag{4.4.12}$$

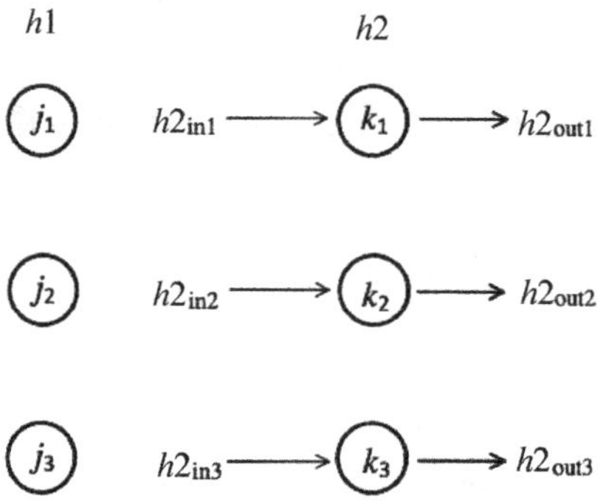

图 4-4-8

依然使用矩阵形式进行计算：

$$\begin{bmatrix} h2_{\text{in1}} & h2_{\text{in2}} & h2_{\text{in3}} \end{bmatrix} = \begin{bmatrix} h1_{\text{out1}} & h1_{\text{out2}} & h1_{\text{out3}} \end{bmatrix} \begin{bmatrix} w_{j1k1} & w_{j1k2} & w_{j1k3} \\ w_{j2k1} & w_{j2k2} & w_{j2k3} \\ w_{j3k1} & w_{j3k2} & w_{j3k3} \end{bmatrix} + \begin{bmatrix} b_{k1} & b_{k2} & b_{k3} \end{bmatrix} \tag{4.4.13}$$

$$\begin{bmatrix} h2_{\text{out1}} & h2_{\text{out2}} & h2_{\text{out3}} \end{bmatrix} = \begin{bmatrix} \dfrac{1}{1 + \mathrm{e}^{-h2_{\text{in1}}}} & \dfrac{1}{1 + \mathrm{e}^{-h2_{\text{in2}}}} & \dfrac{1}{1 + \mathrm{e}^{-h2_{\text{in3}}}} \end{bmatrix} \tag{4.4.14}$$

代入数据并计算：

$$[h2_{\text{in}1} \quad h2_{\text{in}2} \quad h2_{\text{in}3}] = [1.35 \quad 1.27 \quad 1.80]\begin{bmatrix} 0.2 & 0.3 & 0.5 \\ 0.3 & 0.5 & 0.7 \\ 0.6 & 0.4 & 0.8 \end{bmatrix} + [1.0 \quad 1.0 \quad 1.0]$$

$$= [2.731 \quad 2.76 \quad 4.004]$$

$$[h2_{\text{out}1} \quad h2_{\text{out}2} \quad h2_{\text{out}3}] = \left[\frac{1}{1+\text{e}^{-2.731}} \quad \frac{1}{1+\text{e}^{-2.76}} \quad \frac{1}{1+\text{e}^{-4.004}}\right]$$

$$= [0.939 \quad 0.94 \quad 0.982]$$

（3）从 $h2$ 到 output

图 4-4-9 显示了隐藏层 h2 到输出层 output 的过程，计算方法与前面依然相同，并且此处还是以（4.4.12）式的 Sigmoid 函数为激活函数。

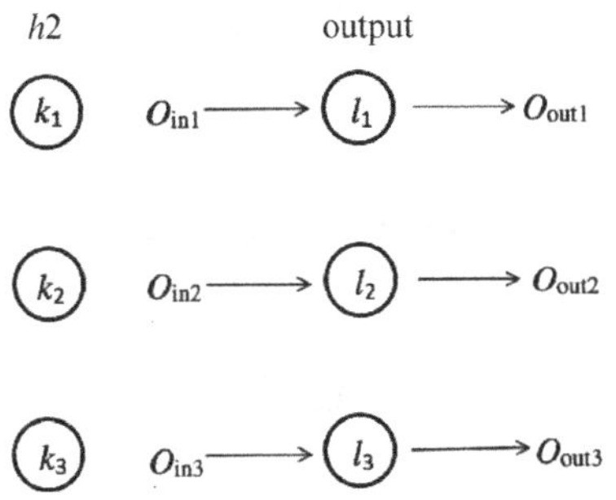

图 4-4-9

用矩阵形式完成计算：

$$[O_{\text{in}1} \quad O_{\text{in}2} \quad O_{\text{in}3}] = [h2_{\text{out}1} \quad h2_{\text{out}2} \quad h2_{\text{out}3}]\begin{bmatrix} w_{k1l1} & w_{k1l2} & w_{k1l3} \\ w_{k2l1} & w_{k2l2} & w_{k2l3} \\ w_{k3l1} & w_{k3l2} & w_{k3l3} \end{bmatrix} + [b_{l1} \quad b_{l2} \quad b_{l3}] \tag{4.4.15}$$

$$[O_{\text{out}1} \quad O_{\text{out}2} \quad O_{\text{out}3}] = \left[\frac{1}{1+\text{e}^{-O_{\text{in}1}}} \quad \frac{1}{1+\text{e}^{-O_{\text{in}2}}} \quad \frac{1}{1+\text{e}^{-O_{\text{in}3}}}\right] \tag{4.4.16}$$

代入有关数据：

$$[O_{\text{in}1} \quad O_{\text{in}2} \quad O_{\text{in}3}] = [0.939 \quad 0.94 \quad 0.982]\begin{bmatrix} 0.1 & 0.4 & 0.8 \\ 0.3 & 0.7 & 0.2 \\ 0.5 & 0.2 & 0.9 \end{bmatrix} + [1.0 \quad 1.0 \quad 1.0]$$

$$= [1.8669 \quad 2.23 \quad 2.823]$$

$$[O_{\text{out}1} \quad O_{\text{out}2} \quad O_{\text{out}3}] = \left[\frac{1}{1+\text{e}^{-1.8669}} \quad \frac{1}{1+\text{e}^{-2.23}} \quad \frac{1}{1+\text{e}^{-2.823}}\right] = [0.866 \quad 0.903 \quad 0.944]$$

这样得到了网络的输出，显然这个输出与已知的 $\boldsymbol{y} = [1.0 \quad 0.0 \quad 0.0]$ 有较大差距。

在上述正向传播的计算之前，以“拍脑门”的方式设置了初始权重参数和偏置的值，由此我们也能猜到，最终输出结果与已知的标签之差很小的可能性不高，因此，需要将权重参数进行更新，直到找到令残差足够小的参数。

2. 反向传播

所谓反向传播（Backward Propagation），是在上述正向传播计算结果基础上，根据已经得到的预测值与真实值之间的差，运用梯度下降法，依次更新参数的值。简单起见，下面只演示更新权重参数的过程。

（1）输出层 Output

在这里，我们使用（4.4.17）式的 E_1 作为预测值和真实值之间的损失函数，以输出层节点 l_1 为例（如图 4-4-10 所示）：

$$\begin{aligned} E_1 &= \frac{1}{2}(O_{\text{out1}} - y_1)^2 \\ \frac{\partial E_1}{\partial O_{\text{out1}}} &= O_{\text{out1}} - y_1 \end{aligned} \tag{4.4.17}$$

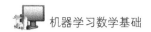

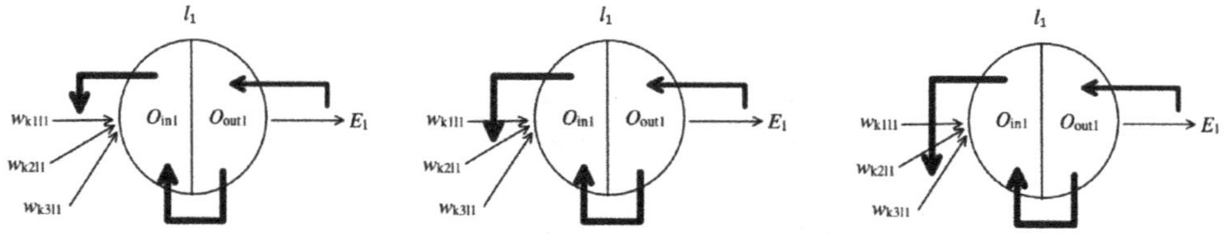

图 4-4-10

对其他节点都可以使用类似于（4.4.17）式的方法，计算输出层每个神经元输出误差对输出值的偏导数：

$$\begin{aligned} \begin{bmatrix} \dfrac{\partial E_1}{\partial O_{\text{out1}}} \\ \dfrac{\partial E_2}{\partial O_{\text{out2}}} \\ \dfrac{\partial E_3}{\partial O_{\text{out3}}} \end{bmatrix} &= \begin{bmatrix} O_{\text{out1}} - y_1 \\ O_{\text{out2}} - y_2 \\ O_{\text{out3}} - y_3 \end{bmatrix} \\ \begin{bmatrix} \dfrac{\partial E_1}{\partial O_{\text{out1}}} \\ \dfrac{\partial E_2}{\partial O_{\text{out2}}} \\ \dfrac{\partial E_3}{\partial O_{\text{out3}}} \end{bmatrix} &= \begin{bmatrix} -0.134 \\ 0.903 \\ 0.944 \end{bmatrix} \end{aligned} \tag{4.4.18}$$

又因为：$O_{\text{out1}} = \dfrac{1}{1+\mathrm{e}^{-O_{\text{in1}}}}$，所以：

$$\frac{\partial O_{\text{out1}}}{\partial O_{\text{in1}}} = O_{\text{out1}}(1 - O_{\text{out1}})$$

对输出层所有神经元，则有：

$$\begin{bmatrix}\frac{\partial O_{\text{out1}}}{\partial O_{\text{in1}}}\\\frac{\partial O_{\text{out2}}}{\partial O_{\text{in2}}}\\\frac{\partial O_{\text{out3}}}{\partial O_{\text{in3}}}\end{bmatrix}=\begin{bmatrix}O_{\text{out1}}\left(1-O_{\text{out1}}\right)\\O_{\text{out2}}\left(1-O_{\text{out2}}\right)\\O_{\text{out3}}\left(1-O_{\text{out3}}\right)\end{bmatrix}$$

$$\begin{bmatrix}\frac{\partial O_{\text{out1}}}{\partial O_{\text{in1}}}\\\frac{\partial O_{\text{out2}}}{\partial O_{\text{in2}}}\\\frac{\partial O_{\text{out3}}}{\partial O_{\text{in3}}}\end{bmatrix}=\begin{bmatrix}0.116\\0.088\\0.053\end{bmatrix} \tag{4.4.19}$$

由前述正向传播可知，每个节点的输入与三个权重参数相关，例如：

$$O_{\text{in1}}=w_{k1l1}h2_{\text{out1}}+w_{k2l1}h2_{\text{out2}}+w_{k3l1}h2_{\text{out3}}+b_{l1} \tag{4.4.20}$$

对 w_{k1l1} 求偏导数：

$$\frac{\partial O_{\text{in1}}}{\partial w_{k1l1}}=h2_{\text{out1}}$$

即可得到 $h2_{\text{out1}}$。以这种方法，计算每个神经元的输入相对于各个权重的偏导数：

$$\begin{bmatrix}\frac{\partial O_{\text{in1}}}{\partial w_{k1l1}}\\\frac{\partial O_{\text{in1}}}{\partial w_{k2l1}}\\\frac{\partial O_{\text{in1}}}{\partial w_{k3l1}}\end{bmatrix}=\begin{bmatrix}h2_{\text{out1}}\\h2_{\text{out2}}\\h2_{\text{out3}}\end{bmatrix}=\begin{bmatrix}0.939\\0.94\\0.982\end{bmatrix}$$

$$\begin{bmatrix}\frac{\partial O_{\text{in2}}}{\partial w_{k1l2}}\\\frac{\partial O_{\text{in2}}}{\partial w_{k2l2}}\\\frac{\partial O_{\text{in2}}}{\partial w_{k3l2}}\end{bmatrix}=\begin{bmatrix}h2_{\text{out1}}\\h2_{\text{out2}}\\h2_{\text{out3}}\end{bmatrix}=\begin{bmatrix}0.939\\0.94\\0.982\end{bmatrix} \tag{4.4.21}$$

$$\begin{bmatrix}\frac{\partial O_{\text{in3}}}{\partial w_{k1l3}}\\\frac{\partial O_{\text{in3}}}{\partial w_{k2l3}}\\\frac{\partial O_{\text{in3}}}{\partial w_{k3l3}}\end{bmatrix}=\begin{bmatrix}h2_{\text{out1}}\\h2_{\text{out2}}\\h2_{\text{out3}}\end{bmatrix}=\begin{bmatrix}0.939\\0.94\\0.982\end{bmatrix}$$

有了以上计算结果，就可以通过计算梯度，更新权重参数。以更新 w_{k1l1} 为例，要计算 $\frac{\partial E_1}{\partial w_{k1l1}}$：

$$\delta w_{k1l1} = \frac{\partial E_1}{\partial w_{k1l1}} = \frac{\partial E_1}{\partial O_{\text{out1}}}\frac{\partial O_{\text{out1}}}{\partial O_{\text{in1}}}\frac{\partial O_{\text{in1}}}{\partial w_{k1l1}}$$

根据链式法则对 $\frac{\partial E_1}{\partial O_{\text{out1}}}$ 计算偏导，最右侧的三项在（4.4.18）式、（4.4.19）式、（4.4.20）式中已计算，将相应值代入上式，得：

$$\delta w_{k1l1} = -0.134 \times 0.116 \times 0.939 = -0.0146$$

再根据梯度下降法，计算：

$$w_{k1l1} - \eta \cdot \delta w_{k1l1} = 0.1 - 0.5 \times (-0.0146) = 0.1073$$

这里的 η 即为 4.3.2 节中的（4.3.13）式梯度下降法公式中的步长，在神经网络中又称**学习率**，此处令 $\eta = 0.5$。然后用计算所得到的数值 0.1073 替换在最开始为 w_{k1l1} 所设置的值，从而实现了权重参数的更新。

将上述计算过程扩展到所有节点，用矩阵形式表示每个节点的误差对各个权重参数的偏导，并完成计算：

$$\Delta \boldsymbol{W}_{kl} = \begin{bmatrix} \delta w_{k1l1} & \delta w_{k1l2} & \delta w_{k1l3} \\ \delta w_{k2l1} & \delta w_{k2l2} & \delta w_{k2l3} \\ \delta w_{k3l1} & \delta w_{k3l2} & \delta w_{k3l3} \end{bmatrix} = \begin{bmatrix} \frac{\partial E_1}{\partial w_{k1l1}} & \frac{\partial E_2}{\partial w_{k1l2}} & \frac{\partial E_3}{\partial w_{k1l3}} \\ \frac{\partial E_1}{\partial w_{k2l1}} & \frac{\partial E_2}{\partial w_{k2l2}} & \frac{\partial E_3}{\partial w_{k2l3}} \\ \frac{\partial E_1}{\partial w_{k3l1}} & \frac{\partial E_2}{\partial w_{k3l2}} & \frac{\partial E_3}{\partial w_{k3l3}} \end{bmatrix}$$

$$= \begin{bmatrix} \frac{\partial E_1}{\partial O_{\text{out1}}}\frac{\partial O_{\text{out1}}}{\partial O_{\text{in1}}}\frac{\partial O_{\text{in1}}}{\partial w_{k1l1}} & \frac{\partial E_2}{\partial O_{\text{out2}}}\frac{\partial O_{\text{out2}}}{\partial O_{\text{in2}}}\frac{\partial O_{\text{in2}}}{\partial w_{k1l2}} & \frac{\partial E_3}{\partial O_{\text{out3}}}\frac{\partial O_{\text{out3}}}{\partial O_{\text{in3}}}\frac{\partial O_{\text{in3}}}{\partial w_{k1l3}} \\ \frac{\partial E_1}{\partial O_{\text{out1}}}\frac{\partial O_{\text{out1}}}{\partial O_{\text{in1}}}\frac{\partial O_{\text{in1}}}{\partial w_{k2l1}} & \frac{\partial E_2}{\partial O_{\text{out2}}}\frac{\partial O_{\text{out2}}}{\partial O_{\text{in2}}}\frac{\partial O_{\text{in2}}}{\partial w_{k2l2}} & \frac{\partial E_3}{\partial O_{\text{out3}}}\frac{\partial O_{\text{out3}}}{\partial O_{\text{in3}}}\frac{\partial O_{\text{in3}}}{\partial w_{k2l3}} \\ \frac{\partial E_1}{\partial O_{\text{out1}}}\frac{\partial O_{\text{out1}}}{\partial O_{\text{in1}}}\frac{\partial O_{\text{in1}}}{\partial w_{k3l1}} & \frac{\partial E_2}{\partial O_{\text{out2}}}\frac{\partial O_{\text{out2}}}{\partial O_{\text{in2}}}\frac{\partial O_{\text{in2}}}{\partial w_{k3l2}} & \frac{\partial E_3}{\partial O_{\text{out3}}}\frac{\partial O_{\text{out3}}}{\partial O_{\text{in3}}}\frac{\partial O_{in3}}{\partial w_{k3l3}} \end{bmatrix}$$

$$= \begin{bmatrix} -0.01460 & 0.07462 & 0.04698 \\ -0.01461 & 0.07470 & 0.04703 \\ -0.01526 & 0.07803 & 0.04913 \end{bmatrix}$$

更新权重参数，设学习率 $\eta = 0.5$：

$$\boldsymbol{W}'_{kl} = \boldsymbol{W}_{kl} - \eta \cdot \Delta \boldsymbol{W}_{kl} = \begin{bmatrix} 0.1 & 0.4 & 0.8 \\ 0.3 & 0.7 & 0.2 \\ 0.5 & 0.2 & 0.9 \end{bmatrix} - 0.5 \cdot \begin{bmatrix} -0.01460 & 0.07462 & 0.04698 \\ -0.01461 & 0.07470 & 0.04703 \\ -0.01526 & 0.07803 & 0.04913 \end{bmatrix}$$

$$=\begin{bmatrix}0.10730 & 0.36269 & 0.77651\\0.30731 & 0.66265 & 0.17648\\0.50763 & 0.16099 & 0.87544\end{bmatrix}$$

至此，将权重参数 $\boldsymbol{W}_{kl}$ 更新为 $\boldsymbol{W}'_{kl}$。

（2）隐藏层 $h2$

参考图 4-4-11，仿照输出层，得到如下计算结果：

$$\begin{bmatrix}\dfrac{\partial h2_{\text{out1}}}{\partial h2_{\text{in1}}}\\\dfrac{\partial h2_{\text{out2}}}{\partial h2_{\text{in2}}}\\\dfrac{\partial h2_{\text{out3}}}{\partial h2_{\text{in3}}}\end{bmatrix}=\begin{bmatrix}h2_{\text{out1}}\left(1-h2_{\text{out1}}\right)\\h2_{\text{out2}}\left(1-h2_{\text{out2}}\right)\\h2_{\text{out3}}\left(1-h2_{\text{out3}}\right)\end{bmatrix}=\begin{bmatrix}0.05728\\0.0564\\0.01768\end{bmatrix} \tag{4.4.22}$$

$$\begin{bmatrix}\dfrac{\partial h2_{\text{in1}}}{\partial w_{j1k1}}\\\dfrac{\partial h2_{\text{in1}}}{\partial w_{j2k1}}\\\dfrac{\partial h2_{\text{in1}}}{\partial w_{j3k1}}\end{bmatrix}=\begin{bmatrix}h1_{\text{out1}}\\h1_{\text{out2}}\\h1_{\text{out3}}\end{bmatrix}=\begin{bmatrix}1.35\\1.27\\1.80\end{bmatrix} \tag{4.4.23-1}$$

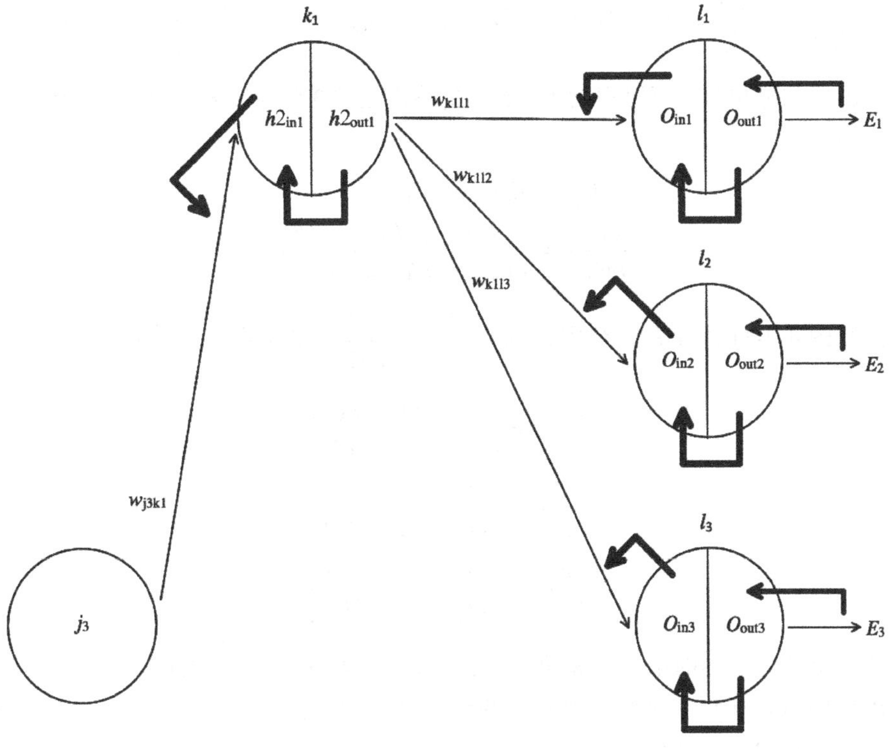

图 4-4-11

$$\begin{bmatrix}\frac{\partial h2_{\text{in}2}}{\partial w_{j1k2}}\\ \frac{\partial h2_{\text{in}2}}{\partial w_{j2k2}}\\ \frac{\partial h2_{\text{in}2}}{\partial w_{j3k2}}\end{bmatrix}=\begin{bmatrix}h1_{\text{out}1}\\ h1_{\text{out}2}\\ h1_{\text{out}3}\end{bmatrix}=\begin{bmatrix}1.35\\ 1.27\\ 1.80\end{bmatrix} \tag{4.4.23-2}$$

$$\begin{bmatrix}\frac{\partial h2_{\text{in}3}}{\partial w_{j1k3}}\\ \frac{\partial h2_{\text{in}3}}{\partial w_{j2k3}}\\ \frac{\partial h2_{\text{in}3}}{\partial w_{j3k3}}\end{bmatrix}=\begin{bmatrix}h1_{\text{out}1}\\ h1_{\text{out}2}\\ h1_{\text{out}3}\end{bmatrix}=\begin{bmatrix}1.35\\ 1.27\\ 1.80\end{bmatrix} \tag{4.4.23-3}$$

如图 4-4-11 所示，以节点 $k1$ 为例，如果更新参数 w_{j3k1}，根据（4.4.13）式可知，必须计算 $\frac{\partial E_{\text{total}}}{\partial w_{j3k1}}$。根据链式法则，可得：

$$\frac{\partial E_{\text{total}}}{\partial w_{j3k1}}=\frac{\partial E_{\text{total}}}{\partial h2_{\text{out}1}}\frac{\partial h2_{\text{out}1}}{\partial h2_{\text{in}1}}\frac{\partial h2_{\text{in}1}}{\partial w_{j3k1}}$$

其中，$\frac{\partial h2_{\text{out}1}}{\partial h2_{\text{in}1}}$ 和 $\frac{\partial h2_{\text{in}1}}{\partial w_{j3k1}}$ 在前面已经计算过了，下面重点讨论 $\frac{\partial E_{\text{total}}}{\partial h2_{\text{out}1}}$ 如何计算。

根据输出层的输出值，可以得到 E_1、E_2、E_3 输出层的 3 个神经元（如图 4-4-9）分别对应的损失函数，则：

$$E_{\text{total}}=E_1+E_2+E_3$$
$$\frac{\partial E_{\text{total}}}{\partial h2_{\text{out}1}}=\frac{\partial E_1}{\partial h2_{\text{out}1}}+\frac{\partial E_2}{\partial h2_{\text{out}1}}+\frac{\partial E_3}{\partial h2_{\text{out}1}}$$

下面按照图 4-4-11 所示路径分别计算 $\frac{\partial E_1}{\partial h2_{\text{out}1}}$、$\frac{\partial E_2}{\partial h2_{\text{out}1}}$ 和 $\frac{\partial E_3}{\partial h2_{\text{out}1}}$ 三项：

$$\frac{\partial E_1}{\partial h2_{\text{out}1}}=\frac{\partial E_1}{\partial O_{\text{out}1}}\frac{\partial O_{\text{out}1}}{\partial O_{\text{in}1}}\frac{\partial O_{\text{in}1}}{\partial h2_{\text{out}1}}$$
$$\frac{\partial E_2}{\partial h2_{\text{out}1}}=\frac{\partial E_2}{\partial O_{\text{out}2}}\frac{\partial O_{\text{out}2}}{\partial O_{\text{in}2}}\frac{\partial O_{\text{in}2}}{\partial h2_{\text{out}1}}$$
$$\frac{\partial E_3}{\partial h2_{\text{out}1}}=\frac{\partial E_3}{\partial O_{\text{out}3}}\frac{\partial O_{\text{out}3}}{\partial O_{\text{in}3}}\frac{\partial O_{\text{in}3}}{\partial h2_{\text{out}1}}$$

上面各式中等号右侧的第一项和第二项已经在（4.4.18）式和（4.4.19）式中计算过了——所以，在用程序执行计算的时候，要将那些计算结果缓存，以待以后应用。现在要计算的是第三项，根据（4.4.20）式得：

$$\frac{\partial O_{\text{in}1}}{\partial h2_{\text{out}1}} = w_{k1l1}$$

类似的方法，可以求得：$\frac{\partial O_{\text{in}2}}{\partial h2_{\text{out}1}} = w_{k1l2}$、$\frac{\partial O_{\text{in}3}}{\partial h2_{\text{out}1}} = w_{k1l3}$。进而可以计算$\frac{\partial E_{\text{total}}}{\partial h2_{\text{out}1}}$，最终完成$\frac{\partial E_{\text{total}}}{\partial w_{j3k1}}$的计算。然后依据梯度下降，通过：

$$w_{j3k1} \leftarrow w_{j3k1} - \eta \frac{\partial E_{\text{total}}}{\partial w_{j3k1}}$$

更新权重参数w_{j3k1}的值。

将上述对节点k_1的计算方法，运用到k_1、k_2、k_3节点，并计算E_{total}对所有连接的权重参数的偏导：

$$\begin{aligned}
\Delta \boldsymbol{W}_{jk} &= \begin{bmatrix} \frac{\partial E_{\text{total}}}{\partial w_{j1k1}} & \frac{\partial E_{\text{total}}}{\partial w_{j1k2}} & \frac{\partial E_{\text{total}}}{\partial w_{j1k3}} \\ \frac{\partial E_{\text{total}}}{\partial w_{j2k1}} & \frac{\partial E_{\text{total}}}{\partial w_{j2k2}} & \frac{\partial E_{\text{total}}}{\partial w_{j2k3}} \\ \frac{\partial E_{\text{total}}}{\partial w_{j3k1}} & \frac{\partial E_{\text{total}}}{\partial w_{j3k2}} & \frac{\partial E_{\text{total}}}{\partial w_{j3k3}} \end{bmatrix} \\
&= \begin{bmatrix} \frac{\partial E_{\text{total}}}{\partial h2_{\text{out}1}} \frac{\partial h2_{\text{out}1}}{\partial h2_{\text{in}1}} \frac{\partial h2_{\text{in}1}}{\partial w_{j1k1}} & \frac{\partial E_{\text{total}}}{\partial h2_{\text{out}2}} \frac{\partial h2_{\text{out}2}}{\partial h2_{\text{in}2}} \frac{\partial h2_{\text{in}2}}{\partial w_{j1k2}} & \frac{\partial E_{\text{total}}}{\partial h2_{\text{out}3}} \frac{\partial h2_{\text{out}3}}{\partial h2_{\text{in}3}} \frac{\partial h2_{\text{in}3}}{\partial w_{j1k3}} \\ \frac{\partial E_{\text{total}}}{\partial h2_{\text{out}1}} \frac{\partial h2_{\text{out}1}}{\partial h2_{\text{in}1}} \frac{\partial h2_{\text{in}1}}{\partial w_{j2k1}} & \frac{\partial E_{\text{total}}}{\partial h2_{\text{out}2}} \frac{\partial h2_{\text{out}2}}{\partial h2_{\text{in}2}} \frac{\partial h2_{\text{in}2}}{\partial w_{j2k2}} & \frac{\partial E_{\text{total}}}{\partial h2_{\text{out}3}} \frac{\partial h2_{\text{out}3}}{\partial h2_{\text{in}3}} \frac{\partial h2_{\text{in}3}}{\partial w_{j2k3}} \\ \frac{\partial E_{\text{total}}}{\partial h2_{\text{out}1}} \frac{\partial h2_{\text{out}1}}{\partial h2_{\text{in}1}} \frac{\partial h2_{\text{in}1}}{\partial w_{j3k1}} & \frac{\partial E_{\text{total}}}{\partial h2_{\text{out}2}} \frac{\partial h2_{\text{out}2}}{\partial h2_{\text{in}2}} \frac{\partial h2_{\text{in}2}}{\partial w_{j3k2}} & \frac{\partial \text{E}_{\text{total}}}{\partial h2_{\text{out}3}} \frac{\partial h2_{\text{out}3}}{\partial h2_{\text{in}3}} \frac{\partial h2_{\text{in}3}}{\partial w_{j3k3}} \end{bmatrix}
\end{aligned} \tag{4.4.24}$$

其中：

$$\begin{bmatrix} \frac{\partial \text{E}_{\text{total}}}{\partial h2_{\text{out}1}} \\ \frac{\partial \text{E}_{\text{total}}}{\partial h2_{\text{out}2}} \\ \frac{\partial \text{E}_{\text{total}}}{\partial h2_{\text{out}3}} \end{bmatrix} = \begin{bmatrix} \left(\frac{\partial E_1}{\partial O_{\text{out}1}} \frac{\partial O_{\text{out}1}}{\partial O_{\text{in}1}} \frac{\partial O_{\text{in}1}}{\partial h2_{\text{out}1}}\right) + \left(\frac{\partial E_2}{\partial O_{\text{out}2}} \frac{\partial O_{\text{out}2}}{\partial O_{\text{in}2}} \frac{\partial O_{\text{in}2}}{\partial h2_{\text{out}1}}\right) + \left(\frac{\partial E_3}{\partial O_{\text{out}3}} \frac{\partial O_{\text{out}3}}{\partial O_{\text{in}3}} \frac{\partial O_{\text{in}3}}{\partial h2_{\text{out}1}}\right) \\ \left(\frac{\partial E_1}{\partial O_{\text{out}1}} \frac{\partial O_{\text{out}1}}{\partial O_{\text{in}1}} \frac{\partial O_{\text{in}1}}{\partial h2_{\text{out}2}}\right) + \left(\frac{\partial E_2}{\partial O_{\text{out}2}} \frac{\partial O_{\text{out}2}}{\partial O_{\text{in}2}} \frac{\partial O_{\text{in}2}}{\partial h2_{\text{out}2}}\right) + \left(\frac{\partial E_3}{\partial O_{\text{out}3}} \frac{\partial O_{\text{out}3}}{\partial O_{\text{in}3}} \frac{\partial O_{\text{in}3}}{\partial h2_{\text{out}2}}\right) \\ \left(\frac{\partial E_1}{\partial O_{\text{out}1}} \frac{\partial O_{\text{out}1}}{\partial O_{\text{in}1}} \frac{\partial O_{\text{in}1}}{\partial h2_{\text{out}3}}\right) + \left(\frac{\partial E_2}{\partial O_{\text{out}2}} \frac{\partial O_{\text{out}2}}{\partial O_{\text{in}2}} \frac{\partial O_{\text{in}2}}{\partial h2_{\text{out}3}}\right) + \left(\frac{\partial E_3}{\partial O_{\text{out}3}} \frac{\partial O_{\text{out}3}}{\partial O_{\text{in}3}} \frac{\partial O_{\text{in}3}}{\partial h2_{\text{out}3}}\right) \end{bmatrix} \tag{4.4.25}$$

又有：

$$\begin{bmatrix} \frac{\partial O_{\text{in}1}}{\partial h2_{\text{out}1}} & \frac{\partial O_{\text{in}2}}{\partial h2_{\text{out}1}} & \frac{\partial O_{\text{in}3}}{\partial h2_{\text{out}1}} \\ \frac{\partial O_{\text{in}1}}{\partial h2_{\text{out}2}} & \frac{\partial O_{\text{in}2}}{\partial h2_{\text{out}2}} & \frac{\partial O_{\text{in}3}}{\partial h2_{\text{out}2}} \\ \frac{\partial O_{\text{in}1}}{\partial h2_{\text{out}3}} & \frac{\partial O_{\text{in}2}}{\partial h2_{\text{out}3}} & \frac{\partial O_{\text{in}3}}{\partial h2_{\text{out}3}} \end{bmatrix} = \begin{bmatrix} w_{k1l1} & w_{k1l2} & w_{k1l3} \\ w_{k2l1} & w_{k2l2} & w_{k2l3} \\ w_{k3l1} & w_{k3l2} & w_{k3l3} \end{bmatrix} \tag{4.4.26}$$

将（4.4.26）式代入（4.4.25）式，并应用（4.4.18）式和（4.4.19）式且对 $\boldsymbol{W}_{kl}$ 最初赋值，计算得：

$$\begin{bmatrix} \dfrac{\partial E_{\text{total}}}{\partial h2_{\text{out1}}} \\ \dfrac{\partial E_{\text{total}}}{\partial h2_{\text{out2}}} \\ \dfrac{\partial E_{\text{total}}}{\partial h2_{\text{out3}}} \end{bmatrix} = \begin{bmatrix} \left(\dfrac{\partial E_1}{\partial O_{\text{out1}}}\dfrac{\partial O_{\text{out1}}}{\partial O_{\text{in1}}}w_{k1l1}\right)+\left(\dfrac{\partial E_2}{\partial O_{\text{out2}}}\dfrac{\partial O_{\text{out2}}}{\partial O_{\text{in2}}}w_{k1l2}\right)+\left(\dfrac{\partial E_3}{\partial O_{\text{out3}}}\dfrac{\partial O_{\text{out3}}}{\partial O_{\text{in3}}}w_{k1l3}\right) \\ \left(\dfrac{\partial E_1}{\partial O_{\text{out1}}}\dfrac{\partial O_{\text{out1}}}{\partial O_{\text{in1}}}w_{k2l1}\right)+\left(\dfrac{\partial E_2}{\partial O_{\text{out2}}}\dfrac{\partial O_{\text{out2}}}{\partial O_{\text{in2}}}w_{k2l2}\right)+\left(\dfrac{\partial E_3}{\partial O_{\text{out3}}}\dfrac{\partial O_{\text{out3}}}{\partial O_{\text{in3}}}w_{k2l3}\right) \\ \left(\dfrac{\partial E_1}{\partial O_{\text{out1}}}\dfrac{\partial O_{\text{out1}}}{\partial O_{\text{in1}}}w_{k3l1}\right)+\left(\dfrac{\partial E_2}{\partial O_{\text{out2}}}\dfrac{\partial O_{\text{out2}}}{\partial O_{\text{in2}}}w_{k3l2}\right)+\left(\dfrac{\partial E_3}{\partial O_{\text{out3}}}\dfrac{\partial O_{\text{out3}}}{\partial O_{\text{in3}}}w_{k3l3}\right) \end{bmatrix}$$

$$= \begin{bmatrix} (-0.134\times0.116\times0.1)+(0.903\times0.088\times0.4)+(0.944\times0.053\times0.8) \\ (-0.134\times0.116\times0.3)+(0.903\times0.088\times0.7)+(0.944\times0.053\times0.2) \\ (-0.134\times0.116\times0.5)+(0.903\times0.088\times0.2)+(0.944\times0.053\times0.9) \end{bmatrix} \tag{4.4.27}$$

$$= \begin{bmatrix} 0.07026 \\ 0.06097 \\ 0.05315 \end{bmatrix}$$

再将（4.4.27）式的计算结果代入（4.4.24）式，并使用（4.4.22）式和（4.4.23-1）式、（4.4.23-2）式、（4.4.23-3）式计算结果：

$$\Delta \boldsymbol{W}_{jk} = \begin{bmatrix} 0.07026\times0.05728\times1.35 & 0.06097\times0.0564\times1.35 & 0.05315\times0.01768\times1.35 \\ 0.07026\times0.05728\times1.27 & 0.06097\times0.0564\times1.27 & 0.05315\times0.01768\times1.27 \\ 0.07026\times0.05728\times1.80 & 0.06097\times0.0564\times1.80 & 0.05315\times0.01768\times1.80 \end{bmatrix}$$
$$= \begin{bmatrix} 0.00543 & 0.00464 & 0.00127 \\ 0.00511 & 0.00437 & 0.00119 \\ 0.00724 & 0.00619 & 0.00169 \end{bmatrix} \tag{4.4.28}$$

最后，根据梯度下降法更新权重参数（令学习率 $\eta = 0.5$）：

$$\boldsymbol{W}'_{jk} = \boldsymbol{W}_{jk} - \eta\cdot\Delta\boldsymbol{W}_{jk}$$
$$= \begin{bmatrix} 0.2 & 0.3 & 0.5 \\ 0.3 & 0.5 & 0.7 \\ 0.6 & 0.4 & 0.8 \end{bmatrix} - 0.5\cdot \begin{bmatrix} 0.00543 & 0.00464 & 0.00127 \\ 0.00511 & 0.00437 & 0.00119 \\ 0.00724 & 0.00619 & 0.00169 \end{bmatrix}$$
$$= \begin{bmatrix} 0.19729 & 0.29768 & 0.49937 \\ 0.29745 & 0.49782 & 0.69941 \\ 0.59638 & 0.39691 & 0.79916 \end{bmatrix}$$

如此，权重参数 $\boldsymbol{W}_{jk}$ 得到了更新。

在上述计算过程中，为了最终得到 $\Delta\boldsymbol{W}_{jk}$ 的值，需要使用本层右侧（认为是后面）的有关计算数据，也就是说是从右向左计算，才能得到 $\Delta\boldsymbol{W}_{jk}$ 的值，这就是所谓的“反向传播”——以从左向右为正方向。很显然，在进行反向传播计算的过程中，右侧的某些计算结果应该缓存起来，在后续计算中会用到，这样就降低了整体的运算量。

（3）隐藏层 $h1$

现在要更新参数 $\boldsymbol{W}_{ij}$，图 4-4-12 是以节点 j_1 为例，显示了更新参数 w_{i2j1} 的过程，其基本方法与上一步中更新 $\boldsymbol{W}_{kl}$ 类似。下面就略去针对单个节点的演示，直接用矩阵形式进行计算。

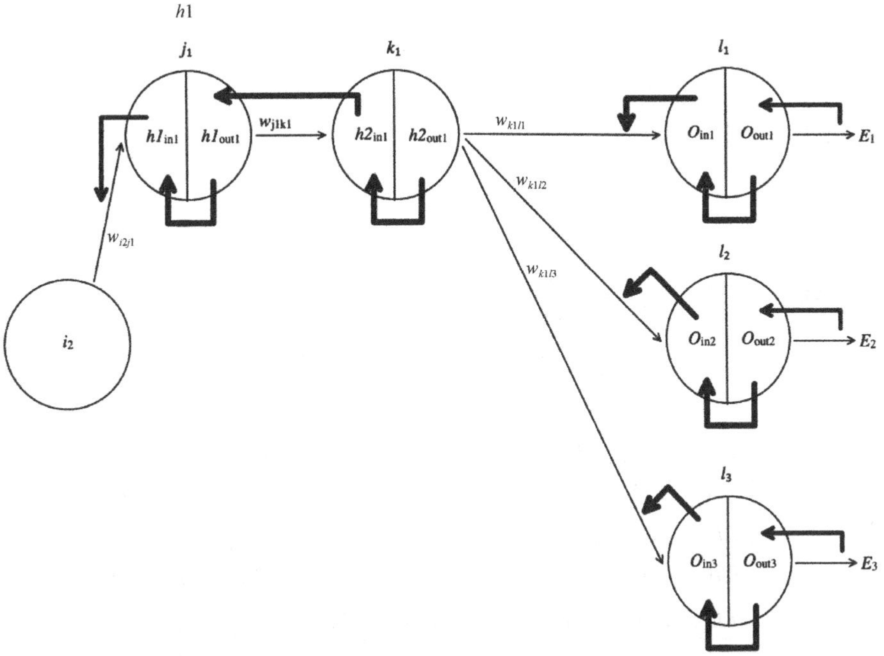

图 4-4-12

由前述正向传播可知，在本层使用的激活函数式 ReLU 函数（如（4.4.11）式所示，为了阅读方便，下面复制了该式）：

$$\begin{bmatrix} h1_{\text{out1}} & h1_{\text{out2}} & h1_{\text{out3}} \end{bmatrix} = \begin{bmatrix} \max\left(0,h1_{\text{in1}}\right) & \max\left(0,h1_{\text{in2}}\right) & \max\left(0,h_{\text{in3}}\right) \end{bmatrix} \tag{4.4.11}$$

由此可得：

$$\begin{bmatrix} \dfrac{\partial h1_{\text{out1}}}{\partial h1_{\text{in1}}} \\ \dfrac{\partial h1_{\text{out2}}}{\partial h1_{\text{in2}}} \\ \dfrac{\partial h1_{\text{out3}}}{\partial h1_{\text{in3}}} \end{bmatrix} = \begin{bmatrix} 1.0 \\ 1.0 \\ 1.0 \end{bmatrix} \tag{4.4.29}$$

再根据（4.4.10）式计算 $h1_{\text{in}}$ 对 $\boldsymbol{W}_{ij}$ 的偏导数（为了阅读方便，也将（4.4.10）式复制过来）：

$$\boldsymbol{h}1_{\text{in}} = \boldsymbol{X}\boldsymbol{W}_{ij} + \boldsymbol{b}_j$$

$$\begin{bmatrix} h1_{\text{in1}} & h1_{\text{in2}} & h1_{\text{in3}} \end{bmatrix} = \begin{bmatrix} x_1 & x_2 & x_3 \end{bmatrix} \begin{bmatrix} w_{i1j1} & w_{i1j2} & w_{i1j3} \\ w_{i2j1} & w_{i2j2} & w_{i2j3} \\ w_{i3j1} & w_{i3j2} & w_{i3j3} \end{bmatrix} + \begin{bmatrix} b_{j1} & b_{j2} & b_{j3} \end{bmatrix} \tag{4.4.10}$$

$$\begin{bmatrix} \frac{\partial h1_{\text{in}1}}{\partial w_{i1j1}} \\ \frac{\partial h1_{\text{in}1}}{\partial w_{i2j1}} \\ \frac{\partial h1_{\text{in}1}}{\partial w_{i3j1}} \end{bmatrix} = \begin{bmatrix} \frac{\partial h1_{\text{in}2}}{\partial w_{i1j2}} \\ \frac{\partial h1_{\text{in}2}}{\partial w_{i2j2}} \\ \frac{\partial h1_{\text{in}2}}{\partial w_{i3j2}} \end{bmatrix} = \begin{bmatrix} \frac{\partial h1_{\text{in}3}}{\partial w_{i1j3}} \\ \frac{\partial h1_{\text{in}3}}{\partial w_{i2j3}} \\ \frac{\partial h1_{\text{in}3}}{\partial w_{i3j3}} \end{bmatrix} = \begin{bmatrix} x_1 \\ x_2 \\ x_3 \end{bmatrix} = \begin{bmatrix} 0.1 \\ 0.2 \\ 0.7 \end{bmatrix} \tag{4.4.30}$$

仿照（4.4.24）式计算 $\Delta \boldsymbol{W}_{ij}$：

$$\Delta \boldsymbol{W}_{ij} = \begin{bmatrix} \frac{\partial E_{\text{total}}}{\partial w_{i1j1}} & \frac{\partial E_{\text{total}}}{\partial w_{i1j2}} & \frac{\partial E_{\text{total}}}{\partial w_{i1j3}} \\ \frac{\partial E_{\text{total}}}{\partial w_{i2j1}} & \frac{\partial E_{\text{total}}}{\partial w_{i2j2}} & \frac{\partial E_{\text{total}}}{\partial w_{i2j3}} \\ \frac{\partial E_{\text{total}}}{\partial w_{i3j1}} & \frac{\partial E_{\text{total}}}{\partial w_{i3j2}} & \frac{\partial E_{\text{total}}}{\partial w_{i3j3}} \end{bmatrix}$$
$$= \begin{bmatrix} \frac{\partial E_{\text{total}}}{\partial h1_{out1}}\frac{\partial h1_{\text{out}1}}{\partial h1_{\text{in}1}}\frac{\partial h1_{\text{in}1}}{\partial w_{i1j1}} & \frac{\partial E_{\text{total}}}{\partial h1_{\text{out}2}}\frac{\partial h1_{\text{out}2}}{\partial h1_{\text{in}2}}\frac{\partial h1_{\text{in}2}}{\partial w_{i1j2}} & \frac{\partial E_{\text{total}}}{\partial h1_{\text{out}3}}\frac{\partial h1_{\text{out}3}}{\partial h1_{\text{in}3}}\frac{\partial h1_{\text{in}3}}{\partial w_{i1j3}} \\ \frac{\partial E_{\text{total}}}{\partial h1_{out1}}\frac{\partial h1_{\text{out}1}}{\partial h1_{\text{in}1}}\frac{\partial h1_{\text{in}1}}{\partial w_{i2j1}} & \frac{\partial E_{\text{total}}}{\partial h1_{\text{out}2}}\frac{\partial h1_{\text{out}2}}{\partial h1_{\text{in}2}}\frac{\partial h1_{\text{in}2}}{\partial w_{i2j2}} & \frac{\partial E_{\text{total}}}{\partial h1_{\text{out}3}}\frac{\partial h1_{\text{out}3}}{\partial h1_{\text{in}3}}\frac{\partial h1_{\text{in}3}}{\partial w_{i2j3}} \\ \frac{\partial E_{\text{total}}}{\partial h1_{out1}}\frac{\partial h1_{\text{out}1}}{\partial h1_{\text{in}1}}\frac{\partial h1_{\text{in}1}}{\partial w_{i3j1}} & \frac{\partial E_{\text{total}}}{\partial h1_{\text{out}2}}\frac{\partial h1_{\text{out}2}}{\partial h1_{\text{in}2}}\frac{\partial h1_{\text{in}2}}{\partial w_{i3j2}} & \frac{\partial E_{\text{total}}}{\partial h1_{\text{out}3}}\frac{\partial h1_{\text{out}3}}{\partial h1_{\text{in}3}}\frac{\partial h1_{\text{in}3}}{\partial w_{i3j3}} \end{bmatrix} \tag{4.4.31}$$

再仿照（4.4.25）式、（4.4.26）式，并根据（4.4.13）式（为了阅读方便，复制此式）：

$$\begin{bmatrix} h2_{\text{in}1} & h2_{\text{in}2} & h2_{\text{in}3} \end{bmatrix} = \begin{bmatrix} h1_{\text{out}1} & h1_{\text{out}2} & h1_{\text{out}3} \end{bmatrix} \begin{bmatrix} w_{j1k1} & w_{j1k2} & w_{j1k3} \\ w_{j2k1} & w_{j2k2} & w_{j2k3} \\ w_{j3k1} & w_{j3k2} & w_{j3k3} \end{bmatrix} + \begin{bmatrix} b_{k1} & b_{k2} & b_{k3} \end{bmatrix} \tag{4.4.13}$$

可得：

$$\begin{bmatrix} \frac{\partial E_{\text{total}}}{\partial h1_{\text{out}1}} \\ \frac{\partial E_{\text{total}}}{\partial h1_{\text{out}2}} \\ \frac{\partial E_{\text{total}}}{\partial h1_{\text{out}3}} \end{bmatrix} = \begin{bmatrix} \frac{\partial E_{\text{total}}}{\partial h2_{\text{out}1}}\frac{\partial h2_{\text{out}1}}{\partial h2_{\text{in}1}}\frac{\partial h2_{\text{in}1}}{\partial h1_{\text{out}1}} \\ \frac{\partial E_{\text{total}}}{\partial h2_{\text{out}2}}\frac{\partial h2_{\text{out}2}}{\partial h2_{\text{in}2}}\frac{\partial h2_{\text{in}2}}{\partial h1_{\text{out}2}} \\ \frac{\partial E_{\text{total}}}{\partial h2_{\text{out}3}}\frac{\partial h2_{\text{out}3}}{\partial h2_{\text{in}3}}\frac{\partial h2_{\text{in}3}}{\partial h1_{\text{out}3}} \end{bmatrix} = \begin{bmatrix} \frac{\partial E_{\text{total}}}{\partial h2_{\text{out}1}}\frac{\partial h2_{\text{out}1}}{\partial h2_{\text{in}1}} w_{j1k1} \\ \frac{\partial E_{\text{total}}}{\partial h2_{\text{out}2}}\frac{\partial h2_{\text{out}2}}{\partial h2_{\text{in}2}} w_{j2k2} \\ \frac{\partial E_{\text{total}}}{\partial h2_{\text{out}3}}\frac{\partial h2_{\text{out}3}}{\partial h2_{\text{in}3}} w_{j3k3} \end{bmatrix} \tag{4.4.32}$$

将（4.4.27）式、（4.4.22）式以及 $\boldsymbol{W}_{jk}$ 的已知值代入（4.4.32）式，得：

$$\begin{bmatrix} \frac{\partial E_{\text{total}}}{\partial h1_{\text{out}1}} \\ \frac{\partial E_{\text{total}}}{\partial h1_{\text{out}2}} \\ \frac{\partial E_{\text{total}}}{\partial h1_{\text{out}3}} \end{bmatrix} = \begin{bmatrix} 0.07026 \times 0.05728 \times 0.2 \\ 0.06097 \times 0.0564 \times 0.5 \\ 0.05315 \times 0.01768 \times 0.8 \end{bmatrix} = \begin{bmatrix} 0.000805 \\ 0.001719 \\ 0.000752 \end{bmatrix} \tag{4.4.33}$$

再将（4.4.29）式、（4.4.30）式、（4.4.33）式的计算结果代入（4.4.31）式，最终得到 $\Delta \boldsymbol{W}_{ij}$ 的值：

$$\Delta \boldsymbol{W}_{ij} = \begin{bmatrix} 0.000805\times1\times0.1 & 0.001719\times1\times0.1 & 0.000752\times1\times0.1 \\ 0.000805\times1\times0.2 & 0.001719\times1\times0.2 & 0.000752\times1\times0.2 \\ 0.000805\times1\times0.7 & 0.001719\times1\times0.7 & 0.000752\times1\times0.7 \end{bmatrix} = \begin{bmatrix} 8.05\times10^{-5} & 1.719\times10^{-4} & 7.52\times10^{-5} \\ 1.61\times10^{-4} & 3.438\times10^{-4} & 1.504\times10^{-4} \\ 5.635\times10^{-4} & 12.033\times10^{-4} & 5.264\times10^{-4} \end{bmatrix}$$

最后更新权重参数 $\boldsymbol{W}_{ij}$：

$$\boldsymbol{W}'_{ij} = \boldsymbol{W}_{ij} - \eta\cdot\Delta\boldsymbol{W}_{ij} = \begin{bmatrix} 0.1 & 0.4 & 0.8 \\ 0.3 & 0.7 & 0.2 \\ 0.5 & 0.2 & 0.9 \end{bmatrix} - 0.5\cdot\begin{bmatrix} 8.05\times10^{-5} & 1.719\times10^{-4} & 7.52\times10^{-5} \\ 1.61\times10^{-4} & 3.438\times10^{-4} & 1.504\times10^{-4} \\ 5.635\times10^{-4} & 12.033\times10^{-4} & 5.264\times10^{-4} \end{bmatrix} = \begin{bmatrix} 0.09996 & 0.19991 & 0.29996 \\ 0.29991 & 0.19982 & 0.69992 \\ 0.39971 & 0.29940 & 0.89974 \end{bmatrix}$$

至此，所有权重参数更新完毕。

最初，假设权重参数是：

$$\boldsymbol{W}_{ij} = \begin{bmatrix} 0.1 & 0.2 & 0.3 \\ 0.3 & 0.2 & 0.7 \\ 0.4 & 0.3 & 0.9 \end{bmatrix}$$

$$\boldsymbol{W}_{jk} = \begin{bmatrix} 0.2 & 0.3 & 0.5 \\ 0.3 & 0.5 & 0.7 \\ 0.6 & 0.4 & 0.8 \end{bmatrix}$$

$$\boldsymbol{W}_{kl} = \begin{bmatrix} 0.1 & 0.4 & 0.8 \\ 0.3 & 0.7 & 0.2 \\ 0.5 & 0.2 & 0.9 \end{bmatrix}$$

经过上述参数学习过程，被更新为：

$$\boldsymbol{W}'_{ij} = \begin{bmatrix} 0.09996 & 0.19991 & 0.29996 \\ 0.29991 & 0.19982 & 0.69992 \\ 0.39971 & 0.29940 & 0.89974 \end{bmatrix}$$

$$\boldsymbol{W}'_{jk} = \begin{bmatrix} 0.19729 & 0.29768 & 0.49937 \\ 0.29745 & 0.49782 & 0.69941 \\ 0.59638 & 0.39691 & 0.79916 \end{bmatrix}$$

$$\boldsymbol{W}'_{kl}=\begin{bmatrix}0.10730 & 0.36269 & 0.77651\\ 0.30731 & 0.66265 & 0.17649\\ 0.50703 & 0.16099 & 0.87544\end{bmatrix}$$

之后，不断重复上述的“正向传播—反向传播”的过程，直到相对于标签 $\boldsymbol{y}$ 的损失小于某个阈值或完成指定的循环次数为止，就得到了适合的权重参数。

以上用手工计算的方式演示了如何使用反向传播算法实现参数学习，并且了解到梯度下降法在其中的应用。在 4.4.5 节，会在这个感性认识的基础上，进一步用更抽象的方式说明参数更新过程。

4.4.3 损失函数

在机器学习和深度学习中，我们会经常提到损失函数、代价函数和目标函数，这三种“函数”彼此之间有联系，也有区别。

- **损失函数**（Loss Function），一般认为是计算单个训练样本的观测值与预测值的差。假设有一个机器学习模型的单个样本对应的输出是 $\hat{y}_i$（预测值），此样本的观测值是 y_i，则损失函数可以表示为 $L=f\left(\hat{y}_i,y_i\right)$。
- **代价函数**（Cost Function），一般认为是整个训练集上的所有样本的平均损失。例如进一步假设用于上述机器学习模型的训练集数据共计 N 个样本，则代价函数可以表示为 $J=\frac{1}{N}\sum_{i=1}^{N}f\left(\hat{y}_i,y_i\right)$。

由上述定义可知，损失函数和代价函数，是“个体”和“集体”的关系——因此在某种程度上，我们也可以不特别强调它们之间的差异，都是用于评估机器学习模型的预测值与真实值的不一致程度，即度量拟合度。函数值越小，则模型拟合得越好。所以，最优化的目标就是损失函数最小化。例如 4.3.3 节中通过梯度下降法实现了对回归模型的平方差损失函数最小化，从而找到了最佳参数。

在机器学习中，可供选择的损失函数除了 4.3.3 节中（4.3.11）式损失函数之外，还有很多其他类型的函数，在此列出常见的损失函数。

1. 回归模型的损失函数

- 平方差损失函数，也称为 l_2 损失函数：

$$L=(y_i-\hat{y}_i)^2$$

与之对应的代价函数称为**均方误差**（Mean Squared Errors，MSE）：

$$\text{MSE}=\frac{1}{N}\sum_{i=1}^{N}(y_i-\hat{y}_i)^2$$

平方差损失函数的优点在于一阶导数连续，容易使用梯度下降法进行优化（详见 4.3.3 节），其不足是对离群值敏感，如果数据集中容易出现异常值，又不进行处理，就不宜使用此函数。

在机器学习库 sklearn 中提供了专门计算均方误差的函数。

```
from sklearn.metrics import mean_squared_error

y_true = [3, -1, 4, 7]
y_pred = [2, 0, 6, 5]
mean_squared_error(y_true, y_pred)

# 输出
2.5
```

在深度学习框架中，比如在 PyTorch 中，也提供了常用的损失函数的计算方法。

```
import torch
from torch.autograd import Variable

# 注意，在 PyTorch 中使用张量计算
v_y_true = Variable(torch.Tensor(y_true))
v_y_pred = Variable(torch.Tensor(y_pred))
criterion = torch.nn.MSELoss()
loss = criterion(v_y_true, v_y_pred)
print(loss)

# 输出
tensor(2.5000)
```

- 绝对差损失函数，也称为 l_1 损失函数：

$$L = |y_i - \hat{y}_i|$$

与之对应的代价函数称为**平均绝对误差**（Mean Absolute Errors，MAE）：

$$\text{MAE} = \frac{1}{N}\sum_{i=1}^{N} | y_i - \hat{y}_i |$$

与 MSE 相比，MAE 对离群值的稳健性（robust）更强，并且计算简单，但是它的导数不连续，因此求解效率较低。

在机器学习项目中，如果计算 MAE 的值，则可以使用 sklearn 库中的函数：

```
from sklearn.metrics import mean_absolute_error
mean_absolute_error(y_true, y_pred)

# 输出
1.5
```

在 PyTorch 中也提供了实现函数：

```
criterion = torch.nn.L1Loss()
loss = criterion(v_y_true, v_y_pred)
```

```
print(loss)

# 输出
tensor(1.5000)
```

- Huber 损失函数：

$$L_{\delta}=\begin{cases}\frac{1}{2}(y_i-\hat{y}_i)^2, & \text{if} \quad |y_i-\hat{y}_i|\leqslant\delta \\ \delta|y_i-\hat{y}_i|-\frac{1}{2}\delta^2, & \text{其他}\end{cases}$$

从函数形式上可以看出，Huber 损失函数综合前述两个损失函数的形式。如果$|y_i-\hat{y}_i|\leqslant\delta$，则为$l_2$损失，这样就排除了异常值的影响，其中$\delta$是一个需要设置的极小量；否则，就是$l_1$损失。可谓取二者所长。

在 PyTorch 中，名为 SmoothL1Loss 的 API 可以实现 Huber 损失函数（下面的程序中，$\delta=1$）。

```
criterion = torch.nn.SmoothL1Loss()
loss = criterion(v_y_true, v_y_pred)
print(loss)

# 输出
tensor(1.)
```

以上是回归模型中应用较多的损失函数，此外，还有其他应用于回归模型的损失函数，如：

- log-cosh 损失函数：$L=\log\left(\cosh\left(y_i-\hat{y}_i\right)\right)$
- 分位数损失函数：$L=\left(1-\gamma\right)\left|y_i-\hat{y}_i\right|+\gamma\left|y_i-\hat{y}_i\right|$

等等，不一而足。

2. 分类模型的损失函数

对于分类模型而言，也有很多种损失函数，这里罗列几个常用的，供读者参考.

- 二进制交叉熵损失函数

熵本来是一个物理学概念，后来被借鉴到信息论中，即为信息熵，此处所说的“交叉熵”中的“熵”就是信息熵（请参阅第 7 章）。

二进制交叉熵损失函数（Binary Cross Entropy Loss）是用于二分类模型的损失函数，其定义为：

$$L=-y_i\log\left(p_i\right)-\left(1-y_i\right)\log\left(1-p_i\right)=\begin{cases}-\log\left(1-p_i\right), & \left(y_i=0\right) \\ -\log\left(p_i\right), & \left(y_i=1\right)\end{cases}$$

其中，y_i表示输出的真实值（$y_i=0 \quad \text{or} \quad 1$），$p_i$表示该样本的预测概率。

在 PyTorch 中，用于实现二进制交叉熵损失的函数是 torch.nn.BCELoss()。

```
import torch
x = torch.rand(3, requires_grad=True)
```

```
y = torch.empty(3).random_(2)
m = torch.nn.Sigmoid()        # 创建一个激活函数（详见 4.4.4 节）
loss = torch.nn.BCELoss()     # 创建损失函数
output = loss(m(x), y)
output.backward()
output

# 输出
tensor(0.5074, grad_fn=<BinaryCrossEntropyBackward>)
```

- Hinge 损失函数

Hinge 损失函数多用于支持向量机（SVM）分类模型（真实值 $y_i = \pm 1$），定义为：

$$L = \max\left(0, 1 - y_i \cdot \hat{y}_i\right)$$

在下面的程序示例中，使用 sklearn 库中的 hinge_loss()函数。

```
from sklearn import svm
from sklearn.metrics import hinge_loss

X = [[0], [1]]
y = [-1, 1]
est = svm.LinearSVC(random_state=0)      # 创建并训练模型
est.fit(X, y)

# 输出
LinearSVC(C=1.0, class_weight=None, dual=True, fit_intercept=True,
        intercept_scaling=1, loss='squared_hinge', max_iter=1000,
        multi_class='ovr', penalty='l2', random_state=0, tol=0.0001,
        verbose=0)
```

用所创建的模型 est 进行预测：

```
pred = est.decision_function([[-2], [3], [0.5]])
pred

# 输出
array([-2.18173682,  2.36360149,  0.09093234])
```

使用损失函数 hinge_loss()度量预测值和真实值之间的误差：

```
hinge_loss([-1, 1, 1], pred)     # 损失函数

# 输出
0.30302255420413554
```

- 多分类交叉熵损失函数

多分类交叉熵损失函数是二进制交叉熵损失函数的一般化（参阅第 7 章）。

令输入样本为 $\boldsymbol{X}_i$，相应的输出真实值是 $\boldsymbol{Y}_i$，即 $\boldsymbol{Y}_i = \begin{bmatrix} y_{i1} & y_{i2} & \cdots & y_{in} \end{bmatrix}^{\mathrm{T}}$，且

$y_{ij}=\begin{cases}1, & (\text{第}i\text{个元素的类别是}j)\\0, & (\text{其他})\end{cases}$，多分类交叉熵损失函数定义为：

$$L=-\sum_{j=1}^{n}y_{ij}\log\left(p_{ij}\right)$$

其中 p_{ij} 表示第 i 个元素类别是 j 的概率。

在实际应用中，使用多分类交叉熵损失函数时，要以 Softmax 函数作为激活函数（详见 4.4.4 节）。下面的程序是以 PyTorch 为例，演示多分类交叉熵损失函数的实现过程。

```
loss = torch.nn.CrossEntropyLoss()
input = torch.randn(3, 5, requires_grad=True)
target = torch.empty(3, dtype=torch.long).random_(5)
output = loss(input, target)
print(output)

# 输出
tensor(1.7414, grad_fn=<NllLossBackward>)
```

此处使用的函数 CrossEntropyLoss()已经结合了 PyTorch 中的 LogSoftmax()函数（Softmax 函数的在 PyTorch 中的实现）。

- KL 散度损失函数

KL 散度的全称是 Kullback-Liebler Divergence，是度量两个概率分布差异的函数（关于概率分布，参阅第 5 章 5.3 节），又称为**相对熵**。如果 KL 散度为零，则表示两个分布相同（参阅第 7 章）。

以 P、Q 分别表示两个概率分布，KL 散度定义为：

$$D_{\mathrm{KL}}(P\|Q)=\begin{cases}-\sum_{x}P(x)\log\left(\dfrac{Q(x)}{P(x)}\right)=\sum_{x}P(x)\log\left(\dfrac{P(x)}{Q(x)}\right), & (\text{离散分布})\\-\int P(x)\log\left(\dfrac{Q(x)}{P(x)}\right)\mathrm{d}x=\int P(x)\log\left(\dfrac{P(x)}{Q(x)}\right)\mathrm{d}x, & (\text{连续分布})\end{cases}$$

需要注意，KL 散度函数不是对称的，即：$D_{\mathrm{KL}}(P\|Q)\neq D_{\mathrm{KL}}(Q\|P)$。

以离散分布为例，可以从上述定义式得：

$$D_{\mathrm{KL}}(P\|Q)=-\sum_{x}(P(x)\log Q(x)-P(x)\log P(x))=H(P,Q)-H(P,P)$$

其中 $H(P,P)$ 是分布 P 的熵；$H(P,Q)$ 是 P 和 Q 的交叉熵。

继续以 PyTorch 为例，演示 KL 散度损失函数的实现方法：

```
P = torch.Tensor([0.36, 0.48, 0.16])
Q = torch.Tensor([0.333, 0.333, 0.333])
(P*(P/Q).log()).sum()    # 根据定义式计算

# 输出
tensor(0.0863)
```

```
torch.nn.functional.kl_div(Q.log(), P, None, None, 'sum')   # 调用函数`kl_div`计算

# 输出
tensor(0.0863)
```

以上所列损失函数是比较常用的，除此之外还有很多其他的损失函数，读者如果有意深入了解，可以参考本书的在线资料。

4.4.4 激活函数

前面已经提到了激活函数的概念，并且使用了 Sigmoid 和 ReLU 两个激活函数（详见 4.4.1 节和 4.4.2 节）。我们知道，激活函数就如同控制神经元输出的“门”（如 4.4.1 节的图 4-4-2 所示），它决定了传给下一个神经元的信息。如果没有激活函数，输入神经元的数据和输出值之间就是线性变换——这就是早期的感知机，它不能用于解决复杂问题。所以，激活函数是神经网络不可或缺的组成部分。

按照函数的特点，激活函数可以分为“线性激活函数”和“非线性激活函数”两种类型。

1. 线性激活函数

所谓线性激活函数，就是我们已经熟知的线性函数，如图 4-4-13 所示。

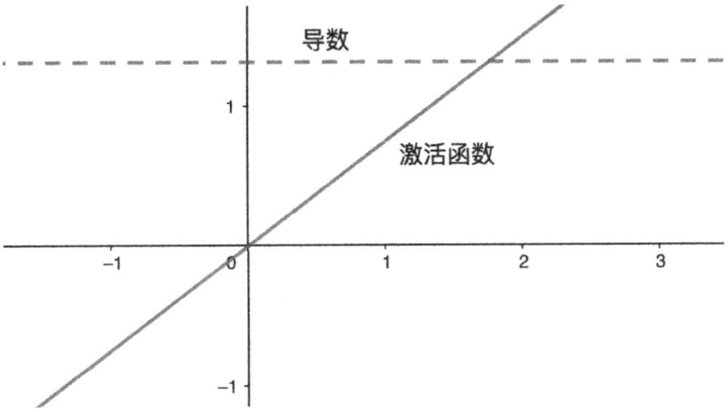

图 4-4-13

- 函数式：$f(x)=cx$
- 导数：$f'(x)=c$
- 值域：$(-\infty,+\infty)$

因为线性函数的导数是一个常数，与输入数据无关，所以就无法通过反向传播更新权重参数（参阅 4.4.2 节）。另外，如果用线性函数作为激活函数，那么不论网络有多少层，最后的输出与第一层的输入都是线性关系——这其实就是一个回归模型，失去了深度学习（神经网络）的多个隐藏层的必要。

2. 非线性激活函数

现代神经网络都要使用非线性激活函数，这样才可以创建输入与输出间的复杂映射关系，网络中的“层”才有必要，也就可以通过“学习”来更新参数。下面介绍几个常用的非线性激活函数。

（1）Sigmoid 函数

Sigmoid 函数的基本知识在 4.4.1 节已经介绍，此处为了叙述方便，仅列出相关表达式，函数图像请参阅 4.4.1 节的图 4-4-3。

- 函数式：$f(x)=\sigma=\dfrac{1}{1+e^{-x}}$
- 导数：$f'(x)=\sigma(1-\sigma)$
- 值域：$(0,1)$

Sigmoid 函数是神经网络较早采用的激活函数优，它的最大特点是连续可导，并且导数可以用原函数表示，图 4-4-14 是其导数的图像，一条光滑曲线，因此可以用于反向传播计算过程，这是它的优势所在。

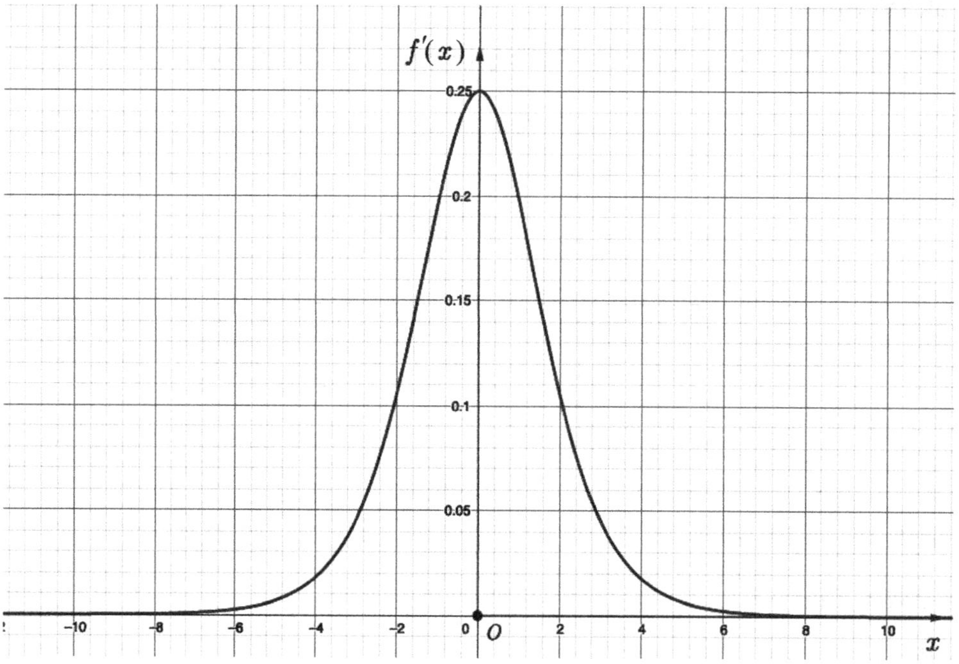

图 4-4-14

还是探讨导数，从图 4-4-14 中不难看出，当 x 的值向正负两个方向变化时，导数越来越趋近于 0，这种现象称为“梯度消失”（Gradient Vanishing，或译为“梯度弥散”）。从 4.4.2 节所演示的参数更新过程可知，如果梯度变为 0，就不能在反向传播中更新参数。这是 Sigmoid 函数的不足之处。

Sigmoid 函数的输出值在 0 到 1 的范围内，由图 4-4-3 可知，随着 x 的变化，函数值快速趋近于这两个边界值，这个特征使得它对于二分类模型比较适合，事实上机器学习中的 Logistic 回归使用的就是此函数，在神经网络中，也常常将它用于二分类模型的输出层（目前很少将其用于隐藏层）。

继续考查输出值的范围，会发现 Sigmoid 函数的另一个不足。一般而言，训练神经网络所用的输入数据和输出数据最好都是以 0 为中心，有正数也有负数（输入数据可以通过数据预处理实现，参阅《数据准备和特征工程》（电子工业出版社））。经 Sigmoid 函数的输出数据恒大于 0，如果输入数据全部是正数，那么以 4.4.2 节中演示的对权重导数为例，在反向传播过程中要么全是正数、要么全是负数，从而利用梯度下降更新参数会出现折线形的路径，导致网络训练的收敛速度变慢。

（2）Tanh/双曲正切函数

Tanh 函数，即双曲正切函数，也是“S”形，其函数图像如图 4-4-15 所示。

- 函数式：$f(x)=a=\tanh(x)=\dfrac{e^x-e^{-x}}{e^x+e^{-x}}$
- 导数：$1-a^2$
- 值域：$(-1,1)$

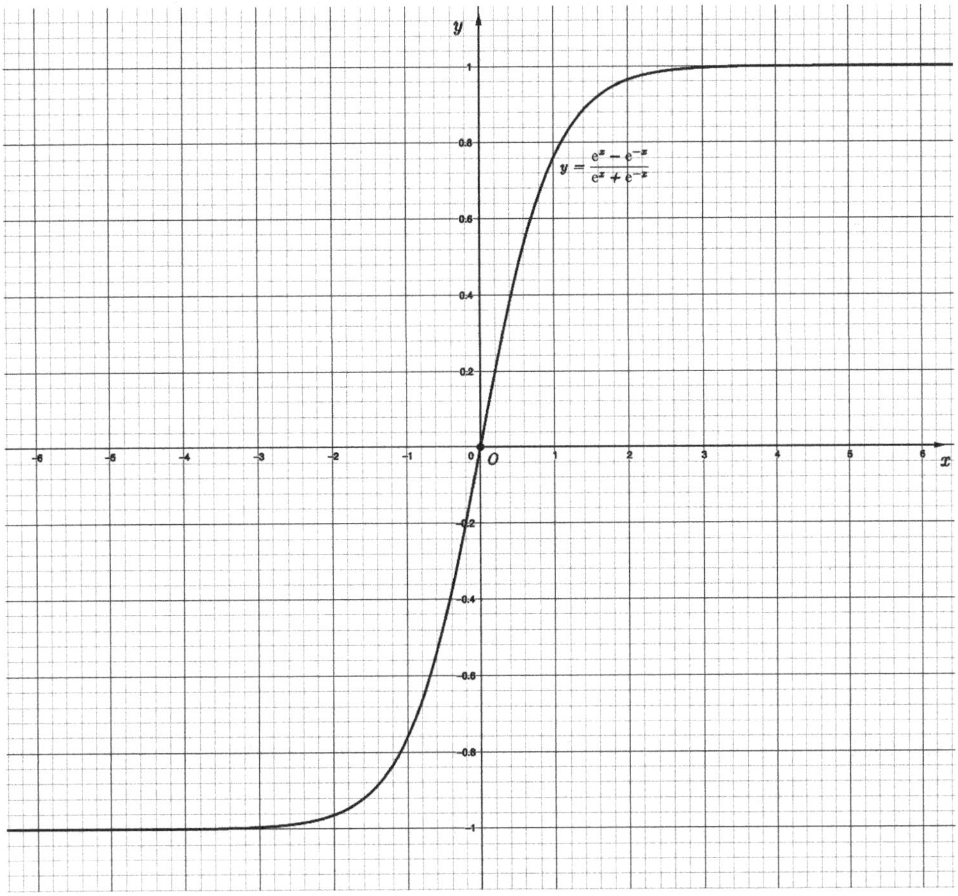

图 4-4-15

Tanh 函数与 Sigmoid 函数类似，最大区别是输出值以 0 为中心，弥补了前述 Sigmoid 函数的不足，但“梯度消失”问题仍然存在。

（3）ReLU (Rectified Linear Unit)

Rectified Linear Unit，译为“线性整流函数”或者“修正线性单元”，简称为 ReLU 函数，图 4-4-16 是它的图像。

- 函数式：$f(x)=a=\max(0,x)$
- 导数：$f'(x)=\begin{cases}1, & (x\geqslant 0)\\ 0, & (x<0)\end{cases}$
- 值域：$(0,+\infty)$

ReLU 函数是一个取最大值的函数，注意，它不是线性函数。从函数式和图像可以看出，这个函数虽然简单，但解决了前述两个函数存在的“梯度消失”问题，并且计算速度快，网络收敛速度也快于前述两个函数。因此，ReLU 函数在神经网络中被广泛使用。

当然，ReLU 函数的不足也要引起注意，比如它的输出结果不是以 0 为中心。另外一个比较重要的不足，更要引起注意。从图 4-4-6 可知，ReLU 函数会抛弃所有 $x<0$ 的数值，如果将学习率的值设置得较大，则会导致某些神经元永远不被激活。

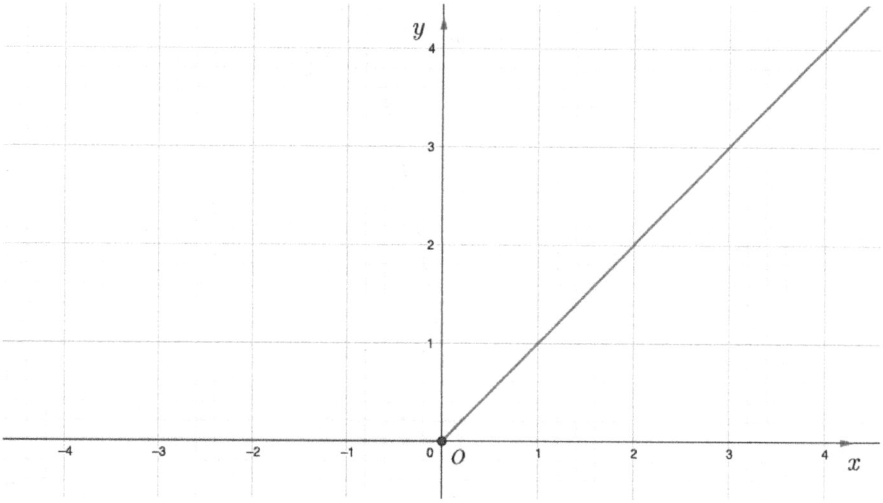

图 4-4-16

（4）Leaky ReLU

Leaky ReLU 函数是对 ReLU 函数的修正，就如同名称中的 Leaky（漏水）那样，如图 4-4-17 所示，当 $x<0$ 时，其函数值不再等于 0，而是有一个小小的坡度（水可以沿着斜坡流下去），这样就降低了“杀死”神经元的概率——注意，既不能有大量的神经元未激活，也要避免所有神经元都激活，这就是神经元激活稀疏性问题。

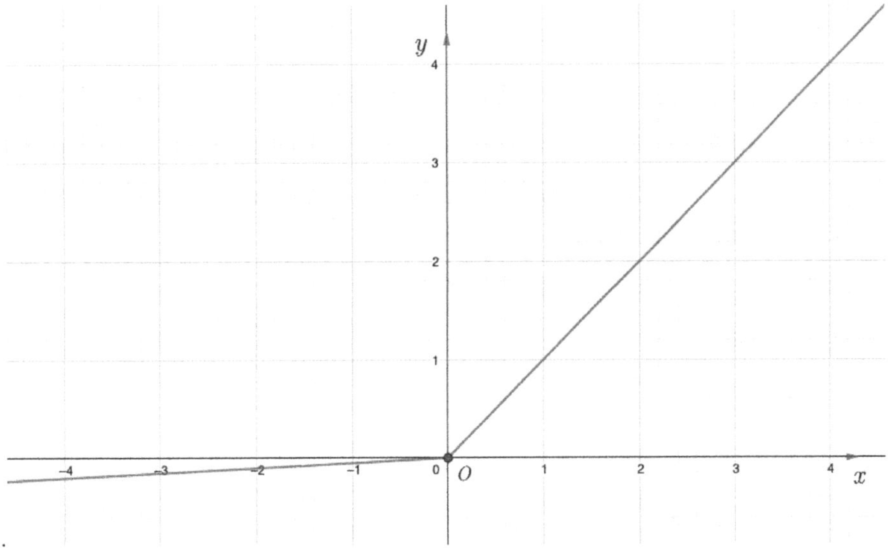

图 4-4-17

- 函数式：$f(x)=a=\max(0.01x, x)$
- 导数：$f'(x)=\begin{cases}0.01, & (x<0)\\ 1, & (x\geqslant 0)\end{cases}$
- 值域：$(0.01,+\infty)$

Leaky ReLU 函数的这种思想，还可以进一步扩展，比如不将 x 与常数相乘，可以将其与超参数相乘，得到如下函数：

$$f(x)=\begin{cases}x, & (x\geqslant 0)\\ ax, & (x<0)\end{cases}$$

将这个函数称为“参数 ReLU”（Parametric ReLU，简称为 PReLU）。其中的参数 a 可以在反向传播中学得。

还可以将 $x<0$ 时的函数式用指数形式表示，如下所示：

$$f(x)=\begin{cases}x, & (x\geqslant 0)\\ a(\mathrm{e}^x-1), & (x<0)\end{cases}$$

这个函数的名称是 Exponential Linear Units（简称：ELUs 函数）。

（5）Softmax

Softmax 函数比较适合作为多分类模型的激活函数，一般会与交叉熵损失函数相配。

- 函数式：$f(z)_i=\dfrac{\mathrm{e}^{z_i}}{\sum_{j=1}^{n}\mathrm{e}^{z_j}}$，其中 $z_i=\log P(y=i\mid \boldsymbol{x})$

- 值域：$(0,1)$

Softmax 函数的输出表示了 n 个不同类别上的概率分布，通常只将其应用于输出层。

以上列出了几个不同的激活函数，各有优缺点，那么，在神经网络中，应该选择哪个函数作为激活函数呢？首先要建立一个观念：不存在普遍适用于各种神经网络的万能的激活函数。在选择激活函数的时候，要考虑很多条件限制：

- 如果函数可导，那么求导数的计算难度如何？
- 网络的收敛速度如何？
- 函数光滑程度如何？
- 是否满足通用的逼近定理条件？
- 输出是否保持标准化？
- ……

所以，要结合具体问题以及激活函数的特点，恰当地选择。下面是一些经验，供参考：

- Sigmoid 函数比较适合于分类模型。
- 使用 Sigmoid 函数和 Tanh 函数，要注意梯度消失问题。
- ReLU 函数是应用比较广泛的激活函数，可以作为隐藏层的默认选项。
- 如果网络中存在大量未激活神经元，可以考虑 leaky ReLU 函数。
- 如果是回归模型，在输出层上可以使用线性激活函数。

4.4.5 理论推导

通过前面几节内容，我们已经对神经网络有了初步了解，特别是以手工计算的方式在一个示例中体验了参数的更新过程（参阅 4.4.2 节），本节将在已经建立的感性认识基础上，用神经网络中常用的符号，以更一般化的方式说明神经网络中参数更新过程，并体会反向传播算法的实现。

1. 符号说明

在深度学习（神经网络）中，为了表述方便，规定了一套特有的符号（不同的作者可能会用不同的符号体系。以如下所规定的符号中，也并非与前述线性代数的习惯完全一致）：

- 假设某神经网络共有 L 层，其中任意一个隐藏层用符号 l 表示（输入层是第一层，输出层是第 L 层）。
- n^l 表示第 l 层的神经元（节点）的数量。
- w^l 表示第 l 层和第 $l-1$ 层之间的连接权重参数的矩阵，其大小是 $n^l\times n^{l-1}$ 。w_{jk}^l 是第 l 层

的第 j 个节点与第 $l-1$ 层的第 k 个节点之间的连接权重（注意，这里可以按照"反向传播"思路理解标记顺序）。

- b^l 表示连接到第 l 的偏置向量，其大小是 $n^l \times 1$。
- a^l 表示第 l 层神经元向量激活向量，即第 l 层的输出值，其大小是 $n^l \times 1$。
- z^l 表示第 l 层神经元的权重输出，亦即向第 l 层的激活函数输入的向量，其大小是 $n^l \times 1$。
- g^l 表示第 l 层的激活函数，z^l 是它的参数，a^l 是它的输出，$a^l = g^l\left(z^l\right)$。

通过 4.4.2 节的演算示例，我们已经知道，神经网络的训练需要如下步骤。

- 第 1 步：前向传播。从第一层开始，依次计算每一层神经元的输出，或者激活向量，一直到最后的输出层（第 L 层）。通常将最终的输出结果记作 $\hat{y}$，表示模型预测值，对应的真实值用符号 y 表示。
- 第 2 步：损失函数或代价函数。计算预测值和真实值之间的误差，如果用代价函数表示，通常记作 $C(y,\hat{y})$，如果用损失函数表示，通常记作 $L(y,\hat{y})$。
- 第三步：反向传播。按照反向传播，依次计算对权重参数和偏置的偏导数，利用梯度下降法，更新这些参数。

2. 前向传播

设 $\boldsymbol{X}$ 是神经网络的输入，第 1 层的输出即为 $\boldsymbol{X}$。下面我们考虑第 l 层：

$$z^l = w^l \cdot a^{l-1} + b^l \tag{4.4.34}$$

$$a^l = g^l\left(z^l\right) \tag{4.4.35}$$

通过以上两式得到第 l 层的输出 a^l，然后作为第 $l+1$ 层的输入，逐层计算，直到输出层（第 L 层），最终得到网络的预测值 $\hat{y}$。

3. 代价函数

关于损失函数和代价函数问题，请参阅 4.4.3 节，在本节进行理论推导的过程中，以交叉熵代价函数为例：

$$C = -\left(y\log\hat{y} + (1-y)\log(1-\hat{y})\right) \tag{4.4.36}$$

4. 反向传播

反向传播的目的是通过计算代价函数 C 对各层的权重和偏置的偏导数，利用梯度下降法更新权重和偏置：

$$w^l \leftarrow w^l - \eta\frac{\partial C}{\partial w^l} \tag{4.4.37}$$

$$b^l \leftarrow b^l - \eta \frac{\partial C}{\partial b^l} \tag{4.4.38}$$

其中的η是学习率。

下面的重点是要计算（4.4.37）式和（4.4.38）式中的偏导数。由链式法则，并结合（4.4.34）式和（4.4.35）式得：

$$\frac{\partial C}{\partial w^l} = \frac{\partial C}{\partial z^l} \cdot \frac{\partial z^l}{\partial w^l} \tag{4.4.39}$$

$$\frac{\partial C}{\partial b^l} = \frac{\partial C}{\partial z^l} \cdot \frac{\partial z^l}{\partial b^l} \tag{4.4.40}$$

由此可知，$\frac{\partial C}{\partial z^l}$、$\frac{\partial z^l}{\partial w^l}$、$\frac{\partial z^l}{\partial b^l}$是后续计算的重点。此外，在 4.4.2 节的演算示例中，我们发现，最后一层（第L层）的$\frac{\partial C}{\partial z^L}$是计算其他各层有关偏导数的基础。

$$\begin{cases} \dfrac{\partial C}{\partial z^L} & (1) \\ \dfrac{\partial C}{\partial z^l} & (2) \\ \dfrac{\partial z^l}{\partial w^l} & (3) \\ \dfrac{\partial z^l}{\partial b^l} & (4) \end{cases}$$

计算这些偏导数，都会遇到激活函数g^l，在此处的推导过程中，我们假设各层的激活函数都是 Sigmoid 函数，即：

$$\sigma\left(z^l\right) = \frac{1}{1+\mathrm{e}^{-z^l}} \tag{4.4.41}$$

（1）计算$\frac{\partial C}{\partial z^L}$

参考（4.4.35）式和（4.4.41）式，得：

$$\begin{aligned} \frac{\partial C}{\partial z^L} &= \frac{\partial C}{\partial a^L} \cdot \frac{\partial a^L}{\partial z^L} \\ &= \frac{\partial C}{\partial a^L} \sigma'\left(z^L\right) \end{aligned} \tag{4.4.42}$$

利用（4.4.36）式所选定的代价函数，计算（4.4.42）式中的$\frac{\partial C}{\partial a^L}$，其中$a^L$就是第$L$层的输出，即$\hat{y}$：

$$\because C = -\left(y\log a^L + (1-y)\log\left(1-a^L\right)\right)$$

$$\therefore \frac{\partial C}{\partial a^L} = -\left(\frac{\partial y\log a^L}{\partial a^L} + \frac{\partial(1-y)\log(1-a^L)}{\partial a^L}\right) \tag{4.4.43}$$

$$= -\left(\frac{y}{a^L} + \frac{1-y}{1-a^l}(-1)\right)$$

$$= -\left(\frac{y}{a^L} - \frac{1-y}{1-a^L}\right)$$

由（4.4.41）式可知，第 L 层的输出值 a^L：

$$a^L = \sigma(z^L) = \frac{1}{1+\mathrm{e}^{-z^L}} \tag{4.4.44}$$

根据 4.4.1 节的（4.4.5）式中 Sigmoid 函数的导数，得：

$$\sigma'(z^L) = a^L(1-a^L) \tag{4.4.45}$$

将（4.4.43）式和（4.4.45）式的计算结果代入（4.4.42）式，得：

$$\frac{\partial C}{\partial z^L} = -\left(\frac{y}{a^L} - \frac{1-y}{1-a^l}\right)\cdot a^L(1-a^L)$$

$$= a^L - y$$

所以：

$$\frac{\partial C}{\partial z^L} = a^L - y \tag{BP1}$$

（2）计算 $\frac{\partial C}{\partial z^l}$

在得到了（BP1）之后，还要逐层计算代价函数 C 对 z^{L-1}、z^{L-2}、… 各层的偏导数，对于任一层 l，根据链式法则可得：

$$\frac{\partial C}{\partial z^l} = \frac{\partial C}{\partial z^{l+1}}\frac{\partial z^{l+1}}{\partial a^l}\frac{\partial a^l}{\partial z^l} \tag{4.4.46}$$

为了计算 $\frac{\partial C}{\partial z^l}$，需要先计算 $\frac{\partial C}{\partial z^{l+1}}$，逐层递进，直到（BP1）。另外，还需要计算 $\frac{\partial z^{l+1}}{\partial a^l}$ 和 $\frac{\partial a^l}{\partial z^l}$。

由（4.4.34）式得：

$$z^{l+1} = w^{l+1}\cdot a^l + b^{l+1}$$

所以：

$$\frac{\partial z^{l+1}}{\partial a^l} = w^{l+1} \tag{4.4.47}$$

由（4.4.35）式和（4.4.44）式得：

$$\frac{\partial a^l}{\partial z^l}=\frac{\partial}{\partial z^l}\left(g^l\left(z^l\right)\right)=\sigma'\left(z^l\right) \tag{4.4.48}$$

将（4.4.48）式和（4.4.47）式代入（4.4.46）式，得：

$$\frac{\partial C}{\partial z^l}=\left((w^{l+1})^{\mathrm{T}}\cdot\frac{\partial C}{\partial z^{l+1}}\right)\odot\sigma'\left(z^l\right) \tag{BP2}$$

请注意，为了确保矩阵（向量）能够以正确的大小进行乘法运算，在（BP2）中对各项进行了调整，其中“·”表示矩阵乘法，“⊙”表示两个矩阵对应元素相乘，即哈达玛积（Hadamard Product，又称 Element-Wise Product）。

（3）计算 $\frac{\partial z^l}{\partial w^l}$

由（4.4.34）式得：

$$\frac{\partial z^l}{\partial w^l}=a^{l-1} \tag{BP3}$$

将（BP3）代入（4.4.39）式，得：

$$\frac{\partial C}{\partial w^l}=\frac{\partial C}{\partial z^l}\cdot(a^{l-1})^{\mathrm{T}} \tag{BP4}$$

（BP4）中的 $\frac{\partial C}{\partial z^l}$ 由（BP2）计算所得。注意，（BP4）中依然对相乘的矩阵做了适当调整，“·”表示矩阵乘法。

（4）计算 $\frac{\partial z^l}{\partial b^l}$

由（4.4.34）式得：

$$\frac{\partial z^l}{\partial b^l}=1 \tag{BP5}$$

将（BP5）代入（4.4.40）式，得：

$$\frac{\partial C}{\partial b^l}=\frac{\partial C}{\partial z^l} \tag{BP6}$$

这就完成了反向传播的推导，实际上就是反复使用链式法则，并从后向前逐层计算，当然，如果用手工计算——在 4.4.2 节已经用非常简单的示例有过体会——会比较烦琐，通常神经网络框架中都提供了专门实现反向传播计算、自动求导的专用函数。

第 5 章 概率

在现代语境中，概率已经不是一个陌生的词汇了，特别是近来“量子计算”这个高深的词汇不断见诸于各类媒体，至少见过或者听过“概率”的人也越来越多。当然，概率——这个重要的数学分支——并非只应用在量子力学中，它还是诸多机器学习算法的理论基础和实现方法。

本章将重点探讨直接应用于机器学习的概率的相关知识，会与传统的教材有所区别，不将注意力放在对有关定理的证明，并且对内容也做适当取舍，比如著名的“大数定理”和“中心极限定理”，尽管这两个基本理论是概率论的基础，但本章并不会单独进行论述，这并不意味着抛弃它们，而是把这些基础理论融会到概率论的实际应用和其他概念、定理的介绍中。此外，我假设读者在经过高考前的魔鬼式训练，已经把排列、组合等中学数学的内容融化到血液中了。前面所述，都是阅读本章的前置条件，对于部分读者而言，这些假设可能不成立，推荐借助本书在线资料弥补亏欠的部分。

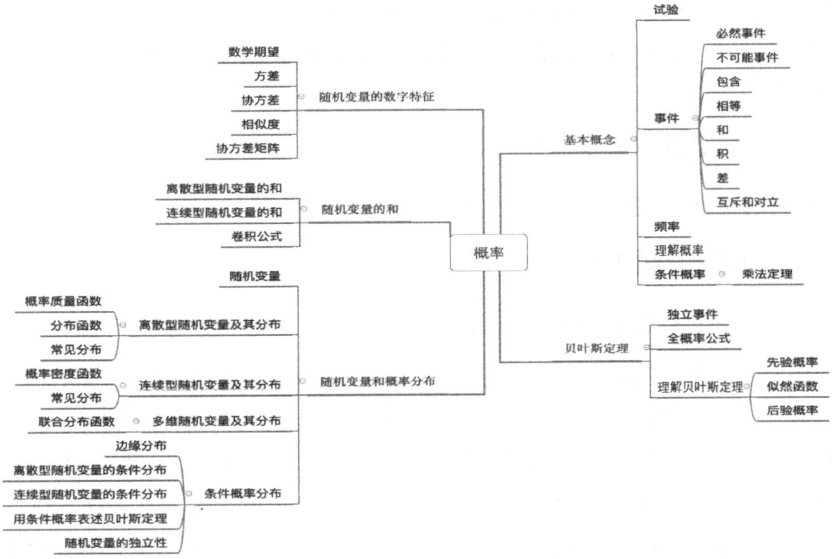

本章知识结构图

5.1 基本概念

一般认为，概率论起源于对赌博的研究，而后逐步发展成为一个数学分支。当然，现代的概率论，已经比起源更抽象了，只不过在某些示例上还能看到一点起源的背影，例如“抛硬币”“掷骰子”等。

在概率脱离原始的蒙昧的过程中，跟其他数学分支一样，也引入了很多专门的术语，这些术语严格界定了某些对象的属性，便于研究者、学习者对某项内容进行深入研习，并准确阐述。

所以，先了解一些最基本的概念。

5.1.1 试验和事件

“抛硬币”是概率论中一个典型的应用示例，并且对硬币有着严格的规定。如果没有特别说明，硬币的密度均匀分布且没有厚度，只有这样的硬币，才能说某一面向上的概率是$\frac{1}{2}$。在本书中，称这样的硬币是**理想硬币**。每抛一次，我们称之为一次**试验**（Trials）。注意这个术语，不是“实验”，为了辨析这两个词语，在此引用盛骤教授主编的《概率论与数理统计》中的一段话：

在这里，我们把试验作为一个含义广泛的术语。它包括各种各样的科学实验。甚至对某一事物的某一特征的观察也认为是一种试验。

试验可以是假设的，也可以是实际的，但是它们的可能结果必须是已知的。比如抛一枚硬币的试验结果是观察到了硬币的正面（用H表示）或反面（用T表示）。但在出现结果之前我们无法预料到结果是H还是T，只能知道不是H就是T这种可能结果——理想硬币没有厚度，所以不会出现“立着”的可能结果。这种试验就称为**随机试验**（Random Experiment）。在概率论中，随机试验必须符合如下条件：

- 可以在相同的条件下重复地进行；
- 每次试验的可能结果不止一个，并且能事先明确试验的所有可能结果；
- 在进行一次试验之前不能确定哪一个结果会出现。

后面如果使用“试验”这个术语，则在没有特别说明的情况下都是指随机试验。

继续研究抛硬币问题。在抛一枚硬币之前，其实已经知道了可能结果，不是H就是T，把这两个可能结果组成一个集合$\{H,T\}$，此集合称为本试验的**样本空间**（Sample Space），通常用符号Ω表示。一枚硬币抛一次的样本空间为$\Omega_1=\{H,T\}$；一枚硬币抛两次的样本空间为$\Omega_2=\{HH,HT,TH,TT\}$。样本空间中的元素，即试验的每个可能结果，称为**样本点**。例如H就是样本空间Ω_1中的一个样本点。如果样本空间只含有限个样本点，则称为**有限样本空间**，这是一类简单的样本空间，与之相反的是**无限样本空间**。

样本空间包含了试验的所有可能性，但多数情况下，我们只对其中的部分可能性感兴趣，比如足球比赛开始前通过抛硬币“选边”，猜中 H 的一队决定上半场进攻方向，此处的 $\{H\}$ 是 Ω 的一个子集，称其为**随机事件**，简称**事件**（Event）。显然概率论中的“事件”概念不同于日常用语中的所说的“事件”，如“论文造假事件”，这里的“事件”是某个已经发生的事情。

概率论中的事件可以是空集，意思是每次试验都不可能发生，例如抛硬币试验中，观察到“立着”的硬币，在概率论中认为这是不可能发生的，这种事件称为**不可能事件**。与之对应，某些事件肯定会发生，比如抛硬币试验中的事件 $\{H,T\}$ ——这其实就是该试验的样本空间，它也是自身的子集。显然每次试验它都会发生，也就是说肯定会发生的，称为**必然事件**。

概率论和赌博有着千丝万缕的联系，有一个重要的赌具就经常出现在概率问题中——骰子。尽管爱因斯坦说“上帝不会掷骰子”，但人喜欢，包括部分数学家。我们当然还是要使用一个“理想”的骰子（如图 5-1-1 所示），即密度均匀、严格的正六面体、投掷高度足够。

图 5-1-1

骰子各个面的点数分别用数字表示，则掷一个骰子的样本空间是：

$$\Omega = \{1,2,3,4,5,6\}$$

根据不同的要求，会有不同的事件，比如：

$$\begin{aligned}&\text{掷出偶数点的事件：}\quad E_1 = \{2,4,6\}\\&\text{掷出3的倍数点的事件：}\quad E_2 = \{3,6\}\end{aligned}\qquad (5.1.1)$$

既然事件是集合，那么事件之间的关系和运算就可以用集合间的关系和运算来处理。

（1）事件的包含与相等

以掷两颗骰子为例，有如下两个事件

$$\begin{aligned}A &= \{\text{点数之和大于10}\}\\B &= \{\text{至少有一颗的点数是6}\}\end{aligned}\qquad (5.1.2)$$

如果事件 A 发生，显然 B 必然发生，则称事件 B **包含**事件 A，记作 $A \subset B$。

假设两个事件 C、D，如果 $C \subset D$ 且 $D \subset C$，则称这两个事件**相等**。

（2）事件的和

如果掷一颗骰子，有一个事件 $E_3 = \{2,3,4,6\}$，此事件可用（5.1.1）式中的两个事件的集合关系表示：$E_3 = E_1 \cup E_2$，则称事件 E_3 为事件 E_1 与事件 E_2 的**和**，也可以记作：$E_3 = E_1 + E_2$。

如果有很多个事件 $A_1,A_2,\cdots,A_n$，则它们的和事件可以表示为 $\cup_{i=1}^{n} A_i\left(i=1,2,\cdots,n\right)$，或者 $\sum_{i=1}^{n} A_i$。

（3）事件的积

以（5.1.1）式中的两个事件为例，事件 $E_4=\{6\}$ 与它们的关系可以表示为 $E_4=E_1\cap E_2$，称事件 E_4 为事件 E_1、E_2 的**积**，也记作 $E_4=E_1E_2$。如果是多个事件，则表示为 $\bigcap_{i=1}^{n} A_i$ 或 $\prod_{i=1}^{n} A_i$。

（4）事件的差

设两个事件 A、B，它们的差记作 $A-B$，表示 A 发生 B 不发生，例如（5.1.1）式中：$E_1-E_2=\{2,4\}$。

（5）事件的互斥和对立

如果两个事件不能在同一次试验中都发生（但可以都不发生），比如在一枚硬币抛一次的试验中，$E_h=\{H\}$ 和 $E_t=\{T\}$ 两个事件就不能同时发生，则称这两个事件是**互斥的**（或“不相容的”），显然 $E_h\cap E_t=\phi$（ϕ 表示空集）。也就是说 E_h 发生时，E_t 不会发生，反之亦然，这样的两个事件是互为**对立事件**，记作 $\bar{E}_h=E_t$（注意，互为“对立”事件，不是互为“独立”事件）。

以上列举了几项事件之间的关系，按照集合运算的定理，事件之间还可以进行更复杂的集合运算，此处不再赘述，请读者参阅有关集合论的知识。

5.1.2 理解概率

将一枚硬币抛10次，会不会 H、T 各出现5次？“实践是检验真理的唯一标准”，历史上真的有不少人做了这个“实验”，如表 5-1-1 所示。

表 5-1-1

试验者	n	n_H	$f_n(H)$
得摩根	2048	1061	0.5181
蒲丰	4040	2048	0.5069
K · 皮尔逊	12000	6019	0.5016
K · 皮尔逊	24000	12012	0.5005

（数据来源：《概率论与数理统计》，盛骤等编著，高等教育出版社，2008.6）

其中 n 表示试验次数，n_H 表示出现 H 的次数，$f_n\left(H\right)=\frac{n_H}{n}$ 表示 H 发生的**频率**——注意，不是概率。对于抛硬币这个试验，还可以重复更多次数，结果都显示为频率 $f_n\left(H\right)$ 的值趋近于0.5。类似这样的情况，不仅仅在抛硬币试验上，人们在长期实践中认识到频率具有稳定性，或者说这是“全人类多年的集体经验”（陈希孺《概率论与数理统计》），即试验次数不断增大时，频率稳定在一个数的附近。所以，可以用这个数表征事件发生的可能性，它就被人们定义为**概率**（Probability），例如刚才提到的0.5。这是**概率的统计定义**。

在历史上，较早对概率进行系统研究的，是大名鼎鼎的帕斯卡（肖像如图 5-1-2 所示）（Blaise Pascal，有一种编程语言 Pascal，就是为了向这位大师致敬而命名的）和费马（Pierre de Fermat），他们两位以通信的方式就“掷骰子和比赛奖金分配”问题进行了研究，这还起源于一个狂热的赌徒向帕斯卡的提问。

图 5-1-2

“频率的稳定性”不仅仅是经验总结，概率论中的“大数定理”（或“大数定律”）从理论上对此也做出了解释。雅各布·伯努利（Jacob Bernoulli，伯努利家族在数学、科学上名人辈出，图 5-1-3 是其中的代表人物）所提出的被后世称为“伯努利大数定理”，即“频率收敛于概率”，是最早的理论证明。此后，对大数定理的研究成为了概率论中一个很重要的课题，有许多深刻的研究成果（请参阅陈希孺《概率论与数理统计》）。这些理论研究成果，支撑我们在实际应用中，当试验次数很多时，可以用事件的频率来代替事件的概率，这就是生产实际中估计概率的方法。

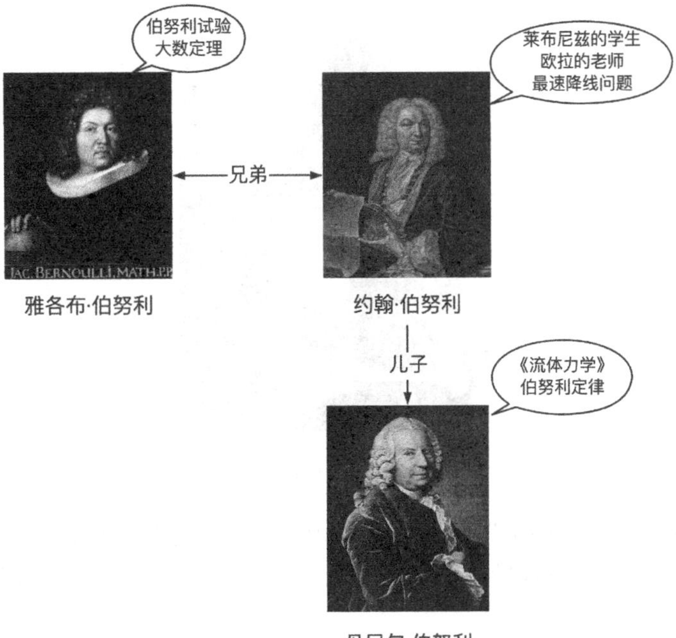

图 5-1-3

不要被上面振振有词的内容桎梏了自己的思维。反思一下，可能会有不同的观点，比如天气预报说明天下雨的概率是 60%，这里的概率是经过多次“试验”得到的吗？不是！天气的研究人员并没有也不可能把“明天试验 100 次，观察到 60 次下雨”。他们是根据过去的相关信息推断出明天下雨的可能性，这个可能性中包含了人们对“明天下雨”这个事件的可信程度，而与“明天下雨”这个事件的试验无关。

由此就形成了对概率的不同解释。既然仁者见仁智者见智了，于是就有了不同的流派——哪怕是华山一派里面也分出剑宗和气宗。在概率论发展的历史上，出现了“主观概率学派”“客观概率学派”等。现如今的概率论教材，一般使用前苏联数学家柯尔莫哥洛夫（Andrey Nikolaevich Kolmogorov，肖像如图 5-1-4 所示）提出的概率公理化体系，他通过三条公理定义了概率。

公理 设样本空间 Ω，对任一事件 A 赋予一个实数函数 P，记作 $P(A)$，如果 $P(A)$ 满足：

- 非负性：对于任何事件 A，有 $P(A)\geqslant 0$。
- 规范性：对于必然事件 Ω，有 $P(\Omega)=1$。
- 可加性：设 $A_1,A_2,\cdots$ 是两两互斥的事件（即 $A_i\cap A_j=\phi,(i\neq j,\ \ i,j=1,2,\cdots)$），有 $P(A_1\cup A_2\cup\cdots)=P(A_1)+P(A_2)+\cdots$，即若干个互斥事件之和的概率等于各事件概率的和。

则 $P(A)$ 为事件 A 的**概率**。

$P(A)$ 表示事件 A 的概率，通常用斜体大写字母表示。在本书中，用加粗的斜体大写字母表示矩阵。注意两者的区别。

图 5-1-4

在前面已经使用过的“抛硬币”“掷骰子”示例中，我们均进行了理想化假设，使得每个事件发生的可能性相同。这种“等可能性”的问题是概率论发展初期的主要研究对象，所以称之为**古典概率**。

根据概率的公理，可以得出如下性质（此处省略证明过程，有兴趣的读者可以参阅本书在线资料）：

- （A1）：$P(\phi)=0$
- （A2）：若 $A_1,A_2,\cdots,A_n$ 是两两互斥的事件，则：$P(A_1\cup A_2\cup\cdots\cup A_n)=P(A_1)+P(A_2)+\cdots+P(A_n)$
- （A3）：设 A、B 是两个事件，若 $A\subset B$，则：$P(B-A)=P(B)-P(A)$，$P(B)\geqslant P(A)$
- （A4）：对任一事件 A，$P(A)\leqslant 1$。
- （A5）：对任一事件 A，$P(\overline{A})=1-P(A)$。
- （A6）：对任意两事件 A、B，有 $P(A\cup B)=P(A)+P(B)-P(A\cap B)$。

但是，概率论的世界并未因柯氏的公理化体系而太平，在 5.2.3 节中贝叶斯将横空出世，“搅得周天寒彻”。

5.1.3 条件概率

在概率论中，除“抛硬币”和“掷骰子”两个典型试验外，“随机取球”也是常常被使用的案例。

例如：一个口袋中有5个同样的球（颜色、体积、质量、材料等都一样），随机从口袋中取出一个球的事件发生概率就是$\frac{1}{5}$。取出一个球之后，如果把这个球放回袋中，搅匀后再取一个球，这种取球的方式叫作**放回抽样**；取出一个球后，如果不把球放回袋中，第二次从剩余的球中取球，这种取球方式叫作**不放回抽样**。

在这个示例，如果采用放回取样，每次取球的事件之间互不影响，则称之为**独立事件**（参阅 5.2.1 节“事件的独立性”）。如果采用不放回取样，发生在后面的取球事件会受到前面的取球事件影响，即各次事件是**相关的**。在相关事件中，计算每次随机取球的概率就不得不考虑前面的结果了。

依然使用“随机取球”的示例，不过现在假设口袋中的 5 个球是由3个白球和2个黑球组成的（除颜色之外，球的体积、质量、材料等都一样），以不放回抽样的方式取球，图 5-1-5 所示的树状图显示了每次取球的概率。

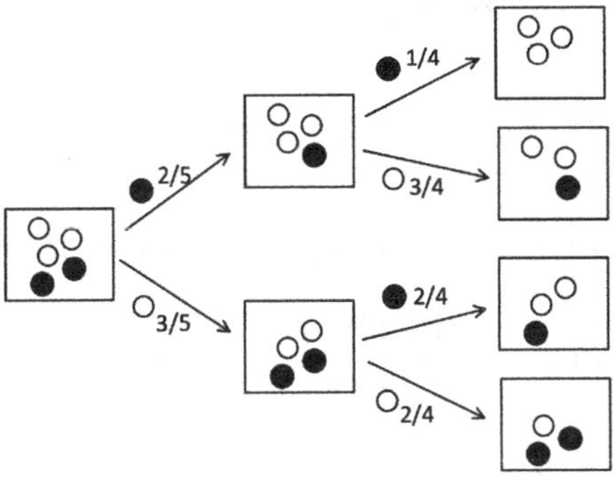

图 5-1-5

如果连续取到两个黑球，则结合图 5-1-5，其概率：

- 用 A 表示第一次取到黑球事件，其概率为 $P(A)=\frac{2}{5}$；
- 在第二次取黑球之前，袋子里面还有 3 个白球 1 个黑球，用 B 表示第二次取到黑球事件，但此事件是以 A 为前提条件的，用 $P(B|A)=\frac{1}{4}$ 表示；
- 连续取到两个黑球的概率为 $\frac{2}{5}\times\frac{1}{4}=\frac{1}{10}$。

以 $P(B|A)$ 形式所表示的概率，就是**条件概率**（Conditional Probability）：

定义 事件 B 在事件 A 发生的条件下发生的概率，称为**条件概率**，记作 $P(B|A)$，读作"B 在 A 发生的条件下发生的概率"，或者"B given A"。

当事件 A 和事件 B 都发生时，就实现了连续取到两个黑球，记作 $P(A\cap B)$ 或者 $P(AB)$，由上面的示例可知：

$$P(A\cap B)=P(A)\cdot P(B|A) \tag{5.1.3}$$

由（5.1.3）式可以得到条件概率的定义式：

$$P(B|A)=\frac{P(A\cap B)}{P(A)} \tag{5.1.4}$$

其中，$P(A)\neq 0$。根据（5.1.4）式可得到条件概率如下性质：

- （B1）：若 $A\cap B=\phi$，则 $P(B|A)=0$。
- （B2）：若 $A\subset B$，则 $A\cap B=A$，故 $P(B|A)=\frac{P(A)}{P(A)}=1$。
- （B3）：若 $B\subset A$，则 $A\cap B=B$，故 $P(B|A)=\frac{P(B)}{P(A)}\leqslant 1$（注：根据 5.1.2 节中概率性质（A4），$P(A)\leqslant 1$）。

在 5.1.2 节曾经提到了概率的统计定义，即用频率估计概率，现在我们可以通过频率来解释条件概率。

设试验的次数为 N，事件 A、B 和 $A\cap B$ 的次数分别为 N_A、N_B、N_{AB}，

$$P(A)=\frac{N_A}{N},\quad P(B)=\frac{N_B}{N},\quad P(A\cap B)=\frac{N_{AB}}{N}$$

$$\therefore\quad P(B|A)=\frac{P(A\cap B)}{P(A)}=\frac{N_{AB}/N}{N_A/N}=\frac{N_{AB}}{N_A}$$

即条件概率 $P(B|A)$ 为事件 A、B 的发生交集（事件的积）相对事件 A 发生的频率。

从严格意义角度来看，条件概率也符合 5.1.2 节中提到的概率公理定义。

- 非负性：$P(B \mid A) \geqslant 0$；
- 规范性：对必然事件 Ω，$P(\Omega \mid A)=1$；
- 可加性：若事件 $B_1,B_2,\cdots$ 两两互斥，则有 $P(\bigcap_{i=1}^{\infty} B_i \mid A)=\sum_{i=1}^{\infty} P(B_i \mid A)$。

条件概率在科研、生产甚至生活中都有应用，比如在医学检查中，常用“阴性”“阳性”来标记某种病的检查结果，阳性代表患病或者有病毒，阴性代表正常。但是，由于个体差异等其他复杂因素，还存在“假阴性”“假阳性”的情况（如表 5-1-2 所示）。

表 5-1-2

	健康（well）	患病（disease）
阴性（negative）	阴性	假阴性
阳性（positive）	假阳性	阳性

以下我们借用美国数学家约翰·艾伦·保罗士在其科普著作《数盲：数学无知者眼中的迷惘世界》（上海教育出版社，2006.4）中假设的数据，演示一种不同寻常的结果。

假设一种癌症检查的准确率是 98%，即如果一个人得了癌症，那么他在这个检查中呈阳性的概率是 98%，用条件概率表示为 $P(\text{positive} \mid \text{disease})=98\%$ 且 $P(\text{negative} \mid \text{disease})=2\%$。

如果对健康人进行检查，呈阴性的概率是 98%，用条件概率表示为 $P(\text{negative} \mid \text{well})=98\%$，且 $P(\text{positive} \mid \text{well})=2\%$。

还假设人群中 0.5% 的人会患此病，即：

$$P(\text{disease})=0.5\%,\quad P(\text{well})=99.5\%$$

根据（5.1.3）式，可以得到：

- 人群中健康且检查为阴性者的概率：

$$P(\text{well} \cap \text{negative})=P(\text{well}) \cdot P(\text{negative} \mid \text{well})=99.5\% \cdot 98\%=97.51\%$$

- 人群中患病且检查为阳性者的概率：

$$P(\text{disease} \cap \text{positive})=P(\text{disease}) \cdot P(\text{positive} \mid \text{disease})=0.5\% \cdot 98\%=0.49\%$$

- 人群中健康且检查为阳性者——“假阳性”的概率：

$$P(\text{well} \cap \text{positive})=P(\text{well}) \cdot P(\text{positive} \mid \text{well})=99.5\% \cdot 2\%=1.99\%$$

- 人群中患病且检查为阴性者——“假阴性”的概率：

$$P(\text{disease} \cap \text{negative})=P(\text{disease}) \cdot P(\text{negative} \mid \text{disease})=0.5\% \cdot 2\%=0.01\%$$

根据上述结果，可以计算出人群中检查为阳性者的概率：

$$P(\text{positive})=P(\text{well} \cap \text{positive})+P(\text{disease} \cap \text{positive})=1.99\%+0.49\%=2.48\%$$

再根据（5.1.4）式计算检查为阳性的人患病的概率：

$$P(\text{disease} \mid \text{positive}) = \frac{P(\text{disease} \cap \text{positive})}{P(\text{positive})} = \frac{0.49\%}{2.48\%} = 19.76\%$$

这说明，对于广大人群而言，如果检查为阳性，只有19.76% 的概率是此癌症患者。

这个案例也说明，$P(A \mid B) \neq P(B \mid A)$：

$$\begin{aligned}
\because \quad & P(A \mid B) = \frac{P(A \cap B)}{P(B)} = \frac{P(B \cap A)}{P(B)} \\
\therefore \quad & P(B \cap A) = P(A \mid B)P(B) \\
\Rightarrow \quad & P(B \mid A) = \frac{P(B \cap A)}{P(A)} = P(A \mid B)\frac{P(B)}{P(A)}
\end{aligned}$$

（5.1.3）式也称为条件概率的**乘法定理**，可以很容易将它推广到更多事件：

定理 设 $A_1, A_2, \cdots, A_n$ 为 n 个事件，且 $P(A_1 \cap A_2 \cap \cdots \cap A_n) > 0$，则有：

$$P(A_1 \cap A_2 \cap \cdots \cap A_n) = P(A_n \mid A_1 \cap A_2 \cap \cdots \cap A_{n-1})P(A_{n-1} \mid A_1 \cap A_2 \cap \cdots \cap A_{n-2}) \cdots P(A_2 \mid A_1)P(A_1) \quad (5.1.5)$$

条件概率中的“条件”，就相当于某个事件的“参照物”。对于任何事件的概率，都可以看作条件概率。比如样本空间 Ω 的必然事件 Ω 的概率可以看成 $P(\Omega \mid \Omega)$，由（5.1.4）式得：

$$P(\Omega \mid \Omega) = \frac{P(\Omega \cap \Omega)}{P(\Omega)} = \frac{P(\Omega)}{1} = P(\Omega)$$

设 A 是样本空间 Ω 中的一个事件，即 $A \subset \Omega$，则 $P(A \mid \Omega) = \dfrac{P(A \cap \Omega)}{P(\Omega)} = P(A)$。

从日常生活的角度来看，我们会经常有意无意地使用条件概率，比如“寒门出贵子”这句话，用条件概率形式表示为 P(人才|出身贫寒)，一段时间以来，有很多人讨论这个概率的值是增加了还是减少了，亦或借用此概率来说明家庭教育对孩子成长的影响。如果读者也想对这个问题进行探讨，不妨了解一下“伯克森悖论”（Berkson's Paradox）。

5.2 贝叶斯定理

在一般的概率论教材中，贝叶斯定理通常一带而过，但是，此处要将它作为重要一节，原因就是贝叶斯定理在机器学习中举足轻重。在开始学习之前，最应该做的是缅怀和崇拜伟大的贝叶斯（Thomas Bayes）先生，尽管图 5-2-1 的这幅来自 wikipedia.org 网站的贝叶斯肖像并没有得到实证，还是被诸多材料所采用。

图 5-2-1

5.2.1 事件的独立性

从字面上理解，“独立性”即不受其他因素影响，比如函数中的“独立变量”。在概率论中，有的试验所发生的事件之间没有相互影响，比如在抛硬币试验中，根据我们的直觉经验，事件$\{H\}$和事件$\{T\}$之间就是彼此独立的，第一次抛硬币所得到的结果，并不会对第二次抛硬币的结果有任何影响。

为了更数学地说明这个问题，不妨看这样一个示例。假设抛两枚理想的硬币，这个试验的样本空间为$\Omega=\{HH,HT,TH,TT\}$。事件A为第一枚硬币出现H，事件B为第二枚硬币出现H。则：

$$P(A)=\frac{2}{4},\quad P(B)=\frac{2}{4}$$

$$P(A\cap B)=\frac{1}{4}$$

$$P(B\mid A)=\frac{P(A\cap B)}{P(A)}=\frac{1}{2}$$

从计算结果中可发现：

$$P(B\mid A)=P(B) \tag{5.2.1}$$

$P(B\mid A)$是事件A发生的条件下事件B的概率，通常它不会等于$P(B)$——这比较好理解。而（5.2.1）式中的相等，说明事件A对事件B没有任何影响。此计算结果与我们的直觉经验完全相符。像这样的两个事件，则称之为**相互独立**的。

根据对称性，$P(B\mid A)=P(A)$同样说明两个事件相互独立。

根据5.1节的（5.1.3）式以及上面的计算结果，还可以得到：

$$P(A\cap B)=P(A)P(B) \tag{5.2.2}$$

（5.2.2）式也是对两个事件相互独立的定义，并且是更普遍的判断方法，因为用这个式子不需要考虑$P(B)$是否为0（当$P(B)=0$时，（5.2.1）式必然成立）。

如果将（5.2.2）式推广到n个相互对立的事件，就可以将 5.1.3 节中的（5.1.5）式修改为新的乘法定理，即：若干个独立事件 $A_1,\cdots,A_n$ 的积的概率等于各事件概率的乘积。

$$P(A_1\cap A_2\cap\cdots\cap A_n)=P(A_1)P(A_2)\cdots P(A_n) \tag{5.2.3}$$

此处由事件独立性得到的“乘法定理”与 5.1.2 节概率公理定义中提到的互斥事件之间的“可加性”，都为我们提供了计算复杂事件概率的方法，即转化为更简单事件的概率后再行计算，但是注意前提条件：互斥事件→“相加”；独立事件→“相乘”。

5.2.2　全概率公式

概率公理（见 5.1.2 节）的第三条中指出，两两互斥的事件和的概率，等于各个事件概率的和。基于这条公理，现在我们讨论一种特殊情况：有若干个两两互斥的事件，并且它们的和恰好等于整个样本空间。例如掷骰子试验的样本空间为$\Omega=\{1,2,3,4,5,6\}$，如果有这样一组事件：$B_1=\{1,2\}$，$B_2=\{3,4,5\}$，$B_3=\{6\}$，则显然这三个事件两两互斥，并且$B_1\cup B_2\cup B_3=\Omega$，还可以用图 5-2-2 表示这种关系。

Ω					
1	2	3	4	5	6
B_1		B_2			B_3

图 5-2-2

如果把样本空间Ω比作一块面包，这组事件B_1,B_2,B_3就相当于把面包切成三片，当然，这仅仅是一种切分方法，还可以有更多种切分方法。但不论用什么方法切分，各片面包（即每个事件）彼此互斥，并且所有面包片（所有事件）的和就是整块面包（样本空间）。于是，我们就把用某种切分方法得到的事件称为样本空间的一个**划分**。

定义　一个随机试验的样本空间为Ω，$B_1,B_2,\cdots,B_n$是此试验的一组事件，若：

- $\Omega=B_1\cup B_2\cup\cdots\cup B_n$，即所有事件的和（并集）构成样本空间；
- $B_i\cap B_j=\phi,\ \ i\ne j,\ \ \ i,j=1,2,\cdots,n$，即各个事件之间两两互斥；

则称$B_1,B_2,\cdots,B_n$为样本空间Ω的一个**划分**。

根据概率公理第二条，$P(\Omega)=1$，所以：

$$P(B_1)+P(B_2)+\cdots+P(B_n)=P(B_1\cup B_2\cup\cdots\cup B_n)=P(\Omega)=1$$

上式中的Ω是必然事件，如果对于其他事件会如何？设A是试验的一个事件，则：

$$A=A\cap\Omega=A\cap(B_1\cup B_2\cup\cdots\cup B_n)=(A\cap B_1)\cup(A\cap B_2)\cup\cdots\cup(A\cap B_n)$$

又因为B_i与B_j（$i\ne j$）互斥，所以$A\cap B_i$与$A\cap B_j$也互斥。根据概率公理三，可得：

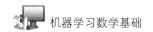

$$P(A)=P(A\cap B_1)+P(A\cap B_2)+\cdots+P(A\cap B_n) \tag{5.2.4}$$

根据 5.1.3 节的（5.1.3）式，可知：$P(A\cap B_i)=P(A|B_i)P(B_i),i=1,2,\cdots,n$，代入（5.2.4）式：

$$P(A)=P(A|B_1)P(B_1)+P(A|B_2)P(B_2)+\cdots+P(A|B_n)P(B_n) \tag{5.2.5}$$

（5.2.5）式称为**全概率公式**。

在计算机科学中，有一种重要的算法，叫作“分治法”——“分而治之”。就是把一个复杂的问题分成两个或更多的相同或相似的子问题，直到最后子问题可以简单地直接求解，原问题的解就是各个子问题的解的合并。全概率公式可以看成是这种算法思想在计算事件概率中的应用。确定样本空间的一个划分，分别计算所求事件与划分中的各个事件同时发生的概率——如（5.2.4）式，最后把各个结果合并起来。

那么，如何确定样本空间的一个划分呢？一般来讲，要根据问题的具体情况而定。下面来看一个示例，一方面理解如何确定一个划分，同时练习如何应用全概率公式。

假设有两个口袋，第一个口袋里面有 3 个黑球，第二个口袋里面有 2 个黑球、1 个白球。所有的球除了颜色差异之外，其他都一样。随机选一个口袋，并从中取出 2 个球，问取出 2 个黑球的概率是多少？

这个试验的样本空间 $\Omega=\{b_1,b_2,b_3,b_4,b_5,w_1\}$，可以根据问题中的“两个口袋”将样本空间划分为 $B_1=\{b_1,b_2,b_3\}$ 和 $B_2=\{b_4,b_5,w_1\}$。“随机选一个口袋”就是从 B_1 和 B_2 两个划分（事件）中随机选一个，可得：

$$P(B_1)=P(B_2)=\frac{1}{2}$$

用 A 表示“取出 2 个黑球”事件，根据（5.2.5）式可得：

$$P(A)=P(A|B_1)P(B_1)+P(A|B_2)P(B_2)=\frac{3}{3}\cdot\frac{1}{2}+\frac{1}{3}\cdot\frac{1}{2}=\frac{2}{3}$$

在 5.1.3 节曾将条件概率中的条件视为某事件发生的“参照物”，现在延续这个理解，考查图 5-2-3 所示的样本空间 Ω，设 B_1,B_2,B_3,B_4 为此样本空间的一个划分，A 是样本空间中的一个事件（用图中的平行四边形表示）。如果以 Ω 为条件，即相对于 Ω ——以其为参照物，则 B_2 的概率为：

$$P(B_2|\Omega)=\frac{P(B_2\cap\Omega)}{P(\Omega)}=P(B_2)$$

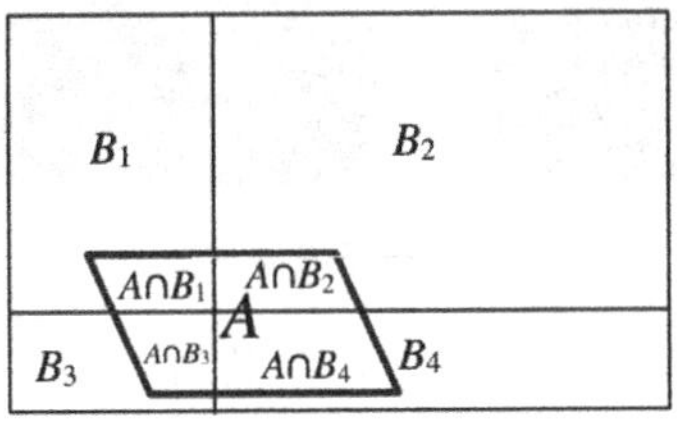

图 5-2-3

如果以 A 为条件，即相对于 A ，B_2 的概率为：

$$P(B_2 \mid A)=\frac{P(A \cap B_2)}{P(A)}$$

如果以 B_2 为条件，即相对于 B_2 ，A 的概率为：

$$P(A \mid B_2)=\frac{P(A \cap B_2)}{P(B_2)}$$

看来只有“相对”是“绝对”的，相对无处不在。

万事俱备只欠东风，主角马上登场。

5.2.3 理解贝叶斯定理

设两个事件 A 和 B ，$P(A) \neq 0$，$P(B) \neq 0$，根据 5.1.3 节的（5.1.4）式得：

$$P(A \mid B)=\frac{P(A \cap B)}{P(B)}, \quad P(B \mid A)=\frac{P(B \cap A)}{P(A)}$$

又因为 $P(A \cap B)=P(B \cap A)$，所以：

$$P(B \mid A)=P(B) \frac{P(A \mid B)}{P(A)} \tag{5.2.6}$$

（5.2.6）式就是著名的**贝叶斯定理**。该定理最早由英国数学家贝叶斯（Thomas Bayes）提出，并由法国数学家拉普拉斯（Pierre-Simon Laplace）（如图 5-2-4 所示）给出了现在所见的表达式。

图 5-2-4

如果 $B_1, B_2, \cdots, B_n$ 是样本空间 Ω 的一个划分，则利用（5.2.5）式的全概率公式，贝叶斯定理还可以表述为：

$$P(B_i \mid A)=P(B_i)\frac{P(A \mid B_i)}{P(A \mid B_1)P(B_1)+P(A \mid B_2)P(B_2)+\cdots+P(A \mid B_n)P(B_n)} \tag{5.2.7}$$

下面继续使用“随机取球”示例，理解贝叶斯定理的应用，但这次较 5.2.2 节的示例所解决的问题不同。

假设有两个口袋，第一个口袋里有3个黑球，第二个口袋里有2个黑球和1个白球。随机选择一个口袋，从中随机取出2个黑球。那么，这两个黑球从每个口袋中取出的可能性有多大？

依然用 $\Omega=\{b_1,b_2,b_3,b_4,b_5,w_1\}$ 表示样本空间，并划分为 $B_1=\{b_1,b_2,b_3\}$ 和 $B_2=\{b_4,b_5,w_1\}$。用 A 表示从一个口袋里取出2个黑球事件，此问题要求的是 $P(B_i \mid A)$。根据（5.2.7）式，可得：

$$P(B_1 \mid A)=P(B_1)\frac{P(A \mid B_1)}{P(A \mid B_1)P(B_1)+P(A \mid B_2)P(B_2)}=\frac{1}{2}\cdot\frac{1}{1\cdot\frac{1}{2}+\frac{1}{3}\cdot\frac{1}{2}}=\frac{3}{4}$$

$$P(B_2 \mid A)=P(B_2)\frac{P(A \mid B_2)}{P(A \mid B_1)P(B_1)+P(A \mid B_2)P(B_2)}=\frac{1}{2}\cdot\frac{\frac{1}{3}}{1\cdot\frac{1}{2}+\frac{1}{3}\cdot\frac{1}{2}}=\frac{1}{4}$$

从上述计算结果可知，2个黑球从第一个口袋中取出的可能性最大，这个结论也符合我们的直觉观察，因为第一个口袋中有3个黑球。

从贝叶斯定理的形式和上述应用示例中，并没有看到它的惊世骇俗，但是，如果细细品味公式中每一部分的含义，就会领悟到深刻的内涵。

B_i 是样本空间的一个划分（相当于机器学习中数据集样本的类别标签）。$P(B_i)$ 表示试验结果——数据集中的样本——属于某个类别标签的概率，此概率是在试验之前预估的，故称为**先验概率**（Prior Probability）。示例中的 B_1、B_2 代表两个口袋，先用 $P(B_1)$、$P(B_2)$ 分别作为所求概率的预估值。

- 在示例中，我们又得到了新的信息——事件 A（“从一个口袋中取出2个黑球”）发生了，这就相当于机器学习中数据集的已知样本，于是事件 A 相对于每个类别的概率是可以知道的，用 $P(A \mid B_i)$ 表示—— $P(A \mid B_1)$ 表示从 B_1 中取2个黑球的概率。然后用这个概率对前面的先验概率进行修正，最终得到以事件 A 为条件类别 B_i 发生的概率。此处的 $P(A \mid B_i)$ 称为**似然函数**（Likelyhood Function）。从示例的计算过程中可知，似然函数对于最终的结果有重要影响，在应用贝叶斯定理进行统计推断时，将要寻找似然函数的最大值。
- 经过似然函数修正之后的条件概率 $P(B_i \mid A)$ 称为**后验概率**，即试验完成后所得到的概率，表示事件 A 发生后，事件 B_i 的概率，在机器学习中常常表现为样本属于某个类别的概率。在上述事例中，就是从某个口袋中取出2个黑球的概率。

贝叶斯定理所描述的情况在日常生活中也屡见不鲜，比如早晨出门上班，发现天阴沉沉的，如果不看天气预报，我们可以据此预估下雨的概率（如50%）；等到午后，又有新的事件发生——雷声阵阵，于是就可以用下雨的条件下打雷的概率来调整前面预估的先验概率，得到现在打雷这个条件下降雨的概率（如90%）。

在上述细节品味过程中，对于（5.2.6）式中的$P(A)$没有特别介绍，从示例计算中我们可以看到，它在一个试验中是一个常量，因此：

$$P(B \mid A) \propto P(B)P(A \mid B) \tag{5.2.8}$$

或者将$\frac{P(A \mid B)}{P(A)}$统称为对先验概率的调整因子。很显然：

- 如果$\frac{P(A \mid B)}{P(A)} > 1$，则意味着增强先验概率，事件$B$的发生的可能性变大；
- 如果$\frac{P(A \mid B)}{P(A)} = 1$，则意味着事件$A$无助于事件$B$的可能性；
- 如果$\frac{P(A \mid B)}{P(A)} < 1$，则意味着削弱先验概率，事件$B$发生的可能性变小。

在机器学习的有关资料中，因为使用符号的习惯不同，贝叶斯定理还常常表示为诸如$P(Y \mid X) = P(Y)\frac{P(X \mid Y)}{P(X)}$或$P(h \mid D) = P(h)\frac{P(D \mid h)}{P(D)}$等，但含义相同。

初步理解贝叶斯定理之后，我们再用它重解 5.1.3 节的“检查为阳性的人患病的概率”问题，已知：

$$P(\text{disease}) = 0.5\%, \quad P(\text{well}) = 99.5\%,$$

$$P(\text{positive}|\text{disease}) = 98\%, \quad P(\text{negative}|\text{disease}) = 2\%$$

$$P(\text{positive}|\text{well}) = 2\%, \quad P(\text{negative} \mid \text{well}) = 98\%$$

根据（5.2.7）式得：

$$\begin{aligned}P(\text{disease}|\text{positive}) &= \frac{P(\text{disease})P(\text{positive}|\text{disease})}{P(\text{positive}|\text{disease})P(\text{disease}) + P(\text{positive}|\text{well})P(\text{well})} \\ &= \frac{0.5\% \times 98\%}{98\% \times 0.5\% + 2\% \times 99.5\%} = 19.76\%\end{aligned}$$

本节姑且对贝叶斯定理给予简要介绍，读者暂且理解其基本含义，后续还会逐步深化对它的理解。

5.3 随机变量和概率分布

是不是概率问题就是研究“抛硬币”“掷骰子”“口袋取球”这类问题呢？当然不是！概率论的研究对象包括但不限于这些。而对于复杂问题，再用前面的“事件”就显得力不能及了，必须引入新的工具，这就是本节要重点介绍的随机变量及其分布。

5.3.1 随机变量

尽管“抛硬币”是一个简单的概率问题，但它依然不失为帮助我们理解某些概念的好示例，只是现在把问题稍微复杂化一点，我们探讨将一枚理想硬币抛三次的情况，其样本空间是：

$$\Omega=\{HHH,HHT,HTH,THH,HTT,THT,TTH,TTT\}$$

共计 $2^3=8$ 个样本点，每个样本点由 3 个 H 或 T 的排列组成。假设只关心出现 H 的次数，根据样本空间中的试验结果，可得：

$$\begin{cases}0, & \omega=TTT\\ 1, & \omega=HTT,THT,TTH,\\ 2, & \omega=HHT,HTH,THH,\\ 3, & \omega=HHH,\end{cases} \tag{5.3.1}$$

如果用函数来描述（5.3.1）式，则应该是：

$$f(\omega)=\begin{cases}0, & \omega=TTT\\ 1, & \omega=HTT,THT,TTH,\\ 2, & \omega=HHT,HTH,THH,\\ 3, & \omega=HHH,\end{cases} \tag{5.3.2}$$

对于（5.3.2）式的函数 $f(\omega)$，其值域是 $\{0,1,2,3\}$；其自变量 ω 是试验结果，比如，当 $\omega=HHH$ 时，表示抛二次硬币都得到 H 的结果，这就使（5.3.2）式所表示的函数不同于以往我们所认识到的函数了，并且此处的函数 f 的定义域是样本空间 Ω。像这样的函数，在概率论中称为**随机变量**（Random Variable）。注意，不要被名称所迷惑，“随机变量”是一个“有概率论特色”的函数，不是人们通常所说的“自变量”中的“变量”。

很有必要将“随机变量”这个有特色的函数与常规的函数进行区分，最表面的区分就是所用符号的差异。对于随机变量，我们习惯使用大写字母表示（区分于之前的矩阵表示方法，本书中用加粗的大写字母表示矩阵），如 $X,Y,Z,W,\cdots$。

定义 随机变量 $X(\omega)$ 是以样本空间为定义域的函数：$X:\Omega\to\mathbb{R}$。对于试验结果 ω，$X(\omega)$ 表示所对应的数，X 表示 $\omega\to X(\omega)$ 的规则。

特别注意——重要的事情要反复强调，随机变量 X 不是试验结果，它的输入变量 ω 是试验结果。

并且，在上面的定义中，将随机变量的值域定义在实数范围，这仅仅是因为多数应用中如此，而非必需。

按照上述定义，（5.3.2）式可以重写为：

$$X(\omega)=\begin{cases}0, & \omega=TTT\\1, & \omega=HTT,THT,TTH,\\2, & \omega=HHT,HTH,THH,\\3, & \omega=HHH,\end{cases} \tag{5.3.3}$$

此随机变量 $X(\omega)$ 就表示了我们所关心的：H 出现的次数。

我们所关心的内容也可以改变，比如关心“连续出现两个及其以上 H 的次数”，就可以用下面的随机变量表示：

$$Y(\omega)=\begin{cases}0, & \omega=TTT,HTT,THT,TTH,HTH\\1 & \omega=HHT,THH,HHH\end{cases}$$

很显然，随机变量（不要忘记，它是一个函数）本身就呈现了“我们所关心”的问题，即问题情境。这是随机变量与概率的不同——概率是基于事件而定义的，随机变量才能表达我们所感兴趣的事件。通常人都会根据某个条件设置自己“感兴趣”的对象，所有满足这些条件的对象可以构成一个集合——就是随机变量的值域。

设任一实数 x，如果要在样本空间 Ω 中选出小于等于 x 的实数 $X(\omega)$——不要忘记随机变量的定义：$X:\Omega\to\mathbb{R}$，所有符合要求的对象组成一个集合，记作：

$$\{\omega\in\Omega \mid X(\omega)\leqslant x\} \tag{5.3.4}$$

对于（5.3.4）式的集合，其中的元素符合 $X(\omega)\leqslant x$ 条件的试验结果。例如对于（5.3.3）式，如果 $X(\omega)\leqslant 1$，则对应的试验结果集合 $A=\{HTT,THT,TTH,TTT\}$，这是一个事件，当且仅当 $X(\omega)\leqslant 1$ 才有此事件 A 发生。

在你、我、他都认同（5.3.4）式所表示的是试验结果的集合之后，就可以不用那么复杂地表示了，可以简写为：

$$\{X(\omega)\leqslant x\}$$

更简单的也是概率论中普遍适用的写法：

$$\{X\leqslant x\} \tag{5.3.5}$$

例如刚才提到的事件 A，可以记作：$\{X\leqslant 1\}$。特别提醒，虽然形式简单了，但本质没有变。于是可以求得此事件的概率：

$$P(\{X\leqslant 1\})=P(\{HTT,THT,TTH,TTT\})=\frac{1}{2}$$

依然参考（5.3.3）式，同理还可以有：

- $\{X=3\}$ 是事件 $\{HHH\}$，即满足 $X(\omega)=3$ 的所有 $\omega\in\Omega$；
- $\{1\leqslant X\leqslant 3\}$ 是事件 $\{HTT,THT,TTH,HHT,HTH,THH,HHH\}$，即满足 $1\leqslant X(\omega)\leqslant 3$ 的所有 $\omega\in\Omega$。

更一般地，假设 $\mathbb{S}$ 是由实数构成的集合，$\{X\in\mathbb{S}\}$ 表示满足 $X(\omega)\in\mathbb{S}$ 的所有 $\omega\in\Omega$ 构成的事件。

根据随机变量——时刻牢记它是函数——值域集合的元素是否可以枚举，一般将随机变量划分为**离散型随机变量**和**连续型随机变量**。令 $\Omega_X=\{X(\omega)\mid\omega\in\Omega\}$ 表示随机变量 X 的值域：

- 若 Ω_X 是有限集合或者集合中元素可以一个一个地列出（即可枚举），则称 X 为**离散型随机变量**（Discrete Random Variable）。比如（5.3.3）式的随机变量的值域即为有限集合且可枚举，此随机变量为离散型随机变量。
- 若 Ω_X 为所有实数或者由一个区间组成（即 $\{x\mid a\leqslant x\leqslant b\}$），则称 X 为**连续型随机变量**（Continuous Random Variable）。比如测量长度、质量等的误差，可以将其值域取为 $(-\infty,\infty)$，或者某个其他的区间，但无法将其无遗漏地逐一列出。

至此，我们已经了解到，随机变量可以描述任何我们所关心的（或者说感兴趣）的问题，也可以说某种随机现象，又由于它的值域是实数组成的集合，所以能够利用数学分析方法对试验结果进行更深入的研究，也就是后续内容。

5.3.2 离散型随机变量的分布

以“掷骰子”试验为例，掷两颗理想的骰子，其样本空间为 $\Omega=\{F_iF_j,1\leqslant i,j\leqslant 6\}$，$F_{i(j)}$ 表示观察到的点数为 i 或 j。如果定义随机变量：

$$X(F_i,F_j)=i+j \tag{5.3.6}$$

即 X 为两个骰子出现的点数之和，则 X 的值域为 $\{2,3,4,5,6,7,8,9,10,11,12\}$，所以 X 是离散型随机变量。例如对于事件 $\{X=4\}$，所对应的点数组合是“$(1,3),(2,2),(3,1)$”这三种。在本试验中，样本空间的每个组合（例如“$(1,3)$”，称为**基本事件**）发生的概率均为 $\frac{1}{36}$，那么事件 $\{X=4\}$ 发生的概率就是 $\frac{3}{36}$，即 $p_4=P(\{X=4\})=\frac{3}{36}$。同理，可以计算 X 取值域中不同值时所对应的事件概率，如表 5-3-1 所示。

表 5-3-1

X	2	3	4	5	6	7	8	9	10	11	12
概率	$\frac{1}{36}$	$\frac{2}{36}$	$\frac{3}{36}$	$\frac{4}{36}$	$\frac{5}{36}$	$\frac{6}{36}$	$\frac{5}{36}$	$\frac{4}{36}$	$\frac{3}{36}$	$\frac{2}{36}$	$\frac{1}{36}$

随机变量 X 的值域就是试验的样本空间，即：

$$\{X=2\}\cup\{X=3\}\cup\{X=4\}\cup\{X=5\}\cup\{X=6\}\cup\{X=7\}\cup\{X=8\}\cup\{X=9\}$$

$$\cup\{X=10\}\cup\{X=11\}\cup\{X=12\}=\Omega$$

且 $\{X=i\}$ 与 $\{X=j\}$（$i\neq j,i,j=2,3,\cdots,12$）互斥。所以：

$$1=P(\Omega)=P(\{X=2\})+P(\{X=3\})+P(\{X=4\})+P(\{X=5\})+P(\{X=6\})+P(\{X=7\})$$

$$+P(\{X=8\})+P(\{X=9\})+P(\{X=10\})+P(\{X=11\})+P(\{X=12\})$$

再将表 5-3-1 中的各个概率求和，所得结果也是1，与上述计算结果相等。

换个角度看表 5-3-1，它表示将必然事件的概率"1"依据每个事件的概率所呈现的"分布状况"，即各个事件的概率。这些概率还可以用图 5-3-1 直观地表现其出分布状况。

在上面的示例中，"事件"是以随机变量的值而定的，表 5-3-1 或者图 5-3-1 给出了由随机变量 X 所得的各个事件的概率分布，简称"随机变量 X 的**概率分布或分布律**"。

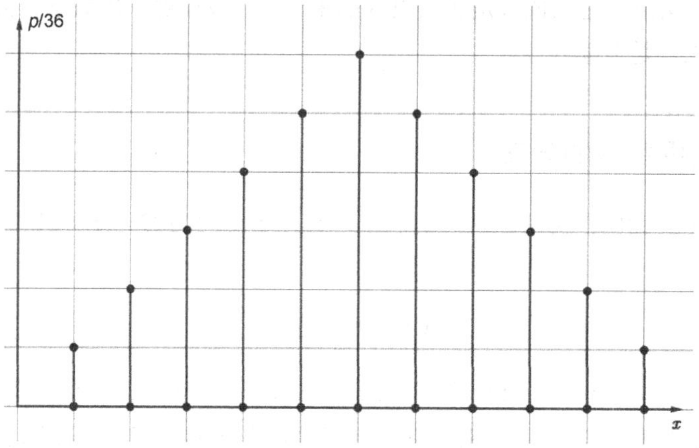

图 5-3-1

用表或者图表示随机变量的概率分布，虽然直观，但无法进行量化计算，所以，还需要定量化公式形式的定义：

定义 设 X 为离散型随机变量，其值域是 $\omega_1,\omega_2,\cdots$，则：

$$p_i=P(\{X=\omega_i\})\quad(i=1,2,\cdots)\tag{5.3.7}$$

称为 X 的**概率函数或概率质量函数**（Probability Mass Function，PMF）。

概率质量函数，意思是质量集中于有限集合或可数集合所包含的"点" $\omega_i(i=1,2,\cdots)$ 上。

通常，将（5.3.7）式简写为：

$$p_i=P(X=\omega_i)\tag{5.3.8}$$

根据 5.1.2 节概率的定义，结合（5.3.8）式，可知：

- $p_i \geqslant 0,\ \ i=1,2,\cdots$；
- $\sum_{i=1}^{\infty} p_i = 1$。

（5.3.8）式给出了必然事件的概率1在随机变量 X 的可能值上的分布情况，以前述“掷骰子”试验为例，按照（5.3.8）式可以有：

$$P(X=2)=P(X=12)=\frac{1}{36}$$
$$P(X=3)=P(X=11)=\frac{2}{36}$$
$$P(X=4)=P(X=10)=\frac{3}{36}$$
$$P(X=5)=P(X=9)=\frac{4}{36}$$
$$P(X=6)=P(X=8)=\frac{5}{36}$$
$$P(X=7)=\frac{6}{36}$$

用（5.3.8）式的概率函数虽然能够表达出概率分布的特点，但它仅仅局限于 $\{X=a_i\}$ 形式的事件，（5.3.5）式的 $\{X \leqslant x\}$ 形式的事件更有普遍意义，故进行如下定义：

定义 设 X 为随机变量，则：

$$F(x)=P(X \leqslant x) \quad (-\infty < x < \infty) \tag{5.3.9}$$

称为 X 的**累积分布函数**（Cumulative Distribution Function），简称**分布函数**。

注意，（5.3.9）式中并没有规定 X 必须是离散型随机变量——区别于（5.3.7）式。如果 X 是离散型随机变量，则其分布函数化为：

$$\begin{aligned} F(x)&=P(X \leqslant x)=P(\omega_i \in \Omega | X(\omega_i) \leqslant x) \\ &= \sum_{\substack{\omega_i \in \Omega \\ X(\omega_i) \leqslant x}} P(\{X=\omega_i\}) = \sum_{(i|\omega_i \leqslant x)} p_i \end{aligned} \tag{5.3.10}$$

对上例而言，由（5.3.10）式可计算出：

$$F(1)=P(X \leqslant 1)=P(\phi)=0$$
$$F(3)=P(X \leqslant 3)=P(X=2)+P(X=3)=\frac{3}{36}$$
$$F(3.5)=P(X \leqslant 3.5)=P(X=2)+P(X=3)=\frac{3}{36}$$
$$F(13)=P(X \leqslant 13)=P(X=2)+P(X=3)+\cdots+P(X=12)=1$$

通过上面的计算可以体会到分布函数的“累积”的特点。

下面列出分布函数的一些性质，这些性质可以用于有关分布函数的计算，并且下述性质适用于任何类型的随机变量：

- （C1）：$F(-\infty)=0, F(\infty)=1$
- （C2）：$F(x)$是一个单调递增函数，若$x_1<x_2$，则$F(x_1)<F(x_2)$
- （C3）：$P(X>x)=1-F(x)$
- （C4）：$P(x_1<X\leqslant x_2)=F(x_2)-F(x_1)$

这些性质的完整证明，请参阅本书的在线资料（在线资料的地址，请参阅前言）。

图 5-3-1 显示的是掷两颗骰子的试验中，随机变量$X(F_i,F_j)=i+j$（即（5.3.6）式）的分布律。显然，如果换作其他试验，则分布律也会变化。在概率论中，最著名的莫过于**伯努利试验**了，此试验是由瑞士数学家雅各布·伯努利（Jakob Bernoulli）概括发展而得。

假设一个试验有两个可能结果：A 及 $\overline{A}$（即：$A\cap\overline{A}=\phi, P(A)=1-P(\overline{A})$），样本空间为$\Omega=\{A,\overline{A}\}$，则称这个试验为**伯努利试验**。

这不就是“抛硬币”吗？应该说，“抛硬币”是一种伯努利试验。不妨就从特殊到一般，以“抛硬币”为例研习伯努利试验。依然使用一枚理想硬币，假设抛 5 次，求出现 2 次 H 的概率。

抛一次的样本空间有 2 个基本事件，抛 5 次样本空间的基本事件为 2^5 个，设 A 为出现 2 次 H 的事件，即：

$$A=\begin{Bmatrix}HHTTT,HTHTT,HTTHT,HTTTH,THHTT,\\THTHT,THTTH,TTHHT,TTHTH,TTTHH\end{Bmatrix}$$

数一数，A 的元素数为10，记作：$|A|=10$。可以设想，如果抛的次数更多了，则 A 事件的元素数还会增加，再使用这种穷举法就显得麻烦了，所幸还有别的数学工具。如果从 5 个元素中选出 2 个元素，则其组合数为$|A|=\begin{pmatrix}5\\2\end{pmatrix}$。样本空间的基本事件表示为$\Omega^5$，故：

$$P(A)=\frac{|A|}{|\Omega^5|}=\frac{\begin{pmatrix}5\\2\end{pmatrix}}{2^5}=\frac{10}{32}=\frac{5}{16}$$

在理解“抛硬币”示例之后，再来看一般情况下的伯努利试验。接续前面对此试验的假设，对事件 A，令$P(A)=p$，则$P(\overline{A})=1-p=q$。类似“抛多次硬币”那样，假设独立重复 n 次伯努利试验，即每次试验中$P(A)=p$均保持不变，且各次试验均为独立事件，$P(\omega_1\cap\omega_2\cap\cdots\cap\omega_n)=P(\omega_1)P(\omega_2)\cdots P(\omega_n)$（$\omega_i$为 A 或 $\overline{A}$，$i=1,2,\cdots,n$，关于独立事件，参阅 5.2.1 节）。

我们还是关心重复 n 次的伯努利试验中 A 发生的次数，用随机变量 X 表示，其值域为

$\{0,1,2,\cdots,n\}$。那么事件 A 出现 k 次，同时事件 $\overline{A}$ 出现 $n-k$ 次的一个排列的发生概率为 $p^k(1-p)^{n-k}$，这样的排列共计有 $\begin{pmatrix} n \\ k \end{pmatrix}$ 个，所以在 n 次试验中 A 发生 k 次的概率为 $\begin{pmatrix} n \\ k \end{pmatrix} p^k(1-p)^{n-k}$，令 $q=1-p$，即：

$$P(X=k)=\begin{pmatrix} n \\ k \end{pmatrix} p^k q^{n-k} \quad (k=0,1,2,\cdots,n) \tag{5.3.11}$$

其中，$\begin{pmatrix} n \\ k \end{pmatrix}=\dfrac{n!}{k!(n-k)!}$。

有了（5.3.11）式之后，解决一些具体的伯努利试验问题就简单了。比如掷骰子试验，掷10次（即 $n=10$），求出现2次（即 $k=2$）点数为6的概率。将伯努利试验具体化，令 A 表示点数为6的事件，则 $p=P(A)=\dfrac{1}{6}$，并且 $q=P(\overline{A})=\dfrac{5}{6}$，根据（5.3.11）得：

$$P(X=2)=\begin{pmatrix} 10 \\ 2 \end{pmatrix}\left(\frac{1}{6}\right)^2\left(\frac{5}{6}\right)^{10-2}=\frac{90}{2}\cdot\frac{5^8}{6^{10}}$$

将（5.3.11）式与（5.3.8）式对照，可知（5.3.11）式所表示的就是离散型随机变量概率质量函数，而随着 n 的不同取值，概率质量函数的具体形式也有所差异，由此就得到了不同函数所表示的不同概率分布。

1.（0-1）分布

当 $n=1$，即只做一次伯努利试验，（5.3.11）式变成：

$$P(X=k)=p^k q^{1-k} \quad (k=0,1) \tag{5.3.12}$$

亦即：

$$\begin{aligned} P(X=1)&=p \\ P(X=0)&=1-p \end{aligned} \tag{5.3.13}$$

此时，随机变量 X 只能取0或1，这种分布称为**（0-1）分布**，或**两点分布**，或**伯努利分布**。

毫无疑问，这类分布的典型试验是“抛硬币”，不过（5.3.13）式和（5.3.12）式都包含了非理想硬币的情况。此外还有新生儿性别、产品质量是否合格等试验。在机器学习中，最典型的应用莫过于解决二分类问题 Logistic 回归算法。

假设有数据集 $D=\{\boldsymbol{x}_1,\cdots,\boldsymbol{x}_n\}$，$\boldsymbol{x}_i,(i=1,2,\cdots,n)$ 表示数据集中的一个样本，即行向量；考虑二分类问题，用 C_1,C_2 表示样本类别。我们的目的是要设计一个分类器，能够判断给定的样本 $\boldsymbol{x}$ 所属的类别，即判断 $P(C_1\mid\boldsymbol{x})$ 和 $P(C_2\mid\boldsymbol{x})$ 的大小，如果 $P(C_1\mid\boldsymbol{x})>P(C_2\mid\boldsymbol{x})$，则样本 $\boldsymbol{x}$ 归于 C_1 类。并且此类别的概率分布符合（5.3.12）式的（0-1）分布，若 $P(C_1\mid\boldsymbol{x})=p$，则 $P(C_2\mid\boldsymbol{x})=1-p$。

根据贝叶斯定理，有：

$$P(C_j \mid \boldsymbol{x}) = \frac{p(\boldsymbol{x} \mid C_j)P(C_j)}{p(\boldsymbol{x})},(j=1,2)$$

为了比较 $P(C_1 \mid \boldsymbol{x})$ 和 $P(C_2 \mid \boldsymbol{x})$ 的大小，可以依据上式做如下计算：

$$\log\frac{P(C_1 \mid \boldsymbol{x})}{P(C_2 \mid \boldsymbol{x})} = \log\frac{p(\boldsymbol{x} \mid C_1)P(C_1)}{p(\boldsymbol{x} \mid C_2)P(C_2)} \tag{5.3.14}$$

log 仅表示取对数，对数的底在这里并没有规定，常用的可以是 e，即自然对数，也可以是 10，还可以是 2。

又因为 $P(C_1 \mid \boldsymbol{x}) + P(C_2 \mid \boldsymbol{x}) = 1$，所以：

$$\log\frac{P(C_1 \mid \boldsymbol{x})}{P(C_2 \mid \boldsymbol{x})} = \log\frac{P(C_1 \mid \boldsymbol{x})}{1 - P(C_1 \mid \boldsymbol{x})} \tag{5.3.15}$$

此处引入一个函数。令 $p = P(C_1 \mid \boldsymbol{x})$，由（5.3.15）式可以定义一个名为“logit”的函数：

$$\text{logit}(p) = \log\frac{p}{1-p} = -\log\left(\frac{1}{p} - 1\right)$$

logit 函数的反函数，就是现在所讨论的 Logistic 回归算法的核心函数“logistic”函数：

$$\text{logistic}(\alpha) = \frac{1}{1+\mathrm{e}^{-\alpha}} = \frac{\mathrm{e}^{\alpha}}{1+\mathrm{e}^{\alpha}}$$

在机器学习图书中，常表示为：

$$\text{logistic}(\alpha) = \frac{1}{1+\exp(-\alpha)}$$

logistic 函数是 S 形状的函数，也就是第 4 章 4.4.1 节中使用过的 Sigmoid 函数，其图示见 4.4.1 节的图 4-4-3。上式中的 $\exp(-\alpha)$ 是 $\mathrm{e}^{-\alpha}$ 的另外一种书写形式。

下面继续对（5.3.15）式进行探讨。假设 $p(\boldsymbol{x} \mid C_1)$ 和 $p(\boldsymbol{x} \mid C_2)$ 为正态分布（参阅 5.3.3 节）并具有相同的协方差矩阵（参阅 5.5.2 节），（5.3.15）式就可以用线性函数表示：

$$\log\frac{P(C_1 \mid \boldsymbol{x})}{1 - P(C_1 \mid \boldsymbol{x})} = \boldsymbol{w}^{\mathrm{T}}\boldsymbol{x} + w_0 \tag{5.3.16}$$

其中，$\boldsymbol{w}$ 和 w_0 分别表示线性关系的系数和常数项。由此可以得到 $P(C_1 \mid \boldsymbol{x})$：

$$P(C_1 \mid \boldsymbol{x}) = \frac{1}{1+\exp\left(-\left(\boldsymbol{w}^{\mathrm{T}}\boldsymbol{x} + w_0\right)\right)} \tag{5.3.17}$$

现在问题转化为如何求得 $\boldsymbol{w}$ 和 w_0，为此下面将使用**最大似然估计**（Maximum Likelihood Estimation，参阅第 6 章 6.2.1 节）。

考虑一个训练集样本 $D = \{(x_1, y_1), (x_2, y_2), \cdots, (x_n, y_n)\}$，对于样本 $\boldsymbol{x}_i (1 \leqslant i \leqslant n)$，对应的 y_i 为类

别标签，此样本若属于C_1类，则$y_i=1$；若属于C_2类，则$y_i=0$。并且，y_i服从（0-1）分布（伯努利分布），其概率值（即（5.3.17）式的概率）记作$p_i=P(C_1|\boldsymbol{x}_i)$。

为了简化书写并表达明确，再定义$\boldsymbol{\theta}=\begin{bmatrix}w_0\\ \boldsymbol{w}\end{bmatrix}$和$\tilde{\boldsymbol{x}}=\begin{bmatrix}1\\ \boldsymbol{x}\end{bmatrix}$，特别注意，这里再次定义的$\boldsymbol{\theta}$并非标量。在这套新的符号体系下，（5.3.17）式就可以表示为$p_i=f\left(\boldsymbol{\theta}^{\mathrm{T}},\tilde{\boldsymbol{x}}\right)$，即：

$$p_i=\frac{1}{1+\exp\left(-\boldsymbol{\theta}^{\mathrm{T}}\tilde{\boldsymbol{x}}_i\right)} \tag{5.3.18}$$

于是，写出似然函数（参阅6.2.1节）：

$$L(\boldsymbol{\theta}|D)=P(\boldsymbol{\theta}|D)=\prod_{i=1}^{n}(p_i)^{y_i}(1-p_i)^{1-y_i} \tag{5.3.19}$$

要最大化L，等价于最小化$E=-\log L$，故：

$$E=-\sum_{i=1}^{n}(y_i\log p_i+\left(1-y_i\right)\log\left(1-p_i\right)) \tag{5.3.20}$$

运用链式法则以及第4章4.4.1节对Sigmoid函数导数的结论，可得：

$$\begin{aligned}\frac{\partial E}{\partial\boldsymbol{\theta}}&=\sum_{i=1}^{n}\frac{\partial E}{\partial p_i}\frac{\partial p_i}{\partial\boldsymbol{\theta}}\\&=-\sum_{i=1}^{n}\left(\frac{y_i}{p_i}-\frac{1-y_i}{1-p_i}\right)p_i\left(1-p_i\right)\tilde{\boldsymbol{x}}_i\\&=-\sum_{i=1}^{n}(y_i-p_i)\tilde{\boldsymbol{x}}_i\end{aligned} \tag{5.3.21}$$

有了（5.3.21）式，运用第4章4.3.2节的梯度下降法，可以求得$\boldsymbol{\theta}$：

$$\boldsymbol{\theta}\leftarrow\boldsymbol{\theta}-\lambda\frac{\partial E}{\partial\boldsymbol{\theta}}=\boldsymbol{\theta}+\lambda\sum_{i=1}^{n}(y_i-p_i)\tilde{\boldsymbol{x}}_i \tag{5.3.22}$$

其中$\lambda>0$，表示步长。一般来讲，梯度下降法所耗费的计算量不大，但收敛速度比较慢。此外，还可以使用牛顿法（参阅第4章4.3.4节）估计$\boldsymbol{\theta}$。

以上探讨了对于服从伯努利分布的数据，以Logistic回归构建的分类器进行二分类的基本原理。如果在工程实践中，就可以依据上述原理编写代码了。诚然，如果不“重复造轮子”，则可以使用诸如sklearn中提供了基于Logistic回归算法的分类器模型，简单应用示例如下：

首先，利用训练集数据对LogisticRegression模型进行训练。

```
from sklearn.datasets import load_iris
from sklearn.linear_model import LogisticRegression

X, y = load_iris(return_X_y=True)
clf = LogisticRegression(random_state=0)
clf.fit(X, y)
```

由于这里仅演示此模型的使用流程，因此，不妨从训练集中提取出少量数据作为测试集——这种做法不是严格的模型测试，仅为演示模型使用流程。

```
clf.predict(X[:2, :])

# 输出
array([0, 0])
```

如果查看 X 和 y 的数据，则可知 X[:2, :]两个样本的类别标签（在 y 中）都是 0。这就是 Logistic 回归算法的实现方式。

在工程实践中，使用基于伯努利分布的 Logistic 算法的情景还很多，比如分辨垃圾邮件，也是一个非常典型的应用。此外，伯努利分布也不只是应用于 Logistic 回归，如朴素贝叶斯算法中的伯努利朴素贝叶斯（sklearn 库中的 BernoulliNB 模型）等，可以说，凡是“二进制”的问题都遵循伯努利分布。

2. 二项分布

再回到（5.3.11）式，继续讨论 $n \ne 1$ 的情况，即做了 n 次伯努利试验，且每次试验都是“独立”的，其结果互不影响，这种试验常称为 n **重伯努利试验**。

子曰“温故而知新”，先看两个比较简单的计算：

$$(x+y)^2 = x^2 + 2xy + y^2$$
$$(x+y)^4 = x^4 + 4x^3y + 6x^2y^2 + 4xy^3 + y^4$$

像这样，将 $(x+y)^n$ 展开为若干个 ax^iy^j 项之和，其中 $i, j \geqslant 0$，且 $i+j=n$，系数 a 是依赖于 n 和 i 的正整数，就是**二项式定理**（Binomial Theorem），可以表示为：

$$\begin{aligned}(x+y)^n &= \binom{n}{0}x^ny^0 + \binom{n}{1}x^{n-1}y^1 + \cdots + \binom{n}{n-1}x^1y^{n-1} + \binom{n}{n}x^0y^n \\ &= \sum_{k=0}^{n}\binom{n}{k}x^ky^{n-k}\end{aligned} \tag{5.3.23}$$

如果将 $(p+q)^n$ 按照（5.3.23）式展开，会发现（5.3.11）式中的 $\binom{n}{k}p^kq^{n-k}$ 恰好是展开式中出现 p^k 的那一项。因此，离散型随机变量 X 的概率质量函数为（5.3.11）式时，就称随机变量 X 服从参数为 n, p 的**二项分布**，记作 $X \sim B(n, p)$。

前面在讲解（5.3.11）式时所使用过的“抛硬币”和“掷骰子”的示例，都是二项分布的典型案例。

为了能够更直观地理解二项分布中的 n 和 p 对数据分布的影响，下面用图示的方法列出不同值的直方图（代码中使用了有关数据可视化的库 seaborn，请参阅《跟老齐学 Python：数据分析》（电子工业出版社）一书中的有关说明）。

```
%matplotlib inline
import seaborn as sns
import numpy as np
```

```
from scipy.stats import binom
data_binom = binom.rvs(size=100, n=3, p=0.5)
print(data_binom)

# 输出
[2 3 2 1 2 1 2 1 3 2 2 0 2 1 2 2 2 2 1 2 2 3 1 1 2 0 0 1 2 3 1 1 1 2 2 1 2
 1 0 3 2 2 2 1 3 2 2 2 1 1 1 2 2 1 2 2 2 1 3 1 1 1 2 0 1 1 2 1 2 0 1 0 2 2
 2 1 1 0 1 2 2 1 2 1 2 1 0 3 1 1 1 2 2 1 3 0 2 2 2 2]
```

在这段程序中，使用 binom.rvs()函数生成了100个样本的数据（size=100，即样本数），且它们符合 $X \sim B(3,0.5)$ 的概率分布规律，即函数的参数 n=3, p=0.5。输出的列表中每个元素表示每个样本的3次试验（$n=3$）结果的和。

然后，将上面所生成的数据，用直方图以可视化的方式表示（直方图能够显示列表中每个数字出现的频率），程序如下：

```
ax = sns.distplot(data_binom, kde=True, color='blue')
ax.set(xlabel='Binom(n=3,p=0.5)', ylabel='Frequency')
```

输出图像：

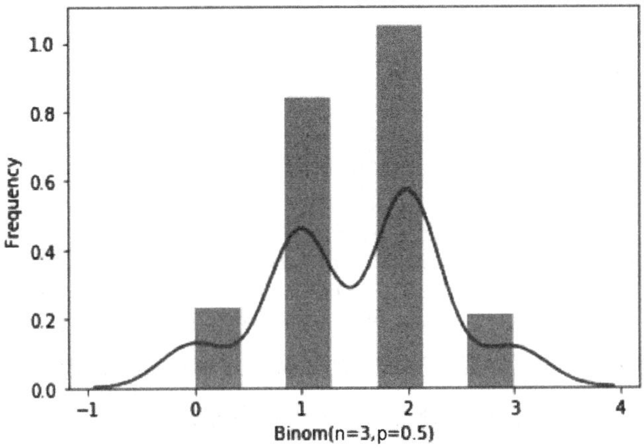

当 $p=0.5$ 时，其实就是类“抛硬币”问题，此时 n 的取值越大——试验次数越多，其分布越接近于正态分布（参阅5.3.3节），这不仅仅是试验结果，也有理论支持，相关说明请参阅5.3.3节。

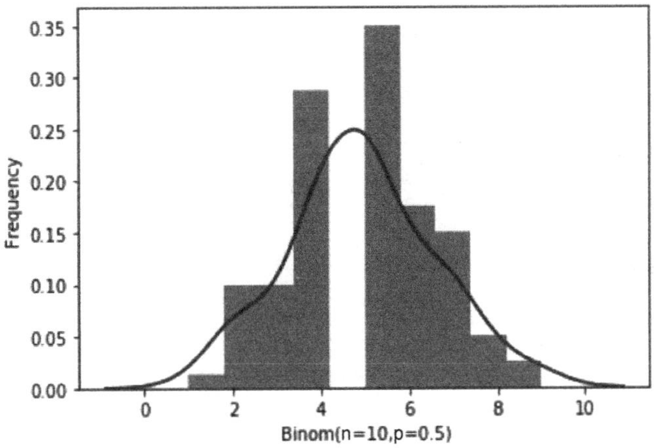

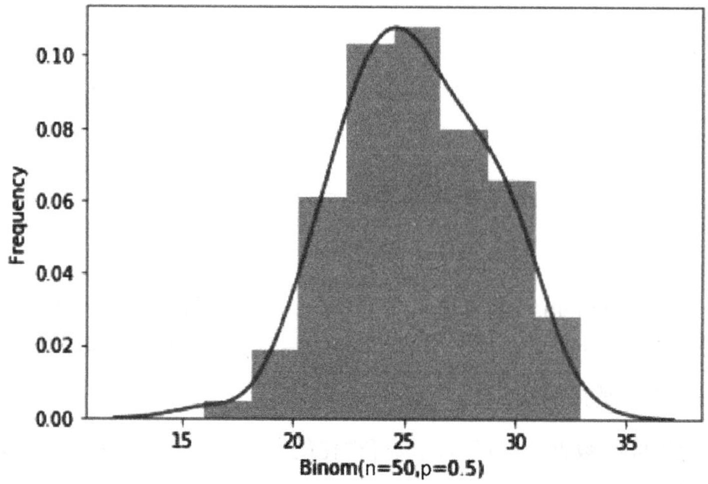

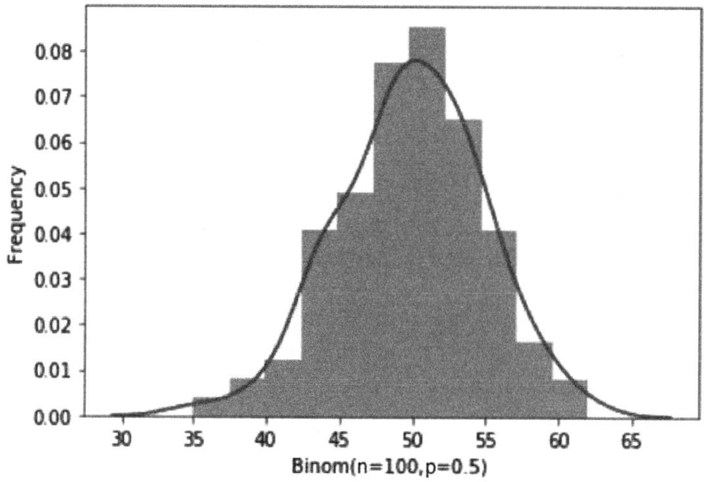

如果将 p 的值改为0.1，分别完成不同次数的试验，观察直方图，也得出了与上述同样的结论：服从二项分布的试验，n 越大，其概率分布越接近于正态分布。

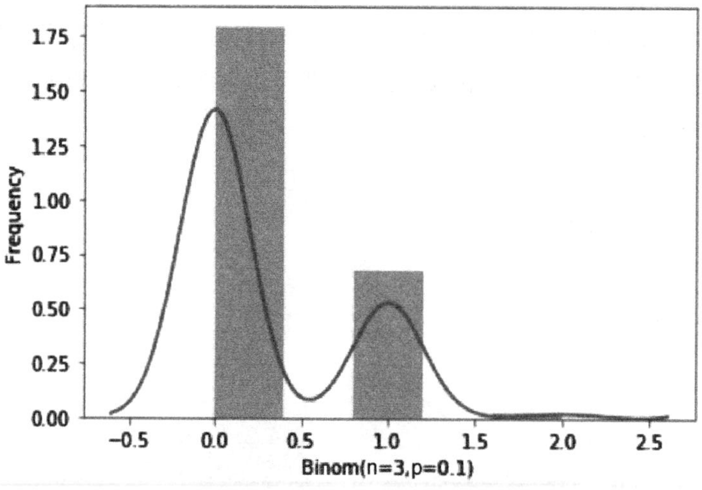

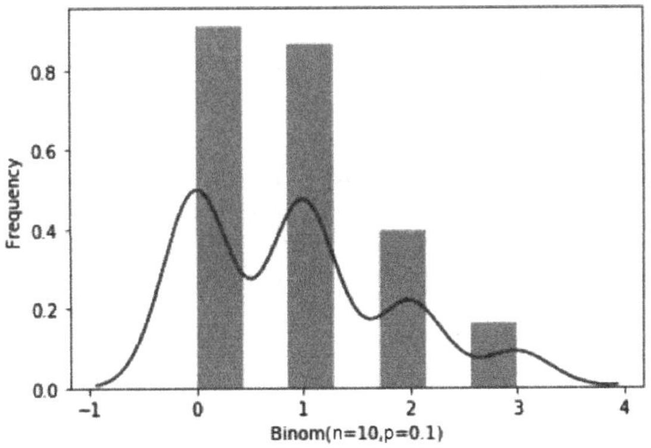

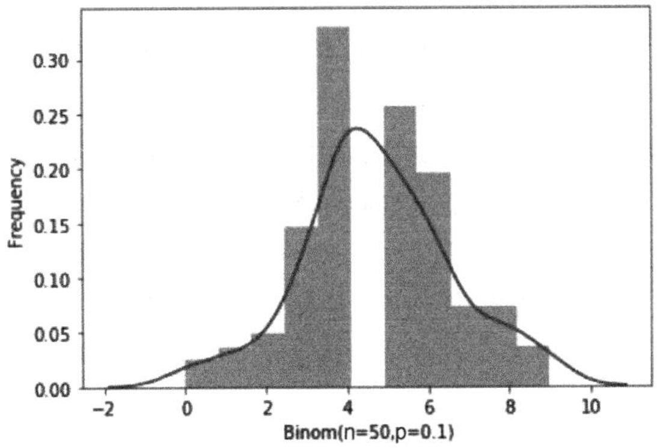

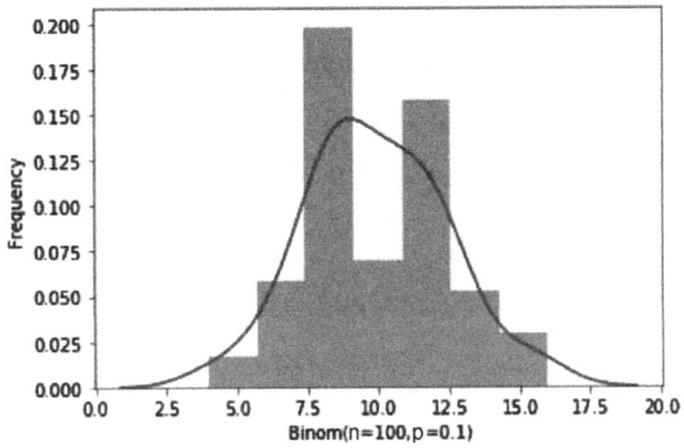

3. 泊松分布

设离散型随机变量 X 的可能取值为 $0,1,2,\cdots$，其概率质量函数为：

$$P\left(X=k\right)=\frac{\lambda^{k}\mathrm{e}^{-\lambda}}{k!}\left(k=0,1,2,\cdots\right) \tag{5.3.23}$$

其中，$\lambda>0$ 是常数，则称 X 服从参数为 λ 的**泊松分布**（Poisson Distribution），记作：$X\sim\pi\left(\lambda\right)$ 或 $X\sim P\left(\lambda\right)$。

这种概率函数最早是由法国数学家、物理学家泊松（Simeon Denis Poisson）（肖像如图 5-3-2 所示）提出，故冠名。在光学中有一种称为“泊松亮斑”衍射现象，用以证明光的波动说，也是由此泊松用他深厚的数学功力在理论上计算出来的，并后来得到了实验证实，不过，泊松最早的理论推导目的不是支持波动说，而是为了说明波动说荒谬，因为他是光的粒子说的支持者。

图 5-3-2

泊松分布作为一种重要的离散型随机变量的分布，主要用于描述在一定的时间或空间内事件发生的次数的概率分布（其中 λ 为事件在单位时间或空间的平均发生次数）。例如网站在一定时间内所接受的用户请求次数、放射性原子的衰变数、医院内某天接诊的病人数，等等。以本书作者个人微信公众号（微信公众号名称：老齐教室，欢迎读者关注）为例，统计一段时间（比如若干天）内新增的关注人数，然后计算出所统计的那段时间内平均每天新增人数（假设为 $\bar{X}=5$ 个）。那么，是不是可以说明天新增的也是5个呢？你肯定会怀疑。怀疑是非常有道理的，因为这种估计太“线性”了，“简单粗暴”。正确的或者说有理论根据的估计，应该是使用泊松分布来预估。

根据（5.3.23）式，$\lambda=5$，则：

$$P(X=k)=\frac{5^k}{k!}\mathrm{e}^{-5}$$

为了直观，可以先绘制此函数的曲线，如图 5-3-3 所示。

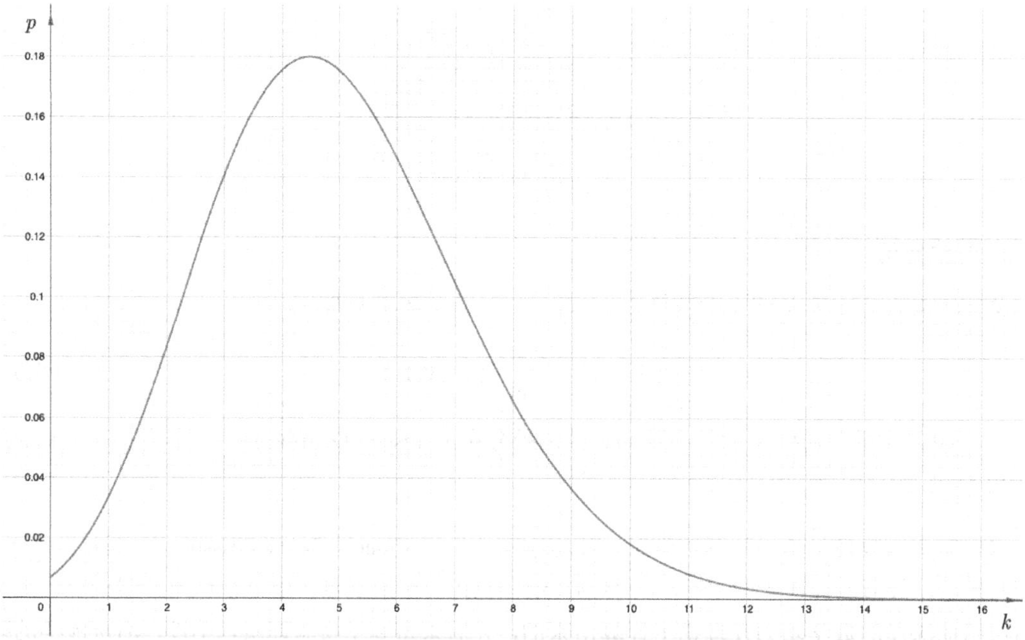

图 5-3-3

再依据此函数做如下计算：

- 新增关注人数为 0 的概率：

$$P(X=0)=\frac{5^0}{0!}\mathrm{e}^{-5}=0.67\%$$

说明一个不增加的概率还是很低的。

- 新增关注人数为 8 的概率：

$$P(X=8)=\frac{5^8}{8!}\mathrm{e}^{-8}=6.53\%$$

虽然概率也不高，但仍有盼头。

- 至少新增 2 人关注的概率：

$$P(X\geqslant 2)=1-P(X=0)-P(X=1)=1-\frac{5^0}{0!}\mathrm{e}^{-5}-\frac{5^1}{1!}\mathrm{e}^{-5}=1-6\mathrm{e}^{-5}=95.96\%$$

通过上述计算，可以放心了，虽然增加人数不多，但明天至少增加 2 个新朋友是没有问题的。

观察（5.3.23）式和（5.3.11）式，从形式上看，泊松分布与二项分布没有什么关系，但当我们对（5.3.11）式求极限时，奇迹就出现了。

设 $np=\lambda$，则 $p=\frac{\lambda}{n}$，有：

$$\binom{n}{k}p^k(1-p)^{n-k}=\frac{n(n-1)\cdots(n-k+1)}{k!}\left(\frac{\lambda}{n}\right)^k\left(1-\frac{\lambda}{n}\right)^{n-k}=\frac{\lambda^k}{k!}\left(1\cdot\left(1-\frac{1}{n}\right)\cdots\left(1-\frac{k-1}{n}\right)\right)\left(1-\frac{\lambda}{n}\right)^n\left(1-\frac{\lambda}{n}\right)^k$$

对于固定的 k，当 $n\to\infty$ 时：

$$1\cdot\left(1-\frac{1}{n}\right)\cdots\left(1-\frac{k-1}{n}\right)\to 1$$

$$\left(1-\frac{\lambda}{n}\right)^n\to\mathrm{e}^{-\lambda}$$

$$\left(1-\frac{\lambda}{n}\right)^{-k}\to 1$$

所以：

$$\lim_{n\to\infty}\binom{n}{k}p^k(1-p)^{n-k}=\frac{\lambda^k\mathrm{e}^{-\lambda}}{k!}$$

由此可知，泊松分布可以通过对二项分布求极限得到。若 $X\sim B(n,p)$，当其中 $np=\lambda$ 不太大时，n 很大，则 p 会很小，随机变量 X 的分布接近泊松分布 $P(\lambda)$，即：

$$\binom{n}{k}p^k(1-p)^{n-k} \simeq \frac{\lambda^k e^{-\lambda}}{k!}$$

还是要用直观的方式理解服从泊松分布的数据分布特点，程序如下：

```
%matplotlib inline
import seaborn as sns
from scipy.stats import poisson

data_poisson = poisson.rvs(mu=3, size=10000)     # 根据泊松分布生成数据
ax = sns.distplot(data_poisson, bins=30, kde=False, color='blue')
ax.set(xlabel="Poisson", ylabel='Frequency')
```

输出图像：

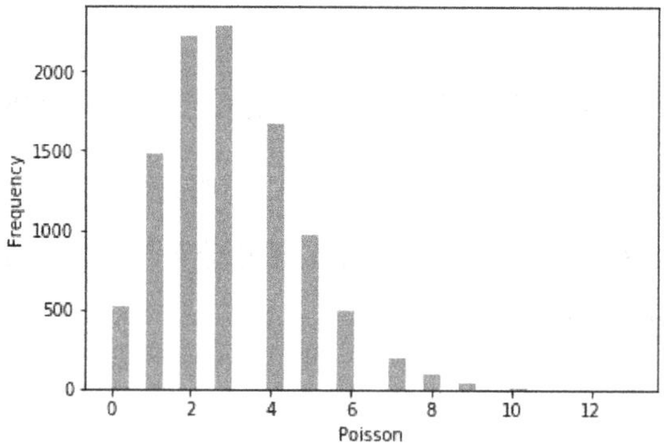

用于函数 poisson.rvs()生成服从泊松分布的数据，其参数 mu 就是（5.3.23）式中的 λ，它决定了直方图"边缘的形状"，如果将上面代码中的参数改为：

```
data_poisson = poisson.rvs(mu=6, size=10000)
```

再绘制直方图，则为：

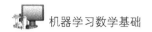

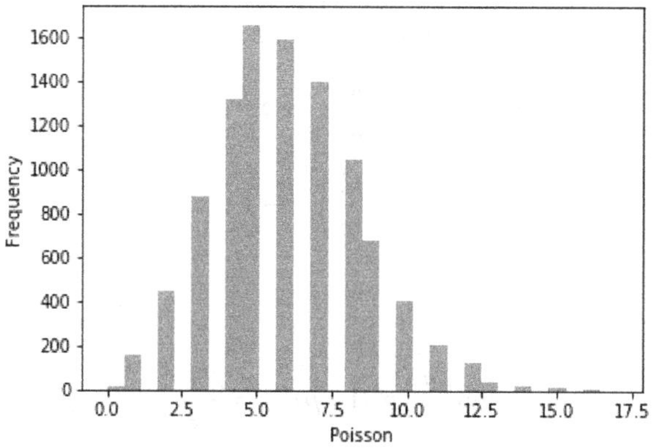

显然所生成的数据分布状况发生变化，从直观效果上看，直方图形状改变了。

除前面介绍的三种离散型随机变量的概率分布之外，还有其他的离散型分布，比如多项分布（参阅 5.3.4 节）、几何分布、超几何分布等，读者在研习了上述三种经典分布之后，也能很容易地理解其他分布，此处不赘述。

5.3.3 连续型随机变量的分布

在 5.3.1 节中已经阐述了连续型随机变量的含义，对于这种类型的随机变量，就不能用（5.3.8）式描述了，因为我们不能将充满一个区间的所有数字一一列出。

而（5.3.9）式关于分布函数 $F(x)=P(X\leqslant x)(-\infty<x<\infty)$ 的定义仍然适用于连续型随机变量，根据分布函数的性质（C4）：

$$P(x_1<X\leqslant x_2)=F(x_2)-F(x_1)$$

事件 $\{x<X\leqslant x+h\}$ 的概率为 $F(x+h)-F(x)$，如果 $h\to 0$，令：

$$f(x)=\lim_{h\to 0}\frac{F(x+h)-F(x)}{h}$$

则此极限为在 x 处无穷小范围内的概率，或者，它反映了概率在 x 处的“概率密度”。

定义 设连续型随机变量 X 的分布函数为 $F(x)$，则 $F(x)$ 的导数 $f(x)=F'(x)$ 称为 X 的**概率密度函数**（Probability Density Function，简称**密度函数**，PDF）。

如果用积分的形式表示密度函数与分布函数关系，则为：

$$F(x)=\int_{-\infty}^{x}f(t)\mathrm{d}t \tag{5.3.24}$$

（5.3.24）式也是概率密度函数的积分形式定义。

如果 $f(x)=0$，则由（5.3.24）式易知，概率为 0，意味着事件在该点不可能发生。

对于概率密度函数，可以类比于物理学中的“密度”。一个物体就是在一定的体积范围内布满了某种物质，根据 $\lim\limits_{\Delta V\to 0}\dfrac{\Delta m}{\Delta V}$ 可以计算某个点的物质密度。这里所定义的概率密度函数 $f(x)$ 就是概率的“密度”。

连续型随机变量 X 的概率密度函数 $f(x)$ 的常用性质罗列如下，可以应用于某些理论推导中（证明过程，请参考本书在线资料）。

- （D1）：$f(x)\geqslant 0$
- （D2）：$\int_{-\infty}^{\infty}f(x)\mathrm{d}x=1$
- （D3）：$F(x)=P(x_1\leqslant x\leqslant x_2)=F(x_2)-F(x_1)=\int_{x_1}^{x_2}f(x)\mathrm{d}x$

与离散型随机变量有不同形式的概率分布律一样，连续型随机变量也有多种形式的分布，这种分布规律都可以使用概率密度函数来表示。

1. 均匀分布

如果随机变量 X 的概率密度函数是：

$$f(x)=\begin{cases}\dfrac{1}{b-a}, & (a\leqslant x\leqslant b)\\ 0, & 其他情况\end{cases} \tag{5.3.25}$$

则称 X 在区间 $[a,b]$ 上服从**均匀分布**（Uniform Distribution），记作 $X\sim U[a,b]$。

在区间 $[a,b]$ 上任取一段长度 $[c,d]$ 作为子区间，即 $a\leqslant c<d\leqslant b$，计算事件 $\{c\leqslant X\leqslant d\}$ 的发生概率：

$$P(c\leqslant X\leqslant d)=F(d)-F(c)=\int_c^{c+l}f(x)\mathrm{d}x=\int_c^{c+l}\frac{1}{b-a}\mathrm{d}x=\frac{l}{b-a}$$

这说明不论子区间 $[c,d]$ 在 $[a,b]$ 区间内的什么位置，其所对应事件的概率都相同，这也是“均匀”的含义。其实，从（5.3.25）式也能理解此结果。因为密度函数 $f(x)$ 在区间 $[a,b]$ 上是常数，意味着概率在各处的“密集程度”一样，也就是概率均匀地分布在了这个区间上。

进一步，根据（5.3.24）式可以得到随机变量 X 完整的分布函数：

$$F(x)=\begin{cases}0, & (x<a)\\ \dfrac{x-a}{b-a}, & (a\leqslant x<b)\\ 1, & (x\geqslant b)\end{cases}$$

如果用程序得到符合均匀分布的数据，则可以使用 scipy.stats 中提供的 uniform 模块：

```
%matplotlib inline
from scipy.stats import uniform
import seaborn as sns

data_uniform = uniform.rvs(size=10000, loc=0, scale=10)
```

变量 data_uniform 所引用的对象就是在区间 $[0,10]$ 内符合均匀分布的数据，共计10 000个。下面用直方图直观地显示这些数据的分布状况：

```
ax = sns.distplot(data_uniform, bins=100, kde=True, color='blue')
ax.set(xlabel='Uniform', ylabel='Frequency')
```

输出图像：

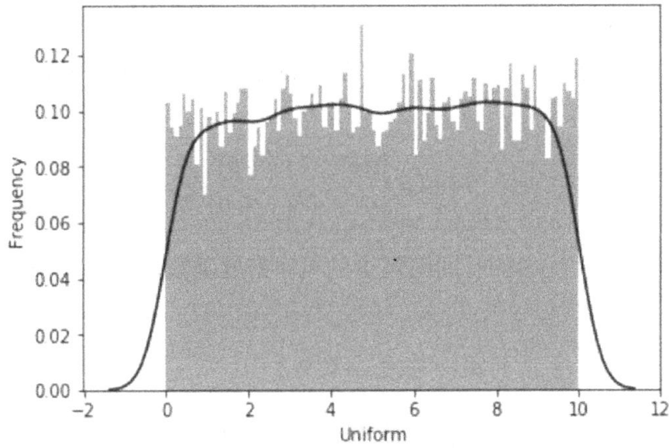

输出图像中的函数曲线，反映了密度函数（5.3.25）式的特点。

2. 指数分布

在 5.3.2 节中讨论泊松分布时，曾以我的微信公众号【老齐教室】为例，研究了“明天新增关注人数的概率”。现在继续使用此案例，不过要换一个角度，探讨间隔多长时间才有人关注。如果某个时刻有一个人关注，再过一段时间才有第二个人关注，那么在这两个人新增关注的时刻之间的这段时间内，就没有人关注。这句貌似废话的陈述，如何翻译为数学表述？

设 t 为任意一段时间间隔，λ 表示事件在单位时间内的平均发生次数，则泊松分布的概率函数（5.3.23）式变化为：

$$P\left(X=k,t\right)=\frac{(\lambda t)^{k}}{k!}\mathrm{e}^{-\lambda t} \tag{5.3.26}$$

若令 $t=1\left(\mathrm{day}\right)$，即在某个一天内没有人关注，则：

$$P\left(X=0\right)=\frac{\lambda^{0}}{0!}\mathrm{e}^{-\lambda}=\mathrm{e}^{-\lambda}$$

如果用另外一个随机变量 Y 表示先后新增两个人关注的时间间隔，即在 Y 时间间隔内没有新增关注者（显然，Y 是连续型随机变量）。那么，“一天内没有人关注”这个事件可以表示为 $\{Y>1\}$，其概率为：$P(Y>1)=P\left(X=0\right)$。用更一般化的方式，根据（5.3.26）式可以表示为：

$$P(Y>t)=P\left(X=0,t\right)=\frac{(\lambda t)^{0}}{0!}\mathrm{e}^{-\lambda t}=\mathrm{e}^{-\lambda t},(t>0) \tag{5.3.27}$$

还可以得：

$$P\left(Y\leqslant t\right)=1-P(Y>t)=1-\mathrm{e}^{-\lambda t},(t>0) \tag{5.3.28}$$

由此可得随机变量 Y 的分布函数：

$$F(y)=P(Y\leqslant y)=\begin{cases}1-\mathrm{e}^{-\lambda y} & (y>0)\\0 & (y\leqslant 0)\end{cases} \tag{5.3.29}$$

注意此处的随机变量 Y 表示的是时间间隔，它是连续型随机变量。根据概率密度函数的定义，对（5.3.29）式求导，得：

$$f(y)=\begin{cases}\lambda\mathrm{e}^{-\lambda y} & (y>0)\\0 & (y\leqslant 0)\end{cases} \tag{5.3.30}$$

这样就得到了新增两个关注者的时间间隔 Y 的概率密度函数，称之为**指数分布**。用习惯的一般化方式，定义如下。

定义 若连续型随机变量 X 的概率密度函数为：

$$f(x)=\begin{cases}\lambda\mathrm{e}^{-\lambda x} & (x>0)\\0 & (x\leqslant 0)\end{cases} \tag{5.3.31}$$

其中 $\lambda>0$，且为常数，则称 X 服从参数为 λ 的**指数分布**（Exponential Distribution）。

图 5-3-4 为（5.3.31）式中 λ 分别为 0.5、1、1.5 时的函数曲线。从图中可以观察到，λ 的值越大，曲线与横纵坐标之间围成的面积越小，该面积即为（5.3.27）式所对应的概率。

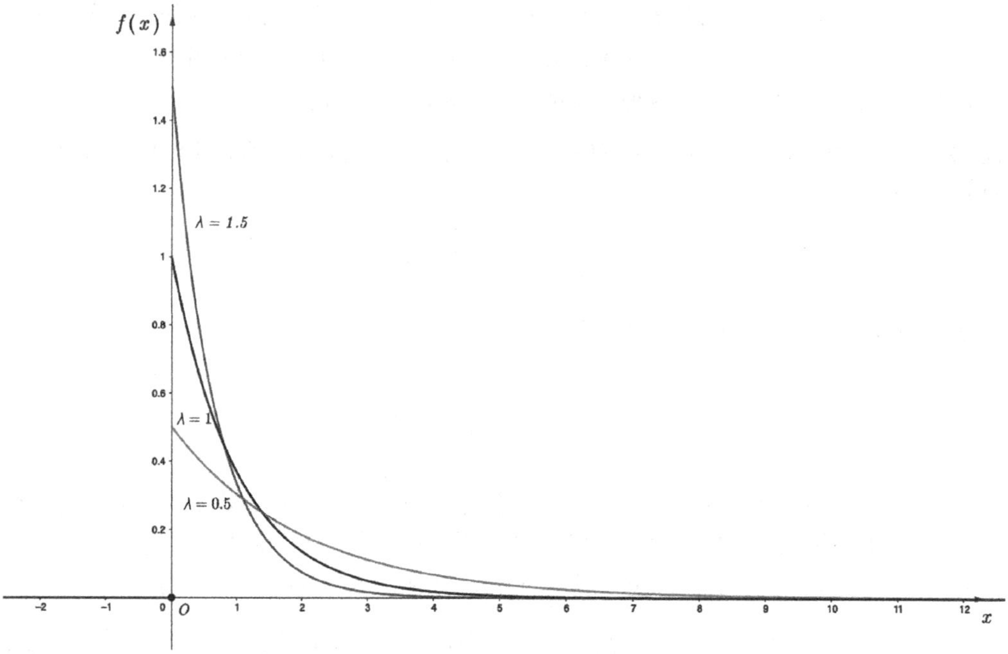

图 5-3-4

继续研究微信公众号的新增关注人数。如果 $\lambda=1$，即平均每天新增1个人，那么：

$$P(Y>1)=\mathrm{e}^{-1}=36.79\%$$

如果 $\lambda=3$，意味着平均每天新增3个人，则：

$$P(Y>1)=\mathrm{e}^{-3}=4.98\%$$

计算表明，若 $\lambda=1$，则增加两个关注者的间隔时间大于 $1(\text{day})$ 的概率要比 $\lambda=3$ 大很多。

在这里介绍指数分布的时候，将其与离散型随机变量的泊松分布进行了对比，请读者注意区分两者的不同，简而言之：

- 泊松分布是单位时间内独立事件发生次数的概率分布，是离散型随机变量的分布函数；
- 指数分布是独立事件的时间间隔的概率分布，是连续型随机变量的分布函数。

下面还是用程序生成符合指数分布的数据，然后通过直方图观察这些数据的分布状况。

```
from scipy.stats import expon
import seaborn as sns

data_expon = expon.rvs(size=10000)
ax = sns.distplot(data_expon, kde=True, color='blue')
ax.set(xlabel='Expon', ylabel='Frequency')
```

输出图像：

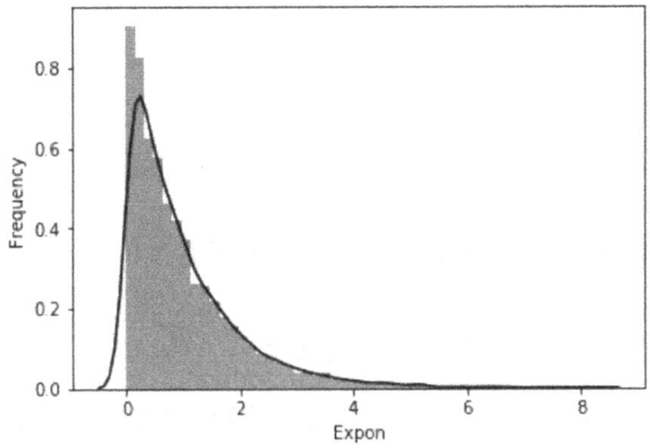

3. 正态分布

正态分布（Normal Distribution），又名高斯分布（Gaussian Distribution），是一种常见的连续型随机变量的概率分布，在统计学中占据重要地位，乃至于在自然科学、社会科学中，遇到一些暂时搞不清楚的随机变量时，往往默认为它就服从正态分布——虽然武断，但多数情况下能解决问题，这不仅仅是经验，也有理论支持。

若连续型随机变量 X 的概率密度函数为：

$$f(x)=\frac{1}{\sigma\sqrt{2\pi}}\mathrm{e}^{-\frac{(x-\mu)^2}{2\sigma^2}}\quad(-\infty<x<\infty) \tag{5.3.32}$$

或者写成：

$$f(x;\mu,\sigma)=\frac{1}{\sigma\sqrt{2\pi}}\exp\left(-\frac{(x-\mu)^2}{2\sigma^2}\right)$$

其中 μ 为均值，σ 为标准差（请参阅 5.5.2 节），则称 X 服从参数为 μ,σ 的正态分布，记作 $X \sim N\left(\mu,\sigma^2\right)$。如果在直角坐标系中用曲线表示（5.3.2）式，就是图 5-3-5 所示的著名的“钟形图”：

- 曲线关于 $x=\mu$ 对称，则对于任意 $h>0$，有 $P(\mu-h<X\leqslant\mu)=P(\mu<X\leqslant\mu+h)$；
- 当 $x=\mu$ 时，$f(x)$ 取最大值：$f(\mu)=\frac{1}{\sigma\sqrt{2\pi}}$。

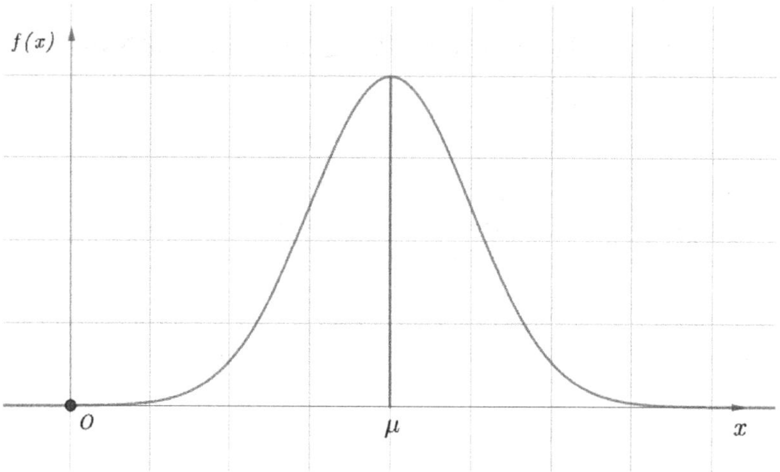

图 5-3-5

根据概率密度函数的定义，由（5.3.32）式可得随机变量 X 的分布函数：

$$F(x)=\frac{1}{\sigma\sqrt{2\pi}}\int_{-\infty}^{x}\mathrm{e}^{-\frac{(t-\mu)^2}{2\sigma^2}}\mathrm{d}t \tag{5.3.33}$$

考虑一种特殊情况，当 $\mu=0,\sigma=1$ 时，（5.3.32）式和（5.3.33）式分别为：

$$\begin{aligned}\phi(x)&=\frac{1}{\sqrt{2\pi}}\mathrm{e}^{-\frac{x^2}{2}}\\ \Phi(x)&=\frac{1}{\sqrt{2\pi}}\int_{-\infty}^{x}\mathrm{e}^{-\frac{t^2}{2}}\mathrm{d}t\end{aligned} \tag{5.3.34}$$

此处的 $\phi(x)$ 是 $X\sim N(0,1)$ 分布的概率密度函数，这种分布称为标准正态分布，其分布函数为 $\Phi(x)$。在传统的概率论教材中，一般会根据 $\Phi(x)$ 提供一份“标准正态分布表”，从该表中可以检索到 x 值所对应的概率。在本书中，当然不提供这样的表格了，因为我们可以通过程序解决此问题。

```
import numpy as np
import seaborn as sns

mu, sigma = 0, 1
data_norm = np.random.normal(mu, sigma, 10000)
ax = sns.distplot(data_norm, kde=True, color='blue')
```

输出图像：

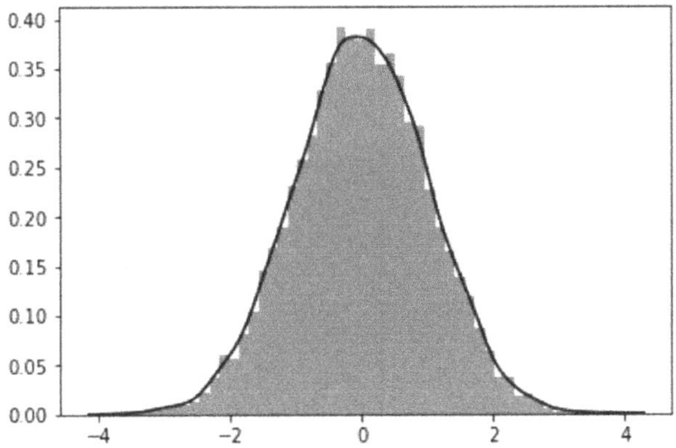

在这段程序中，使用 data_norm = np.random.normal(mu, sigma, 10000)创建了服从 $N(0,1)$ 分布的 10 000 个数据，并用这些数据绘制了直方图，从输出图像中可以观察到数据的分布规律。

很显然，通过设置 np.random.normal()函数中的参数 mu 和 sigma 的值，可以获得不同的 $X \sim N(\mu,\sigma^2)$ 数据。通常，重点研究的是标准正态分布，因为任何正态分布 $X \sim N(\mu,\sigma^2)$ 都可以通过线性变换转换为标准正态分布 $Z = \dfrac{X-\mu}{\sigma} \sim N(0,1)$。根据（5.3.33）得：

$$
\begin{aligned}
P(Z \leqslant x) &= P\left(\frac{X-\mu}{\sigma} \leqslant x\right) \\
&= P(X \leqslant \sigma x + \mu) \\
&= \frac{1}{\sigma\sqrt{2\pi}} \int_{-\infty}^{\sigma x+\mu} \mathrm{e}^{-\frac{(t-\mu)^2}{2\sigma^2}} \mathrm{d}t
\end{aligned}
$$

令 $v = \dfrac{t-\mu}{\sigma}$，则：

$$P(Z \leqslant x) = \frac{1}{\sqrt{2\pi}} \int_{-\infty}^{x} \mathrm{e}^{-\frac{v^2}{2}} \mathrm{d}v$$

根据（5.3.34）式，得：

$$P(Z \leqslant x) = \frac{1}{\sqrt{2\pi}} \int_{-\infty}^{x} \mathrm{e}^{-\frac{v^2}{2}} \mathrm{d}v = \Phi(x) \tag{5.3.35}$$

于是，若 $X \sim N(\mu,\sigma^2)$，随机变量 X 的分布函数 $F(x)$ 可写成（参考 5.3.2 节分布函数的定义（5.3.9）式）：

$$F(x) = P(X \leqslant x) = P\left(\frac{X-\mu}{\sigma} \leqslant \frac{x-\mu}{\sigma}\right) = \Phi\left(\frac{x-\mu}{\sigma}\right) \tag{5.3.36}$$

然后，根据（5.3.36）式计算常见的图 5-3-6 所示的 $P(\mu-\sigma < X < \mu+\sigma)$、$P(\mu-2\sigma < X < \mu+2\sigma)$ 和 $P(\mu-3\sigma < X < \mu+3\sigma)$ 的值。

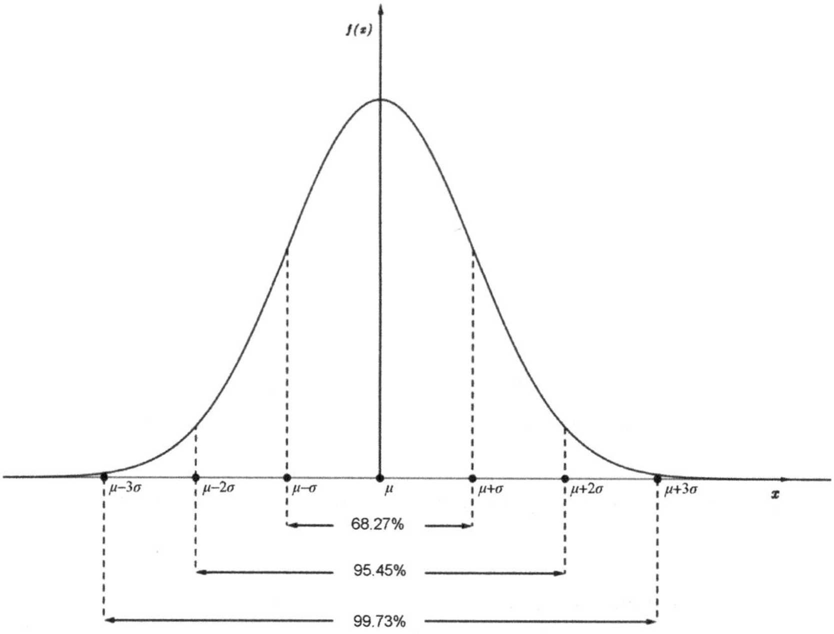

图 5-3-6

以 $P(\mu-\sigma<X<\mu+\sigma)$ 为例，根据（5.3.36）式以及分布函数的性质（C4），有：

$$P(\mu-\sigma<X<\mu+\sigma)=F(\mu+\sigma)-F\left(\mu-\sigma\right)=\Phi\left(1\right)-\Phi\left(-1\right)$$

用传统概率论教材的方法，就要通过检索书中提供的“概率分布表”分别得到 $\Phi\left(1\right)$ 和 $\Phi\left(-1\right)$ 的值，此处我们使用程序完成各项计算。

```
from scipy.stats import norm
for i in [1,2,3]:
    prob = norm.cdf(i) - norm.cdf(-i)
    prob = round(prob*100, 2)
    print(f"P(mu - {i}sigma < X < mu +{i}sigma) = {prob}%")

# 输出
P(mu - 1sigma < X < mu +1sigma) = 68.27%
P(mu - 2sigma < X < mu +2sigma) = 95.45%
P(mu - 3sigma < X < mu +3sigma) = 99.73%
```

由上述计算结果，并结合图 5-3-6，可以看出虽然正态分布中变量的取值范围是 $(-\infty,\infty)$，但其值在 $(\mu-3\sigma,\mu+3\sigma)$ 范围内的概率已达到99.73%，这就是人们常说的“3σ”法则。在机器学习中，如果要识别数据集的离群值，则可以使用此法则（请参阅《数据准备和特征工程》，电子工业出版社）。

由于自然、人类社会等领域的很多数据都符合正态分布的规律，比如正常人的身高和体重、测量误差，等等。所以它很早就引起了研究者的关注，并且被冠名“Normal”——翻译为“正常分布”“常态分布”，可能更直白和容易理解。甚至在 5.3.2 节通过程序演示，我们还看到服从二项分布的离散型随机变量，在多次试验之后，它的分布规律也趋于正态分布。

这些，不仅仅是经验，数学家们也从理论上给予了支持。例如由法国数学家棣莫佛（Abraham de Moivre，肖像见图 5-3-7）和拉普拉斯（Pierre-Simon marquis de Laplace）先后研究，如今用二人姓氏命名的"棣莫佛——拉普拉斯定理"，就从理论上证明正态分布是二项分布的极限分布（ n 充分大），也就是说 5.3.2 节中探讨的结果，并不是凑巧，可以用"棣莫佛——拉普拉斯定理"解释。像这样的理论研究成果还有"林德伯格——莱维定理""李雅普诺夫定理"等，在概率论中，将这类成果统一称为**中心极限定理**（Central Limit Theorem，CLT）——这是一组定理，因其内容中包含极限。此名称是匈牙利数学家波利亚（George Pólya）于 1920 年提出的。

图 5-3-7

中心极限定理表明，在相当一般的条件下，当独立随机变量的个数不断增加时，其和的分布趋于正态分布。这就从理论上说明了为什么在实际应用中会经常遇到正态分布。另一方面，对于独立同分布随机变量之和（$\sum_{k=1}^{n}X_k$，X_k 存在方差，关于方差内容，参阅 5.5.2 节）的近似分布，只要和式中的项足够大，就不必考虑随机变量服从什么分布，都可以用正态分布来近似。这就为解决实际问题提供了足够的理论基础。

当然，关于中心极限定理的具体内容和相关证明，不是这里的重点，有兴趣的读者可以参考本书在线资料。从应用的角度来看，有了中心极限定理做后盾，就可以放心大胆地使用正态分布了。

但不能乱用。小心幂律分布。

4. 幂律分布

微软曾在一篇报告中称，Windows 和 Office 中 80%的错误是由检测到的 20%的错误导致的，这与著名的质量管理专家 Juran（Joseph M. Juran，肖像如图 5-3-8 所示）利用帕雷托分布在 20 世纪 40 年代的研究成果完全契合。

何谓帕雷托分布？1909 年，意大利经济学家帕雷托（Vilfredo Federico Damaso Pareto，肖像如图 5-3-9 所示）发布了他对社会财富分配的研究结果，即"20%的人占据了 80%的社会财富"，并被概括为"80/20"法则，此结论的数学依据就是帕雷托分布。

图 5-3-8

图 5-3-9

设 X 为服从帕雷托分布的随机变量，则：

$$\overline{F}(x)=P(X>x)=\begin{cases}\left(\frac{x_m}{x}\right)^{\alpha} & (x\geqslant x_m)\\ 1 & (x<x_m)\end{cases} \tag{5.3.37}$$

其中，$x_m>0$为随机变量X的最小可能值；$\alpha>0$是控制函数曲线“长尾”形状的参数，也称为帕雷托系数。

注意（5.3.37）式中使用的$\overline{F}(x)$符号，不同于 5.3.2 节中的（5.3.9）式的概率分布函数$F(x)$，其关系为$F(x)=1-\overline{F}(x)$，所以，X所服从的概率分布函数为：

$$F(x)=\begin{cases}1-\left(\frac{x_m}{x}\right)^{\alpha} & (x\geqslant x_m)\\ 0 & (x<x_m)\end{cases} \tag{5.3.38}$$

对$F(x)$求导，得到概率密度函数：

$$f(x)=\begin{cases}\frac{\alpha x_m^{\alpha}}{x^{\alpha+1}} & (x\geqslant x_m)\\ 0 & (x<x_m)\end{cases} \tag{5.3.39}$$

图 5-3-10 是（5.3.39）式的图线，从图中可以看出公式中的α对曲线形状的控制。

下面的程序生成了服从帕雷托分布的数据，并绘制直方图，显示数据的分布特点（注意，当生成下面的数据时，$x_m=0$）。

```
%matplotlib inline
import numpy as np
import seaborn as sns
ax = sns.distplot(np.random.pareto(a=1.16,size=1000), hist=True, kde=True)
ax.set(xlabel='Pareto', ylabel='Frequency')
```

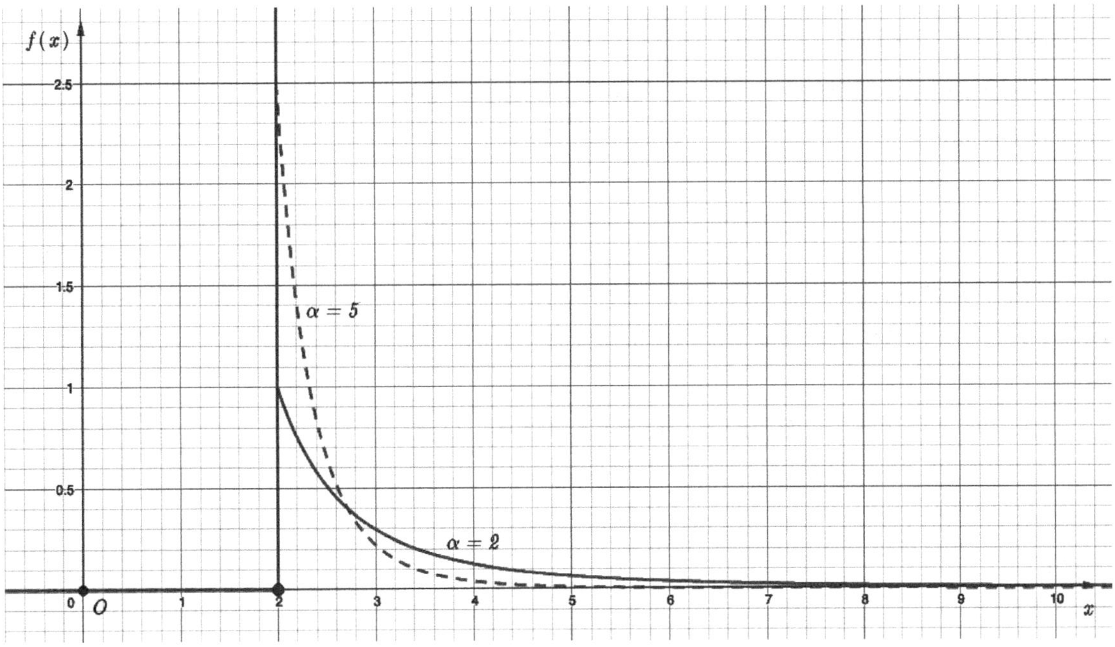

图 5-3-10

输出图像：

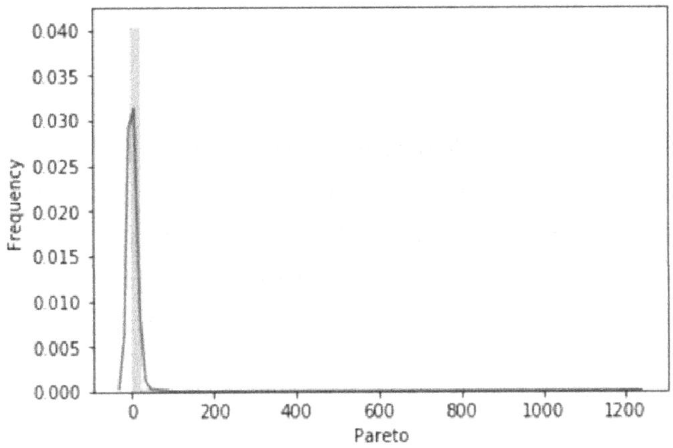

社会财富分配是帕雷托分布的典型应用，下面创建一个服从帕雷托分布的工资模型示例。

```
from scipy.stats import pareto
alpha = 1.16
xmin = 1000
incomes = pareto(b=alpha, scale=xmin)
```

这里不妨以1000 元作为最低值，即（5.3.39）式中的 $x_m = 1000$，式中的 $\alpha = 1.16$，这是一个超参数。这样，就创建了一个符合帕雷托分布的工资模型。

```
incomes.median()
```

```
# 输出
```

```
1817.6431200757233
```

在这个模型中，工资的中位数是1817.64元。平均工资呢？

```
incomes.mean()

# 输出
7250.000000000004
```

显然，符合帕雷托分布的工资的平均值和中位数差很多。如果工资符合正态分布，则两者差距应该不大，然而现实中就是这么残酷的帕雷托分布。所以，关注平均工资，只会"几家欢乐""多家愁"。

如果你的工资达到了上面的均值，就是"几家欢乐"里的一员了，这个"几"是多少呢？

```
top_ratio= 1 - incomes.cdf(incomes.mean())
print(f'{round(top_ratio*100, 2)}%')

# 输出
10.05%
```

在这个模型中，就是前10%——恭喜发财。

将计算结果和前述绘制的图像结合，不难得知，在当前所构建的工资模型中，工资额度不高者数据量巨大，图中表现为右侧向横轴趋近，这种分布也称为**长尾分布**——"长尾"这个术语在商业领域被经常提及。

当然，这里只是一个数学模型案例。

服从帕雷托分布的现象还很多，包括在网站中的操作行为。例如微博转发次数的分布特点，如图5-3-11所显示（张宁 等，《新浪微博转发数的幂律分布现象》，计算机时代，2015年第3期）。从图中可以看出，少数几篇微博转发量很高，绝大多数的转发量很低。

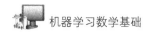

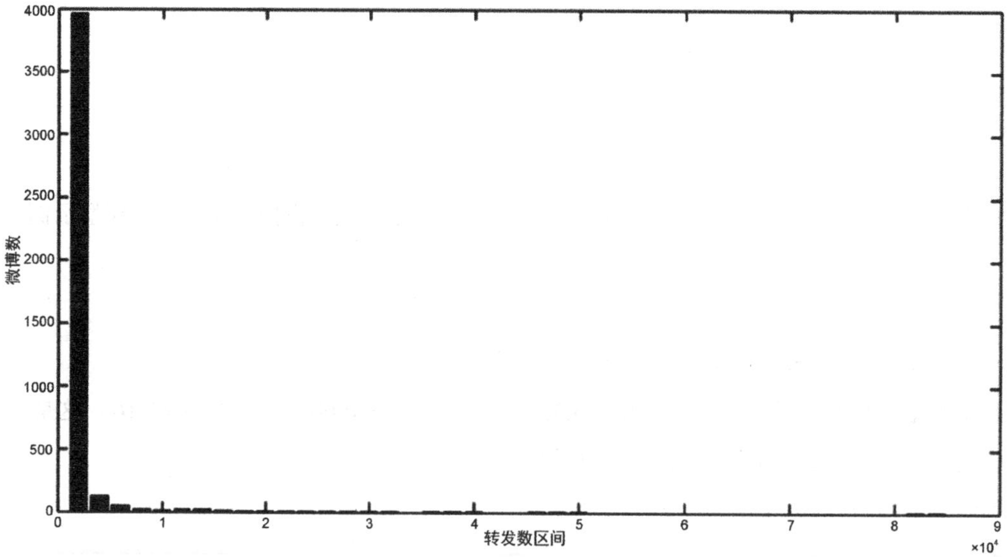

图 5-3-11

甚至在语言学领域也出现了“长尾”现象。语言学家齐普夫（George K. Zipf）在研究英文单词出现的频率时发现，如果把单词出现的频率按由大到小的顺序排列，每个单词对应一个序号，则单词出现的频率与它的序号的常数次幂存在简单的反比关系：

$$P(r) \sim r^{-\alpha} \tag{5.3.40}$$

这种分布被称为**齐普夫定律**（Zipf's Law）。它表明在英语单词中，只有少数词汇被经常使用，绝大多数很少使用。事实上不止英语如此，以汉语为例，据统计，1000 个常用字能覆盖约92% 的书面资料，2000 字可覆盖98% 以上，3000 字已到99%，而《汉语大字典》所收录的汉字数为54 678 个。

（5.3.37）式和（5.3.40）式都是幂函数，我们将凡是符合这类形式概率分布的统称为**幂律分布**（Power Law Distribution）——齐普夫和帕雷托都为幂律分布做出了重要贡献。在实践中，幂律分布除了这里介绍的帕雷托分布、齐普夫定律之外，还有其他形式。但不论具体形式如何，都可以概括为：

$$f(x) = Cx^{-\alpha} \tag{5.3.41}$$

这就是连续型随机变量 X 的概率密度函数，称之为 X 服从以 $\alpha > 0$、C 为参数的**幂律分布**。其中，C 可以用 X 的最小可能值表示：

$$\begin{aligned}
&\because \quad 1 = \int_{x_{\min}}^{\infty} f(x)\mathrm{d}x = C\int_{x_{\min}}^{\infty} x^{-\alpha}\mathrm{d}x = \frac{C}{1-\alpha}\left[x^{-\alpha+1}\right]_{x_{\min}}^{\infty} \\
&\quad\quad 若\alpha > 1 \\
&\quad\quad 则C = (\alpha-1)x_{\min}^{\alpha+1} \\
&\therefore \quad f(x) = \frac{\alpha-1}{x_{\min}}\left(\frac{x}{x_{\min}}\right)^{-\alpha}
\end{aligned}$$

幂律分布表现了一种很强的不均衡、不平等，在网络、大数据时代，越来越受到关注，因为不均衡就也意味着机会。对此有兴趣的读者，除从数学理论上了解之外，还可以继续深入研究，利用它从数据中挖掘新知。

以上列举的是几种常见的连续型随机变量的概率分布，此外还有很多其他概率分布，此处不一一列举。

5.3.4 多维随机变量及分布

如果用向量的观点来看随机变量，那么前面已经讨论过的那些，都可以看作一维向量——所以，也可以称之为**随机向量**。例如 5.3.1 节的（5.3.3）式的随机变量 $X(\omega)$ 用列向量的形式，可以表示为：

$$\vec{X}(\omega) = \begin{bmatrix} 0 \\ 1 \\ 2 \\ 3 \end{bmatrix} \tag{5.3.42}$$

在本书中已经用英文大写字母表示随机变量、用加粗的英文大写字母表示矩阵，如果特别强调随机变量的向量特点，就如同（5.3.42）式那样，它其实就是一个矩阵，所以使用与矩阵相同的符号表示随机向量，即 $\boldsymbol{X}=\vec{X}(\omega)$（用 $\vec{X}$ 更直截了当）。其实，当读者看到随机变量 X 时，也同样应该想到它是一个一维向量。

套用向量的维度，我们称（5.3.42）式中的随机变量 $\vec{X}$ 为**一维随机变量**，由此可以推想，还可以有二维随机变量，乃至于更多维随机变量。

定义 设 $\boldsymbol{X}=[X_1,X_2,\cdots X_n]$ 为一个 n 维向量，其中每个分量，即 $X_1,\cdots,X_n$，都是一维随机变量，则称 $\boldsymbol{X}$ 是一个 **n 维随机变量**（或 n 维随机向量）。

注意，在通常的概率论教材中，常用大写字母表示多维随机变量，本书中对于向量符号统一秉承了线性代数的惯例。

由 5.3.1 节对随机变量（一维）的定义可知，$\boldsymbol{X}$ 中的每一个分量都是一个函数 $X_i:\Omega\to\mathbb{R}$，其值域是一维欧几里得空间的子集，那么，n 维随机变量就是 n 维欧几里得空间的子集。以二维平面上的一个样本空间为例，定义一个二维随机变量 $[\boldsymbol{X},\boldsymbol{Y}]\in\mathbb{R}^2$，其中 $\boldsymbol{X}=[x_1\quad x_2\quad\cdots]^{\mathrm{T}},\boldsymbol{Y}=[y_1\quad y_2\quad\cdots]^{\mathrm{T}}$。

与一维的情况类似，对于多维随机变量也可以定义**分布函数**：

定义 设 $\boldsymbol{X}=[X_1,\cdots X_n]$ 是一个 n 维随机变量，对任意实数 $x_1,\cdots,x_n$，有：

$F(x_1,\cdots,x_n)=P(\{X_1\leqslant x_1\}\cap\cdots\cap\{X_n\leqslant x_n\})$，简写为：

$$F(x_1,\cdots,x_n)=P(X_1\leqslant x_1,\cdots,X_n\leqslant x_n) \tag{5.3.43}$$

称为 n 维随机变量 $[X_1,\cdots,X_n]$ 的**分布函数**，或称为随机变量 $X_1,\cdots,X_n$ 的**联合分布函数**。

以二维随机变量 $[X,Y]$ 为例，它可以表示平面上随机点的坐标，有分布函数：

$$F(x,y)=P(X\leqslant x,Y\leqslant y) \tag{5.3.44}$$

那么，$F(2,3)$ 的值就是随机点 $[X,Y]$ 落在如图 5-3-12 所示的、以 A 为顶点的阴影区域内（无穷矩形区域）的概率。

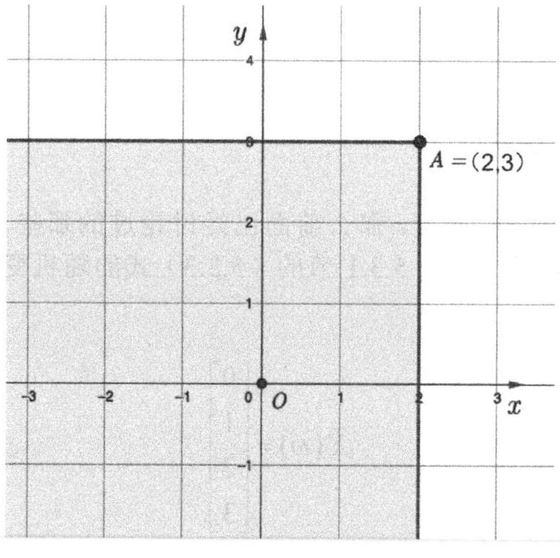

图 5-3-12

多维随机变量的类型也有离散型和连续型之分：

- 如果每个分量 $X_i,(i=1,2,\cdots,n)$ 都是离散型随机变量，则称 $\boldsymbol{X}$ 为离散型的；
- 如果 $\boldsymbol{X}$ 的全部取值能充满 $\mathbb{R}^n$ 的某一区域，则称 $\boldsymbol{X}$ 为连续型的。

与 5.3.2 节的（5.3.7）式类比，以离散型二维随机变量 $[X,Y]$ 为例，设其所有可能值为 $[x_i,y_j],(i,j=1,2,\cdots)$，则：

$$p_{ij}=P(X=x_i,Y=y_j),\quad (i,j=1,2,\cdots) \tag{5.3.45}$$

此式称为离散型二维随机变量 $[X,Y]$ 的**分布律**，或称为随机变量 X 和 Y 的**联合分布律**，亦为离散型二维随机变量的概率质量函数。如果将二维的情况推广到多维，即：

定义 设 n 维离散型随机变量的分量 $X_i,(i=1,2,\cdots)$ 的全部可能值为 $a_{i1},a_{i2},\cdots$，则事件 $\{X_1=a_{1j_1},\cdots,X_n=a_{nj_n}\}$ 的概率：

$$p_{j_1,\cdots,j_n}=P(X_1=a_{1j_1},\cdots,X_n=a_{nj_n}),\quad (j_1,\cdots,j_n=1,2,\cdots)$$

由（5.3.44）式和（5.3.45）式得：

$$F(x,y)=\sum_{x_i\leqslant x}\sum_{y_i\leqslant y}p_{ij} \tag{5.3.46}$$

其中求和表示对一切满足 $x_i\leqslant x,y_i\leqslant y$ 的 i,j 求和。

在 5.3.2 节二项分布的基础上，依据多维离散型随机变量的分布律，可以进一步探究**多项分布**（Multinomial Distribution）。

设一个试验中的事件 $A_i,A_j,(i,j=1,\cdots,n)$ 两两互斥，即 $A_i\cap A_j=\phi$，且 $\Omega=A_i+\cdots+A_n$。事件 A_k 的发生概率记作 $p_k=P(A_k),(k=1,\cdots,n)$，根据概率的基本知识可知：$p_k\geqslant 0$，及 $p_1+\cdots+p_n=1$。

如果将此试验重复 N 次，随机变量 X_i 表示事件 A_i 的出现次数，则 $\boldsymbol{X}=[X_1,\cdots,X_n]$ 为 n 维离散型随机变量，$X_1,\cdots,X_n$ 为非负数，且 $X_1+\cdots+X_n=N$，那么，$\boldsymbol{X}$ 的分布律就是多项分布，记作：$M(N;p_1,\cdots,p_n)$。

$$\begin{aligned}P(X_1=k_1,X_2=k_2,\cdots,X_n=k_n)&=\frac{N!}{k_1!k_2!\cdots k_n!}p_1^{k_1}p_2^{k_2}\cdots p_n^{k_n}\\&=\frac{N!}{k_1!k_2!\cdots k_n!}\prod_{i=1}^{n}p_i^{k_i},\quad (k_i>0,\sum_{i=1}^{n}k_i=N)\end{aligned} \tag{5.3.47}$$

（5.3.47）式就是多项分布，其名称来自下面的多项式展开：

$$(x_1+\cdots+x_n)^N=\sum^{*}\frac{N!}{k_1!\cdots k_n!}x_1^{k_1}\cdots x_n^{k_n}$$

注意（5.3.47）式的条件是 $\sum_{i=1}^{n}k_i=N$，否则 $P(X_1=k_1,X_2=k_2,\cdots,X_n=k_n)=0$。

在机器学习中，要获得服从多项分布的数据，可以使用 NumPy 的函数，如下所示：

```
import numpy as np
data_mult = np.random.multinomial(n=20, pvals=[1/6.] * 6, size=(2, 3))
data_mult

# 输出
array([[[5, 1, 2, 6, 5, 1],
        [4, 2, 3, 5, 3, 3],
        [2, 2, 0, 7, 4, 5]],

       [[2, 2, 2, 3, 6, 5],
        [1, 6, 2, 4, 7, 0],
        [4, 2, 2, 4, 2, 6]]])
```

在 np.random.multinomial(n=20, pvals=[1/6.] * 6, size=(2, 3))中，参数 n 表示试验次数；参数 pvals 表示（5.3.47）中的概率 p_i，并且 $\sum_{i=1}^{n} p_i = 1$；参数 size 规定了输出数据的形状。

如果要构建（5.3.47）式的多项分布模型，则可以使用 SciPy 中提供的函数 multinomial()。

```
from scipy.stats import multinomial
p = [1.0/3.0, 1.0/3.0, 1.0/3.0]
n = 100
dist = multinomial(n, p)
```

程序中的 dist 变量所引用的对象就是一个多项分布模型，根据这个模型，可以得到某数据的概率。

```
cases = [33, 33, 34]
pr = dist.pmf(cases)
pr = round(pr*100, 2)
print(f'Case={cases}, Probability: {pr}%')

# 输出
Case=[33, 33, 34], Probability: 0.81%
```

在朴素贝叶斯算法中，有一种使用多项分布的模型，如 sklearn 库中的 naive_bayes.MultinomialNB，使用这个模型，可以解决离散数据的分类问题，特别是对文本数据的分类。

与一维连续型随机变量一样，描述多维连续型随机变量的概率分布，最方便的也是使用概率密度函数。

定义 设 $\boldsymbol{X} = [X_1, \cdots, X_n]$ 为 n 维连续型随机变量，若 $f(x_1, \cdots, x_n)$ 是定义在 $\mathbb{R}^n$ 上的非负函数，使得对任意的 $-\infty < a_1 \leqslant b_1 < +\infty, \cdots, -\infty < a_n \leqslant b_n < +\infty$，有：

$$P(a_1 \leqslant X_1 \leqslant b_1, \cdots, a_n \leqslant X_n \leqslant b_n) = \int_{a_n}^{b_n} \cdots \int_{a_1}^{b_1} f(x_1, \cdots, x_n) \mathrm{d}x_1 \cdots \mathrm{d}x_n \tag{5.3.48}$$

则称 f 为 $\boldsymbol{X}$ 的概率密度函数。

对于 $-\infty < a_1 \leqslant b_1 < +\infty, \cdots, -\infty < a_n \leqslant b_n < +\infty$，可用 $\mathbb{R}^n$ 中的一个集合 A 表示，（5.3.48）式还

可以表示为：

$$P(\boldsymbol{x}\in A)=\int_A\cdots\int f(x_1,\cdots,x_n)\mathrm{d}x_1,\cdots,\mathrm{d}x_n$$

如果使用（5.3.43）式的联合分布函数，还可以用积分方式表示概率密度函数（与 5.3.3 节的（5.3.24）式对应）：

$$F(x_1,\cdots,x_n)=\int_{-\infty}^{x_n}\cdots\int_{-\infty}^{x_1}f(t_1,\cdots,t_n)\mathrm{d}t_1\cdots\mathrm{d}t_n \tag{5.3.49}$$

其中，$-\infty<x_1,\cdots,x_n<+\infty$。

5.3.3 节介绍了几种一维连续型随机变量的分布，对于二维连续型随机变量而言，主要是形式上变化，比如二维的均匀分布——请读者对照一维的均匀分布理解。

设 D 是平面中的有界区域，如图 5-3-13 所示，比如是矩形，其面积为 $A=(b-a)(d-c)$，那么对于一个二维连续型随机变量 $[X,Y]$，概率密度函数为：

$$f(x,y)=\begin{cases}\dfrac{1}{(b-a)(d-c)}, & (a\leqslant x\leqslant b,c\leqslant y\leqslant d)\\ 0, & \text{其他情况}\end{cases}$$

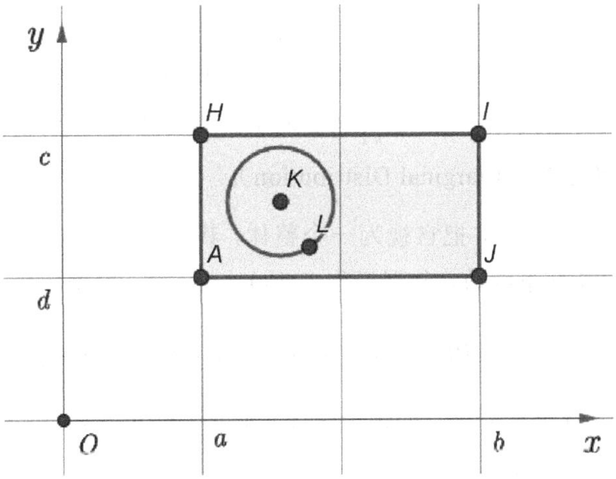

图 5-3-13

由 $f(x,y)$ 可知，$[X,Y]$ 的值只能在图 5-3-13 中的矩形之内，且概率 $P([X,Y]\in A)$ 的值与位置和 A 的形状无关。

再如二维连续型随机变量的分布是正态分布，其概率密度函数为：

$$f(x,y)=\frac{1}{2\pi\sigma_1\sigma_2\sqrt{1-\rho^2}}\exp\left(-\frac{1}{2(1-\rho^2)}\left(\frac{(x-\mu_1)^2}{\sigma_1^2}-\frac{2\rho(x-\mu_1)(y-\mu_2)}{\sigma_1\sigma_2}+\frac{(y-\mu_2)^2}{\sigma_2^2}\right)\right)$$

其中 $\mu_1,\mu_2,\sigma_1,\sigma_2,\rho$ 为常数，且 $\sigma_1,\sigma_2>0,|\rho|<1$。$[X,Y]$ 服从参数为 $\mu_1,\mu_2,\sigma_1,\sigma_2,\rho$ 的二维正态分

布，通常记作 $[X,Y]\sim N\left(\mu_1,\mu_2,\sigma_1^2,\sigma_2^2,\rho\right)$。对于多维随机变量的正态分布，在 5.5.4 节还会用更优雅的方式予以表示。

5.3.5 条件概率分布

在 5.3.1 节讨论过条件概率，那是基于事件的；现在讨论随机变量的分布，自然也要探讨随机变量的条件概率分布。

所谓随机变量的条件概率分布，就是在某种给定条件之下 X 的概率分布。例如，从一个较大的人群中随机抽取一个人，以 X_1 和 X_2 分别表示其身高、体重，则 X_1、X_2 都是随机变量，并具有一定的概率分布。若设 $70\text{kg}\leqslant X_2\leqslant 90\text{kg}$，在这个条件下求 X_1 的分布，即从人群中选出体重在 70～90kg 者，然后在这些人中考查身高的分布，显然这个身高的分布与不设条件下的身高分布不同，就我们一般的经验身高和体重是正相关的，所以 $70\text{kg}\leqslant X_2\leqslant 90\text{kg}$ 条件下的身高取较大值的概率会显著增加。

在很多问题中，都有与上述示例中类似的情况存在，所以，就很有必要研究随机变量基于某个条件的分布规律。

1. 边缘分布

边缘分布不仅是理解条件概率的前提知识，也是有着广泛实际应用的一种随机变量分布。

定义 设 n 维随机变量 $\boldsymbol{X}=[X_1,\cdots,X_n]$ 的分布 F，每一个分量 X_i 的分布是 $F_i,(i=1,\cdots,n)$，则 F_i 称为 $\boldsymbol{X}$ 或 F 的**边缘分布**（Marginal Distribution）。

以二维随机变量 $[X,Y]$ 为例，把它视为一个整体，其分布函数为 $F(x,y)$；两个分量 X 和 Y 各自的分布函数，即**边缘分布函数**，分别记作 $F_X(x)$、$F_Y(y)$，根据随机变量的分布函数定义：

$$F_X(x)=P(X\leqslant x)=P(X\leqslant x,Y<\infty)=F(x,\infty)$$

也就是说，在 $F(x,y)$ 中令 $y\to\infty$ 即得 $F_X(x)$。同理：$F_Y(y)=F(\infty,y)$。

对于离散型随机变量，可得：

$$F_X(x)=F(x,\infty)=\sum_{x_i\leqslant x}\sum_{j=1}^{\infty}p_{ij}$$

根据 5.3.2 节的（5.3.10）式离散型随机变量的分布函数定义，可得 X 的分布律（用 $p_{i\cdot}$ 表示，注意角标 i 后面的小圆点 $\cdot$）：

$$p_{i\cdot}=P(X=x_i)=\sum_{j=1}^{\infty}p_{ij},\quad (i=1,2,\cdots)\tag{5.3.50}$$

同理，可得 Y 的分布律（用 $p_{\cdot j}$ 表示）：

$$p_{\cdot j} = P\left(Y = y_j\right) = \sum_{i=1}^{\infty} p_{ij},\quad \left(j = 1,2,\cdots\right) \tag{5.3.51}$$

为了直观，将（5.3.50）式和（5.3.51）式用表 5-3-1 表示。

表 5-3-1

x \ y	y_1	y_2	$\cdots$	y_j	$\cdots$	$p_{i\cdot}$
x_1	p_{11}	p_{12}	$\cdots$	p_{1j}	$\cdots$	$p_{1\cdot}$
x_2	p_{21}	p_{22}	$\cdots$	p_{2j}	$\cdots$	$p_{2\cdot}$
$\vdots$	$\vdots$	$\vdots$	$\vdots$	$\vdots$	$\vdots$	$\vdots$
x_i	p_{i1}	p_{i2}	$\cdots$	p_{ij}	$\cdots$	$p_{i\cdot}$
$\vdots$	$\vdots$	$\vdots$	$\vdots$	$\vdots$	$\vdots$	$\vdots$
$p_{\cdot j}$	$p_{\cdot 1}$	$p_{\cdot 2}$	$\cdots$	$p_{\cdot j}$	$\cdots$	

从表 5-3-1 中可以更直观地看到，X 和 Y 的两个分量的分布，都处在表的“边缘”位置，故曰“边缘分布”，也有人称之为边际分布。

对连续型随机变量，如我们所知，一般要使用概率密度函数描述。设 $[X,Y]$ 的概率密度函数 $f(x,y)$，结合（5.3.49）式，有：

$$F_X(x) = F(x,\infty) = \int_{-\infty}^{x} \mathrm{d}t_1 \int_{-\infty}^{\infty} f(t_1,t_2)\,\mathrm{d}t_2$$

因为 $\int_{-\infty}^{\infty} f(t_1,t_2)\,\mathrm{d}t_2$ 是关于 t_1 的函数，所以可记作 $f_X(t_1)$，则上式可写为：

$$F_X(x) = \int_{-\infty}^{x} f_X(t_1)\,\mathrm{d}t_1$$

两边对 x 求导数，可得 X 的概率密度函数为：

$$\frac{\mathrm{d}F_X(x)}{\mathrm{d}x} = f_X(x) = \int_{-\infty}^{\infty} f(x,y)\,\mathrm{d}y \tag{5.3.52}$$

同理，Y 的概率密度函数为：

$$f_Y(y) = \int_{-\infty}^{\infty} f(x,y)\,\mathrm{d}x \tag{5.3.53}$$

将（5.3.52）式和（5.3.53）式中定义的 $f_X(x)$ 和 $f_Y(y)$ 称为二维连续型随机变量 $[X,Y]$ 分别关于 X 和 Y 的**边缘概率密度函数**。

由上可知，在边缘分布中，我们得到了多维随机变量中的一个分量（或“一个维度”）的概率分布，并且不考虑其他分量的影响，这样的操作实际上对原多维随机变量实施了降维。这个特点在特征工程、神经网络的计算等应用中都有体现。

2. 条件概率分布

下面就在边缘分布的基础上，分别探讨离散型和连续型两种随机变量类型的条件概率分布。

（1）离散型随机变量的条件分布

离散型随机变量的条件概率分布与 5.1.3 节中介绍的条件概率基本一样，只是在形式上用随机变量进行表述。

设二维离散型随机变量 $\left[X,Y\right]$，其中 X 的全部可能值为 $x_1,x_2,\cdots$； Y 的全部可能值为 $y_1,y_2,\cdots$。于是，$\left[X,Y\right]$ 的联合概率分布为（参考（5.3.45）式）：

$$p_{ij}=P\left(X=x_i,Y=y_j\right)\quad\left(i,j=1,2,\cdots\right)$$

那么，在事件 $\left\{Y=y_j\right\}$ 已发生的条件下事件 $\left\{X=x_i\right\}$ 的发生概率，即事件 $\left\{X=x_i\mid Y=y_j\right\}$ 的概率，由 5.1.3 节的条件概率定义（5.1.5）式可得：

$$P\left(X=x_i\mid Y=y_j\right)=\frac{P\left(X=x_i,Y=y_j\right)}{P\left(Y=y_j\right)}=\frac{p_{ij}}{P\left(Y=y_j\right)}$$

根据（5.3.51）式，得：

$$P(X=x_i\mid Y=y_j)=\frac{p_{ij}}{p_{\cdot j}},\left(i=1,2,\cdots\right)\tag{5.3.54}$$

同理有：

$$P(Y=y_j\mid X=x_i)=\frac{p_{ij}}{p_{i\cdot}},\left(j=1,2,\cdots\right)\tag{5.3.55}$$

（2）连续型随机变量的条件分布

根据经验，探讨连续型随机变量的问题，就要使用概率密度函数。假设一个二维连续型随机变量 $\left[X,Y\right]$，其概率密度函数为 $f\left(x,y\right)$，关于 Y 的边缘概率密度函数为 $f_Y\left(y\right)$。若对于固定的 y， $f_Y\left(y\right)>0$，则称 $\dfrac{f\left(x,y\right)}{f_Y\left(y\right)}$ 为在 $Y=y$ 的条件下 X 的**条件概率密度**，记作：

$$f_{X|Y}(x\mid y)=\frac{f\left(x,y\right)}{f_Y\left(y\right)}\tag{5.3.56}$$

与之对应的，在 $Y=y$ 的条件下 X 的条件概率分布函数是：

$$F_{X|Y}(x\mid y)=P(X\leqslant x\mid Y=y)=\int_{-\infty}^{x}\frac{f\left(x,y\right)}{f_Y\left(y\right)}\mathrm{d}x\tag{5.3.57}$$

在 5.3.4 节曾给出了二维正态分布 $\left[X,Y\right]\sim N\left(\mu_1,\mu_2,\sigma_1^2,\sigma_2^2,\rho\right)$，下面探讨一下它的条件概率分布。

首先，计算二维正态分布的两个边缘分布。

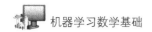

由于：

$$\frac{(y-\mu_2)^2}{\sigma_2^2}-2\rho\frac{(x-\mu_1)(y-\mu_2)}{\sigma_1\sigma_2}=\left(\frac{y-\mu_2}{\sigma_2}-\rho\frac{x-\mu_1}{\sigma_1}\right)^2-\rho^2\frac{(x-\mu_1)^2}{\sigma_1^2}$$

根据（5.3.52）式，得：

$$f_X(x)=\frac{1}{2\pi\sigma_1\sigma_2\sqrt{1-\rho^2}}\exp\left(-\frac{(x-\mu_1)^2}{2\sigma_1^2}\right)\int_{-\infty}^{\infty}\exp\left(-\frac{1}{2(1-\rho^2)}\left(\frac{y-\mu_2}{\sigma_2}-\rho\frac{x-\mu_1}{\sigma_1}\right)^2\right)\mathrm{d}y$$

令 $t=\frac{1}{\sqrt{1-\rho^2}}\left(\frac{y-\mu_2}{\sigma_2}-\rho\frac{x-\mu_1}{\sigma_1}\right)$，有：

$$f_X(x)=\frac{1}{2\pi\sigma_1}\exp\left(-\frac{(x-\mu_1)^2}{2\sigma_1^2}\right)\int_{-\infty}^{\infty}\exp\left(-\frac{t^2}{2}\right)\mathrm{d}t$$

即：

$$f_X(x)=\frac{1}{\sigma_1\sqrt{2\pi}}\mathrm{e}^{\frac{(x-\mu_1)^2}{2\sigma_1^2}},(-\infty<x<\infty)$$

同理：

$$f_Y(y)=\frac{1}{\sigma_2\sqrt{2\pi}}\mathrm{e}^{\frac{(y-\mu_2)^2}{2\sigma_2^2}},(-\infty<y<\infty)$$

这说明二维正态分布的两个边缘分布都是一维正态分布，并且都不依赖参数 ρ。也就是说，对于给定的 $\mu_1,\mu_2,\sigma_1,\sigma_2$，不同的 ρ 对应不同的二维正态分布，但它们的边缘分布都一样。

然后，计算正态分布的条件分布。根据（5.3.56）式，得：

$$f_{X|Y}(x\mid y)=\frac{\frac{1}{2\pi\sigma_1\sigma_2\sqrt{1-\rho^2}}\exp\left(-\frac{1}{2(1-\rho^2)}\left(\frac{(x-\mu_1)^2}{\sigma_1^2}-\frac{2\rho(x-\mu_1)(y-\mu_2)}{\sigma_1\sigma_2}+\frac{(y-\mu_2)^2}{\sigma_2^2}\right)\right)}{\frac{1}{\sigma_2\sqrt{2\pi}}\exp\left(-\frac{(y-\mu_2)^2}{2\sigma_2^2}\right)}$$

$$=\frac{1}{\sqrt{2\pi}\sigma_1\sqrt{1-\rho^2}}\exp\left(-\frac{1}{2\sigma_1^2(1-\rho^2)}\left((x-\mu_1)-\rho\frac{\sigma_1}{\sigma_2}(y-\mu_2)\right)\right)$$

可知：$f_{X|Y}(x\mid y)\sim N\left(\mu_1+\rho\frac{\sigma_1}{\sigma_2}(y-\mu_2),\sigma_1^2(1-\rho^2)\right)$，即上式是正态分布的概率密度函数。

同理：$f_{Y|X}(y\mid x)\sim N\left(\mu_2+\rho\frac{\sigma_2}{\sigma_1}(y-\mu_1),\sigma_2^2(1-\rho^2)\right)$。

所以，正态分布的条件概率分布仍为正态分布，这是正态分布的一个重要性质。

虽然这里以二维随机变量为探讨了条件概率密度，但所得结论也可以推广到任意维度的随机变量。

3. 用条件概率重新表述贝叶斯定理

谈到条件概率，自然少不了贝叶斯定理，5.2 节中的贝叶斯定理是基于事件的条件概率得到的。现在我们已经探讨了随机变量的条件概率，有必要将贝叶斯定理用随机变量的条件概率重新表述。

设 X、Y 为两个随机变量，将贝叶斯定理用事件 $\{X=x\}$ 和 $\{Y=y\}$ 表述，为：

$$P(X=x\mid Y=y)=\frac{P(Y=y\mid X=x)P(X=x)}{P(Y=y)}$$

如果这两个随机变量都是离散型的，贝叶斯定理即为上式。如果不都是离散型，则对连续型的随机变量，不得不用概率密度函数描述。

- X 是连续型，Y 是离散型：

$$f_{X|Y}(x\mid y)=\frac{P(Y=y\mid X=x)f_X(x)}{P(Y=y)}$$

- X 是离散型，Y 是连续型：

$$P(X=x\mid Y=y)=\frac{f_{Y|X}(y\mid x)P(X=x)}{f_Y(y)}$$

- X 和 Y 都是连续型：

$$f_{X|Y}(x\mid y)=\frac{f_{Y|X}(y\mid x)f_X(x)}{f_Y(y)}$$

4. 随机变量的独立性

借助 5.2.1 节“事件的独立性”，也可以引出随机变量的独立性。先考虑两个随机变量的情况，设二维随机变量 $[X,Y]$ 的分布函数和边缘分布函数分别为：$F(x,y)$、$F_X(x)$、$F_Y(y)$。若对于所有的 x、y，有：

$$P(X\leqslant x,Y\leqslant y)=P(X\leqslant x)P(Y\leqslant y) \tag{5.3.58}$$

即：

$$F(x,y)=F_X(x)F_Y(y) \tag{5.3.59}$$

则称随机变量 X、Y 是**相互独立的**。

- 若 $[X,Y]$ 是连续型随机变量，$f(x,y)$、$f_X(x)$、$f_Y(y)$ 分别为概率密度函数和边缘概率密度函数，则 X 和 Y 相互独立的条件（5.3.59）式等价于：

$$f(x,y)=f_X(x)f_Y(y) \tag{5.3.60}$$

- 若 $[X,Y]$ 是离散型随机变量，则 X 和 Y 相互独立的条件（5.3.59）式等价于：

$$P(X=x_i,Y=y_j)=P(X=x_i)P(Y=y_j) \tag{5.3.61}$$

其中 x_i 、 y_j 表示 X 和 Y 的所有可能的取值。

上述内容均可推广到 n 维随机变量的情况。

5.4　随机变量的和

在通常的概率论教材中，会讨论“随机变量的函数的分布”问题，其含义为：已知随机变量 $X_1,\cdots,X_n$ 的概率分布，现有另外一些随机变量 $Y_1,\cdots,Y_m$ ，这两类随机变量之间构成如下函数关系：

$$Y_i=g(X_1,\cdots,X_n),\quad (i=1,\cdots,m) \tag{5.4.1}$$

求 $Y_i,(i=1,\cdots,m)$ 的概率分布。

还要时刻牢记，（5.4.1）式的参数 $X_i,(i=1,\cdots,n)$ 本身也是函数。

就函数 g 的具体形式，通常会以 $Z=X+Y$ 、 $Z=XY$ 、 $Z=\frac{X}{Y}$ 等示例进行讲解。但在此处，仅介绍随机变量的和，因为它在神经网络中有着最直接的应用。如果读者想深入了解其他形式随机变量的函数，可以查阅本书在线资料的相关内容。

5.4.1　离散型随机变量的和

以两个相互独立的离散型随机变量 X 和 Y 为例：

$$P(X=k)=a_k,\quad P(Y=k)=b_k,\quad (k=0,1,2,\cdots)$$

令 $Z=X+Y$ ， Z 也是离散型随机变量。因为：

$$\begin{aligned}P(Z=z)&=P(X+Y=z)\\&=\sum_{k=0}^{z}P(X=k,Y=z-k)\\&=\sum_{k=0}^{z}P(X=k)P(Y=z-k)\quad(\because X、Y\text{相互独立})\end{aligned} \tag{5.4.2}$$

于是，对随机变量 Z 的概率函数可以有如下定义：

$$P(Z=z)=a_0b_z+a_1b_{z-1}+\cdots+a_zb_0,(z=0,1,2,\cdots) \tag{5.4.3}$$

（5.4.2）式称为离散型随机变量的**卷积公式**。

如果对 n 个相互独立的随机变量求和，即： $S_n=X_1+X_2+\cdots+X_n$ ，则可以写成： $S_n=S_{n-1}+X_n$ ，

然后以此类推，通过递归的方式完成求和计算。

例如：将一个理想的骰子掷两次，分别用 X_1 和 X_2 表示输出结果，并令 $S_2 = X_1 + X_2$ 为骰子的点数和。表 5-4-1 显示了随机变量的概率分布（X_1、X_2 的概率分布相同）。

表 5-4-1

点数	1	2	3	4	5	6
概率	1/6	1/6	1/6	1/6	1/6	1/6

根据（5.4.2）式，可得：

$$\begin{aligned}
P(S_2=2) &= P(X_1=1)P(X_2=1) \\
&= \frac{1}{6}\cdot\frac{1}{6} = \frac{1}{36} \\
P(S_2=3) &= P(X_1=1)P(X_2=2)+P(X_1=2)P(X_2=1) \\
&= \frac{1}{6}\cdot\frac{1}{6}+\frac{1}{6}\cdot\frac{1}{6} = \frac{2}{36} \\
P(S_2=4) &= P(X_1=1)P(X_2=3)+P(X_1=2)P(X_2=2)+P(X_1=3)P(X_2=1) \\
&= \frac{1}{6}\cdot\frac{1}{6}\cdot+\frac{1}{6}\cdot\frac{1}{6}+\frac{1}{6}\cdot\frac{1}{6} = \frac{3}{36}
\end{aligned}$$

按照上面的方法，可以继续计算，并得到：$P(S_2=5)=\frac{4}{36}$、$P(S_2=6)=\frac{5}{36}$、$P(S_2=7)=\frac{6}{36}$、$P(S_2=8)=\frac{5}{36}$、$P(S_2=9)=\frac{4}{36}$、$P(S_2=10)=\frac{3}{36}$、$P(S_2=11)=\frac{2}{36}$、$P(S_2=12)=\frac{1}{36}$。此结果与 5.3.2 节的表 5-3-1 所示完全一样。

如果掷三次骰子，即在上述随机变量 X_1、X_2 之后增加一个 X_3，并计算 $S_3 = X_1 + X_2 + X_3$，则可以在上述计算的基础上，通过 $S_3 = S_2 + X_3$ 实现，例如：

$$\begin{aligned}
P(S_3=3) &= P(S_2)P(X_3=1) \\
&= \frac{1}{36}\cdot\frac{1}{6} = \frac{1}{216} \\
P(S_3=4) &= P(S_2=3)P(X_3=1)+P(S_2=2)P(X_3=2) \\
&= \frac{2}{36}\cdot\frac{1}{6}+\frac{1}{36}\cdot\frac{1}{6} = \frac{3}{216}
\end{aligned}$$

仿照上述计算过程，就能够进一步计算更多个随机变量之和。

5.4.2 连续型随机变量的和

如果 X、Y 是两个相互独立的连续型随机变量，它们组成的二维连续型随机变量 $[X,Y]$ 的联合概率密度为 $f(x,y)$。则 $Z = X + Y$（仍为连续型随机变量）的分布函数：

$$F_Z(z)=P(Z\leqslant z)=P(X+Y\leqslant z)=\iint_{x+y\leqslant z} f(x,y)\mathrm{d}x\mathrm{d}y$$

这里的积分区域 $D=\{(x,y):x+y\leqslant z\}$ 是直线 $x+y=z$ 及其左下方的半平面。将二重积分化成累次积分，得：

$$\begin{aligned}F_Z(z)&=\int_{-\infty}^{\infty}\left[\int_{-\infty}^{z-y} f(x,y)\mathrm{d}x\right]\mathrm{d}y\\&=\int_{-\infty}^{z-y}\left[\int_{-\infty}^{\infty} f(x,y)\mathrm{d}y\right]\mathrm{d}x\end{aligned}$$

由 5.3.3 节的概率密度函数的定义可得：

$$f_Z(z)=F_Z'(z)=\int_{-\infty}^{\infty} f(z-y,y)\mathrm{d}y$$

由 X 、Y 的对称性，$f_Z(z)$ 还可以写成：

$$f_Z(z)=\int_{-\infty}^{\infty} f(x,z-x)\mathrm{d}x$$

又因为 X、Y 是两个相互独立的随机变量，其边缘密度分别为 $f_X(x)$、$f_Y(y)$，所以上面两个式子分别化为：

$$\begin{aligned}f_Z(z)&=\int_{-\infty}^{\infty} f_X(z-y)f_Y(y)\mathrm{d}y\\f_Z(z)&=\int_{-\infty}^{\infty} f_X(x)f_Y(z-x)\mathrm{d}x\end{aligned}\tag{5.4.4}$$

（5.4.4）式称为连续型随机变量的 f_X 和 f_Y 的**卷积公式**，记作：$f_X * f_Y$。

深度学习（神经网络）中有一类称为“卷积神经网络”（Convolutional Neural Network，CNN），这个名词中的“卷积”就是“卷积公式”中的卷积。现在，卷积神经网络可谓深度学习中的主力，特别是在图像处理方面有着非凡的表现。

在计算机中，图片可以表示为像素的集合，如图 5-4-1 所示，含有数字1的一张 8 像素×8 像素的图片，图中的每个“小方块”表示一个像素。所以，图像数据是离散的。在神经网络中，习惯于将卷积公式表示为：

$$S(i,j)=(I*K)(i,j)=\sum_m\sum_n I(m,n)K(i-m,j-n)\tag{5.4.5}$$

在神经网络的术语中，将 $I(m,n)$ 称为**输入**（Input），将 $K(i-m,j-n)$ 称为**核函数**（Kernel Function）。所得到的结果 $S(i,j)$ 称为**特征映射**（Feature Map）。在实际的神经网络库中，会以一个名为“互相关函数”（Cross-Correlation）的函数作为实现，但此处不对此进行深入说明，请读者参阅有关深度学习资料。

依据（5.4.5）式，在输入图片上进行卷积计算，此过程如图 5-4-2 所示。

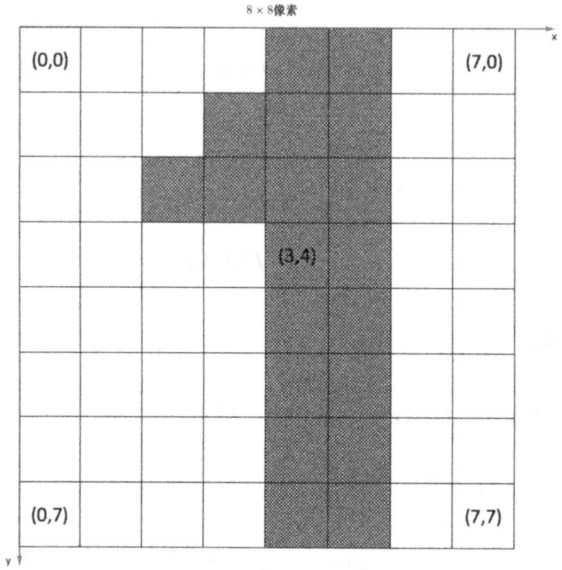

图 5-4-1

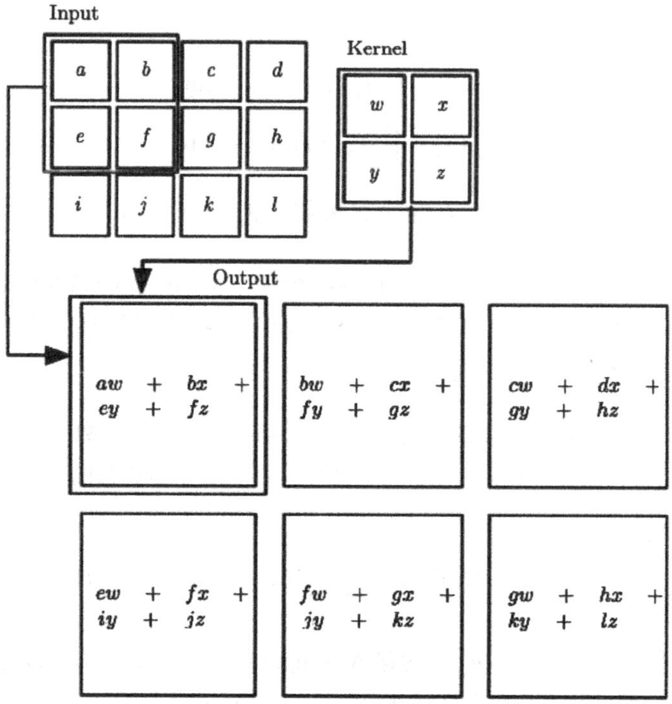

图 5-4-2

经过计算，就得到了图 5-4-3 所示的结果。图中最左侧为输入的原始图像，中间的即为核函数，最后得到的 −8 就是卷积运算结果。

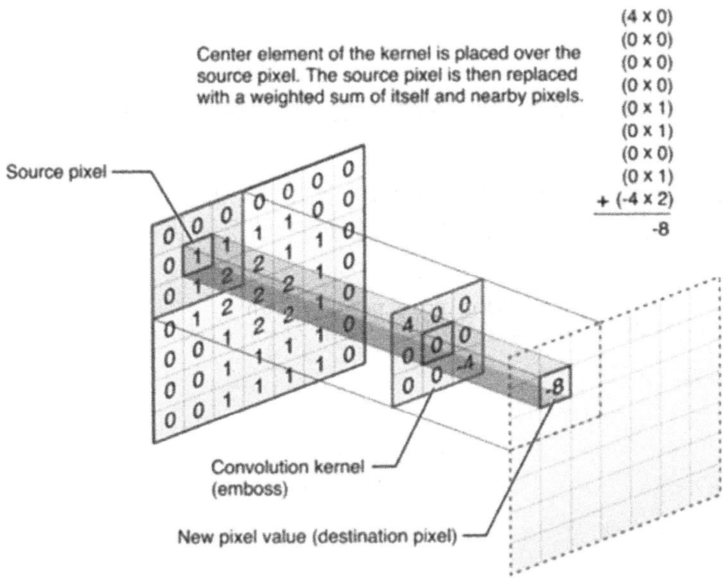

图 5-4-3

图 5-4-2 与图 5-4-3 源自 *Deep Learning*（Ian Goodfellow 等著），读者可以参阅该书有关内容，详细了解上述计算过程。

5.5　随机变量的数字特征

虽然通过随机变量的分布函数能够比较全面地刻画随机变量，但在实际问题或某些理论问题中，我们也会关心某些能够描述随机变量的常数。比如要比较两个班级的考试成绩，最简单直接的方法是看两个班级的平均分数。这些常数是由随机变量的分布决定的，它表示出了随机变量某一方面的特征，并且使用简单。我们将这些常数称为随机变量的**数字特征**。本节就从不同角度探讨常用的几个随机变量的数字特征：数学期望、方差和协方差。

在开始介绍每个数字特征之前，请读者务必明确，本节所有内容的前提：已经知道了随机变量的分布。比如，经过标准化考试之后，全部参加考试的学生分数都获得了。但这类情况并非总存在，有时候，我们需要根据已知的部分样本数据估计全体，对这类问题的讨论会放在第 6 章。

5.5.1　数学期望

数学期望或**期望**（Expectation），是度量随机变量“中心”的一个最基本的数字特征。“期望”这个词语来自概率最早的研究对象：赌博。1657 年，惠更斯（Christiaan Huygens，是笛卡儿的学生，在数学、物理学、天文学等领域都有所建树，中学物理中学过的单摆周期公式 $T=2\pi\sqrt{\dfrac{l}{g}}$ 就是惠更斯提出的）在帕斯卡的鼓励下，发表了《论赌博中的计算》，“期望”一词在其中被首次使用，业界一般认为这篇论文是概率论诞生的标志。现在我们还继续使用它，但并不意味着提倡去研究或者参与任何赌博活动。

下面看这样一个示例（来自于陈希孺先生的《概率论与数理统计》），还是要声明，此示例仅供学习，严禁赌博。

假设有甲乙两个赌技相同的赌徒，各出100元赌金，并约定先胜三局者为胜，则取得全部200元。现在甲已经胜了2局、乙胜了1局，因为某些情况活动中止——有人报警，则赌金该如何分配？

如果不中止，继续赌下去，那么甲取胜的概率为$\frac{3}{4}$，乙获胜的概率为$\frac{1}{4}$。所以，甲此时“期望”得到的金额为：

$$200\times\frac{3}{4}+0\times\frac{1}{4}=150$$

乙“期望”得到的是：

$$200\times\frac{1}{4}+0\times\frac{1}{4}=50$$

如果用随机变量X表示继续赌下去甲的最终所得，则X的可能值为200或0，这两个值的概率分别为$\frac{3}{4}$、$\frac{1}{4}$。所以，甲的期望，也就是随机变量X的“期望”值，就是“X的可能值与其概率之积的总和”。“数学期望”这个名词就由此而来。

定义

- 离散型随机变量的数学期望

设离散型随机变量X的概率质量函数为：

$$P(X=x_i)=p_i,\quad (i=1,2,\cdots)$$

如果$\sum_{i=1}^{\infty}|x_i|p_i<\infty$，则称：

$$\sum_{i=1}^{\infty}x_i p_i$$

的值为随机变量X的**数学期望**，记作：$E(X)$。即：

$$E(X)=\sum_{i=1}^{\infty}x_i p_i \tag{5.5.1}$$

若$\sum_{i=1}^{\infty}|x_i|p_i=\infty$，则$X$的数学期望（均值）不存在。

- 连续型随机变量的数学期望

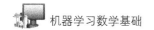

设连续型随机变量 X 的概率密度函数为 $f(x)$，如果 $\int_{-\infty}^{\infty}|x|f(x)\mathrm{d}x<\infty$，则称:

$$\int_{-\infty}^{\infty}xf(x)\mathrm{d}x$$

的值为 X 的数学期望，记作：$E(X)$。即:

$$E(X)=\int_{-\infty}^{\infty}xf(x)\mathrm{d}x \tag{5.5.2}$$

若 $\int_{-\infty}^{\infty}|x|f(x)\mathrm{d}x=\infty$，则称 X 的数学期望不存在。

在概率论中，习惯用符号 μ 表示数学期望。

在这里，需要对一个争论提供一种参考意见，那就是“均值”与“期望”的关系。本书作者不敢冒昧，下面引用陈希孺教授的《概率论与数理统计》中的内容，供读者参考。

数学期望也常称为“均值”，即“随机变量取值的平均值”之意。当然，这个平均是指以概率为权的**加权平均**。

假设重复某试验 N 次，用随机变量 X 表示试验的取值，并令值为 x_1 的次数是 n_1，值为 x_2 的次数是 n_2，……，值为 x_m 的次数是 n_m。则这 N 次试验中 X 总共取值为 $n_1x_1+n_2x_2+\cdots+n_mx_m$，那么平均每次试验中 X 的取值是:

$$\overline{X}=\frac{n_1x_1+n_2x_2+\cdots+n_mx_m}{N}=x_1\frac{n_1}{N}+x_2\frac{n_2}{N}+\cdots+x_m\frac{n_m}{N}$$

其中 $\frac{n_i}{N}$ 是事件 $\{X=x_i\}$ 在这 N 次试验中的频率。按照5.1.2节概率的统计定义，当 N 很大时，$\frac{n_i}{N}$ 接近 p_i。因此，上式就接近（5.5.1）式。“也就是说，X 的数学期望 $E(X)$ 不是别的，正是在大量次数试验之下，X 在各次试验中取值的平均”（陈希孺，《概率论与数理统计》）。

不妨用程序模拟“大量次数试验”——抛一枚硬币，使用np.random.binomial()生成试验数据（参阅5.3.2节）：

```
import numpy as np

X1 = np.random.binomial(1000, 0.5, 1)
X2 = np.random.binomial(1000, 0.5, 1)
X3 = np.random.binomial(1000, 0.5, 1)
X4 = np.random.binomial(1000, 0.5, 1)
X5 = np.random.binomial(1000, 0.5, 1)
X6 = np.random.binomial(1000, 0.5, 1)
X7 = np.random.binomial(1000, 0.5, 1)
X8 = np.random.binomial(1000, 0.5, 1)
X9 = np.random.binomial(1000, 0.5, 1)
X10 = np.random.binomial(1000, 0.5, 1)
X11 = np.random.binomial(1000, 0.5, 1)
```

```
X12 = np.random.binomial(1000, 0.5, 1)
X13 = np.random.binomial(1000, 0.5, 1)
X14 = np.random.binomial(1000, 0.5, 1)
X15 = np.random.binomial(1000, 0.5, 1)

X_mean = (X1 + X2 + X3 + X4 + X5 + X6 + X7 + X8+ X9 + X10 + X11 + X12 + X13 + X14
+ X15)/15
X_mean

# 输出
array([496.4])
```

注意，读者测试上述代码后的输出结果可能与此处显示不同，因为各随机变量的取值是随机的。也可以使用 np.mean()计算：

```
np.mean([X1,X2,X3,X4,X5,X6,X7,X8,X9,X10,X11,X12,X13,X14,X15])

# 输出
array([496.4])
```

以上根据试验数据所得结果，严格地说是样本平均值（参阅第 6 章 6.1.2 节）。如果要得到此分布的期望，可以使用：

```
from scipy.stats import binom

binom.mean(1000, 0.5)  # 创建 n=1000, p=0.5 的二项分布，并计算均值

# 输出
500.0
```

在数据分析和机器学习中，很可能计算多维数组（张量）的指定轴的样本平均值，对此可以通过设置 np.mean()函数的参数 axis 的值实现。

```
a = np.array([[1, 2], [3, 4]])

m = np.mean(a)
m0 = np.mean(a, axis=0)
m1 = np.mean(a, axis=1)

print(f"mean of all: {m}")
print(f"mean of 0 axis: {m0}")
print(f"mean of 1 axis: {m1}")

# 输出
mean of all: 2.5
mean of 0 axis: [2. 3.]
mean of 1 axis: [1.5 3.5]
```

在 5.3.3 节专门讨论过连续型随机变量的正态分布，以 $\mu=0,\sigma=1$ 为参数创建正态分布，并计算其均值：

```
mu, sigma = 0, 1
binom.mean(mu, sigma)

# 输出:
0.0

# 作为对照，创建服从正态分布的样本值，使用 np.mean() 计算其样本均值

data_norm = np.random.normal(mu, sigma, 10000)
np.mean(data_norm)

# 输出
0.0009645244051780089
```

以上计算结果已经显示，如果某些数据服从一定的概率分布，则根据这些数据计算所得的样本均值和服从该分布的随机变量的数学期望，二者有别，但上面的计算结果也显示很接近。

再有，从计算结果中还要注意到，正态分布中函数中的 μ，就是期望。可以从理论上给予证明：

设 $X \sim N\left(\mu,\sigma^2\right)$，根据（5.4.2）式得：

$$E\left(X\right)=\frac{1}{\sigma\sqrt{2\pi}}\int_{-\infty}^{\infty}x\mathrm{e}^{-\frac{(x-\mu)^2}{2\sigma^2}}\mathrm{d}x$$

令：$x=\mu+\sigma t$（对这种变换的解释，请参阅5.5.2节），上式化为：

$$\begin{aligned}E\left(X\right)&=\frac{1}{\sqrt{2\pi}}\int_{-\infty}^{\infty}(x+\sigma t)\mathrm{e}^{-\frac{t^2}{2}}\mathrm{d}t\\&=\frac{\mu}{\sqrt{2\pi}}\int_{-\infty}^{\infty}\mathrm{e}^{-\frac{t^2}{2}}\mathrm{d}t+\frac{\sigma}{2\pi}\int_{-\infty}^{\infty}t\mathrm{e}^{-\frac{t^2}{2}}\mathrm{d}t=\mu+0=\mu\end{aligned}$$

所以，正态分布 $N\left(\mu,\sigma^2\right)$ 中的 μ 就是期望（均值）。

由于数学期望有一些良好的性质，因此它在理论和实际应用中备受重视。下面列出关于数学期望的常用性质，供读者在探讨有关问题的时候参阅（此处省略相关证明，请参阅本书在线资料）。

- （E1）：设 C 是常数，则：$E\left(C\right)=C$。
- （E2）：设 X 是一个随机变量，C 是一个常数，则：$E\left(CX\right)=CE\left(X\right)$。
- （E3）：若干个随机变量之和的期望等于各变量的期望之和，即

$$E\left(X_1+X_2+\cdots+X_n\right)=E\left(X_1\right)+E\left(X_2\right)+\cdots+E\left(X_n\right)$$

- （E4）：若干个相互独立的随机变量之积的期望等于各变量的期望之积，即

$$E\left(X_1X_2\cdots X_n\right)=E\left(X_1\right)E\left(X_2\right)\cdots E\left(X_n\right)$$

- （E5）：设随机变量 X 为离散型，则有分布 $P(X=a_i)=p_i$，$(i=1,2\cdots)$；或者若其为连续型，有概率密度函数 $f(x)$，则

$$E(g(X))=\sum_i g(a_i)p_i \quad (\sum_i |g(a_i)|p_i<\infty)$$

或者

$$E(g(X))=\int_{-\infty}^{\infty} g(x)f(x)\mathrm{d}x \quad (\int_{-\infty}^{\infty} |g(x)|f(x)\mathrm{d}x<\infty)$$

数学期望能够刻画随机变量的集中趋势，除此之外，还有一些类似的数字特征，也有同样的作用，比如中位数、众数等。特别是在统计学中，这些经常会用到。

5.5.2 方差和协方差

数学期望并不能全面反映随机变量（也可以理解为数据集）的特点，比如有两个学习小组的考试成绩，一个是 $A=\{100,40,60,0\}$，另一个是 $B=\{50,50,50,50\}$，易得 $E(X_A)=E(X_B)=50$。这能否说明两个小组的学习状况完全相同呢？显然不能。通过观察，我们发现，两个小组的数据相对于“中心”（期望）的偏离程度有较大差异，A 组中有的人学习成绩好，有的人学习成绩差；B 组中则人人都一样（示例有点极端了）。这种组内数据相对“中心”的偏离状况，无法用数学期望度量，因此，很有必要找到其他的度量方法。

一种度量方法是通过下面的方式实现：

$$E(|X-E(X)|) \tag{5.5.3}$$

（5.5.3）式称为**平均绝对值**，用其度量随机变量相对其数学期望的偏离程度，通常将这种偏离程度称为“离散程度”。

设 $\boldsymbol{X}$ 是一维随机变量，即 $\boldsymbol{X}=[x_1 \ \cdots \ x_n]^{\mathrm{T}}$，则（5.5.3）式可以写成：

$$\frac{\sum_{i=1}^{n}|x_i-\overline{x}|}{n} \tag{5.5.4}$$

其中 $\overline{x}=\frac{\sum_{i=1}^{n}x_i}{n}$。将（5.5.4）式应用到前述连个学习小组 A、B 中，计算如下：

$$E(|X_A-50|) = \frac{|100-50|+|40-50|+|60-50|+|0-50|}{4}=30$$
$$E(|X_B-50|) = \frac{|50-50|+|50-50|+|50-50|+|50-50|}{4}=0$$

$E(|X_A-50|)>E(|X_B-50|)$，这说明 A 组的考试成绩比 B 的离散程度更大。

这里提示读者将平均绝对值与第 1 章 1.5.2 节讨论过的 l_1 范数进行比较，不难发现，（5.5.4）式

中的分子$\sum_{i=1}^{n}|x_i-\overline{x}|$就是$l_1$范数，只是这里将向量中的数据（$x_i$）相对于其均值（$\overline{x}$）做了变换$u_i=x_i-\overline{x}$，或者用$\boldsymbol{u}=\boldsymbol{X}-\overline{x}$表示，注意此处的$\boldsymbol{X}$是强调了其向量性的随机变量。

1. 方差

虽然平均绝对值能够度量随机变量相对其均值的偏离程度，但由于（5.5.3）式中存在绝对值，导致运算不方便（比如计算导数），为此要做适当变换。1918 年，现代统计学奠基者之一费舍尔（Ronald Fisher，如图 5-5-1 所示）在他发表的论文 *The Correlation Between Relatives on the Supposition of Mendelian Inheritance* 中首次使用了**方差**（标准差）。

图 5-5-1

定义 设X是一个随机变量，若$E\left(\left[X-E(X)\right]^2\right)$存在，则称之为$X$的**方差**（Variance），记作：

$$\mathrm{Var}(X)=E\left(\left[X-E(X)\right]^2\right) \tag{5.5.5}$$

习惯上，也用符号σ^2表示方差（注意，有个平方符号）：$\sigma^2=E\left([X-\mu]^2\right)$，其中$\mu$为期望。

在此还要特别提醒读者关注本节内容开头提到的前提，即（5.5.5）式所定义的方差，是在已经知道了随机变量的分布之后。在实际问题中，这个前提并非总能满足，如果不满足，则其处理方法请见本书第 6 章有关内容。

上述引入了一个表示方差的符号σ^2，这里之所以要有个平方符号，是为了能够方便地表示下面所定义的标准差。

定义 $\mathrm{Var}(X)$的平方根称为**标准差**或**均方差**，记作：

$$\sigma=\sqrt{\mathrm{Var}(X)} \tag{5.5.6}$$

如果用方差考查前面所提到的两个学习小组考试成绩，显然$\mathrm{Var}(X_A)>\mathrm{Var}(X_B)$，这说明$A$的

数据相对于 B 中的数据更分散——方差度量随机变量取值的离散程度。

从函数的角度看，方差实际上是随机变量 X 的函数 $g(X)=(X-E(X))^2$ 的数学期望，由此可根据数学期望的性质得到如下结论：

- 如果是离散型随机变量，则根据（5.5.5）式和期望的性质（E5）可得：

$$\mathrm{Var}(X)=\sum_{k=1}^{\infty}(a_i-E(X))^2 p_i$$

其中 $P(X=a_i)=p_i,(i=1,2,\cdots)$ 是离散型随机变量 X 的概率质量函数。

- 如果是连续型随机变量，则根据（5.5.5）式和期望的性质（E5）可得：

$$\mathrm{Var}(X)=\int_{-\infty}^{\infty}\left(x-E(X)\right)^2 f(x)\mathrm{d}x$$

其中 $f(x)$ 是连续型随机变量 X 的概率密度。

在具体计算过程中，如果直接按照（5.5.5）式计算，会有点烦琐，特别是在进行某些理论推导时，常常会运用下面的结论。

$$\begin{aligned}\mathrm{Var}(X)&=E\left(\left[X-E(X)^2\right]\right)=E\left(X^2-2XE(X)+\left(E(X)\right)^2\right)\\&=E\left(X^2\right)-2E(X)E(X)+\left(E(X)\right)^2\\&=E\left(X^2\right)-(E(X))^2\end{aligned}$$

$$\therefore \mathrm{Var}(X)=E\left(X^2\right)-\left(E(X)\right)^2 \quad (5.5.7)$$

在学生时代，比较自己各学科学习情况时，经常听到诸如“数学比语文成绩好”的说法，那么，这里的比较是怎么进行的呢？通常，比较的就是考试的卷面得分（原始分数）。严格来讲，这种比较并没有正确反映哪一科成绩更好，即使在卷面满分一致的情况下，由于题目难度等因素，数学的60分与语文的60分所代表的内涵也不同——用物理学中的术语来说，两个60的量纲不同，这与不能比较2kg和2m一样。为了对这种“不同量纲”的量进行比较，引入了一个新的概念：**标准分数**（Standard Score），又称“Z 分数”。

定义

$$Z=\frac{X-\mu}{\sigma} \quad (5.5.8)$$

其中 $\mu=E(X)$ 是期望，σ 是标准差。

标准分数是一种纯数字标记，它不受样本原始数据量纲影响，比如前面所说的不同学科成绩，转换为标准分数，就可以进行比较了。由此，我们也可以想到，如果要将不同学科分数相加，则也应该转换为标准分数。然而，这种做法并没有在考试中普遍使用，其个中缘由不在本书探讨范围内。

（5.5.8）式除了定义标准分数之外，从数学角度看，它更重要的作用在于实现了一种变换。对于随机变量 X 按照（5.5.8）式变换为随机变量 Z ，那么：

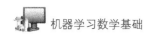

$$E(Z)=\frac{1}{\sigma}E(X-\mu)=\frac{1}{\sigma}\left(E(X)-\mu\right)=0$$

$$\mathrm{Var}(Z)=E\left(Z^2\right)-(E(Z))^2=E\left(\left(\frac{X-\mu}{\sigma}\right)^2\right)-0^2=\frac{1}{\sigma^2}E((X-\mu)^2)=\frac{\sigma^2}{\sigma^2}=1$$

变换之后，得到了数学期望为 0、方差为 1 的随机变量 Z。利用（5.5.8）式对数据所实施的变换，常称为“标准差标准化”（参阅《数据准备和特征工程》，电子工业出版社），在机器学习项目中，可以使用 sklearn 库的 StandardScaler 实现。

```
import numpy as np
from sklearn import datasets
from sklearn.preprocessing import StandardScaler

iris = datasets.load_iris()
iris_std = StandardScaler().fit_transform(iris.data)

mean_iris_std = np.mean(iris_std, axis=0)
var_iris_std = np.var(iris_std, axis=0)

print(f"the mean is {mean_iris_std} after stardard scaler.")
print(f"the variance is {var_iris_std} after stardard scaler." )

# 输出：
the mean is [-1.69031455e-15 -1.84297022e-15 -1.69864123e-15 -1.40924309e-15] after
stardard scaler.
the variance is [1. 1. 1. 1.] after stardard scaler.
```

在上述程序中，用 StandardScaler().fit_transform(iris.data)实现了对原始数据 iris.data 的标准差标准化变换，然后用 np.mean()计算变换后的数据的样本均值，用 np.var()计算样本标准差。特别注意，样本均值与随机变量的期望（均值）不同，但前者可以作为后者的估计（请参阅第 6 章 6.2 节），所以，这里用程序中的计算结果可以验证（不是证明）上述关于 $E(Z)$ 和 $\mathrm{Var}(Z)$ 的理论推导。

在理论推导中，还会经常用到方差的有关性质，下面列出几项供参考（依然本着“实用主义”原则，此处省略证明，证明过程放在了本书在线资料中，推荐读者参阅）。

- （F1）：设 c 是常数，则：$\mathrm{Var}(c)=0$。
- （F2）：设 X 是随机变量，c 是常数，则：$\mathrm{Var}(X+c)=\mathrm{Var}(X)$，$\mathrm{Var}(cX)=c^2\mathrm{Var}(X)$。
- （F3）：设 X、Y 是两个任意随机变量，则：$\mathrm{Var}(X+Y)=\mathrm{Var}(X)+\mathrm{Var}(Y)+2E\left(\left[X-E(X)\right]\left[Y-E(Y)\right]\right)$。这条性质在下文协方差中还会提到。
- （F4）：独立的随机变量之和的方差等于各变量的方差之和，即：

$$\mathrm{Var}(X_1+\cdots+X_n)=\mathrm{Var}(X_1)+\cdots+\mathrm{Var}(X_n)$$

- （F5）：$\mathrm{Var}(X)=0$ 的充要条件是 X 以概率1取常数 $E(X)$，即 $P(X=E(X))=1$。

在 5.5.1 节已经证明过正态分布 $N(\mu,\sigma^2)$ 中的 μ 是随机变量的数学期望，其中做过变量代换 $x=\mu+\sigma t$，这其实就是（5.5.8）式的变形。用同样的思路，还可以计算服从正态分布的随机变量的方差（已经得到 $E(X)=\mu$，请暂时忘记前面对符号 σ^2 的意义说明）。

$$\mathrm{Var}(X)=E\left((X-\mu)^2\right)=\frac{1}{\sigma\sqrt{2\pi}}\int_{-\infty}^{\infty}(x-\mu)^2\mathrm{e}^{-\frac{(x-\mu)^2}{2\sigma^2}}\mathrm{d}x$$

继续使用变量代换 $x=\mu+\sigma t$，得：

$$\mathrm{Var}(X)=\sigma^2\frac{1}{\sqrt{2\pi}}\int_{-\infty}^{\infty}t^2\mathrm{e}^{-\frac{t^2}{2}}\mathrm{d}t=\sigma^2$$

所以，正态分布 $N(\mu,\sigma^2)$ 中的 σ^2 即为随机变量的方差——前面就开始使用 μ 和 σ^2，原来是未雨绸缪。

结合 5.5.1 节已经得到的 $E(X)=\mu$ 可知，正态分布可以完全由其均值 μ 和方差 σ^2 决定。利用（5.5.8）式，对任何服从 $X\sim N(\mu,\sigma^2)$ 的随机变量 X，可以变换为随机变量 Z，并且 $E(Z)=0$，$\mathrm{Var}(Z)=1$，即 $Z\sim N(0,1)$。在 5.3.3 节曾将这样的正态分布命名为**标准正态分布**，也就是说任何形式的正态分布，都可以化为标准正态分布。

下面根据不同的 σ 值分别生成服从正态分布的数据集，并用可视化的方式呈现数据分布形状。

```
%matplotlib inline
import numpy as np
import matplotlib.pyplot as plt
import seaborn as sns

mu1, sigma1 = 0, 1
mu2, sigma2 = 0, 2
mu3, sigma3 = 0, 0.5

d1 = np.random.normal(mu1, sigma1, 10000)
d2 = np.random.normal(mu2, sigma2, 10000)
d3 = np.random.normal(mu3, sigma3, 10000)

ax1 = sns.distplot(d1, label='sigma1')
ax2 = sns.distplot(d2, label='sigma2')
ax3 = sns.distplot(d3, label='sigma3')

plt.legend()
```

输出图像：

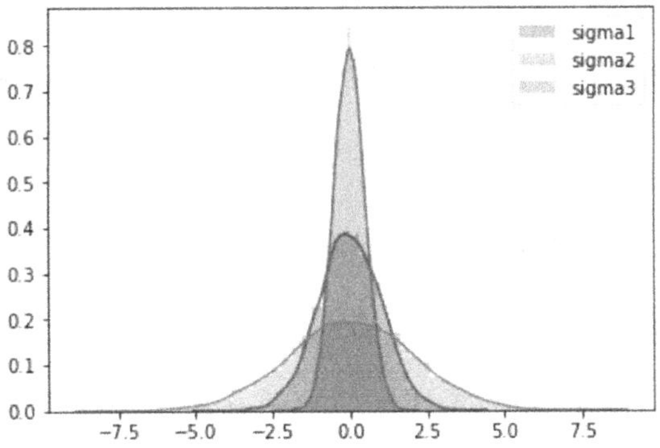

由于方差代表了数据偏离均值的程度，对于正态分布而言，σ^2 越小，随机变量 X 的取值以更大概率分布在均值 μ 附近，表现在图像中就是“钟形越瘦高”，如上面输出图像中 sigma3=0.5（即 $\sigma^2=\frac{1}{4}$）的图示那样；反之“钟形越矮胖”，对应上面输出图像中 sigma2=2（即 $\sigma^2=4$）。

方差能够度量随机变量取值的离散程度，但它刻画的也只是一个方面，此外，还有一些统计量，也能够实现同样的功效，比如：极差（数据样本中最大值与最小值的差）、四分位差（数据样本中上四分位和下四分位的差值），等等。

2. 协方差

期望和方差，都是可以认为是单变量的函数，即参数是一个随机变量。现在考虑一个二维随机变量 $[X,Y]$，一方面 X 和 Y 可以分别计算数学期望和方差，另一方面，我们也关心这两个随机变量之间的关系。在机器学习中，用于训练模型的数据的各个特征之间的相关性，是我们要特别关注的，如果相关性太高，则往往不利于模型的训练（参阅《数据准备和特征工程》，电子工业出版社）。

根据 5.5.1 节中数学期望的性质（E4），如果 X 和 Y 是相互独立的两个随机变量（由性质（E4），得 $E(XY)=E(X)E(Y)$），则：

$$\begin{aligned}E\left(\left[X-E(X)\right]\left[Y-E(Y)\right]\right)&=E\left(XY-XE(Y)-YE(X)+E(X)E(Y)\right)\\&=E(X)E(Y)-E(X)E(Y)-E(Y)E(X)+E(X)E(Y)\\&=0\end{aligned}$$

反之，如果 $E\left(\left[X-E(X)\right]\left[Y-E(Y)\right]\right)\neq 0$，则随机变量 X 与 Y 之间存在一定关系，并且将 $E\left(\left[X-E(X)\right]\left[Y-E(Y)\right]\right)$ 称为 X、Y 的**协方差**（Covariance），记作：

$$\mathrm{Cov}(X,Y)=E\left(\left[X-E(X)\right]\left[Y-E(Y)\right]\right) \tag{5.5.9}$$

与方差定义相比较，协方差所探讨的是两个随机变量 X、Y 之间的关系，故将方差定义 $E\left(\left[X-E(X)\right]\left[X-E(X)\right]\right)$ 中的一个 $\left[X-E(X)\right]$ 替换为 $\left[Y-E(X)\right]$。协方差在形式上接近于方差，又表示的是 X 和 Y 之间的关系，因此曰“协”方差。

根据（5.5.9）式，易知协方差的如下性质（设 X、Y 为任意两个随机变量。关于性质的证明，请参阅本书在线资料）：

- （G1）：$\mathrm{Cov}(X,Y)=\mathrm{Cov}(Y,X)$，即协方差与两个随机变量的顺序无关。
- （G2）：$\mathrm{Cov}(X,X)=E\left(\left[X-E(X)\right]^2\right)=\mathrm{Var}(X)$
- （G3）：设 c_1,c_2,c_3,c_4 是常数，则：$\mathrm{Cov}(c_1X+c_2,c_3Y+c_4)=c_1c_3\mathrm{Cov}(X,Y)$
- （G4）：$\mathrm{Cov}(X,Y)=E(XY)-E(X)E(Y)$
- （G5）：$\mathrm{Cov}(X_1+X_2,Y)=\mathrm{Cov}(X_1,Y)+\mathrm{Cov}(X_2,Y)$
- （G6）：方差中曾给出 $\mathrm{Var}(X+Y)=\mathrm{Var}(X)+\mathrm{Var}(Y)+2E\left(\left[X-E(X)\right]\left[Y-E(Y)\right]\right)$，用协方差可以改写为：$\mathrm{Var}(X+Y)=\mathrm{Var}(X)+\mathrm{Var}(Y)+2\mathrm{Cov}(X,Y)$

理论上讲，按照（5.5.9）中所定义的协方差，能够描述两个随机变量的关系，而在实际的数据中，每个随机变量的取值通常会有较大的范围差异，比如 X 的取值在 $100\sim100\ 000$ 之间，Y 的取值在 $1\sim10$ 之间，特别是在机器学习的模型训练中，这种“不平衡”往往使数值较大的数据“话语权”增加，对此类情况的解决方法就是将数据“标准化”。于是仿照（5.5.8）式定义标准分数那样，将协方差除以相应的标准差——此时要考虑两个随机变量的标准差，即 $\frac{\mathrm{Cov}(X,Y)}{\sqrt{\mathrm{Var}(X)\mathrm{Var}(Y)}}$，将此结果称为随机变量 X、Y 的**相关系数**（Correleation），记作 $\mathrm{Corr}(X,Y)$，或者用符号 ρ 表示，即：

$$\rho_{XY}=\mathrm{Corr}(X,Y)=\frac{\mathrm{Cov}(X,Y)}{\sigma_X\sigma_Y} \tag{5.5.10}$$

其中 $\sigma_X=\sqrt{\mathrm{Var}(X)}$、$\sigma_Y=\sqrt{\mathrm{Var}(Y)}$。

（5.5.10）式的相关系数也称为**皮尔逊相关系数**（Pearson Correlation Coefficient），是由英国数学家卡尔·皮尔逊（Karl Pearson，如图 5-5-2 所示）根据弗朗西斯·高尔顿（Francis Galton）在 19 世纪 80 年代提出的一个相关概念发展而来——卡尔·皮尔逊是高尔顿的博士生，并由奥古斯特·布拉韦（Auguste Bravais）推导出数学公式于 1844 年发表。既然这里用“皮尔逊”作为此相关系数的定语，是否意味着还有其他相关系数呢？真的有，请参阅 5.5.3 节内容。

图 5-5-2

显然，如果 X、Y 是两个相互独立的随机变量，则 $\mathrm{Cov}(X,Y)=0$，故 $\rho_{XY}=0$，即两个相互独立的随机变量之间的相关系数为零，或者说它们**不相关**。但是，如果反过来：

$$\rho_{XY}=0 \Rightarrow X和Y是两个相互独立的随机变量$$

则**不是普遍成立的**。下面列举一个示例说明（此示例来源于盛骤等编著的《概率论与数理统计》）。

设 $[X,Y]$ 的分布律为

Y \ X	-2	-1	1	2	P(Y= i)
1	0	1/4	1/4	0	1/2
4	1/4	0	0	1/4	1/2
P(X=i)	1/4	1/4	1/4	1/4	1

易知 $E(X)=0,E(Y)=\frac{5}{2},E(XY)=0$，所以 $\rho_{XY}=0$，即 X、Y 不相关，但它们相互独立吗？

通过观察取值，就能直观地看出：$Y=X^2$，Y 的取值可以完全由 X 的值确定，这说明它们不相互独立。当然，也可以根据 5.3.5 节的（5.3.58）式进行判断，例如：$P(X=-2,Y=1)=0$，但是 $P(X=-2)P(Y=1)=\frac{1}{8}$，显然 $P(X=-2,Y=-1)\neq P(X=-2)P(Y=1)$，也说明了这两个随机变量不相互独立。

实际上，（5.5.10）式所定义的相关系数，完整的名称应该是“线性相关系数”，因为它只是描述了两个随机变量之间的“线性”关系的程度。这点可以用最小二乘法给予解释。

设 X 的线性函数 $\hat{Y}=a+bX$，按照机器学习中的说法，$\hat{Y}$ 可以看作模型预测值。二维随机变量 $[X,Y]$ 中的 Y 则视为真实值。我们的目标是要找出最适合的系数 a、b，能让 $\hat{Y}$ 逼近 Y。为此，应该计算 Y 与 $\hat{Y}$ 之间的均方误差：

$$\begin{aligned} e &= E\left(\left(Y-\hat{Y}\right)^2\right)=E\left(\left(Y-(a+bX)\right)^2\right) \\ &= E\left(Y^2\right)+a^2+b^2E\left(X^2\right)-2aE(Y)-2bE(XY)+2abE(X) \end{aligned} \tag{5.5.11}$$

当 e 最小时，预测值 $\hat{Y}$ 最接近于真实值 Y，此时所求得的系数就是最适合的（请参阅第 3 章 3.6 节）。为此要分别计算 e 对 a 和 b 的偏导数，并令其为 0。

$$\begin{cases} \dfrac{\partial e}{\partial a} = 2a-2E(Y)+2bE(X)=0 \\ \dfrac{\partial e}{\partial b} = 2bE\left(X^2\right)-2E(XY)+2aE(X)=0 \end{cases} \tag{5.5.12}$$

从而计算得此时的系数，分别用 a_0 和 b_0 表示：

$$\begin{cases} a_0 = E(Y)-E(X)\dfrac{\mathrm{Cov}(X,Y)}{\mathrm{Var}(X)} \\ b_0 = \dfrac{\mathrm{Cov}(X,Y)}{\mathrm{Var}(X)} \end{cases}$$

将结果代入（5.5.11）式，得到了最小均方误差：

$$\min_{a,b} e = \min_{\substack{a=a_0 \\ b=b_0}} E\left[\left(Y-(a+bX)\right)^2\right] = E\left[\left(Y-(a_0+b_0X)\right)^2\right]$$

根据（5.5.7）式，可得：

$$\begin{aligned} E\left(\left(Y-(a_0+b_0X)\right)^2\right) &= \mathrm{Var}(Y-a_0-b_0X)+[E(Y-a_0-b_0X)]^2 \\ &= \mathrm{Var}(Y-b_0X)+[E(Y)-a_0-b_0E(X)]^2 \end{aligned}$$

由（5.5.12）式的 $\frac{\partial e}{\partial a}$ 可得：

$$-\frac{1}{2}\frac{\partial e}{\partial a}\bigg|_{\substack{a=a_0 \\ b=b_0}} = E(Y)-a_0-b_0E(X)=0$$

所以：

$$\begin{aligned} E\left(\left[Y-(a_0+b_0X)\right]^2\right) &= \mathrm{Var}(Y-b_0X) \\ &= \mathrm{Var}(Y)+\mathrm{Var}(-b_0X)+2\mathrm{Cov}(Y,-2b_0X) \text{（根据协方差的性质（G6））} \\ &= \mathrm{Var}(Y)+b_0^2\mathrm{Var}(X)-2b_0\mathrm{Cov}(X,Y) \\ &= \mathrm{Var}(Y)+\frac{\left(\mathrm{Cov}(X,Y)\right)^2}{\mathrm{Var}(X)}-2\frac{\left(\mathrm{Cov}(X,Y)\right)^2}{\mathrm{Var}(X)} \\ &= \mathrm{Var}(Y)\left(1-\frac{\left(\mathrm{Cov}(X,Y)\right)^2}{\mathrm{Var}(X)\mathrm{Var}(Y)}\right) \\ &= \left(1-\rho_{XY}^2\right)\mathrm{Var}(Y) \end{aligned}$$

最终得到：

$$\min_{a,b} e = E\left(\left(Y-(a_0+b_0X)\right)^2\right) = \left(1-\rho_{XY}^2\right)\mathrm{Var}(Y) \tag{5.5.13}$$

因为 $E\left(\left(Y-(a_0+b_0X)\right)^2\right)$ 和 $\mathrm{Var}(Y)$ 都非负，所以 $1-\rho_{XY}^2 \geqslant 0$，由此得到相关系数的一个重要性质：

$$|\rho_{XY}| \leqslant 1 \tag{5.5.14}$$

考查 $|\rho_{XY}|=1$ 所得到的结果，由（5.5.13）式可知，此时有：

$$E\left(\left[Y-(a_0+b_0X)\right]^2\right)=0$$

又因为（见（5.5.7）式）：

$$E\left(\left[Y-(a_0+b_0X)\right]^2\right) = \mathrm{Var}\left(Y-(a_0+b_0X)\right)+\left[E\left(Y-(a_0+b_0X)\right)\right]^2$$

所以：

$$\begin{cases}\mathrm{Var}\left(Y-\left(a_0+b_0X\right)\right)=0\\E\left(Y-\left(a_0+b_0X\right)\right)=0\end{cases}$$

由方差的性质（F5）可得：

$$P\left(Y-\left(a_0+b_0X\right)=0\right)=1$$

亦即：

$$P\left(Y=a_0+b_0X\right)=1$$

这个结论说明，如果$|\rho_{XY}|=1$，则X与Y之间存在严格的线性关系。

再通过（5.5.13）式，可知均方误差e是ρ_{XY}^2（即$|\rho_{XY}|$）的单调减函数，由此可以说ρ_{XY}是能够表征随机变量X、Y之间线性关系紧密程度的量。当$|\rho_{XY}|$较大时，X、Y之间的线性相关程度较大，否则较小。

反之，假设有两个常数$\hat{a}$和$\hat{b}$，它们能够使$P\left(Y=\hat{a}+\hat{b}X\right)=1$成立，于是：

$$P\left(Y-\left(\hat{a}+\hat{b}X\right)=0\right)=1$$

$$P\left(\left[Y-\left(\hat{a}+\hat{b}X\right)\right]^2=0\right)=1$$

即得：

$$E\left(\left[Y-\left(\hat{a}+\hat{b}X\right)\right]^2\right)=0$$

又因为：

$$\begin{aligned}E\left(\left[Y-\left(\ddot{a}+\hat{b}X\right)\right]^2\right)&\geqslant \min_{a,b}E\left(\left[(Y-\left(a+bX\right)\right]^2\right)=E\left(\left[Y-\left(a_0+b_0X\right)\right]^2\right)\\&=\left(1-\rho_{XY}^2\right)\mathrm{Var}\left(Y\right)\end{aligned}$$

故：

$$0\geqslant\left(1-\rho_{XY}^2\right)\mathrm{Var}\left(Y\right)$$

显然只能取等号，即$|\rho_{XY}|=1$。这就是说，如果X和Y是严格的线性关系，则它们的相关系数绝对值为1。

总结上面的结果，可以得到：

定理　$|\rho_{XY}|=1$的充要条件是，存在常数a、b，使$P\left(Y=a+bX\right)=1$。

由以上讨论，我们已经明确，相关系数 ρ 只能刻画线性关系的相关程度。但是，也有特例，对于二维正态分布，相关系数能够对其两个分量之间的关系给予完美的度量，而不必非强调其线性关系，即：

定理 若 $[X,Y]$ 是服从正态分布的二维随机变量，则 X 和 Y 相互独立的充要条件为 $\rho_{XY}=0$，且 X 和 Y 之间“不相关”与“相互独立”是等价的。

注意，上述结论仅仅在特定条件下成立，相关证明请参阅本书在线资料。也正是这个结论的成立，才使得我们能够在很多实际项目中，对于服从正态分布的数据，可以通过相关系数判断特征之间的是否相互独立，并剔除相关性强的特征，让数据集更有利于模型训练。

至此，我们已经对随机变量的重要数字特征探讨完毕，下面以表格的形式，列出常用的随机变量的分布及其数字特征，供读者在应用中查阅，如表 5-5-1 和表 5-5-2 所示。

表 5-5-1　常用的离散型随机变量的分布及其数字特征

名称记号	概率质量函数	均值	方差
二项分布 $B(n,p)$	$P(X=k)=\binom{n}{k}p^kq^{n-k}$ $k=0,1,\cdots,n$ $p,q>0,\quad p+q=1$ n 为正整数	np	npq
泊松分布 $P(\lambda)$	$P(X=k)=\frac{\lambda^k}{k!}\mathrm{e}^{-\lambda}$ $k=0,1,2,\cdots$； λ 为正实数	λ	λ
几何分布 $P(p)$	$P(X=k)=pq^k-1,(k=1,2,\cdots)$ $p,q>0,\quad p+q=1$	$\frac{1}{q}$	$\frac{q}{p^2}$
单点分布 $\delta(c)$	$P(X=k)=\begin{cases}1,k=c\\0,k\neq c\end{cases}$ c 为正整数	c	0
对数分布 $L(p)$	$P(X=k)=-\frac{1}{\ln p}\frac{q^k}{k},(k=1,2,\cdots)$ $p,q>0,p+q=1$	$-\frac{q}{p\ln p}$	$-\frac{q\left(1+\frac{q}{\ln p}\right)}{p^2\ln p}$

表 5-5-2　常用的连续型随机变量的分布及其数字特征

名称记号	概率密度函数	均值	方差
均匀分布 $U(a,b)$	$f(x)=\begin{cases}\frac{1}{b-a}, & (a\leqslant x\leqslant b)\\0, & (x<a或x>b)\end{cases}$ $-\infty<a<b<\infty$	$\frac{a+b}{2}$	$\frac{(b-a)^2}{12}$
标准正态分布 $N(0,1)$	$f(x)=\frac{1}{\sqrt{2\pi}}\mathrm{e}^{-\frac{x^2}{2}}$	0	1

续表

名称记号	概率密度函数	均值	方差
正态分布 $N(\mu,\sigma^2)$	$f(x)=\frac{1}{\sigma\sqrt{2\pi}}\mathrm{e}^{-\frac{(x-\mu)^2}{2\sigma^2}}$ $-\infty < x < \infty$ $-\infty < \mu \langle \infty, \sigma \rangle 0$	μ	σ^2
瑞利分布 $R(\mu)$	$f(x)=\begin{cases}\frac{x}{\mu}\mathrm{e}^{-\frac{x^2}{2\mu^2}}, & (x \geqslant 0) \\ 0, & (x<0)\end{cases}$ $\mu>0$	$\sqrt{\frac{\pi}{2}}\mu$	$\frac{4-\pi}{2}\mu^2$
指数分布 $E(\mu,\lambda)$	$f(x)=\begin{cases}\lambda \mathrm{e}^{-\lambda(x-\mu)}, & (x \ge \mu) \\ 0, & (x<\mu)\end{cases}$	$\mu+\frac{1}{\lambda}$	$\frac{1}{\lambda^2}$
χ^2 分布 （自由度 n） $\chi^2(n)$	$f(x)=\begin{cases}\frac{1}{2^{\frac{n}{2}}\Gamma\left(\frac{n}{2}\right)}x^{\frac{n}{2}-1}\mathrm{e}^{-\frac{\pi}{2}}, & (x>0) \\ 0, & (x \leqslant 0)\end{cases}$ n 为正整数	n	$2n$
t 分布 （自由度 n） $t(n)$	$f(x)=\frac{\Gamma\left(\frac{n+1}{2}\right)}{\sqrt{n\pi}\Gamma\left(\frac{n}{2}\right)}\left(1+\frac{x^2}{n}\right)^{-\frac{n+1}{2}}$ n 为正整数	0，$(n>1)$	$\frac{n}{n-2}$，$(n>2)$

5.5.3　计算相似度

在机器学习算法中，很多算法都要计算对象之间的相似度，比如 K 最近邻（K-Nearest Neighbors，KNN）中通过计算新数据与已知数据的相似度进行分类；在推荐系统中要利用用户之间的相似度决定推荐的内容，等等。上一节探讨了皮尔逊相关系数，就是计算相似度的一种方法。在第 1 章 1.5 节曾经介绍过的距离、角度，也都可以用于计算相似度。本节总结了几种常用的相似度计算方法，以方便读者使用。

在如下内容中，将随机变量 X、Y 视为向量，$X=[x_1,\cdots,x_n]^{\mathrm{T}}$、$Y=[y_1,\cdots,y]^{\mathrm{T}}$，即 x_i 和 y_i 为样本观测数据。

1. 皮尔逊相关系数

相关内容在 5.5.2 节已经给予阐述，下面将（5.5.10）式用 x_i 和 y_i 表示：

$$\mathrm{Corr}(X,Y)=\frac{\sum_{i=1}^{n}(x_i-\bar{x})(y_i-\bar{y})}{\sqrt{\sum_{i=1}^{n}(x_i-\bar{x})^2}\sqrt{\sum_{i=1}^{n}(y_i-\bar{y})^2}}$$

其中，$\bar{x}=\frac{1}{n}\sum_{i=1}^{n}x_i,\bar{y}=\frac{1}{n}\sum_{i=1}^{n}y_i$。显然，这种表述方式更容易实现具体的计算。

2. 斯皮尔曼秩相关系数

斯皮尔曼秩相关系数（Spearman's Rank Correlation Coefficient，或译为“斯皮尔曼等级相关系数”）常用于非参数检验。在非参数检验中，通常用样本的排序情况来推断总体的分布情况，所以要先将原始数据转换为等级数据：

$$X\to X^r\quad x_i\to x_i^r$$
$$Y\to Y^r\quad x_i\to y_i^r$$

用下表所示的例子演示具体计算方法（源自 wikipedia.org 网站的“Spearman's rank correlation coefficient”词条）。

X 取值	降序等级	X^r 取值
0.8	5	5
1.2	4	(4+3)/2 = 3.5
1.2	3	(4+3)/2=3.5
2.3	2	2
18	1	1

然后根据如下定义式计算斯皮尔曼秩相关系数：

$$\mathrm{SCorr}(X,Y)=\frac{\sum_{i=1}^{n}(x_i^r-\bar{x}^r)(y_i^r-\bar{y}^r)}{\sqrt{\sum_{i=1}^{n}(x_i^r-\bar{x}^r)^2}\sqrt{\sum_{i=1}^{n}(y_i^r-\bar{y}^r)^2}}$$

其中$\bar{x}^r=\frac{1}{n}\sum_{i=1}^{n}x_i^r,\bar{y}^r=\frac{1}{n}\sum_{i=1}^{n}y_i^r$。

在实际应用中，因为变量间的连接是无关紧要的，所以通常使用下面的式子计算斯皮尔曼秩相关系数：

$$SCorr(X,Y)=1-\frac{6\sum_{i=1}^{n}d_i^2}{n(n^2-1)}$$

其中 $d_i = x_i^r - y_i^r$ 。当然，按照本书读者的需要，一般要用程序完成计算。

```
import pandas as pd

df = pd.DataFrame({'IQ':[106, 86, 100, 101, 99, 103, 97, 113, 112, 110],
                   'Hours_TV': [7, 0, 27, 50, 28, 29, 20, 12, 6, 17]})
df.corr(method='spearman')

# 输出
                 IQ      Hours_TV
    IQ      1.000000    -0.175758
Hours_TV   -0.175758     1.000000
```

上面程序中的数据 df 参考了 wikipedia.org 的“Spearman's rank correlation coefficient”词条中的示例，特征 IQ 表示智商，特征 Hours_TV 表示每周多少小时看电视。从计算结果中可知，这两个特征之间的斯皮尔曼秩相关系数为 -0.175758 ，意味着这两个特征之间的关系很小。

程序中使用 df.corr()函数计算了斯皮尔曼秩相关系数，要注意参数 method='spearman'，如果更改此参数的值，比如 method='pearson'，则是计算特征之间的皮尔逊相关系数。

与皮尔逊相关系数相比，斯皮尔曼秩相关系数不需要先知道随机变量的分布（即参数），也不必要求两个随机变量之间为线性关系或正态分布，只要满足单调性即可。

3. 肯德尔秩相关系数

肯德尔秩相关系数（Kendall Rank Correlation Coefficient，或译为“肯德尔等级相关系数”）是由莫里斯·肯德尔（Maurice Kendall）于 1938 年提出的，是非参数检验中度量相关性的一种方法，与斯皮尔曼秩相关系数类似，也是基于数据的顺序的，但计算方法有差异。

仍然使用前面所示的表示等级数据的符号 X^r 和 Y^r ，在 X^r 的取值中选择两个值，并按照 $\left(x_i^r, x_j^r\right)$ 的顺序组成一对，其中 $i<j$ 。同样也有 $\left(y_i^r, y_j^r\right),(i<j)$ 。如果 $x_i^r > x_j^r$ 且 $y_i^r > y_j^r$ ，或者 $x_i^r < x_j^r$ 且 $y_i^r < y_j^r$ ，即两个等级对的排列顺序一致，则称此这两个等级对是**一致对**（Concordant Pairs），否则称为**分歧对**（Discordant Pairs）。

以前面使用过的“智商-每周看电视时长”数据为例，列出下表：

样本编号	IQ	IQ 升序	Hours	Hours 升序	一致对数	分歧对数
0	86	1	0	1	9	0
1	97	2	20	6	4	4
2	99	3	28	8	2	5
3	100	4	27	7	2	4
4	101	5	50	10	0	5
5	103	6	29	9	0	4
6	106	7	7	3	1	1
7	110	8	17	5	0	2
8	112	9	6	2	0	0
9	113	10	12	4	0	0

例如样本 2（上表中第 3 行）和样本 3（上表中第 4 行）的“IQ 升序”组成$(3,4)$，对应的“Hours 升序”对为$(8,7)$，那么就在表格中对样本 2 的“分歧对数”记一个，同理依次向下配对，最终找出样本 2 的所有“一致对”和“分歧对”的数量，即表格中的“一致对数”和“分歧对数”中的数量。观察上表，我们可以发现一种比较简单的方法，将“IQ”按照升序排列之后，只要数一数某个样本之后（样本编号增加方向）的“Hours 升序”数字大于该样本的“Hours 升序”的样本个数，就是此样本的“一致对数”中所应该填写的数量，反之是“分歧对数”中的数量。

在此概念基础上，将肯德尔秩相关系数定义为：

$$\text{Tau}(X,Y)=\frac{n_c-n_d}{\binom{n}{2}}$$

其中 n_c 表示一致对数量，n_d 表示分歧对数量。由于样本两两组合，且无重复，$\binom{n}{2}=\frac{n(n-1)}{2}$，于是上式又常写作：

$$\text{Tau}(X,Y)=\frac{2}{n(n-1)}\sum_{i<j}\text{sgn}\left(x_i^r-x_j^r\right)\text{sgn}\left(y_i^r-y_i^r\right)$$

其中 $\text{sgn}\left(x_i^r-x_j^r\right)=\begin{cases}-1, & (x_i^r<x_j^r)\\ 0, & \left(x_i^r=x_j^r\right),(i<j)\\ 1 & (x_i^r>x_j^r)\end{cases}$，那么 $\text{sgn}\left(x_i^r-x_j^r\right)\text{sgn}\left(y_i^r-y_i^r\right)$ 可取值只能是 $-1,1,0$。

由于肯德尔秩相关系数常用于非参数检验中的 τ 检验，所以也称之为“肯德尔 τ 系数”。

用程序计算肯德尔秩相关系数，其函数依然可以使用 df.corr()，只是要将设置参数为 method='kendall'。

```
df.corr(method='kendall')

# 输出

                IQ      Hours_TV
    IQ      1.000000   -0.111111
Hours_TV   -0.111111    1.000000
```

以上三个是机器学习项目中实现特征选择常用的相似度计算方法，在程序中，除了上述计算方法之外，还可以用 scipy.stats 模块中的 pearson()、spearmanr()、kendalltau()三个函数实现。

4. 余弦相似度

在第 1 章 1.5.3 节已经定义了余弦相似度（Cosine Similarity），如果用本节所规定的符号，可以表示为（特别强调，下面公式中的 X 、Y 两个随机变量是两个向量）：

$$S(\boldsymbol{X},\boldsymbol{Y})=\frac{\boldsymbol{X}\cdot\boldsymbol{Y}}{\|\boldsymbol{X}\|\|\boldsymbol{Y}\|}=\frac{\sum_{i=1}^{n}x_iy_i}{\sqrt{\sum_{i=1}^{n}x_i^2}\sqrt{\sum_{i=1}^{n}y_i^2}}$$

余弦相似度常用于文本分析中，通过 TF-IDF 将文本转换为向量，然后用余弦相似度判断两个文本的相似程度，相关计算方法请参阅第 1 章 1.5.3 节。

其实，余弦相似度和皮尔森相关系数异曲同工，本书后续内容会揭示其中奥秘。

5. 雅卡尔相似度

雅卡尔相似度（Jaccard Similarity），又称为“雅卡尔指数”（Jaccard Index）“并交比”（Intersection over Union），是用于比较两个集合相似性的统计量。设 A、B 为两个有限样本集合，雅卡尔相似度定义为：

$$J(A,B)=\frac{|A\cap B|}{|A\cup B|}=\frac{|A\cap B|}{|A|+|B|-|A\cap B|}$$

雅卡尔相似度也用于文本分析中，并且一般经验表明，在分布式计算上，它比余弦相似度有一定的优势。此外，在针对行为相关性的推荐中，雅卡尔相似度的精度要高于余弦相似度。

有的时候，我们还会计算**雅卡尔距离**（Jaccard Distance），即两个样本集合不相似的程度。

$$d_J(A,B)=1-J(A,B)=\frac{|A\cup B|-|A\cap B|}{|A\cup B|}$$

在实际应用中，通常不直接使用以上的原始定义。一般所使用的数据，都会实施 OneHot 编码（参阅《数据准备和特征工程》，电子工业出版社），即由0或1组成，表示某个样本是否具有相应特征，比如行为数据中，1表示该样本产生了某行为，0表示该样本未产生某行为。设两个特征 A 和 B 的数据符合此描述，它们的雅卡尔相似度为：

$$J(A,B)=\frac{M_{11}}{M_{01}+M_{10}+M_{11}}$$

其中，M_{11}、M_{01}、M_{10} 的含义如下（同时参考图 5-5-3）：

- M_{11}：A、B 中对应值都为1的数量；
- M_{01}：A 的值为0，B 中与之对应的值为1的数量；
- M_{10}：A 的值为1，B 中与之对应的值为0的数量。

		A	
		0	1
B	0	M_{00}	M_{10}
	1	M_{01}	M_{11}

图 5-5-3

相应地，雅卡尔距离为：

$$d_J(A,B)=1-J(A,B)=\frac{M_{01}+M_{10}}{M_{01}+M_{10}+M_{11}}$$

在 scipy.spatial.distance 模块中所提供的雅卡尔距离函数即根据上式进行计算。

```
from scipy.spatial import distance
distance.jaccard([1, 0, 0], [0, 1, 0])

# 输出：
# 1.0

distance.jaccard([1, 0, 0], [1, 1, 1])

# 输出：
# 0.6666666666666666

distance.jaccard([1, 0, 0], [1, 2, 0])   # 此处的 [1, 2, 0] 与 [1, 1, 0] 等效

# 输出：
# 0.5
```

6. 欧几里得距离和曼哈顿距离

在第 1 章 1.5.1 节，已经对各种距离进行了介绍，此处仅仅用本节的符号将这两种距离重新表示，相关的具体应用请参阅第 1 章 1.5.1 节。

- 欧几里得距离：$\text{Euc}(X,Y)=\sqrt{\sum_{i=1}^{n}(x_i-y_i)^2}$
- 曼哈顿距离：$M(X,Y)=\sum_{i=1}^{n}|x_i-y_i|$

本节所列举的是机器学习中常用的相似度计算方法，在实际应用中，还有其他计算方法，但读者凭借本节所学，再理解和研究会驾轻就熟。

最后，特别提醒注意：如果计算出两个随机变量之间的相似度较高，并不能由此得出它们之间存在因果关系。

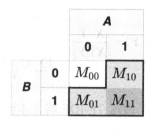

5.5.4 协方差矩阵

5.5.2 节中讨论了两个一维随机变量的协方差，所得结果为一个实数，故亦称标量协方差。如果考虑多维随机变量，结果怎样？就需要用下面定义的**协方差矩阵**（Covariance Matrix）。

设 $\boldsymbol{X}=\begin{bmatrix}X_1 & \cdots & X_n\end{bmatrix}^{\mathrm{T}}$，协方差矩阵定义为：

$$\mathrm{Cov}(\boldsymbol{X})=E\left(\left(\boldsymbol{X}-E[\boldsymbol{X}]\right)\left(\boldsymbol{X}-E[\boldsymbol{X}]\right)^{\mathrm{T}}\right) \tag{5.5.15}$$

其中 $E[\boldsymbol{X}]$ 即（5.5.1）是定义的数学期望 $E(\boldsymbol{X})$，之所以用方括号 $[\cdot]$，是为了在（5.5.15）式中与圆括号 () 区分，便于阅读。对于多维随机变量 $\boldsymbol{X}$，$E(\boldsymbol{X})=\begin{bmatrix}E(X_1)\\ \vdots \\ E(X_n)\end{bmatrix}$。将（5.5.15）式展开：

$$\mathrm{Cov}(\boldsymbol{X})=E\left(\begin{bmatrix}(X_1-E[X_1])(X_1-E[X_1]) & \cdots & (X_1-E[X_1])(X_n-E[X_n]) \\ \vdots & \ddots & \vdots \\ (X_n-E[X_n])(X_1-E[X_1]) & \cdots & (X_n-E[X_n])(X_n-E[X_n])\end{bmatrix}\right)$$

由于 $E(\cdot)$ 是线性算符，于是上式进一步计算为：

$$\begin{aligned}\mathrm{Cov}(\boldsymbol{X})&=\begin{bmatrix}E\left[(X_1-E[X_1])^2\right] & \cdots & E\left[(X_1-E[X_1])(X_n-E[X_n])\right] \\ \vdots & \ddots & \vdots \\ E\left[(X_n-E[X_n])(X_1-E[X_1])\right] & \cdots & E\left[(X_n-E[X_n])^2\right]\end{bmatrix}\\ &=\begin{bmatrix}\mathrm{Var}(X_1) & \cdots & \mathrm{Cov}(X_1,X_n) \\ \vdots & \ddots & \vdots \\ \mathrm{Cov}(X_n,X_1) & \cdots & \mathrm{Var}(X_n)\end{bmatrix}\end{aligned} \tag{5.5.16}$$

由此可知，协方差矩阵中的每个元素是多维向量中的 X_i 和 X_j 的协方差：$\mathrm{Cov}(X_i,X_j)=E\left[(X_i-E[X_i])(X_j-E[X_j])\right]$。当 $i=j$ 时，$\mathrm{Cov}(X_i,X_i)=E\left[(X_i-E[X_i])^2\right]=\mathrm{Var}(X_i)$，即协方差矩阵主对角线的元素是随机变量 X_i 的方差。

对于多维随机变量 $\boldsymbol{X}$，根据数学期望的定义，有：$E\left(\boldsymbol{X}^{\mathrm{T}}\right)=E(\boldsymbol{X})^{\mathrm{T}}$，于是协方差矩阵的定义（5.5.15）式做如下计算（注意，$E(\cdot)$ 是线性算符）：

$$\begin{aligned}\mathrm{Cov}(\boldsymbol{X})&=E\left(\left(\boldsymbol{X}-E[\boldsymbol{X}]\right)\left(\boldsymbol{X}-E[\boldsymbol{X}]\right)^{\mathrm{T}}\right)\\ &=E\left(\left(\boldsymbol{X}-E[\boldsymbol{X}]\right)\left(\boldsymbol{X}^{\mathrm{T}}-E[\boldsymbol{X}]^{\mathrm{T}}\right)\right)\\ &=E\left(\boldsymbol{X}\boldsymbol{X}^{\mathrm{T}}-\boldsymbol{X}E[\boldsymbol{X}]^{\mathrm{T}}-E[\boldsymbol{X}]\boldsymbol{X}^{\mathrm{T}}+E[\boldsymbol{X}]E[\boldsymbol{X}]^{\mathrm{T}}\right)\\ &=E\left[\boldsymbol{X}\boldsymbol{X}^{\mathrm{T}}\right]-E[\boldsymbol{X}]E[\boldsymbol{X}]^{\mathrm{T}}-E[\boldsymbol{X}]E\left[\boldsymbol{X}^{\mathrm{T}}\right]+E[\boldsymbol{X}]E\left[\boldsymbol{X}^{\mathrm{T}}\right]\\ &=E\left[\boldsymbol{X}\boldsymbol{X}^{\mathrm{T}}\right]-E[\boldsymbol{X}]E[\boldsymbol{X}]^{\mathrm{T}}\end{aligned}$$

得到了与 5.5.2 节中协方差性质（G4）对应的计算公式：

$$\mathrm{Cov}(\boldsymbol{X})=E\left(\boldsymbol{X}\boldsymbol{X}^{\mathrm{T}}\right)-E(\boldsymbol{X})E(\boldsymbol{X})^{\mathrm{T}} \tag{5.5.17}$$

通过观察（5.5.16）式，不难想到协方差矩阵是一个对称矩阵，此结论也可以用下面的计算简要证明。

$$\begin{aligned}\mathrm{Cov}(\boldsymbol{X})&=E\left(\left(\boldsymbol{X}-E[\boldsymbol{X}]\right)\left(\boldsymbol{X}-E[\boldsymbol{X}]\right)^{\mathrm{T}}\right)\\&=E\left(\left[\left(\boldsymbol{X}-E[\boldsymbol{X}]\right)\left(\boldsymbol{X}-E[\boldsymbol{X}]\right)^{\mathrm{T}}\right]^{\mathrm{T}}\right)\\&=E\left(\left(\boldsymbol{X}-E[\boldsymbol{X}]\right)\left(\boldsymbol{X}-E[\boldsymbol{X}]\right)^{\mathrm{T}}\right)\\&=\mathrm{Cov}(\boldsymbol{X})\end{aligned}$$

此外，还可以证明协方差矩阵是半正定矩阵（证明过程参阅本书在线资料）。

协方差矩阵的一项重要应用就是探讨 n 维正态随机变量的概率密度。在 5.3.4 节最后，曾给出了二维正态随机变量的概率密度：

$$f(x,y)=\frac{1}{2\pi\sigma_1\sigma_2\sqrt{1-\rho^2}}\exp\left(-\frac{1}{2\left(1-\rho^2\right)}\left(\frac{(x-\mu_1)^2}{\sigma_1^2}-\frac{2\rho(x-\mu_1)(y-\mu_2)}{\sigma_1\sigma_2}+\frac{(y-\mu_2)^2}{\sigma_2^2}\right)\right)$$

上式中 σ_1^2 和 σ_2^2 分别是随机变量 x 、 y 的方差，即： $\mathrm{Var}(x)=\sigma_1^2,\mathrm{Var}(y)=\sigma_2^2$ 。

根据（5.5.10）式得： $\mathrm{Cov}(x,y)=\rho\sigma_1\sigma_2$ 。

设 $\boldsymbol{X}=\begin{bmatrix}x\\y\end{bmatrix},\boldsymbol{\mu}=\begin{bmatrix}\mu_1\\\mu_2\end{bmatrix}$，则 $\boldsymbol{X}$ 的协方差矩阵是：

$$\boldsymbol{\Sigma}=\mathrm{Cov}(\boldsymbol{X})=\begin{bmatrix}\sigma_1^2&\rho\sigma_1\sigma_2\\\rho\sigma_1\sigma_2&\sigma_2^2\end{bmatrix}$$

$\boldsymbol{\Sigma}$ 的行列式为：

$$|\boldsymbol{\Sigma}|=\sigma_1^2\sigma_2^2\left(1-\rho^2\right)$$

$\boldsymbol{\Sigma}$ 的逆矩阵为：

$$\boldsymbol{\Sigma}^{-1}=\frac{1}{|\boldsymbol{\Sigma}|}\begin{bmatrix}\sigma_2^2&-\rho\sigma_1\sigma_2\\-\rho\sigma_1\sigma_2&\sigma_1^2\end{bmatrix}$$

下面再计算 $(\boldsymbol{X}-\boldsymbol{\mu})^{\mathrm{T}}\boldsymbol{\Sigma}^{-1}(\boldsymbol{X}-\boldsymbol{\mu})$：

$$\begin{aligned}(\boldsymbol{X}-\boldsymbol{\mu})^{\mathrm{T}}\boldsymbol{\Sigma}^{-1}(\boldsymbol{X}-\boldsymbol{\mu})&=\frac{1}{|\boldsymbol{\Sigma}|}\begin{bmatrix}x-\mu_1&y-\mu_2\end{bmatrix}\begin{bmatrix}\sigma_2^2&-\rho\sigma_1\sigma_2\\-\rho\sigma_1\sigma_2&\sigma_1^2\end{bmatrix}\begin{bmatrix}x-\mu_1\\y-\mu_2\end{bmatrix}\\&=\frac{1}{1-\rho^2}\left(\frac{(x-\mu_1)^2}{\sigma_1^2}-\frac{2\rho(x-\mu_1)(y-\mu_2)}{\sigma_1\sigma_2}+\frac{(y-\mu_2)^2}{\sigma_2^2}\right)\end{aligned}$$

与前面给出的 $f(x,y)$ 对照，于是可以用协方差矩阵重写二维正态随机变量的概率密度函数：

$$f(\boldsymbol{X})=\frac{1}{\sqrt{(2\pi)^2|\boldsymbol{\Sigma}|}}\exp\left(-\frac{1}{2}(\boldsymbol{X}-\boldsymbol{\mu})^{\mathrm{T}}\boldsymbol{\Sigma}^{-1}(\boldsymbol{X}-\boldsymbol{\mu})\right) \tag{5.5.18}$$

（5.5.18）式也可以推广到 n 维正态随机变量，其中 $\boldsymbol{X}=\begin{bmatrix}X_1\\ \vdots\\ X_n\end{bmatrix}$，$\boldsymbol{\mu}=\begin{bmatrix}E(X_1)\\ \vdots\\ E(X_n)\end{bmatrix}=\begin{bmatrix}\mu_1\\ \vdots\\ \mu_n\end{bmatrix}$，$\boldsymbol{\Sigma}$ 为对应的协方差矩阵。

$$f(\boldsymbol{X})=\frac{1}{\sqrt{(2\pi)^n|\boldsymbol{\Sigma}|}}\exp\left(-\frac{1}{2}(\boldsymbol{X}-\boldsymbol{\mu})^{\mathrm{T}}\boldsymbol{\Sigma}^{-1}(\boldsymbol{X}-\boldsymbol{\mu})\right) \tag{5.5.19}$$

下面列出协方差矩阵的常用性质，以便理论推导时查阅（证明过程从略。$\boldsymbol{\Sigma}$ 表示多维随机变量 **X** 的协方差矩阵）：

- （H1）：$\boldsymbol{\Sigma}=E(\boldsymbol{X}\boldsymbol{X}^{\mathrm{T}})-E(\boldsymbol{X})E(\boldsymbol{X})^{\mathrm{T}}$
- （H2）：$\boldsymbol{\Sigma}$ 是半正定、对称矩阵
- （H3）：$\mathrm{Cov}(\boldsymbol{A}\boldsymbol{X})=\boldsymbol{A}\mathrm{Cov}(\boldsymbol{X})\boldsymbol{A}^{\mathrm{T}}$，$\boldsymbol{A}$ 为常数矩阵
- （H4）：$\mathrm{Cov}(\boldsymbol{X}+\boldsymbol{a})=\mathrm{Cov}(\boldsymbol{X})$，$\boldsymbol{a}$ 为常数向量

6

第 6 章

数理统计

数理统计跟统计学有区别吗？没区别！但是，在中文语境中，为了区分社会科学中的统计学，所以常称为“数理统计”，英文统一称为“统计学”（Statistics），所以我们看到的教材通常冠名为《概率论与数理统计》。“概率论是数理统计学的基础，数理统计学是概率论的重要应用”（陈希孺）。

数理统计主要包括：收集和整理数据；对数据进行分析研究，以对研究的问题进行推断。这是不是和机器学习基本一样？难怪任正非先生说“人工智能就是统计学”，并号召重视基础教育和数学。抛开咬文嚼字，我们至少可以说机器学习或人工智能必须扎根于统计学（数理统计）。

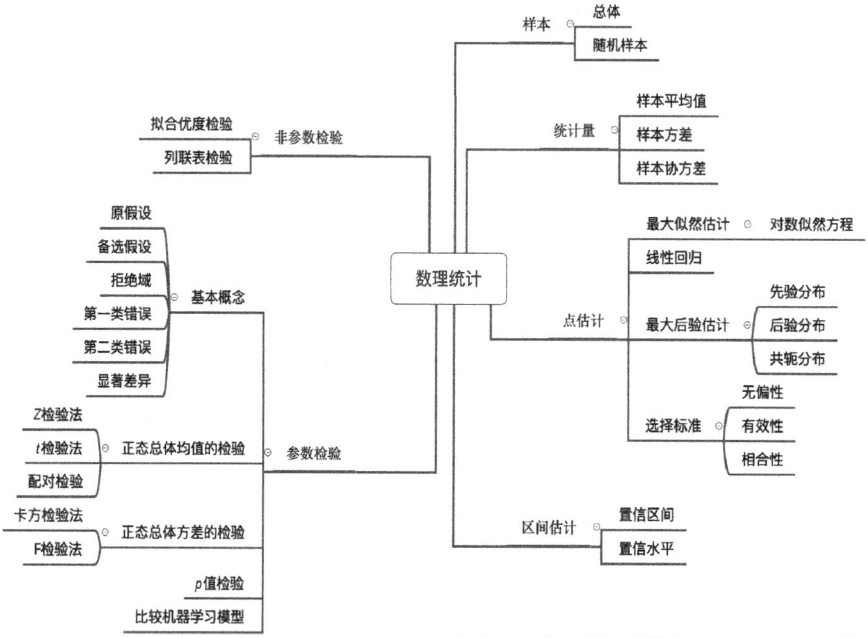

本章知识结构图

6.1 样本和抽样

在第 5 章探讨一些问题的时候，我们曾假设随机变量的分布是已知的。在实际问题中，这个假设是否成立就要看具体情况了。比如研究某个班级的考试成绩，可以得到全体学生的成绩，就能够知道随机变量的分布。再如研究“双十一”购物消费情况，从传统的观点看，无法得到全部数据，只能通过“随机抽样”的方法，得到部分数据，然后通过部分数据进行推断。但是，因为有了网络和很强的计算能力，得到全部数据也是可以实现的。技术的发展让传统的统计思想面临新的挑战。这不是此处所探讨的内容，我们假设在一定的能力范围内，无法获得全部数据，不知道随机变量的分布情况，这是在实际中经常遇到的问题，数理统计就要解决这种问题。

6.1.1 总体和样本

假设要研究全国 18～22 岁青年人的身高，所有符合这个要求的青年人的身高数据就构成了问题的**总体**，其中每一个人的身高数据就是此总体中的一个**个体**。

定义 试验的全部可能的值称为**总体**（Population，也有人称为**母体**），每一个可能的值称为**个体**。总体中所包含的个体的数量称为总体的**容量**。容量为有限的称为**有限总体**，容量为无限的称为**无限总体**。

如果用随机变量 X 表示青年人的身高，则个体的身高数值就是 X 的取值，根据经验，身高服从正态分布，即 $X \sim N\left(\mu,\sigma^2\right)$。但是，就一个普通的研究者而言，无法知道全国青年人的身高数据，$N\left(\mu,\sigma^2\right)$ 中的 μ 和 σ^2 也就都未知。对此，数理统计中提出了一种方法，即抽取一部分个体——简称**抽样**，根据这些数据对总体分布做出推断。

定义 按照一定的规则从总体中抽出的一部分个体，叫作总体的**一个样本**（Sample）。

假设选择了 n 个青年人，对他们的身高进行测量，把每次测量（观察）分别记为 $X_1,X_2,\cdots,X_n$，并且这些测量是在相同条件下独立进行的，于是可以认为 $X_1,X_2,\cdots,X_n$ 是相互独立的，并且都是与 X 有相同分布的随机变量。按照这种方式得到的 $X_i\left(i=1,2,\cdots,n\right)$ 称为来自总体 X 的一个**简单随机样本**。

定义 设有一个总体 X，$X_1,X_2,\cdots,X_n$ 是从 X 中抽取的容量为 n 的样本，若：

- $X_1,X_2,\cdots,X_n$ 相互独立
- $X_1,X_2,\cdots,X_n$ 与 X 都有相同分布函数 F

则称 $\left[X_1,X_2,\cdots,X_n\right]$ 为分布函数 F（或总体 F、或总体 X）的**简单随机样本**或**随机样本**。

对 n 个青年人测量之后，就得到了一组数据 $x_1,x_2,\cdots,x_n$，它们依次是随机变量 $X_1,X_2,\cdots,X_n$ 的取值（或观察值、测量值），称为**样本值**。

显然，抽样的目的就是要通过样本推断出总体分布中的未知量。在真实的项目中，通过抽样获得数据是一项兼具科学性和艺术性的工作，既要求严格遵守科学原理，又要求相关从业者能够促使被调查对象积极合作。

简单随机样本是通过随机抽样获得的，顾名思义，这是一种简单的抽样方法。此外，在实际问题中还有分层抽样、系统抽样、整群抽样等。由于本书不探讨抽样的具体实施方法，所以后续探讨的问题都使用简单随机样本。

从线性代数的角度来看，每个样本都可以看成向量（参阅第 5 章 5.3.4 节），例如打靶训练，每次打 5 发子弹，考查打中的环数，其样本可以用向量 $\boldsymbol{X}=\left[X_1,X_2,X_3,X_4,X_5\right]$ 表示，其中 $0\leqslant X_i\leqslant 10$ 为整数，$i=1,2,3,4,5$。第一次打 5 发，环数（样本值）为 $[0,3,5,9,3]$，第二次再打 5 发，样本值为 $[8,5,7,2,9]$。

设 $X_1,X_2,\cdots,X_n$ 为总体 F 的随机样本，则 $X_1,X_2,\cdots,X_n$ 的联合分布为：

$$F\left(x_1\right)\cdot F\left(x_2\right)\cdots F\left(x_n\right)=\prod_{i=1}^{n}F\left(x_i\right)$$

若 F 的概率密度是 f，则其联合概率密度为：

$$f\left(x_1\right)\cdot f\left(x_2\right)\cdots f\left(x_n\right)=\prod_{i=1}^{n}f\left(x_i\right)$$

当得到样本值之后，我们通常可以通过表格或图形的方式，将它们以直观的方式描述出来，比如常用的直方图、箱线图等。这方面的相关内容，请参阅《跟老齐学 Python：数据分析》，其中详细讲述了用 matplotlib 等库绘制常用统计图的方法。

6.1.2 统计量

前文已经提到，我们这些普通人，在一般情况下难以获得总体，只能通过随机样本，对总体的某些特征进行推断，比如推断出总体的方差、均值等。为此，就要对样本值进行某些数量化的计算，并利用计算出的结果推断出总体的某些特征。这些由样本算出的结果称为**统计量**。

定义 完全由样本计算出的量是**统计量**（Statistic），即统计量是样本的函数。

由此定义可知，统计量只与样本有关，请特别注意。例如 $X\sim N\left(\mu,\sigma^2\right)$，$X_1,X_2,\cdots,X_n$ 是 X 的随机样本，则 $\sum_{i=1}^{n}X_i$ 是统计量。如果 μ 和 σ^2 未知，则 $\sum_{i=1}^{n}(X_i-\mu)$ 不是统计量。

常用的统计量包括样本均值、样本方差、样本标准差等。

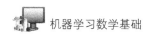

在前面各章的计算中，读者一定已经体会到向量运算的重要性，这不仅仅体现在线性代数中，更体现在机器学习算法原理中。所以，为了强化向量的应用，特别是理解向量与数理统计的关系，为后续学习奠定基础，下面就用向量的方法推导上述几个常用统计量（特别声明：以下推导过程冗长，若引起读者在阅读过程中的各种不良反应，请自行调整。读者也可以跳过推导过程，直接关注结论）。

设 $x_1,x_2,\cdots,x_n$ 是总体的随机样本的 n 个样本值，用向量 $\boldsymbol{x}=\begin{bmatrix}x_1 & x_2 & \cdots & x_n\end{bmatrix}^{\mathrm{T}}$ 表示，并对应地有一个由 n 个1构成的向量 $\boldsymbol{e}=\begin{bmatrix}1 & 1 & \cdots & 1\end{bmatrix}^{\mathrm{T}}$。假设总体有一个中心值，这个值就是第 5 章的 5.5.1 节的数学期望，但是，目前我们不知道它是多少，只是假设有它，并且试图通过样本推断出它的值。推断的基本思路就是根据已经得到的样本 $\boldsymbol{x}$，通过与假想的数学期望之间的均方误差，运用最小二乘法，最终得到最能代表总体的值。

以 a 表示假想的期望，为了用向量差表示 $\boldsymbol{x}$ 与 a 之间的误差，构建向量 $a\boldsymbol{e}$，粗体 $\boldsymbol{e}$ 表示的就是已经构建的 n 个1的向量。则 $\boldsymbol{x}$ 与 $a\boldsymbol{e}$ 的差为：

$$\boldsymbol{\Delta}=\boldsymbol{x}-a\boldsymbol{e}$$

根据第 3 章 3.6 节内容可知，要应用最小二乘法，必须有 $\boldsymbol{\Delta}$ 与 $\boldsymbol{e}$ 垂直（如图 6-1-1 所示）。$\boldsymbol{\Delta}$ 是子空间 $\mathrm{span}\{\boldsymbol{e}\}$ 的正交补，记作 $\mathrm{span}\{\boldsymbol{e}\}^{\perp}$。因为 $\mathrm{span}\{\boldsymbol{e}\}^{\perp}$ 垂直于向量 $\boldsymbol{e}$ 所在的直线 L，所以它的维度是 $n-1$ 维，即 $\boldsymbol{\Delta}$ 不可能在 L 上“活动”。

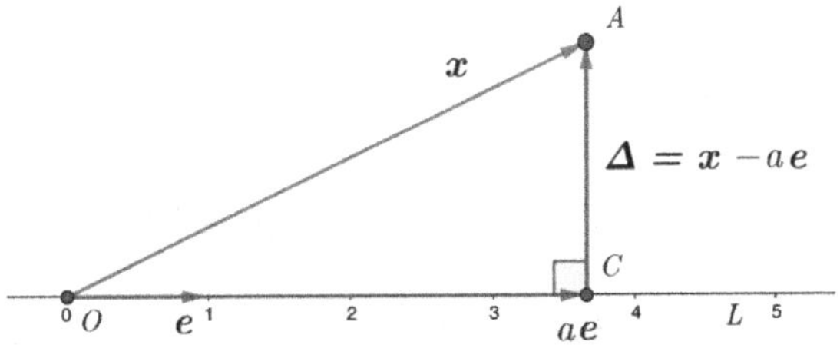

图 6-1-1

设 $\begin{bmatrix}\boldsymbol{v}_1 & \cdots & \boldsymbol{v}_{n-1}\end{bmatrix}$ 是子空间 $\mathrm{span}\{\boldsymbol{e}\}^{\perp}$ 的一组标准正交基，则：

$$\boldsymbol{\Delta}=\boldsymbol{x}-a\boldsymbol{e}=c_1\boldsymbol{v}_1+\cdots+c_{n-1}\boldsymbol{v}_{n-1}$$

其中 $c_1,\cdots,c_{n-1}$ 是任意实数。又因为 $\boldsymbol{v}_i^{\mathrm{T}}\boldsymbol{v}_j=1,(i=j)$，且 $\boldsymbol{v}_i^{\mathrm{T}}\boldsymbol{v}_j=0,(i\neq j)$，所以：

$$\begin{aligned}\|\boldsymbol{x}-a\boldsymbol{e}\|^2&=(c_1\boldsymbol{v}_1+\cdots+c_{n-1}\boldsymbol{v}_{n-1})^{\mathrm{T}}(c_1\boldsymbol{v}_1+\cdots+c_{n-1}\boldsymbol{v}_{n-1})\\&=c_1^2\boldsymbol{v}_1^{\mathrm{T}}\boldsymbol{v}_1+\cdots+c_{n-1}^2\boldsymbol{v}_{n-1}^{\mathrm{T}}\boldsymbol{v}_{n-1}\\&=c_1^2+\cdots+c_{n-1}^2\end{aligned}$$

$\|\boldsymbol{x}-a\boldsymbol{e}\|^2$ 是 $n-1$ 项的和。

又因为 $\boldsymbol{\Delta}$ 与 $\boldsymbol{e}$ 垂直，利用这个条件计算 $\|\boldsymbol{x}-a\boldsymbol{e}\|^2$ 最小化时对应的 a 值，设为 a_m。

$$\boldsymbol{\Delta}\cdot\boldsymbol{e}=0$$

$$(\boldsymbol{x}-a_m\boldsymbol{e})^{\mathrm{T}}\boldsymbol{e}=\sum_{i=1}^{n}(x_i-a_m)=0$$

$$\therefore\quad a_m=\frac{1}{n}\sum_{i=1}^{n}x_i$$

定义 根据样本值 $\boldsymbol{x}=\begin{bmatrix}x_1 & x_2 & \cdots & x_n\end{bmatrix}^{\mathrm{T}}$，得到：

$$\bar{x}=\frac{1}{n}\sum_{i=1}^{n}x_i \tag{6.1.1}$$

称为**样本平均值**（Sample Mean）。

因为：

$$\begin{aligned}\sum_{i=1}^{n}(x_i-a)^2&=\sum_{i=1}^{n}\left((x_i-a_m)+(a_m-a)\right)^2\\&=\sum_{i=1}^{n}\left((x_i-a_m)^2+(a_m-a)^2+2(x_i-a_m)(a_m-a)\right)\\&=\sum_{i=1}^{n}(x_i-a_m)^2+n(a_m-a)^2+2\left(\sum_{i=1}^{n}x_i-na_m\right)(a_m-a)\end{aligned}$$

由 $a_m=\frac{1}{n}\sum_{i=1}^{n}x_i$ 可得 $\sum_{i=1}^{n}x_i-na_m=0$，所以：

$$\sum_{i=1}^{n}(x_i-a)^2=\sum_{i=1}^{n}(x_i-a_m)^2+n(a_m-a)^2$$

即：$\sum_{i=1}^{n}(x_i-a)^2\geqslant\sum_{i=1}^{n}(x_i-a_m)^2$。当 $a=a_m$ 时等号成立，$a_m=\frac{1}{n}\sum_{i=1}^{n}x_i$ 是能够让 $\|\boldsymbol{x}-a\boldsymbol{e}\|^2$ 最小化的值。

仿照第 5 章 5.5.2 节关于方差（总体方差）的定义，计算 $a=a_m$ 时的 $\boldsymbol{x}-a\boldsymbol{e}$ 的均方差（注意，前面已经证明，$\|\boldsymbol{x}-a\boldsymbol{e}\|^2$ 可以表示为 $n-1$ 个实数项的和）：

$$s^2=\frac{1}{n-1}\|\boldsymbol{x}-a_m\boldsymbol{e}\|^2=\frac{1}{n-1}\sum_{i=1}^{n}(x_i-a_m)^2$$

定义 根据样本值 $\boldsymbol{x}=\begin{bmatrix}x_1 & x_2 & \cdots & x_n\end{bmatrix}^{\mathrm{T}}$，得到：

$$s^2=\frac{1}{n-1}\sum_{i=1}^{n}(x_i-\bar{x})^2=\frac{1}{n-1}\left(\sum_{i=1}^{n}x_i^2-n\bar{x}^2\right) \tag{6.1.2}$$

称为**样本方差**（Sample Variance）。

称 $s=\sqrt{s^2}=\sqrt{\frac{1}{n-1}\sum_{i=1}^{n}(x_i-\bar{x})^2}$ 为**样本标准差**。

如果有两个随机样本的数据 $\{(x_1,y_1),\cdots,(x_n,y_n)\}$，则其样本平均值和样本方差分别为：

$$\bar{x}=\frac{1}{n}\sum_{i=1}^{n}x_i \qquad \bar{y}=\frac{1}{n}\sum_{i=1}^{n}y_i$$

$$s_x^2=\frac{1}{n-1}\sum_{i=1}^{n}(x_i-\bar{x})^2 \qquad s_y^2=\frac{1}{n-1}\sum_{i=1}^{n}(y_i-\bar{y})^2$$

与度量两个随机变量相关性类似，度量上述两个随机样本的相关性，也可以引入**样本协方差**（Sample Covariance）的概念，即

$$s_{xy}=\frac{1}{n-1}\sum_{i=1}^{n}\left(\left(x_i-\overline{x}\right)\left(y_i-\overline{y}\right)\right) \tag{6.1.3}$$

也可以写成向量的形式。令 $\boldsymbol{x}=\begin{bmatrix}x_1 & \cdots & x_n\end{bmatrix}^{\mathrm{T}}$ 和 $\boldsymbol{y}=\begin{bmatrix}y_1 & \cdots & y_n\end{bmatrix}^{\mathrm{T}}$，且 $\boldsymbol{e}=\begin{bmatrix}1 & \cdots & 1\end{bmatrix}^{\mathrm{T}}$，协方差为：

$$s_{xy}=\frac{1}{n-1}\left(\boldsymbol{x}-\overline{x}\boldsymbol{e}\right)\left(\boldsymbol{y}-\overline{y}\boldsymbol{e}\right)$$

接下来，我们探讨一个有意思的问题：皮尔逊相关系数与余弦相似度的关系。如果认真观察第 5 章 5.5.3 节列出的两者的表达式，就会发现它们在形式上差不多。现在就让我们应用最小二乘法的思想，用线性代数的手段，像 5.5.2 节中探讨皮尔逊相关系数那样，寻找（6.1.3）式所假设的两个样本的相关系数，并最终找到皮尔逊相关系数与余弦相似度的关系。

在第 5 章 5.5.2 节讨论皮尔逊相关系数时，考虑了一条逼近 $\boldsymbol{y}$ 的直线，这里将该直线表示为 $\hat{\boldsymbol{y}}=a+b\boldsymbol{x}$，并计算 $\boldsymbol{y}$ 与 $\hat{\boldsymbol{y}}$ 的均方误差：

$$e=E\left(a,b\right)=\frac{1}{n-1}\sum_{i=1}^{n}\left(y_i-a-bx_i\right)^2$$

下面用两种途径分别推导出能够使 e 最小化的系数 a 和 b 所满足的方程。

途径一：直接将第 5 章 5.5.2 节的（5.5.12）式用样本值 x_i 和 y_i 表示为

$$\begin{cases}\dfrac{\partial e}{\partial a}=2a-2\dfrac{1}{n}\displaystyle\sum_{i=1}^{n}y_i+2b\dfrac{1}{n}\sum_{i=1}^{n}x_i=0\\[2ex]\dfrac{\partial e}{\partial b}=2b\dfrac{1}{n}\displaystyle\sum_{i=1}^{n}x_i^2-2\dfrac{1}{n}\sum_{i=1}^{n}x_iy_i+2a\dfrac{1}{n}\sum_{i=1}^{n}x_i=0\end{cases}$$

$$\begin{cases}na+b\displaystyle\sum_{i=1}^{n}x_i=\sum_{i=1}^{n}y_i\\[2ex]a\displaystyle\sum_{i=1}^{n}x_i+b\sum_{i=1}^{n}x_i^2=\sum_{i=1}^{n}x_iy_i\end{cases}$$

写成矩阵形式，为：

$$\begin{bmatrix}n & \displaystyle\sum_{i=1}^{n}x_i\\ \displaystyle\sum_{i=1}^{n}x_i & \displaystyle\sum_{i=1}^{n}x_i^2\end{bmatrix}\begin{bmatrix}a\\ b\end{bmatrix}=\begin{bmatrix}\displaystyle\sum_{i=1}^{n}y_i\\ \displaystyle\sum_{i=1}^{n}x_iy_i\end{bmatrix}$$

途径二：在第 3 章 3.6 节中讨论最小二乘法时，我们就将最小二乘问题转化为从正规方程 $\boldsymbol{X}^{\mathrm{T}}\boldsymbol{X}\hat{\boldsymbol{\beta}}=\boldsymbol{X}^{\mathrm{T}}\boldsymbol{y}$ 中求解 $\hat{\boldsymbol{\beta}}$（参阅第 3 章 3.6.2 节（3.6.7）式）。现在就利用此结论，可以同样得到上述方程。注意符号 $\boldsymbol{X}$ 和 $\boldsymbol{\beta}$ 的含义：

$$\boldsymbol{X}=\begin{bmatrix}1 & x_1\\ \vdots & \vdots\\ 1 & x_n\end{bmatrix},\quad \boldsymbol{\beta}=\begin{bmatrix}a\\ b\end{bmatrix}$$

$$\boldsymbol{X}^{\mathrm{T}}\boldsymbol{X}=\begin{bmatrix}1 & \cdots & 1\\ x_1 & \cdots & x_n\end{bmatrix}\begin{bmatrix}1 & x_1\\ \vdots & \vdots\\ 1 & x_n\end{bmatrix}=\begin{bmatrix}n & \sum_{i=1}^{n}x_i\\ \sum_{i=1}^{n}x_i & \sum_{i=1}^{n}x_i^2\end{bmatrix}$$

$$\boldsymbol{X}^{\mathrm{T}}\boldsymbol{y}=\begin{bmatrix}1 & \cdots & 1\\ x_1 & \cdots & x_n\end{bmatrix}\begin{bmatrix}y_i\\ \vdots\\ y_n\end{bmatrix}=\begin{bmatrix}\sum_{i=1}^{n}y_i\\ \sum_{i=1}^{n}x_iy_i\end{bmatrix}$$

根据正规方程 $\boldsymbol{X}^{\mathrm{T}}\boldsymbol{X}\hat{\boldsymbol{\beta}}=\boldsymbol{X}^{\mathrm{T}}\boldsymbol{y}$，得：

$$\begin{bmatrix}n & \sum_{i=1}^{n}x_i\\ \sum_{i=1}^{n}x_i & \sum_{i=1}^{n}x_i^2\end{bmatrix}\begin{bmatrix}a\\ b\end{bmatrix}=\begin{bmatrix}\sum_{i=1}^{n}y_i\\ \sum_{i=1}^{n}x_iy_i\end{bmatrix} \tag{6.1.4}$$

通过以上两种途径，得到了同样的结果。

由 $\hat{\boldsymbol{y}}=a+b\boldsymbol{x}$ 得 $a+b\boldsymbol{x}-\boldsymbol{y}=0$，由此，令 $\tilde{a}=a+b\overline{x}-\overline{y}$，则 $a=\tilde{a}+\overline{y}-b\overline{x}$：

$$\hat{\boldsymbol{y}}=\tilde{a}+\overline{y}-b\overline{x}+b\boldsymbol{x}$$
$$\hat{\boldsymbol{y}}-\overline{y}=\tilde{a}+b\left(\boldsymbol{x}-\overline{x}\right)$$

据此，将（6.1.4）式改写为：

$$\begin{bmatrix}n & \sum_{i=1}^{n}(x_i-\overline{x})\\ \sum_{i=1}^{n}(x_i-\overline{x}) & \sum_{i=1}^{n}(x_i-\overline{x})^2\end{bmatrix}\begin{bmatrix}\tilde{a}\\ b\end{bmatrix}=\begin{bmatrix}\sum_{i=1}^{n}(y_i-\overline{y})\\ \sum_{i=1}^{n}(x_i-\overline{x})\left(y_i-\overline{y}\right)\end{bmatrix}$$

上式等号两侧同时除以 $n-1$，并结合前述（6.1.1）式、（6.1.2）式、（6.1.3）式，可得：

$$\begin{bmatrix}\dfrac{n}{n-1} & 0\\ 0 & s_x^2\end{bmatrix}\begin{bmatrix}\tilde{a}\\ b\end{bmatrix}=\begin{bmatrix}0\\ s_{xy}\end{bmatrix}$$

所以：$\tilde{a}=0,\quad b=\dfrac{s_{xy}}{s_x^2}$，即 $a=\overline{y}-\dfrac{s_{xy}}{s_x^2}\overline{x}$，从而得到与 $\boldsymbol{y}$ 最逼近的直线：

$$\hat{\boldsymbol{y}}=\overline{y}+\frac{s_{xy}}{s_x^2}\left(\boldsymbol{x}-\overline{x}\right) \tag{6.1.5}$$

对应的最小均方误差：

$$
\begin{aligned}
E\left(\tilde{a},b\right) &= E\left(0,\frac{s_{xy}}{s_x^2}\right) = \frac{1}{n-1}\sum_{i=1}^{n}\left(\left(y_i-\overline{y}\right)-\frac{s_{xy}}{s_x^2}\left(x_i-\overline{x}\right)\right)^2 \\
&= \frac{1}{n-1}\sum_{i=1}^{n}\left((y_i-\overline{y})^2-2\frac{s_{xy}}{s_x^2}\left(y_i-\overline{y}\right)\left(x_i-\overline{x}\right)+\frac{s_{xy}^2}{s_x^4}\left(x_i-\overline{x}\right)^2\right) \\
&= \frac{1}{n-1}\sum_{i=1}^{n}(y_i-\overline{y})^2-\frac{2}{n-1}\frac{s_{xy}}{s_x^2}\sum_{i=1}^{2}(y_i-\overline{y})\left(x_i-\overline{x}\right)+\frac{1}{n-1}\frac{s_{xy}^2}{s_x^4}\sum_{i=1}^{n}(x_i-\overline{x})^2 \\
&= s_y^2-\frac{s_{xy}^2}{s_x^2}
\end{aligned}
$$

根据第 5 章 5.5.2 节皮尔逊相关系数定义，令 $\rho_{xy}=\frac{s_{xy}}{s_x s_y}$，则：

$$E\left(0,\frac{s_{xy}}{s_x^2}\right)=s_y^2\left(1-\rho_{xy}^2\right)$$

直线方程（6.1.5）式，用 ρ_{xy} 可以写成：

$$\frac{\hat{\boldsymbol{y}}-\overline{y}}{s_y}=\rho_{xy}\left(\frac{\boldsymbol{x}-\overline{x}}{s_x}\right)$$

下面计算向量 $\boldsymbol{y}-\overline{y}\boldsymbol{e}$ 与向量 $\boldsymbol{x}-\overline{x}\boldsymbol{e}$ 间的夹角余弦值，根据余弦相似度的定义（$\cos\theta=\frac{\langle\boldsymbol{u},\boldsymbol{v}\rangle}{\|\boldsymbol{u}\|\|\boldsymbol{v}\|}$），得：

$$\cos\theta=\frac{(\boldsymbol{y}-\overline{y}\boldsymbol{e})^{\mathrm{T}}(\boldsymbol{x}-\overline{x}\boldsymbol{e})}{\|\boldsymbol{y}-\overline{y}\boldsymbol{e}\|\|\boldsymbol{x}-\overline{x}\boldsymbol{e}\|}=\frac{\sum_{i=1}^{n}(y_i-\overline{y})\left(x_i-\overline{x}\right)}{\sqrt{\sum_{i=1}^{n}(y_i-\overline{y})^2}\sqrt{\sum_{i=1}^{n}(x-\overline{x})^2}}$$

由样本方差和样本协方差的定义（6.1.2）式和（6.1.3）式可得：

$$\cos\theta=\frac{s_{xy}}{s_x s_y}$$

由此可知，皮尔逊相关系数即为向量 $\boldsymbol{y}-\overline{y}\boldsymbol{e}$ 与向量 $\boldsymbol{x}-\overline{x}\boldsymbol{e}$ 的余弦相似度。

除本节所列出的样本统计量之外，还有其他一些，比如最值、T 检验等，随着后续探讨，会逐渐遇到。了解统计量，目的是通过它进行推断，比如计算样本平均值，能够推断数据的“中心值”，用样本方差来说明推断的误差，进而帮助我们了解总体。

6.2 点估计

利用样本数据，确定总体的属性，这个过程称为**统计推断**（Statistical Inference）。统计推断的基本问题可以分为两大类，一类是参数估计，另一类是假设检验（参阅 6.4 节）。本节所介绍的点估计，是参数估计的一种，6.3 节还会介绍另外一种参数估计方法。

假设总体可以表示成函数形式 $M(\theta)$，比如正态分布 $N(\mu,\sigma^2)$ 或者二项分布 $B(n,p)$，我们将这种形式称为**模型**。模型可以是简单的某类分布，也可以更复杂，比如线性回归模型。在实际问题中，我们会遇到仅仅知道模型的函数形式，而不知道其一个或多个参数的情况。这就需要借助样本来估计未知的参数，即参数估计。参数估计分为两种类型：点估计和区间估计。

点估计，也称为定值估计，就是用一个单一的值作为某未知参数的估计值。用数学化的语言可以这样表述：

设总体的概率密度函数 $f(x;\theta_1,\cdots,\theta_k)$（如果是离散型，则用概率质量函数表示，此处以连续型为例），其中 $\theta_1,\cdots,\theta_k$ 为参数，它们中的一个或者多个未知，需要通过随机样本 $X_1,\cdots,X_n$ 确定——由于是在概率上"确定"，所以用"估计"这个词语比较准确。例如要估计参数 θ_1，就要构建一个适当的统计量（即函数）$\hat{\theta}_1=\hat{\theta}_1(X_1,\cdots,X_n)$（注意，通常用符号 $\hat{\theta}$ 表示参数 θ 的估计值，在机器学习中，也用"^"符号表示模型预测值），当我们得到了相应的样本值 $x_1,\cdots,x_n$，就通过 $\hat{\theta}_1(x_1,\cdots,x_n)$ 算出一个值，用其作为 θ_1 的估计值（近似值）。为此而构建的统计量 $\hat{\theta}_1(X_1,\cdots,X_N)$ 称为 θ_1 的**估计量**，称 $\hat{\theta}_1(x_1,\cdots,x_n)$ 为 θ_1 的估计值。由于估计量是样本的函数，所以对于不同的样本值，估计值一般会有所差异。

例如样本平均值 $\bar{x}$ 可以作为总体均值 μ 的估计值，样本方差 s^2 可以作为总体方差 σ^2 的估计值。

在数理统计中，有很多种方法可以实现点估计，例如矩估计法、最小二乘法、最大似然估计、最大后验估计、贝叶斯法等。本节依据机器学习的需要，选择几种予以介绍，其他未纳入本节内容的，比如矩估计法，有兴趣的读者可以参考本书的在线资料。

6.2.1 最大似然估计

最大似然估计（Maximum Likelihood Estimation，MLE，或称为"极大似然估计"）思想起源于高斯的误差理论，1912 年英国统计学家罗纳德·艾尔默·费舍尔（Ronald Aylmer Fisher，也译作"费雪""费希尔"）把它作为一个一般的估计方法提出，并且此名称也是费舍尔命名的。目前，最大似然估计在统计学、机器学习等领域仍然有广泛的应用。

假设总体 X 为连续型，其概率密度函数 $f(x;\theta_1,\cdots,\theta_k)$ 的形式已知（比如正态分布 $N(\mu,\sigma^2)$），其参数 $\theta_1,\cdots,\theta_k$ 有一个或多个未知，待估计。设 $X_1,\cdots,X_n$ 是来自 X 的样本，则 $X_1,\cdots,X_n$ 的联合密度函数为：

$$f(x_1;\theta_1,\cdots,\theta_k)f(x_2;\theta_1,\cdots,\theta_k)\cdots f(x_n;\theta_1,\cdots,\theta_k)=\prod_{i=1}^{n}f(x_i;\theta_1,\cdots,\theta_k)$$

其中 $x_1,\cdots,x_n$ 是相应于样本 $X_1,\cdots,X_n$ 的样本值。上式通常记作：

$$L(x_1,\cdots,x_n;\theta_1,\cdots,\theta_k)=\prod_{i=1}^{n}f(x_i;\theta_1,\cdots,\theta_k) \tag{6.2.1}$$

由于函数 L 中的参数分为两部分，一部分是样本值 $x_1,\cdots,x_n$，另一部分是参数 $\theta_1,\cdots,\theta_k$，于是可以有如下两种理解。

- 理解一：已知参数 $\theta_1,\cdots,\theta_k$，即已知分布（包括分布的函数形式和参数），那么，L 是关于 $x_1,\cdots,x_n$ 的概率函数（联合概率密度函数）。

此时，L 是概率密度函数。如果 $L(a_1,\cdots,a_n;\theta_1,\cdots,\theta_k)>L(b_1,\cdots,b_n;\theta_1,\cdots,\theta_k)$（其中 $a_1,\cdots,a_n$ 和 $b_1,\cdots,b_n$ 都是样本值），则说明对于两组不同的观测数据，出现 $(a_1,\cdots,a_n)$ 的概率要比出现 $(b_1,\cdots,b_n)$ 的概率高。

- 理解二：已知样本值 x_i，即已知观测数据，那么，L 是关于 $\theta_1,\cdots,\theta_k$ 的函数。

此时，称 L 为**似然函数**（Likelihood Function）。一般情况下，已经知道了函数 $L(\theta)$ 的形式——这种形式在机器学习中称为模型，只是该函数的参数 $\theta_1,\cdots,\theta_k$ 未知（或部分未知）。

如果总体 X 是离散型，其概率质量函数 $P(X=x)=p(x;\theta_1,\cdots,\theta_k)$ 的形式已知，$\theta_1,\cdots,\theta_k$ 为待估计的参数，同样有来自 X 的样本值 $x_1,\cdots,x_n$，参考上述的"理解二"以及（6.2.1）式，则有如下联合概率分布：

$$L(x_1,\cdots,x_n;\theta_1,\cdots,\theta_k)=\prod_{i=1}^{n}p(x_i;\theta_1,\cdots,\theta_k) \tag{6.2.2}$$

函数 L 中的参数 $\theta_1,\cdots,\theta_k$ 未知（或部分未知），$L(x_1,\cdots,x_2;\theta_1,\cdots,\theta_k)$ 也是样本的似然函数。

综合（6.2.1）和（6.2.2）式，将似然函数也可以简写为（θ 代表了 $\theta_1,\cdots,\theta_k$ 多个参数，X 代表随机样本）：

$$L(X;\theta)=\prod_{i=1}^{n}p(x_i;\theta)$$

或者：

$$L(X;\theta)=P(X\mid\theta)=\prod_{i=1}^{n}p(x_i\mid\theta)$$

不论是用 $p(x_i;\theta)$ 还是用条件概率 $p(x_i\mid\theta)$ 表示，这里都意味着参数 θ 是未知量。毋庸置疑，如果 θ 取不同的值，分布的具体函数形式就不同，对于已知样本而言，所得到的概率也不同。不妨看一个示例，理解这句话的含义。

在"英超"各个俱乐部中，利物浦队的实力不容小觑。在 2018—2019 赛季中，该队取得了 38 场 30 胜的好成绩。这里的"30/38"就是我们观测到的数据，即样本值。假设球赛的胜负概率符合二项分布（此假设未经科学验证，在此仅用于示例），即：

$$P(k\mid\theta)=\binom{n}{k}\theta^k(1-\theta)^{n-k} \tag{6.2.3}$$

其中 n 表示参加比赛的场次数量，k 为取胜的场次数量，θ 为获胜的概率。现在我们已经知道了一组观测数据（"38 场 30 胜"），并且知道比赛结果服从的概率分布的函数形式是（6.2.3）式，但其中的θ未知。理论上，$\theta \in [0,1]$，所以，在这个范围内可以任意选择θ的值：

- 设$\theta = 0.1$，利用（6.2.3）式计算已知观测数据（“38 场 30 胜”）的概率：

$$P('30/38' \mid \theta = 0.1) = \binom{38}{30} \cdot 0.1^{30} \cdot (1-0.1)^{38-30} = 2.11 \times 10^{-23}$$

即在此条件下，我们能够观测到“38 场 30 胜”的概率是 0.0000000000000000000000211，这就是不可能发生呀！

- 设$\theta = 0.7$，则：

$$P('30/38' \mid \theta = 0.7) = \binom{38}{30} \cdot 0.7^{30} \cdot (1-0.7)^{38-30} = 0.072$$

即在此条件下，我们能够观测到“38 场胜 30 场”的概率是 0.072 。

经过上述计算，显然当θ取较大值时，观测数据出现的可能性较高，但也不能太任性，比如$\theta = 1$时，$P('30/38' \mid \theta = 1) = 0$——对此也是显然成立的，$\theta = 1$意味着每场必胜，当然观测不到还有败绩的“30/38”的样本值了。由此，我们猜测，应该存在一个比较适合的θ值，能够让（6.2.3）式取最大值。为此，可以将已知值代入（6.2.3）式（注：计算$\binom{38}{30}$，可以使用 Python 语言标准库中的 math.comb(38,30)实现）：

$$P('30/38' \mid \theta) = \binom{38}{30} \theta^{30} (1-\theta)^{38-30} = 48\ 903\ 492 \cdot \theta^{30} (1-\theta)^{8}, (0 \leqslant \theta \leqslant 1)$$

上述函数就是关于θ的似然函数，其函数曲线如图 6-2-1 所示，认真观察图示不难发现：当θ的值在 0.76 附近时，似然函数取极大值，即此时观测到“38 场胜 30 场”的概率最大。

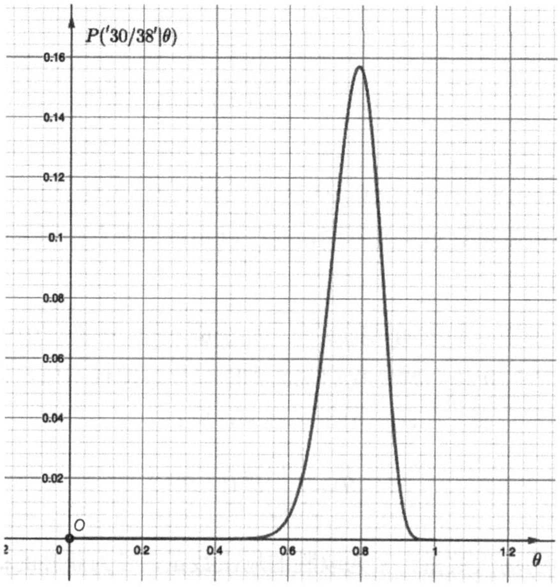

图 6-2-1

如果将(6.2.3)式作为利物浦队比赛胜负的模型，我们已经利用已知的数据找到了当$\theta \approx 0.76$时，模型对已知数据的概率最大，由此就得到了：

$$P(k \mid \theta \approx 0.76)=\binom{n}{k}0.76^k(1-0.76)^{n-k}$$

然后，就可以利用这个模型预测诸如“20 场胜 17 场”等（测试集）的概率了。

在上述过程中，我们的目标是要找到一个最适合θ的值，从而使得似然函数对已知的观测数据概率最大。这个过程就是**最大似然估计**，即：

$$L\left(x_1,\cdots,x_n;\hat{\theta}_1,\cdots,\hat{\theta}_k\right)=\operatorname{argmax}_{\theta_1,\cdots,\theta_k}L\left(x_1,\cdots,x_n;\theta_1,\cdots,\theta_k\right) \tag{6.2.4}$$

其中$\hat{\theta}_1,\cdots,\hat{\theta}_k$是$\theta_1,\cdots,\theta_k$的**最大似然估计值**。

但前面找最大似然估计值的方法不太定量化。其实读者一定想到了，应该使用微分学中求最大值的方法，计算L相对于θ_i的导数，并令其等于 0：

$$\frac{\partial}{\partial\theta_i}L\left(x_1,\cdots,x_n;\theta_1,\cdots,\theta_k\right)=0 \tag{6.2.5}$$

通常，$f\left(x_1,\cdots,x_n;\theta_1,\cdots,\theta_k\right)$和$p\left(x_1,\cdots,x_n;\theta_1,\cdots,\theta_k\right)$关于$\theta_1,\cdots,\theta_k$可导。所以，$\hat{\theta}_1,\cdots,\hat{\theta}_k$的值可以从（6.2.5）式求得。

下面就用这个方法，将（6.2.3）式对θ求导，更定量地计算出最大似然估计值。

$$\begin{aligned}\frac{\mathrm{d}p}{\mathrm{d}\theta}&=\binom{n}{k}\left[k\theta^{k-1}(1-\theta)^{n-k}-(n-k)\theta^k(1-\theta)^{n-k-1}\right]\\&=\binom{n}{k}\theta^{k-1}(1-\theta)^{n-k-1}\left[k(1-\theta)-(n-k)\theta\right]\\&=0\end{aligned}$$

可知，θ有三个可能值：0、1、$\frac{k}{n}$，根据实际情况，排除 0 和 1 的可能，则：

$$\theta=\frac{k}{n}=\frac{30}{38}=0.789$$

“非定量”方法得到的值与此接近。

由于（6.2.3）式形式简单，所以直接求导计算即可。如果遇到比较复杂的，还可以通过求对数：

$$\log L=\sum_{i=1}^{n}\log f\left(x_i;\theta_1,\cdots,\theta_k\right)$$

（此处的 log 表示取对数，底可以根据需要设定，比如自然对数，即 ln 。如果对（6.2.2）式求对数，则将f替换为p即可），L与$\log L$在同一个θ_i处达到最大值，所以最大似然估计值也可以通过以下方程求得：

$$\frac{\partial \log L}{\partial \theta_i} = 0 \tag{6.2.6}$$

一般情况下，用（6.2.6）式求解比较简单，将其称为**对数似然方程**。

再看一个稍微复杂的示例。设 $X \sim N(\mu, \sigma^2)$（正态分布），μ、σ^2 是未知参数，$x_1, \cdots, x_n$ 是来自 X 的样本值，求 μ、σ^2 的最大似然估计值。此时用（6.2.6）式计算就简便了。

（1）写出 X 的概率密度函数：

$$f(x; \mu, \sigma^2) = \frac{1}{\sigma\sqrt{2\pi}} \exp\left(-\frac{1}{2\sigma^2}(x-\mu)^2\right)$$

（2）写出似然函数（6.2.1）式：

$$L = \prod_{i=1}^{n} \frac{1}{\sigma\sqrt{2\pi}} \exp\left(-\frac{1}{2\sigma^2}(x_i-\mu)^2\right) = (2\pi)^{-\frac{n}{2}}(\sigma^2)^{-\frac{n}{2}} \exp\left(-\frac{1}{2\sigma^2}\sum_{i=1}^{n}(x_i-\mu)^2\right)$$

（3）对上式取对数

$$\log L = -\frac{n}{2}\log(2\pi) - \frac{n}{2}\log\sigma^2 - \frac{1}{2\sigma^2}\sum_{i=1}^{n}(x_i-\mu)^2$$

（4）根据（6.2.6）式，将 $\log L$ 分别对 μ 和 σ^2 求偏导数，并令其为 0（注意，将 σ^2 视作一个整体）

$$\begin{cases} \dfrac{\partial}{\partial \mu}\log L = \dfrac{1}{\sigma^2}\left(\displaystyle\sum_{i=1}^{n} x_i - n\mu\right) = 0 \\ \dfrac{\partial}{\partial \sigma^2}\log L = -\dfrac{n}{2\sigma^2} + \dfrac{1}{2(\sigma^2)^2}\displaystyle\sum_{i=1}^{n}(x_i-\mu)^2 = 0 \end{cases}$$

（5）解方程组，分别得到 μ 和 σ^2 的极大似然估计

$$\hat{\mu} = \frac{1}{n}\sum_{i=1}^{n} x_i = \overline{x}$$

$$\hat{\sigma}^2 = \frac{1}{n}\sum_{i=1}^{n}(x_i - \overline{x})^2$$

6.2.2 线性回归（3）

继第 3 章 3.6.2 节和第 4 章 4.3.3 节先后讨论了线性回归之后，这里再对其应用最大似然估计进行讨论。之所以反复探讨此问题，不仅仅因为它简单，有利于理解相关数学原理的应用，也在于它能解决很多实际问题。另外，我们也应该意识到，最大似然估计被广泛应用在机器学习算法之中。

如果仅讨论输入变量的线性组合形式的线性回归模型，即：

$$y(\boldsymbol{x}; \boldsymbol{w}) = w_0 + w_1 x_1 + \cdots + w_d x_d$$

其中 $\boldsymbol{x} = [x_1 \quad \cdots \quad x_d]^{\mathrm{T}}$ 是输入变量，$\boldsymbol{w} = [w_0 \quad w_1 \quad \cdots \quad w_d]^{\mathrm{T}}$ 是待定的参数，w_0 也称为偏置（神经

网络中的术语，bias)，$w_i, (i=1,\cdots,d)$ 是 x_i 的权重，通常会让线性模型的应用返回受到限制。为了解决这个问题，可以将上式推广为**非线性函数**的线性组合：

$$y(\boldsymbol{x};\boldsymbol{w}) = w_0 + w_1\phi_1(\boldsymbol{x}) + \cdots + w_{m-1}\phi_{m-1}(\boldsymbol{x}) \tag{6.2.7}$$

其中 $\phi_j(\boldsymbol{x})$ 称为**基函数**（Basis Function），通常简化 $\phi_0(\boldsymbol{x})=1$，（6.2.7）式还可以写成：

$$y(\boldsymbol{x};\boldsymbol{w}) = \sum_{i=0}^{m-1} w_i\phi_i(\boldsymbol{x}) = \boldsymbol{w}^{\mathrm{T}}\boldsymbol{\phi}(\boldsymbol{x}) \tag{6.2.8}$$

其中 $\boldsymbol{w} = [w_0 \quad w_1 \quad \cdots w_{m-1}]$，$\boldsymbol{\phi} = [\phi_0 \quad \cdots \quad \phi_{m-1}]$，并且 $\boldsymbol{\phi}: \mathbb{R}^d \to \mathbb{R}^m$，$\boldsymbol{\phi}(\boldsymbol{x})$ 称为**基函数**，是一个向量函数，例如正态分布函数 $\phi_i = \frac{1}{\sigma\sqrt{2\pi}}\exp\left(-\frac{(x-\mu)^2}{2\sigma^2}\right)$ 等，（6.2.8）式就称为线性基函数模型，以区别于前述的变量线性组合的回归模型。

假设有数据集 $\{(\boldsymbol{x}_i, r_i)\}_{i=1}^n$，在这种表述中，$\boldsymbol{x}_i \in \mathbb{R}^d$ 表示一个输入变量（即数据集中一个样本），$r_i \in \mathbb{R}$ 是与 $\boldsymbol{x}_i$ 对应的输出，在机器学习的有监督问题中，称为标签或响应（Response）。假设 $\boldsymbol{r}$ 是由下面的方式生成的：

$$r = y(\boldsymbol{x};\boldsymbol{w}) + \epsilon$$

其中，ϵ 是**残差**（Residual），即观测值与估计值之间的差，代表模型不能解释的部分响应。在统计学中，严格区分了"误差（Error）"和"残差（Residual）"这两个术语，但是，在物理学和机器学习中就有点模模糊糊了，所以，在阅读有关资料时，读者常发现作者并未严格区分二者，请读者注意辨析。

为了方便，假设残差 ϵ 服从正态分布 $N(0,\sigma^2)$，即 $E(\epsilon)=0$，$\mathrm{Var}(\epsilon)=E(\epsilon^2)=\sigma^2$。期望 $E(\cdot)$ 作为一个线性算子，则：

$$E(r \mid \boldsymbol{x}) = E(y(\boldsymbol{x};\boldsymbol{w}) + \epsilon) = y(\boldsymbol{x};\boldsymbol{w}) + E(\epsilon) = y(\boldsymbol{x};\boldsymbol{w})$$

$$\mathrm{Var}(r \mid \boldsymbol{x}) = E\left((r - y(\boldsymbol{x};\boldsymbol{w}))^2\right) = E(\epsilon^2) = \sigma^2$$

上式中的 $E(r \mid \boldsymbol{x})$ 和 $\mathrm{Var}(r \mid \boldsymbol{x})$ 分别表示条件数学期望和条件方差，其基本含义与第 5 章 5.3.5 节的条件概率分布类似，读者可以参考理解。据此，可以得到 $\boldsymbol{r}$ 的条件概率密度函数（这里需要有一个前提：正态分布的仿射变换仍然是正态分布。对此的说明，请参考本书在线资料）：

$$f(r \mid \boldsymbol{x}, \boldsymbol{w}, \sigma^2) = N(r \mid y(\boldsymbol{x};\boldsymbol{w}), \sigma^2) = \frac{1}{\sigma\sqrt{2\pi}}\exp\left(-\frac{(r - y(\boldsymbol{x};\boldsymbol{w}))^2}{2\sigma^2}\right)$$

接下来用数据集 $\{(\boldsymbol{x}_i, r_i)\}_{i=1}^n$ 来估计 $y(\boldsymbol{x};\boldsymbol{w})$ 中的 $\boldsymbol{w}$ 和残差的 σ^2，并用数据集对线性模型进行训练，从而得到相应参数估计值。

令 $X = \{\boldsymbol{x}_i\}_{i=1}^n$，$R = \{r_i\}_{i=1}^n$，根据（6.2.1）式写出回归模型的似然函数：

$$
\begin{aligned}
L(\boldsymbol{w},\sigma^2 \mid X,R) &= \prod_{i=1}^{n} f(r_i \mid \boldsymbol{x}_i,\boldsymbol{w},\sigma^2) \\
&= \prod_{i=1}^{n} N(r_i \mid y(\boldsymbol{x}_i;\boldsymbol{w}),\sigma^2) \\
&= \prod_{i=1}^{n} N(r_i \mid \boldsymbol{w}^{\mathrm{T}}\boldsymbol{\phi}(\boldsymbol{x}_i),\sigma^2)
\end{aligned}
$$

仿照前述计算最大似然估计值的过程，完成后续各项计算。

$$
\begin{aligned}
\log L(\boldsymbol{w},\sigma^2 \mid X,R) &= \log\prod_{i=1}^{n} N(r_i \mid \boldsymbol{w}^{\mathrm{T}}\boldsymbol{\phi}(\boldsymbol{x}_i),\sigma^2) \\
&= -\frac{n}{2}\log(2\pi) - \frac{n}{2}\log\sigma^2 - \frac{1}{2\sigma^2}\sum_{i=1}^{n}(r_i - \boldsymbol{w}^{\mathrm{T}}\boldsymbol{\phi}(\boldsymbol{x}_i))^2
\end{aligned}
\tag{6.2.9}
$$

- 估计权重 $\hat{\boldsymbol{w}}$

令 $\dfrac{\partial \log L}{\partial \boldsymbol{w}} = 0$（这里要用到矩阵导数，请参阅第 4 章 4.2.4 节），即：

$$
\begin{aligned}
\frac{\partial \log L}{\partial \boldsymbol{w}} &= -\frac{1}{2\sigma^2}\sum_{i=1}^{n}\frac{\partial}{\partial \boldsymbol{w}}\left(r_i - \boldsymbol{w}^{\mathrm{T}}\boldsymbol{\phi}(\boldsymbol{x}_i)\right)^2 \\
&= \frac{1}{\sigma^2}\sum_{i=1}^{n}\left[\left(r_i - \boldsymbol{\phi}(\boldsymbol{x}_i)^{\mathrm{T}}\boldsymbol{w}\right)\boldsymbol{\phi}(\boldsymbol{x}_i)\right] \\
&= \frac{1}{\sigma^2}\left(\sum_{i=1}^{n} r_i\boldsymbol{\phi}(\boldsymbol{x}_i) - \sum_{i=1}^{n}\boldsymbol{\phi}(\boldsymbol{x}_i)\boldsymbol{\phi}(\boldsymbol{x}_i)^{\mathrm{T}}\boldsymbol{w}\right) \\
&= \frac{1}{\sigma^2}\left(\boldsymbol{\Phi}^{\mathrm{T}}\boldsymbol{r} - \boldsymbol{\Phi}^{\mathrm{T}}\boldsymbol{\Phi}\boldsymbol{w}\right) = 0
\end{aligned}
$$

由此解得：$\hat{\boldsymbol{w}} = (\boldsymbol{\Phi}^{\mathrm{T}}\boldsymbol{\Phi})^{-1}\boldsymbol{\Phi}^{\mathrm{T}}\boldsymbol{r}$。

这个结果与第 3 章 3.6.2 节的正规方程（3.6.7）式的 $\hat{\boldsymbol{\beta}}$ 的解完全相同，是不是意味着最大似然估计与最小二乘法有点什么关系呢？稍安勿躁，后面会揭晓。

- 估计偏置 $\widehat{w_0}$

继续在（6.2.9）式的基础上计算 $\dfrac{\partial \log L}{\partial w_0} = 0$，从而得到偏置 w_0，

$$
\frac{\partial \log L}{\partial w_0} = -\frac{1}{2\sigma^2}\sum_{i=1}^{n}\frac{\partial}{\partial w_0}\left(r_i - w_0 - \sum_{j=1}^{m-1} w_j\phi_j(\boldsymbol{x}_i)\right)^2 = \frac{1}{\sigma^2}\sum_{i=1}^{n}\left(r_i - w_0 - \sum_{j=1}^{m-1} w_j\phi_j(\boldsymbol{x}_i)\right) = 0
$$

解得：$\widehat{w_0} = \bar{r} - \sum_{j=1}^{m-1} w_j\bar{\phi}_j$，其中 $\bar{r} = \dfrac{1}{n}\sum_{i=1}^{n} r_i$ 是相应的平均值；$\bar{\phi}_j = \dfrac{1}{n}\sum_{i=1}^{n}\phi_j(\boldsymbol{x}_i)$ 是基函数的平均值。

- 估计方差 $\hat{\sigma}^2$

将（6.2.9）式对 σ^2 求偏导数：

$$\frac{\partial \log L}{\partial \sigma^2} = -\frac{n}{2\sigma^2} + \frac{1}{2(\sigma^2)^2}\sum_{i=1}^{n}(r_i - \boldsymbol{w}^{\mathrm{T}}\boldsymbol{\phi}(\boldsymbol{x}_i))^2$$

令 $\frac{\partial \log L}{\partial \sigma^2} = 0$，可解得：

$$\hat{\sigma}^2 = \frac{1}{n}\sum_{i=1}^{n}\left(r_i - \hat{\boldsymbol{w}}\boldsymbol{\phi}(\boldsymbol{x}_i)\right)^2$$

这个结果说明方差的最大似然估计值就是此线性基函数模型的均方差。这不由得又让我们想到了熟悉的最小二乘法，因为其中最重要的一个操作就是计算均方差。

下面的（6.2.10）式即为线性基函数模型的误差平方和：

$$\text{Error}(\boldsymbol{w}) = \sum_{i=1}^{n}\left(r_i - \boldsymbol{w}^{\mathrm{T}}\boldsymbol{\phi}(\boldsymbol{x}_i)\right)^2 \tag{6.2.10}$$

为了求得 $\boldsymbol{w}$，前面对（6.2.9）式的 $\log L$ 最大化（即最大似然估计），这里要对（6.2.10）式最小化，两者的最终效果等价。

若设：

$$\boldsymbol{r} = \begin{bmatrix} r_1 \\ \vdots \\ r_n \end{bmatrix}$$

$$\boldsymbol{\Phi} = \begin{bmatrix} \boldsymbol{\phi}(\boldsymbol{x}_1)^{\mathrm{T}} \\ \vdots \\ \boldsymbol{\phi}(\boldsymbol{x}_n)^{\mathrm{T}} \end{bmatrix} = \begin{bmatrix} \phi_0(\boldsymbol{x}_1) & \phi_1(\boldsymbol{x}_1) & \cdots & \phi_{m-1}(\boldsymbol{x}_1) \\ \vdots & \vdots & \ddots & \vdots \\ \phi_0(\boldsymbol{x}_n) & \phi_1(\boldsymbol{x}_n) & \cdots & \phi_{m-1}(\boldsymbol{x}_n) \end{bmatrix}$$

$\boldsymbol{r}$ 是响应（输出或标签），$\boldsymbol{\Phi}$ 是 $n\times m$ 的基函数矩阵，显然 $\boldsymbol{\Phi}$ 完全由输入 X 决定。于是（6.2.10）式可以改写为：

$$\text{Error}(\boldsymbol{w}) = \|\boldsymbol{r} - \boldsymbol{\Phi}\boldsymbol{w}\|_2^2 \tag{6.2.11}$$

（6.2.11）式的最小二乘解，可以由第 3 章 3.6.2 节的正规方程（3.6.7）式求得，即：

$$\boldsymbol{\Phi}^{\mathrm{T}}\boldsymbol{\Phi}\boldsymbol{w} = \boldsymbol{\Phi}^{\mathrm{T}}\boldsymbol{r}$$

如果 $\boldsymbol{\Phi}$ 的列向量线性独立，$\text{rank}(\boldsymbol{\Phi}) = m$，则 $\text{rank}(\boldsymbol{\Phi}^{\mathrm{T}}\boldsymbol{\Phi}) = \text{rank}(\boldsymbol{\Phi}) = m$，$\boldsymbol{\Phi}^{\mathrm{T}}\boldsymbol{\Phi}$ 可逆，于是得到 $\hat{\boldsymbol{w}}$：

$$\hat{\boldsymbol{w}} = (\boldsymbol{\Phi}^{\mathrm{T}}\boldsymbol{\Phi})^{-1}\boldsymbol{\Phi}^{\mathrm{T}}\boldsymbol{r}$$

此结果与前述通过最大似然法得到的一致，这说明最大似然估计法等价于最小二乘法。如果在阅读本节内容之前，认为“最小二乘法就是实现线性回归的方法”，或许可以原谅——很多资料对最小二乘法的介绍仅限于本书第 3 章 3.6 节。但是读到这里，我们应该明确，最小二乘法不仅仅用来实现线性回归，还是一种最优化方法（参阅第 4 章 4.3.2 节），也是一种参数估计方法，其核心思想是：构造残差平方和函数，然后求偏导数，让残差平方和函数取得最小值的参数就是模型的参数。

至此，我们已经将最大似然估计法学习完毕，特别是以线性回归为例，一方面演示了最大似然估计法的一种应用，另一方面还将最大似然估计法与曾经熟悉的最小二乘法做了比较，拓展了线性模型的内容，可谓“一举三得”。不过，如果深入研究，线性回归还有很多话题可以研习，但此处毕竟以介绍基础的数学知识为主，只能忍痛割爱，有兴趣深入的读者可以参考本书在线资料。

6.2.3 最大后验估计

在第 5 章 5.2.3 节简要介绍过贝叶斯定理。现在的统计学中，已经围绕贝叶斯定理而形成了一个学派——贝叶斯统计学，这个学派强调“观察者”所掌握的知识（即对被观察对象的认识）。如果“观察者”知识完备，则能准确而唯一地判断事件的结果，不需要概率。依据这种思想，会有很多“毁三观”的结论，下面列举两个示例，请读者在阅读的时候要保持镇定，因为这些示例并不能真的发生，只是贝叶斯统计学的思想实验罢了。

- 以 6.2.1 节中的利物浦队比赛模型为例，假设观察者对影响比赛的所有因素——不仅是双方球员的技战术、心理，还包括但不限于教练、啦啦队、观众、球场、天气等，都有完整的认识（即掌握了所有相关知识），那么就能构建一个非常精密的模型，可以准确地预言每场比赛的结果，这就不存在随机性了。但是，这样的模型只有上帝知道，直到现在我们也没有掌握与利物浦队比赛相关的所有知识。
- 贝叶斯统计学的基本思想，可以说是经典物理学思想在统计学中的体现。经典物理学认为，只要知道了初始值和全部动力学方程，就能对未来任何一个状态做出准确的预测。以抛硬币为例，假设能够列出硬币运动过程中的所有动力学方程（知道硬币运动中空气阻力、其他外力等，以及抛出时的高度、初速度等各种物理量），就能通过求解方程组，最终知道是 H 还是 T 向上——这就不需要概率论了，“上帝不掷骰子”。这与知道物体的初速度和加速度，可以通过解运动方程得到任何一个时刻物体的速度是一样的。但是，这只能是思想实验。物体的初速度和加速度比较容易测量，而对于抛出去的硬币，不论是初始状态的物理量还是运动过程中所受到的空气阻力等，至少在目前的技术手段下都无法准确测量。

再来看机器学习，目前主流的思想是：只要数据足够多，就能训练出预测性能更好的模型。从统计学角度说，延续了贝叶斯统计学基本思想；从物理学角度说，依然是经典物理学思想的体现。

现实与思想实验不同，我们无法拥有当前研究对象的全部知识，只能“盲人摸象”，然后依据自己“摸到的信息”做出判断，这就不得不依靠概率。用数学形式表述“盲人摸象”：将研究问题所需要的知识（或信息，在利物浦队比赛模型中即为影响比赛的因素）假设为参数 $\theta_1,\cdots,\theta_k$，在已有的认识中，这些参数具有某种规律，设概率密度函数为 $g(\theta_1,\cdots,\theta_k)$（简写为 $g(\theta)$。此处以连续型分布为例，如果是离散型分布，则可记作 $p(\theta_1,\cdots,\theta_k)$）。由于 $g(\theta)$ 不是根据观测数据得到的，是在试验之前，利用已有的经验、知识而得到的，故称之为**先验概率**或**先验分布**（陈希孺先生特别强调“先验”是指“在试验之前”，或称“验前分布”）。

与 6.2.1 节遇到的困难一样，先验分布 $g(\theta_1,\cdots,\theta_k)$ 中的参数也是未知的（或部分未知）——这就是知识不完备导致的。为了能准确判断，还需要结合观测数据得到的知识，也就是似然函数 $f(x_1,\cdots,x_n|\theta_1,\cdots,\theta_k)$，简写作 $f(x|\theta)$（如果是离散型，则可写作 $p(x_1,\cdots,x_n|\theta_1,\cdots,\theta_k)$）。

然后将先验分布和似然函数按照贝叶斯定理组合起来（下面用连续型分布表示，与第 5 章 5.2.3 节的（5.2.6）式仅是形式上的差别）：

$$f(\theta|x)=\frac{f(x|\theta)g(\theta)}{\int_{\Theta}f(x|\theta)g(\theta)\mathrm{d}\theta} \tag{6.2.12}$$

这里所得到的 $f(\theta|x)$ 就是**后验概率**或**后验分布**——“试验之后”。（6.2.12）式中 Θ 是 $g(\theta)$ 的值域，且 $\theta\in\Theta$。分母 $\int_{\Theta}f(x|\theta)g(\theta)\mathrm{d}\theta=p(x)$，是观测到的数据的边缘分布，与 θ 无关，在此相当于一个常数，故：

$$f(\theta|x)\propto f(x|\theta)g(\theta) \tag{6.2.13}$$

在（6.2.13）式中，似然函数 $f(x|\theta)$ 的函数形式可以根据观测数据确定（注意，参数 θ 未知），那么先验分布 $g(\theta)$ 的形式应该如何确定？尽管是“先验”，也不能随便确定，因为事关后续的计算，兹事体大。

在贝叶斯统计学中，如果先验分布 $g(\theta)$ 和后验分布 $f(\theta|x)$ 为同种类型的分布，则称它们为**共轭分布**（Conjugate Distributions），此时的先验分布称为似然函数 $f(x|\theta)$ 的**共轭先验**（Conjugate Prior）。为什么要这么安排？因为这样做有好处，能让计算不断地迭代进行。且看如下分析。

设离散型随机变量的似然函数为二项分布：$p(x|\theta)=\binom{n}{x}\theta^x(1-\theta)^{n-x}$，与之对应的共轭先验（即先验分布）服从 B 分布（B 是希腊字母 β 的大写，读作“Beta”。关于 B 分布的详细说明，请查阅本书在线资料）：

$$g(\theta)=p(\theta)=B(\alpha,\beta)=\frac{\Gamma(\alpha+\beta)}{\Gamma(\alpha)\Gamma(\beta)}\theta^{\alpha-1}(1-\theta)^{\beta-1}$$

其中 $\Gamma(\cdot)$ 是 Gamma 函数（$\Gamma(n)=(n-1)!$），α 和 β 是与样本无关的超参数。根据（6.2.13）式，可得后验分布：

$$p(\theta|x)\propto p(x|\theta)p(\theta)$$

$$\begin{aligned}p(x|\theta)p(\theta)&=\binom{n}{x}\theta^x(1-\theta)^{n-x}\cdot\frac{\Gamma(\alpha+\beta)}{\Gamma(\alpha)\Gamma(\beta)}\theta^{\alpha-1}(1-\theta)^{\beta-1}\\&=\binom{n}{x}\frac{\Gamma(\alpha+\beta)}{\Gamma(\alpha)\Gamma(\beta)}\theta^{x+\alpha-1}(1-\theta)^{n-x+\beta-1}\end{aligned} \tag{6.2.14}$$

由上式可得：$p(x|\theta)p(\theta)\propto B(x+\alpha,n-x+\beta)$，于是：

$$p(\theta\,|\,x)\propto B(x+\alpha,n-x+\beta)$$

即后验分布也是B分布，与先验分布构成了共轭分布（本书在线资料中列出了常用似然函数的共轭先验分布）。

再观察$B(\alpha+\beta)\Rightarrow B(x+\alpha,n-x+\beta)$，从先验分布到后验分布，只是参数发生了替换：$\alpha\Rightarrow x+\alpha$，$\beta\Rightarrow n-x+\beta$。这样，当根据一部分数据得到了一个后验分布之后，此后验分布可以作为下一次针对新数据的先验分布，如此迭代。

继续使用利物浦队比赛模型的示例，将在 6.2.1 节中介绍的似然函数也假设为二项分布，按照上述推导过程，将先验分布设为B分布，则得到的后验分布也是B分布。按照常规的经验，不妨设先验分布$\theta\sim B(10,10)$（此处α、β也可以修改为其他值）。也就是说，在我们已有的认知中，利物浦队比赛胜负的概率期望是$E(\theta)=\dfrac{\alpha}{\alpha+\beta}=\dfrac{10}{10+10}=0.5$，期望它胜负各半。

现在我们有了新的数据："38 场胜 30 场"，显然这不是胜负各半了。当得到此信息后（有了新的知识），通常就会认为利物浦队以后比赛的胜率会高些——或者说利物浦队的球迷的期望会高一些。

由"30/38"可知：$n=38,x=30$，则后验分布为$B(30+10,38-30+10)=B(40,18)$，期望为$E(\theta)=0.69$，证实了上述结论。

如果又有了新赛季数据："20 场胜 10 场"，显然这个赛季比上个赛季表现稍差，但是，要注意，"瘦死的骆驼比马大"，上赛季的优异表现，说明利物浦队实力犹存，要考虑上赛季的成绩，并结合本赛季数据，才能做出相对正确的实力判断。所以，将$B(40,18)$作为此次的先验分布，得到后验分布$B(50,28)$，期望为0.64，受新赛季成绩影响，球迷期望略有下调。

以上明确了贝叶斯统计学中的共轭分布的必要性及其效果，但参数θ还未知——我们的最终目标是要找到θ的估计量。

若（6.2.14）式作为θ的函数，其图像如 6.2.1 节的图 6-2-1 所示，显然它有最大值，于是有：

$$\begin{aligned}\frac{\mathrm{d}}{\mathrm{d}\theta}\big(p(x\,|\,\theta)p(\theta)\big)&=\binom{n}{x}\frac{\Gamma(\alpha+\beta)}{\Gamma(\alpha)\Gamma(\beta)}\Big[(x+\alpha-1)\theta^{x+\alpha-2}(1-\theta)^{n-x+\beta-1}-(n-x+\beta-1)\theta^{x+\alpha-1}(1-\theta)^{n-x+\beta-2}\Big]\\&=\binom{n}{x}\frac{\Gamma(\alpha+\beta)}{\Gamma(\alpha)\Gamma(\beta)}\theta^{x+\alpha-2}(1-\theta)^{n-x+\beta-2}\Big[(x+\alpha-1)(1-\theta)-(n-x+\beta-1)\theta\Big]\\&=0\end{aligned}$$

与 6.2.1 节的求解类似，最终得到：$\hat{\theta}=\dfrac{x+\alpha-1}{n+\alpha+\beta-2}$。

设$\alpha=10$、$\beta=10$，且有数据"38 场胜 30 场"，即$n=38,x=30$，代入上述结果，则$\hat{\theta}=0.696$。

是不是觉得与最大似然估计一样了？的确相似。它们都是要找到最佳的估计量。区别在于，此处是对后验分布$f(\theta\,|\,x)$求最大值，并依据（6.2.13）式进而计算$f(x\,|\,\theta)g(\theta)$的最大值，最终得到

估计量 $\hat{\theta}$。

$$\arg\max_{\theta_1,\cdots,\theta_k} f(\theta_1,\cdots,\theta_k \mid x_1,\cdots,x_n) \propto \arg\max_{\theta_1,\cdots,\theta_k} f(x_1,\cdots,x_n \mid \theta_1,\cdots,\theta_k) g(\theta_1,\cdots,\theta_k)$$

根据上一节的计算经验，对上式右侧取对数：

$$\begin{aligned}&\arg\max_{\theta_1,\cdots,\theta_k} \log\prod_{i=1}^{n} f(x_i \mid \theta_1,\cdots,\theta_k) + \log\left(g\left(\theta_1,\cdots,\theta_k\right)\right)\\ &= \arg\max_{\theta_1,\cdots,\theta_k} \sum_{i=1}^{n}(\log f(x_i \mid \theta_1,\cdots,\theta_k)) + \log\left(g\left(\theta_1,\cdots,\theta_k\right)\right)\end{aligned}$$

这样，通过计算上式的最大值，就得到了参数的估计量 $\hat{\theta}_{\text{MAP}}$，这个估计方法称为**最大后验估计**（Maximuma Posteriori Estimation，MAP）。

结合（6.2.1）节的最大似然，不难看出，$\arg\max_{\theta_1,\cdots,\theta_k} \sum_{i=1}^{n}(\log f(x_i \mid \theta_1,\cdots,\theta_k))$ 就是最大似然的估计量 $\hat{\theta}_{\text{MLE}}$。所以，我们可以说，$\log g\left(\theta\right)$ 就是对 $\hat{\theta}_{\text{MLE}}$ 增加的正则项，此修正来自我们的主观认识。注意一种特殊情况，如果先验分布式均匀分布，例如 $g\left(\theta\right)=0.8$，那么最大后验估计就退化为最大似然估计了。

最大后验估计在机器学习库 sklearn 的朴素贝叶斯模块（sklearn.naive_bayes）中得到了应用，请参阅官方文档。此外，在机器学习领域的诸多研究中也都会使用最大后验估计，例如图像、影像、投影重构等研究，以及语音识别。

在贝叶斯统计学中，除了最大后验估计，还有贝叶斯估计，这种估计是在最大后验估计基础上的拓展。贝叶斯估计的最大特点是不直接估计参数的值，而是得到参数服从的概率分布。在此不对这种估计进行详述，有兴趣的读者可以参阅本书的在线资料。

6.2.4　估计的选择标准

在 6.2.1 节和 6.2.2 节中，都使用了“利物浦队模型”案例，并且分别计算出两个不同的 θ 估计值，用最大似然估计得到 $\hat{\theta}_1=0.789$；用最大后验估计得到 $\hat{\theta}_2=0.696$，那么哪一个更接近真实值呢？很可惜，我们连 θ 的真实值都不知道，怎么能判断哪一个更接近呢？

在实际问题中，即使是用一种估计方法，由于使用了不同的数据，也会产生不同的估计值。

所以，我们需要有一些衡量估计量“好坏”的标准，从而能根据标准选择“好”的估计量。在统计学中，通常以“无偏性”“有效性”“相合性”为标准。

1. 无偏性

在观测数据的时候，会有两种误差：系统误差和随机误差。比如用一把刻度尺测量本书的对角线长度（除了编辑老师之外，我们都不知道此长度的真实值，可将其设为 θ），且这把刻度尺符合国家标准（如 GB/T 9056—2004），采用正确的测量方法，经多次测量，得到了一组观测数据

$X_1,\cdots,X_n$，对这组数据求平均值：

$$\hat{\theta}=\frac{1}{n}\left(X_1+\cdots+X_n\right)$$

那么，$\hat{\theta}$ 即为所测量长度的估计量，$\Delta\theta=\hat{\theta}-\theta$ 为这次测量的误差。由于刻度尺符合国家标准，且测量方法正确，每次测量所得误差 $X_i-\theta$ 是一个随机量，这就是随机误差。当测量的次数很大时，$n\to\infty$，则 $\Delta\theta\to 0$。我们称 $\hat{\theta}$ 为 θ 的**无偏估计量**。

定义 设 $X=\left(X_1,\cdots,X_n\right)$ 是来自含有参数 θ 的总体分布的一个随机样本，$\hat{g}\left(X\right)$ 是 $g\left(\theta\right)$ 的一个估计量，如果：

$$E_\theta\left(\hat{g}\left(X\right)\right)=g\left(\theta\right) \tag{6.2.15}$$

则称 $\hat{g}\left(X\right)$ 是 $g\left(\theta\right)$ 的**无偏估计量**（Unbiased Estimator）。

还是测量长度的示例，如果采用的是一把不符合国家标准的刻度尺，那么在测量方法正确的条件下，即使多次测量，$\Delta\theta$ 也不会趋于 0，此误差即为系统误差。无偏性要求测量不能有系统误差，但随机误差不能绝对消除。

设 $X_i,\left(i=1,\cdots,n\right)$ 是服从某种分布的总体的一个样本，则样本均值为：

$$\bar{X}=\frac{1}{n}\sum_{i=1}^{n}X_i$$

因为 X_i 与总体分布一样，所以 $E\left(X_i\right)=\mu$，μ 为总体均值。根据（6.2.15）式，有：

$$E\left(\bar{X}\right)=E\left(\frac{1}{n}\sum_{i=1}^{n}X_i\right)=\frac{1}{n}\sum_{i=1}^{n}E\left(X_i\right)=\frac{1}{n}\cdot n\mu=\mu$$

这说明样本均值 $\bar{X}$ 是总体均值 μ 的无偏估计量。有了这个数学结论，物理教师才有足够的底气提出测量的要求：“多次测量取平均值”。

在 6.2.1 节曾用最大似然估计法得到了对正态分布的方差的估计量 $\hat{\sigma}^2=\frac{1}{n}\sum_{i=1}^{n}(X_i-\bar{X})^2$，下面就利用（6.2.15）式判断一下这个估计量是不是无偏估计。

令总体的期望和方差分别为 $\mu=E\left(X\right)$、$\sigma^2=\mathrm{Var}\left(X\right)=E(X-\mu)^2$。样本 $X_1,\cdots,X_n$ 的 σ^2 估计量是 $\hat{\sigma}^2$，因为：

$$\begin{aligned}\hat{\sigma}^2&=\frac{1}{n}\sum_{i=1}^{n}(X_i-\bar{X})^2=\frac{1}{n}\sum_{i=1}^{n}(X_i^2-2X_i\bar{X}+\bar{X}^2)\\&=\frac{1}{n}\sum_{i=1}^{n}X_i^2-2\bar{X}\cdot\frac{1}{n}\sum_{i=1}^{n}X_i+\frac{1}{n}\left(n\bar{X}^2\right)=\frac{1}{n}\sum_{i=1}^{n}X_i^2-2\bar{X}\cdot\bar{X}+\bar{X}^2\quad\left(\because\bar{X}=\frac{1}{n}\sum_{i=1}^{n}X_i\right)\\&=\frac{1}{n}\sum_{i=1}^{n}X_i^2-\bar{X}^2\end{aligned}$$

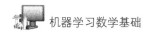

根据（6.2.15）式，计算 $E\left(\hat{\sigma}^2\right)$。

$$E\left(\hat{\sigma}^2\right)=E\left(\frac{1}{n}\sum_{i=1}^{n}X_i^2-\bar{X}^2\right)=\frac{1}{n}\sum_{i=1}^{n}E\left(X_i^2\right)-E\left(\bar{X}^2\right)$$

由 $\mathrm{Var}(X)=E\left(X^2\right)-[E(X)]^2$（参阅第 5 章 5.5.2 节的（5.5.7）式），得：

$$E\left(X_i^2\right)=\sigma^2+\mu^2$$

$$E\left(\bar{X}^2\right)=\mathrm{Var}\left(\bar{X}\right)+\left[E\left(\bar{X}\right)\right]^2=\frac{\sigma^2}{n}+\mu^2$$

（说明：

$$\begin{aligned}\mathrm{Var}\left(\bar{X}\right)&=\mathrm{Var}\left(\frac{X_1+\cdots+X_n}{n}\right)\\&=\frac{\mathrm{Var}\left(X_1\right)+\cdots+\mathrm{Var}\left(X_n\right)}{n^2}=\frac{\sigma^2}{n};\end{aligned}$$

前文已经证明 $E\left(\bar{X}\right)=\mu$。）

所以：

$$\begin{aligned}E\left(\hat{\sigma}^2\right)&=\frac{1}{n}\sum_{i=1}^{n}(\sigma^2+\mu^2)-\left(\frac{\sigma^2}{n}+\mu^2\right)\\&=\frac{1}{n}\left(n\sigma^2+n\mu^2\right)-\frac{\sigma^2}{n}-\mu^2\\&=\sigma^2-\frac{\sigma^2}{n}=\frac{n-1}{n}\sigma^2\end{aligned}$$

显然：$E\left(\hat{\sigma}^2\right)\neq\sigma^2$，不符合（6.2.15）式的规定，这说明根据最大似然估计得到的正态分布的方差的估计量不是无偏估计量。事实上，6.1.2 节中提到的样本方差 $S^2=\frac{1}{n-1}\sum_{i=1}^{n}(X_i-\bar{X})^2$ 才是总体分布方差的无偏估计，读者可以仿照上述过程给予证明，此处略（可以参考本书在线资料）。特别提醒，从参数估计的角度看，6.1.2 节的内容其实是运用最小二乘法得到了无偏估计量样本方差，所以该节内容值得再次研习——温故知新。

2. 有效性

前面曾提到估计值与观测值之间的差 $\hat{\theta}-\theta$，一般来讲，这个差会随样本值而定。根据以前使用“最小二乘法”的经验，通常采用“均方差”（Mean Square Error，MSE，误差平方的平均）的数学形式：

$$\mathrm{MSE}\left(\hat{\theta}\right)=E\left[(\hat{\theta}-\theta)^2\right] \tag{6.2.16}$$

因为：

$$
\begin{aligned}
E\left[\left(\hat{\theta}-\theta\right)^2\right] &= E\left[\hat{\theta}^2+\theta^2-2\hat{\theta}\theta\right] \\
&= E\left(\hat{\theta}^2\right)+E\left(\theta^2\right)-2\theta E\left(\hat{\theta}\right) \\
&= \mathrm{Var}\left(\hat{\theta}\right)+\left[E\left(\hat{\theta}\right)\right]^2+\theta^2-2\theta E\left(\hat{\theta}\right) \\
&= \mathrm{Var}\left(\hat{\theta}\right)+\left[E\left(\hat{\theta}\right)-\theta\right]^2
\end{aligned}
$$

所以：

$$
\mathrm{MSE}\left(\hat{\theta}\right)=\mathrm{Var}\left(\hat{\theta}\right)+[E\left(\hat{\theta}\right)-\theta]^2 \tag{6.2.17}
$$

这说明 MSE 由两部分组成，一部分是估计量的方差 $\mathrm{Var}\left(\hat{\theta}\right)$，通过它可以衡量估计的精度；另一部分是偏差 $E\left(\hat{\theta}\right)-\theta$，通过它可以衡量估计量的准确性。我们期望的估计量应该是这两部分都比较小。

如果 $\hat{\theta}$ 是 θ 的无偏估计，由（6.2.15）式知 $E\left(\hat{\theta}\right)-\theta=0$，则：

$$
\mathrm{MSE}\left(\hat{\theta}\right)=\mathrm{Var}\left(\hat{\theta}\right) \tag{6.2.18}
$$

设 $\hat{\theta}_1$ 和 $\hat{\theta}_2$ 都是 θ 的无偏估计量，若 $\mathrm{Var}\left(\hat{\theta}_1\right)\leqslant\mathrm{Var}\left(\hat{\theta}_2\right)$，则 $\hat{\theta}_1$ 比 $\hat{\theta}_2$ 更有效。

3. 相合性

设 $\hat{\theta}$ 是参数 θ 的估计量，当样本量 $n\to\infty$ 时，$\hat{\theta}$ 依概率收敛于 θ，则称 $\hat{\theta}$ 为 θ 的**相合估计量**（也称为“一致估计量”）。比如样本均值 $\bar{X}=\frac{1}{n}\sum_{i=1}^{n}X_i$，随着样本量 n 增加，它与总体均值之间的误差可以任意小，逐渐“合”在一起，即 $\bar{X}$ 是总体均值 μ 的相合估计量。

关于相合性作为选择标准的重要性，可以用下面的论述体现：

定义 相合性是对一个估计量的基本要求，若估计量不具有相合性，那么不论将样本容量 n 取得多么大，都不能将 θ 估计得足够准确，这样的估计量是不可取的（《概率论与数理统计》(第四版)，盛骤，谢式千，潘承毅编著）。

在本节最后，要感谢利物浦队，为我们提供了一个理解点估计的好示例。“You'll never walk alone”，在机器学习的道路上攀爬的读者，以本书为垫脚石，从不孤单。

6.3 区间估计

区间估计（Interval Estimate）也是一种估计未知参数的方式，即把未知参数的值估计在某个区间范围内。比如测量图 6-3-1 所示的回形针长度，按照物理学实验测量的要求，其测量结果应该写作 2.5±0.5cm，即曲别针的长度在 2cm 和 3cm 之间。如果有人说它的长度是 2.57cm，肯定不科学，其原因请参阅中学物理有关测量的知识。对于此处的测量，我们以很严谨、科学的态度，给出了一个范围，即区间估计。

现今统计学中的区间估计理论，首先是由统计学家 Jerzy Neyman（如图 6-3-2 所示）提出的，Neyman 还与 Egon Sharpe Pearson（皮尔森相关系数的提出者 Karl Pearson 之子）合作共同修订了下一节将要探讨的由费舍尔所提出的假设检验。

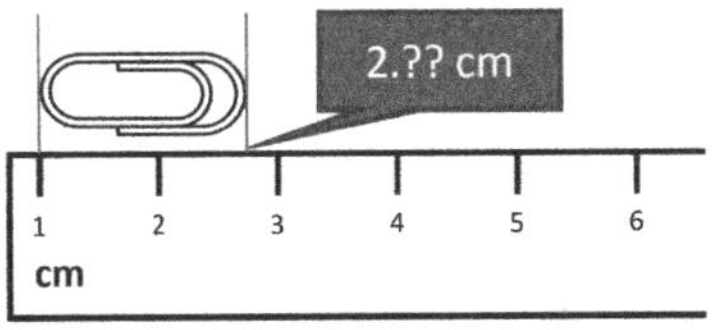

图 6-3-1

图 6-3-2

设 $X_1,\cdots,X_n$ 是从总体中抽出的样本，θ 是总体中的一个参数，且待估计（假设估计总体中的一个参数，如果是多个参数 $\theta_1,\cdots,\theta_k$，则方法与下述内容相同）。有两个确定的统计量 $\hat{\theta}_L=\hat{\theta}_L\left(X_1,\cdots,X_n\right)$ 和 $\hat{\theta}_U=\hat{\theta}_U\left(X_1,\cdots,X_n\right)$，且 $\hat{\theta}_L<\hat{\theta}_U$，若 θ 的估计值在 $\hat{\theta}_L<\theta<\hat{\theta}_U$ 范围之内，则区间 $\left(\hat{\theta}_L,\hat{\theta}_U\right)$ 即为 θ 的**置信区间**（**或区间估计**）。

定义　若有一个确定的数 $\alpha>0$，θ 在 $\hat{\theta}_L<\theta<\hat{\theta}_U$ 范围内的概率为

$$P(\hat{\theta}_L<\theta<\hat{\theta}_U)=1-\alpha \tag{6.3.1}$$

则称 $(\hat{\theta}_L,\hat{\theta}_U)$ 是 θ 的置信水平为 $1-\alpha$ 的置信区间（Confidence Interval，CI），$1-\alpha$ 称为**置信水平**（注意：不同资料对置信水平的定义有所不同，在一般的统计学教材中，将 $1-\alpha$ 定义为置信水平，也有的资料中将 α 定义为置信水平，请读者知悉）。

下面通过一个示例，理解置信水平和置信区间的含义。

```
import numpy as np

np.random.seed(8899)    # 生成随机数的种子，能够保证每次执行本程序，都生成同样的随机数
n = 100
samples = [np.random.normal(loc=0, scale=1, size=100) for _ in range(n)]
```

此处得到的 samples 是含有 100 个数组的列表，每个数组（看成一个样本）都包含按照标准正态分布 $N(0,1)$ 生成的 100 个浮点数。首先，我们要估计参数 θ 是总体均值。当然，在上面的代码中

我们已经知道，总体均值为0，这里的主要目的是理解总体均值和置信区间的关系。

然后，计算每个样本的均值，并用图示表示出样本均值、置信区间和总体均值。

```
%matplotlib inline
import matplotlib.pyplot as plt
from scipy import stats
fig, ax = plt.subplots(figsize=(10, 7))

for i in np.arange(1, n, 1):
    sample_mean = np.mean(samples[i])         # 样本均值
    se = stats.sem(samples[i])                # 样本标准差
    # 绘制置信区间和样本均值
    sample_ci = stats.norm.interval(0.95, sample_mean, se)
    if ((sample_ci[0] <= 0) and (0 <= sample_ci[1])):
        plt.plot((sample_ci[0], sample_ci[1]), (i, i), color='blue', linewidth=1)
        plt.plot(np.mean(samples[i]), i, 'bo')
    else:
        plt.plot(sample_ci[0],  sample_ci[1],  (i,  i),  color='red',  linewidth=1,
linestyle='-.')
        plt.plot(np.mean(samples[i]), i, color='red', marker='D')

plt.axvline(x=0, ymin=0, ymax=1, linestyle="--", linewidth=2, label='Population
Mean')
plt.legend(loc='best')
plt.title('95% Confidence Intervals for mean of 0')
```

输出图像：

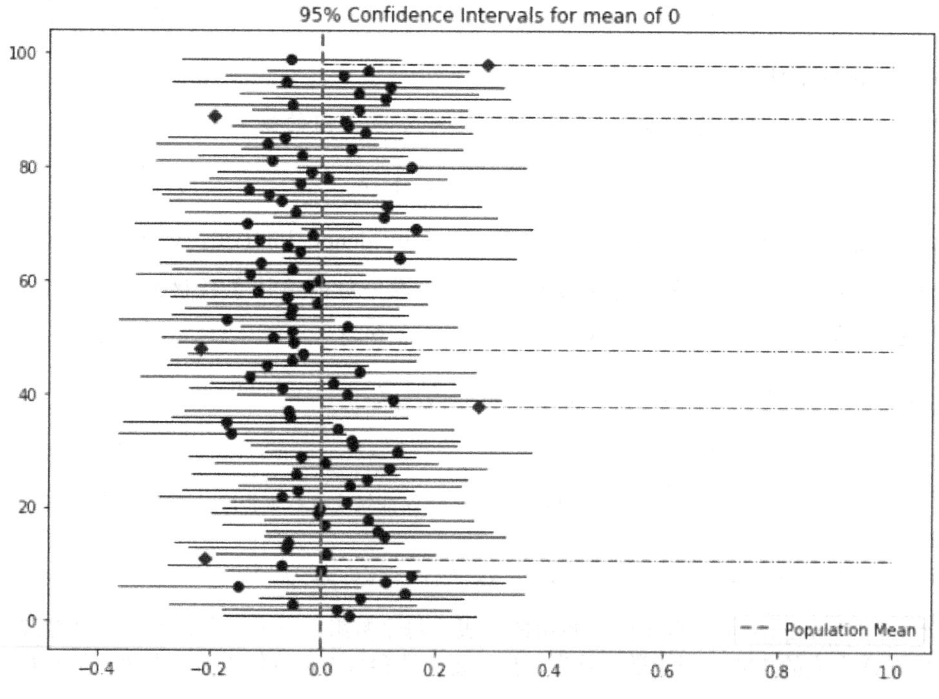

输出图像中的水平实线和虚线，表示每个样本的置信区间；水平线上的圆点或菱形点，表示该样本均值。竖直虚线表示总体均值，即所要估计的参数θ的真实值。

在上述代码中，我们将置信水平设置为0.95，图中水平实线表示该置信区间包含θ真实值；水平虚线所表示的置信区间则不包含θ真实值。且包含θ真实值的置信区间占所有样本置信区间的95%，所以图中显示有 5 个置信区间不包含θ真实值。或者说，从所有置信区间中选出一个含有θ真实值的置信区间的概率是0.95。

很显然，我们期望（6.3.1）式的概率越大越好，所以一般来讲α的值会很小，比如通常会取0.05——请读者牢记这个数字，相应置信水平为0.95。另外，我们也期望置信区间的长度$\hat{\theta}_U-\hat{\theta}_L$越小越好。如果上面的示例中，将置信区间设置为$(-\infty,\infty)$，则尽管概率很大（等于$1$），但对估计$\theta$的真实值（总体均值）也没有任何帮助。所以，在进行区间估计时，要综合考量这两方面的因素。

在传统的统计学中，通常会运用“枢轴变量”（设函数$W(X_1,\cdots,X_n;\theta)$的分布与θ无关，称W为“枢轴变量”）结合某种分布的“分位点”表，以手工计算方式得到待估参数的置信区间。按照本书的目的，将不对此进行重点探讨，仅以计算正态分布的均值μ的置信区间为例，说明一般的计算过程，其他参数或者分布的计算方法，请参阅本书在线资料。

设总体$X\sim N(\mu,\sigma^2)$（这里仅讨论单个总体的情况），σ^2已知，求μ的置信区间。由 6.2.3 节可知，样本平均值$\bar{X}$是μ的无偏估计，若样本量较大，则有（注：下面的式子可根据中心极限定理给予证明，请参阅本书在线资料，前言中有关于在线资料的获得说明）：

$$\frac{\bar{X}-\mu}{\sigma/\sqrt{n}}\sim N(0,1) \tag{6.3.2}$$

$\dfrac{\bar{X}-\mu}{\sigma/\sqrt{n}}$所服从的标准正态分布不依赖于本例中的未知参数$\mu$，它被称为“枢轴变量”。

如图 6-3-3 所示，在$N(0,1)$的曲线上取一点$x=z_{\alpha/2}$，并且使$x>z_{\alpha/2}$部分曲线与x轴之间的面积为$\alpha/2$（α为某一个值），并且在关于y对称的位置也取一个点$x=-z_{\alpha/2}$，如图 6-3-3 中阴影部分面积。

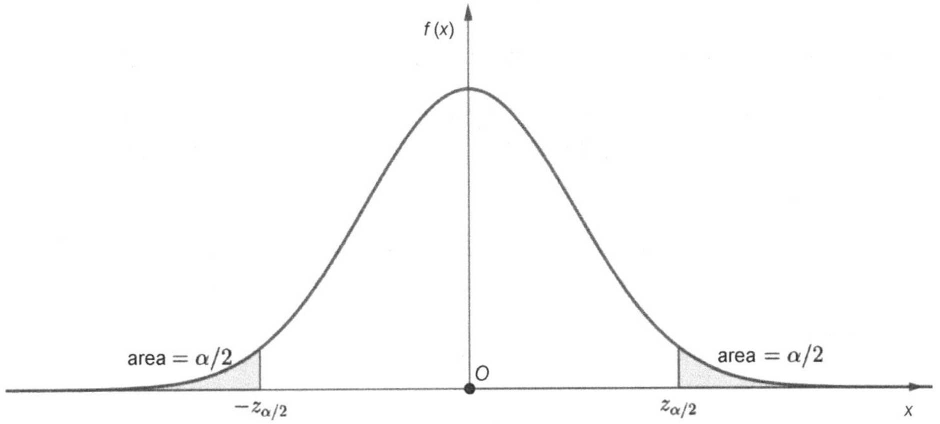

图 6-3-3

一般称 $x=z_{\alpha/2}$ 为标准正态分布的“上 α 分位点”， $x=-z_{\alpha/2}$ 为“下 α 分位点”。由于标准正态分布与 x 轴围成的面积是1，则在上、下 α 分位点之间的面积是 $1-\alpha$ ，用概率的方式表示即为：

$$P\left(\left|\frac{\bar{X}-\mu}{\sigma/\sqrt{n}}\right|<z_{\alpha/2}\right)=1-\alpha$$

$$P\left(-z_{\alpha/2}<\frac{\bar{X}-\mu}{\sigma/\sqrt{n}}<z_{\alpha/2}\right)=1-\alpha$$

$$P\left(\bar{X}-\frac{\sigma}{\sqrt{n}}z_{\alpha/2}<\mu<\bar{X}+\frac{\sigma}{\sqrt{n}}z_{\alpha/2}\right)=1-\alpha$$

由此得到了 μ 的置信水平为 $1-\alpha$ 的置信区间： $\left(\bar{X}-\frac{\sigma}{\sqrt{n}}z_{\alpha/2},\bar{X}+\frac{\sigma}{\sqrt{n}}z_{\alpha/2}\right)$ ，常写作 $\bar{X}\pm\frac{\sigma}{\sqrt{n}}z_{\alpha/2}$——现在回头看本节开头所说的物理学中对测量结果的记录方法，根据即在此。

按照习惯，令 $\alpha=0.05$ ，即置信水平 $1-\alpha=0.95$ ，查表（陈希孺《概率论与数理统计》附表 2）得 $z_{\alpha/2}=1.96$ ，于是置信水平为0.95的置信区间为 $\bar{X}\pm\frac{\sigma}{\sqrt{n}}\times1.96$ ，若 $\sigma=1,n=16$ ，则为 $\bar{X}\pm0.49$ 。假设样本均值 $\bar{x}=1.20$ ，就得到了一个置信区间 $(0.71,1.69)$ ，此区间的置信水平是0.95，意思为此区间是包含 μ 真实值区间的，可信程度为95%。

在前面的程序示例中，使用 stats.norm.interval()函数得到了正态分布的置信区间，用此函数计算上面的示例（各项假设数据如上述）：

```
from scipy import stats
import numpy as np
stats.norm.interval(0.95, loc=1.20, scale=1/np.sqrt(16))
```

输出：

```
(0.7100090038649864, 1.6899909961350135)
```

使用 scipy.stats 模块中其他常用分布的 interval()函数，均能得到相应的置信区间。

在统计学中，一般会区分双侧区间估计和单侧区间估计，以上说明的是双侧区间估计。对于单侧区间估计，scipy.stats 模块中的分布没有提供专用的方法，如果用到，则可以自己编写实现程序，或者参考使用其他人提供的库。

由于正态分布应用广泛，一般统计学教材中会对正态总体均值与方差的区间估计做专题阐述，表 6-3-1 就是通常所使用的正态总体均值、方差的置信区间和单侧置信限，供读者参阅（相关证明放在本书的在线资料中）。

表 6-3-1

	待估参数	其他参数	枢轴变量的分布	置信区间	单侧置信限
一个	μ	σ^2 已知	$Z=\dfrac{\bar{X}-\mu}{\sigma/\sqrt{n}}\sim N(0,1)$	$\bar{X}\pm\dfrac{\sigma}{\sqrt{n}}z_{\alpha/2}$	$\mu_L=\bar{X}-\dfrac{\sigma}{\sqrt{n}}z_\alpha$ $\mu_U=\bar{X}+\dfrac{\sigma}{\sqrt{n}}z_\alpha$
正态	μ	σ^2 未知	$t=\dfrac{\bar{X}-\mu}{S/\sqrt{n}}\sim t(n-1)$	$\bar{X}\pm\dfrac{S}{\sqrt{n}}t_{\alpha/2}(n-1)$	$\mu_L=\bar{X}-\dfrac{S}{\sqrt{n}}t_\alpha(n-1)$ $\mu_U=\bar{X}+\dfrac{S}{\sqrt{n}}t_\alpha(n-1)$
总体	σ^2	μ 未知	$\chi^2=\dfrac{(n-1)S^2}{\sigma^2}\sim\chi^2(n-1)$	$\left(\dfrac{(n-1)S^2}{\chi^2_{\alpha/2}(n-1)},\dfrac{(n-1)S^2}{\chi^2_{1-\alpha/2}(n-1)}\right)$	$\sigma_L^2=\dfrac{(n-1)S^2}{\chi^2_\alpha(n-1)}$ $\sigma_U^2=\dfrac{(n-1)S^2}{\chi^2_{1-\alpha}(n-1)}$
两个	$\mu_1-\mu_2$	σ_1^2,σ_2^2 已知	$Z=\dfrac{\bar{X}-\bar{Y}-(\mu_1-\mu_2)}{\sqrt{\dfrac{\sigma_1^2}{n_1}+\dfrac{\sigma_2^2}{n_2}}}$ $\sim N(0,1)$	$\bar{X}-\bar{Y}\pm z_{\alpha/2}\sqrt{\dfrac{\sigma_1^2}{n_1}+\dfrac{\sigma_2^2}{n_2}}$	$(\mu_1-\mu_2)_L=\bar{X}-\bar{Y}-z_\alpha\sqrt{\dfrac{\sigma_1^2}{n_1}+\dfrac{\sigma_2^2}{n_2}}$ $(\mu_1-\mu_2)_U=\bar{X}-\bar{Y}+z_\alpha\sqrt{\dfrac{\sigma_1^2}{n_1}+\dfrac{\sigma_2^2}{n_2}}$
正态	$\mu_1-\mu_2$	$\sigma_1^2=\sigma_2^2=\sigma^2$ 未知	$t=\dfrac{(\bar{X}-\bar{Y})-(\mu_1-\mu_2)}{S_w\sqrt{\dfrac{1}{n_1}+\dfrac{1}{n_2}}}$ $\sim t(n_1+n_2-2)$ $S_w^2=\dfrac{(n_1-1)S_1^2+(n_2-1)S_2^2}{n_1+n_2-2}$	$\bar{X}-\bar{Y}\pm t_{\alpha/2}(n_1+n_2-2)$ $S_w\sqrt{\dfrac{1}{n_1}+\dfrac{1}{n_2}}$	$(\mu_1-\mu_2)_L=\bar{X}-\bar{Y}-$ $t_\alpha(n_1+n_2-2)S_w\sqrt{\dfrac{1}{n_1}+\dfrac{1}{n_2}}$ $(\mu_1-\mu_2)_L=\bar{X}-\bar{Y}+$ $t_\alpha(n_1+n_2-2)S_w\sqrt{\dfrac{1}{n_1}+\dfrac{1}{n_2}}$
总体	$\dfrac{\sigma_1^2}{\sigma_2^2}$	μ_1,μ_2 未知	$F=\dfrac{S_1^2/S_2^2}{\sigma_1^2/\sigma_2^2}$ $\sim F(n_1-1,n_2-1)$	$\left(\dfrac{S_1^2}{S_2^2}\dfrac{1}{F_{\alpha/2}(n_1-1,n_2-1)},\right.$ $\left.\dfrac{S_1^2}{S_2^2}\dfrac{1}{F_{1-\alpha/2}(n_1-1,n_2-1)}\right)$	$\dfrac{\sigma_1^2}{\sigma_2^2}{}_L=\dfrac{S_1^2}{S_2^2}\dfrac{1}{F_\alpha(n_1-1,n_2-1)}$, $\dfrac{\sigma_1^2}{\sigma_2^2}{}_U=\dfrac{S_1^2}{S_2^2}\dfrac{1}{F_{1-\alpha}(n_1-1,n_2-1)}$

内容参考：盛骤等编著《概率论与数理统计》（第四版），高等教育出版社。

6.4　参数检验

前面曾经提到（参见 6.2 节），统计推断的基本问题分两类，一类是 6.2 节和 6.3 节所探讨的参数估计，另一类就是本节开始探讨的假设检验。假设检验通常分为两种：一种是“参数检验”，即已知总体分布，对分布的特性（如均值、方差）进行推断；另一种是“非参数检验”，即不知道总体所服从的分布类型，需要根据样本来检验关于分布的假设。在数理统计中，假设检验是一个非常重要的问题，但在机器学习中，似乎对假设检验的应用有不同的看法。对此，请读者阅读本节内容之后，做出自己的判断。

6.4.1 基本概念

假设检验（Hypothesis Testing）与参数估计类似，也是基于随机样本的观察值对模型进行推断，从而确定其未知的参数；与参数估计的不同之处是先要提出一个“假设”——大胆假设，小心求证。经过一番“求证”之后，最后结果是“接受假设”或者“拒绝假设”。那么，如何“小心求证”呢？下面以机器学习和统计学都普遍使用的鸢尾花数据集（此数据集由 Edgar Anderson 收集，故名为“Anderson's Iris data set”；后来 Ronald Fisher 将此数据集应用到了他的一篇论文中，故又曰“Fisher's Iris data set”）为例，说明求证过程的一些基本概念和基本方法。

```
import seaborn as sns
iris = sns.load_dataset('iris')
setosa = iris[iris['species']=='setosa']['sepal_length']
versicolor = iris[iris['species']=='versicolor']['sepal_length']
virginica = iris[iris['species']=='virginica']['sepal_length']
sns.distplot(setosa,
           kde=True,
           hist=False,
           label='setosa',
           kde_kws={"linestyle":"--"})
sns.distplot(versicolor,
           kde=True,
           hist=False,
           label='versicolor',
           kde_kws={"linestyle":"-"})
sns.distplot(virginica,
           kde=True,
           hist=False,
           label='virginica',
           kde_kws={"linestyle":":"})
```

输出图像：

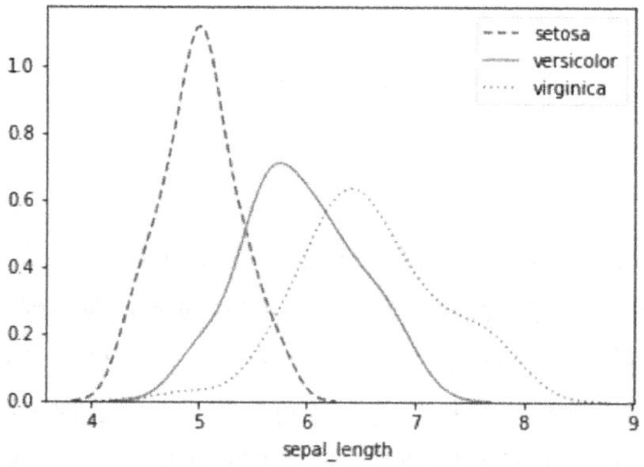

上面程序的输出图像中展示了不同种类鸢尾花的花萼长度分布情况。现在只讨论 setosa（数据集中的一类鸢尾花）的花萼长度，有庙堂科学家根据经验提出其长度均值（μ）是4.5cm，在此我

们可以视之为一个“假设”，记作：

$$H_0 : \mu = \mu_0 = 4.5$$

与上述假设相对立的，就是花萼长度均值不是 4.5cm，记作：

$$H_1 : \mu \neq \mu_0$$

其中 H_0 被称为原假设（或**零假设**，Null Hypothesis），H_1 被称为**备选假设**（或**对立假设**，Alternative Hypothesis）。

然后使用数据集中的数据——这是一个随机样本的观察数据，论证上述假设是否成立。如果论证的结果是 $\mu = 4.5\text{cm}$，就称“接受原假设”（或“接受 H_0），否则称“拒绝原假设”（或“拒绝 H_0）。

将 setosa 的花萼长度作为一个随机变量，根据上述图像，可以猜测它服从正态分布，假设 $X \sim N\left(\mu, 0.3^2\right)$（注意：为了简化当前问题，令 $\sigma = 0.3$），又因为样本均值 $\bar{X}$ 是总体均值 μ 的无偏估计，从数据集中得到的 $\bar{X}$ 的大小在一定程度上能够反映的大小。

如果 H_0 成立，即 $\mu = \mu_0$，则有 $\frac{\bar{X} - \mu_0}{\sigma / \sqrt{n}} \sim N\left(0, 1^2\right)$（参见 6.3 节的（6.3.2）式），其中统计量 $Z = \frac{\bar{X} - \mu_0}{\sigma / \sqrt{n}}$ 称为**检验统计量**。一般来说，偏差 $\left|\bar{X} - \mu_0\right|$ 的值不会很大（如果偏差太大，则 H_0 显然就不成立了），于是选择一个适合的正数 c，如果偏差 $\left|\bar{X} - \mu_0\right|$ 较大，即 $\left|\frac{\bar{X} - \mu_0}{\sigma / \sqrt{n}}\right| \geqslant c$，则拒绝原假设。常把拒绝原假设的检验统计量的取值范围 $\left|\frac{\bar{X} - \mu_0}{\sigma / \sqrt{n}}\right| \geqslant c$ 称为**拒绝域**，其边界值 c 称为**临界点**。

在当前这个示例中，我们令 $\sigma = 0.3$，即总体的 σ^2 已知，并且利用检验统计量 $Z = \frac{\bar{X} - \mu_0}{\sigma / \sqrt{n}}$ 来确定拒绝域对 μ 进行检验，像这样的检验方法称为 **Z 检验法**。

对原假设 H_0 是“接受”还是“拒绝”，做出判断的依据就是检验统计量 Z 是否在拒绝域，而检验统计量又是根据一个随机样本的数据计算而得的，其结果也具有一定的随机性，于是就可能有下面两类错误情况出现。

- 第一类错误：设未知的真实情况是 H_0 为真，但检验统计量的计算结果落在了拒绝域，由此我们做出了“拒绝 H_0”的决策——这是错误的决策。这种情况简称为“拒真”或“弃真”。
- 第二类错误：设未知的真实情况是 H_0 不为真，即 H_1 为真，检验统计量的结算结果也落在了拒绝域，即拒绝了 H_1，也就做出了“接受 H_0”的决策——这也是错误的决策。这种情况简称为“纳伪”或“取伪”。

将决策结果和真实情况结合起来，可以排列出四种结果，如表 6-4-1 所示。

表 6-4-1

未知的真实情况	接受 H_0	拒绝 H_0
H_0 为真	正确	第一类错误
H_0 不真，H_1 为真	第二类错误	正确

假设检验的核心问题就是如何控制犯以上两类错误的概率——越小越好，我们的做法是：先将第一类错误的概率控制在某个比较小的值以内，再在这个限制下，使第二类错误的概率尽可能小。所以，先探讨第一类错误的概率，可以记作：

- $P\left(H_0\text{为真却拒绝}H_0\right)$。
- 或者 $P_{\mu_0}\left(\text{拒绝}H_0\right)$，这种方式表示参数 $\mu=\mu_0$ 时事件 $\{\cdot\}$ 的概率；
- 或者 $P_{\mu\in H_0}\left(\text{拒绝}H_0\right)$，这种方式表示 μ 取 H_0 规定的值（即“μ 属于 H_0”）时事件 $\{\cdot\}$ 的概率。

既然我们希望错误的概率越小越好，那就假设有一个较小的数 $\alpha,(0<\alpha<1)$，令犯错误的概率不超过它，即：

$$P\left(\left\{H_0\text{为真却拒绝}H_0\right\}\right)\leqslant\alpha \tag{6.4.1}$$

特别要强调，（6.4.1）式表示的是一个小概率事件，小概率事件在一次试验中几乎不发生。如果 H_0 为真，样本落在拒绝域是小概率事件，本不应该发生，万一发生了，则拒绝原假设。也就是说，要拒绝 H_0，不论样本量是多少，只要有一个反例就足够了。比如一个假设“老齐从来不骂人”，要想拒绝这个假设，只要观察到一次老齐骂人即可。

下面只考虑最大概率，（6.4.1）式取等号，并且用前述拒绝域的形式表示事件：

$$P\left(\left\{H_0\text{为真却拒绝}H_0\right\}\right)=P_{\mu_0}\left(\left\{\left|\frac{\bar{X}-\mu_0}{\sigma/\sqrt{n}}\right|\geqslant c\right\}\right)=\alpha$$

接下来要确定临界点 c。由于 H_0 为真时，$Z=\dfrac{\bar{X}-\mu_0}{\sigma/\sqrt{n}}\sim N\left(0,1^2\right)$，根据正态分布分位点的定义可得（如 6.3 节的图 6-3-3 所示）：

$$\left|\frac{\bar{X}-\mu_0}{\sigma/\sqrt{n}}\right|\geqslant c=z_{\alpha/2} \tag{6.4.2}$$

如果（6.4.2）式成立，则拒绝 H_0。

若令 $\alpha=0.05$，由 6.3 节可知，$z_{\alpha/2}=1.96$；又已知 $\sigma=0.3$，且鸢尾花数据集中 setosa 的样本数 $n=50$，$\bar{X}=5.006$（见如下程序输出结果）。

```
setosa.describe()
```

```
# 输出
count    50.00000
```

```
mean     5.00600
std      0.35249
min      4.30000
25%      4.80000
50%      5.00000
75%      5.20000
max      5.80000
Name: sepal_length, dtype: float64
```

则有：

$$\left|\frac{\bar{X}-\mu_0}{\sigma/\sqrt{n}}\right| = \left|\frac{5.006-4.5}{0.3/\sqrt{50}}\right| = 11.93 > 1.96$$

这说明检验统计量 Z 在拒绝域内，故拒绝 H_0，庙堂科学家的假设“setosa 的花萼长度平均值是 4.5cm ”在鸢尾花数据集（Fisher's Iris data set）检验下不成立。

这里我们控制了第一类错误发生概率不超过 α，并令 $\alpha = 0.05$。在实际问题中，α 取值通常可以是 $0.1, 0.05, 0.01, 0.005$ 等较小的数值，常称 α 为拒绝域的**检验水平**或**显著性水平**（Level of Significance）。将只控制犯第一类错误的概率，而不考虑犯第二类错误的概率的检验，称为**显著性检验**——像上面的示例那样。一般情况下，α 是在检验之前确定的。用这几个概念，可以将上述示例的假设重新表述如下。

在显著性水平 α 下，检验假设：

$$H_0: \mu = \mu_0 = 4.5, \quad H_1: \mu \neq \mu_0 \tag{6.4.3}$$

读作：在显著性水平 α 下，针对 H_1 检验 H_0。

由上述示例可知，显著性检验的任务是依据观察数据判断原假设 H_0 是否成立：

- 如果观察数据和原假设**有显著差异**，就拒绝 H_0，如（6.4.2）式，称为**检验显著**。
- 否则不能拒绝 H_0，称为**检验不显著**。注意，“不能拒绝”并不完全等同于“一定接受”，因为显著性检验的原则是控制犯第一类错误的概率不超过 α，而对犯第二类错误的概率没有限制。根据经验，就多数假设检验问题而言，都要首先控制第一类错误的发生。

形如（6.4.3）式的备选假设 H_1，表示 μ 可能大于 μ_0，也可能小于 μ_0，称为**双边备选假设**，相应的假设检验称为**双边假设检验**（Two Tailed）。如果有如下形式的假设检验：

$$H_0: \mu \geqslant \mu_0, \quad H_1: \mu < \mu_0$$

或者：

$$H_0: \mu \leqslant \mu_0, \quad H_1: \mu > \mu_0$$

则称之为**单边假设检验**（One Tailed）。在 6.4.2 节会对单边检测进行深入探讨。

6.4.2 正态总体均值的假设检验

正态分布很常见，在对其有关参数的假设检验中，均值的假设检验又是实际问题中经常遇到的，故本节会用较大篇幅对此类情形进行探讨。

1. 一个正态总体

设 $X_1,\cdots,X_n$ 是一个正态总体 $N\left(\mu,\sigma^2\right)$ 的样本，样本平均值 $\bar{X}$ 服从正态分布 $N\left(\mu,\sigma^2/n\right)$，如果探讨均值 μ 的假设检验问题，常见的形式有如下三种：

- $H_0:\mu=\mu_0$，　$H_1:\mu\neq\mu_0$
- $H_0:\mu\geqslant\mu_0$，　$H_1:\mu<\mu_0$
- $H_0:\mu\leqslant\mu_0$，　$H_1:\mu>\mu_0$

其中第一种形式是双边假设检验，后面的两种形式是单边假设检验。下面我们按照 σ^2 已知和未知两种情形进行探讨。

（1）σ^2 已知，关于 μ 的检验

在上一节已经结合示例阐述了此种情况下的双边假设检验，所以这里仅介绍这种情形下的单边假设检验：

$$H_0:\mu\leqslant\mu_0,\quad H_1:\mu>\mu_0$$

与探讨双边假设检验一样，也有：

$$Z=\frac{\bar{X}-\mu}{\sigma/\sqrt{n}}\sim N(0,1)$$

显然，任何 $\mu\in H_0$ 都小于 $\mu\in H_1$。所以，只要 $\bar{X}\geqslant c$（c 为一正数），必然拒绝 H_0，即：

$$P\left(\left\{H_0\text{为真却拒绝}H_0\right\}\right)=P_{\mu\in H_0}\left(\left\{\bar{X}\geqslant c\right\}\right)=P_{\mu\leqslant\mu_0}\left(\left\{\frac{\bar{X}-\mu_0}{\sigma/\sqrt{n}}\geqslant\frac{c-\mu_0}{\sigma/\sqrt{n}}\right\}\right)$$

因为 $\mu\leqslant\mu_0$，所以 $\dfrac{\bar{X}-\mu}{\sigma/\sqrt{n}}\geqslant\dfrac{\bar{X}-\mu_0}{\sigma/\sqrt{n}}$，于是有如下事件关系：

$$\left\{\frac{\bar{X}-\mu_0}{\sigma/\sqrt{n}}\geqslant\frac{c-\mu_0}{\sigma/\sqrt{n}}\right\}\subset\left\{\frac{\bar{X}-\mu}{\sigma/\sqrt{n}}\geqslant\frac{c-\mu_0}{\sigma/\sqrt{n}}\right\}$$

故得：

$$P_{\mu\leqslant\mu_0}\left(\left\{\frac{\bar{X}-\mu_0}{\sigma/\sqrt{n}}\geqslant\frac{c-\mu_0}{\sigma/\sqrt{n}}\right\}\right)\leqslant P_{\mu\leqslant\mu_0}\left(\left\{\frac{\bar{X}-\mu}{\sigma/\sqrt{n}}\geqslant\frac{c-\mu_0}{\sigma/\sqrt{n}}\right\}\right)$$

要控制犯第一类错误的概率，即 $P\left(\left\{H_0\text{为真却拒绝}H_0\right\}\right)\leqslant\alpha$（如 6.4.1 式），只需要令：

$$P_{\mu\leqslant\mu_0}\left(\left\{\frac{\bar{X}-\mu}{\sigma/\sqrt{n}}\geqslant\frac{c-\mu_0}{\sigma/\sqrt{n}}\right\}\right)=\alpha$$

得：$\dfrac{c-\mu_0}{\sigma/\sqrt{n}}=z_\alpha$（$z_\alpha$ 为分位点），临界点 $c=\mu_0+\dfrac{\sigma}{\sqrt{n}}z_\alpha$，则拒绝域为：

$$\bar{X}\geqslant\mu_0+\frac{\sigma}{\sqrt{n}}$$

即：$\dfrac{\bar{X}-\mu_0}{\sigma/\sqrt{n}}\geqslant z_\alpha$。

用类似方法，可以得到假设检验：

$$H_0:\mu\geqslant\mu_0,\quad H_1:\mu<\mu_0$$

的拒绝域为：

$$\frac{\bar{X}-\mu_0}{\sigma/\sqrt{n}}\leqslant -z_\alpha$$

不论是双边假设检验还是单边假设检验，当 σ^2 已知时，在正态总体均值的假设检验中，都使用了检验统计量 $Z=\dfrac{\bar{X}-\mu_0}{\sigma/\sqrt{n}}$，故将此类假设检验法称为 ***Z* 检验法**。

如果用手工计算，则将有关值代入上面的拒绝域表达式中（类似 6.4.1 节所演示），即可得到检验结果。如果用程序计算，可以使用 statsmodels 库中的函数实现。

```
from statsmodels.stats.weightstats import ztest
ztest(setosa, value=4.5)

# 输出
(10.150538987647847, 3.295383521651256e-24)
```

以上程序中的 setosa 仍为 6.4.1 节中的 setosa 类鸢尾花数据，ztest(setosa, value=4.5)实现了（6.4.3）式的双边假设检验。其返回值中的第一个浮点数 10.150538987647847 是临界点的值，此处的计算结果与 6.4.1 节手工计算结果（11.93）不同，是因为两次计算中所使用的 σ 值不同。前面手工计算中，令 $\sigma=0.3$；在函数 ztest()中，会根据样本计算观察数据的 σ。由 6.4.1 节中的程序 setosa.describe()的输出结果可知，此时 $\sigma=0.35249$，若将此值运用到手工计算中，则两者结果相同。

ztest()函数的第二个返回值是 p 值，有关 p 值，请参阅 6.4.4 节的内容。

如果进行单边假设检验，则可通过设置 ztest()函数中的参数 alternative 的值为 larger 或 smaller 实现，详细内容请参阅官方文档。

（2）σ^2 未知，关于 μ 的检验

先来探讨这种情况下的双边假设检测。要注意，方差 σ^2 未知，就不能使用 $\frac{\bar{X}-\mu_0}{\sigma/\sqrt{n}}$ 来确定拒绝域了，因为样本方差 S^2 是 σ^2 的无偏估计，所以用样本标准差 S 代替 σ，采用

$$T=\frac{\bar{X}-\mu}{S/\sqrt{n}}$$

作为检验统计量，其拒绝域的形式为：

$$|T|=\left|\frac{\bar{X}-\mu}{S/\sqrt{n}}\right|\geqslant c$$

当 H_0 为真时，$T=\frac{\bar{X}-\mu}{S/\sqrt{n}}\sim t(n-1)$，即服从 t-分布，也称“学生-分布”（Student's t-Distribution）。英国人威廉·戈塞（Willam S. Gosset，如图 6-4-1 所示）在发表关于 t-分布的论文时，使用“Student”署名，后来费舍尔（Ronald Fisher）将其命名为“学生 t-分布”。有关 t-分布的更多内容，请参阅本书在线资料。

图 6-4-1

仿照前面的流程，有：

$$P(\{H_0\text{为真却拒绝}H_0\})=P_{\mu_0}\left(\left\{\left|\frac{\bar{X}-\mu_0}{S/\sqrt{n}}\right|\geqslant c\right\}\right)=\alpha$$

用 $t_\alpha(n-1)$ 表示 t-分布上的 α 分位数，则：

$$P_{\mu_0}\left(\left\{\left|\frac{\bar{X}-\mu_0}{S/\sqrt{n}}\right|\geqslant t_{\alpha/2}(n-1)\right\}\right)=\alpha$$

即得拒绝域：

$$|T| = \left|\frac{\bar{X} - \mu_0}{S/\sqrt{n}}\right| \geqslant t_{\alpha/2}(n-1)$$

这里利用 T 统计量作为检验统计量，故称为 ***t* 检验法**。

对于此种情况的单边假设检验，请见表 6-4-2 所列。

在前面使用过的 statsmodels 库中也提供了实现 t 检验法的函数。

```
import numpy as np
from scipy import stats
from statsmodels.stats.weightstats import DescrStatsW as smstat

np.random.seed(7654567)
rvs = stats.norm.rvs(loc=5, scale=10, size=(50, 2))      # 创建服从正态分布的观测数据

smstat(rvs).ttest_mean([5.0, 0.0])

# 输出
(array([-0.68014479,    4.11038784]),  array([4.99613833e-01,  1.49986458e-04]),
49.0)
```

按照均值 $\mu = 5$ 的正态分布创建了观测数据 rvs，用 smstat(rvs).ttest_mean([5.0,0.0])对 μ 进行 t 检验，其中对 rvs 中第一列数据的假设检验是：

$$H_0 : \mu = \mu_0 = 5.0, \quad H_1 : \mu \neq \mu_0$$

对 rvs 第二列数据的假设检验是：

$$H_0 : \mu = \mu_0 = 0.0, \quad H_1 : \mu \neq \mu_0$$

返回值中，array([-0.68014479,4.11038784])是根据两列观察数据得到的临界点（在函数中没有取绝对值，所以返回值中有负数）；array([4.99613833e-01,1.49986458e-04])为两列数据的 p 值；49.0 是用于 t 检验的自由度。

此外，在 SciPy 库中，也有实现 t 检验的函数。

```
from scipy import stats
stats.ttest_1samp(rvs,[5.0,0.0])

# 输出
Ttest_1sampResult(statistic=array([-0.68014479,  4.11038784]), pvalue=array
([4.99613833e-01, 1.49986458e-04]))
```

需要注意，SciPy 库中的函数 stats.ttest_1samp()只能实现双边假设检验，而 statsmodels 库中的函数 ttest_mean()还能够实现单边假设检测。

2. 两个正态总体

设两组独立样本，样本 $X_1,\cdots,X_n$ 来自 $N\left(\mu_1,\sigma_1^2\right)$，样本均值为 $\bar{X}$，样本方差为 S_1^2；样本 $Y_1,\cdots,Y_m$ 来自 $N\left(\mu_2,\sigma_2^2\right)$，样本均值为 $\bar{Y}$，样本方差为 S_2^2。在显著水平 α 下，检验假设：

$$H_0:\mu_1-\mu_2=\delta,\quad H_1:\mu_1-\mu_2\neq\delta$$

其中 δ 为已知常数。

- 如果 σ_1^2、σ_2^2 已知，由前述假设条件可知，两个随机样本的样本均值也服从正态分布，即：

$$\bar{X}\sim N\left(\mu_1,\sigma_1^2/n\right),\quad \bar{Y}\sim N\left(\mu_2,\sigma_2^2/m\right)$$

从而得：

$$\bar{X}-\bar{Y}\sim N\left(\mu_1-\mu_2,\sigma_1^2/n+\sigma_2^2/m\right)$$

于是选择 Z 检验统计量：

$$Z=\frac{\left(\bar{X}-\bar{Y}\right)-\left(\mu_1-\mu_2\right)}{\sqrt{\frac{\sigma_1^2}{n}+\frac{\sigma_2^2}{m}}}\sim N(0,1)$$

若 $|Z|\geqslant z_{\alpha/2}$，则拒绝原假设。

- 如果 σ_1^2、σ_2^2 未知，但已知 $\sigma_1^2=\sigma_2^2$，则选择 t 检验统计量：

$$T=\frac{\left(\bar{X}-\bar{Y}\right)-\left(\mu_1-\mu_2\right)}{S_w\sqrt{\frac{1}{n}+\frac{1}{m}}}\sim t(n+m-2)$$

其中 $S_w^2=\frac{(n-1)S_1^2+(m-1)S_2^2}{n+m-2}$，$S_w=\sqrt{S_w^2}$。

若 $|T|\geqslant t_{\alpha/2}(n+m-2)$，则拒绝原假设。

- 如果 σ_1^2、σ_2^2 未知，但已知 $\sigma_1^2\neq\sigma_2^2$，这就是著名的 Behrens-Fisher 问题，可以使用 Welch 的 t 检验，选择检验统计量：

$$T=\frac{\left(\bar{X}-\bar{Y}\right)-\left(\mu_1-\mu_2\right)}{\sqrt{\left(\frac{S_1^2}{n}\right)^2+\left(\frac{S_2^2}{m}\right)^2}}$$

- 如果两个总体的样本量相同，即 $n=m$，这种情况下是成对数据的假设检验，有：

$$Z=X-Y\sim N\left(\mu_1-\mu_2,\sigma_1^2+\sigma_2^2\right)$$

则原问题转化为对 Z 的均值检验，可选择 t 检验统计量：

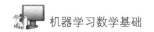

$$T=\frac{\bar{Z}-\delta}{S_Z/\sqrt{n}}\sim t(n-1)$$

这种检验方法称为**配对检验**（Paired Test）。

以上两个总体的 t 检验的双边假设检验，可以使用 SciPy 库提供的函数实现。

```
import numpy as np
from scipy import stats

np.random.seed(728)

# 生成两个服从正态分布的观测数据
rvs1 = stats.norm.rvs(loc=5, scale=10, size=500)
rvs2 = stats.norm.rvs(loc=8, scale=20, size=100)

# equal_var=False，即总体标准差不同
stats.ttest_ind(rvs1, rvs2, equal_var = False)

# 输出
Ttest_indResult(statistic=-1.3731744943633437, pvalue=0.1725630411434839)
```

函数 ttest_ind()实现两个正态总体均值的双边假设检验，其中参数 equal_var 的默认值是 True，即 $\sigma_1^2=\sigma_2^2$，执行前述的 t 检验；如果 equal_var=False，即 $\sigma_1^2\neq\sigma_2^2$，则执行前述的 Welch 的 t 检验。

为了方便实现实际问题中常见的配对检验，SciPy 库中也提供了专用函数 scipy.stats.ttest_rel()，其使用方法与前述函数类似。下面的示例选自盛骤教授主编的《概率论与数理统计》（第四版）187 页的例 4，不过这里演示如何使用程序解决，而非手工计算。

通过实验研究人对红光或绿光的反应时间（以 s 为单位）。实验中，在点亮红光或绿光的同时，启动计时器。当受试者见到红光或绿光点亮时，按下按钮，机械装置会自动切断计时器，这就能测得反应时间。下面是测得的有关数据：

```
r = [0.30, 0.23, 0.41, 0.53, 0.24, 0.36, 0.38, 0.51]    # 人对红光的反应时间
g = [0.43, 0.32, 0.58, 0.46, 0.27, 0.41, 0.38, 0.61]    # 人对绿光的反应时间
```

设 $Z_i=r_i-g_i,(i=1,2,\cdots,8)$ 是来自正态总体 $N(\mu_Z,\sigma_Z^2)$ 的样本，μ_Z、σ_Z^2 均未知，则在显著水平 $\alpha=0.05$ 下，检验假设：

$$H_0:\mu_Z\geqslant 0,\quad H_1:\mu_Z<0$$

```
stats.ttest_rel(r, g)

# 输出
Ttest_relResult(statistic=-2.311250817605121, pvalue=0.05408703689705545)
```

输出统计量-2.311，此值小于 $-t_{0.05}(8-1)=-1.8946$，故拒绝 H_0，认为人对红光的反应时间小于对绿光的反应时间，也就是说人对红光的反应要比对绿光快。由此可见，交通信号灯中采用红灯表示禁止通行，很有道理。

如果要进行单边假设检验，则可以使用 statsmodels.stats.weightstats.ttest_ind()函数，当然，此函数也支持双边假设检验。对这个函数的使用，此处不再举例，可以参考 statsmodels 库的官方文档。

6.4.3 正态总体方差的假设检验

本节探讨正态总体方差的假设检验，虽然这种假设检验不是很常用，但从统计学的知识完备性角度看，也必须介绍，只是比前面的简略。

还是从单个总体情况开始。设总体 $X \sim N\left(\mu,\sigma^2\right)$，$\mu$、$\sigma^2$ 均未知，$X_1,\cdots,X_n$ 是来自 X 的随机样本。在显著水平 α 下，检验假设（双边假设检验）：

$$H_0:\sigma^2=\sigma_0^2,\quad H_1:\sigma^2\neq\sigma_0^2$$

其中 σ_0^2 为已知数。由于样本方差 S^2 是 σ^2 的无偏估计，当 H_0 为真时，有：

$$\frac{(n-1)S^2}{\sigma_0^2}\sim\chi^2(n-1)$$

以 $\chi^2=\dfrac{(n-1)S^2}{\sigma_0^2}$ 为检验统计量，此检验法即称为 χ^2 **检验法**。

用 $\chi_\alpha^2(n-1)$ 表示 $\chi^2(n-1)$ 分布的上 α 分位数，则：

$$P\left(H_0\text{为真却拒绝}H_0\right)=P_{\sigma_0^2}\left(\chi^2\leqslant\chi_{1-\alpha/2}^2(n-1)\right)+P\left(\chi^2\geqslant\chi_{\alpha/2}^2(n-1)\right)=\alpha$$

故拒绝域为：

$$\frac{(n-1)S^2}{\sigma_0^2}\leqslant\chi_{1-\alpha/2}^2(n-1)\vee\frac{(n-1)S^2}{\sigma_0^2}\leqslant\chi_{\alpha/2}^2(n-1)$$

对于单边假设检验问题的拒绝域，可以参考表 6-4-2 所示，推导过程与 6.4.2 节中的过程类似，或者参阅本书在线资料。

如果有两个正态总体：设 $X_1,\cdots,X_n$ 是来自总体 $N\left(\mu_1,\sigma_1^2\right)$ 的样本；$Y_1,\cdots,Y_m$ 是来自总体 $N\left(\mu_2,\sigma_2^2\right)$ 的样本，且独立，样本方差分别为 S_1^2、S_2^2。若 μ_1、μ_2、σ_1^2、σ_2^2 均未知。在显著水平 α 下，检验假设：

$$H_0:\sigma_1^2\leqslant\sigma_2^2,\quad H_1:\sigma_1^2>\sigma_2^2$$

当 H_1 为真时，观测值 $\dfrac{S_1^2}{S_2^2}$ 偏大，所以（c 为常数）：

$$P\left(H_0\text{为真却拒绝}H_0\right)=P_{\sigma_1^2\leqslant\sigma_2^2}\left(\frac{S_1^2}{S_2^2}\geqslant c\right)\leq P_{\sigma_1^2\leqslant\sigma_2^2}\left(\frac{S_1^2/S_2^2}{\sigma_1^2/\sigma_2^2}\geqslant c\right)\quad\left(\because\frac{\sigma_1^2}{\sigma_2^2}\leqslant1\right)$$

故得：

$$P_{\sigma_1^2\leqslant\sigma_2^2}\left(\frac{S_1^2/S_2^2}{\sigma_1^2/\sigma_2^2}\geqslant c\right)=\alpha$$

又因为 $\frac{S_1^2/S_2^2}{\sigma_1^2/\sigma_2^2}\sim F(n-1,m-1)$（参见本书在线资料），可得检验假设的拒绝域为：

$$F=\frac{S_1^2}{S_2^2}\geqslant F_\alpha(n-1,m-1)$$

这种检验法称为 F **检验法**。表 6-4-2 中列出了其他情况的拒绝域，请参考。

6.4.4　p 值检验

前面两节所讨论的都是正态总体的假设检验，如果样本分布不是正态的，则只要样本量足够大，就可以近似地将其视为正态。设 $X_1,\cdots,X_n$ 是二项分布总体 $B(1,p)$ 的样本，则总体均值 $E(X)=p$，总体方差 $\mathrm{Var}(X)=pq,(q=1-p)$。样本均值 $\bar{X}=\hat{p}$ 是 p 的无偏估计。当样本量 n 较大时（满足 $\min(n\hat{p},n(1-\hat{p}))\geqslant 5$），有：

$$\frac{\hat{p}-p}{\sqrt{p(1-p)/n}}\sim N(0,1)$$

当 $n\to\infty$ 时，$\hat{p}\to p$，近似地有：

$$\frac{\hat{p}-p}{\sqrt{\hat{p}(1-\hat{p})/n}}\sim N(0,1)$$

设 p_0 是 $(0,1)$ 中的已知数（以下结论证明见本书在线资料）

- 显著水平 α 下的假设检验 $H_0:p=p_0$，$H_1:p\neq p_0$ 的拒绝域

$$\frac{|\hat{p}-p_0|}{\sqrt{p_0(1-p_0)/n}}\geqslant z_{\alpha/2}$$

- 显著水平 α 下的假设检验 $H_0:p\leqslant p_0$，$H_1:p>p_0$ 的拒绝域

$$\frac{\hat{p}-p_0}{\sqrt{\hat{p}(1-\hat{p})/n}}\geqslant z_\alpha$$

- 显著水平 α 下的假设检验 $H_0:p\geqslant p_0$，$H_1:p<p_0$ 的拒绝域

$$\frac{\hat{p}-p_0}{\sqrt{\hat{p}(1-\hat{p})/n}}\leqslant -z_{\alpha/2}$$

这种方法被称为**正态逼近法**。除一个总体的情况之外，对于两个总体，也可以用正态逼近法。

设 $X_1,\cdots,X_n$ 是二项分布总体 $B(1,p_1)$ 的样本，$Y_1,\cdots,Y_m$ 是二项分布总体 $B(1,p_2)$ 的样本，并且两组样本相互独立。设 m、n 较大，且满足 $n\cdot\min(\hat{p}_1,1-\hat{p}_1)\geqslant 5$，$m\cdot\min(\hat{p}_2,1-\hat{p}_2)\geqslant 5$（$\hat{p}_1=\bar{X}$，$\hat{p}_2=\bar{Y}$），则近似地有：

$$\hat{p}_1=\bar{X}\sim N\left(p_1,\frac{p_1(1-p_1)}{n}\right)$$

$$\hat{p}_2=\bar{Y}\sim N\left(p_2,\frac{p_2(1-p_2)}{m}\right)$$

$$\hat{p}_1-\hat{p}_2\sim N\left(p_1-p_2,\frac{p_1(1-p_1)}{n}+\frac{p_2(1-p_2)}{m}\right)$$

- 假设 $H_0:p_1\leqslant p_2$，$H_1:p_1>p_2$，在 H_0 下，

$$Z=\frac{\hat{p}_1-\hat{p}_2}{\sqrt{\hat{p}_1(1-\hat{p}_1)/n+\hat{p}_2(1-\hat{p}_2)/m}}\geqslant\frac{(\hat{p}_1-\hat{p}_2)-(p_1-p_2)}{\sqrt{\hat{p}_1(1-\hat{p}_1)/n+\hat{p}_2(1-\hat{p}_2)/m}}\sim N(0,1)$$

近似成立，则显著水平 α 下的拒绝域是 $Z\geqslant z_\alpha$

- 与上述类似，可得假设 $H_0:p_1\geqslant p_2$，$H_1:p_1<p_2$ 的显著水平 α 下的拒绝域是 $Z\leqslant -z_\alpha$。
- 假设 $H_0:p_1=p_2$，$H_1:p_1\neq p_2$，在 H_0 下，$\frac{p_1(1-p_1)}{n}+\frac{p_2(1-p_2)}{m}=\left(\frac{1}{n}+\frac{1}{m}\right)p(1-p)$，其中 $p=p_1$。于是近似地有：

$$\hat{p}_1-\hat{p}_2\sim N\left(0,\left(\frac{1}{n}+\frac{1}{m}\right)p(1-p)\right)$$

p 的无偏估计 $\hat{p}=\frac{1}{n+m}(X_1+\cdots+X_n+Y_1+\cdots+Y_m)=\frac{n\hat{p}_1+m\hat{p}_2}{n+m}$。在 H_0 下，对较大的 n,m，近似地有：

$$\eta=\frac{\hat{p}_1-\hat{p}_2}{\sqrt{\left(\frac{1}{n}+\frac{1}{m}\right)\hat{p}(1-\hat{p})}}\sim N(0,1)$$

在显著水平 α 下的拒绝域是 $|\eta|\geqslant z_{\alpha/2}$。

下面将上述理论推导结果应用在医药领域常用的**对照试验**（Control Experiment）中：检验疫苗是否有效。

如何严谨地判断疫苗是否有效？在科学上，不是根据打疫苗之后某种病患的发病率来判断，而是采用“随机对照双盲试验”：将人群随机分为两组，一组提供药品（实验组），另一组提供安慰剂（对照组）。并且，除了少数统计学家之外，其他人——包括当事人，都不知道谁使用了药品，谁使用了安慰剂。然后根据所得到的数据，利用假设检验方法，断定疫苗（或者某种药品）是否有效。

假设给实验组的 20 万人注射疫苗后，发病率是 $28/10^5$，对照组也是 20 万人，发病率是 $71/10^5$。用假设检验的术语将这个问题重新表述：

$$H_0: p_1 = p_2, \quad H_1: p_1 \neq p_2$$

其中 p_1 是实验组的发病率， p_2 是对照组的发病率。如果 H_0 成立，则意味着此疫苗无效。

在此问题中 $n = m = 2\times10^5$，并且 $n\hat{p}_1 = 56 > 5, \ m\hat{p}_2 = 142 > 5$，满足前述的近似条件，可以使用正态逼近法：

$$\hat{p} = \frac{n\hat{p}_1 + m\hat{p}_2}{n+m} = 0.000495$$

$$\eta = \frac{\hat{p}_1 - \hat{p}_2}{\sqrt{\left(\frac{1}{n}+\frac{1}{m}\right)\hat{p}(1-\hat{p})}} = -6.1133$$

由于 $|\eta| = 6.1133 > 1.96$，那么，在显著水平 $\alpha = 0.05$ 下应拒绝 H_0。由拒绝域 $|\eta| \geq 6.1133$ 可得拒绝 H_0 犯错误的概率为：

$$P = P(|\eta| \geqslant 6.1133) = 2\left[1-\phi(6.1133)\right] = 9.76\times10^{-10}$$

这说明拒绝 H_0 几乎不会犯错误，即实验组和对照组中的发病率不是由随机因素造成的，从而说明疫苗有效。

上面所得的概率 $P = 9.76\times10^{-10}$ 是拒绝原假设 H_0 的最小显著水平，即为 p **值**。

定义　假设检验问题的 p 值（Probability Value）是由检验统计量的样本观测值得出的原假设可被拒绝的最小显著性水平。

很显然， p 值越小，数据提供的拒绝 H_0 的证据越充分。在假设检验的显著水平 α 下，当 p 值小于等于 α 时，就要拒绝 H_0。在科学研究的许多领域，常令 $\alpha = 0.05$，即将 p 值小于等于 0.05 确定为实验数据可靠性的标准，这是由著名的统计学家 Ronald Fisher 建议的（见《维基百科》的“ p 值”词条），后来就将 $p < 0.05$ 作为统计显著性的标准，甚至于作为论文发表的标准，于是局限性就显现出来了，正如《概率论与数理统计》（盛骤等，高等教育出版社）一书中明确指出的：

基于 p 值，研究者可以使用任意希望的显著性水平来作计算。在杂志上或在一些技术报告中，许多研究者在讲述假设检验的结果时，常不明显地论及显著性水平以及临界值，代之以简单地引用假设检验的 p 值，利用或让读者利用它来评价反对原假设的依据的强度，作出推断。

或许因为“滥用” p 值的原因，2018 年，由 72 位科学家组成的小组在《自然·人类行为》上发表了一篇名为《重新定义统计意义》的评论文章，赞同将统计显著性的阈值从 0.05 调整到 0.005。

如果使用假设检验的函数，则返回值通常包括临界值和 p 值，例如 6.4.2 节中使用的 statsmodels.stats.weightstats.ztest()函数，如表 6-4-2 所示。

表 6-4-2

条件	原假设 H_0	备选假设 H_1	检验统计量	拒绝域	p 值
σ^2 已知	$\mu \leqslant \mu_0$ $\mu \geqslant \mu_0$ $\mu = \mu_0$	$\mu > \mu_0$ $\mu < \mu_0$ $\mu \neq \mu_0$	$z=\dfrac{\overline{x}-\mu_0}{\sigma/\sqrt{n}}$	$z \geqslant z_\alpha$ $z \leqslant -z_\alpha$ $\lvert z\rvert \geqslant z_{\alpha/2}$	$P=P(Z \geqslant z)$ $P=P(Z \leqslant z)$ $P=2P(Z \geqslant \lvert z\rvert)$
σ^2 未知	$\mu \leqslant \mu_0$ $\mu \geqslant \mu_0$ $\mu = \mu_0$	$\mu > \mu_0$ $\mu < \mu_0$ $\mu \neq \mu_0$	$t=\dfrac{\overline{x}-\mu_0}{S/\sqrt{n}}$	$t \geqslant t_\alpha(n-1)$ $t \leqslant -t_\alpha(n-1)$ $\lvert t\rvert \geqslant t_{\alpha/2}(n-1)$	$P=P(T_{n-1} \geqslant t)$ $P=P(T_{n-1} \leqslant t)$ $P=2P(T_{n-1} \geqslant \lvert t\rvert)$
σ_1^2,σ_2^2 已知	$\mu_1-\mu_2 \leqslant \delta$ $\mu_1-\mu_2 \geqslant \delta$ $\mu_1-\mu_2 = \delta$	$\mu_1-\mu_2 > \delta$ $\mu_1-\mu_2 < \delta$ $\mu_1-\mu_2 \neq \delta$	$z=\dfrac{\overline{x}-\overline{y}-\delta}{\sqrt{\dfrac{\sigma_1^2}{n}+\dfrac{\sigma_2^2}{m}}}$	$z \geqslant z_\alpha$ $z \leqslant -z_\alpha$ $\lvert z\rvert \geqslant z_{\alpha/2}$	$P=P(Z \geqslant z)$ $P=P(Z \leqslant z)$ $P=2P(Z \geqslant \lvert z\rvert)$
$\sigma_1^2=\sigma_2^2$ $=\sigma^2$ 未知	$\mu_1-\mu_2 \leqslant \delta$ $\mu_1-\mu_2 \geqslant \delta$ $\mu_1-\mu_2 = \delta$	$\mu_1-\mu_2 > \delta$ $\mu_1-\mu_2 < \delta$ $\mu_1-\mu_2 \neq \delta$	$t=\dfrac{\overline{x}-\overline{y}-\delta}{S_w\sqrt{\dfrac{1}{n}+\dfrac{1}{m}}}$ $S_w^2=\dfrac{(n-1)S_1^2+(m-1)S_2^2}{n+m-2}$	$t \geqslant t_\alpha(n+m-2)$ $t \leqslant -t_\alpha(n+m-2)$ $\lvert t\rvert \geqslant t_{\alpha/2}(n+m-2)$	$P=P(T_{n+m-2} \geqslant t)$ $P=P(T_{n+m-2} \leqslant t)$ $P=2P(T_{n+m-2} \geqslant \lvert t\rvert)$
μ 未知	$\sigma^2 \leqslant \sigma_0^2$ $\sigma^2 \geqslant \sigma_0^2$ $\sigma^2 = \sigma_0^2$	$\sigma^2 > \sigma_0^2$ $\sigma^2 < \sigma_0^2$ $\sigma^2 \neq \sigma_0^2$	$\chi^2=\dfrac{(n-1)S^2}{\sigma_0^2}$	$\chi^2 \geqslant \chi_\alpha^2(n-1)$ $\chi^2 \leqslant \chi_{1-\alpha}^2(n-1)$ $\chi^2 \geqslant \chi_{\alpha/2}^2(n-1) \vee$ $\chi^2 \geqslant \chi_{1-\alpha/2}^2(n-1)$	$P=P(\chi_{n-1}^2 \geqslant \chi^2)$ $P=P(\chi_{n-1}^2 \leqslant \chi^2)$ $P=2\cdot$ $\min\{P(\chi_{n-1}^2 \leqslant \chi^2),P(\chi_{n-1}^2 \geqslant \chi^2)\}$
μ_1,μ_2 未知	$\sigma_1^2 \leqslant \sigma_2^2$ $\sigma_1^2 \geqslant \sigma_2^2$ $\sigma_1^2 = \sigma_2^2$	$\sigma_1^2 > \sigma_2^2$ $\sigma_1^2 < \sigma_2^2$ $\sigma_1^2 \neq \sigma_2^2$	$F=\dfrac{S_1^2}{S_2^2}$	$F \geqslant F_\alpha(n-1,m-1)$ $F \leqslant F_{1-\alpha}(n-1,m-1)$ $F \geqslant F_{\alpha/2}(n-1,?m-1) \vee$ $F \leqslant F_{1-\alpha/2}(n-1,m-1)$	$P=P(F_{n\ 1,m\ 1} \geqslant F)$ $P=P(F_{n-1,m-1} \leqslant F)$ $P=2P^*$ $P^*=\begin{cases}P(F_{n-1,m-1} \geqslant F),(S_1^2 \geqslant S_2^2)\\P(F_{m-1,n-1} \geqslant F),(S_2^2 > S_1^2\end{cases}$

本表参考：盛骤教授编写的《概率论与数理统计》（第四版）。

6.4.5 用假设检验比较模型

假设检验在机器学习中的应用广度和深度，以及如何应用，直到现在还有很多可探讨的内容。这里以 Dietterich 提出的“5x2cv 配对 t 检验法”为例，简要介绍如何运用假设检验方法比较两个机器学习模型（*Dietterich TG (1998) Approximate Statistical Tests for Comparing Supervised Classification Learning Algorithms. Neural Comput* 10:1895–1923.）。

下面的程序中创建了两个分类模型 LogisticRegression()和 DecisionTreeClassifier()，并用鸢尾花数据集进行训练和测试，然后评估每个模型的预测准确率。

```
from sklearn.linear_model import LogisticRegression
from sklearn.tree import DecisionTreeClassifier
from mlxtend.data import iris_data
from sklearn.model_selection import train_test_split
```

```
X, y = iris_data()
model1 = LogisticRegression(random_state=1)
model2 = DecisionTreeClassifier(random_state=1)

X_train, X_test, y_train, y_test = train_test_split(X, y, test_size=0.25, random_state=123)

score1 = model1.fit(X_train, y_train).score(X_test, y_test)
score2 = model2.fit(X_train, y_train).score(X_test, y_test)

print(f'Logistic regression accuracy: {score1*100:.2f}%')
print(f'Decision tree accuracy: {score2*100:.2f}%')

# 输出
Logistic regression accuracy: 97.37%
Decision tree accuracy: 94.74%
```

输出结果显示，LogisticRegression()模型的预测准确率更高，这是不是就意味着两个模型有显著差异呢？非也！预测准确率只是某个模型对当前测试集的直观表现罢了。

Dietterich 认为，如果用上述程序中所划分的训练集来训练模型，并用上述程序中的测试集进行测试，再用配对 t 检验对两个模型的差异性进行检验，就会导致更大的概率犯第一类错误。针对这个问题，他提出了“5x2cv 配对 t 检验法”（5x2cv paired t test）。下面对此方法给予简单介绍，更完整的内容，请参考前述文献。

用 k 折交叉验证方法划分数据集，并用于训练和测试模型（称为“执行”），设执行 r 次。对于某次执行 j，$1 \leqslant j \leqslant r$，数据集被划分为 k 个等大的子集，某一个子集记作 i，$1 \leqslant i \leqslant k$。假设有两个机器学习模型 A 和 B，用所划分的数据集在某次执行中，得到的预测准确率分别记作 a_{ij}^1 和 b_{ij}^1，它们的差为 $x_{ij}^1 = a_{ij}^1 - b_{ij}^1$。

然后将这些划分的数据集“角色”互换，即原训练集变成新测试集、原测试集变成新训练集，再执行，同理可得：$x_{ij}^2 = a_{ij}^2 - b_{ij}^2$。

用 $\overline{x}_{ij}$ 表示 x_{ij}^1 和 x_{ij}^2 的平均值，$\overline{x}_{ij} = \dfrac{x_{ij}^1 + x_{ij}^2}{2}$，方差为 $s_{ij}^2 = (x_{ij}^1 - \overline{x}_{ij})^2 + (x_{ij}^2 - \overline{x}_{ij})^2$。于是得到 5x2cv 配对 t 检验法的检验统计量：

$$t = \frac{x_{11}^1}{\sqrt{\frac{1}{5}\sum_{j=1}^{5} s_j^2}}$$

下面的程序就是依据上述原理，在显著水平 $\alpha = 0.05$ 下，检验

$$H_0: \text{两模型无差异}, \quad H_1: \text{两模型有差异}$$

```
from mlxtend.evaluate import paired_ttest_5x2cv
```

```
t, p = paired_ttest_5x2cv(estimator1=model1,
                          estimator2=model2,
                          X=X, y=y,
                          scoring='accuracy',
                          random_seed=1)

print(f'P-value: {p:.3f}, t-Statistic: {t:.3f}')

if p <= 0.05:
    print('Difference between mean performance is probably real')
else:
    print('Algorithms probably have the same performance')

# 输出
P-value: 0.416, t-Statistic: -0.886
Algorithms probably have the same performance
```

结果显示，$p > \alpha$，不能拒绝原假设。

为了演示效果，下面对 DecisionTreeClassifier()模型的参数进行调整，使其仅实现最简单的决策。

```
model3 = DecisionTreeClassifier(max_depth=1)
score3 = model3.fit(X_train, y_train).score(X_test, y_test)
print(f'Decision tree accuracy: {score3*100:.2f}%')

t, p = paired_ttest_5x2cv(estimator1=model1,
                          estimator2=model3,
                          X=X, y=y,
                          scoring='accuracy',
                          random_seed=1)

print(f'P-value: {p:.3f}, t-Statistic: {t:.3f}')

if p <= 0.05:
    print('Difference between mean performance is probably real')
else:
    print('Algorithms probably have the same performance')

# 输出
Decision tree accuracy: 63.16%
P-value: 0.001, t-Statistic: 7.269
Difference between mean performance is probably real
```

显然 model1 与 model3 有了显著差异。

选择机器学习模式，是根据它们的平均性能而定的，但我们不知道不同模型之间的真实差异，这就要用假设检验实现了。以上用 Dietterich 提出的方法为例说明了选择模型的方法，对这方面的研究至今仍然在继续。

6.5 非参数检验

上一节的假设检验必须先假定已知总体分布，本节将要探讨的是不知道总体服从什么类型的分布，需要根据样本来检验关于分布的假设，即为非参数检验。能够实现非参数检验的方法有多种，在本节重点介绍拟合优度检验和列联表检验。

6.5.1 拟合优度检验

拟合优度检验即检验观测数据是否符合某种分布。设 $X_1,\cdots,X_n$ 是未知分布的总体 X 的样本，检验假设：

$$H_0: X \sim F(x),\quad H_1: F(x)\text{不是}X\text{的分布函数} \tag{6.5.1}$$

其中设 $F(x)$ 不含未知参数。

用类似于频率直方图的方法，将 X 的可能取值划分为互不相交的 $I_1,I_2,\cdots,I_k$ 个区间，然后记录观察值 $x_1,\cdots,x_n$ 落在这些区间的个数，记作 $f_i,(i=1,\cdots,k)$，也就是事件 $I_i=\{X\text{的值落在区间}I_i\text{内}\}$ 在 n 次独立试验中发生了 f_i 次，则其发生频率为 $\frac{f_i}{n}$。当 n 足够大时，应有 $\frac{f_i}{n}\approx P(I_i)=p_i$，或者说频率 $\frac{f_i}{n}$ 可以作为概率 $p_i=P(I_i)$ 的估计。

为了度量频率 $\frac{f_i}{n}$ 和概率 p_i 间的差异，Karl Pearson 引入下面的检验统计量：

$$\chi^2=\sum_{i=1}^{k}\frac{n}{p_i}\left(\frac{f_i}{n}-p_i\right)^2 \tag{6.5.2}$$

并且他还证明，如果 n 充分大，当 H_0 为真时，（6.5.2）式的统计量近似服从 $\chi^2(k-1)$ 分布（多数统计学教材省略了对此结论的证明，此处亦然，不过，在本书的在线资料中有证明过程）。

由此，可得显著水平为 α 的拒绝域是：

$$\chi^2\geqslant\chi^2_{\alpha}(k-1) \tag{6.5.3}$$

注意，以上结论要求 n 足够大，一般条件是 $n\geqslant 50$，且 $np_i\geqslant 5$。

考虑离散型随机变量，（6.5.1）式中 $F(x)$ 可以用概率函数（H_1 可以省略）：

$$H_0: P(X=a_i)=p_i\quad(i=1,2,\cdots,k) \tag{6.5.4}$$

其中 a_i、$p_i(i=1,2,\cdots,k)$ 都为已知，且 $a_1,\cdots,a_k$ 两两不同，$p_i>0$。此时通常分别记录样本 $X_1,\cdots,X_n$ 中等于 a_i 的个数 f_i，$\frac{f_i}{n}\approx p_i$，$f_i\approx np_i$。（6.5.2）式的检验统计量还可以写成：

$$\chi^2=\sum_{i=1}^{k}\frac{(np_i-f_i)^2}{np_i} \tag{6.5.5}$$

一般称 np_i 是理论值，f_i 是观察值。

为了说明以上理论的应用，这里选用陈希孺先生在《概率论与数理统计》中的一个例题（在陈述上进行了修改），但不用手工计算。这个例题不仅有趣，而且能让我们更深刻地理解假设检验。

假设有人制造了一个骰子，他声称是均匀的，也就是假设分布律：

$$H_0 : P(X = i) = \frac{1}{6}, \quad (i = 1, \cdots, 6)$$

用试验所得的数据，检验此假设。设做了 $n = 6\times10^{10}$ 次投掷，得到各点出现的次数为：

点数	1	2	3	4	5	6
次数	$10^{10}-10^6$	$10^{10}+1.5\times10^6$	$10^{10}-2\times10^6$	$10^{10}+4\times10^6$	$10^{10}-3\times10^6$	$10^{10}+0.5\times10^6$

下面根据上述每个面的出现次数计算（6.5.5）式的检验统计量。

```
from scipy.stats import chisquare
chisquare([1e10-1e6, 1e10+1.5e6, 1e10-2e6, 1e10+4e6, 1e10-3e6, 1e10+0.5e6])

# 输出
Power_divergenceResult(statistic=3250.0, pvalue=0.0)
```

输出结果显示，检验统计量的值 $\chi^2 = 3250.0$。此处 $k = 6$，则 $\chi^2_{0.05}(6-1)$ 的值计算如下：

```
from scipy.stats import chi2
chi2.isf(0.05, (6-1))

# 输出
11.070497693516355
```

显然，在显著水平 $\alpha = 0.05$ 下，$\chi^2 > \chi^2_{0.05}(6-1) = 11.07$，拒绝原假设，即实验数据不支持“骰子均匀”这个假设。换个角度，以 $\chi^2 \geqslant 3250$ 为拒绝域的 p 值是：

```
p_value = 1 - chi2.cdf(3250.0, (6-1))
print(p_value)

输出：
0.0
```

即拒绝原假设犯错误的概率是 0.0%。在这里，p 值也称为**拟合优度**，它显示了数据与假设分布的拟合情况，拟合优度越大，数据和假设分布的拟合程度越好。

陈希孺先生设计这个题目的用意在于提醒学习者，如果仅看实验数据，则直观上会觉得骰子足够均匀了，因为每个点数出现的频率已经非常接近了（观测值在 $\frac{1}{6}\pm10^{-4}$ 范围内），但这是由于试验次数很多，能“明察秋毫”——大数据的功效就在于此。

上述的拟合优度检验方法，由于是 Karl Pearson 提出的，所以被称为 **Pearson 拟合优度检**

验法（或“χ^2检验法”），（6.5.2）式或（6.5.5）式的检验统计量，称为 **Pearson 检验统计量**。

但是，上述方法中有一个非常重要的假设，限制了它的适用范围，那就是（6.5.1）式中的$F(x)$不含未知参数，即$F(x)$是已知的。如果考虑更一般的情况，则我们需要检验的应该是：

$$H_0: X \sim F(x;\theta_1,\cdots,\theta_r) \tag{6.5.6}$$

其中，F的形式已知，但参数$\theta_1,\cdots,\theta_r$未知，当这些参数取不同值时，就会得到不同的分布，因此$F(x;\theta_1,\cdots,\theta_r)$代表了很多分布——称为“一族分布”，（6.5.6）式中的原假设表示总体X的分布是分布族$F(x;\theta_1,\cdots,\theta_r)$。

统计学家 Ronald Fisher 对这种情况进行了研究，并在 1924 年证明，若（6.5.6）式原假设成立，且n足够大，检验统计量χ^2近似地服从自由度为$(k-r-1)$的χ^2分布，即：

$$\chi^2 \sim \chi^2(k-r-1)$$

其显著水平为α的拒绝域为：

$$\chi^2 \geqslant \chi^2_\alpha(k-r-1) \tag{6.5.7}$$

如果用程序计算，那么也可以使用前述 chisquare()函数计算检验统计量，不同的是自由度的设置。例如：有资料统计了自 1500 年到 1931 年的$n=432$年间，全世界爆发的比较重要的战争有 299 次，以“年”为单位记录如下：

每年爆发的战争数i	0	1	2	3	≥4
爆发i次战争的年数f_i	223	142	48	15	4

根据经验，每年战争的爆发数X可能服从泊松分布：

$$P(X=i)=\frac{\lambda^i \mathrm{e}^{-\lambda}}{i!} \quad i=0,1,2,\cdots$$

于是，要利用上述记录的数据，检验在显著水平$\alpha=0.05$的假设：

$$H_0:\text{总体}X\text{服从泊松分布}$$

由最大似然估计法可知，平均每年爆发的战争数$\frac{299}{432}=0.69$是泊松分布中的λ无偏估计，则H_0的泊松分布是：

$$P(X=i)=\frac{0.69^i \mathrm{e}^{-0.69}}{i!} \quad i=0,1,2,\cdots \tag{6.5.8}$$

接下来要检验X是否服从（6.5.8）式的分布。

先根据（6.5.7）式计算出每年战争发生的概率（理论值）（注意，将上述表格中每年爆发 3 次和大于等于 4 次的两组合并为一组，即$k=4$）：

```
from scipy.stats import poisson
```

```
pi = [poisson.pmf(k=i, mu=0.69) for i in range(0,3)]
p4 = 1 - sum(pi)
pi.append(p4)
print(pi)

# 输出
[0.5015760690660556, 0.3460874876555783, 0.11940018324117453, 0.032936260037191634]
```

然后利用 chisquare()计算 χ^2 检验统计量，注意下面程序中此函数的一个参数 ddof=1，其根据就在于（6.5.7）式。

```
import numpy as np
chisquare([223, 142, 48, 19], f_exp=np.array(pi)*432, ddof=1)

# 输出
Power_divergenceResult(statistic=2.410235253667352, pvalue=0.2996567497654643)
```

因为泊松分布中只有一个未知数λ，即$r=1$，所以：

```
chi2.isf(0.05, (4-1-1))

# 输出
5.991464547107983
```

所以$\chi^2=2.41<\chi^2_{0.05}\left(4-1-1\right)=5.99$，不能拒绝总体$X$服从（6.5.7）式的泊松分布的假设。以$\chi\geq 2.41$为拒绝域，计算其$p$值：

```
p_value = 1 - chi2.cdf(2.41, (4-1-1))
print(p_value)

# 输出
0.2996919995132463
```

6.5.2 列联表检验

在很多问题中，我们要考查两个因素之间的关系。例如开发者头发的多少（简称“发量”）与开发者的业务水平的关系，驾驶机动车违章次数与性别的关系，等等。在分析这类问题时，一般要通过某种方式获得一些数据，比如问卷调查、现场记录等，然后将所得到的数据绘制成二维表格。例如研究开发者的发量与业务水平的关系，通过问卷调查的方式得到了一些数据，而后绘制了表 6-5-1。

表 6-5-1

业务水平 / 发量	高	中	低
稠度	n_{11}	n_{12}	n_{13}
稀疏	n_{21}	n_{22}	n_{23}
全无	n_{31}	n_{32}	n_{33}

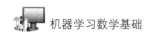

在表 6-5-1 中，被调查的人数共计 $n = n_{11} + n_{12} + n_{13} + n_{21} + n_{22} + n_{23} + n_{31} + n_{32} + n_{33}$，其中业务水平高且发量稠密的人数是 n_{11} 个，其他项含义雷同。

像这样的表格，称为**列联表**（Contingency Table）。表 6-5-1 中显示了被调查者（总体中的个体）的两个属性：发量和业务水平。其中"业务水平"属性中的"高、中、低"称为此属性的**位级**，也称为**水平**——这是统计学中的习惯用语。同样，"发量"属性中也有三个水平：稠密、稀疏、全无。并且，表 6-5-1 中的两个属性具有三个水平，就称为 3×3 列联表。更一般地表示，如表 6-5-2 所示，属性 A 有 a 个水平 $1,2,\cdots,a$；属性 B 有 b 个水平 $1,2,\cdots,b$，则称为 $a\times b$ 列联表。

表 6-5-2

A \ B	1	2	…	j	…	b	合计
1	n_{11}	n_{12}	…	n_{1j}	…	n_{1b}	$n_{1\cdot}$
2	n_{21}	n_{22}	…	n_{2j}	…	n_{2b}	$n_{2\cdot}$
⋮	⋮	⋮	⋮	⋮	⋮	⋮	⋮
i	n_{i1}	n_{i2}	…	n_{ij}	…	n_{ib}	$n_{i\cdot}$
⋮	⋮	⋮	⋮	⋮	⋮	⋮	⋮
a	n_{a1}	n_{a2}	…	n_{aj}	…	n_{ab}	$n_{a\cdot}$
合计	$n_{\cdot1}$	$n_{\cdot2}$	…	$n_{\cdot j}$	…	$n_{\cdot b}$	

其中 n_{ij} 表示有 n_{ij} 个取值为 (i,j) 的样本，并有：

$$
\begin{aligned}
n_{i\cdot} &= \sum_{j=1}^{b} n_{ij}, \\
n_{\cdot j} &= \sum_{i=1}^{a} n_{ij}, \\
n &= \sum_{j=1}^{b} n_{\cdot j} = \sum_{i=1}^{a} n_{i\cdot} = \sum_{j=1}^{b}\sum_{i=1}^{a} n_{ij}
\end{aligned}
\tag{6.5.9}
$$

要考查列联表中两个属性是否有关系，以表 6-5-2 为例，就是检验属性 A 和属性 B 是否相互独立，如果相互独立，则两属性间无关系。

$$H_0: A、B\text{独立}, \quad H_1: A、B\text{不独立}$$

设：

$$p_{ij} = P(\text{属性}A\text{取水平}i,\text{属性}B\text{取水平}j) \tag{6.5.10}$$

在 H_0 为真下，有：

$$p_{ij} = p_i q_j \ (i=1,\cdots,a; j=1,\cdots,b) \tag{6.5.11}$$

其中 $p_i = P(\text{属性}A\text{取水平}i)$，$q_j = P(\text{属性}B\text{取水平}j)$，因此 H_0 为真，等价于存在 $\{p_i\}$、$\{q_j\}$，且

$$p_i > 0, \sum_{i=1}^{a} p_i = 1; \quad q_j > 0, \sum_{j=1}^{b} p_j = 1 \tag{6.5.12}$$

使（6.5.10）式成立。

与表 6-5-2 相对应，结合（6.5.10）式和 p_i、q_i，则可用表 6-5-3 表示 (A,B) 的概率分布和边缘分布。

表 6-5-3

A \ B	1	2	…	j	…	b	$p_{i\cdot}$
1	p_{11}	p_{12}	…	p_{1j}	…	p_{1b}	p_1
2	p_{21}	p_{22}	…	p_{2j}	…	p_{2b}	p_2
⋮	⋮	⋮	⋮	⋮	⋮	⋮	⋮
i	p_{i1}	p_{i2}	…	p_{ij}	…	p_{ib}	p_i
⋮	⋮	⋮	⋮	⋮	⋮	⋮	⋮
a	p_{a1}	p_{a2}	…	p_{aj}	…	p_{ab}	p_a
q_j	q_1	q_2	…	q_j	…	q_b	

如果将 p_i、q_j 视为模型的参数，则总的独立参数个数为：

$$r = (a-1) + (b-1) = a + b - 2$$

为估计 p_i、q_j，使用似然函数：

$$L = \prod_{i=1}^{a}\prod_{j=1}^{b}(p_i q_j)^{n_{ij}} = \prod_{i=1}^{a} p_i^{n_{i\cdot}} \prod_{j=1}^{b} q_j^{n_{\cdot j}}$$

取对数，得：

$$\log L = \sum_{i=1}^{a} n_{i\cdot} \log p_i + \sum_{j=1}^{b} n_{\cdot j} \log q_j$$

若独立参数为 $p_1,\cdots,p_{a-1}$ 和 $q_1,\cdots,q_{b-1}$，依据（6.5.11）式，得：

$$p_a = 1 - p_1 - \cdots - p_{a-1}, \quad q_b = 1 - q_1 - \cdots - q_{b-1}$$

故：$\dfrac{\partial p_a}{\partial p_i} = -1\,(i = 1,\cdots,a-1)$；$\dfrac{\partial q_b}{\partial q_j} = -1\,(j = 1,\cdots,b-1)$。由此得如下方程组：

$$0 = \frac{\partial \log L}{\partial p_i} = \frac{n_{i\cdot}}{p_i} - \frac{n_{a\cdot}}{p_a} \quad (i = 1,\cdots,a-1)$$

$$0 = \frac{\partial \log L}{\partial q_j} = \frac{n_{\cdot j}}{q_j} - \frac{n_{\cdot b}}{q_b} \quad (j = 1,\cdots,b-1)$$

再结合（6.5.11）和（6.5.9）式对 n 的规定，可以解得最大似然估计：

$$\hat{p}_i = \frac{n_{i\cdot}}{n}\left(i = 1,\cdots,a\right)$$
$$\hat{q}_j = \frac{n_{\cdot j}}{n}\left(j = 1,\cdots,b\right) \tag{6.5.13}$$

显然，又是用频率估计概率。

由（6.5.13）式亦得：$\hat{p}_{ij} = \hat{p}_i \hat{q}_j = \frac{n_{i\cdot}n_{\cdot j}}{n^2}$，即 $n\hat{p}_{ij} = \frac{n_{i\cdot}n_{\cdot j}}{n}$，再根据（6.5.5）式，可得检验统计量：

$$\chi^2 = \sum_{i=1}^{a}\sum_{j=1}^{b}\frac{\left(n_{ij} - \frac{n_{i\cdot}n_{\cdot j}}{n}\right)^2}{\frac{n_{i\cdot}n_{\cdot j}}{n}} = \sum_{i=1}^{a}\sum_{j=1}^{b}\frac{(nn_{ij} - n_{i\cdot}n_{\cdot j})^2}{nn_{i\cdot}n_{\cdot j}} \tag{6.5.14}$$

自由度为：$k - r - 1 = ab - \left(a + b - 2\right) - 1 = \left(a - 1\right)\left(b - 1\right)$。

所以，H_0 为真时，检验统计量（近似地）服从分布：

$$\chi^2 \sim \chi_\alpha^2\left(\left(a - 1\right)\left(b - 1\right)\right) \tag{6.5.15}$$

显著水平 α 的拒绝域为：

$$\chi^2 \geqslant \chi_\alpha^2$$

在实际问题中，经常会遇到一种特例：$a = b = 2$，这种 2×2 列联表比较简单且常用，例如研究前面提到的违章次数与性别是否有关，再如支气管炎与吸烟是否有关等。由（6.5.14）式统计量：

$$\chi^2 = \frac{n(n_{11}n_{22} - n_{12}n_{21})^2}{n_{1\cdot}n_{2\cdot}n_{\cdot1}n_{\cdot2}}$$

自由度为1。

以支气管炎与吸烟是否有关的研究为例，演示 2×2 列联表的检验过程。从一批年龄、生活和工作环境相近的男性支气管炎患者中随机选择60人，再在同样条件下选择40个未患此病者，调查这些人是否吸烟，调查结果如下表所示：

患病 \ 吸烟	吸烟	不吸烟
患病	39	21
未患病	15	25

根据这些数据分析吸烟与患支气管炎是否有关，即检验假设 H_0:吸烟和患病两个属性独立。

```
from scipy.stats import chi2_contingency
```

```
import pandas as pd
df = pd.DataFrame({'smoker':[39,15],'no_smoker':[21,25]})
chi2_contingency(df, correction=False)

# 输出
(7.306763285024157,
 0.006869555272453766,
 1,
 array([[32.4, 27.6],
        [21.6, 18.4]]))
```

使用 SciPy 中的 chi2_contingency() 函数实现列联表的独立性检验，返回值中的 7.306763285024157（返回元组的第一个元素）代表检验统计量。如果以 $\alpha = 0.01$ 为检验水平，则计算 $\chi^2_{0.01}(1)$ 的值为：

```
from scipy.stats import chi2
chi2.isf(0.01, 1)

# 输出
6.634896601021217
```

所以，$\chi^2 = 7.3068 > \chi^2_{0.01}(1)$，即拒绝原假设的犯错概率不会超过 0.01——“吸烟有害健康，请勿在禁烟场所吸烟”。

此结论也可以由返回值的第二项 0.006869555272453766（p 值）做出解释。

7

第 7 章

信息与熵

首先要明确告知读者，这一章所介绍的内容仅仅是信息论的冰山一角——最基本的几个概念，如果读者有意愿了解全部信息论的内容，请务必参考专门资料。

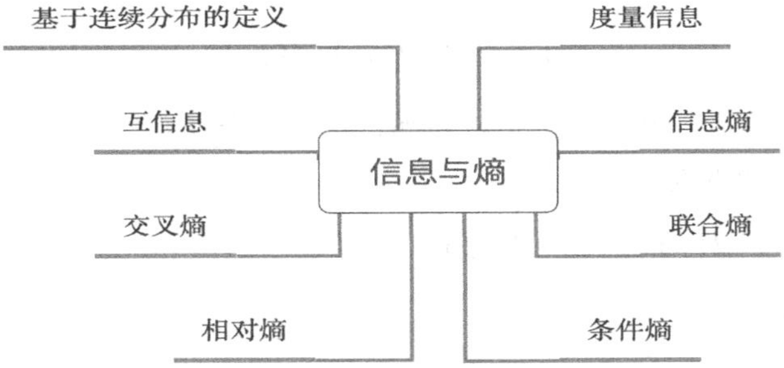

本章知识结构图

7.1 度量信息

“信息”（Information）这个词不论是在日常生活中还是本学术领域，都已司空见惯。通常我们会有这样一种经验，越是常见的概念，其定义越五花八门——除非经过长期的沉淀，最终人们达成了共识。至少目前对“信息”的定义还没有完全统一，不同的研究者对它有不同形式的定义，例如：

- 信息，是能够用来消除不确定性的东西。
- 信息是物质存在的一种方式、形态或运动形态，也是事物的一种普遍属性，一般指数据、消息中所包含的意义，可以使消息所描述事件中的不确定性减小。

- 信息是反映事物的形成、关系和差别的东西，它包含于事物的差异之中，而不在事物本身。

细品各种定义，都觉得有道理。这里我们不对琳琅满目的定义进行逐一分析，搁置争论，聚焦到如何用比较简单的数学形式，定量地度量信息。在历史上，曾经长期用定性的方法描述“力”，如用“大”“小”这类形容词，这种描述带有很强的主观性。后来牛顿等物理学家，用定量的方法描述“力”（$F=ma$），才最终将“力”这个概念科学化，进而发展成为一门学科——力学。信息，也是可以看作一个类似于“力”的量，是否可度量？如何度量，决定了它是否“科学”（也有人认为定性描述同样能够“科学”，关于科学与“定性”“定量”的关系，不在本书讨论范围内）。

毋庸置疑，物理学为目前的众多科学学科提供了研究思想。下面我们也秉承物理学的习惯，研究一个简单的理想模型：抛一枚硬币，最终观察到 H 或者 T 面，这就是从试验中得到的信息。显然，这个信息与 H 或 T 的概率有关。于是，可以用函数 $I(p)$ 表示观察者得到的信息，p 为事件发生的概率。

显然，$I(p)\ge 0$。对观察者而言，通常会从试验结果中得到信息，最下限的情况是得不到任何信息。如果试验的某个事件发生概率 $p=1$，比如“太阳每天早晨升起来”，则对读者（作为观察者）而言，不具有任何信息，即 $I(1)=0$。在抛硬币的试验中，对硬币做了特别处理，每次试验必然观察到 H 面向上，即 $p_H=1, p_T=0$，试验结果对观察者而言，其信息亦为 $I(1)=0$。

假设两个独立事件，发生概率分别为 p_1、p_1，$I(p_1\cdot p_2)$ 表示观察两个独立事件发生后所得到的信息，$I(p_1)$ 和 $I(p_2)$ 为这两个事件的各自携带的信息，则

$$I(p_1\cdot p_2)=I(p_1)+I(p_2) \tag{7.1.1}$$

（7.1.1）式说明观察者得到的信息可以相加，这是一个重要性质，凭直觉也能理解。根据（7.1.1）式，还可以有如下推论：

- $I(p^2)=I(p\cdot p)=I(p)+I(p)=2I(p)$
- $I(p^n)=nI(p)$
- $I(p)=I\left((p^{\frac{1}{m}})^m\right)=mI\left(p^{\frac{1}{m}}\right) \Rightarrow I\left(p^{\frac{1}{m}}\right)=\frac{1}{m}I(p), \Rightarrow I\left(p^{\frac{n}{m}}\right)=\frac{n}{m}I(p)$

上面列出了度量信息的函数 $I(p)$ 的性质，依据这些性质，就可以为 $I(p)$ 定义一种具体的函数形式：

$$I(p)=-\log_b(p)=\log_b\left(\frac{1}{p}\right) \tag{7.1.2}$$

其中，对数的底 b 取不同的值，对应不同的度量信息的单位——信息是如同质量、长度、时间那样的物理量，度量它的结果，除了数值，还需要量纲。

- $b=2$，度量单位是：bit，即比特。常用在计算机、通信领域，在本书后续内容中，如

果不特别说明，则以 $\log\left(\frac{1}{p}\right)$ 形式表示的都是 $b=2$。

- $b=3$，度量单位是：trit，即三进制数位。
- $b=e$，度量单位是：nat，即自然对数，常表示为 $\ln(p)$，多用于物理学。
- $b=10$，度量单位是：hart。1928 年，Ralph Hartley 建议用以 10 为底的对数度量信息。

在物理学中，同一个物理量也会有不同的单位，比如长度的单位可以是毫米、厘米、米、千米，以前我国还用过“尺”等，不同单位之间存在着换算关系，例如 $1\text{m}=100\text{cm}$。以上度量信息的不同单位之间，也存在换算关系——再次强调，类比于物理量理解信息，信息也是一个可以度量的量。

设 b_1,b_2 作为（7.1.2）式的两个不同的底，根据对数的性质，有：

$$x=b_1^{\log_{b_1}(x)}$$

其中 $x>0$。则：

$$\log_{b_2}(x)=\log_{b_2}\left(b_1^{\log_{b_1}(x)}\right)=\left(\log_{b_2}(b_1)\right)\log_{b_1}(x) \tag{7.1.3}$$

用不同单位度量的信息，可以用（7.1.3）式进行换算。

在后续讨论中，我们使用 $b=2$，又因为 $0\leqslant p\leqslant 1$，根据对数的性质，不难得到根据（7.1.2）式所定义的度量信息函数，满足了前面对信息性质的各项分析：

- $I(p)\geqslant 0$
- $I(p_1\cdot p_2)=I(p_1)+I(p_2)$
- $I(1)=0$

以抛理想硬币的试验为例，假设抛一次，得到的信息为 $\log\frac{1}{2}=1$（单位：bit，后面的叙述中会将单位省略，但读者要牢记，$b-2$ 时度量的结果含有此单位），也就是最终观察到了 H 或 T 面向向上，此信息容量为 1 比特，或者说观察者得到的信息是 1 比特（在二进制的表示中，用 1 表示 H，0 表示 T）。

如果抛了 n 次，得到的信息度量结果为：$\log\left(\frac{1}{2}\right)^n=n\log\frac{1}{2}=n$，例如抛了 25 次，观察到如下结果：

$$HTHHT\quad THTHH\quad HTHTT\quad THTHH\quad HTHTT$$

用 1 表示 H、0 表示 T，则此观察结果可以表示为一个长度是 25 比特的二进制数：

$$10110\quad 01011\quad 10100\quad 01011\quad 10100$$

换一个不是等概率事件的示例，例如有一个袋子，里面有 9 个除颜色之外其他方面完全一样的球，其中红球4个，绿球3个，黄球2个。利用（7.1.2）式，可以分别度量从袋子中取出某种颜色球的信息：

```
from math import log2

I_red = -log2(4/9)
I_green = -log2(3/9)
I_yellow = -log2(2/9)
print(f"P(red ball)=4/9, information: {round(I_red, 4)} bits")
print(f"P(green ball)=3/9, information: {round(I_green, 4)} bits")
print(f"P(yellow ball)=2/9, information: {round(I_yellow, 4)} bits")
# 输出
P(red ball)=4/9, information: 1.1699 bits
P(green ball)=3/9, information: 1.585 bits
P(yellow ball)=2/9, information: 2.1699 bits
```

计算结果显示，事件发生的概率越低（但要发生），其携带的信息越大。

7.2 信息熵

根据（7.1.2）式的定义，已经能够度量某个事件发生后所携带的信息，或者说观察者得到的信息。对于一个试验而言，这固然是必要的，但我们还需要一个量，它能够从总体上表征试验中所有事件携带的信息，就如同第 5 章 5.5 节所探讨过的随机变量的数字特征那样。为了满足这个需要，“信息论之父”香农定义了信息熵。

假设某试验的事件$\{a_1, a_2, \cdots, a_n\}$，相应事件的概率是$\{p_1, p_2, \cdots, p_n\}$。对于事件$a_i$，根据（7.1.2）式可知其信息为$\log\left(\frac{1}{p_i}\right)$。假设进行了$N$次独立观测（$N$比较大），根据第 5 章 5.1.2 节概率的统计定义，事件a_i发生的次数近似于$N \cdot p_i$，其信息是$(N \cdot p_i)\log\left(\frac{1}{p_i}\right)$。由此可以得到试验的所有事件的总信息：

$$I = \sum_{i=1}^{n}(N \cdot p_i)\log\left(\frac{1}{p_i}\right) \tag{7.2.1}$$

有了总信息，就可以计算每次观测得到的平均信息：

$$\frac{I}{N} = \frac{1}{N}\sum_{i=1}^{n}(N \cdot p_i)\log\left(\frac{1}{p_1}\right) = \sum_{i=1}^{n}p_i\log\left(\frac{1}{p_i}\right) \tag{7.2.2}$$

将（7.2.2）式所得到的平均信息称为**信息熵**（Information Entropy，也称为**香农熵**，Shannon Entropy）。

定义 设X是离散型随机变量，其概率质量函数是$P(X = x_i) = p_i$，定义：

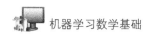

$$H(P)=\sum_{i=1}^{n}p_i\log\left(\frac{1}{p_i}\right)=-\sum_{i=1}^{n}p_i\log(p_i) \tag{7.2.3}$$

是概率分布 P 的信息熵。

因为概率分布是随机变量的函数（第 5 章 5.3.2 节的（5.3.9）式：$F(x)=P(X\leqslant x)$ $(-\infty<x<\infty)$），所以（7.2.3）式中定义的信息熵也记作 H，即随机变量 X 的熵——在后续内容中，如无特别说明，“熵”均为“信息熵”。这里使用的符号 H 是大写希腊字母“Eta”（根据《维基百科》的 Entropy 词条），有的资料也直接使用大写英文字母“H”。

对于离散型随机变量 $X\sim P(X)$，根据第 5 章 5.5.2 节数学期望的性质（E5：$E[g(X)]=\sum_i g(a_i)p_i$），（7.2.3）式还可以写成：

$$\mathrm{H}(X)=E[I(X)]=E[-\log P(X)] \tag{7.2.4}$$

其中 E 是期望算子，$I(X)$ 是随机变量 X 的信息，$I(X)=-\log(P(X))$ 也是一个随机变量——时刻不要忘记，随机变量是函数，请参阅第 5 章 5.3.1 节。

（7.2.4）式进一步表明，概率分布的熵是该分布的信息（即随机变量 $-\log(P(X))$）的期望，它并不依赖于随机变量 X 的实际取值，而仅仅依赖于其概率分布。熵的单位与对应的信息单位一致，（7.2.4）式采用了底数 $b=2$，所得熵的单位即为 bit（比特）。

数学期望刻画了随机变量的集中趋势（参阅第 5 章 5.5.1 节），再结合（7.2.4）式，我们也可以说熵刻画了信息的集中趋势。但是，要注意，由（7.1.2）式关于信息的定义可知，事件所携带的信息与其概率不是正相关的，而是相反的。所以，当熵比较大时，说明信息的集中趋势相对较弱，反之亦然。“你不是不能学不会数学”这样的表述不仅拗口，而且不易理解，心理学对此有专门研究。或许是基于这个原因，我们变换了描述方法：熵刻画了信息的无序度或不确定度。熵越大，说明信息的不确定度越高，反之亦然。

注意一种特殊情况，因为 $\lim\limits_{x\to0}x\log(x)=0$，所以，当 $p_i=0$ 时，定义 $p_i\log(p_i)=0$。

熵的概念是香农（Claude Elwood Shannon，如图 7-2-1 所示）在 1948 年发表的论文 *A Mathematical Theory of Communication* 中提出的，这篇论文标志着一门新的学科“信息论”从此诞生，香农由此被誉为“信息论之父”。

图 7-2-1

熵本来是一个热力学概念，最早是克劳修斯（Rudolf Julius Emanuel Clausius）用德语“entropia”命名的，英文为“entropy”。1923 年普朗克到中国讲学时用到了这个词，胡刚复教授在翻译时，创造了“熵”这个字。那么，为什么也将（7.2.4）式的结果命名为熵呢？有一则逸闻，据说是冯·诺依曼（John von Neumann，被誉为“现代计算机之父”“博弈论之父”）建议香农取这个名字的，因为很多人不懂这个热力学名词，容易忽悠（来自《维基百科》的“熵（信息论）”词条）。实际上，信息熵的定义与热力学中的熵是有联系的，这则传闻权当玩笑了。例如热力学中针对理想气体的玻尔兹曼熵：

$$S = k\ln(W) \tag{7.2.5}$$

k 是玻尔兹曼常数，W 是系统包含的所有可能微观状态的数目。

（7.2.5）式曾是我第一次学习到的熵——物理系的必修，热力学中的熵本质上反映宏观系统的微观运动无序的程度（即“不确定度”）。由热力学第二定律可以推知，一个系统经过绝热过程从一个状态过渡到另一个状态，它的熵永不减少，这就是著名的“熵增加原理”：

$$\Delta S \geqslant 0$$

以上是在“炉火旁打盹，回忆青春”，读者可不必搭理。如果有兴趣探讨信息熵和热力学熵的关系，可以参阅《维基百科》的“Entropy (Information Theory)”词条，根据其中的阐述，信息熵和热力学熵的关系概括为：

$$S(X) = kH(X)$$

$S(X)$为热力学熵，H 为信息熵，k 为玻尔兹曼常数。对此本书不再展开，读者还可以搜索其他资料探究。还是回到信息熵的研习，下面以伯努利分布为例，计算它的熵。设离散型随机变量 X 服从伯努利分布（参阅第 5 章 5.3.2 节（5.3.13）式）：

$$P(X=1) = p$$
$$P(X=0) = 1-p$$

根据（7.2.3）式，得：

$$H(X) = -p\log(p) - (1-p)\log(1-p)$$

上式是 p 函数，可以定义为：

$$H(p) = -p\log(p) - (1-p)\log(1-p) \tag{7.2.6}$$

图 7-2-2 是（7.2.6）式的函数图像，从中可以看出：

- 当 $p=0$或1时，$H(p)=0$。其实，此时随机变量已经不再“随机”了，从而不具有不确定性，熵为零——由此可以理解，熵描述了信息的不确定度（对比前述热力学熵的意义）。

- 当 $p=\frac{1}{2}$ 时，X 的不确定度达到最大，对应的熵也取最大值。典型代表就抛理想硬币的试验。

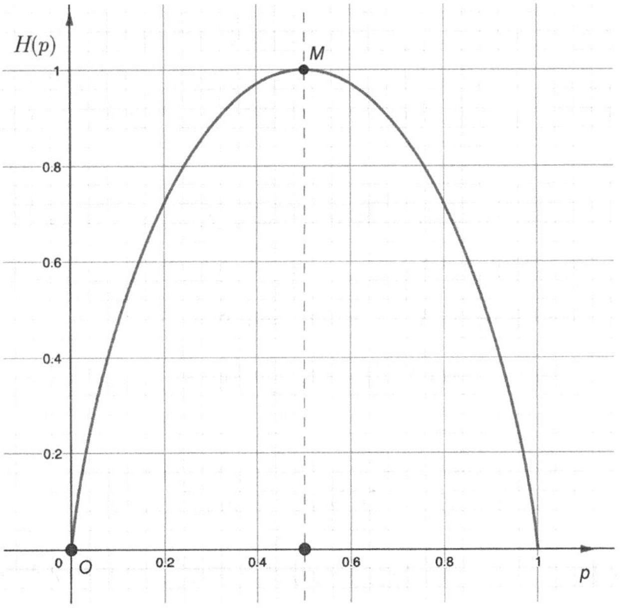

图 7-2-2

对于熵的计算，在程序中，可以使用 SciPy 库中提供的 scipy.stats.entropy()函数实现。

```
from scipy.stats import entropy
# 概率分布
p = [1/6, 1/6, 1/6, 1/6, 1/6, 1/6]
# 计算熵
e = entropy(p, base=2)
print(f"entropy: {e:.3f}")

# 输出
entropy: 2.585
```

以上计算了概率分布是 p = [1/6, 1/6, 1/6, 1/6, 1/6, 1/6]的熵，如果令对数的底数为其他值，可以通过修改函数 entripy()的 base 参数的值实现。

（7.2.6）式中 $p=\frac{1}{2}$ 得到了抛硬币试验的随机变量 X 的熵 $H(X)=1$；上面的程序其实得到了掷骰子试验的随机变量 Y 的熵 $H(Y)=2.585$。如前文所述，熵刻画了随机变量的不确定度，比较这里得到的两个熵：$H(X)<H(Y)$，说明随机变量 X 的不确定度比随机变量 Y 的不确定度要小，这完全符合我们的直觉：抛硬币有 2 种可能性，掷骰子有 6 种可能性。也可以将这个结论推广为：随机变量的取值越多，信息熵越大，表示信息的无序度越高。

7.3 联合熵和条件熵

根据熵的定义（7.2.3）式可知，熵是随机变量的概率分布的函数。在第 5 章的学习中，我们已经知道，对于概率分布而言，除单个随机变量的分布函数之外，还有条件分布、边缘分布、联合分布等，即多个随机变量分布，如果将这些分布作为函数 $H(P)$ 的变量，就会定义出表达新的含义的熵。

以离散型二维随机变量 $[X,Y]$ 为例，设其所有可能值为 $\left[x_i, y_j\right],(i, j=1,2,\cdots)$，并且联合概率为 $p_{ij}=P\left(X=x_i, Y=y_j\right)$（参阅第 5 章 5.3.4 节），即二维随机变量 $[X,Y]$ 的联合分布为 $P(X,Y)$。于是定义这个二维随机变量的**联合熵** $H(X,Y)$（Joint Entropy）为：

$$H(X,Y)=-\sum_i\sum_j p_{ij}\log\left(p_{ij}\right) \tag{7.3.1}$$

或写作：

$$H(X,Y)=-\sum_{x\in\mathcal{X}}\sum_{y\in\mathcal{Y}}p(x,y)\log\left(p(x,y)\right) \tag{7.3.2}$$

其中 $p(x,y)=P(X=x,Y=y)$，$x\in\mathcal{X}$ 和 $y\in\mathcal{Y}$ 分别表示随机变量 X 和 Y 的可能取值范围。在讨论熵的时候，我们更习惯于用（7.3.2）式的形式。

用期望算子，参考（7.2.4）式，将（7.3.2）式还可以表示为：

$$H(X,Y)=E\left[-\log\left(P(X,Y)\right)\right] \tag{7.3.3}$$

很显然，在定义联合熵中，我们将二维随机变量 $[X,Y]$ 等价于单个随机变量，或者说两个随机变量组成了一个系统。

根据我们在第 5 章的学习经验，两个随机变量还可以形成条件分布，即在 X 发生的前提下，Y 的概率分布 $P(Y\mid X)$。相应地，可以用两个随机变量的条件分布定义**条件熵**（Conditional Entropy）$H(Y|X)$。

$$H(Y|X)=\sum_{x\in\mathcal{X}}p(x)\mathrm{H}(Y|X=x)=\sum_{x\in\mathcal{X}}p(x)\left(-\sum_{y\in\mathcal{Y}}p(y\mid x)\log(p(y\mid x)\right)$$

$$H(Y|X)=-\sum_{x\in\mathcal{X}}\sum_{y\in\mathcal{Y}}p(x)p(y|x)\log\left(p(y|x)\right)$$

$\because p(x)p(y|x)=p(x,y)$，（参阅第 5 章（5.1.3）式）

$$\therefore H(Y|X)=-\sum_{x\in\mathcal{X}}\sum_{y\in\mathcal{Y}}p(x,y)\log\left(p(y|x)\right)=E[-\log(P(Y\mid X)] \tag{7.3.4}$$

根据条件概率的关系 $p(x)p(y\mid x)=p(x,y)$，还可以写成：

$$H(Y|X)=-\sum_{x\in\mathcal{X},y\in\mathcal{Y}}p(x,y)\log\left(\frac{p(x,y)}{p(x)}\right) \tag{7.3.5}$$

举一个很俗的例子，某人观察大街上川流不息的人，寻找“美女”，此观察结果应该由两个随机变量构成：性别（X）、容貌（Y）。众所周知，观察到“美女”应该与如下的观察过程等效：第一步观察到随机变量 $X=$ 女；第二步，在 $X=$ 女 条件下的 $Y=$ 漂亮 的观察结果。把这个经验推广到联合熵 $H(X,Y)$：

$$H(X,Y)=H(X)+H(Y\mid X) \tag{7.3.6}$$

经验能够带来启示，要确定（7.3.6）式是否严格成立，还必须进行证明。

$$\begin{aligned}H(X,Y)&=-\sum_{x\in\mathcal{X}}\sum_{y\in\mathcal{Y}}p(x,y)\log\big(p(x,y)\big) \quad \text{（根据（7.3.2）式）}\\&=-\sum_{x\in\mathcal{X}}\sum_{y\in\mathcal{Y}}p(x,y)\log\big(p(x)p(y\mid x)\big)\\&=-\sum_{x\in\mathcal{X}}\sum_{y\in\mathcal{Y}}p(x,y)\log\big(p(x)\big)-\sum_{x\in\mathcal{X}}\sum_{y\in\mathcal{Y}}p(x,y)\log\big(p(y\mid x)\big)\\&=-\sum_{x\in\mathcal{X}}p(x,y)\log\big(p(x)\big)-\sum_{x\in\mathcal{X}}\sum_{y\in\mathcal{Y}}p(x,y)\log\big(p(y\mid x)\big)\end{aligned}$$

$$\therefore H(X,Y)=H(X)+H(Y\mid X)$$

由于 $H(X)=E\big[-\log\big(P(X)\big)\big]$，$H(X,Y)=E\big[-\log\big(P(X,Y)\big)\big]$，$\mathrm{H}(Y\mid X)=E[-\log(P(Y\mid X)]$（即（7.2.4）、（7.3.3）和（7.3.4）式），且 $E(\cdot)$ 是线性算子，（7.3.6）式的等价式为：

$$\log\big(P(X,Y)\big)=\log\big(P(X)\big)+\log(P(Y\mid X)) \tag{7.3.7}$$

根据 7.1 节（7.1.2）式对信息的定义，可得：$I(X,Y)=I(X)+I(Y\mid X)$。

（7.3.6）式是针对两个随机变量的**熵的链式法则**，如果有多个随机变量 $[X_1,X_2,\cdots,X_n]\sim P(X_1,X_2,\cdots,X_n)$，则其熵的链式法可以表述为：

$$H(X_1,X_2,\cdots,X_n)=\sum_{i=1}^{n}H(X_i\mid X_{i-1},\cdots,X_1) \tag{7.3.8}$$

证明过程此处省略，请参考本书在线资料（地址请见前言说明），并且在线资料中还增加了一些关于联合熵和条件熵的其他定理，供读者参考。

下面以一个示例说明利用熵和条件熵对数据进行有监督离散化的方法（示例来源：《数据准备和特征工程》，电子工业出版社）。

假设有表 7-2-1 所示的数据，要求依据“results”列对“values”列的数值实现“0、1”离散化，“results”列就是数据集的标签。通过观察表中“values”的数据，可以用 1、2、3 中的任何一个数为分割点，比如以“1”为分割点，小于等于该值的记作“0”，其他记作“1”，这样就实现了对“values”列数据的离散化。那么，到底以哪一个值为分割点呢？

表 7-2-1

values	results
1	Yes
1	Yes
2	No
3	Yes
3	No

为此，引入**信息增益**（Information Gain）：

$$IG(X,Y)=H(X)-H(X\mid Y) \tag{7.3.9}$$

其中$H(X\mid Y)$是条件熵，$IG(X,Y)$表示信息增益，它等于“熵—条件熵”。由熵的含义可知，$H(X)$表示随机变量X的不确定度；$H(X\mid Y)$表示以Y为条件时X的不确定度，它们的差则意味着此时——以Y为条件时——不确定度的减少量，减少量越大，也就是信息增益越大，意味着以Y为条件时信息的复杂度越低。

结合本示例，所选择的分割点就是条件Y，若信息增益越大，以该分割点将“values”划分为两类（一类标记为“0”，另一类标记为“1”），所得结果越“逼近真理”。正是信息增益的这个特点，才使得它常被应用于决策树算法中，如 ID3 决策树算法。

如果以整数 2 为分割点，对表 7-2-1 进行统计，则结果如表 7-2-2 所示，其中$P(X)$和$P(Y)$分别为计算得到的边缘分布。

表 7-2-2

Y \ X	Yes	No	$P(Y)$
≤2	2/5	1/5	3/5
<2	1/5	1/5	2/5
$P(X)$	3/5	2/5	

先计算$H(X)$：

$$H(X)=-\frac{3}{5}\log\left(\frac{3}{5}\right)-\frac{2}{5}\log\left(\frac{2}{5}\right)=0.97$$

然后计算$H(X\mid Y)$（注意：下面计算中$Y=1$对应表 7-2-2 中的$Y\leqslant 2$；$Y=2$对应$Y>2$）：

$$H(X|Y)=\sum_{i=1}^{2}p(Y=i)H(X|Y=i)=\frac{3}{5}H(X|Y=1)+\frac{2}{5}H(X|Y=2)$$

$$
\begin{aligned}
H(X|Y) &= \frac{3}{5}H\left(\left[\frac{2}{3},\frac{1}{3}\right]\right)+\frac{2}{5}H\left(\left[\frac{1}{2},\frac{1}{2}\right]\right) \\
&= \frac{3}{5}\left(-\frac{2}{3}\log\left(\frac{2}{3}\right)-\frac{1}{3}\log\left(\frac{1}{3}\right)\right)+\frac{2}{5}\left(-\frac{1}{2}\log\left(\frac{1}{2}\right)-\frac{1}{2}\log\left(\frac{1}{2}\right)\right) \\
&= 0.95
\end{aligned}
$$

最后计算信息增益（以 2 为分割点）：

$$
IG(X,Y)_2 = 0.97 - 0.95 = 0.02
$$

用同样方法，可以计算出以整数1为分割点的信息增益：$IG(X,Y)_1 = 0.42$，$IG(X,Y)_1 > IG(X,Y)_2$，故以1作为表 7-2-1 的“values”列数据离散化的分割点，离散化之后为[0,0,1,1,1]，小于等于1的标记为“0”，其他的标记为“1”。

如果用程序实现上述方式的离散化，则请参阅《数据准备和特征工程》中演示的 entropy-based-binngin 模块的应用。

7.4　相对熵和交叉熵

在第 4 章 4.4.3 节介绍损失函数的时候，列出了几项常见的损失函数，其中就有神经网络中常用的以相对熵和交叉熵构建的损失函数。那么什么是相对熵和交叉熵呢？下面分别进行介绍。

定义　设某离散型随机变量有两个概率分布 P 和 Q，它们之间的**相对熵**（Relative Entropy）定义为：

$$
D_{KL}(P \| Q) = \sum_{x\in\mathcal{X}} P(x)\log\left(\frac{P(x)}{Q(x)}\right) \tag{7.4.1}
$$

在信息论中，通常会按照 7.3 节（7.3.2）式的约定，写作：

$$
D_{KL}(p \| q) = \sum_{x\in\mathcal{X}} p(x)\log\left(\frac{p(x)}{q(x)}\right) \tag{7.4.2}
$$

在上述定义中约定：$0\log\left(\frac{0}{0}\right)=0$，$0\log\left(\frac{0}{Q(x)}\right)=0$，$P(x)\log\left(\frac{P(x)}{0}\right)=\infty$（基于连续性），即若存在 $x\in\mathcal{X}$ 使得 $P(x)>0,Q(x)=0$，有 $D(P\|Q)=\infty$。

由于相对熵最早是由 Solomon Kullback 和 Richard Leibler 在 1951 年提出的，所以相对熵也称为 **KL 散度**（Kullback–Leibler Divergence）——这就是符号 $D_{KL}(P\|Q)$ 下角标的来源。“Divergence”翻译为“散度”，它也反映出了（7.4.2）式所定义的相对熵的作用：度量两个概率分布的差异（“分散程度”），或者说两个分布之间的距离，但是，此处的“距离”和两个向量的距离不同，因为一般情况下 $D_{KL}(P\|Q)\neq D_{KL}(Q\|P)$，即相对熵具有不对称性。

下面选用 Kullback 在 *Information Theory and Statistics* 中的一个示例，说明相对熵的应用和意义。

设分布 P 是二项分布（$n=2, p=0.4$），分布 Q 是均匀分布。如果随机变量的取值分别为 $0,1,2$，即 $\mathcal{X}=\{0,1,2\}$，在分类问题中，表示三个不同的类别。如表 7-2-3 所示，记录了每个类别对应的输出概率。

表 7-2-3

x	0	1	2
$P(x)$	9/25	12/25	4/25
$Q(x)$	1/3	1/3	1/3

利用表 7-2-3 的概率分布，计算相对熵 $D_{KL}(P\|Q)$ 和 $D_{KL}(Q\|P)$ 的值（Kullback 在书中使用的是自然对数，这里稍作修改，依然是以 2 为底，最终所得结果单位是比特）。

$$\begin{aligned}D_{KL}(P\|Q)&=\sum_{x\in\mathcal{X}}P(x)\log\left(\frac{P(x)}{Q(x)}\right)\\&=\frac{9}{25}\log\left(\frac{9/25}{1/3}\right)+\frac{12}{25}\log\left(\frac{12/25}{1/3}\right)+\frac{4}{25}\log\left(\frac{4/25}{1/3}\right)\\&=\frac{1}{25}(32\log2+55\log3-50\log5)\approx0.123\end{aligned}$$

$$\begin{aligned}D_{KL}(Q\|P)&=\sum_{x\in\mathcal{X}}Q(x)\log\left(\frac{Q(x)}{P(x)}\right)\\&=\frac{1}{3}\log\left(\frac{1/3}{9/25}\right)+\frac{1}{3}\log\left(\frac{1/3}{12/25}\right)+\frac{1}{3}\log\left(\frac{1/3}{4/25}\right)\\&=\frac{1}{3}(6\log5-6\log3-4\log2)\approx0.141\end{aligned}$$

以上计算结果证实了相对熵的不对称性。用手工计算方法了解了基本原理之后，也要知晓用程序计算相对熵的方法，依然使用 SciPy 库提供的 entropy()函数。

```
from scipy.stats import entropy

p = [9/25, 12/25, 4/25]
q = [1/3, 1/3, 1/3]

d_pq = entropy(p, q, base=2)
d_qp = entropy(q, p, base=2)

print(f"D(P||Q)={d_pq:.4f}")
print(f"D(Q||P)={d_qp:.4f}")

# 输出
D(P||Q)=0.1231
D(Q||P)=0.1406
```

在相对熵的定义（7.4.1）式中，两个分布 P 和 Q 是针对同一个随机变量而言的，这一点特别要注意，不是两个随机变量的概率分布。对此，可以借用机器学习的模型训练过程理解。

在机器学习中，训练集的样本，并非是总体，可以认为是从总体中按照随机的原则独立抽样得到的（即独立同分布，Independent and Identically Distributed，I.I.D），那么训练集样本的概率分布与总体的概率分布就可以近似，$P_{\text{train}} \approx P_{\text{real}}$——总体的概率分布才是真实的，但我们通常不知道它。将训练集数据用于模型，从而估计出模型参数，即得到了一种概率分布，记作 Q_{model}。然后使用 Q_{model} 进行预测，得到预测值。

这样对同一个训练集样本，就有了两个概率分布 P_{train} 和 Q_{model}。前面已经论述了 $P_{\text{train}} \approx P_{\text{real}}$，如果将（7.4.1）式中的分布 P 视为 P_{train}，代表数据集的真实分布；Q 视为 Q_{model}，称为假设分布或模型分布。就可以用相对熵度量它们之间的差异，从而评估模型的优劣。所以在第 4 章 4.4.3 节中给出了一个 KL 散度损失函数。

由（7.4.1）式可得：

$$\begin{aligned} D_{KL}(P \| Q) &= -\sum_{x \in \mathcal{X}} P(x) \log\left(\frac{Q(x)}{P(x)}\right) \\ &= \sum_{x \in \mathcal{X}} P(x)\Big(-\log\big(Q(x)\big) - \big[-\log\big(P(x)\big)\big]\Big) \end{aligned} \tag{7.4.3}$$

（7.4.3）式的结果中，$-\log\big(Q(x)\big)$ 表示模型分布的信息，$-\log\big(P(x)\big)$ 表示真实分布的信息，二者之差可以理解为用模型预测损失的信息，令 $Z = -\log\big(Q(x)\big) - \big[-\log\big(P(x)\big)\big]$，则：

$$D_{KL}(P \| Q) = \sum_{x \in \mathcal{X}} P(x) Z = E_P(Z) = E_P\Big(-\log\big(Q(x)\big) - \big[-\log\big(P(x)\big)\big]\Big) \tag{7.4.4}$$

这说明相对熵是按概率 $P(X)$ 损失的信息的期望（在（7.4.4）中使用了数学期望的性质（E5））：$E\big[g(X)\big] = \sum_i g(a_i) p_i$。同样，也可以将相对熵的定义（7.4.1）式写成：

$$D_{KL}(P \| Q) = E_P\left[\log\left(\frac{P(x)}{Q(x)}\right)\right] \tag{7.4.5}$$

其含义为按概率 $P(X)$ 的 P 和 Q 的对数商的期望。不论是（7.4.4）式还是（7.4.5）式，都说明相对熵是一种数学期望，能够用它度量当真实分布 P、模型分布为 Q 时的无效性。按照（7.4.4）式，我们期望损失更少的信息——该式表达的就是期望，即无效性更小，则相对熵越小。当相对熵为 0 时，$P = Q$，并且可以证明 $D_{KL}(P \| Q) \geqslant 0$（详细证明请参阅本书在线资料）。

在（7.4.3）式的基础上，还可以得到：

$$D_{KL}(P \| Q) = \sum_{x \in \mathcal{X}} P\big((x)\big) \log\big(P(x)\big) + \left[-\sum_{x \in \mathcal{X}} P(x) \log\big(Q(x)\big)\right] \tag{7.4.6}$$

（7.4.6）式中等号右边第一项 $\sum_{x \in \mathcal{X}} P\big((x)\big) \log\big(P(x)\big)$ 即为分布 P 的熵的负数，根据 7.2 节熵的定义（7.2.3）式 $H(P) = -\sum_{x \in \mathcal{X}} P\big((x)\big) \log\big(P(x)\big)$，得 $\sum_{x \in \mathcal{X}} P\big((x)\big) \log\big(P(x)\big) = -H(P)$；第二项与熵类似，但对数的计算对象是另外一个分布函数，我们将它定义为**交叉熵**（Cross Entropy）：

$$H(P,Q) = \sum_{x \in \mathcal{X}} P\big((x)\big) \log\big(Q(x)\big) \tag{7.4.7}$$

于是（7.4.6）式可以写成：

$$D_{KL}(P\|Q)=H(P,Q)-H(P) \tag{7.4.8}$$

不要忘记，我们所假设的真实分布 P 是 P_{train}，又因为训练集样本已知，它的熵 $H(P)$ 即不再变化。于是，由（7.4.8）式知，可以用交叉熵 $H(P,Q)$ 判断相对熵 $D_{KL}(P\|Q)$ 的情况——比较（7.4.1）式和（7.4.4）式，交叉熵的形式更简单。例如，有一个能够识别四种图片的模型——“四类别分类器”，能够识别“狗、猫、马、牛”，假设输入了一张图，经过分类器之后输出了预测值，如图 7-4-1 所示。

根据图中的预测值 $\hat{\boldsymbol{y}}_1=\begin{bmatrix}0.775 & 0.116 & 0.039 & 0.070\end{bmatrix}^{\text{T}}$ 和真实值 $\boldsymbol{y}=\begin{bmatrix}1 & 0 & 0 & 0\end{bmatrix}^{\text{T}}$，利用（7.2.7）式，可以计算交叉熵：

$$H_1(\boldsymbol{y},\hat{\boldsymbol{y}}_1)=-\left[1\log(0.775)+0\log(0.116)+0\log(0.039)+0\log(0.070)\right]\approx 0.3677$$

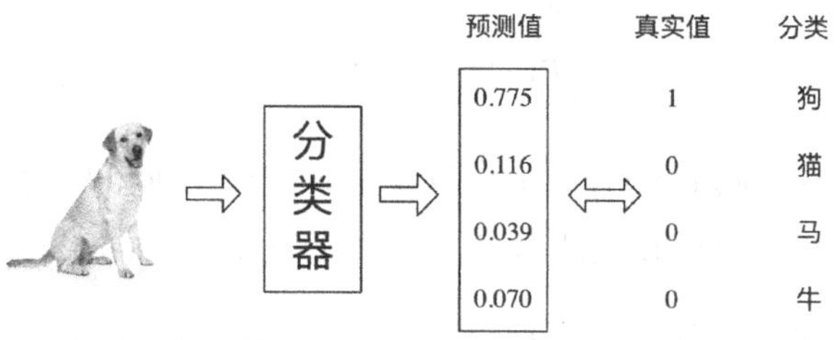

图 7-4-1

假设对分类器进行了优化，输出的预测值变为 $\hat{\boldsymbol{y}}_2=\begin{bmatrix}0.938 & 0.028 & 0.013 & 0.021\end{bmatrix}^{\text{T}}$，此时交叉熵为：

$$H_2(\boldsymbol{y},\hat{\boldsymbol{y}}_2)=-\log(0.938)\approx 0.0923$$

显然 $H_2<H_1$，根据（7.4.8），则得到 $D_{KL2}<D_{KL1}$，即优化之后的分类器预测效果更好——通过上述假设的输出数据，凭直觉也能判断分类器的好坏。由此可以想到，正如第 4 章 4.4.3 节所列举的，可以用交叉熵作为损失函数，令其最小化，亦即相对熵最小化。

我们先探讨一种简单而常见的分类器——二分类的分类器（Binary Classification），用符号 $\boldsymbol{\theta}$ 表示分类器中待定的参数，预测值 $\hat{\boldsymbol{y}}=Q(\hat{\boldsymbol{y}}\,|\,\boldsymbol{X},\boldsymbol{\theta})$，相应的真实值标签 $\boldsymbol{y}\sim P(\boldsymbol{y}\,|\,\boldsymbol{X},\boldsymbol{\theta}_0)$。训练集样本相对总体符合 i.i.d 要求，$\boldsymbol{X}=\begin{bmatrix}X_1 & \cdots & X_n\end{bmatrix}^{\text{T}}$，为输入数据；$\boldsymbol{\theta}_0$ 为模型中真实参数；$\boldsymbol{y}=\begin{bmatrix}y_1 & \cdots & y_n\end{bmatrix}$ 中的 y_i 取值为 0 或 1；X_i 对应的预测值简写成 $y_i=q_i(X_i)=q_i$。

由于二分类器的输出结果服从伯努利分布即

$$\begin{cases}P(y_i=1\,|\,\boldsymbol{X}_i,\boldsymbol{\theta}_0) &=y_i\\ P(y_j=0\,|\,\boldsymbol{X}_j,\boldsymbol{\theta}_0) &=1-y_i\end{cases}\qquad \begin{cases}Q(\hat{y}_i\,|\,\boldsymbol{X}_i,\boldsymbol{\theta}) &=q_i\\ Q(\hat{y}_j\,|\,\boldsymbol{X}_j,\boldsymbol{\theta}) &=1-q_i\end{cases}$$

对照（7.4.7）式，可得其交叉熵：

$$H\left(y_i, \hat{y}_i\right) = -y_i \log\left(q_i\right) - \left(1 - y_i\right) \log\left(1 - q_i\right) \tag{7.4.9}$$

将（7.4.9）式视为预测值与真实值之间的损失函数，设训练集中的样本数量为 N，由此交叉熵损失函数可构建代价函数（参阅第 4 章 4.4.3 节）：

$$C = -\frac{1}{N} \sum_{i=1}^{N} [y_i \log\left(q_i\right) + \left(1 - y_i\right) \log\left(1 - q_i\right) \tag{7.4.10}$$

如果对（7.4.10）式求最小值，即可估计待定参数 $\boldsymbol{\theta}$ 的值，从而确定模型的具体形式。

二分类的交叉熵损失函数，常用于 Logistic 回归和神经网络，在第 4 章 4.4.3 节中，曾使用 PyTorch 提供的函数实现了交叉熵损失函数，下面的程序演示中用的是 sklearn 库的 log_loss()函数，对模型的预测值和真实值进行差异评估。

```
from sklearn.linear_model import LogisticRegression
from sklearn.metrics import log_loss
import numpy as np

x = np.array([-2.2, -1.4, -.8, .2, .4, .8, 1.2, 2.2, 2.9, 4.6])
y = np.array([0.0, 0.0, 1.0, 0.0, 1.0, 1.0, 1.0, 1.0, 1.0, 1.0])

logr = LogisticRegression(solver='lbfgs')
logr.fit(x.reshape(-1, 1), y)

y_pred = logr.predict_proba(x.reshape(-1, 1))[:, 1].ravel()
loss = log_loss(y, y_pred)

print('x = {}'.format(x))
print('y = {}'.format(y))
print('Q(y) = {}'.format(np.round(y_pred, 2)))
print('Cross Entropy = {:.4f}'.format(loss))

# 输出
x = [-2.2 -1.4 -0.8  0.2  0.4  0.8  1.2  2.2  2.9  4.6]
y = [0. 0. 1. 0. 1. 1. 1. 1. 1. 1.]
Q(y) = [0.19 0.33 0.47 0.7  0.74 0.81 0.86 0.94 0.97 0.99]
Cross Entropy = 0.3329
```

用交叉熵作为损失函数，不仅适用于二分类，对多分类问题也适用（如第 4 章 4.4.3 节多分类交叉熵损失函数的示例）。

在交叉熵损失函数中，出现了对数运算。在第 6 章 6.2.1 节关于最大似然估计的计算中，也出现了对数运算。那么，这两者有什么关系吗？先说结论：最小化交叉熵与最大似然估计等价。下面就证明此结论，不过由于该证明过程是纯粹的数学推导过程，读者可以略过，只知道此结论即可。

按照最大似然估计，设估计所得参数为 $\hat{\boldsymbol{\theta}}$（其他符号假设同前），则：

$$
\begin{aligned}
\hat{\boldsymbol{\theta}} &= \text{argmax}_{\boldsymbol{\theta}} Q(\hat{\boldsymbol{y}} \mid \boldsymbol{\theta}) = \text{argmax}_{\boldsymbol{\theta}} \prod_{i=1}^{N} Q(\hat{y}_i \mid \boldsymbol{\theta}) = \text{argmax}_{\boldsymbol{\theta}} \sum_{i=1}^{N} \log(Q(\hat{y}_i) \mid \boldsymbol{\theta}) \\
&= \text{argmax}_{\boldsymbol{\theta}} \left(\sum_{i=1}^{N} \log(Q(\hat{y}_i) \mid \boldsymbol{\theta}) - \sum_{i=1}^{N} \log(P(y_i) \mid \boldsymbol{\theta}_0) \right) \\
&= \text{argmax}_{\boldsymbol{\theta}} \sum_{i=1}^{N} \left(\log(Q(\hat{y}_i) \mid \boldsymbol{\theta}) - \log(P(y_i) \mid \boldsymbol{\theta}_0) \right) \\
&= \text{argmax}_{\boldsymbol{\theta}} \sum_{i=1}^{N} \log\left(\frac{Q(\hat{y}_i) \mid \boldsymbol{\theta})}{P(y_i \mid \boldsymbol{\theta}_0)} \right) (\text{注意下面的变换}) \\
&= \text{argmin}_{\boldsymbol{\theta}} \sum_{i=1}^{N} \log\left(\frac{P(y_i) \mid \boldsymbol{\theta}_0)}{Q(\hat{y}_i \mid \boldsymbol{\theta})} \right) \\
&= \text{argmin}_{\boldsymbol{\theta}} \frac{1}{N} \sum_{i=1}^{N} \log\left(\frac{P(y_i) \mid \boldsymbol{\theta}_0}{Q(\hat{y}_i \mid \boldsymbol{\theta})} \right)
\end{aligned}
$$

对于有 N 个样本的训练集，根据大数定理，$\frac{1}{N} \rightarrow E[P(\boldsymbol{y}) \mid \boldsymbol{\theta}_0)]$，所以，以上计算结果等价于：

$$
\hat{\boldsymbol{\theta}} = \text{argmin}_{\boldsymbol{\theta}} E_P \left[\log\left(\frac{P(\boldsymbol{y} \mid \boldsymbol{\theta}_0)}{Q(\hat{\boldsymbol{y}} \mid \boldsymbol{\theta})} \right) \right] = \text{argmin}_{\boldsymbol{\theta}} D_{KL} \left(P_{\boldsymbol{\theta}_0} \parallel Q_{\boldsymbol{\theta}} \right)
$$

由此可知，最大似然估计，即最小化相对熵，也就是最小化交叉熵。

7.5 互信息

自从我们使用随机变量这个概念之后，很多时候所讨论的都是相互独立的随机变量，它们彼此不会“共享”任何信息，比如掷两个骰子试验，用随机变量 X 表示一个骰子的试验结果，Z 表示另一个骰的试验结果，我们不能从 X 的值推断出 Z 的某些信息，反之亦然。像这样的两个随机变量，它们之间就没有共享任何信息，它们是相互独立的。如果用 Y 表示第一个掷骰子试验结果中点数的奇数和偶数，即对该试验有如下两个随机变量：

$$
X = \begin{cases} 1 \\ 2 \\ 3 \\ 4 \\ 5 \\ 6 \end{cases} \quad Y = \begin{cases} 1 & (x=1,3,5) \\ 0 & (x=2,4,6) \end{cases}
$$

那么显然，通过 X 的值，可以得到 Y 的值；反之，也能从 Y 的值得到 X 的有关信息——至少知道 X 不是什么。也就是说，X 和 Y 这两个随机变量之间有“共享”的信息。如果要度量直觉上的两个随机变量之间所“共享”的信息，就要用到**互信息**（Mutual Information）概念。

定义 设 X、Y 是两个同时采样的随机变量，它们的联合概率分布为 $P(X,Y)$，边缘概率

分布分别为 $P(X)$ 和 $P(Y)$，互信息 $I(X;Y)$ 定义为：

$$I(X;Y)=\sum_{x\in\mathcal{X}}\sum_{y\in\mathcal{Y}}P(x,y)\log\left(\frac{P(x,y)}{P(x)P(y)}\right)=D\left(P(X,Y)\,\|\,P(X)P(Y)\right) \tag{7.5.1}$$

即：互信息 $I(X;Y)$ 是联合概率分布 $P(X,Y)$ 和边缘概率分布乘积 $P(X)P(Y)$ 之间的相对熵。

根据定义，严格地讲，互信息度量了一个随机变量包含另一个随机变量的信息。

根据相对熵的定义，（7.5.1）式还可以写成：

$$I(X;Y)=E_{P(X,Y)}\log\left(\frac{P(X,Y)}{P(X)P(Y)}\right) \tag{7.5.2}$$

根据（7.5.1）式，可以做如下推导，并且从结果中引出互信息的另外一种含义。

$$I(X;Y)=\sum_{x,y}P(x,y)\log\left(\frac{P(x,y)}{P(x)P(y)}\right)$$

$$\because P(x,y)=P(y)P(x\mid y)$$

$$\begin{aligned}I(X;Y)&=\sum_{x,y}P(x,y)\log\left(\frac{P(x\mid y)}{P(x)}\right)\\&=-\sum_{x,y}P(x,y)\log\left(P(x)\right)+\sum_{x,y}P(x,y)\log\left(P(x|y)\right)\\&=-\sum_{x,y}P(x,y)\log\left(P(x)\right)-\left(-\sum_{x,y}P(x,y)\log(P(x\mid y))\right)\end{aligned}$$

$$I(X;Y)=H(X)-H(X\mid Y)$$

在上面的推导中，$\sum_{x,y}P(x,y)\log\left(P(x)\right)=\sum_{x,y}P(x)\log\left(P(x)\right)$，是根据 $F(x,\infty)=\sum_{x_i\leqslant x}\sum_{j=1}^{\infty}p_{ij}$ 得到的 X 边缘分布（参阅第 5 章 5.3.5 节）。最终得到了：

$$I(X;Y)=H(X)-H(X\mid Y) \tag{7.5.3}$$

由此可知，互信息 $I(X;Y)$ 是在给定 Y 信息条件下 X 的不确定度的缩减量。这时，是不是想到了 7.3 节的（7.3.9）式定义的信息增益，与（7.5.3）式完全一样？没错，互信息就是信息增益，两者描述的是同一个对象——这是互信息的第二种含义。

对称地，也可以得到：

$$I(X;Y)=H(Y)-H(Y\mid X) \tag{7.5.4}$$

即 X 含有 Y 的信息等于 Y 含有 X 的信息。

由 7.2 节的（7.3.6）式得：$H(Y|X)=H(X,Y)-H(X)$，代入（7.5.4）式，得：

$$I(X;Y)=H(X)+H(Y)-H(X,Y) \tag{7.5.5}$$

若令 $Y = X$，则：

$$I(X;X) = H(X) - H(X|X) = H(X)$$

即随机变量与自身的互信息为随机变量的熵，因此，熵也被称为**自信息**（Self-Information）。

至此，我们已经了解了熵、联合熵、条件熵、互信息等概念，图 7-5-1 显示了这些概念间的关系，并且将前面已经得出的有关公式汇总于此。

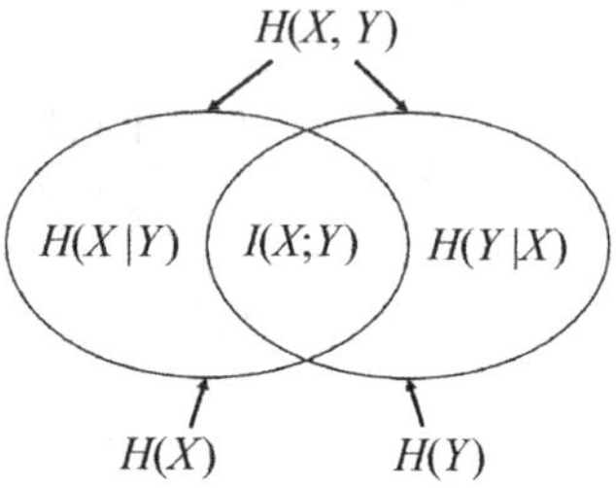

图 7-5-1

互信息与熵的公式：

- $I(X;Y) = H(X) - H(X|Y)$
- $I(X;Y) = H(Y) - H(Y|X)$
- $I(X;Y) = H(X) + H(Y) - H(X,Y)$
- $I(X;Y) = I(Y;X)$
- $I(X;X) = H(X)$

7.6 连续分布

在前述各节的中，所有公式和计算都是针对离散型随机变量及其分布的，如果是连续型随机变量及其分布，应该如何处理？

设连续型随机变量 X 的密度函数为 $f(x)$，其熵定义为：

$$H(X) = -\int f(x)\log(f(x))\mathrm{d}x \tag{7.6.1}$$

与 7.2 节的（7.2.3）式对照，不难发现区别：以概率密度函数替代概率质量函数，以积分替代求和。其他有关概念，也都可以用类似的方法针对连续型随机变量定义。

设 $\boldsymbol{X} = [X_1 \quad \cdots \quad X_n]^{\mathrm{T}}$ 是 n 维连续型随机向量，相应的概率密度函数为 $f(\boldsymbol{x}) = f(x_1,\cdots,x_n)$，则 $\boldsymbol{X}$ 的联合熵定义为：

$$H(\boldsymbol{X}) = -\int f(\boldsymbol{x})\log(f(\boldsymbol{x}))\mathrm{d}\boldsymbol{x} \tag{7.6.2}$$

设 $[\boldsymbol{X} \quad \boldsymbol{Y}]$ 的联合密度函数为 $f(x,y)$，其条件熵定义为：

$$H(\boldsymbol{X})=-\int f(x,y)\log(f(x\mid y))\mathrm{d}x\mathrm{d}y \tag{7.6.3}$$

设两个密度函数 $f(x)$ 和 $g(x)$，其相对熵定义为：

$$D(f\parallel g)=\int f(x)\log\left(\frac{f(x)}{g(x)}\right)\mathrm{d}x \tag{7.6.4}$$

设两个随机变量 $\boldsymbol{X},\boldsymbol{Y}$ 的联合密度函数是 $f(x,y)$，则它们之间的互信息定义为：

$$I(\boldsymbol{X};\boldsymbol{Y})=D\big(f(x,y)\parallel f(x)f(y)\big)=\int f(x,y)\log\left(\frac{f(x,y)}{f(x)f(y)}\right)\mathrm{d}x\mathrm{d}y=E\left[\log\left(\frac{f(x,y)}{f(x)f(y)}\right)\right] \tag{7.6.5}$$

下面以正态分布为例，演示熵的有关计算，供读者参考（不愿伤神者，可以略过）。

令随机变量 $X\sim N(0,\sigma^2)$（参阅第 5 章 5.3.3 节），概率密度函数：

$$f(x)=\frac{1}{\sqrt{2\pi}\sigma}\mathrm{e}^{-\frac{x^2}{2\sigma^2}}$$

根据（7.6.1）式：

$$H(\boldsymbol{X})=-\int f(x)\log\big(f(x)\big)\mathrm{d}x=-\int f(x)\log\left(\frac{1}{\sqrt{2\pi}\sigma}\mathrm{e}^{-\frac{x^2}{2\sigma^2}}\right)\mathrm{d}x$$

$$H(\boldsymbol{X})=-\int f(x)\left[-\frac{1}{2}\log(2\pi\sigma^2)-\frac{x^2}{2\sigma^2}\log(\mathrm{e})\right]\mathrm{d}x=\frac{1}{2}\log(2\pi\sigma^2)+\frac{\sigma^2}{2\sigma^2}\log(\mathrm{e})=\frac{1}{2}\log(2\pi\mathrm{e}\sigma^2)$$

即服从正态分布 $N(0,\sigma^2)$ 的随机变量的熵：

$$H(X)=\frac{1}{2}\log(2\pi\mathrm{e}\sigma^2) \tag{7.6.6}$$

如果随机向量 $\boldsymbol{X}\sim N(0,\boldsymbol{\varSigma})$，其联合熵依据（7.6.2）式计算（为了简化，不妨假设 $\boldsymbol{X}=\begin{bmatrix}X_1\\X_2\end{bmatrix}$，第 5 章 5.5.4 节的（5.5.18）式可知概率密度函数是：

$$f(\boldsymbol{X})=\frac{1}{2\pi\sqrt{\boldsymbol{\varSigma}}}\exp\left(-\frac{1}{2}\boldsymbol{x}^{\mathrm{T}}\boldsymbol{\varSigma}^{-1}\boldsymbol{x}\right)$$

$$\begin{aligned}H(\boldsymbol{X})&=-\int f(\boldsymbol{x})\log\big(f(\boldsymbol{x})\big)\mathrm{d}\boldsymbol{x}\\&=-\int f(\boldsymbol{x})\left[-\frac{1}{2}\log\left((2\pi)^2|\boldsymbol{\varSigma}|\right)-\frac{\log(\mathrm{e})}{2}\log\left(\boldsymbol{x}^{\mathrm{T}}\boldsymbol{\varSigma}^{-1}\boldsymbol{x}\right)\right]\mathrm{d}\boldsymbol{x}\\&=\frac{1}{2}\log\left((2\pi)^2|\boldsymbol{\varSigma}|\right)+\frac{2\log(\mathrm{e})}{2}\quad\left(\because \boldsymbol{E}\left(\boldsymbol{x}^{\mathrm{T}}\boldsymbol{\varSigma}^{-1}\boldsymbol{x}\right)=2\right)\\&=\frac{1}{2}\log\left((2\pi\mathrm{e})^2|\boldsymbol{\varSigma}|\right)\end{aligned}$$

令 $\boldsymbol{\Sigma}=\begin{bmatrix}\sigma_1^2 & \rho\sigma_1\sigma_2\\ \rho\sigma_1\sigma_2 & \sigma_2^2\end{bmatrix}$，由上式可以得到：

$$H(\boldsymbol{X})=1+\log(2\pi)+\log(\sigma_1\sigma_2)+\frac{1}{2}\log\left(1-\rho^2\right) \tag{7.6.7}$$

对于随机向量的两个分量 X_1 和 X_2，其熵可以由（7.6.6）式得：

$$H(X_i)=\frac{1}{2}+\frac{1}{2}\log(2\pi)+\log(\sigma_i),i\in\{1,2\} \tag{7.6.8}$$

利用 7.5 节的（7.5.5）式，根据（7.6.7）式和（7.6.8）式的结果，不难得出 X_1 和 X_2 的互信息：

$$I(X_1;X_2)=H(X_1)+H(X_2)-H(X_1,X_2)=-\frac{1}{2}\log\left(1-\rho^2\right) \tag{7.6.9}$$

在第 5 章 5.5.2 节曾经介绍过皮尔森相关系数，并特别强调它度量的其实是两个随机变量的线性相关度，但是，也指出了特例，“对于二维正态分布，相关系数能够对其两个分量之间的关系给予完美的度量，而不必非强调其线性关系”。而互信息所度量的则包括线性和非线性关系，（7.6.9）式则给出了二维正态分布中两个分量间的互信息和皮尔森相关系数的关系。

关于熵的内容，本章仅就最基本的概念予以介绍，在信息论的专门资料中，还会涉及很多相关定理，如果读者有兴趣研习，则可以在本章内容基础上深入。

附录 A

A：微积分

1. 微分

- 四则运算求导公式

若 c 为常数，函数 $u=u(x), v=v(x)$ 都有导数，则：

$$(c)'=0$$
$$(cu)'=cu'$$
$$(u\pm v)=u'\pm v'$$
$$(uv)'=u'v+uv'$$
$$\left(\frac{u}{v}\right)'=\frac{u'v-uv'}{v^2}$$

- 复合函数的导数

若 $y=f(u), u=\phi(x)$ 都有导数，则：

$$\frac{\mathrm{d}y}{\mathrm{d}x}=f'(u)\phi'(x)$$

- 部分基本函数导数表

$f(x)$	$f'(x)$	$f(x)$	$f'(x)$
c	0	x^n	nx^{n-1}
$\frac{1}{x}$	$-\frac{1}{x^2}$	$\frac{1}{x^n}$	$-\frac{n}{x^{n+1}}$
$\sqrt[n]{x}$	$\frac{1}{n\sqrt[n]{x^{n-1}}}$	e^x	e^x
a^x	$a^x\ln a$	x^x	$x^x(1+\ln x)$
$\log_a x$	$\frac{1}{x\ln a}$	$\ln x$	$\frac{1}{x}$
$\sin x$	$\cos x$	$\cos x$	$-\sin x$

- 偏微分

多变量函数$u=f\left(x_1,x_2,\cdots,x_n\right)$对其中一个变量的偏微分为：

$$\mathrm{d}_{x_1}u=\frac{\partial u}{\partial x_1}\mathrm{d}x_1$$

- 全导数

设$u=f\left(x_1,\cdots,x_n\right),x_1=x\left(t\right),\cdots,x_n=x_n\left(t\right)$，则函数$u=f\left(x_1,\cdots,x_n\right)$的全导数为：

$$\frac{\mathrm{d}u}{\mathrm{d}t}=\frac{\partial u}{\partial x_1}\frac{\partial x_1}{\partial t}+\cdots+\frac{\partial u}{\partial x_n}\frac{\mathrm{d}x_n}{\mathrm{d}t}$$

2. 积分

- 不定积分法则

$\int f'\left(x\right)\mathrm{d}x=f\left(x\right)+C,\quad \int f''\left(x\right)\mathrm{d}x=f'\left(x\right)+C$

$\int\left[af\left(x\right)+bg\left(x\right)\right]\mathrm{d}x=a\int f\left(x\right)\mathrm{d}x+b\int g\left(x\right)\mathrm{d}x\quad\left(a,b\text{为常数}\right)$

$\int f\left(x\right)\mathrm{d}x=\int f\left[\phi\left(t\right)\right]\phi'\left(t\right)\mathrm{d}t$

$\int uv'\mathrm{d}x=uv-\int vu'\mathrm{d}x$

$\int f'\left[\phi\left(x\right)\right]\mathrm{d}\left[\phi\left(x\right)\right]=f\left[\phi\left(x\right)\right]+C$

- 基本积分表

$f\left(x\right)$	$\int f\left(x\right)\mathrm{d}x$
k （常数）	kx
x^n	$\frac{x^{n+1}}{n+1}$
$\frac{1}{x}$	$\ln x$
e^x	e^x
$x\mathrm{e}^x$	$\left(x-1\right)\mathrm{e}^x$
$a^x,(a>0)$	$\frac{a^x}{\ln a}$
$\sin x$	$-\cos x$
$\sin ax$	$-\frac{1}{a}\cos ax$
$\cos x$	$\sin x$
$\cos ax$	$\frac{1}{a}\sin ax$
$\frac{1}{ax+b}$	$\frac{1}{a}\ln\left(ax+b\right)$
$\ln ax$	$x\ln ax-x$

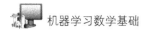

- 定积分的性质

$\int_a^b f(x)\mathrm{d}x = \int_b^a f(x)\mathrm{d}x$

$\int_a^a f(x)\mathrm{d}x = 0$

$\int_a^b f(x) \pm g(x)\mathrm{d}x = \int_a^b f(x)\mathrm{d}x \pm \int_a^b f(x)\mathrm{d}x$

$\int_a^b f(x) = \int_a^c f(x)\mathrm{d}x + \int_c^a f(x)\mathrm{d}x$

在$[a,b](a<b)$上，$f(x) \geqslant g(x)$，则$\int_a^b f(x)\mathrm{d}x \geqslant \int_a^b g(x)\mathrm{d}x$

$\left|\int_a^b f(x)\mathrm{d}x\right| \leqslant \int_a^b |f(x)|\,\mathrm{d}x$

B：近似计算

1. 二分法

设$f(x)$在$[a,b]$上连续，且$f(a)f(b)<0$（假定$f(a)\langle 0, f(b)\rangle 0$），取区间$[a,b]$的中点$\frac{a+b}{2}$。若$f\left(\frac{a+b}{2}\right)=0$，则$f(x)=0$的根是$\xi=\frac{a+b}{2}$。否则，若$f\left(\frac{a+b}{2}\right)>0$，则令$a_1=a,b_1=\frac{a+b}{2}$；若$f\left(\frac{a+b}{2}\right)<0$，则令$a_1=\frac{a+b}{2},b_1=b$。于是形成新的区间$[a_1,b_1]$，它包含$f(x)=0$的根$\xi$。再取$[a_1,b_1]$的中点，并按照上述方式循环。

假设允许误差$\epsilon=10^{-k}$，按照上述过程得到区间$[a_1,b_1],[a_2,b_2],\cdots,[a_n,b_n]$，其中$n=\left[\frac{k+\lg(b-a)}{\lg 2}\right]$（lg 表示以10为底的对数），于是：

$$\xi^* = \frac{a_n+b_n}{2}$$

是方程$f(x)=0$的近似根，误差不超过

$$\left|\xi-\xi^*\right| \leqslant \frac{b-a}{2^{n+1}} \leqslant 10^{-k}$$

2. 迭代法

将方程$f(x)=0$改写成等价形式：

$$f_1(x)=f_2(x) \tag{B-1}$$

其中$f_1(x)$满足：对任意实数c，能容易计算出方程$f_1(x)=c$的精确度很高的实根。如果对任

意 $a \leqslant x_1 \leqslant b, a \leqslant x_2 \leqslant b$，下式成立：

$$\frac{\left|f_2'(x_2)\right|}{\left|f_1'(x_1)\right|} \leqslant q < 1$$

则以下迭代过程是收敛的。

令 x_0 是一个近似根，代入（B-1）方程式右边，解方程

$$f_1(x) = f_2(x_0)$$

得到第一个近似根 $x = x_1$，再解方程

$$f_1(x) = f_2(x_1)$$

得到第二个近似根 $x = x_2$，…，由第 n 个近似根 x_n，解方程

$$f_1(x) = f_n(x_n)$$

得到第 $n+1$ 个近似根 $x = x_{n+1}$。于是得到一些列不同精度的近似根 $x_0, x_1, \cdots, x_n, \cdots$，收敛于方程的根 ξ。

3. 一般牛顿法

设 $f(x)$ 在 $[a,b]$ 上连续，$f'(x)$ 也连续，且 $f'(x) \neq 0, f''(x) \neq 0, f(a)f(b) < 0$（假定 $f(a)\langle 0, f(b)\rangle 0$），过点 $(a, f(a))$（或点 $(b, f(b))$）作曲线的切线：

$$\frac{y - f(a)}{x - a} = f'(a)$$

它与 x 轴的交点为 $x = a - \dfrac{f(a)}{f'(a)}$。用迭代公式：

$$x_{n+1} = x_n - \frac{f(x_n)}{f'(x_n)}$$

并取初始值

$$x_0 = \begin{cases} a, & f''(x) < 0 \\ b, & f''(x) > 0 \end{cases}$$

可计算出方程 $f(x) = 0$ 的根的近似值，误差 $\left|\xi - x_n\right|$ 不超过

$$\frac{\left|f(x_n)\right|}{\lim\limits_{a \leqslant x \leqslant b}\left|f'(x)\right|}$$

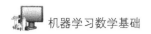

一般选取的初始值 x_0 要满足如下不等式：

$$\left|f'(x_0)\right|^2 > \left|\frac{f''(x_0)f(x_0)}{2}\right|$$

4. 近似牛顿法

如果 $f'(x)$ 不易计算，可以用差商代替，得出近似牛顿法迭代式：

$$x_{n+1} = x_n - \frac{2f(x_n)h}{f(x_n+h)-f(x_n-h)}$$

5. 牛顿法解非线性方程组

设非线性方程组：

$$\begin{cases} u(x,y)=0 \\ v(x,y)=0 \end{cases}$$

存在一组近似解 $P_0(x_0,y_0)$，且

$$\left.\begin{vmatrix} \dfrac{\partial u}{\partial x} & \dfrac{\partial u}{\partial y} \\ \dfrac{\partial v}{\partial x} & \dfrac{\partial v}{\partial y} \end{vmatrix}\right|_{P_0} \neq 0$$

可用迭代公式：

$$x_{n+1} = x_n + \frac{1}{J_n}\left.\begin{vmatrix} \dfrac{\partial u}{\partial y} & u \\ \dfrac{\partial v}{\partial y} & v \end{vmatrix}\right|_{P_n}$$

$$y_{n+1} = y_n + \frac{1}{J_n}\left.\begin{vmatrix} u & \dfrac{\partial u}{\partial x} \\ v & \dfrac{\partial v}{\partial x} \end{vmatrix}\right|_{P_n}$$

其中 P_n 为点 (x_n,y_n)，J_n 为雅可比式 $\boldsymbol{J}$ 在 P_n 点的值：

$$J_n = \left.\begin{vmatrix} \dfrac{\partial u}{\partial x} & \dfrac{\partial u}{\partial y} \\ \dfrac{\partial v}{\partial x} & \dfrac{\partial v}{\partial y} \end{vmatrix}\right|_{P_n}$$

6. 下降法

对任何实系数超越方程组：

$$\begin{cases} f_1(x_1,\ldots,x_n)=0 \\ \quad\vdots \\ f_n(x_1,\ldots,x_n)=0 \end{cases} \tag{B-2}$$

定义目标函数：

$$F(x-1,\cdots,x_n)=\sum_{i=1}^{n} f_i^2$$

如果 $F(\xi_1,\cdots,\xi_n)<\epsilon$（$\epsilon$ 为在一定精确度下给定的适当小的整数），则认为 $\xi_1,\cdots,\xi_n$ 为方程组（B-2）的解。具体计算步骤如下：

（1）任取一组初始值 $x_1^{(0)},\cdots,x_n^{(0)}$（全不为零），设已按照下述过程计算到第 m 步得到一组值：$x_1^{(m)},\cdots,x_n^{(m)}$。

（2）计算：$F_m=F\left(x_1^{(m)},\cdots,x_n^{(m)}\right)$

（3）若 $F_m<\epsilon$，则 $x_1^{(m)},\cdots,x_n^{(m)}$ 是所求的解，否则计算 n 个偏导数：

$$\frac{\partial F_m}{\partial x_1^{(m)}}=\frac{1}{H_i}\left[F\left(x_i^{(m)},\cdots,x_i^{(m)}+H_i,\cdots,x_n^{(m)}\right)-F\left(x_1^{(m)},\cdots,x_n^{(m)}\right)\right]$$

其中 $H_i=\omega x_i^{(m)},(i=1,2,\cdots,n)$，$\omega$ 为给定的适当小的正数。

（4）计算

$$x_i^{(m+1)}=x_i^{(m)}-\lambda_m\frac{\partial F_m}{\partial x_i^{(m)}},(i=1,2,\cdots,n)$$

其中

$$\lambda_m=\frac{F\left(x_1^{(m)},\cdots,x_n^{(m)}\right)}{\sum_{i=1}^{n}\left(\frac{\partial F_m}{\partial x_i^{(m)}}\right)^2}$$

得到一组 $\left\{x_i^{(m+1)}\right\}$，再重复（2）、（3）、（4）的计算。

C：矩阵

1. 矩阵的相等、加、减、数乘、乘法、转置与共轭

运算及其规则	性质与说明
$\begin{bmatrix} a_{11} & \cdots & a_{1n} \\ \vdots & \ddots & \vdots \\ a_{m1} & \cdots & a_{mn} \end{bmatrix} = \begin{bmatrix} b_{11} & \cdots & b_{1n} \\ \vdots & \ddots & \vdots \\ b_{m1} & \cdots & b_{mn} \end{bmatrix}$ 当且仅当 $a_{ij} = b_{ij}, \begin{pmatrix} i = 1, \cdots, m \\ j = 1, \cdots, n \end{pmatrix}$	相等矩阵必须具有相同行数和列数，且对应位置的元素分别相等。
$\begin{bmatrix} a_{11} & \cdots & a_{1n} \\ \vdots & \ddots & \vdots \\ a_{m1} & \cdots & a_{mn} \end{bmatrix} \pm \begin{bmatrix} b_{11} & \cdots & b_{1n} \\ \vdots & \ddots & \vdots \\ b_{m1} & \cdots & b_{mn} \end{bmatrix} = \begin{bmatrix} c_{11} & \cdots & c_{1n} \\ \vdots & \ddots & \vdots \\ c_{m1} & \cdots & c_{mn} \end{bmatrix}$ 其中 $c_{ij} = a_{ij} \pm b_{ij}$	同类型的矩阵才能相加减。 $\boldsymbol{A}+\boldsymbol{B}=\boldsymbol{B}+\boldsymbol{A}$（交换律） $(\boldsymbol{A}+\boldsymbol{B})+\boldsymbol{C}=\boldsymbol{A}+(\boldsymbol{B}+\boldsymbol{C})$（结合律）
$k\begin{bmatrix} a_{11} & \cdots & a_{1n} \\ \vdots & \ddots & \vdots \\ a_{m1} & \cdots & a_{mn} \end{bmatrix} = \begin{bmatrix} ka_{11} & \cdots & ka_{1n} \\ \vdots & \ddots & \vdots \\ ka_{m1} & \cdots & ka_{mn} \end{bmatrix}$	数乘矩阵，将标量乘以矩阵的每个元素。 $k\boldsymbol{A}=\boldsymbol{A}k$ $k(\boldsymbol{A}+\boldsymbol{B})=k\boldsymbol{A}+k\boldsymbol{B}$ $(k+l)\boldsymbol{A}=k\boldsymbol{A}+l\boldsymbol{A}$ $k(l\boldsymbol{A})=(kl)\boldsymbol{A}$ 其中，k,l 为任意复数。
若 $\boldsymbol{A}=(a_{ij})$ 为 $m\times n$ 矩阵，$\boldsymbol{B}=(b_{ij})$ 为 $n\times s$ 矩阵，则 $\boldsymbol{AB}=(a_{ij})(b_{ij})=(c_{ij})=\boldsymbol{C}$ 其中 $\boldsymbol{C}$ 为 $m\times s$ 矩阵，且 $c_i j=\sum_{k=1}^{n} a_{ik}b_{kj}, (i=1,2,\cdots,m; j=1,2,\cdots,s)$	左矩阵的列数必须等于右矩阵的行数。 $(\boldsymbol{AB})\boldsymbol{C}=\boldsymbol{A}(\boldsymbol{BC})$（结合律） $(\boldsymbol{A}+\boldsymbol{B})\boldsymbol{C}=\boldsymbol{AC}+\boldsymbol{BC}$（分配律） $k(\boldsymbol{AB})=(k\boldsymbol{A})\boldsymbol{B}=\boldsymbol{A}(k\boldsymbol{B})$ 注意：一般情况下 $\boldsymbol{AB}\neq\boldsymbol{BA}$
设 $\boldsymbol{A}=\begin{bmatrix} a_{11} & \cdots & a_{1n} \\ \vdots & \ddots & \vdots \\ a_{m1} & \cdots & a_{mn} \end{bmatrix}$，则 $\boldsymbol{A}^{\mathrm{T}}=\begin{bmatrix} a_{11} & \cdots & a_{m1} \\ \vdots & \ddots & \vdots \\ a_{1n} & \cdots & a_{mn} \end{bmatrix}$	$(\boldsymbol{A}+\boldsymbol{B})^{\mathrm{T}}=\boldsymbol{A}^{\mathrm{T}}+\boldsymbol{B}^{\mathrm{T}}$ $(k\boldsymbol{A})^{\mathrm{T}}=k\boldsymbol{A}^{\mathrm{T}}$（$k$为任意复数） $(\boldsymbol{AB})^{\mathrm{T}}=\boldsymbol{B}^{\mathrm{T}}\boldsymbol{A}^{\mathrm{T}}$（反序定律） $(\boldsymbol{A}_1\boldsymbol{A}_2\cdots\boldsymbol{A}_s)^{\mathrm{T}}=\boldsymbol{A}_s^{\mathrm{T}}\cdots\boldsymbol{A}_2^{\mathrm{T}}\boldsymbol{A}_1^{\mathrm{T}}$ $(\boldsymbol{A}^k)^{\mathrm{T}}=(\boldsymbol{A}^{\mathrm{T}})^k$（$k$为整数）
矩阵 $\boldsymbol{A}=(a_{ij})$ 的共轭矩阵 $\overline{\boldsymbol{A}}=(\overline{a}_{ij})$	$(\overline{\boldsymbol{A}+\boldsymbol{B}})=\overline{\boldsymbol{A}}+\overline{\boldsymbol{B}}$ $(\overline{k\boldsymbol{A}})=\overline{k\boldsymbol{A}}$（$k$为任意复数） $(\overline{\boldsymbol{A}^{\mathrm{T}}})=(\overline{\boldsymbol{A}})^{\mathrm{T}}$ $\overline{\boldsymbol{AB}}=\overline{\boldsymbol{A}}\overline{\boldsymbol{B}}$

2. 特殊矩阵

- 零矩阵与零因子

$$\mathbf{O}+\boldsymbol{A}=\boldsymbol{A}+\mathbf{O}=\boldsymbol{A}$$
$$\mathbf{O}\boldsymbol{A}=\boldsymbol{A}\mathbf{O}=\mathbf{O}$$
$$\boldsymbol{A}+(-\boldsymbol{A})=\mathbf{O}$$

若 $\boldsymbol{A}$ 和 $\boldsymbol{B}$ 为非零矩阵，而 $\boldsymbol{AB}=\boldsymbol{O}$，则 $\boldsymbol{A}$ 为 $\boldsymbol{B}$ 的左零因子，$\boldsymbol{B}$ 为 $\boldsymbol{A}$ 的右零因子。

- 对角矩阵，记作 $\boldsymbol{D}=\mathrm{diag}(d_1,d_2,\cdots,d_n)$

$$\boldsymbol{DB}=\begin{bmatrix} d_1 & 0 & \cdots & 0 \\ 0 & d_2 & \cdots & 0 \\ \vdots & \vdots & \ddots & \vdots \\ 0 & 0 & \cdots & d_n \end{bmatrix}\begin{bmatrix} b_{11} & b_{12} & \cdots & b_{1n} \\ b_{21} & b_{22} & \cdots & b_{2n} \\ \vdots & \vdots & \ddots & \vdots \\ b_{n1} & b_{n2} & \cdots & b_{nn} \end{bmatrix}=\begin{bmatrix} d_1b_{11} & d_1b_{12} & \cdots & d_1b_{1n} \\ d_2b_{21} & d_2b_{22} & \cdots & d_2b_{2n} \\ \vdots & \vdots & \ddots & \vdots \\ d_nb_{n1} & d_nb_{n2} & \cdots & d_nb_{nn} \end{bmatrix}=\left(d_ib_{ij}\right)$$

$$\boldsymbol{BD}=\begin{bmatrix} b_{11} & b_{12} & \cdots & b_{1n} \\ b_{21} & b_{22} & \cdots & b_{2n} \\ \vdots & \vdots & \ddots & \vdots \\ b_{n1} & b_{n2} & \cdots & b_{nn} \end{bmatrix}\begin{bmatrix} d_1 & 0 & \cdots & 0 \\ 0 & d_2 & \cdots & 0 \\ \vdots & \vdots & \ddots & \vdots \\ 0 & 0 & \cdots & d_n \end{bmatrix}=\begin{bmatrix} d_1b_{11} & d_2b_{12} & \cdots & d_nb_{1n} \\ d_1b_{21} & d_2b_{22} & \cdots & d_nb_{2n} \\ \vdots & \vdots & \ddots & \vdots \\ d_1b_{n1} & d_2b_{n2} & \cdots & d_nb_{nn} \end{bmatrix}=\left(d_jb_{ij}\right)$$

两个对角矩阵的和、差、积仍为对角矩阵。

- 对称矩阵

满足条件 $a_{ij}=a_{ji}\left(i,j=1,2,\cdots,n\right)$ 的方阵 $\boldsymbol{A}=\left(a_{ij}\right)$。设 $\boldsymbol{A}$ 和 $\boldsymbol{B}$ 都为对称矩阵，则：

> $\boldsymbol{A}^{\mathrm{T}}=\boldsymbol{A}$
>
> $\boldsymbol{A}^{-1}\boldsymbol{A}=\boldsymbol{A}\boldsymbol{A}^{-1}=\boldsymbol{I}$
>
> $\boldsymbol{A}^m,\left(m\text{是正整数}\right)$ 和 $\boldsymbol{A}+\boldsymbol{B}$ 仍是对称矩阵

- 实对称矩阵

按其特征值可分为正定矩阵、半正定矩阵、负定矩阵、半负定矩阵和不定矩阵。

名称	定义	充分必要条件
正定矩阵	特征值都大于零的实对称矩阵	所有主子式都大于零，即 $\boldsymbol{A}_i>0,(i=1,2,\cdots,n)$
半正定矩阵	特征值都不小于零的实对称矩阵	$\lvert\boldsymbol{A}\rvert=0,\boldsymbol{A}_i\geqslant 0,(i=1,2,\cdots,n-1)$
负定矩阵	特征值都小于零的实对称矩阵	$\boldsymbol{A}_i\begin{cases}<0\left(i\text{为奇数}\right)\\>0\left(i\text{为偶数}\right)\end{cases},(i=1,2,\cdots,n)$
半负定矩阵	特征值都不大于零的实对称矩阵	$\lvert\boldsymbol{A}\rvert=0,\boldsymbol{A}_i\begin{cases}\leqslant 0\left(i\text{为奇数}\right)\\\geqslant 0\left(i\text{为偶数}\right)\end{cases},(i=1,2,\cdots,n-1)$
不定矩阵	特征值既有大于零又有小于零的实对称矩阵	或有一个偶数阶主子式 $\boldsymbol{A}_{2k}=0$，或有两个奇数阶主子式，其中一个为正另一个为负

- 正交矩阵

$\boldsymbol{A}^{\mathrm{T}}=\boldsymbol{A}^{-1}$，设 $\boldsymbol{A}=\left(a_{ij}\right)$：

> $\boldsymbol{A}^{-1}$ 仍是正交矩阵
>
> $\lvert\boldsymbol{A}\rvert=\pm 1$
>
> $\sum_{k=1}^{n}a_{ik}a_{jk}=\begin{cases}1\left(i=j\right)\\0\left(i\neq j\right)\end{cases}$

- 三角矩阵：满足条件 $a_{ij}=0,(i>j)$ 的方阵 $\boldsymbol{A}=\left(a_{ij}\right)$ 称为上三角矩阵；满足条件 $b_{ij}=0,(i<j)$ 的方阵 $\boldsymbol{B}=\left(b_{ij}\right)$ 称为下三角矩阵。性质：
  - 任何秩为 r 的方阵 $\boldsymbol{C}$ 的前 r 个顺序的主子式不为0时，$\boldsymbol{C}$ 可表示为一个上三角矩阵 $\boldsymbol{A}$ 与一个下三角矩阵 $\boldsymbol{B}$ 的乘积，即：$\boldsymbol{C}=\boldsymbol{AB}$。
  - 上（下）三角矩阵的和、差、积及数乘仍为上（下）三角矩阵。

3. 相似变换

- 相似变换

如果有一非奇异矩阵 $\boldsymbol{X}$（即 $|\boldsymbol{X}|\neq 0$），使 $\boldsymbol{B}=\boldsymbol{X}^{-1}\boldsymbol{AX}$ 成立，则称矩阵 $\boldsymbol{A}$ 与矩阵 $\boldsymbol{B}$ 相似，也称 $\boldsymbol{A}$ 经相似变换化为 $\boldsymbol{B}$，记作 $\boldsymbol{A}\sim\boldsymbol{B}$。性质如下：

  - $\boldsymbol{A}\sim\boldsymbol{A},\boldsymbol{A}^{\mathrm{T}}\sim\boldsymbol{A}$
  - 若 $\boldsymbol{A}\sim\boldsymbol{B}$，则 $\boldsymbol{B}\sim\boldsymbol{A}$
  - 若 $\boldsymbol{A}\sim\boldsymbol{C},\boldsymbol{B}\sim\boldsymbol{C}$，则 $\boldsymbol{A}\sim\boldsymbol{B}$
  - $\boldsymbol{X}^{-1}\left(\boldsymbol{A}_1+\boldsymbol{A}_2+\cdots+\boldsymbol{A}_m\right)\boldsymbol{X}=\boldsymbol{X}^{-1}\boldsymbol{A}_1\boldsymbol{X}+\boldsymbol{X}^{-1}\boldsymbol{A}_2\boldsymbol{X}+\cdots+\boldsymbol{X}^{-1}\boldsymbol{A}_m\boldsymbol{X}$
  - $\boldsymbol{X}^{-1}\left(\boldsymbol{A}_1\boldsymbol{A}_2\cdots\boldsymbol{A}_m\right)\boldsymbol{X}=\boldsymbol{X}^{-1}\boldsymbol{A}_1\boldsymbol{X}\cdot\boldsymbol{X}^{-1}\boldsymbol{A}_2\boldsymbol{X}+\cdots+\boldsymbol{X}^{-1}\boldsymbol{A}_m\boldsymbol{X}$
  - $\boldsymbol{X}^{-1}\boldsymbol{A}^m\boldsymbol{X}=(\boldsymbol{X}^{-1}\boldsymbol{AX})^m$
  - 若 $f\left(\boldsymbol{A}\right)$ 为矩阵 $\boldsymbol{A}$ 的多项式，则：$\boldsymbol{X}^{-1}f\left(\boldsymbol{A}\right)\boldsymbol{X}=f\left(\boldsymbol{X}^{-1}\boldsymbol{AX}\right)$
  - 若 $\boldsymbol{A}\sim\boldsymbol{B}$，则：
    - 两个矩阵的秩相同
    - 两个矩阵的行列式相同
    - 两个矩阵的迹相同
    - 两个矩阵具有相同的特征多项式和特征值
    - 正交变换

      若 $\boldsymbol{Q}$ 满足 $\boldsymbol{Q}^{-1}=\boldsymbol{Q}^{\mathrm{T}}$，则为正交矩阵。

      称 $\boldsymbol{Q}^{\mathrm{T}}\boldsymbol{AQ}$ 为矩阵 $\boldsymbol{A}$ 的正交变换，其性质与相似变换类似，特别还有：对称矩阵经正交变换后仍为对称矩阵。

- 旋转变换

正交矩阵 $\boldsymbol{U}_{pq}=\left(u_{ij}\right)$，其中：

$$u_{pp} = u_{qq} = \cos\theta$$
$$u_{pq} = -u_{qp} = \sin\theta$$
$$u_{ii} = 1(i \neq p,q)$$
$$u_{ij} = 0(i,j \neq p,q;i \neq j)$$

则称 $\boldsymbol{B} = \boldsymbol{U}_{pq}^{\mathrm{T}}\boldsymbol{A}\boldsymbol{U}_{pq}$ 为 $\boldsymbol{A}$ 的旋转变换，θ 称为旋转角。

- 可逆矩阵

若方阵 $\boldsymbol{A},\boldsymbol{B}$ 满足 $\boldsymbol{AB} = \boldsymbol{BA} = \boldsymbol{I}$，则称 $\boldsymbol{A},\boldsymbol{B}$ 为可逆矩阵，记作 $\boldsymbol{A} = \boldsymbol{B}^{-1}$ 或 $\boldsymbol{B} = \boldsymbol{A}^{-1}$。

可逆矩阵也称为非奇异矩阵、满秩矩阵；不可逆矩阵也称为奇异矩阵、降秩矩阵。

可逆矩阵的性质：

➢ 若 $\boldsymbol{A},\boldsymbol{B}$ 为可逆矩阵，则 $\boldsymbol{AB}$ 仍为可逆矩阵，且 $(\boldsymbol{AB})^{-1} = \boldsymbol{B}^{-1}\boldsymbol{A}^{-1}$。

➢ 矩阵 $\boldsymbol{A}$ 可逆的充分必要条件是 $|\boldsymbol{A}| \neq 0$。

➢ 若矩阵 $\boldsymbol{A}$ 可逆，则：

$$\left|\boldsymbol{A}^{-1}\right| \neq 0 \text{ 且 } |\boldsymbol{A}^{-1}| = |\boldsymbol{A}|^{-1}$$

$$(\boldsymbol{A}^{-1})^{-1} = \boldsymbol{A}$$

$$(a\boldsymbol{A})^{-1} = a^{-1}\boldsymbol{A}^{-1}$$

$$(\boldsymbol{A}^{\mathrm{T}})^{-1} = (\boldsymbol{A}^{-1})^{\mathrm{T}}$$

$$(\bar{\boldsymbol{A}})^{-1} = \overline{\left(\boldsymbol{A}^{-1}\right)}$$

矩阵 $\boldsymbol{A}$ 可逆的充分必要条件是：矩阵 $\boldsymbol{A}$ 的特征值全不为零。

4. 特征值和特征向量

对 n 阶方阵 $\boldsymbol{A}$，如果有一个数 λ，使得

$$\boldsymbol{Aa} = \lambda\boldsymbol{a}$$

则称 λ 为矩阵 $\boldsymbol{A}$ 的特征值，$\boldsymbol{a}$ 为矩阵 $\boldsymbol{A}$ 的特征值 λ 所对应的特征向量。

特征方程：$|\boldsymbol{A} - \lambda\boldsymbol{I}| = 0$。

特征值和特征向量的性质：

- 设 $\lambda_1,\cdots,\lambda_n$ 为 n 阶方阵 $\boldsymbol{A}$ 的 n 个特征值，则：

  ➢ $\boldsymbol{A}^k$ 的特征值为 $\lambda_1^k,\cdots,\lambda_n^k$（$k$ 为正整数）。

  ➢ $\boldsymbol{A}$ 的逆矩阵 $\boldsymbol{A}^{-1}$ 的特征值为 $\lambda_1^{-1},\cdots,\lambda_n^{-1}$。

- n 阶方阵 $\boldsymbol{A}$ 的 n 个特征值之和等于 $\boldsymbol{A}$ 的迹（$\boldsymbol{A}$ 的主对角线上各元素之和称为 $\boldsymbol{A}$ 的迹，

记作 $\mathrm{tr}\boldsymbol{A}=\sum_{i=1}^{n}a_{ii}$)），即 $\lambda_1+\cdots+\lambda_n=\mathrm{tr}\boldsymbol{A}$。

- 方阵 $\boldsymbol{A}$ 的 n 个特征值之积等于 $\boldsymbol{A}$ 的行列式，即 $\lambda_1\cdots\lambda_n=|\boldsymbol{A}|$。

  由此推出矩阵可逆的另一充分必要条件：$\boldsymbol{A}$ 的所有特征值都不为零。
- 若 λ_i 是特征方程的 k 重根，则对应于 λ_i 的线性无关的特征向量的个数不大于 k。当 λ_i 为单根时，对应于 λ_i 的线性无关特征向量只有一个。
- 矩阵 $\boldsymbol{A}$ 的不同特征值所对应的特征向量线性无关。
- 实对称矩阵的特征值是实数，并且有 n 个线性无关且正交的特征向量。
- 矩阵的特征值在相似变换下保持不变，特别地，$\boldsymbol{A}^{\mathrm{T}}$ 与 $\boldsymbol{A}$ 具有相同的特征值。

5. 线性方程组

含 n 个未知量 m 个方程的线性方程组：

$$\begin{cases} a_{11}x_1+a_{12}x_2+\cdots+a_{1n}x_n=b_1 \\ a_{21}x_1+a_{22}x_2+\cdots+a_{2n}x_n=b_2 \\ \vdots \\ a_{m1}x_1+a_{m2}x_2+\cdots+a_{mn}x_n=b_m \end{cases}$$

系数记作 $\boldsymbol{A}=\begin{bmatrix} a_{11} & a_{12} & \cdots & a_{1n} \\ a_{21} & a_{22} & \cdots & a_{2n} \\ \vdots & \vdots & \ddots & \vdots \\ a_{m1} & a_{m2} & \cdots & a_{mn} \end{bmatrix}$，变量记作 $\boldsymbol{x}=\begin{bmatrix} x_1 \\ x_2 \\ \vdots \\ x_n \end{bmatrix}$，常数项记作 $\boldsymbol{b}=\begin{bmatrix} b_1 \\ \vdots \\ b_m \end{bmatrix}$，写成矩阵形式：

$$\boldsymbol{Ax}=\boldsymbol{b}$$

矩阵 $\left[\begin{array}{cccc|c} a_{11} & a_{12} & \cdots & a_{1n} & b_1 \\ a_{12} & a_{22} & \cdots & a_{2n} & b_2 \\ \vdots & \vdots & \vdots & \vdots & \vdots \\ a_{m1} & a_{m2} & \cdots & a_{mn} & b_m \end{array}\right]$ 是线性方程组的增广矩阵。

以 $\mathrm{Rank}(\boldsymbol{A}),\mathrm{Rank}(\boldsymbol{C})$ 分别表示系数矩阵和增广矩阵的秩，可以判断线性方程组的解：

- 当 $m=n$ 且 $\mathrm{Rank}(\boldsymbol{A})=\mathrm{Rank}(\boldsymbol{C})=n$（或 $|\boldsymbol{A}|\neq 0$）时，方程组有唯一解。
- 当 $\mathrm{Rank}(\boldsymbol{A})<\mathrm{Rank}(\boldsymbol{C})$ 时，方程组无解。
- 当 $\mathrm{Rank}(\boldsymbol{A})=\mathrm{Rank}(\boldsymbol{C})=r<n$（或 $|\boldsymbol{A}|=0$）时，方程组有无穷组解。
- 齐次线性方程组 $\boldsymbol{Ax}=\boldsymbol{0}$ 有非零解的充分必要条件是：$\mathrm{Rank}(\boldsymbol{A})<n,(|\boldsymbol{A}|=0)$

6. 矩阵的导数

向量—标量：$\frac{\mathrm{d}\boldsymbol{y}}{\mathrm{d}x}$

设标量 a、向量 $\boldsymbol{a}$、矩阵 $\boldsymbol{A}$ 都是与 x 无关的常量，函数 $f(\boldsymbol{u}),\boldsymbol{u}(x),\boldsymbol{v}(x)$ 都可导。

- $\frac{\partial \boldsymbol{a}}{\partial x}=\boldsymbol{0}^{\mathrm{T}}$
- $\frac{\partial a\boldsymbol{u}}{\partial x}=a\frac{\partial \boldsymbol{u}}{\partial x}$
- $\frac{\partial \boldsymbol{A}\boldsymbol{u}}{\partial x}=\frac{\partial \boldsymbol{u}}{\partial x}\boldsymbol{A}^{\mathrm{T}}$
- $\frac{\partial(\boldsymbol{u}+\boldsymbol{v})}{\partial x}=\frac{\partial \boldsymbol{u}}{\partial x}+\frac{\partial \boldsymbol{v}}{\partial x}$
- $\frac{\partial \boldsymbol{u}^{\mathrm{T}}}{\partial x}=\left(\frac{\partial u}{\partial x}\right)^{\mathrm{T}}$
- $\frac{\partial f(\boldsymbol{u})}{\partial x}=\frac{\partial \boldsymbol{u}}{\partial x}\frac{\partial f(\boldsymbol{u})}{\partial \boldsymbol{u}}$

向量—向量：$\frac{\mathrm{d}\boldsymbol{y}}{\mathrm{d}\boldsymbol{x}}$

设标量 a、向量 $\boldsymbol{a}$、矩阵 $\boldsymbol{A}$ 都是与 x 无关的常量，函数 $\boldsymbol{f}(\boldsymbol{u}),\boldsymbol{u}(\boldsymbol{x}),\boldsymbol{v}(\boldsymbol{x})$ 都可导。

- $\frac{\partial a}{\partial \boldsymbol{x}}=0$
- $\frac{\partial \boldsymbol{x}}{\partial \boldsymbol{x}}=1$
- $\frac{\partial \boldsymbol{A}\boldsymbol{x}}{\partial \boldsymbol{x}}=\boldsymbol{A}^{\mathrm{T}}$
- $\frac{\partial \boldsymbol{x}^{\mathrm{T}}\boldsymbol{A}}{\partial \boldsymbol{x}}=\boldsymbol{A}$
- $\frac{\partial a\boldsymbol{u}}{\partial \boldsymbol{x}}=a\frac{\partial \boldsymbol{u}}{\partial \boldsymbol{x}}$
- $\frac{\partial \boldsymbol{A}\boldsymbol{u}}{\partial \boldsymbol{x}}=\frac{\partial \boldsymbol{u}}{\partial \boldsymbol{x}}\boldsymbol{A}^{\mathrm{T}}$
- $\frac{\partial \boldsymbol{f}(\boldsymbol{u})}{\partial \boldsymbol{x}}=\frac{\partial \boldsymbol{u}}{\partial \boldsymbol{x}}\frac{\partial \boldsymbol{f}(\boldsymbol{u})}{\partial \boldsymbol{u}}$
- $\frac{\partial \boldsymbol{u}^{\mathrm{T}}\boldsymbol{v}}{\partial \boldsymbol{x}}=\frac{\partial \boldsymbol{u}}{\partial \boldsymbol{x}}\boldsymbol{v}+\frac{\partial \boldsymbol{v}}{\partial \boldsymbol{x}}\boldsymbol{u}$

- $\frac{\partial \boldsymbol{u}^{\mathrm{T}} \boldsymbol{A} \boldsymbol{v}}{\partial \boldsymbol{x}} = \frac{\partial \boldsymbol{u}}{\partial \boldsymbol{x}} \boldsymbol{A} \boldsymbol{v} + \frac{\partial \boldsymbol{v}}{\partial \boldsymbol{x}} \boldsymbol{A} \boldsymbol{u}$

- $\frac{\partial \boldsymbol{a}^{\mathrm{T}} \boldsymbol{x}}{\partial \boldsymbol{x}} = \frac{\partial \boldsymbol{x}^{\mathrm{T}} \boldsymbol{a}}{\partial \boldsymbol{x}} = \boldsymbol{a}$

- $\frac{\partial \boldsymbol{b}^{\mathrm{T}} \boldsymbol{A} \boldsymbol{x}}{\partial \boldsymbol{x}} = \boldsymbol{A}^{\mathrm{T}} \boldsymbol{b}$

- $\frac{\partial \boldsymbol{x}^{\mathrm{T}} \boldsymbol{A} \boldsymbol{x}}{\partial \boldsymbol{x}} = \left(\boldsymbol{A} + \boldsymbol{A}^{\mathrm{T}}\right) \boldsymbol{x}$

- $\frac{\partial \boldsymbol{x}^{\mathrm{T}} \boldsymbol{x}}{\partial \boldsymbol{x}} = 2\boldsymbol{x}$

- $\frac{\partial \boldsymbol{a}^{\mathrm{T}} \boldsymbol{x} \boldsymbol{x}^{\mathrm{T}} \boldsymbol{b}}{\partial \boldsymbol{x}} = \left(\boldsymbol{a} \boldsymbol{b}^{\mathrm{T}} + \boldsymbol{b} \boldsymbol{a}^{\mathrm{T}}\right) \boldsymbol{x}$

标量—向量：$\frac{\mathrm{d}\boldsymbol{Y}}{\mathrm{d}x}$

设标量 a 、向量 $\boldsymbol{a}$ 、矩阵 $\boldsymbol{A}$ 都是与 x 无关的常量，函数 $f(u), u(\boldsymbol{x}), v(\boldsymbol{x})$ 都可导。

- $\frac{\partial a}{\partial \boldsymbol{x}} = 0$

- $\frac{\partial a u}{\partial \boldsymbol{x}} = a \frac{\partial u}{\partial \boldsymbol{x}}$

- $\frac{\partial (u+v)}{\partial \boldsymbol{x}} = \frac{\partial u}{\partial \boldsymbol{x}} + \frac{\partial v}{\partial \boldsymbol{x}}$

- $\frac{\partial (uv)}{\partial \boldsymbol{x}} = u \frac{\partial v}{\partial \boldsymbol{x}} + v \frac{\partial u}{\partial \boldsymbol{x}}$

- $\frac{\partial f(u)}{\partial \boldsymbol{x}} = \frac{\partial f(u)}{\partial u} \frac{\partial u}{\partial \boldsymbol{x}}$

标量—矩阵：$\frac{\mathrm{d}y}{\mathrm{d}\boldsymbol{x}}$

设标量 a 、向量 $\boldsymbol{a}$ 、矩阵 $\boldsymbol{A}$ 都是与 x 无关的常量，函数 $f(u), u(\boldsymbol{X}), v(\boldsymbol{X})$ 都可导。

- $\frac{\partial a}{\partial \boldsymbol{X}} = 0$

- $\frac{\partial a u}{\partial \boldsymbol{X}} = a \frac{\partial u}{\partial \boldsymbol{X}}$

- $\frac{\partial (u+v)}{\partial \boldsymbol{X}} = \frac{\partial u}{\partial \boldsymbol{X}} + \frac{\partial v}{\partial \boldsymbol{X}}$

- $\frac{\partial f(u)}{\partial \boldsymbol{X}}=\frac{\partial f(u)}{\partial u}\frac{\partial u}{\partial \boldsymbol{X}}$
- $\frac{\partial \boldsymbol{a}^{\mathrm{T}}\boldsymbol{X}\boldsymbol{b}}{\partial \boldsymbol{X}}=\boldsymbol{a}\boldsymbol{b}^{\mathrm{T}}$
- $\frac{\partial \boldsymbol{a}^{\mathrm{T}}\boldsymbol{X}^{\mathrm{T}}\boldsymbol{b}}{\partial \boldsymbol{X}}=\boldsymbol{b}\boldsymbol{a}^{\mathrm{T}}$
- $\frac{\partial \boldsymbol{a}^{\mathrm{T}}\boldsymbol{X}\boldsymbol{a}}{\partial \boldsymbol{X}}=\frac{\partial \boldsymbol{a}^{\mathrm{T}}\boldsymbol{X}^{\mathrm{T}}\boldsymbol{a}}{\partial \boldsymbol{X}}=\boldsymbol{a}\boldsymbol{a}^{\mathrm{T}}$
- $\frac{\partial \boldsymbol{a}^{\mathrm{T}}\boldsymbol{X}^{\mathrm{T}}\boldsymbol{X}\boldsymbol{b}}{\partial \boldsymbol{X}}=\boldsymbol{X}\left(\boldsymbol{a}\boldsymbol{b}^{\mathrm{T}}+\boldsymbol{b}\boldsymbol{a}^{\mathrm{T}}\right)$

矩阵—标量：$\frac{\mathrm{d}\boldsymbol{Y}}{\mathrm{d}x}$

设标量a、向量$\boldsymbol{a}$、矩阵$\boldsymbol{A}$、$\boldsymbol{B}$都是与x无关的常量，函数$\boldsymbol{U}(x),\boldsymbol{V}(x)$是矩阵，且都可导。

- $\frac{\partial \boldsymbol{A}}{\partial x}=0$
- $\frac{\partial a\boldsymbol{U}}{\partial x}=a\frac{\partial \boldsymbol{U}}{\partial x}$
- $\frac{\partial(\boldsymbol{U}+\boldsymbol{V})}{\partial x}=\frac{\partial \boldsymbol{U}}{\partial x}+\frac{\partial \boldsymbol{V}}{\partial x}$
- $\frac{\partial(\boldsymbol{U}\boldsymbol{V})}{\partial x}=\boldsymbol{U}\frac{\partial \boldsymbol{V}}{\partial x}+\boldsymbol{V}\frac{\partial \boldsymbol{U}}{\partial x}$
- $\frac{\partial(\boldsymbol{A}\boldsymbol{U}\boldsymbol{B})}{\partial x}=\boldsymbol{A}\frac{\partial \boldsymbol{U}}{\partial x}\boldsymbol{B}$
- $\frac{\partial \boldsymbol{U}^{-1}}{\partial x}=\boldsymbol{U}^{-1}\frac{\partial \boldsymbol{U}}{\partial x}\boldsymbol{U}^{-1}$
- $\frac{\partial \mathrm{e}^{x\boldsymbol{A}}}{\partial x}=\boldsymbol{A}\mathrm{e}^{x\boldsymbol{A}}=\mathrm{e}^{x\boldsymbol{A}}\boldsymbol{A}$

7. 梯度、散度、旋度

- $\nabla(f+g)=\nabla f+\nabla g$
- $\nabla(f-g)=\nabla f-\nabla g$
- $\nabla(kf)=k\nabla f$，k是任意常数
- $\nabla(fg)=f\nabla g+g\nabla f$

- $\nabla\left(\frac{f}{g}\right)=\frac{g\nabla f-f\nabla g}{g^2}$
- $\nabla\cdot\left(f\vec{F}\right)=f\nabla\cdot\vec{F}+\nabla f\cdot\vec{F}$
- $\nabla\times\left(f\vec{F}\right)=f\nabla\times\vec{F}+\nabla f\times\vec{F}$
- $\nabla\cdot\left(\vec{F}\times\vec{G}\right)=\left(\nabla\times\vec{F}\right)\cdot\vec{G}-\vec{F}\cdot\left(\nabla\times\vec{G}\right)$
- $\nabla\times\left(\vec{F}\times\vec{G}\right)=\left(\vec{G}\cdot\nabla\right)\vec{F}-\left(\vec{F}\cdot\nabla\right)\vec{G}+\vec{F}\left(\nabla\cdot\vec{G}\right)-\vec{G}\left(\nabla\cdot\vec{F}\right)$
- $\nabla\times\left(\nabla f\right)=0$
- $\nabla\cdot\left(\nabla\times\vec{F}\right)=0$
- $\nabla\times\left(\nabla\times\vec{F}\right)=\nabla\left(\nabla\cdot\vec{F}\right)-\nabla^2\vec{F}$

D：概率

1. 阶乘、排列和组合

- 阶乘：设 n 为自然数，则 $n!=1\cdot 2\cdots n$，并规定 $0!=1$。又定义：

$$(2n+1)!!=\frac{(2n+1)!}{2^n n!}=1\cdot 3\cdot 5\cdots(2n+1),\quad (-1)!!=0$$

$$(2n)!!=2^n n!=2\cdot 4\cdot 6\cdots(2n),\quad 0!!=0$$

- 排列
  - 选排列：从 n 个不同的元素中，每次取出 k 个不同的元素（$k\leqslant n$），按一定顺序排成一列。排列种数为：

$$A_n^k=n(n-1)(n-2)\cdots(n-k+1)=\frac{n!}{(n-k)!}$$

  - 全排列：从 n 个不同的元素中，每次取出 n 个不同的元素，按一定顺序排成一列。排列种数为：

$$P_n=A_n^n=n(n-1)\cdots 2\cdot 1=n!$$

- 组合

从 n 个不同的元素中，每次取出 k 个不同的元素（$k \leqslant n$），不管其顺序合并成一组。组合种数为：

$$C_n^k = \frac{A_n^k}{k!} = \frac{n!}{(n-k)!k!}$$

C_n^k 也记作 $\begin{pmatrix} n \\ k \end{pmatrix}$，并规定 $C_n^0 = 1$。

2. 线性算子

设 $\boldsymbol{X}$ 为随机向量（多维），X 为随机变量（一维），$\boldsymbol{A}$、$\boldsymbol{B}$、$\boldsymbol{C}$ 为常数（矩阵），则：

- $E[\boldsymbol{AXB}+\boldsymbol{C}] = \boldsymbol{A}E[\boldsymbol{X}]\boldsymbol{B}+\boldsymbol{C}$
- $\text{Var}[\boldsymbol{A}X] = \boldsymbol{A}\text{Var}[X]\boldsymbol{A}^{\text{T}}$
- $\text{Cov}[\boldsymbol{A}X, \boldsymbol{B}Y] = \boldsymbol{A}\text{Cov}[X,Y]\boldsymbol{B}^{\text{T}}$

3. 常用离散型分布及其数字特征

名称记号	概率质量函数	均值	方差
二项分布 $B(n,p)$	$P(X=k)=\begin{pmatrix} n \\ k \end{pmatrix} p^k q^{n-k}$ $k=0,1,\cdots,n$ $p,q>0,\quad p+q=1$ n 为正整数	np	npq
泊松分布 $P(\lambda)$	$P(X=k)=\frac{\lambda^k}{k!}\text{e}^{-\lambda}$ $k=0,1,2,\cdots$ ； λ 为正实数	λ	λ
几何分布 $P(p)$	$P(X=k)=pq^k-1,(k=1,2,\cdots)$ $p,q>0,\quad p+q=1$	$\frac{1}{q}$	$\frac{q}{p^2}$
单点分布 $\delta(c)$	$P(X=k)=\begin{cases} 1, k=c \\ 0, k\neq c \end{cases}$ c 为正整数	c	0
对数分布 $L(p)$	$P(X=k)=-\frac{1}{\ln p}\frac{q^k}{k},(k=1,2,\cdots)$ $p,q>0,p+q=1$	$-\frac{q}{p\ln p}$	$-\frac{q\left(1+\frac{q}{\ln p}\right)}{p^2\ln p}$

4. 常用连续型分布及其数字特征

名称记号	概率密度函数	均值	方差
均匀分布 $U(a,b)$	$f(x)=\begin{cases}\dfrac{1}{b-a}, & (a\leqslant x\leqslant b)\\ 0, & (x<a\text{或}x>b)\end{cases}$ $-\infty<a<b<\infty$	$\dfrac{a+b}{2}$	$\dfrac{(b-a)^2}{12}$
标准正态分布 $N(0,1)$	$f(x)=\dfrac{1}{\sqrt{2\pi}}e^{-\frac{x^2}{2}}$	0	1
正态分布 $N(\mu,\sigma^2)$	$f(x)=\dfrac{1}{\sigma\sqrt{2\pi}}e^{-\frac{(x-\mu)^2}{2\sigma^2}}$ $-\infty<x<\infty$ $-\infty<\mu\langle\infty,\sigma\rangle 0$	μ	σ^2
瑞利分布 $R(\mu)$	$f(x)=\begin{cases}\dfrac{x}{\mu}e^{-\frac{x^2}{2\mu^2}}, & (x\geqslant 0)\\ 0, & (x<0)\end{cases}$ $\mu>0$	$\sqrt{\dfrac{\pi}{2}}\mu$	$\dfrac{4-\pi}{2}\mu^2$
指数分布 $E(\mu,\lambda)$	$f(x)=\begin{cases}\lambda e^{-\lambda(x-\mu)}, & (x\geqslant\mu)\\ 0, & (x<\mu)\end{cases}$	$\mu+\dfrac{1}{\lambda}$	$\dfrac{1}{\lambda^2}$
χ^2 分布 （自由度 n） $\chi^2(n)$	$f(x)=\begin{cases}\dfrac{1}{2^{\frac{n}{2}}\Gamma\left(\frac{n}{2}\right)}x^{\frac{n}{2}-1}e^{-\frac{\pi}{2}}, & (x>0)\\ 0, & (x\leqslant 0)\end{cases}$ n 为正整数	n	$2n$
t 分布 （自由度 n） $t(n)$	$f(x)=\dfrac{\Gamma\left(\frac{n+1}{2}\right)}{\sqrt{n\pi}\,\Gamma\left(\frac{n}{2}\right)}\left(1+\dfrac{x^2}{n}\right)^{-\frac{n+1}{2}}$ n 为正整数	0 $(n>1)$	$\dfrac{n}{n-2}$ $(n>2)$

后记

如果你很耐心地逐页阅读到了这里，我首先要表示感谢和敬佩。这在当今很难得，更何况你阅读的是跟数学相关的内容。

在编写本书的时候，最耗费时间的工作是斟酌遴选什么内容。我在前言中已经强调，本书不是教材，本书的目的是要激发读者已有的“数学潜能”，并且也不想编写一本太厚的书（事实上这本书已经不薄了）。不过，要达成上述目标，其“副作用”就是读者对某些内容会有一种意犹未尽之感，或者觉得内容系统性不强，有的地方没有展开深入，有的内容没有介绍。不用担心，因为我给这本书配套了在线资料，用它来尽可能弥补所有的遗憾。关于在线资料的说明，请参考前言。

曾在一个音频节目中听到主播介绍物理学家索末菲的时候，提到他对学生的三条要求：

- 第一条：学习数学；
- 第二条：学习更多的数学；
- 第三条：参考前两条。

我没有考证到上述信息的来源，此处姑且认为可靠——“索末菲教书是物理数学融合在一起的”，由此推论，对学生有上述要求也就不足为奇了。

现在，对于研习机器学习的你我而言，不妨也用这三条来要求我们自己，从而能在机器学习的“广阔天地，大有作为”。

齐伟

2021 年 5 月 5 日